TEUBNERS TECHNISCHE LEITFÄDEN

BAND 24

DIE ELEKTRISCHEN MASCHINEN

EINFÜHRUNG IN IHRE THEORIE UND PRAXIS

VON

DR.-ING. M. LIWSCHITZ
OBERINGENIEUR DER SIEMENS-SCHUCKERT-WERKE

MIT 284 ABBILDUNGEN UND 13 TAFELN

1926
SPRINGER FACHMEDIEN WIESBADEN GMBH

ISBN 978-3-663-15547-8 ISBN 978-3-663-16119-6 (eBook)
DOI 10.1007/978-3-663-16119-6
SOFTCOVER REPRINT OF THE HARDCOVER 1ST EDITION 1926

Vorwort.

An ausführlichen und umfassenden Werken, die die Theorie und Praxis der elektrischen Maschine behandeln, fehlt es nicht. Der Zweck des vorliegenden Bandes der Sammlung ist, ihren Zielen entsprechend, dem Anfänger, Studierenden oder jüngeren Ingenieur, *das Fundament für das tiefere Eindringen in die Theorie der elektrischen Maschine zu geben.* Es soll ihm der *Zusammenhang zwischen den Vorgängen in der elektrischen Maschine und den Naturgesetzen* dargetan werden, dessen Verständnis ihm erfahrungsgemäß hauptsächlich Schwierigkeiten bereitet. Deshalb sind Nebenerscheinungen hier außer acht gelassen und nur die wichtigeren Vorgänge, die sich in der elektrischen Maschine abspielen, behandelt worden. Die Theorie der einzelnen Maschinengattungen konnte so weit entwickelt werden, daß der Studierende die Grundlagen, die er für die *Berechnung der Maschine* und den *Entwurf der Wicklung* braucht, erhält. Entsprechend dem oben gekennzeichneten Zweck des Bandes ist auf die Konstruktion nur insoweit eingegangen worden, als es zum Verständnis der physikalischen Vorgänge wünschenswert erschien.

Die *Ordnung des Stoffes* entspricht dem Ziel. In den ersten drei Kapiteln sind die Grundgesetze aus der Theorie der Wechselströme, der magnetische Kreis der elektrischen Maschine und der einfachste elektrische Apparat, der Transformator, behandelt. Es folgen die elektrischen Maschinen, die nach den Transformatorgesetzen arbeiten, die Asynchronmaschine und deren Spezialfall, die Synchronmaschine. Erst dann kommen die Kommutatormaschinen, die Gleichstrommaschine, der Einankerumformer und der Wechselstrom-Kommutatormotor, an die Reihe.

Am Schluß des Buches wird ein kurzes *Literaturverzeichnis* gegeben, in dem auf die Quellen hingewiesen wird, wo eine ausführliche Behandlung des Stoffes zu finden ist, oder welche die gewählte Darstellung zur Grundlage nimmt. Im Text wird auf dieses Literaturverzeichnis durch entsprechende, in eckige Klammern gesetzte Ziffern hingewiesen.

Charlottenburg, im März 1926.

M. Liwschitz.

Inhaltsverzeichnis.

I. Die Grundgesetze.

II. Der magnetische Kreis. Verluste und Erwärmung der elektrischen Maschine.

III. Der Transformator.

IV. Die Wicklungen der elektrischen Maschinen.

A. Die Gleichstrom-Ankerwicklungen.

VII. Die Synchronmaschine.

VIII. Die Gleichstrommaschine.

IX. Der Einankerumformer.

I. Die Grundgesetze.

1. Das Faradaysche Induktionsgesetz.

Wird der mit einem geschlossenen Leiterkreise verkettete Fluß der magnetischen Induktion geändert, so wird in dem Leiterkreise eine elektromotorische Kraft induziert.

Bezeichnet Φ die Größe des mit dem Leiter verketteten Induktionsflusses (Kraftflusses) und $d\Phi$ die während der Zeit dt erfolgte Änderung dieses Flusses, so ist die Größe der induzierten elektromotorischen Kraft (kurz EMK) der zeitlichen Änderung des Flusses $\frac{d\Phi}{dt}$ proportional.

Die Richtung der induzierten EMK ist durch das *Lenzsche* Gesetz bestimmt. Dieses besagt, daß *ein von der induzierten EMK erzeugter Strom die Änderung des Flusses zu verhindern sucht.*

Die in einem geschlossenen Leiterkreise induzierte EMK e ist also

$$e = -\frac{d\Phi}{dt}\, 10^{-8}\ \text{Volt}. \tag{1}$$

Es ist dabei gleichgültig, ob der Kraftfluß Φ von einem Magneten oder von einem anderen Stromkreise oder von dem eigenen Strome herrührt. Es kommt nur auf eine *Änderung* des mit dem Leiterkreise verketteten Kraftflusses an. Im Falle, wo nur der eigene, von eigenem Strome herrührende, Fluß vorhanden ist, kann diese Änderung des Kraftflusses durch Änderung des Stromes hervorgerufen werden. Man bezeichnet diese von der Änderung des eigenen Flusses herrührende EMK als EMK der *Selbstinduktion.*

Ein Beispiel für die Bestimmung der Richtung der induzierten EMK e bzw. des induzierten Stromes i gibt Abb. 1, in der ein Nordpol N und ein relativ zu diesem beweglicher geschlossener Stromkreis dargestellt sind. Die Kraftlinien treten aus dem Nordpol heraus. Der jenseits der Zeichenebene liegende

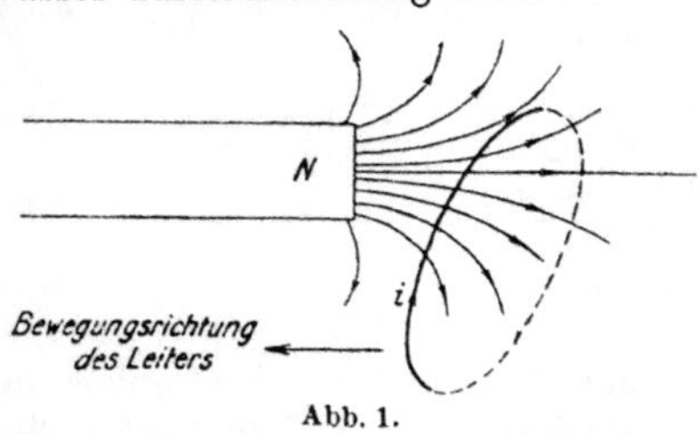

Abb. 1.

Teil des Stromkreises ist punktiert gezeichnet. Es sei zunächst erwähnt, daß *die Richtung eines Stromes und die Richtung des von diesem Strome erzeugten Feldes einander wie Fortschreitungsrichtung und Drehrichtung bei der Rechtsschraube (bei dem Korkzieher) zugeordnet sind,* d. h. denkt man sich einen Korkzieher derart an den Leiter angelegt, daß seine Vorwärtsbewegung mit der Richtung des Stromes zusammenfällt, so ist die Richtung der Kraftlinien um den Leiter herum die gleiche wie die Drehrichtung des Korkziehers *(Korkzieherregel)*. Werden nun Magnet und Leiter einander genähert, so daß der mit dem Leiter verkettete Fluß vergrößert wird, so wird der im Leiter induzierte Strom die durch den Pfeil angegebene Richtung haben, d. h. der induzierte Strom wird die Anzahl der mit dem Leiter verketteten Kraftlinien zu verkleinern suchen. Würde man dagegen den Leiter vom Magneten entfernen, so daß die Anzahl der mit ihm verketteten Kraftlinien verkleinert wird, so würde der induzierte Strom i entgegengesetzte Richtung haben und die Anzahl der verketteten Kraftlinien zu vergrößern suchen.

2. Erzeugung eines einphasigen Wechselstromes.

Abb. 2 stellt schematisch eine zweipolige Maschine mit nur einer auf dem Anker angeordneten Windung dar. Das magnetische Feld wird durch die auf den Polen angeordneten Magnetspulen (Erregerspulen) erzeugt. Diese müssen so miteinander verbunden sein, daß sie sich in ihren magnetischen Wirkungen unterstützen, da sonst kein Feld entstehen würde. In der Abb. 2 ist die Richtung des Erregerstromes derart gewählt, daß der obere Pol ein Nordpol, der untere Pol ein Südpol ist. Die Kraftlinien treten aus dem Nordpol heraus, gehen über den Luftspalt in den Anker hinein, treten aus dem Anker, wiederum über den Luftspalt, in den Südpol ein und schließen sich dann über das Magnetjoch zu geschlossenen Linien. Für Rechtsdrehung des Ankers und die gewählte Lage der Windung ist die Richtung des induzierten Stromes

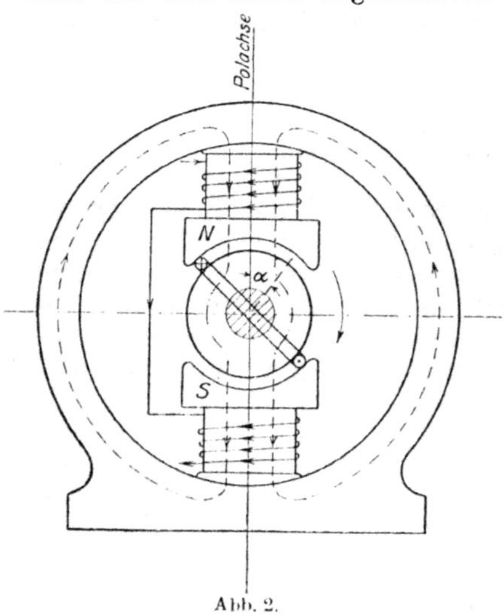

Abb. 2.

eingetragen.[1]) Wenn die Windung so gelagert ist, daß ihre Ebene senkrecht zur Polachse steht, so ist der mit ihr verkettete Fluß gleich dem ganzen Polfluß (Magnetfluß) Φ_m. Dreht sich die Windung um 90°, um eine halbe Polteilung, so liegt ihre Ebene parallel zur Polachse und der mit ihr verkettete Fluß ist gleich Null. Nach einer weiteren Drehung um eine halbe Polteilung ist der mit der Windung verkettete Fluß wiederum gleich dem ganzen Polflusse Φ_m, aber die Windung wird vom Fluß in entgegengesetztem Sinne durchsetzt als zuvor. Nimmt man die horizontale Lage der Windungsebene als Anfangslage an, so ist der mit der Windung in irgendeiner Zwischenlage verkettete Fluß Φ gleich $\Phi_m \cos \alpha$, wenn α der Winkel ist, den die Senkrechte zur Windungsebene mit der Polachse bildet (Abb. 2). Die in der Windung bei der Drehung des Ankers induzierte EMK ist nach Gleichung 1 demnach

$$e = -\frac{d\Phi}{dt} 10^{-8} = \Phi_m \sin \alpha \frac{d\alpha}{dt} 10^{-8}.$$

$\frac{d\alpha}{dt} = \omega$ ist die Winkelgeschwindigkeit der Drehung. Für gleichförmige Drehung gilt $\alpha = \omega t$,

so daß $$e = \omega \Phi_m 10^{-8} \sin \omega t. \qquad (2)$$

Während der mit der Windung verkettete Kraftfluß sich nach einer Kosinusfunktion ändert, ändert sich die in der Windung induzierte EMK nach einer Sinusfunktion. Abb. 3 zeigt den Verlauf des mit der Windung verketteten Flusses und der in der Windung induzierten EMK als Funktion von $\alpha = \omega t$. Da die induzierte EMK dann am größten ist, wenn die zeitliche *Änderung* des mit der Windung verketteten Kraftflusses am größten ist, so ist e im Maximum, wenn $\Phi = 0$ ist, und gleich Null, wenn Φ im Maximum ist. Die Maxima (ebenso wie die Nullpunkte) der beiden Wellen sind gegeneinander um 90° verschoben: *der induzierende Fluß und die induzierte EMK haben eine Phasenverschiebung von 90°, und zwar eilt der Fluß der indu-*

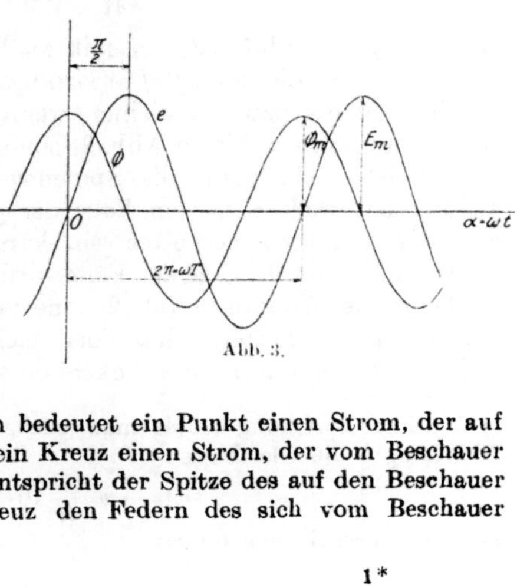

Abb. 3.

1) Hier wie im weiteren bedeutet ein Punkt einen Strom, der auf den Beschauer fließt, und ein Kreuz einen Strom, der vom Beschauer sich entfernt. Der Punkt entspricht der Spitze des auf den Beschauer gerichteten Pfeiles, das Kreuz den Federn des sich vom Beschauer entfernenden Pfeiles.

zierten EMK vor, da das positive Maximum ebenso wie das negative Maximum des Flusses um 90° vor dem positiven Maximum bzw. dem negativen Maximum der induzierten EMK liegt.

Die Periode einer Sinusfunktion ist gleich 2π, da die Sinusfunktion nach Durchlaufen des Winkels 2π sich wiederholt. Bezeichnet T die Dauer einer Periode und f die Periodenzahl pro Sekunde *(Frequenz)*, so ist $2\pi = \omega T$ und $\frac{1}{T} = f$

und somit
$$\omega = \frac{2\pi}{T} = 2\pi f. \tag{3}$$

ω heißt die *Kreisfrequenz*, sie ist die Periodenzahl in 2π Sekunden. Die Gleichung 2 für die induzierte EMK läßt sich schreiben

$$e = 2\pi f \Phi_m 10^{-8} \sin \omega t = E_m \sin \omega t,$$

wo
$$E_m = 2\pi f \Phi_m 10^{-8} \text{ Volt}. \tag{4}$$

E_m ist der Maximalwert, die *Amplitude*, der in der Windung induzierten EMK; er tritt auf, wenn $\sin \omega t = \pm 1$ ist.

Gleichung 4 gilt für eine Spule, die aus *einer* Windung besteht. Sind auf dem Anker w zu einer Spule zusammengefaßte hintereinandergeschaltete Windungen so dicht nebeneinander angeordnet, daß sie alle stets mit derselben Anzahl Induktionslinien verkettet sind, so wird die induzierte EMK w-mal größer

$$e = 2\pi f w \Phi_m 10^{-8} \sin \omega t = E_m \sin \omega t$$

und
$$E_m = 2\pi f w \Phi_m 10^{-8} \text{ Volt.}^{1)} \tag{5}$$

Liegen dagegen die w Windungen nicht so dicht nebeneinander, daß sie alle mit der gleichen Anzahl Kraftlinien verkettet sind, so wird e bzw. E_m *kleiner*. In diesem Falle ist zu setzen [L. 1]:

$$e = \frac{d \Sigma w_x \Phi_x}{dt} 10^{-8} \text{ Volt}, \tag{6}$$

wobei Φ_x der Fluß ist, der mit w_x Windungen verkettet ist. $\Sigma w_x \Phi_x$ stellt die *Kraftflußverkettungen* des Stromkreises dar. Auch werden e bzw. E_m kleiner, wenn die Windung nicht über dem Durchmesser wie in Abb. 2, sondern über der Sehne angeordnet ist, d. h. wenn die Spulenweite nicht gleich der Polteilung ist, weil in diesem Falle der ganze Magnetfluß Φ_m nie mit der Windung verkettet sein kann. Die Größe der induzierten EMK für diese beiden Fälle wird im Kapitel V behandelt.

Macht die Windung (Abb. 2) eine volle Umdrehung, so wird der mit ihr verkettete Fluß 2mal gleich Null bzw. gleich Φ_m, d. h. einer Umdrehung des Ankers entspricht eine volle Periode

---

1) Diese Beziehung erhält man auch, wenn man an Stelle der Gleichung 1 die Gleichung

$$e = -w \frac{d\Phi}{dt} 10^{-8}$$

als Ausgangsgleichung nimmt.

der induzierten EMK. Macht der Anker n Umdrehungen in der Minute, so ist demnach die Periodenzahl pro Sekunde gleich

$$f = \frac{n}{60}.$$

Dies gilt für die zweipolige Maschine. Abb. 4 zeigt schematisch eine 6polige Maschine. Die Erregerspulen müssen so miteinander verbunden werden, daß abwechselnd Nordpol und Südpol folgen. Auch hier ist (in der günstigsten Lage) nur dann der ganze Polfluß mit der Windung verkettet und die induzierte EMK am größten, wenn die Spulenweite gleich der Polteilung ist. Würde man z. B. die Spulenweite gleich der doppelten Polteilung machen, so würden die beiden Spulenseiten unter gleichnamigen Polen liegen und der mit der Spule verkettete Fluß würde stets gleich Null sein. Wie aus Abb. 4 ersichtlich ist, verhält sich die Maschine mit p Polpaaren wie p einpolpaarige Maschinen. Bei der Drehung der Windung entspricht jedem Polpaar eine volle Periode der induzierten EMK, und die Periodenzahl pro Sekunde beträgt

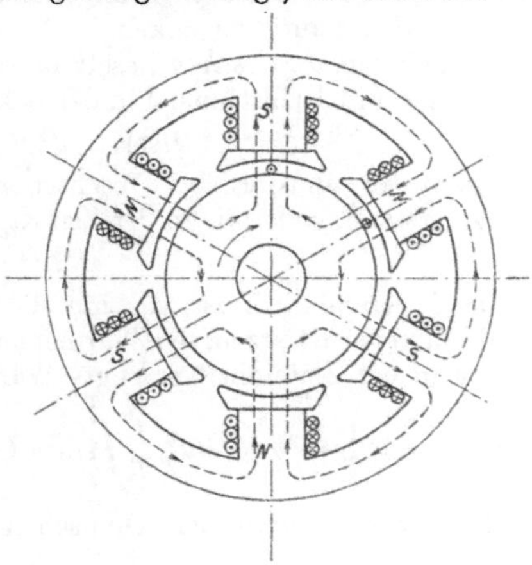

Abb. 4.

$$f = \frac{pn}{60}. \tag{7}$$

Sowohl beim Generator wie beim Motor lassen sich mit Hilfe dieser Gleichung die bei gegebener Periodenzahl zugehörigen Werte der Polpaarzahl und der Drehzahl berechnen. Bei der Frequenz 50 gehören zusammen:

$p =$	1	2	3	4	5	6
$n =$	3000	1500	1000	750	600	500.

3. Wechselstromkreis mit Widerstand, Selbstinduktion und Kapazität.

Wird einem Ohmschen Widerstand, etwa Glühlampen, eine Gleichspannung P aufgedrückt, so ist der Zusammenhang zwischen Klemmenspannung, Stromstärke und Widerstand durch das *Ohmsche* Gesetz

$$P = JR \tag{8}$$

gegeben. Wird einem Ohmschen Widerstand eine Wechselspannung von der Form

$$p = P_m \sin \omega t \tag{9a}$$

aufgedrückt, so fließt durch ihn ein sinusförmiger Wechselstrom

$$i = \frac{P_m}{R} \sin \omega t = J_m \sin \omega t, \tag{9b}$$

wo

$$J_m = \frac{P_m}{R} \tag{9c}$$

die Amplitude des Wechselstromes ist. Der Strom steigt also von 0 bis zum Maximalwert J_m an, fällt dann wieder auf 0, steigt, in entgegengesetzter Richtung fließend, wieder auf J_m an, um dann wieder auf 0 zu sinken.

Nach dem *Jouleschen* Gesetz beträgt die im Ohmschen Widerstand vom Gleichstrome J in der Sekunde erzeugte Wärmemenge

$$Q/\text{sek} = J^2 R \text{ Watt.} \tag{10}$$

Fließt ein sinusförmiger Wechselstrom durch einen Ohmschen Widerstand, so ist die in der Zeit dt erzeugte Wärmemenge

$$i^2 R dt.$$

Da i veränderlich ist, so sind die in den verschiedenen Zeitabschnitten dt erzeugten Wärmemengen verschieden. Die mittlere in der Zeiteinheit erzeugte Wärmemenge ist

$$Q/\text{sek} = R \frac{1}{T} \int_0^T i^2 dt = R J_m^2 \frac{1}{T} \int_0^T \sin^2 \omega t = \frac{1}{2} J_m^2 R = \left(\frac{J_m}{\sqrt{2}}\right)^2 R \text{ Watt,} \tag{11}$$

d. h. würde durch den Ohmschen Widerstand an Stelle des Wechselstromes ein Gleichstrom von der Größe $\frac{J_m}{\sqrt{2}}$ fließen, so würde dieser die gleiche Wärmemenge erzeugen wie der Wechselstrom. $J = \frac{J_m}{\sqrt{2}}$ ist der *Effektivwert* des Wechselstromes. Dieser ist maßgebend für die von einem Wechselstrom erzeugte Wärmemenge und somit für die Leistung eines Wechselstromes allgemein. Schreibt man das *Joulesche* Gesetz (Gleichung 10) in der Form $Q/\text{sek} = \frac{P^2}{R}$, so sieht man, daß auch für eine Wechselspannung der Effektivwert $P = \frac{P_m}{\sqrt{2}}$ ein ausgezeichneter Wert ist. Spricht man allgemein von einem Wechselstrom oder einer Wechselspannung bestimmter Größe, z. B. von dem Strome oder der Spannung, für welche ein Generator oder ein Motor gebaut ist, so versteht man darunter die Effektivwerte dieser Größen. Auch die gebräuchlichen Meßinstrumente zeigen die Effektivwerte der Spannung und des Stromes an.

Nach Gleichung 5 beträgt somit der *Effektivwert* der in einer Spule mit w direkt nebeneinanderliegenden Windungen induzierten sinusförmigen EMK

$$E = \frac{2\pi}{\sqrt{2}} f w \Phi_m 10^{-8} = 4{,}44\, f w \Phi_m 10^{-8} \text{ Volt.} \tag{12}$$

Wie aus den Gleichungen 9a und 9b folgt, ist die einem Ohmschen Widerstand aufgedrückte Spannung in Phase mit dem von ihr erzeugten Strom. Anders liegen die Verhältnisse, wenn der Stromkreis, dem die Wechselspannung aufgedrückt wird, nicht nur Ohmschen Widerstand, sondern außerdem noch Selbstinduktion enthält, d. h. wenn der Stromkreis so beschaffen ist, daß sein Strom ein magnetisches Feld hervorruft, so daß die Änderungen des Stromes Änderungen des magnetischen Feldes und somit EMKe der Selbstinduktion erzeugen. Dies ist z. B. der Fall, wenn eine Wechselspannung auf eine Spule wirkt, die aus mehreren nebeneinander angeordneten Windungen besteht (Solenoid), etwa wie die Magnetspule in Abb. 2. Die Kraftflußverkettungen, die der Strom erzeugt, sind proportional der jeweiligen Stromstärke i, d. h.

$$\Sigma w_x \Phi_x = L i. \tag{13}$$

Der Proportionalitätsfaktor L ist von der geometrischen Form des Leiters (im Falle des Solenoids z. B. von seinem Querschnitt, da Φ um so größer ist, je größer der Querschnitt ist), von seiner Windungszahl und von der Beschaffenheit seiner Umgebung, die mehr oder weniger magnetisch leitend sein kann [L. 2], abhängig und heißt *Selbstinduktionskoeffizient* oder *Induktivität.* Seine Einheit heißt ein *Henry.*

Ändert sich der Strom i, so wird im Stromkreise eine EMK der Selbstinduktion induziert von der Größe (s. Gleichung 6)

$$e_s = -L\frac{di}{dt}, \tag{14}$$

wobei angenommen ist, daß L konstant ist; diese Annahme trifft zu, wenn in der Nähe des Leiters kein Eisen vorhanden ist (s. Kapitel II).

Wirkt also auf einen Stromkreis mit dem Ohmschen Widerstand R und der Induktivität L eine Wechselspannung p, so ist zur Bestimmung des Stromes außer mit dieser eingeprägten Spannung noch mit der selbstinduzierten EMK e_s zu rechnen und es ist

$$p + e_s = iR \tag{15a}$$

oder

$$p - L\frac{di}{dt} = iR. \tag{15b}$$

Zur Lösung dieser Gleichung geht man am zweckmäßigsten vom Strom aus, nimmt also an, daß der Strom dieses Leiterkreises nach der Beziehung

$$i = J_m \sin \omega t \tag{16a}$$

verläuft und fragt nach der Größe und Phase der zur Erzeugung dieses Stromes nötigen eingeprägten Spannung p. Aus der Gleichung 15b ergibt sich unter dieser Annahme

$$p = R J_m \sin \omega t + \omega L J_m \sin\left(\omega t + \frac{\pi}{2}\right)$$

und daraus

$$p = J_m \sqrt{R^2 + (\omega L)^2} \sin(\omega t + \varphi), \tag{16b}$$

wo
$$\operatorname{tg}\varphi = \frac{\omega L}{R} \tag{17}$$
ist. Die aufgedrückte Spannung muß somit die Amplitude
$$P_m = J_m \sqrt{R^2 + (\omega L)^2}$$
bzw. den Effektivwert
$$P = J\sqrt{R^2 + (\omega L)^2} \tag{18}$$
haben. Die Größe
$$\sqrt{R^2 + (\omega L)^2},$$
die hier an Stelle des Ohmschen Widerstandes R der oben betrachteten Fälle des Gleichstromkreises und des Wechselstromkreises ohne Induktivität tritt, heißt der *scheinbare Widerstand* des Stromkreises. Dieser ist größer als der reine Ohmsche Widerstand, so daß bei gegebener Spannung der Strom in einem Stromkreis mit Widerstand und Selbstinduktion kleiner ist, als wenn keine Induktivität vorhanden ist.

Die Wirkung der Selbstinduktion, die entsprechend dem Lenzschen Gesetz jede Änderung des Flusses, also des Stromes zu verhindern sucht, äußert sich aber nicht nur in einer Verkleinerung

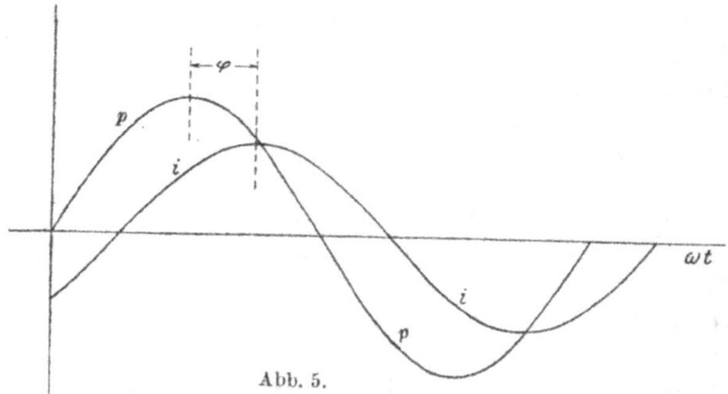

Abb. 5.

der Stromamplitude, sondern auch noch darin, daß die aufgedrückte Spannung und der erzeugte Strom nicht mehr in Phase sind, wie in einem Stromkreis mit reinem Ohmschen Widerstand, sie sind vielmehr um den Winkel $\varphi = \operatorname{arc\,tg} \frac{\omega L}{R}$ gegeneinander in der Phase verschoben, und zwar *eilt der Strom der aufgedrückten Spannung,* wie aus den Gleichungen 16a und 16b hervorgeht, um diesen Winkel *nach.* Den Verlauf der Strom- und Spannungswelle für einen Stromkreis mit Ohmschen Widerstand und Induktivität zeigt Abb. 5.

Aus Gründen, die aus dem Weiteren hervorgehen, nennt man den Ohmschen Widerstand R den *Wirkwiderstand* und die Größe ωL, die auch die Dimension eines Widerstandes hat und ebenso wie R in Ohm gemessen wird, den *Blindwiderstand* des

Stromkreises. Den Blindwiderstand werden wir im weiteren auch mit x bezeichnen.

In einem Stromkreis mit Widerstand und Selbstinduktion ist die Nacheilung des Stromes gegenüber der Spannung um so größer, je größer der Blindwiderstand im Vergleich zum Ohmschen Widerstand ist. Ist der Ohmsche Widerstand vernachlässigbar klein, so beträgt die Phasenverschiebung zwischen Strom und Spannung 90°.

Einen der Induktivität entgegengesetzten Einfluß auf die Phasenverschiebung zwischen Strom und Spannung übt ein *Kondensator* aus. Bezeichnet C die Kapazität des Kondensators, so nimmt er, wenn seinen Belegungen eine Spannung p aufgedrückt wird, eine elektrische Ladung auf, die gleich ist

$$q = C p. \tag{19}$$

Ändert man die Spannung zwischen den Belegungen um dp, so ändert sich die Ladung um dq. Der Strom in der Zuleitung ist gleich der pro Zeiteinheit durch ihren Querschnitt durchtretenden Elektrizitätsmenge

$$i = \frac{dq}{dt}, \tag{20}$$

so daß der Zusammenhang zwischen dem vom Kondensator aufgenommenen Strom und der ihm aufgedrückten Spannung gegeben ist durch

$$i = C \frac{dp}{dt} \tag{21}$$

oder $$p = \frac{1}{C}\int i\,dt.$$

Ist p gegeben $$p = P_m \sin \omega t,$$

so wird $$i = C \frac{dp}{dt} = \omega C P_m \sin\left(\omega t + \frac{\pi}{2}\right), \tag{22}$$

d. h. der *Strom eilt der Spannung um 90° vor,* während bei reiner Selbstinduktion der Strom der Spannung um 90° nacheilt.

Die Amplitude des Stromes ist

$$J_m = \omega C P_m$$

und der Effektivwert des Stromes

$$J = \omega C P. \tag{23}$$

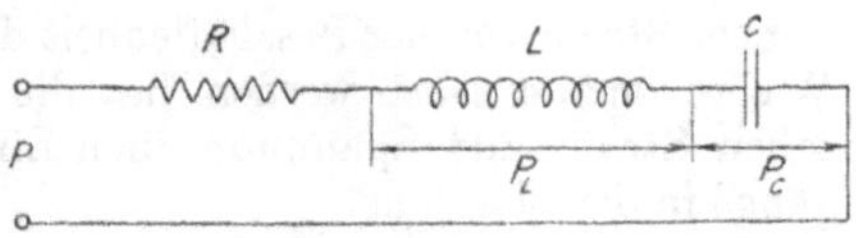

Abb. 6.

Für einen Stromkreis, in dem sowohl Ohmscher Widerstand wie Selbstinduktion und Kapazität vorhanden sind (Abb. 6), ergibt sich folgender Zusammenhang zwischen Strom und aufgedrückter Spannung:

$$p = J_m \sqrt{R^2 + \left(\omega L - \frac{1}{\omega C}\right)^2} \sin(\omega t + \varphi) \quad (24)$$

$$\operatorname{tg} \varphi = \frac{\omega L - \frac{1}{\omega C}}{R} \quad (25)$$

$$P = J \sqrt{R^2 + \left(\omega L - \frac{1}{\omega C}\right)^2} = J x. \quad (26)$$

$\operatorname{tg} \varphi$ ist positiv, d. h. der Strom eilt der Spannung nach, wenn $\omega L > \frac{1}{\omega C}$, $\operatorname{tg} \varphi$ ist negativ, d. h. der Strom eilt der Spannung vor, wenn $\omega L < \frac{1}{\omega C}$.

Ist $\omega L = \frac{1}{\omega C}$ *(Resonanz)*, so ist das Verhältnis zwischen Strom und Spannung für den ganzen Stromkreis dasselbe wie für einen Stromkreis mit reinem Ohmschen Widerstand. Dabei kann leicht der Fall eintreten, daß die Spannungen an den Klemmen der Selbstinduktion und des Kondensators bedeutend größer sind als die Spannung an den Klemmen des gesamten Stromkreises.

Beispiel. Es sei $R = 1$ Ohm, $L = 1$ Henry. Bei $f = 50$ Per/sek tritt Resonanz ein, wenn

$$C = \frac{1}{\omega^2 L} = \frac{1}{(2\pi \cdot 50)^2 \cdot 1} = 10{,}15 \cdot 10^{-6} \text{ Farad} = 10{,}15 \mu F.$$

Für einen Strom von 100 Amp. muß die Spannung an den Klemmen des ganzen Stromkreises $1 \cdot 100 = 100$ Volt betragen. An dem Kondensator wie an der Selbstinduktion beträgt dabei die Spannung

$$P_L = P_C = 100 \cdot 2\pi \cdot 50 \cdot 1 = 100 \frac{1}{2\pi \cdot 50 \cdot 10{,}15 \cdot 10^{-6}} = 31\,400 \text{ Volt}.$$

Für gegebene Werte von L und C findet man die *Periodenzahl, bei welcher Resonanz auftritt*, aus der Beziehung $\omega L = \frac{1}{\omega C}$ zu

$$\omega = \frac{1}{\sqrt{LC}},$$

d. h.

$$f = \frac{1}{2\pi \sqrt{LC}}. \quad (27)$$

Arbeitet ein Generator auf irgendeinen Stromkreis, so ist die Phasenverschiebung zwischen seiner Klemmenspannung und seinem Strom von der Beschaffenheit des Stromkreises abhängig. Wie wir später sehen werden, hat die Phasenverschiebung zwischen Strom und Spannung einen Einfluß auf die inneren Vorgänge in der Maschine.

4. Darstellung von Wechselströmen durch Vektoren.

Rotiert eine Strecke ($\overline{OA}$, Abb. 7) mit konstanter Winkelgeschwindigkeit ω um einen festen Punkt (O), so beschreiben ihre Projektionen auf eine feste Gerade (y) die Ordinaten einer Sinuskurve.

Es ist $$Oa = OA \sin \omega t.$$

Stellt daher die Strecke OA die Amplitude einer sinusförmigen Wechselspannung (oder eines sinusförmigen Wechselstromes) dar und ist die Winkelgeschwindigkeit ihrer Drehung gleich der Kreisfrequenz ω der Wechselspannung (oder des Wechselstromes), so sind die Projektionen $\overline{Oa}$ die zu den Winkeln ωt zugehörigen Momentanwerte (Augenblickswerte) der Spannung (oder des Stromes).

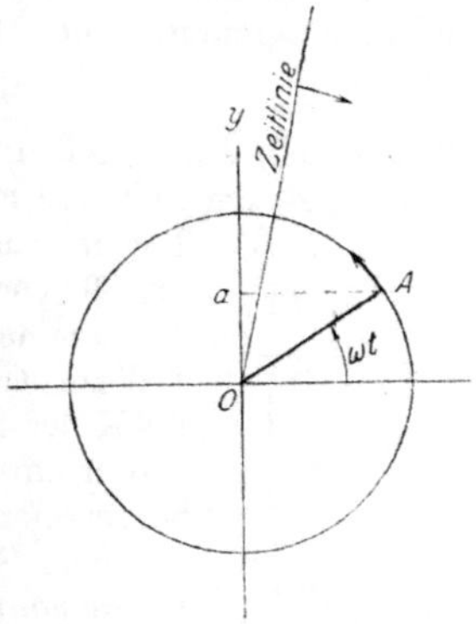

Abb. 7.

Wirken auf einen Stromkreis mehrere in der Phase gegeneinander verschobene Spannungen gleicher Frequenz, so ist der resultierende Momentanwert der Spannung gleich der Summe der Momentanwerte der Einzelspannungen. Abb. 8 bezieht sich auf den Fall, wo auf einen Stromkreis zwei um den Winkel φ gegeneinander verschobene Spannungen wirken. Die Spannung OP_2 eilt der Spannung OP_1 vor. In dem für die Abb. 8 gewählten Augenblick beträgt der Momentanwert der Spannung OP_1 Oa_1 und der Momentanwert der Spannung OP_2 Oa_2. Der resultierende Momentanwert der Spannung ist gleich $Oa_1 + Oa_2 = Oa$. Diesen resultierenden Momentanwert Oa kann man auch auf andere Weise finden und zwar derart, daß man die Amplituden OP_1 und OP_2 der beiden Spannungen geometrisch zu OP zusammensetzt und den Momentanwert Oa dieser resultierenden Spannung OP bildet.

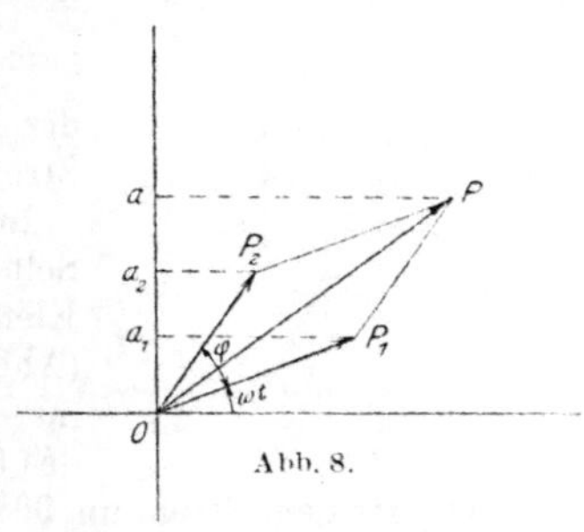

Abb. 8.

Die Amplituden (ebenso wie die zu ihnen in einem festen Verhältnis stehenden Effektivwerte) der *sinusförmigen* Spannungen und Ströme lassen sich demnach wie Vektoren behandeln. Die geometrische Addition der Amplituden (der Effektivwerte) der Einzelspannungen bzw. der Einzelströme gibt die Amplitude (den Effektivwert) der resultierenden Spannung bzw. des resultierenden Stromes. Die Darstellung der Amplituden und Effektivwerte der sinusförmigen Spannungen und Ströme als Vektoren vereinfacht die Rechnung mit diesen Größen sehr wesentlich, dabei ist jedoch nicht zu vergessen, daß in der Natur *nur die Momentanwerte sich addieren* und zwar algebraisch. Als Drehrichtung der *Vektoren* ist es üblich, die Drehrichtung *gegen den Uhrzeigersinn* zu wählen. Anstatt die Vektoren rotieren zu lassen, kann man sie auch stillstehend denken und die *Gerade*, auf die sie projiziert werden, sich im umgekehrten Sinne, also im *Uhrzeigersinne*, drehen lassen; die Gerade nennt man *Zeitlinie* (Abb. 7).

Wir betrachten als Beispiel einen Stromkreis mit Widerstand und Selbstinduktion. Wie aus Gleichung 16 hervorgeht, muß die Klemmenspannung des Stromkreises, wenn durch ihn der Strom

$$i = J_m \sin \omega t$$

fließen soll, aus 2 Teilen bestehen: einem Teil mit der Amplitude $J_m R$, der in Phase mit dem Strom ist, und einem zweiten Teil mit der Amplitude $J_m \omega L$, der dem Strom um 90^0 voreilt. Der erste Teil dient zur *Überwindung* des Ohmschen Widerstandes, der zweite Teil zur *Überwindung* der Selbstinduktion. Die EMK der Selbstinduktion bleibt gegenüber dem Strom um 90^0 in der Phase zurück, weil der sie hervorrufende Fluß vom Strome erzeugt wird und mit dem Strom in Phase ist (Abb. 3.) *Die zur Überwindung der EMK der Selbstinduktion nötige Spannung* muß der EMK der Selbstinduktion entgegenwirken, gegen diese also um 180^0 in der Phase verschoben sein, *sie eilt demnach dem Strome um 90^0 vor.*

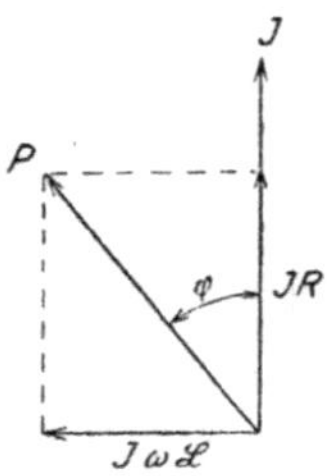

Abb. 9.

Abb. 9 zeigt die Effektivwerte der beiden Komponenten ebenso wie die Klemmenspannung selbst. JR ist in Phase mit dem Strom J, $J\omega L$ eilt dem Strom um 90^0 vor. $P = J\sqrt{R^2 + (\omega L)^2}$ ist die resultierende Spannung des ganzen Stromkreises. $\varphi = \operatorname{arc\,tg} \frac{\omega L}{R}$ ist der Phasenverschiebungswinkel zwischen Strom und Spannung.

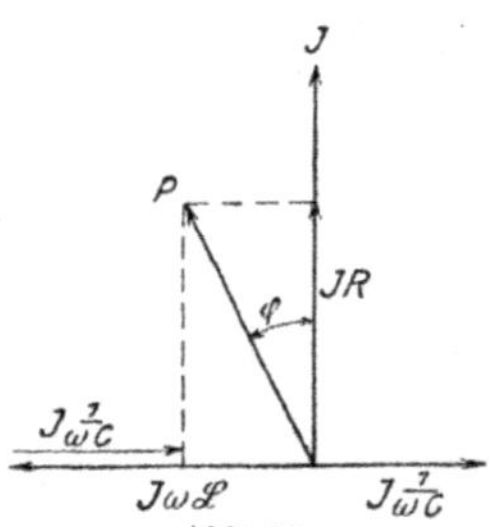

Abb. 10.

In einem Stromkreis mit Widerstand, Selbstinduktion und Kapazität muß die Klemmenspannung aus 3 Teilen bestehen (Abb. 10): einem Teil JR, der in Phase mit dem Strom ist, zur Überwindung des Ohmschen Widerstandes, einem Teil $J\omega L$, der dem Strom um 90^0 voreilt, zur Überwindung der EMK der Selbstinduktion und einem Teil $J\frac{1}{\omega C}$, der dem Strom um 90^0 nacheilt, zur Aufladung des Kondensators. Die beiden letzten Teilspannungen wirken einander entgegen. P ist der Effektivwert der zur Erzeugung des Stromes mit dem Effektivwert J nötigen Klemmenspannung.

$$\varphi = \operatorname{arc\,tg} \frac{\omega L - \frac{1}{\omega C}}{R}$$

ist der Phasenverschiebungswinkel zwischen Strom und Spannung.

5. Die Leistung eines einphasigen Wechselstromes.

Wird in einem Stromkreis durch eine seinen Klemmen aufgedrückte Gleichspannung P der Strom J erzeugt, so wird dem Stromkreis die Leistung $N = PJ$ zugeführt. Enthält der Stromkreis nur Ohmschen Widerstand, so wird diese Leistung in Wärme verwandelt. Setzt man in $N = PJ$, $P = JR$ ein, so ergibt sich entsprechend dem Jouleschen Gesetz $N = J^2 R$.

Für einen Wechselstromkreis ergibt das Produkt pi die *momentane* Leistung des Stromkreises. Diese ist in jedem Augenblick verschieden. Abb. 11 zeigt den Verlauf der Leistung in Abhängigkeit von der Zeit für einen Stromkreis mit reinem Ohmschen Widerstand. Strom und Spannung sind in Phase. Die Leistung ist stets positiv, d. h. sie wird stets von der Stromquelle dem Stromkreis zugeführt. Sie steigt von Null bis zu einem gewissen Maximum und fällt wieder auf Null.

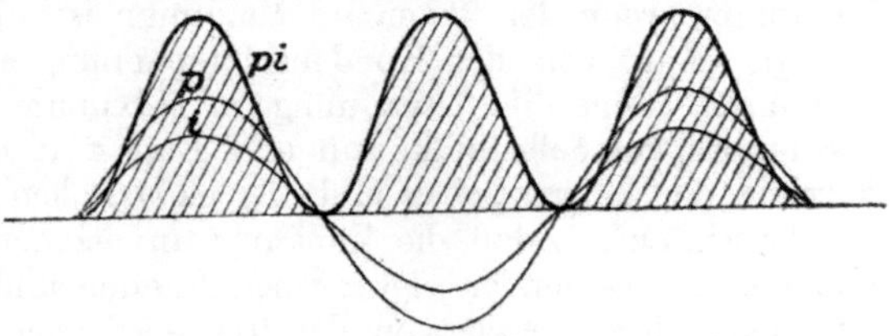

Abb. 11.

Abb. 12 zeigt den Verlauf der momentanen Leistung für einen Stromkreis mit reiner Selbstinduktion, also für einen Stromkreis, in dem der Strom ein magnetisches Feld hervorruft. Der Strom eilt der Spannung um 90° nach. Während einer Viertelperiode des Stromes ist die Leistung des Stromkreises positiv, d. h. die Selbstinduktion nimmt Leistung von der Stromquelle auf; während der anderen Viertelperiode ist die Leistung negativ, d. h. die Selbstinduktion gibt die aufgenommene Leistung der Stromquelle wieder zurück. Solange der Strom von Null bis zu seiner Amplitude ansteigt, nimmt der Fluß und somit die Energie des magnetischen Feldes zu; diese muß von der Stromquelle gedeckt werden, die Leistung ist positiv. Fällt der Strom, so nimmt die Energie des magnetischen Feldes ab, der Stromquelle wird Energie zurückgegeben, die Leistung ist negativ. Die mittlere Leistung des Stromkreises ist gleich Null.

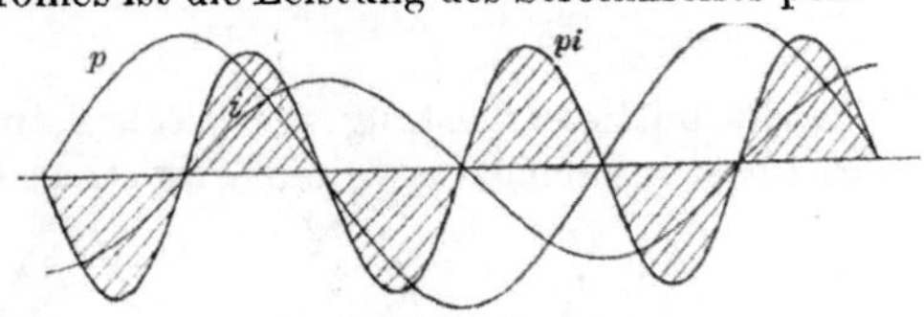

Abb. 12.

In einem Stromkreis mit reiner Kapazität ist der Verlauf der momentanen Leistung der gleiche wie in dem Stromkreis mit reiner Selbstinduktion (Abb. 12). Während die Selbstinduktion mit einem magnetischen Feld und magnetischer Energie verbunden ist, ist der Kondensator mit einem elektrischen Feld und elektrischer Energie verbunden. Solange die Spannung von Null bis zu ihrer Amplitude ansteigt, nimmt die Energie des elektrischen Feldes zu und die Leistung wird von der Stromquelle dem Stromkreis zugeführt. Sinkt die Spannung, so nimmt die Energie des elektrischen Feldes ab und der Stromquelle wird Energie zurückgegeben.

Die magnetische Energie hängt vom Strome ab und ist im Maximum, wenn der Strom im Maximum ist. Die elektrische Energie hängt von der Kondensatorspannung ab und ist im Maximum, wenn diese Spannung im Maximum ist. In einem Stromkreis mit Selbstinduktion und Kapazität treten also die Maxima der magnetischen und der elektrischen Energie nicht gleichzeitig auf, so daß die Zunahme an magnetischer Energie von der frei werdenden elektrischen Energie und die Zunahme an elektrischer Energie von der frei werdenden magnetischen Energie gedeckt werden kann. Die beiden Felder laden sich gegenseitig auf, und die Stromquelle braucht nur die Differenz der nötigen Energie zu liefern [L. 3]. Im Resonanzfalle braucht die Stromquelle überhaupt keine Energie zum Aufbau der Felder zu liefern und hat dem Stromkreis nur die Stromwärmeverluste zuzuführen.

Die *mittlere* Leistung des Wechselstromes ist

$$N = \frac{1}{T}\int_0^T pi\,dt = \frac{1}{2}\,P_m\,J_m \cos\varphi = PJ\cos\varphi. \tag{28}$$

Für die mittlere Leistung des Wechselstromes ist der Kosinus des Phasenverschiebungswinkels zwischen Strom und Spannung maßgebend. Für einen Stromkreis mit reinem Ohmschen Widerstand ist $\cos\varphi = 1$ und $N = PJ$

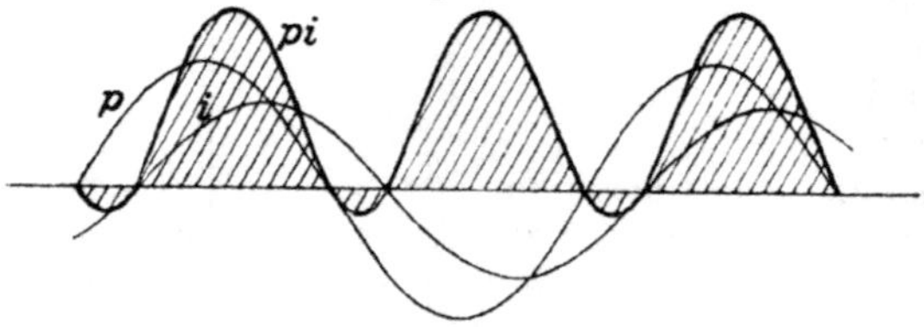

Abb. 13.

wie bei Gleichstrom. Für einen Stromkreis mit reiner Selbstinduktion oder reiner Kapazität ist $\cos\varphi = 0$ und $N = 0$. Im allgemeinen Falle weicht $\cos\varphi$ von 1 und von 0 ab. Den Verlauf der momentanen Leistung für diesen Fall zeigt Abb. 13. Den $\cos\varphi$ nennt man den *Leistungsfaktor*.

Zerlegt man den Strom J in zwei Komponenten (Abb. 14), eine in Phase mit der Spannung $J\cos\varphi$ und die andere senkrecht zu der Spannung $J \sin \varphi$, so ist für die Leistung nur die erste maßgebend (s. Gleichung 28). Man nennt deswegen

$J \cos \varphi$ *Wirkstrom*

$J \sin \varphi$ *Blindstrom*.

Für die Stromwärmeverluste ebenso wie für den Spannungsabfall in Leitungen und Maschinen ist der Gesamtstrom J maßgebend, während für die Leistung nur der Wirkstrom $J \cos \varphi$ in Betracht kommt. Der Blindstrom erscheint also in den Wechselstromanlagen als störende Begleiterscheinung. Wie wir später sehen werden, wird er hauptsächlich durch den Magnetisierungsstrom und die Streuung der Motoren und Transformatoren, also durch Ströme, die zum Aufbau der magnetischen Felder nötig sind, verursacht.

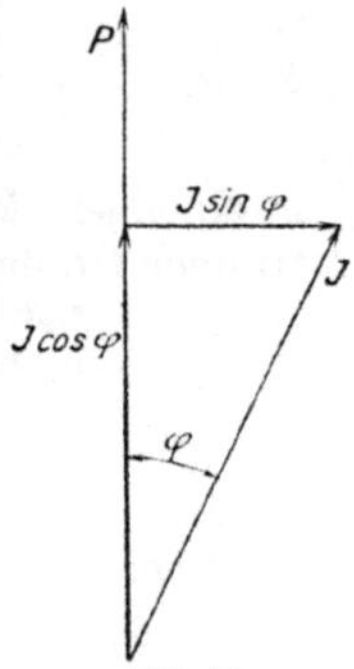

Abb. 14.

Man bezeichnet:

$P J$ *scheinbare Leistung, Scheinleistung*

$P J \cos \varphi$ *Wirkleistung*

$P J \sin \varphi$ *Blindleistung*.

Für die Dimensionen der elektrischen Maschine ist ihre scheinbare Leistung maßgebend.

6. Erzeugung von Mehrphasenströmen.

Ordnet man auf dem induzierten Teil (dem Anker) der Abb. 2 noch einige Spulen an, derart, daß alle Spulen räumlich gegeneinander verschoben sind, so werden bei der Drehung des Ankers auch in diesen Spulen Wechsel-EMKe induziert. Diese EMKe haben alle die gleiche Periodenzahl, in der Phase sind sie aber gegeneinander verschoben, weil die Spulen nie gleichzeitig mit dem gleichen Fluß verkettet sind. Während mit der einen Spule der gesamte Fluß verkettet ist und die in ihr induzierte EMK dementsprechend gleich Null ist, kann zu gleicher Zeit der mit einer anderen Spule verkettete Fluß gleich Null und die in ihr induzierte EMK dementsprechend im Maximum sein.

Ein System, bei dem eine Anzahl räumlich gegeneinander verschobener Wicklungsstränge ebenso viele zeitlich gegeneinander verschobene Wechselströme gleicher Frequenz erzeugt, nennt man ein *Mehrphasensystem*. Von den Mehrphasensystemen sind die wichtigsten: das Zweiphasensystem, das Vierphasensystem, das Dreiphasensystem und das Sechsphasensystem. Es sind zu unterscheiden: unabhängige oder *unverkettete* und abhängige oder *verkettete* Mehrphasensysteme [L. 4].

Die räumliche Lage der beiden Wicklungsstränge, die beiden EMK-Wellen und die Lage der Effektivwerte der beiden induzierten EMKe im Vektordiagramm eines *verketteten Zweiphasensystems* (Zweiphasen-Dreileitersystems) zeigen Abb. 15, 16 und 17.

Die Wicklung besteht aus zwei räumlich um 90° gegeneinander verschobenen Strängen. Dabei ist zu beachten, daß es sich hier nicht um räumliche, sondern um *elektrische* Grade handelt. Jeder Periode, also jeder doppelten Polteilung, entsprechen

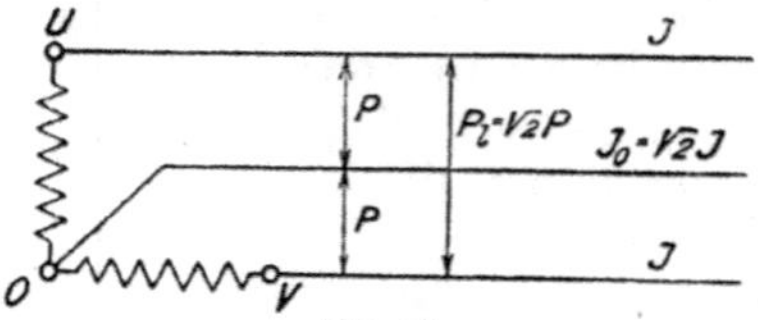

Abb. 15.

360 elektrische Grade (Abb. 3 und 4), während dem Kreis, d. h. der ganzen Maschine, 360 räumliche Grade entsprechen. Einem räumlichen Grad entsprechen demnach p elektrische Grade. Nur bei der zweipoligen Maschine ($p = 1$) sind die räumlichen und elektrischen Grade einander gleich: hier stehen die beiden Wicklungsstränge aufeinander senkrecht. Bei der sechspoligen Maschine beträgt die räumliche Verschiebung der beiden Wicklungsstränge nur $\frac{90}{3} = 30$ räumliche Grade.

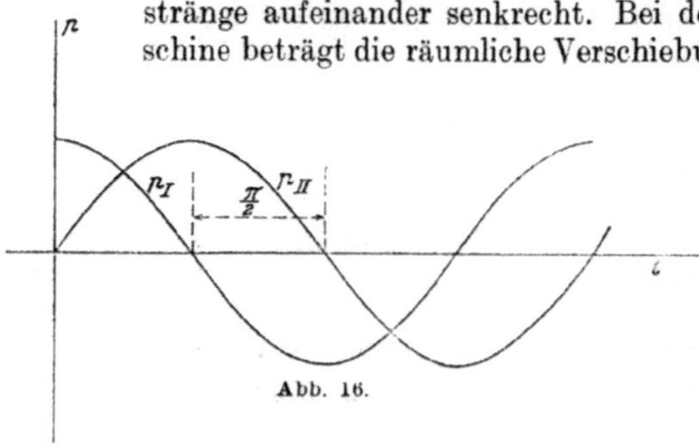

Abb. 16.

Man bezeichnet die Spannung pro Strang als *Phasenspannung* und die Spannung zwischen den Enden zweier benachbarter Wicklungsstränge als *verkettete Spannung* oder *Linienspannung*. Diese ist gleich der *Differenz* der beiden Phasenspannungen.[1])

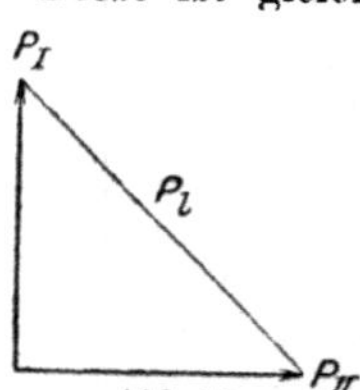

Abb. 17.

Die Phasenspannungen der beiden Wicklungsstränge U und V sind einander gleich ($P_I = P_{II} = P$), die verkettete Spannung (zwischen den Wicklungspunkten U und V) ist, wie aus Abb. 17 hervorgeht, $\sqrt{2}$ mal so groß wie die Phasenspannung

$$P_l = \sqrt{2}\,P. \tag{29}$$

Die Belastung wird zwischen je einem Außenleiter und dem Null-

1) *Differenz* und nicht Summe, wie etwa in Abb. 8, weil es nicht nur auf die zeitliche Phase der Einzelspannungen, sondern noch auf die *Verbindungsart* der einzelnen Wicklungsstränge miteinander ankommt. Dies erkennt man am einfachsten an folgendem Beispiel: In zwei Spulen, die gleiche räumliche Lage im Felde haben, werden EMKe induziert, die zeitlich in Phase sind. Die beiden Spulen können jedoch so miteinander verbunden werden, *daß nach außen* sowohl die Summe wie die Differenz der beiden EMKe wirkt.

leiter angeschlossen, so daß durch den Nulleiter die Differenz der beiden Phasenströme fließt. Somit ist der Nulleiterstrom

$$J_o = \sqrt{2}\, J. \qquad (30)$$

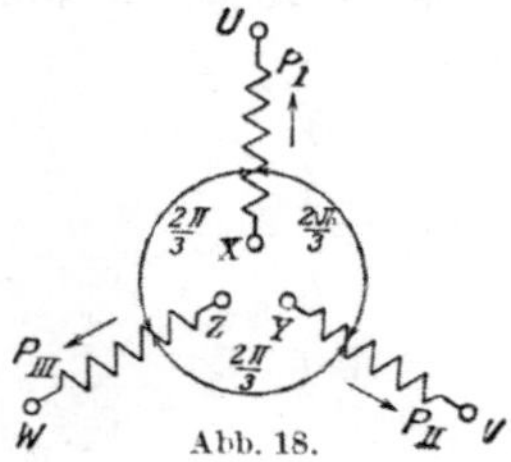

Abb. 18.

Die Leistung des Zweiphasen-Dreileitersystems ist

$$N = 2\, P J \cos \varphi. \qquad (31)$$

Das *Vierphasensystem* hat 4 Wicklungsstränge: je zwei der Spannungen sind gegeneinander um 180° verschoben. Es ist in elektrischer Hinsicht dem Zweiphasensystem ähnlich und wird nur selten (z. B. bei polumschaltbaren Motoren) angewendet.

Das wichtigste von den Mehrphasensystemen ist das *Dreiphasensystem*. Die 3 Wicklungsstränge sind räumlich um $\frac{2\pi}{3} = 120$ elektrische Grade gegeneinander verschoben (Abb. 18) und erzeugen 3 um 120° gegeneinander verschobene Spannungen. Diese sind

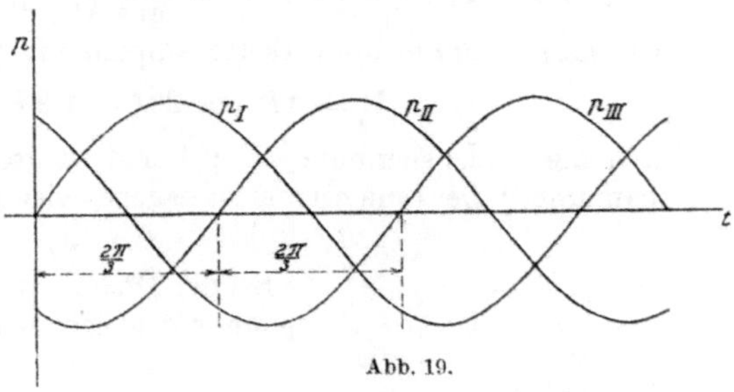

Abb. 19.

$$p_I = P \sin \omega t$$
$$p_{II} = P \sin\left(\omega t - \frac{2\pi}{3}\right) \qquad (32)$$
$$p_{III} = P \sin\left(\omega t - 2\,\frac{2\pi}{3}\right).$$

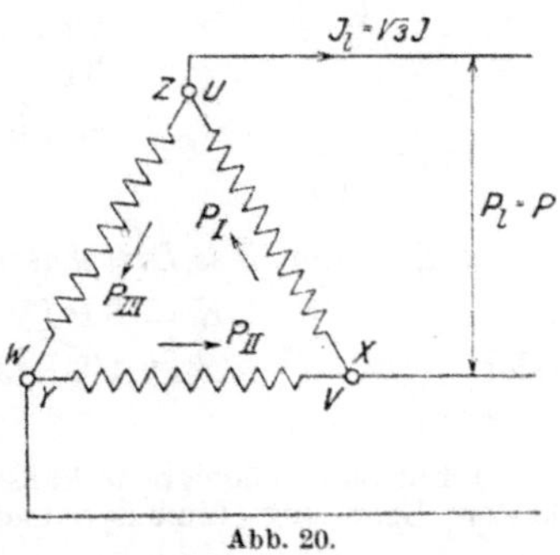

Abb. 20.

Den Verlauf dieser 3 Sinuswellen zeigt Abb. 19. Bildet man die Summe $p_I + p_{II} + p_{III}$, so ist sie in jedem beliebigen Zeitmoment t gleich Null. Dies läßt sich ohne weiteres auch aus Abb. 19 ersehen. Daraus folgt, daß man die 3 Wicklungsstränge so miteinander verbinden darf, wie Abb. 20 zeigt, d. h. man darf sie in *Dreieck* schalten. Innere Ströme können im Dreieck nicht entstehen, da die Summe der Spannungen in bezug auf dieses als geschlossenen Stromkreis stets gleich Null ist. Nach außen können Ströme abgegeben werden, da zwischen je 2 Leitungen Spannung herrscht.

Den 3 Spannungen p_I, p_{II} und p_{III} entsprechen 3 Ströme, deren Summe (bei symmetrischer Belastung der 3 Wicklungsstränge) ebenfalls in jedem Zeitmoment gleich Null ist. Verbindet man die drei Wicklungsstränge zu einem *Stern*, wie Abb. 21 zeigt, so kann der Nulleiter (Sternpunktleiter) weggelassen werden, da in ihm, als Rückleiter für alle 3 Wicklungsstränge, der Strom stets gleich Null ist.

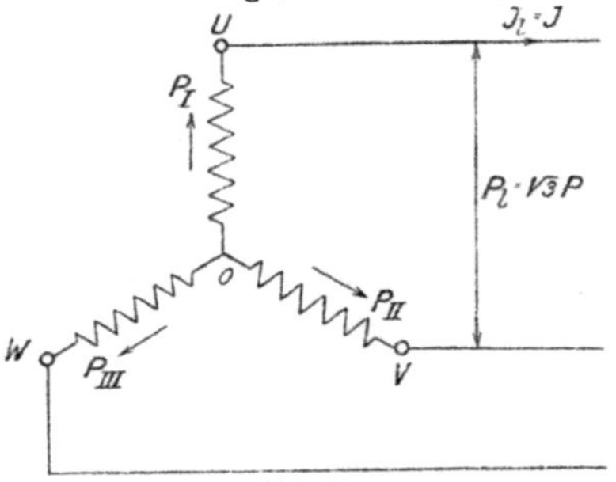

Abb. 21.

Gleichen Fluß und gleiche Periodenzahl (s. Gleichung 12) vorausgesetzt, ist bei gleicher Windungszahl pro Strang die verkettete Spannung bei der Sternschaltung größer als bei der Dreieckschaltung. Wie aus Abb. 22 hervorgeht, ist bei der *Sternschaltung* die verkettete Spannung gleich

$$P_l = 2P \cos 30^0 = \sqrt{3}\, P, \tag{33}$$

d. h. die Linienspannung ist $\sqrt{3}$ mal so groß wie die Phasenspannung.[1]) Der Linienstrom ist dagegen gleich dem Phasenstrom

$$J_l = J. \tag{35}$$

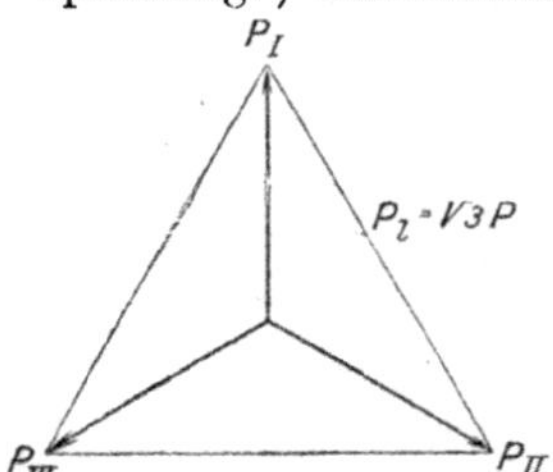

Abb. 22.

Bei der *Dreieckschaltung* ist die Linienspannung gleich der Phasenspannung

$$P_l = P, \tag{36}$$

der Linienstrom aber, der der *Differenz* der Ströme zweier Phasen gleich ist, ist $\sqrt{3}$ mal so groß wie der Phasenstrom

$$J_l = \sqrt{3} J. \text{ [2])} \tag{37}$$

Die *Leistung eines Dreiphasensystems* ist gleich

$$N = 3\, PJ \cos \varphi \text{ Watt}$$

oder

$$N = \sqrt{3}\, P_l\, J_l \cos \varphi \text{ Watt}. \tag{39}$$

---

1) Für ein beliebiges m-Phasensystem findet man [L. 4] die verkettete Spannung (Linienspannung) zu

$$p_l = P \sin \omega t - P \sin \left(\omega t - \frac{2\pi}{m}\right)$$
$$= 2P \sin \frac{\pi}{m} \sin \left(\omega t - \frac{\pi}{m}\right),$$

d. h. der Effektivwert der Linienspannung ist gleich

$$P_l = 2P \sin \frac{\pi}{m}. \tag{34}$$

2) In ähnlicher Weise wie für die Linienspannung findet man für den verketteten Strom (Linienstrom) eines m-Phasensystems

$$J_l = 2J \sin \frac{\pi}{m}. \tag{38}$$

Beide Gleichungen gelten sowohl für die Stern- wie für die Dreieckschaltung.

Das *Sechsphasensystem* steht zum Dreiphasensystem in ähnlicher Beziehung wie das Vierphasensystem zum Zweiphasensystem. Die 6 Wicklungsstränge erzeugen 6 Spannungen, von denen je zwei um 180° gegeneinander in der Phase verschoben sind.

Das Zweiphasensystem kommt selten, hauptsächlich für Läufer von Asynchronmotoren in Frage. Die meisten Wechselstromgeneratoren sind dreiphasig oder einphasig, meistens dreiphasig. Sechsphasenwicklungen werden hauptsächlich für Einankerumformer verwendet.

Die von Ein- und Mehrphasenwicklungen erzeugten Felder werden im Kapitel V behandelt.

7. Das Biot-Savartsche Gesetz.

Befindet sich ein vom Strome durchflossener Leiter in einem magnetischen Felde, so wird auf ihn eine Kraft ausgeübt. Unter der Annahme, daß die Richtung der Induktionslinien senkrecht zur Richtung des Stromes (des Leiters) steht, ist diese Kraft [L. 5]

$$K = \frac{1}{9{,}81} \mathfrak{B} J l \, 10^{-6} \, \text{kg}, \tag{40}$$

wobei die Leiterlänge l in cm und der Strom J in Amp. einzu setzen sind. $\mathfrak{B}$ ist die magnetische Induktion an der Stelle, wo der Leiter sich befindet.

Die *Richtung* der Kraft K kann man mit Hilfe des *Korkziehers* (der Rechtsschraube) wie folgt bestimmen: Man lege den Griff des Korkziehers in die Richtung des Stromes J und drehe ihn auf kürzestem Wege von J nach $\mathfrak{B}$; der Korkzieher schraubt sich dann im Sinne der Kraft K fort. Die Kraft K steht somit stets *senkrecht zur Ebene durch J und* $\mathfrak{B}$.

Bei der elektrischen Maschine trifft die Annahme, daß die Induktionslinien und der Leiter aufeinander senkrecht stehen, stets zu.

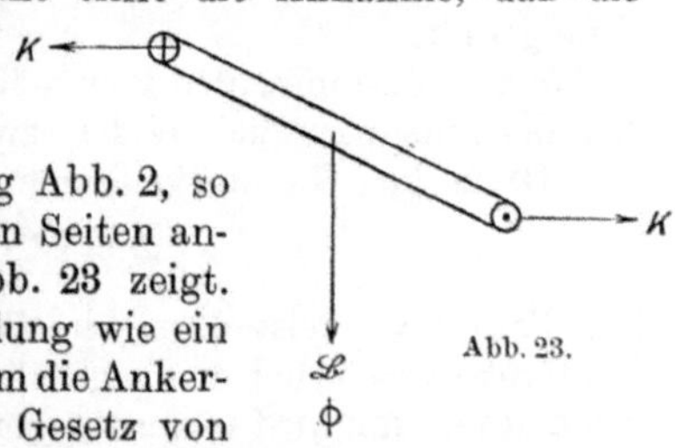

Abb. 23.

Betrachten wir die Windung Abb. 2, so sind die Kräfte, die ihre beiden Seiten angreifen, so gerichtet, wie Abb. 23 zeigt. Sie wirken also auf die Windung wie ein Kräftepaar und versuchen sie um die Ankerachse zu drehen. Nach dem Gesetz von Wirkung und Gegenwirkung greifen aber die Kräfte nicht nur den Leiter, sondern auch den Träger des magnetischen Feldes, also die Magnetpole, an. Es gerät derjenige von den beiden Teilen in Drehung, der beweglich angeordnet ist.

Bei *Wechselstrom* sind in die Gleichung 40 für $\mathfrak{B}$ und J die Momentanwerte der Jnduktion und des Stromes einzusetzen. Berechnet man den Mittelwert der Kraft für eine Periode, so findet man, daß dieser von der Phasenverschiebung zwischen Fluß und Strom abhängt (vgl. Gleichung 11). Das von den Kräftepaaren erzeugte Drehmoment ist also bei Wechselstrom am größten, wenn Fluß und Strom zeitlich in Phase sind. Wir kommen auf diesen Punkt noch später (s. S. 267) zurück.

Wie aus der Gleichung 40 für die Kraft K hervorgeht, ändert das Drehmoment seine Richtung nur dann, wenn *entweder* der Fluß *oder* der Strom seine Richtung ändert. Ändern Strom und Fluß gleichzeitig ihre Richtungen, so ändert das Drehmoment seine Richtung nicht. Dadurch erklärt sich, warum auch bei Wechselstrommaschinen ein stets in gleichem Sinne wirkendes Moment auftritt. Auch für die Änderung des Drehsinns von Motoren ist diese Tatsache von Wichtigkeit.

Beim Generator (Stromerzeuger) wirkt das zwischen den Leitern und dem Feld auftretende Moment der Drehrichtung entgegen und wird von außen durch die Antriebsmaschine überwunden; dem Generator wird Leistung zugeführt. Beim Motor wirkt das zwischen den Leitern und Feld auftretende Moment im Sinne der Drehrichtung und wird über die Welle auf die Arbeitsmaschine übertragen. —

II. Der magnetische Kreis. Verluste und Erwärmung der elektrischen Maschine.

1. Das Ohmsche Gesetz des magnetischen Kreises.

Das Polgehäuse (Abb. 2 oder 4), die Pole, die Luftzwischenräume zwischen den Polen und dem Anker und das Ankereisen bilden einen geschlossenen magnetischen Kreis. Der Verlauf der Kraftlinien ist aus Abb. 4 und auch aus Abb. 24 ersichtlich. Der Fluß eines Poles ist sowohl im Polgehäuse wie im Anker in zwei Teile geteilt.

Für den Zusammenhang zwischen dem magnetischen Fluß Φ und dem magnetischen Widerstand R_m gilt eine Beziehung, die dem Ohmschen Gesetz für Gleichstrom ähnlich ist, und zwar

$$\Phi = \frac{0{,}4\pi i w}{R_m}. \tag{41}$$

Der Faktor $0{,}4\pi$ ist durch die Wahl des Maßsystems bedingt. Die Größe iw spielt hier die gleiche Rolle wie die EMK im Ohmschen Gesetz und wird als *magnetomotorische Kraft* (kurz MMK) oder auch als *Durchflutung* bezeichnet.

Bei gegebenem magnetischen Widerstand R_m ist also für die Größe des Kraftflusses Φ das *Produkt* aus dem Strom (in Amp.) und der Windungszahl, mit der der Fluß verkettet ist, maßgebend. Es ist dabei gleichgültig, wie sich dieses Produkt auf die beiden Multiplikatoren verteilt, es kommt nur auf die Größe des Produktes an: 1000 Amp. in einer Windung sind gleichwertig mit 1 Amp. in 1000 Windungen. iw nennt man auch *Amperewindungen* (kurz AW).

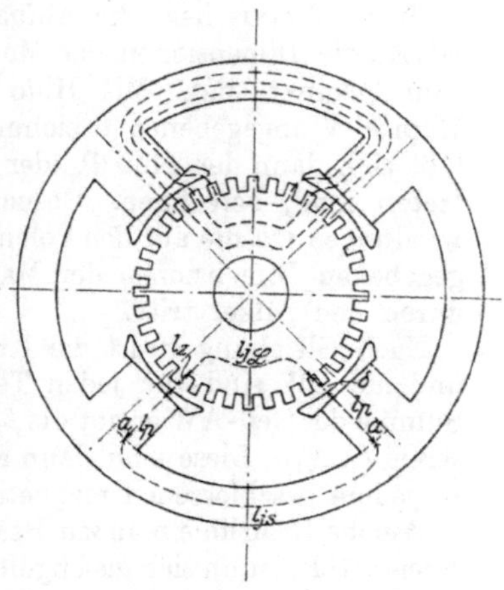

Abb. 24.

Der magnetische Widerstand R_m hängt (ähnlich dem elektrischen Widerstand) von der Länge des Kraftlinienweges, von dem Querschnitt, der dem Fluß zur Verfügung steht, und von der magnetischen Leitfähigkeit, *der Permeabilität*, des Materials ab. Da der magnetische Kreis der elektrischen Maschine nicht aus homogenem Material beschaffen ist, vielmehr aus Eisen verschiedener magnetischer Eigenschaften und Luft besteht, so ist für den Widerstand zu setzen:

$$R_m = \sum \frac{l}{\mu F},$$

wo l die Länge in cm, F der Querschnitt in cm² und μ die Permeabilität bedeuten. Für die verschiedenen Teile des magnetischen Kreises (der Kraftlinie) sind l, F und μ verschieden. Da $\frac{\Phi}{F} = \mathfrak{B}$ und $\frac{\mathfrak{B}}{\mu} = \mathfrak{H}$ ist, so ergibt sich aus Gleichung 41

$$iw = \frac{1}{0{,}4\pi} \sum \frac{\Phi}{F\mu}\, l,$$

d. h. $$iw = 0{,}8\,\frac{\mathfrak{B}_1}{\mu_1} l_1 + 0{,}8\,\frac{\mathfrak{B}_2}{\mu_2} l_2 + 0{,}8\,\frac{\mathfrak{B}_3}{\mu_3} l_3 + \cdots \qquad (42\text{a})$$

oder $$iw = 0{,}8\,\mathfrak{H}_1 l_1 + 0{,}8\,\mathfrak{H}_2 l_2 + 0{,}8\,\mathfrak{H}_3 l_3{}^{1)} + \cdots \qquad (42\text{b})$$

1) Diese Gleichung läßt sich wie folgt schreiben:

$$\int \mathfrak{H}\, dl = 0{,}4\,\pi\, i w. \qquad (43)$$

Dies ist eine der Grundgleichungen des elektromagnetischen Feldes [L. 6]. Sie sagt aus: *Das Linienintegral der magnetischen Feldstärke längs einer geschlossenen Linie ist gleich der Summe der mit dieser Linie verketteten Ströme.* Wird z. B. das Feld von einer Spule mit w Windungen, die vom Strome i durchflossen sind, erzeugt (Abb. 25), so ist das Integral $\int \mathfrak{H}\, dl$ für *jede beliebige* geschlossene Linie (1 oder 2 oder 3), die mit *allen* w Windungen verkettet ist, gleich $0{,}4\,\pi i w$. Die Form und Länge der für die Bildung des Integrals gewählten

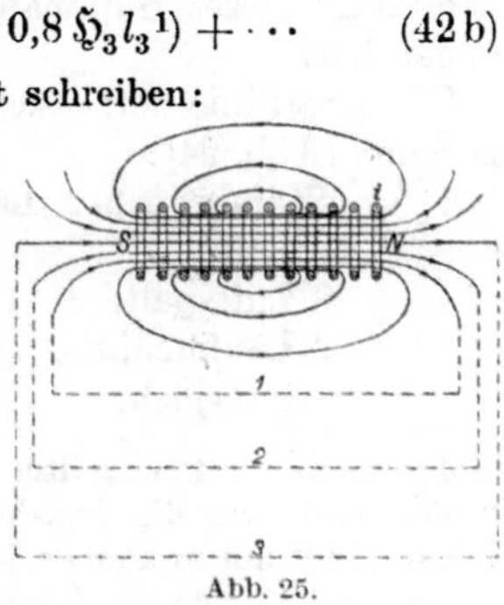

Abb. 25.

2. Bestimmung der Amperewindungen für den magnetischen Kreis der elektrischen Maschine.

In der Praxis liegt die Aufgabe so, daß die zu induzierende EMK, die Dimensionen der Maschine und die Ankerwindungszahl bekannt sind. Mit Hilfe der Gleichung 12 oder der im Kapitel V angegebenen Gleichungen für die induzierte EMK E läßt sich dann der Fluß Φ_a, der pro Pol durch den Anker durchtreten muß, berechnen. Gesucht wird die Zahl der Amperewindungen iw, die auf den Polen anzuordnen sind, damit bei den gegebenen Dimensionen der Maschine der gewünschte Fluß Φ_a durch den Anker tritt.

Nach Gleichung 42 ist die Kraftlinie in mehrere Teile zerlegt und die AW sind für jeden Teil getrennt zu berechnen. Die Summe der Teil-AW ergibt die Amperewindungen für den ganzen Kreis (AW_k). Diese sind dann auf zwei Polen anzuordnen, denn zu jedem geschlossenen magnetischen Kreis gehören zwei Pole.

Welche Kraftlinie man zur Bestimmung der AW für den ganzen Kreis wählt, ist an sich gleichgültig, denn das Integral $\int \mathfrak{H}\, dl$ ergibt für *jede beliebige* geschlossene Linie, die mit allen Polwindungen verkettet ist, denselben Wert. Man wird deswegen eine solche Kraftlinie wählen, für die die Berechnung der Summe $\Sigma\, \mathfrak{H}_x l_x$ (Gleichung 42b) am einfachsten ist, also bei der Gleichstrommaschine (Abb. 24) etwa die dort punktiert eingezeichnete Linie aa. Für eine Kraftlinie, die durch die Polspitzen verläuft, ist die Berechnung der AW viel schwieriger, weil einerseits an den Polspitzen die Kraftlinie durch die Luft nach einer krummen Linie verläuft, so daß die Länge der Kraftlinie an dieser Stelle schwer bestimmbar ist, andererseits die Polspitzen selbst als Summand hinzukommen. Wie wir sehen werden, hat die Luftstrecke, wegen der schlechten magnetischen Leitfähigkeit der Luft, den größten Anteil an der Summe $\sum \mathfrak{H}_x l_x$, so daß die Bestimmung dieses Summanden mit größerer Genauigkeit zu erfolgen hat.

Die Kraftlinie setzt sich demnach aus folgenden Teilen zusammen (Abb. 24):

Ständerjoch,	Länge des Kraftlinienweges	l_{js}
2 Pole,	„ „ „	$2 l_p$
2 Luftspalte,	„ „ „	2δ
2 Läuferzähne,	„ „ „	$2 l_z$
Läuferjoch,	„ „ „	l_{jL}

Linie ist dabei gleichgültig. Je länger man die Linie wählt, desto größer wird zwar die Anzahl der Summanden dl, dafür aber wird die Feldstärke $\mathfrak{H}$ um so kleiner, je weiter man sich von der Spule entfernt.

Die Grundgleichung $\int \mathfrak{H}\, dl = 0{,}4\, \pi i w$ bildet den Ausgangspunkt für die Ableitung der Gleichungen 41 und 42 und nicht umgekehrt.

Die Asynchronmaschine ebenso wie die Wechselstrom-Kommutatormaschine haben keine ausgeprägten Pole. Die Ständerwicklung ist bei diesen Maschinen ähnlich der Läuferwicklung in Nuten untergebracht. An die Stelle der Pole treten hier als zweiter Summand die Ständerzähne mit der Länge des Kraftlinienweges $= 2 l_{zs}$ (Abb. 30). Bei der Synchronmaschine liegen gewöhnlich die Pole innen und der induzierte Teil außen.

Für die Berechnung der Induktion $\mathfrak{B}$ der einzelnen Teile des magnetischen Kreises aus dem Kraftfluß Φ_a ist die Kenntnis der Querschnitte der einzelnen Teile erforderlich. Die Unterteilung des magnetischen Kreises in die Einzelteile muß demnach nicht nur nach den magnetischen Eigenschaften, nach der Permeabilität μ, sondern auch nach dem Querschnitt erfolgen; dies ist oben, wo z. B. die Läuferzähne und das Läuferjoch aus einem und demselben Material sind, aber verschiedene Querschnitte haben, auch geschehen.

Die Querschnitte des Ständer- und Läuferjoches ebenso wie der Polquerschnitt lassen sich ohne weiteres aus den mechanischen Abmessungen der Maschine berechnen.

Um sich ein Bild von der Größe des Luftquerschnittes zu machen, muß man von der *Feldkurve* ausgehen. Diese stellt die Verteilung der Feldstärke (oder auch der Induktion $\mathfrak{B}$, da für Luft $\mu = 1$ ist) im Luftspalt dar. Abb. 26 zeigt z. B. den Pol und die Feldkurve einer Gleichstrommaschine. Die Feldstärke ist am größten unter dem Pol, sie nimmt an den Polspitzen, wo der magnetische Widerstand bedeutend größer ist als unter dem Pol, stark ab und fällt in der Pollücke auf Null [L. 7]. Die Feldstärke ist gleich der Anzahl der Kraftlinien, die pro 1 cm² Ankeroberfläche in den Anker eintreten. Der Inhalt der Feldkurve ist also nichts anderes als der Fluß pro 1 cm Ankerlänge und *der gesamte Fluß ist gleich dem Inhalt der Feldkurve multipliziert mit der Ankerlänge.*

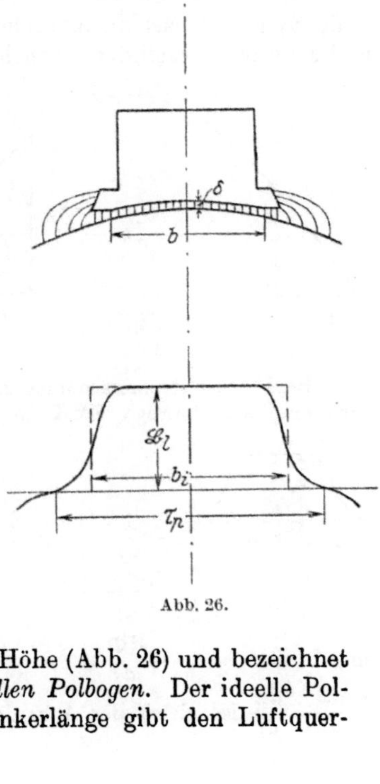

Abb. 26.

Die Feldkurve verwandelt man in ein Rechteck mit der Feldstärke unter der Polmitte ($\mathfrak{B}_l$) als Höhe (Abb. 26) und bezeichnet die Rechteckbreite b_i als den *ideellen Polbogen.* Der ideelle Polbogen b_i multipliziert mit der Ankerlänge gibt den Luftquerschnitt. Die Größe von b_i hängt von der Größe des wirklichen Polbogens b (Abb. 26) und von der Polschuhform ab [L. 8].

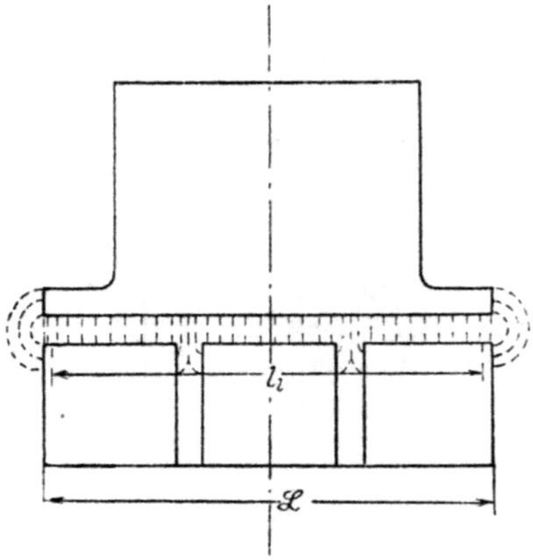

Abb. 27.

Wie aus Abb. 27 hervorgeht, ist zur Bestimmung des Luftquerschnittes nicht die wirkliche Ankerlänge (Eisenlänge einschließlich Papier), die um die Breite der radialen Luftschlitze kleiner ist als die Maschinenlänge L, sondern die sogenannte *ideelle Ankerlänge* l_i einzusetzen. Diese berücksichtigt auch die Kraftlinien, die seitlich und durch die Luftschlitze in den Anker eintreten. Die ideelle Ankerlänge ist größer als die Eisenlänge des Ankers und kleiner als die Maschinenlänge L [L. 9].

Somit
$$Q_l = b_i l_i \quad \text{und} \quad \mathfrak{B}_l = \frac{\Phi_a}{b_i l_i}. \tag{44}$$

Bei Synchronmaschinen, Wechselstrom-Kommutatormaschinen und schwach gesättigten Asynchronmaschinen ist die Feldkurve annähernd sinusförmig (Abb. 28)[1]. Ihre Amplitude liegt in der Polmitte. Man rechnet hier zweckmäßig mit der Amplitude der Feldkurve, d. h. mit einer Kraftlinie, die durch zwei

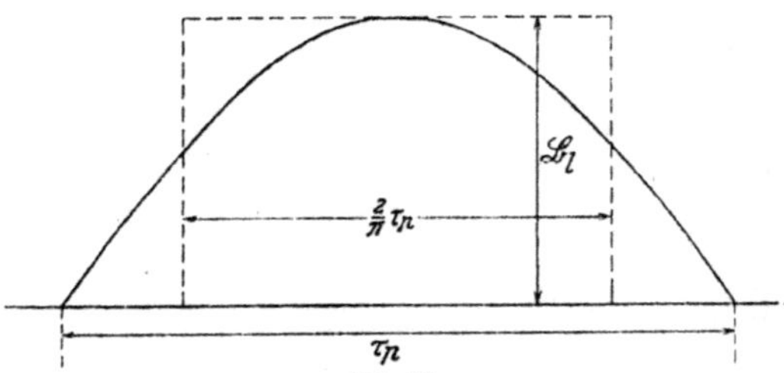

Abb. 28.

1) Bei Wechselstrommaschinen, namentlich bei Synchronmaschinen, wird eine sinusförmige EMK angestrebt. Dies bedingt eine sinusförmige Verteilung der Feldstärke im Luftspalt, d. h. eine sinusförmige Feldkurve, wie aus folgender Überlegung hervorgeht. Setzt man in Gleichung 1 (Abb. 29)

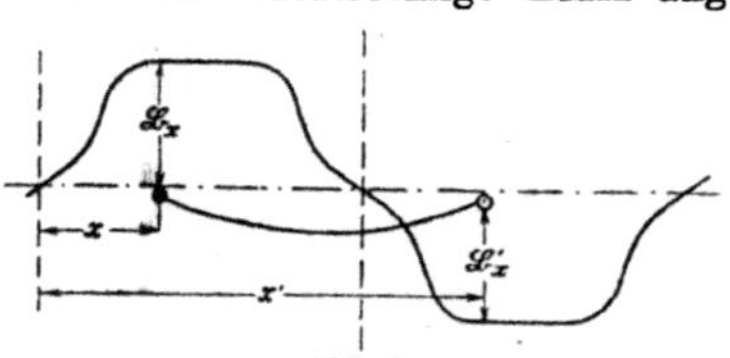

Abb. 29.

$$\Phi = \int_x^{x'} \mathfrak{B}\, l_i\, dx \tag{45}$$

ein, so wird $e = -\dfrac{d\Phi}{dt} 10^{-8} = l_i \left(\mathfrak{B}_x \dfrac{dx}{dt} - \mathfrak{B}'_x \dfrac{dx'}{dt}\right) 10^{-8}$.

$\dfrac{dx}{dt} = \dfrac{dx'}{dt}$ ist gleich der Ankergeschwindigkeit v. Ist die Spulen-

Polmitten geht (Abb. 30). Da bei der Sinuskurve der Mittelwert gleich ist $\frac{2}{\pi} \times$ Amplitude, so ist hier, wenn τ_p die Polteilung bedeutet, als Luftquerschnitt einzuführen

$$Q_l = \frac{2}{\pi} \tau_p \, l_i$$

und die Amplitude der Feldkurve ist

$$\mathfrak{B}_l = \frac{\Phi_a}{\frac{2}{\pi} \tau_p \, l_i} \,. \quad (47)$$

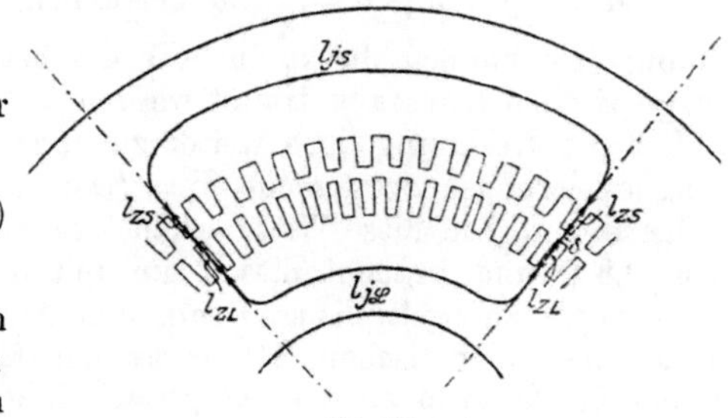

Abb. 30.

Bei stärker gesättigten Asynchronmaschinen ist die Feldkurve im Vergleich zur Sinuskurve abgeflacht (Abb. 31). Würde man hier mit $\mathfrak{B}_l$ nach Gleichung 47 rechnen, so ergäbe sich ein zu großer Wert für $\mathfrak{B}_l$ und dementsprechend zu hohe Amperewindungen. In solchen Fällen muß die Abflachung der Feldkurve infolge der Sättigung besonders berücksichtigt werden [L. 10].

Hat man $\mathfrak{B}_l$ berechnet, so kann man leicht auch die Zahninduktion $\mathfrak{B}_z$ bestimmen, wenn man bedenkt, daß der auf die Nutteilung (τ_n) fallende Fluß durch den Zahn durchgehen muß. Bezeichnen wir die Zahnbreite mit b_z und die Eisenlänge der Maschine (einschließlich Papier) mit l, so ist

$$\mathfrak{B}_z = \frac{\mathfrak{B}_l \, \tau_n \, l_i}{0{,}92 \, b_z \, l} \,. \quad (48)$$

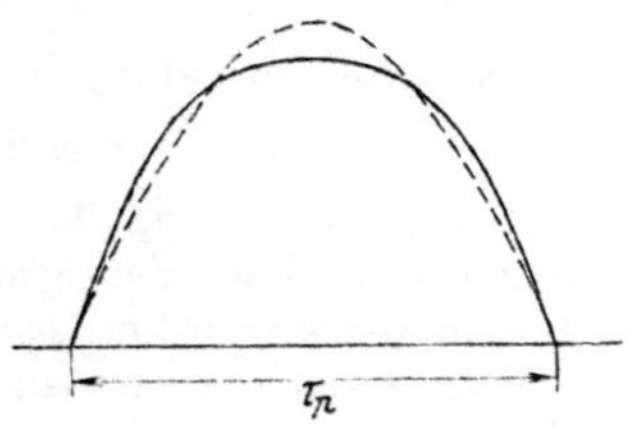

Abb. 31.

Der Faktor 0,92 berücksichtigt die Papierisolation zwischen den Blechen.

Sind die Induktionen für die verschiedenen Teile des magnetischen Kreises bestimmt, so ist eine Berechnung der zur Erzeugung des Flusses Φ_a nötigen AW noch nicht ohne weiteres möglich, da die Permeabilitäten der verschiedenen Teile des Kreises (s. Gleichung 42a) unbekannt sind. Nur für den Luftspalt ist μ bekannt $= 1$. Für das Eisen dagegen muß die Permeabilität μ erst mit Hilfe der *Magnetisierungskurve* der betreffenden Eisensorte bestimmt werden. Die Magnetisierungs-

---

weite gleich der Polteilung, was gewöhnlich der Fall ist, so ist $\mathfrak{B}'_x$ gleich $- \mathfrak{B}_x$ und somit

$$e = 2 \, l_i \, v \, \mathfrak{B}_x \, 10^{-8} \text{ Volt.} \quad (46)$$

Die *momentane* induzierte EMK einer Windung ist also proportional der Größe der Induktion an dem Orte, wo sich die Windung gerade befindet, d. h. *die induzierte EMK der Windung und die Feldkurve haben die gleiche Form.*

kurve gibt den Zusammenhang zwischen der Feldstärke $\mathfrak{H}$ und der Induktion $\mathfrak{B}$. Entnimmt man der Magnetisierungskurve den zu dem berechneten Wert von $\mathfrak{B}$ zugehörigen Wert von $\mathfrak{H}$, so ist es aber nicht nötig $\mu = \frac{\mathfrak{B}}{\mathfrak{H}}$ zu berechnen, sondern nach Gleichung 42b können direkt die AW des betreffenden Teiles des magnetischen Kreises bestimmt werden.

Um die Rechnung noch weiter zu vereinfachen, wird in den Magnetisierungskurven nicht $\mathfrak{B} = f(\mathfrak{H})$, sondern $\mathfrak{B} = f(0{,}8\,\mathfrak{H})$ aufgetragen. Auf diese Weise erhält man zu $\mathfrak{B}$ direkt den Wert von $0{,}8\,\mathfrak{H}$ und braucht diesen nur mit der Länge des Kraftlinienweges zu multiplizieren, um den Anteil des betreffenden Teiles des magnetischen Kreises an den AW zu erhalten. Die Größe $0{,}8\,\mathfrak{H}$ kann als die Amperewindungen *pro 1 cm Kraftlinienlänge (aw)* bezeichnet werden.

Die *Amperewindungen für den Kreis* sind somit:

$$AW_k = aw_{js} l_{js} + aw_p\ 2 l_p + aw_l\ 2\delta + aw_z\ 2 l_z + aw_{jL} l_{jL}$$

bzw. (49)

$$AW_k = aw_{js} l_{js} + aw_{zs}\ 2 l_{zs} + aw_l\ 2\delta + aw_{zL}\ 2 l_{zL} + aw_{jL} l_{jL},$$

je nachdem, ob es sich um eine Maschine mit ausgeprägten Polen oder mit verteiltem Eisen handelt. Da eine Maschine mit p Polpaaren p geschlossene magnetische Kreise hat, so sind die *totalen Amperewindungen*, die das Magnetsystem erhalten muß,

$$AW_t = p AW_k. \tag{50}$$

Die Amperewindungen *für den Luftspalt* sind

$$AW_l = aw_l\ 2\delta = 0{,}8\,\mathfrak{B}_l\, 2\delta = 1{,}6\,\mathfrak{B}_l\,\delta, \tag{51a}$$

wobei δ ebenso wie die anderen Längen oben in cm einzusetzen ist. Einen richtigen Wert für die Luft-AW ergibt diese Formel jedoch nur für den ungenuteten Anker. Bei dem genuteten Anker rufen die Nuten infolge ihres großen magnetischen Widerstandes eine Konzentration des Kraftflusses an den Zahnköpfen hervor; dadurch wird $\mathfrak{B}_l$ gegenüber dem ungenuteten Anker größer. Bezeichnet k_1 das Verhältnis der Leitfähigkeit des Luftspaltes eines glatten Ankers zu der des Luftspaltes eines genuteten Ankers, so ist

$$AW_l = 1{,}6\,\mathfrak{B}_l\, k_1\, \delta. \tag{51b}$$

k_1 ist um so größer, je größer das Verhältnis von Nutenteilung zu Zahnbreite und je kleiner der Luftspalt ist.

Noch größer wird die Flußkontraktion an den Zähnen und dementsprechend der Faktor k_1, wenn außer dem Anker noch der induzierende Teil genutet ist, wenn also Ständer und Läufer Nuten erhalten, wie dies bei Asynchronmaschinen und Wechselstrom-Kommutatormaschinen der Fall ist [L. 11].

Über die Berechnung der *Zahn-Amperewindungen* ist folgendes zu bemerken: In der Gleichung für $\mathfrak{B}_z$ kommt die Zahnbreite b_z

vor. Weichen deren Werte für den Zahnkopf, die Zahnmitte und den Zahnfuß nur unwesentlich voneinander ab, was bei kleineren Maschinen mit Trapeznuten oder bei Maschinen mit großem Ankerdurchmesser der Fall ist, so genügt es, $\mathfrak{B}_z$ für die Zahnmitte zu bestimmen und mit diesem Wert AW_z zu berechnen. Ist dagegen die Zahnbreite am Zahnkopf und am Zahnfuß verschieden groß, so sind nach Gleichung 48, durch Einsetzen der Werte von b_z für den Zahnkopf, die Zahnmitte und den Zahnfuß, die Induktionen an diesen drei Stellen zu berechnen und daraus die aw_z für diese drei Stellen zu bestimmen. Nach der *Simpsonschen* Regel ergibt sich dann

$$AW_z = 2l_z \frac{aw_{z\,\max} + 4\,aw_{z\,\mathrm{mitt}} + aw_{z\,\min}}{6}. \tag{52}$$

Bei einem Läuferzahn treten $\mathfrak{B}_{z\max}$ und $aw_{z\max}$ am Zahnfuß, bei einem Ständerzahn dagegen am Zahnkopf auf.

Bestimmt man $\mathfrak{B}_z$ nach Gleichung 48 und ergibt sich für irgendeine Stelle des Zahnes ein Wert, der größer ist als 18000, so werden die mit diesem Wert von $\mathfrak{B}_z$ bestimmten Zahn-AW höher sein als in Wirklichkeit, weil bei größeren Werten von $\mathfrak{B}_z$ der Fluß nicht nur durch den Zahn, sondern auch durch die Nut den Weg nimmt. In bezug auf den Fluß sind *Nut und Zahn parallelgeschaltet*. Bei kleineren Zahnsättigungen ist der magnetische Widerstand des Zahnes derart gering im Vergleich zu dem der Nut, daß durch die letztere beinahe keine Kraftlinien durchtreten. Ist dagegen der Zahn gesättigt, so ist seine Permeabilität klein, also sein magnetischer Widerstand verhältnismäßig groß, und es geht dann auch durch die Nut ein Teil der Kraftlinien durch, und zwar geht durch die Nut um so mehr hindurch, je größer das Verhältnis von Nutenbreite zu Zahnbreite ist [L. 12].

3. Die Polstreuung.

Ebenso wie die Nut den Kraftlinien einen zum Zahn parallelen Weg bietet, bietet die Pollücke einen parallelen Weg für die Kraftlinien, die durch den Luftspalt in den Anker eintreten. Abb. 32 zeigt den Verlauf der Kraftlinien für einen halben Pol. Die Fortsetzung der Kraftlinien im Anker ist hier nicht eingezeichnet. Ein Teil der Kraftlinien gelangt nicht in den Anker, sondern nimmt seinen Weg von Polschuh zu Polschuh, von Polschenkel zu Polschenkel und zum geringen Teil auch vom

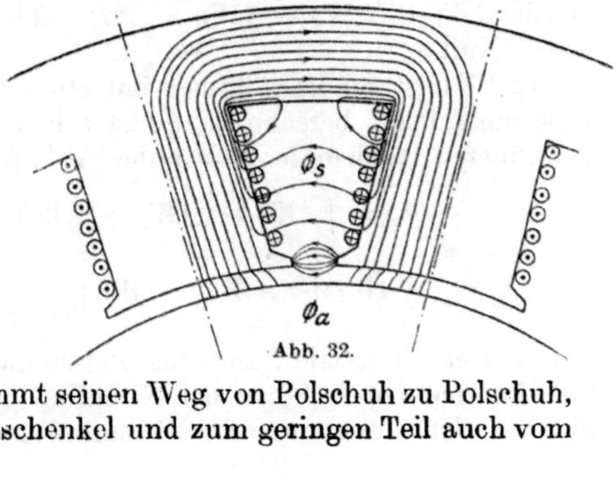

Abb. 32.

Polschenkel zum Joch. Wenn auch der magnetische Widerstand der Pollücke groß ist, so darf doch der Fluß, der hier seinen Weg nimmt, nicht außer acht gelassen werden: er beträgt ca. $^1/_{10}$ bis $^1/_5$ des Flusses, der durch den Anker geht. Da für die Größe der in der Ankerwicklung induzierten EMK nur der Fluß maßgebend ist, der in den Anker gelangt (Φ_a), so ist der Fluß, der durch die Pollücke hindurchgeht, der *Streufluß*, kein nützlicher Fluß; er ist sogar für die Maschine schädlich, denn er bedingt, daß der Fluß im Joch und im Pol größer sein muß, als im Anker; dem größeren Fluß entsprechen aber größere Induktionen, so daß für Joch und Pole mehr AW aufgewendet werden müssen, als wenn keine Streuung vorhanden wäre.

Die Berechnung der Streuung kann mit Hilfe der Gleichung 41 geschehen. Dabei ist zu beachten, daß für die Größe des Streuflusses zwischen den Polschuhen dieselbe MMK maßgebend ist, die auf den Luftspalt, die Ankerzähne und das Ankerjoch wirkt, also $AW_l + (AW_z + AW_j)$, wobei $(AW_z + AW_j)$ je nachdem, ob der Anker stillsteht (Innenpoltype, Synchronmaschine) oder der Anker rotiert (Außenpoltype, Gleichstrommaschine), für den Ständer oder für den Läufer zu nehmen ist. Dies geht ohne weiteres aus Gleichung 43 hervor. Bildet man nämlich das Integral $\int \mathfrak{H} dl$, am Pol im Luftspalt beginnend, einmal über den Pol, das Gehäusejoch, den zweiten Pol, Luftspalt, Ankerzahn, Ankerjoch, wieder Ankerzahn und Luftspalt, das zweitemal über den Pol, das Gehäusejoch, den zweiten Pol und den Luftabstand zwischen den beiden Polschuhen, so erhält man beide Male denselben Wert; der Beitrag zum Integral, den der Luftspalt und der Anker liefern, muß also gleich sein dem Beitrag, den der Luftabstand zwischen den Polschuhen liefert, denn die anderen Summanden sind in beiden Fällen gleich. Durch gleiche Überlegungen findet man, daß die MMK, die zwischen den Polkernen wirkt, vom Polschuh nach dem Joch zu geradlinig abnimmt, und zwar ist sie am Polschuhe gleich $AW_l + (AW_z + AW_j) = \overline{AB}$ (Abb. 33) und am Joch gleich Null.

Der Widerstand R_m läßt sich mit Hilfe der mechanischen Abmessungen leicht berechnen. So ist z. B. der Streufluß zwischen den inneren Flächen der Polschuhe (Abb. 33)

$$\Phi_{s1} = [AW_l + (AW_z + AW_j)] \frac{0{,}4\pi}{R_m} =$$

$$[AW_l + (AW_z + AW_j)] \frac{h_p\, l_p}{0{,}8\,(\tau_p - b_p)}\,.$$

l_p bedeutet die axiale Länge des Polschuhes. Zu diesem Streufluß kommen noch hinzu der Streufluß zwischen den äußeren Flächen der Polschuhe, der Streufluß zwischen den inneren und äußeren Flächen der Polkerne und der Streufluß zwischen den Polkernen und dem Joch [L. 13].

Bezeichnet Φ_s den gesamten Streufluß zwischen den Polkernen und den Polschuhen, so ist

$$\mathfrak{B}_p = \frac{\Phi_a + \Phi_s}{F_p} \quad \text{und} \quad \mathfrak{B}_j = \frac{\Phi_a + \Phi_s}{F_j}, \tag{53}$$

wo Φ_a wie oben den Fluß bedeutet, der mit den Ankerwindungen verkettet sein muß, damit in ihnen die gewünschte EMK induziert wird.

Die Berechnung der zur Erzeugung des Ankerflusses Φ_a nötigen AW für eine Maschine mit ausgeprägten Polen geht demnach wie folgt vor sich: Es werden zunächst die Luftinduktion $\mathfrak{B}_l$, die Zahninduktion $\mathfrak{B}_z$ und die Jochinduktion $\mathfrak{B}_j$ des Ankers berechnet und daraus $AW_l + (AW_z + AW_j)$. Damit ist die MMK des Streuflusses bekannt und es kann der Streufluß Φ_s und der Polfluß bzw. Gehäusejochfluß $\Phi_a + \Phi_s$ berechnet werden. Daraus bestimmt man weiter $\mathfrak{B}_p$ und $\mathfrak{B}_j$ und die AW für die Pole bzw. das Gehäusejoch.

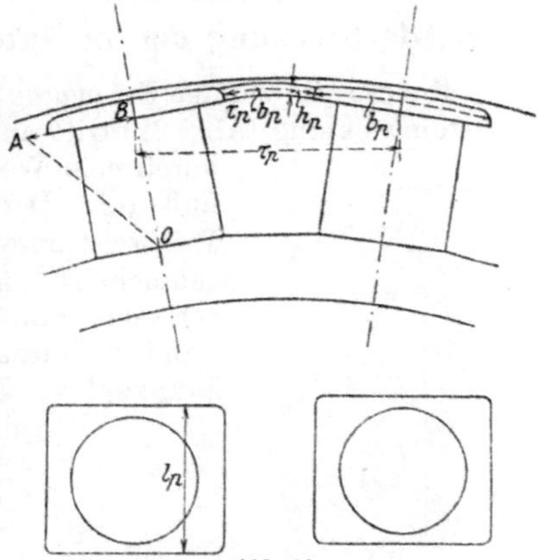

Abb. 33.

4. Magnetisierung mit Wechselstrom.

Bei den Asynchronmaschinen und den Wechselstrom-Kommutatormotoren wird der magnetische Fluß nicht durch Gleichstrom, sondern durch ein- oder mehrphasigen Wechselstrom erzeugt. Die induzierende Wicklung ist dort, wie oben erwähnt wurde, genau wie die induzierte Wicklung in Nuten untergebracht (Abb. 30).

Die Berechnung der AW für den magnetischen Kreis AW_k erfolgt in derselben Weise wie bei Magnetisierung durch Gleichstrom. Zu berücksichtigen ist hierbei, daß der Maximalwert des Wechselflusses Φ_a (für die Größe der in der Windung induzierten EMK ist der *Maximalwert* des mit der Windung verketteten Fluß maßgebend, s. S. 3) hier von der *Amplitude* des Stromes erzeugt wird. Da die Amperewindungen für den Kreis AW_k für den maximalen Fluß zu berechnen sind, so ist bei der Bestimmung des *Effektivwertes* des Magnetisierungsstromes AW_k nicht nur durch die Windungszahl sondern noch durch $\sqrt{2}$ zu dividieren. Im Falle eines durch w Windungen magnetisierten Eisenringes ist z. B. der Effektivwert des Magnetisierungsstromes J, wenn AW_k Amperewindungen zur Erzeugung des maximalen Flusses erforderlich sind,

$$J = \frac{AW_k}{\sqrt{2}\,w}.$$

Auf die MMKe der Ein- und Mehrphasenwicklungen, ebenso wie auf die von diesen MMKen erzeugten Felder kommen wir noch in Kapitel V zurück.

5. Die Streuung der in Nuten gebetteten Wicklungen.

Ebenso wie bei der Erzeugung des Flusses durch eine Gleichstromwicklung (Abb. 32) tritt auch bei Erzeugung des Flusses durch eine Wechselstromwicklung ein Streufluß auf. Der Streufluß hat aber bei der Wechselstromwicklung, da sie in Nuten untergebracht ist, andere Bahnen. Die Streulinien verlaufen zum Teil in den Nuten von Nutenwand zu Nutenwand (Abb. 34), zum Teil von Zahnkopf zu Zahnkopf (Abb. 34), zum Teil um die außerhalb des aktiven Eisens liegenden Spulenköpfe (Abb. 35).

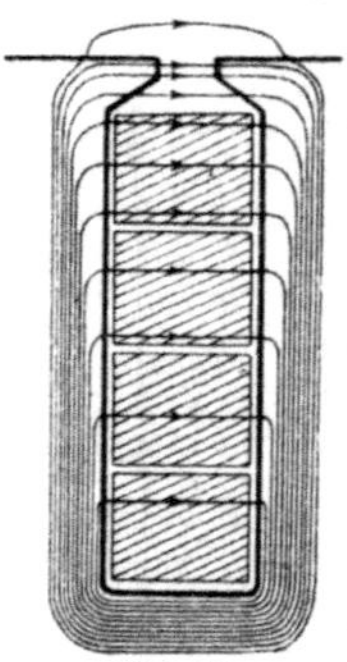

Abb. 34.

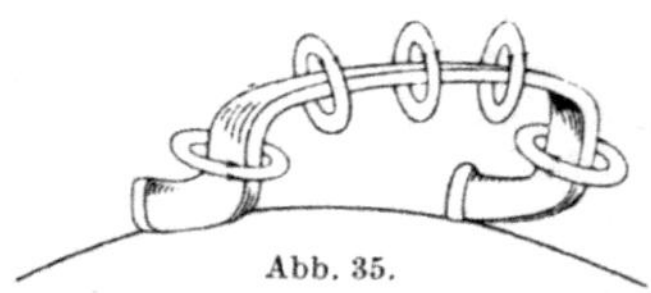

Abb. 35.

Die Streulinien haben somit hier *drei* verschiedene Bahnen, denen auch verschiedene magnetische Widerstände entsprechen, und man unterscheidet infolgedessen:

1. die Nutenstreuung,
2. die Zahnkopfstreuung

und 3. die Spulenkopfstreuung.

Diese drei Streuungsarten, die zusammen den Streufluß der Wicklung bilden, wollen wir der Reihe nach betrachten.

Es ist zunächst zu bemerken, daß der *Streufluß dem Strome*, der in der Wicklung fließt, direkt *proportional ist*, da er fast ausschließlich in der Luft verläuft und für diese $\mu = 1$ ist (s. Gl. 41). Nur für den Hauptfluß, der seinen Weg durch das Eisen nimmt, ist der Zusammenhang zwischen Fluß und Strom durch die Magnetisierungskurve des verwendeten Eisens bestimmt, nicht aber für den Streufluß.

Wird der magnetische Fluß von einer Wechselstromwicklung erzeugt, so induziert er als pulsierender Fluß in der ihn erzeugenden Wicklung eine EMK der Selbstinduktion, deren Effektivwert gleich ist $J\omega L$ (s. Abbildung 9), wenn J den Strom in der Wicklung und ω die Kreisfrequenz des Stromes bedeuten. Der

Streufluß allein, der nur einen Teil des Flusses bildet, induziert in der ihn erzeugenden Wechselstromwicklung eine *EMK der Streuinduktion* mit dem Effektivwert $J\omega S$, wenn wir mit S den *Koeffizienten der Streuinduktion* bezeichnen.

Nach Gleichung 13 ist der Selbstinduktionskoeffizient L gleich der Zahl der Kraftflußverkettungen des Stromkreises, die der Strom 1 Amp. hervorruft, d. h.

$$L = \frac{\Sigma\, w_x \Phi_x}{i}. \tag{54}$$

Da Φ_x von der MMK $i w_x$ erzeugt wird, so gilt

$$\Phi_x = \frac{0{,}4\,\pi\, i\, w_x}{R_x},$$

wenn R_x den magnetischen Widerstand des Teilflusses Φ_x bedeutet. Somit wird

$$L = 0{,}4\,\pi \sum \frac{w_x^2}{R_x} 10^{-8} \text{ Henry}. \tag{55}$$

In gleicher Weise gilt für den *Koeffizienten der Streuinduktion*

$$S = 0{,}4\,\pi \sum \frac{w_x^2}{R_x} 10^{-8} \text{ Henry}. \tag{56}$$

Für eine in zwei Nuten angeordnete Spule wollen wir nun den Koeffizienten der Streuinduktion S berechnen.

a) Die Nutenstreuung. Bedeutet z_1 die Anzahl der hintereinandergeschalteten Leiter pro Nut, so ist, mit den Bezeichnungen der Abb. 36, für den durch den Index 2 gekennzeichneten Teil der Nut oberhalb der Leiter

$$w_x = z_1 \quad \text{und} \quad R_x = \frac{b_n}{h_2 l_i},$$

somit $S_2 = 0{,}4\,\pi\, z_1^2 l_i \frac{h_2}{b_n} 10^{-8}$. (57a)

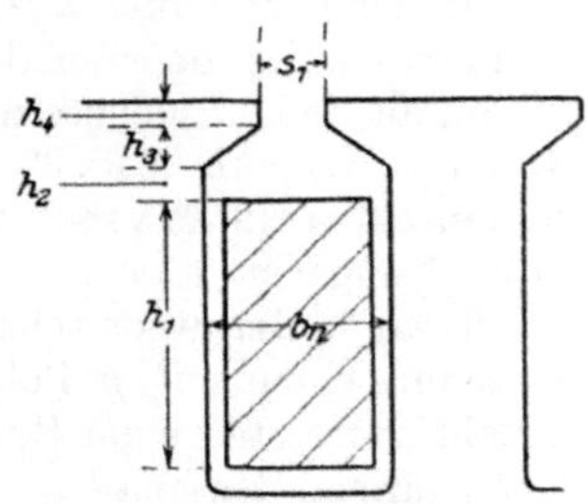

Abb. 36.

Anders liegen die Verhältnisse für den Teil der Nut, wo die Leiter liegen. Hier ist im Abstand x von der Grundfläche des Leiterbündel

$$w_x = \frac{x}{h_1} z_1 \quad \text{und} \quad R_x = \frac{b_n}{dx \cdot l_i},$$

somit

$$S_1 = 0{,}4\,\pi\, z_1^2 l_i \frac{1}{b_n} \int_0^{h_1} \left(\frac{x}{h_1}\right)^2 dx = 0{,}4\,\pi\, z_1^2 l_i \frac{h_1}{3 b_n} 10^{-8}.\,[1] \tag{57b}$$

---

1) Als Rechenregel für solche Fälle, wo w_x geradlinig zunimmt und R_x für alle Kraftlinien den gleichen Wert hat, gilt: Man berechne $\frac{w_x^2}{R_x}$ so, als wenn die Kraftlinien mit allen w Windungen verkettet wären, und multipliziere das Resultat mit $\frac{1}{3}$.

Für die Nutteile, die mit 3 und 4 gekennzeichnet sind, ergibt sich

$$S_3 = 0{,}4\pi z_1^2 l_i \frac{2h_3}{b_n + s_1} 10^{-8} \qquad (57\,c)$$

$$S_4 = 0{,}4\pi z_1^2 l_i \frac{h_4}{s_1} 10^{-8} \qquad (57\,d)$$

und somit für eine Spule, die in zwei Nuten liegt,

$$S_n = 2(S_1 + S_2 + S_3 + S_4) = 0{,}8\pi z_1^2 l_i 10^{-8}\left(\frac{h_1}{3b_n} + \frac{h_2}{b_n} + \frac{2h_3}{b_n + s_1} + \frac{h_4}{s_1}\right)$$

$$= 0{,}8\pi z_1^2 l_i \lambda_n 10^{-8}. \qquad (58)$$

Vergleicht man diese Gleichung mit der Gleichung 57a, wo $w_x = z_1$ ist, so sieht man, daß $l_i \lambda_n$ als die Leitfähigkeit einer ideellen Nut, bei der jede Kraftlinie mit *allen* Leitern der Nut verkettet ist, aufgefaßt werden kann. λ_n ist dann als die *Leitfähigkeit pro 1 cm* Maschinenlänge zu bezeichnen [L. 14].

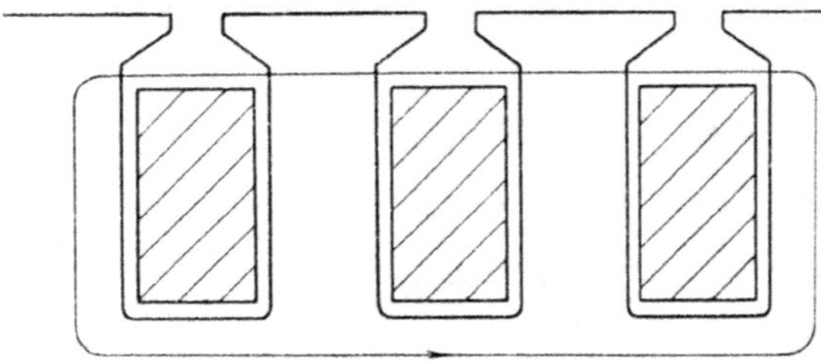

Abb. 37.

Der Streuinduktionskoeffizient einer Spule ist ebenso wie der Selbstinduktionskoeffizient stets proportional dem *Quadrate* der Windungszahl der Spule, weil in dem Produkt $w_x \Phi_x$ (s. Gleichung 54) der Fluß Φ_x der Windungszahl proportional ist.

Umfaßt jede Spulenseite nicht eine Nut, sondern mehrere Nuten, z. B. 3, wie Abb. 37 zeigt, so werden sich die Streulinien der einzelnen Nuten vereinigen und etwa so verlaufen wie in der Abb. 37 angedeutet ist.

Wie wir weiter unten sehen werden, hat jede Phase einer Mehrphasenmaschine mit p Polpaaren p Spulen. Bezeichnet q die Anzahl der Nuten einer Spulenseite, so ist für jede Phase einer p-polpaarigen Maschine

$$S_n = 0{,}8\pi p q z_1^2 l_i \lambda_n 10^{-8} \text{ Henry.} \qquad (59)$$

b) Die Zahnkopfstreuung. Während die Nutenstreuung unabhängig von der gegenseitigen Lage des Ständers und Läufers ist, ändert die Zahnkopfstreuung ihren Wert je nach der gegenseitigen Lage des Ständer- und Läufereisens. Bei der Asynchronmaschine z. B., wo Ständer *und* Läufer genutet sind, gibt es zwei ausgeprägte Stellungen, in denen die Leitfähigkeit des Zahnkopfstreuflusses ein Maximum bzw. ein Minimum wird. Abb. 38a und Abb. 38b zeigen diese beiden Stellungen. In der Abb. 38a steht die Mitte der Ständernut gegenüber der Mitte des Läuferzahnes. Die Ständerleiter können in dieser Lage die größte Anzahl Zahnkopfstreulinien erzeugen. In der Abb. 38b steht die

Mitte der Ständernut gegenüber der Mitte der Läufernut. Der magnetische Widerstand des Zahnkopfstreuflusses ist groß und, da außerdem bei dem Asynchronmotor Ständer- und Läufer-MMKe einander entgegenwirken, ist der Zahnkopfstreufluß infolgedessen sehr klein. Die Lage der größten Zahnkopfstreuung ist auch dann vorhanden, wenn die Mitte der Läufernut gegenüber der Mitte des Ständerzahnes steht. Dann können die Läuferleiter eine große Anzahl Zahnkopfstreulinien hervorrufen. In der Lage, die Abb. 38a zeigt, ist die Leitfähigkeit der Zahnkopfstreuung pro 1 cm Maschinenlänge gleich

$$\lambda_{k\,\max} = \frac{a_2 - s_1}{2} \frac{1}{2\delta},$$

weil $\frac{a_2 - s_1}{2}$ der Querschnitt, der dem Zahnkopfstreufluß zur Verfügung steht, und 2δ die Länge der Kraftlinien ist. In der

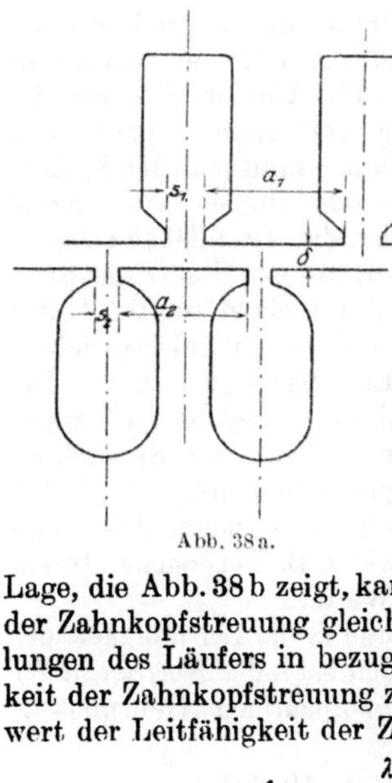

Abb. 38a.

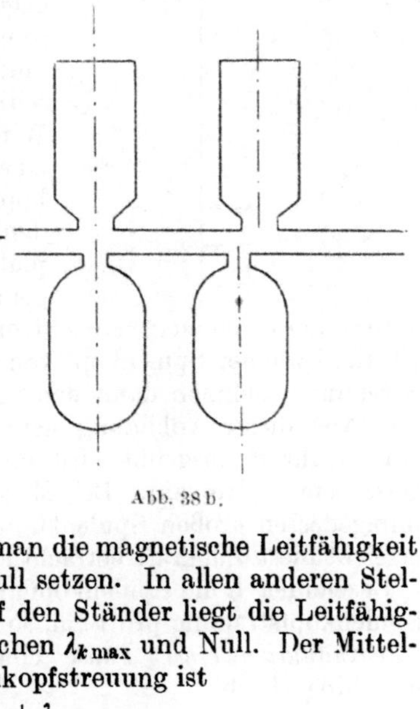

Abb. 38b.

Lage, die Abb. 38b zeigt, kann man die magnetische Leitfähigkeit der Zahnkopfstreuung gleich Null setzen. In allen anderen Stellungen des Läufers in bezug auf den Ständer liegt die Leitfähigkeit der Zahnkopfstreuung zwischen $\lambda_{k\,\max}$ und Null. Der Mittelwert der Leitfähigkeit der Zahnkopfstreuung ist

$$\lambda_{k\,\mathrm{mitt}} = \frac{\lambda_{k\,\max} + \lambda_{k\,\min}}{2} = \frac{a - s}{8\delta},$$

und zwar kommt von diesem Wert die Hälfte auf den Ständer, die Hälfte auf den Läufer. Für den Ständer ist also zu setzen:

$$\lambda_k = \frac{a_2 - s_1}{16\delta} \tag{60a}$$

und für den Läufer

$$\lambda_k = \frac{a_1 - s_2}{16\delta}. \tag{60b}$$

Komplizierter liegen die Verhältnisse, wenn die Wicklungen des Ständers und des Läufers sich nicht gegenseitig kompensieren und auch bei der Synchronmaschine mit Einzelpolen (Tafel VIII, Bild a), bei der die Nuten zeitweise gegenüber einer ungenuteten Eisenfläche zu liegen kommen. In dem letzteren Falle ist der Zahnkopfstreufluß ganz verschieden, je nachdem ob die Nuten des Wicklungsstranges unter dem Pol oder in der Pollücke liegen [L. 15].

c) Die Spulenkopfstreuung. Diese entwickelt sich um die freien Spulenköpfe herum und setzt sich in den Druckplatten, welche die Bleche zusammenhalten, und auch in den Schutzschildern fort. Die genaue Berechnung der Spulenkopfstreuung ist außerordentlich schwierig, weil der genaue Verlauf der Spulenkopfstreulinien unbekannt ist. Bei Mehrphasenmaschinen kommt noch die gegenseitige Beeinflussung der einzelnen Phasen hinzu. Auch Ständer und Läufer beeinflussen sich gegenseitig [L. 16]. Um ein Bild von der Wirkung der Spulenkopfstreuung zu erhalten, nimmt man den Spulenkopf als kreisförmigen Leiter an und denkt sich die Eisenfläche (Druckplatte), nach dem Gesetz der Spiegelung, durch einen zweiten Leiter ersetzt, der von dem gleichen Strome durchflossen und in gleichem Abstand wie der Spulenkopf von der Eisenfläche entfernt ist. Die Streulinien nehmen dann den in Abb. 39 angegebenen Verlauf an. Aus dieser Abbildung sieht man, daß auf den Spulenkopf eine Zugkraft ausgeübt wird (zwei parallele Leiter mit gleichgerichteten Strömen). Bei Maschinen mit wenigen Polen und infolgedessen großen Spulenköpfen, wie z. B. Turbogeneratoren, erreicht diese Zugkraft beträchtliche Werte.

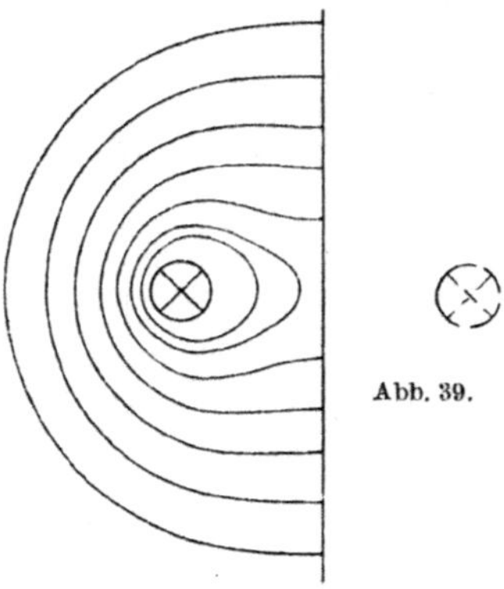

Abb. 39.

Bezeichnet l_s die Spulenkopflänge und λ_s die Leitfähigkeit der Spulenkopfstreuung pro 1 cm, so ist demnach der *Koeffizient der Streuinduktion einer Phase* einer p-polpaarigen Mehrphasenmaschine gleich

$$S = 0{,}8\,\pi\, p\, q\, z_1^2\, (l_i \lambda_n + l_i \lambda_k + l_s \lambda_s)\, 10^{-8} \text{ Henry.} \qquad (61)$$

6. Das Material des magnetischen Kreises.

Magnetisierungskurven $\mathfrak{B} = f(aw)$ für gewöhnliches Dynamoblech und Gußeisen zeigt Abb. 40. Die Kurve für Gußeisen liegt weit unter der Kurve für Dynamoblech, weil die magnetische Leitfähigkeit des Gußeisens geringer ist als die des Ankerbleches. Wo es auf geringe AW ankommt, wird man deswegen Gußeisen nicht verwenden können.

Bei der Wahl der Eisensorte für einen bestimmten Maschinenteil muß jedoch nicht nur auf die magnetischen Eigenschaften, sondern auch auf die mechanischen Eigenschaften und auf den

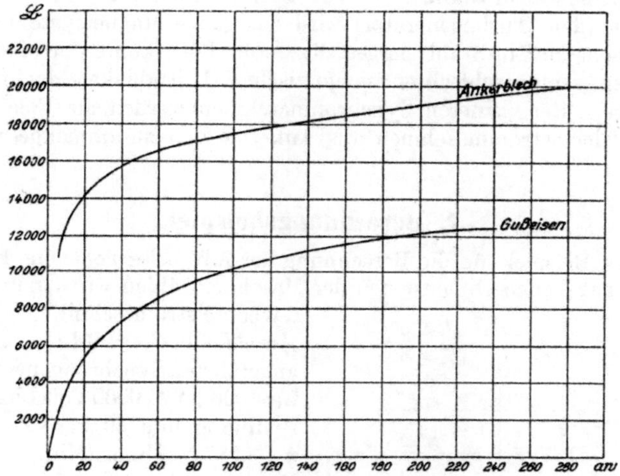

Abb. 40.

Preis Rücksicht genommen werden. Für den induzierten Teil der elektrischen Maschine wird stets Ankerblech verwendet (normalerweise 0,5 mm starke Bleche, die mit Papier von 0,03 bis 0,04 mm Stärke beklebt sind). Die Unterteilung des Ankers ist notwendig, weil sonst der Magnetfluß im massiven Ankerkörper, entsprechend dem Faradayschen Gesetz, *Parasitströme* von gleicher Richtung wie die der Ströme in den Ankerleitern induzieren würde; diese würden den Ankerkörper unnötig erwärmen und den Wirkungsgrad der Maschine heruntersetzen. Aus dem gleichen Grunde wird bei der Asynchronmaschine und bei dem Wechselstrom-Kommutatormotor auch der induzierende Teil aus Ankerblech hergestellt. Die Maschinenteile, die mit Gleichstrom beschickte Wicklungen tragen, das sind die Polgehäuse der Gleichstrommaschine, des Einankerumformers und der Synchronmaschine, werden aus massivem Material hergestellt. Bei der Gleichstrommaschine ebenso wie bei dem Einankerumformer steht das Magnetsystem still und der Anker bildet den inneren rotierenden Teil. Bei der Synchronmaschine bildet dagegen der Anker den stillstehenden Außenteil und das Magnetsystem rotiert. Nur ganz kleine Synchronmaschinen werden in ähnlicher Weise ausgeführt wie die Gleichstrommaschine, mit stillstehendem Magnetsystem und rotierendem Anker. Bei der Gleichstrommaschine ebenso wie bei dem Einankerumformer werden die Pole aus Ankerblech und das Joch aus Gußeisen oder Stahlguß hergestellt. Bei der Synchronmaschine mit Einzelpolen werden die Pole aus Flußeisen oder Stahlguß oder Siemens-Martin-Stahl und das Joch aus Gußeisen oder Stahlguß oder Siemens-Martin-Stahl, bei der Synchronmaschine mit Vollpolen (dem Turbogenerator) wird das ganze Magnetsystem aus Siemens-Martin-Stahl hergestellt. Für Pole kommt Gußeisen wegen seiner schlechten magnetischen Leitfähigkeit nicht in Frage. Bei kleineren Synchronmaschinen werden die Pole wie bei Gleichstrommaschinen aus Ankerblechen zusammengesetzt.

7. Berechnungsbeispiel.

Als Beispiel für die Berechnung der AW bei gegebenem Fluß und gegebenen Dimensionen der Maschine wählen wir den in der „Wechselstromtechnik“ von *Arnold & la Cour*, Bd. IV, S. 554 angeführten Synchrongenerator für 1000 kVA, 6000 Volt Linienspannung und 50 Per/sek. bei $n = 187{,}5$ Umdr./Min. Die Polpaarzahl muß nach Gleichung 7 betragen

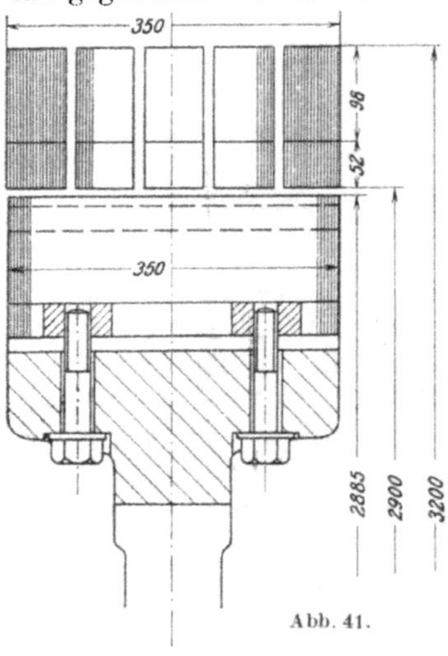

Abb. 41.

$$p = \frac{60\,f}{n} = \frac{60 \cdot 50}{187{,}5} = 16.$$

Die Hauptdimensionen dieser Maschine gehen aus den Abb. 41 und 42 hervor. Die 4 Schlitze sind je 1 cm breit, somit die Eisenlänge des Ankers einschließlich Papier $l = 31$ cm.

Weiter ist gegeben:

$$\text{Ankerfluß pro Pol } \Phi_a = 5{,}05 \cdot 10^6$$
$$\mathfrak{B}_l = 8000$$
$$\text{Ideelle Ankerlänge } l_i = 34{,}5 \text{ cm}$$
$$\text{Nutenzahl} = 192$$
$$\text{Nutenbreite} = 1{,}8 \text{ cm}$$
$$\text{Luftspalt einseitig} = 7{,}5 \text{ mm} = 0{,}75 \text{ cm}$$
$$\text{Kontraktionsfaktor } k_1 = 1{,}15$$
$$\text{Streuungskoeffizient } \sigma = \frac{\Phi_a + \Phi_s}{\Phi_a} = 1{,}25.$$

Die mittlere Zahnstärke ergibt sich zu

$$b_{z\,\text{mitt}} = \frac{\pi\,(290 + 5{,}2)}{192} - 1{,}8 = 4{,}83 - 1{,}8 = 3{,}03 \text{ cm}.$$

Die Nutenteilung im Luftspalt ist

$$\tau_n = \frac{\pi \cdot 290}{192} = 4{,}75 \text{ cm},$$

somit die mittlere Zahninduktion

$$\mathfrak{B}_{z\,\text{mitt}} = \frac{\mathfrak{B}_l \tau_n l_i}{0{,}92 \cdot b_z\, l} = \frac{8000 \cdot 4{,}75 \cdot 34{,}5}{0{,}92 \cdot 3{,}03 \cdot 31} = 15\,200.$$

Die Ständerjochinduktion ist

$$\mathfrak{B}_{js} = \frac{\Phi_a}{2 F_{js}} = \frac{5{,}05 \cdot 10^6}{2 \cdot 31 \cdot 0{,}92 \cdot 9{,}8} = 9050.$$

Der Kraftfluß im Polkern und im Joch ist

$$\sigma \Phi_a = 1{,}25 \cdot 5{,}05 \cdot 10^6 = 6{,}31 \cdot 10^6,$$

somit die Induktion im Polkern

$$\mathfrak{B}_p = \frac{\sigma \Phi_a}{F_p} = \frac{6{,}31 \cdot 10^6}{35 \cdot 12 \cdot 0{,}95} = 15\,800.$$

Die Pole sind bei dieser Maschine aus Blechen ohne Papierisolation zusammengesetzt. Der Faktor 0,95 berücksichtigt die Zwischenräume zwischen den Blechen und die Oxydschichten. Der Läuferjochquerschnitt ist nach der Skizze (Abb. 41 und 42) gleich ca. 350 cm², somit die Läuferjochinduktion

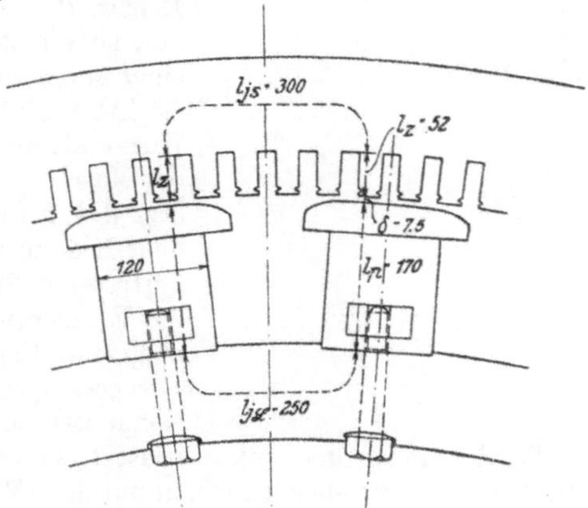

Abb. 42.

$$\mathfrak{B}_{jL} = \frac{\sigma \Phi_a}{2 Q_{jL}} = \frac{6{,}31 \cdot 10^6}{2 \cdot 350} = 9000.$$

Die Luft-AW (AW für den Luftspalt) sind:

$$AW_l = 1{,}6 \cdot 8000 \cdot 1{,}15 \cdot 0{,}75 = 11000.$$

Der Magnetisierungskurve für Dynamoblech entnimmt man:

$$\begin{array}{llll} \text{zu} & \mathfrak{B}_{z\,\text{mitt}} = 15\,200 & aw_{z\,\text{mitt}} = 33 \\ ,, & \mathfrak{B}_{js} \;\;= \;\;9050 & aw_{js} \;\;= \;\;5{,}1 \\ ,, & \mathfrak{B}_p \;\;= 15\,800 & aw_p \;\;= 40. \end{array}$$

Das Läuferjoch ist aus Gußeisen hergestellt. Der Magnetisierungskurve für Gußeisen entnimmt man zu $\mathfrak{B}_{jL} = 9000$ $aw_{jL} = 72$. Die AW für die einzelnen Teile des magnetischen Kreises sind:

$$\begin{aligned} AW_{zs} &= 33 \cdot 2 \cdot 5{,}2 = 345 \\ AW_{js} &= 5{,}1 \cdot 30 = 153 \\ AW_p &= 40 \cdot 2 \cdot 17 = 1360 \\ AW_{jL} &= 72 \cdot 25 = 1800 \\ AW_l &= 11000 \end{aligned}$$

Somit $AW_{\text{Kreis}} = 14658$

und $AW_{\text{total}} = p\,AW_{\text{Kreis}} = 16 \cdot 14658 = 234000.$

Wie wir sehen, hat der Luftspalt den größten Anteil an den AW. Dies ist bei der elektrischen Maschine fast immer der Fall.

8. Die Leerlaufcharakteristik. Die Ankerrückwirkung.

Nimmt man verschiedene Werte für die induzierte EMK E an, so erhält man verschiedene Werte für Φ_a und dementsprechend verschiedene Werte für die totalen Amperewindungen AW_t. Trägt man E bzw. Φ_a als Funktion von AW_t auf, so erhält man eine Kurve, die einer Magnetisierungskurve ähnlich ist (Abb. 43). Man bezeichnet diese Kurve als die *Leerlaufcharakteristik* der Maschine. Sie gibt die bei *Leerlauf, d. h. bei unbelastetem Anker*, an den Klemmen der Ankerwicklung auftretende Spannung als Funktion der Erregeramperewindungen (oder auch des Erregerstromes, der den Erregeramperewindungen proportional ist) an.

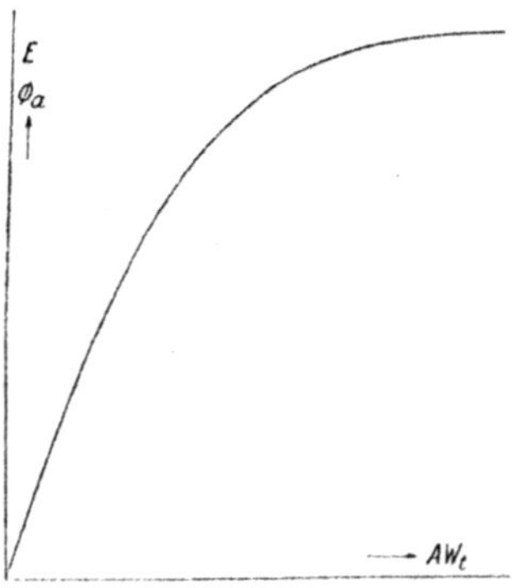

Abb. 43.

Wird nämlich der Anker belastet, so wirken auf den magnetischen Kreis der Maschine nicht nur die AW der Erregerwicklung, sondern auch die AW des induzierten Teiles, der Ankerwicklung. Der Fluß, der sich dabei einstellt, entspricht den aus den Erreger- und Anker-AW resultierenden AW. Soll bei der belasteten Maschine im Anker die gleiche EMK induziert werden wie im Leerlauf, so wird man die Erreger-AW, d. h. den Erregerstrom, entsprechend der Last (dem Ankerstrom) einstellen müssen, und zwar entspricht jedem Ankerstrom ein ganz bestimmter Wert des Erregerstromes. Dieser kann je nach der Stellung der Bürsten bei der Gleichstrommaschine oder je nach der Art der Belastung bei der Synchronmaschine größer oder kleiner sein als im Leerlauf.

Wenn auf den magnetischen Kreis der Maschine mehrere MMKe wirken, so ist zu beachten, daß nicht die von den einzelnen MMKen erzeugten Flüsse zu addieren sind, sondern es ist die *resultierende MMK zu bilden und für diese der Fluß zu bestimmen.*

Die Rechnung mit Einzelflüssen ist unzulässig, weil man dem Eisen je nach der Größe der Teil-MMK verschiedene Werte der Permeabilität zuschreiben müßte. Nur wenn das Eisen sehr schwach gesättigt ist, so daß sein magnetischer Widerstand gegenüber dem des Luftspaltes vernachlässigt werden kann, ist es zulässig, mit den einzelnen MMKen zu rechnen und die von ihnen erzeugten Felder zu superponieren.

Die Beeinflussung des Leerlaufflusses durch den Belastungsstrom bezeichnet man als *Ankerrückwirkung.* Bei der Behandlung der einzelnen Maschinengattungen werden wir auf diese zurückkommen.

Ebenso wie die induzierende Wicklung hat auch die induzierte Wicklung, die Ankerwicklung, einen Streufluß, der mit der induzierenden Wicklung nicht verkettet ist. Da die Ankerwicklung stets in Nuten liegt, so besteht dieser Fluß, wie bei der in Nuten angeordneten induzierenden Wicklung, aus drei Teilen: der Nutenstreuung, der Zahnkopfstreuung und der Spulenkopfstreuung. Wie wir im Kapitel V sehen werden, tritt bei Maschinen, bei welchen Ständer- *und* Läuferwicklung in Nuten liegen, noch eine weitere Art Streuung, die *doppelt verkettete Streuung,* auf: die Zahnkopfstreuung bildet einen Teil von dieser.

9. Die Eisenverluste.

Wird ein Eisenstück *zyklisch* magnetisiert, d. h. wird seine Induktion $\mathfrak{B}$, etwa durch Änderung des das Feld erzeugenden Stromes, bis auf einen gewissen Wert $\mathfrak{B}_{max}$ gesteigert, dann durch Schwächung und Umkehr des Stromes auf den gleichen Wert $\mathfrak{B}_{max}$ in entgegengesetzter Richtung und dann wieder durch Schwächung und Umkehr des Stromes auf den ursprünglichen Maximalwert $\mathfrak{B}_{max}$ gebracht, so beschreibt die Induktion $\mathfrak{B}$ als Funktion der AW die *Hysteresisschleife* Abb. 44. Die Pfeile deuten den Umlaufsinn des Magnetisierungszyklus an. $\mathfrak{B}_r$ ist der *remanente Magnetismus* oder die Remanenz, d. h. der Magnetismus, der im Eisen zurückbleibt, wenn die magnetisierende Kraft gleich Null gemacht wird.

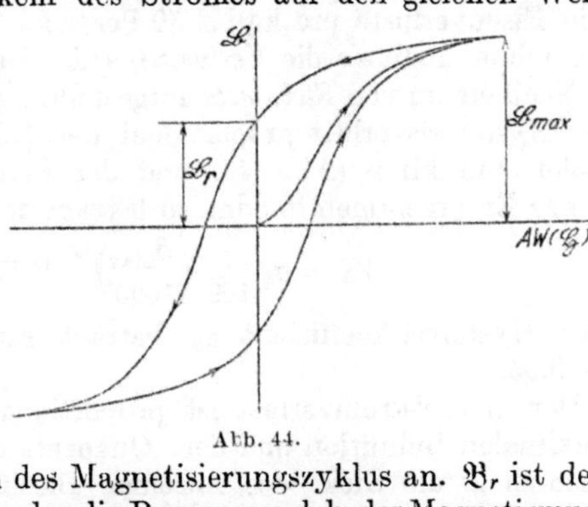

Abb. 44.

Unterwirft man ein Eisenstück mehreren solcher Magnetisierungszyklen hintereinander, so wird das Eisen warm. Bei der Maschine Abb. 4 durchläuft jedes Ankerteilchen bei jeder

Umdrehung $p = 3$ solche Magnetisierungszyklen, denn es wird beim Durchlaufen eines Polpaares in beiden Richtungen magnetisiert. Das Ankereisen wird infolgedessen warm. Dasselbe gilt für jede elektrische Maschine; denn *bei jeder elektrischen Maschine* muß eine *Relativbewegung zwischen Fluß und Leitern*, also auch zwischen Fluß und dem Eisen, in das die Leiter eingebettet sind, stattfinden. Nach dem Gesetz der Erhaltung der Energie muß die Wärmeenergie, die die Erwärmung des Eisens hervorruft, von irgendeiner Quelle geliefert werden. Beim Generator ist diese Quelle die Antriebsmaschine, beim Motor das den Motor speisende Netz.

Von der Wärme, die infolge der Ummagnetisierung in der elektrischen Maschine entsteht, hat man keinen Nutzen, sie bedeutet einen Verlust an Energie, das ist der *Hysteresisverlust*. Der Hysteresisverlust ist also durch das Vorhandensein des magnetischen Flusses in der elektrischen Maschine bedingt. Der magnetische Fluß bedingt aber noch eine andere Art Verlust. Wir haben oben erwähnt, daß der Anker, bei Asynchron- und Wechselstrom-Kommutatormaschinen auch der induzierende Teil, unterteilt, aus einzelnen Blechen zusammengesetzt werden muß, weil sonst starke Parasitströme (Wirbelströme) im Ankerkörper bzw. im induzierenden Teil entstehen würden. In den einzelnen Blechen treten aber solche Ströme doch auf, wenn auch in viel kleinerem Maße als in einem massiven Körper. Diese Verluste, die auch eine Erwärmung des Eisens verursachen, bezeichnet man als den *Wirbelstromverlust*. Der Hysteresis- und Wirbelstromverlust zusammen bilden die *Eisenverluste* der elektrischen Maschine. Die Eisenverluste pro kg bei 50 Per/sek., 30^0 C und $\mathfrak{B} = 10000$ bezeichnet man als die *Verlustziffer* des Materials [L. 17].

Nach einem von *Steinmetz* aufgestellten empirischen Gesetz ist der Hysteresisverlust proportional der 1,6ten Potenz der maximalen Induktion (Abb. 44) und der Periodenzahl. Bezeichnet V das Eisenvolumen in cdm, so beträgt der *Hysteresisverlust*

$$V_h = \sigma_h \frac{f}{100} \left(\frac{\mathfrak{B}_{\max}}{1000}\right)^{1,6} V \text{ Watt.} \tag{62}$$

Der Hysteresiskoeffizient σ_h beträgt für Dynamoblech 0,63 bis 0,95.

Der Wirbelstromverlust ist proportional dem Quadrate der maximalen Induktion und dem Quadrate der Periodenzahl. Bezeichnet Δ die Dicke des einzelnen Bleches, so ist der *Wirbelstromverlust*

$$V_w = \sigma_w \left(\Delta \frac{f}{100} \frac{\mathfrak{B}_{\max}}{1000}\right)^2 V \text{ Watt,} \tag{63}$$

worin der Koeffizient

$\sigma_w = 1{,}65$ für gewöhnliches Dynamoblech,

$\sigma_w = 0{,}33$ für legiertes (siliziumhaltiges) Blech.

Nimmt man für gewöhnliches 0,5 mm starkes Dynamoblech das spezifische Gewicht zu 7,7 kg/cdm, $\sigma_h = 0{,}8$ und $\sigma_w = 1{,}65$ an, so ergibt sich die Verlustziffer zu

$$V_{10000} = 0{,}8 \cdot 0{,}5 \cdot 10_{1,6} \frac{1}{7{,}7} + 1{,}65 \left(0{,}5 \cdot 0{,}5 \cdot 10\right)^2 \frac{1}{7{,}7} = 3{,}4 \text{ Watt/kg}.$$

Bei legierten Blechen ist auch σ_h geringer als bei gewöhnlichen Dynamoblechen. Mit $\sigma_h = 0{,}6$, $\sigma_w = 0{,}33$, $\Delta = 0{,}3$ und einem spezifischen Gewicht von 7,5 kg/cdm wird die Verlustziffer

$$V_{10000} = 1{,}6 \text{ Watt/kg}.$$

Die legierten Bleche werden hauptsächlich für Transformatoren verwendet, für elektrische Maschinen selten.

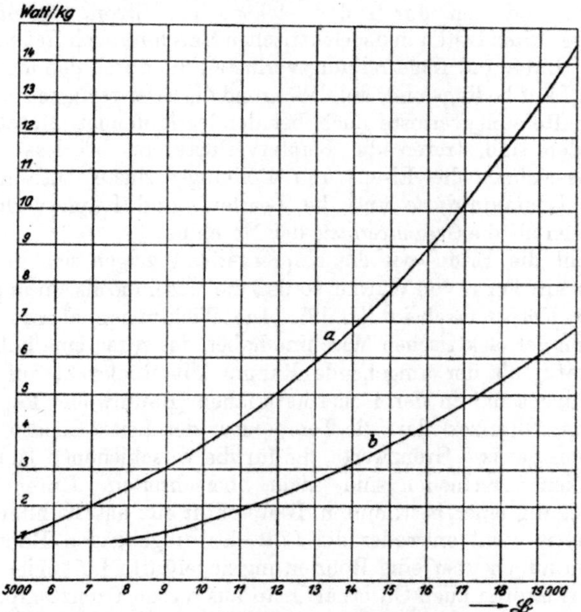

a. Gewöhnliches Dynamoblech 0,5 mm b. Legiertes Blech 0,3 mm

Abb. 45.

In der Praxis verwendet man zur Berechnung der Eisenverluste *Eisenverlustkurven*, die für unbearbeitete Bleche die Eisenverluste $V_{ei} = V_h + V_w$ in Watt pro kg als Funktion der Induktion angeben. Solche Verlustkurven für 0,5 mm starkes gewöhnliches Dynamoblech und für 0,3 mm starkes legiertes Blech bei 50 Per/sek. zeigt Abb. 45. Bei Benutzung der Verlustkurven braucht man nur den zu der betreffenden Induktion zugehörigen Wert der Verluste pro kg mit dem Gewicht zu multiplizieren, um die Verluste in dem betreffenden Teile der Maschine zu erhalten. Dabei ist zu berücksichtigen, daß bearbeitetes Blech (Blech in der fertigen Maschine) höhere Eisenverluste aufweist, als unbearbeitetes Blech. Die mit Hilfe der Verlustkurven errechneten Eisenverluste muß man mit 1,3 bis 1,8 multiplizieren, um die wirklichen Eisenverluste bei der fertigen Maschine zu erhalten. Der größere Multiplikator bezieht sich auf Synchronmaschinen, der kleinere auf Asynchronmaschinen. Bei Transformatoren ist der Zuschlag kleiner, er beträgt 10—15% des nach den Verlustkurven gerechneten Wertes.

10. Die Erwärmung der elektrischen Maschine.

Außer den durch den magnetischen Fluß bedingten *Eisenverlusten* und den durch den elektrischen Strom bedingten *Kupferverlusten* treten in der elektrischen Maschine noch *Reibungsverluste* (Luft- und Lagerreibungsverluste), die durch den mechanischen Lauf bedingt sind, auf. Während die Eisenverluste ebenso wie die Reibungsverluste auch bei der leerlaufenden Maschine vorhanden sind, treten die Kupferverluste erst bei Last auf. Man bezeichnet die Eisen- und Reibungsverluste zusammen als die *Leerlaufverluste* und die Leerlauf- und Kupferverluste zusammen als die *Gesamtverluste* der Maschine.

Sowohl die Eisen- wie die Kupferverluste zeigen sich in der Maschine in Form von Wärme, so daß die Maschine als ein *in sich geheizter Körper* erscheint [L. 18]. Die Wicklungen ebenso wie das Eisen der elektrischen Maschine haben deswegen eine höhere Temperatur als der umgebende Raum. Mit Rücksicht auf die Wärmeeigenschaften der Isoliermaterialien (Baumwolle, Papier, Preßspan, Glimmer) darf die Temperatur der Leiter ebenso wie des Eisens gewisse Grenzwerte, die für die verschiedenen Isoliermaterialien verschieden sind, nicht überschreiten. Unter Zugrundelegung einer bestimmten Temperatur für das Kühlmittel (als solches dient entweder die Luft des umgebenden Raumes oder von außen über eine Rohrleitung zugeführte Luft oder bei Transformatoren auch Öl) erhält man aus diesen Grenztemperaturen ganz bestimmte Werte für die zulässige Erwärmung (Übertemperatur) der Wicklungen wie des Eisens, die für die verschiedenen Isolierstoffe verschieden sind. Die Grenztemperaturen ebenso wie die Grenzerwärmungen der Wicklungen und des Eisens für die verschiedenen Isoliermaterialien sind vom Verband Deutscher Elektrotechniker in den „Regeln für die Bewertung und Prüfung von elektrischen Maschinen“ und in den „Regeln für die Bewertung und Prüfung von Transformatoren“ (R. E. M. u. R. E. T., 1923) genau festgelegt. So ist z. B. für die in Nuten gebetteten Wechselstrom-Ständerwicklungen, deren Leiterisolierstoff imprägniert ist, eine Grenztemperatur von 85° C und eine Grenzerwärmung von 50° C festgelegt. Sind die Hohlräume zwischen den Leitern außerdem mit Füllmasse ausgefüllt, so ist eine um 10° C höhere Grenztemperatur bzw. Grenzerwärmung zulässig.

Die Erwärmung des Eisens soll nach den obigen Regeln mit Thermometer, die Erwärmung der Wicklungen, wo dies möglich ist, aus der *Widerstandszunahme* bestimmt werden. Diese Art der Erwärmungsbestimmung beruht darauf, daß der spezifische Widerstand (also auch der Widerstand) des Leitermaterials mit zunehmender Temperatur zunimmt. Für Kupfer gilt:

$$\frac{R_1}{R_2} = \frac{\varrho_1}{\varrho_2} = \frac{235 + T_1}{235 + T_2}, \tag{64}$$

wo R_1 und R_2 bzw. ϱ_1 und ϱ_2 die zu den Temperaturen T_1 und T_2° C zugehörigen Widerstände bzw. spezifischen Widerstände sind. Aus dieser Gleichung folgt:

$$\frac{R_1 - R_2}{R_2} = \frac{T_1 - T_2}{235 + T_2} = \frac{t}{235 + T_2}, \tag{65}$$

wenn $T_1 - T_2 = t$ gesetzt wird. Ist an irgendeiner Wicklung im kalten Zustande bei der Raumtemperatur T_{kalt} der Widerstand der Wicklung zu R_{kalt} gemessen worden und nachher, nachdem die Maschine einer Dauerprobe mit Vollast bis zur Erreichung der stationären Erwärmung unterzogen wurde, bei der gleichen Raumtemperatur T_{kalt} der Widerstand zu R_{warm} gemessen worden, so gilt nach Gleichung 65

$$\frac{R_{\text{warm}} - R_{\text{kalt}}}{R_{\text{kalt}}} = \frac{t}{235 + T_{\text{kalt}}}. \tag{66}$$

t ist in dieser Gleichung nichts anderes als die gesuchte Erwärmung der Wicklung. Würde man jedoch nach dieser Gleichung die Erwärmung t berechnen, so erhielte man im allgemeinen einen etwas zu hohen Wert, weil nach dem Dauerlauf, infolge der von der Maschine an den Außenraum abgegebenen Wärme, die Raumtemperatur etwas höher ist, als vor dem Dauerlauf. Bezeichnet man die Raumtemperatur nach dem Dauerlauf mit $T_{\text{Kühlmittel}}$, so ist die tatsächliche Erwärmung um $(T_{\text{Kühlmittel}} - T_{\text{kalt}})$ niedriger als nach der Formel. *Die Erwärmung in ° C aus Widerstandszunahme* ergibt sich demnach zu

$$t = \frac{R_{\text{warm}} - R_{\text{kalt}}}{R_{\text{kalt}}} (235 + T_{\text{kalt}}) - (T_{\text{Kühlmittel}} - T_{\text{kalt}}). \tag{67}$$

Beispiel. An einer Erregerwicklung wurde bei einer Raumtemperatur von 12° C der kalte Widerstand R_{kalt} zu 45,3 Ohm und nach der Dauerprobe mit Vollast bei einer Raumtemperatur von 17° C der warme Widerstand R_{warm} zu 53,6 Ohm gemessen. Die Erwärmung der Wicklung beträgt demnach

$$t = \frac{53{,}6 - 45{,}3}{45{,}3} (235 + 12) - (17 - 12) = 40{,}1^0\ \text{C}.$$

Zu einer bestimmten Leistung der elektrischen Maschine gehören bestimmte Verluste in ihrem Eisen und in ihrem Kupfer. Bei gegebener zulässiger Erwärmung gehört zur Abführung dieser Verluste eine ganz bestimmte Oberfläche, d. h. die Dimensionen der elektrischen Maschine werden durch die in ihr erzeugte Wärme festgelegt. Bei den Maschinen mit Kommutator wird die Größe der Maschine außer von der Wärme noch durch die Kommutierung, bei den Wechselstrom-Kommutatormotoren hauptsächlich durch die Kommutierung bestimmt.

11. Einteilung der elektrischen Maschinen.

Nach der Art der Energieumformung unterscheidet man zwischen *Generatoren, Motoren* und *Umformern.* Beim Generator wird der Welle mechanische Energie zugeführt und der Ankerwicklung elektrische Energie entnommen. Beim Motor wird umgekehrt der Wicklung (oder den Wicklungen) elektrische Energie zugeführt und der Welle mechanische Energie entnommen. Der Umformer dient dazu, elektrische Energie einer Art in elektrische Energie anderer Art umzuwandeln. Diese Umwandlung einer elektrischen Energieart in die andere kann entweder in zwei elektrisch getrennten aber mechanisch gekuppelten Maschinen, dem *Motorgenerator,* oder in einer einzigen Maschine, dem *Einankerumformer,* geschehen. Beim Motorgenerator arbeitet die Maschine, welche die umzuformende Energie aufnimmt, als Motor, die Maschine, welche die gewünschte elektrische Energie abgibt, als Generator. Im Einankerumformer wird innerhalb einer und derselben Wicklung ohne Zwischenumsetzung in mechanische Energie die eine elektrische Stromart direkt in die andere elektrische Stromart umgewandelt. Da beim Motorgenerator die zugeführte elektrische Energie zuerst in mechanische und dann wieder in elektrische Energie umgeformt wird, sind seine Verluste größer als die des Einankerumformers und sein Wirkungsgrad kleiner als der des Einankerumformers. Eine Zwischenstufe zwischen dem Motorgenerator und dem Einankerumformer bildet der *Kaskadenumformer.* Auch dieser besteht aus zwei Maschinen, die Wicklungen der beiden Maschinen sind jedoch nicht getrennt voneinander, sondern miteinander verbunden. Die Energieumformung geschieht zum Teil mechanisch, zum Teil elektrisch, so daß der Wirkungsgrad des Kaskadenumformers zwischen dem des Motorgenerators und dem des Einankerumformers liegt.

Prinzipiell kann jede elektrische Maschine sowohl als Motor wie als Generator arbeiten, jedoch eignen sich, wie wir weiter unten sehen werden, manche Maschinengattungen mehr für den Lauf als Motor, andere mehr für den Lauf als Generator.

Nach der Stromart unterscheidet man Gleichstrommaschinen und Wechselstrommaschinen. Zu den ersten gehören die Gleichstrom-Generatoren und -Motoren. Zu den zweiten die Asynchronmaschinen, die Synchronmaschinen und die Wechselstrom-Kommutatormotoren. Der Einankerumformer und der Kaskadenumformer gehören sowohl zu den Gleichstrom- wie zu den Wechselstrommaschinen.

III. Der Transformator.

1. Das Spannungsdiagramm des Transformators im Leerlauf.

Bevor wir zu den elektrischen Maschinen übergehen, wollen wir einen einfacheren elektrischen Apparat, den Transformator, betrachten. Dieser dient dazu, eine Spannung in eine andere Spannung, die größer oder kleiner als die erste, aber von der gleichen Frequenz wie die erste ist, zu verwandeln.

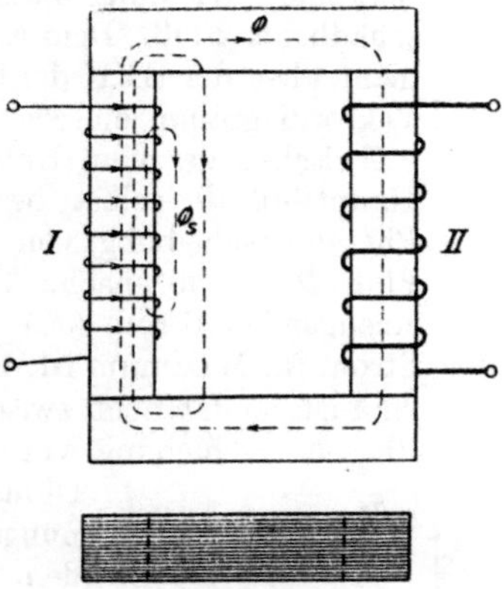

Abb. 46.

Abb. 46 zeigt einen aus Blechen zusammengesetzten Eisenkern, um dessen Schenkel zwei Spulen gelegt sind. Die Spule II (die Sekundärwicklung) bleibe zunächst offen. Drückt man der Spule I (der Primärwicklung) eine Wechselspannung auf, so nimmt sie einen Wechselstrom auf. Dieser Strom erzeugt einen magnetischen Fluß. Da der magnetische Kreis beinahe nur aus Eisen besteht (die Luftzwischenräume an den Stoßfugen sind sehr klein, etwa gleich 0,035 bis 0,05 mm), so ist zur Erzeugung des Flusses ein verhältnismäßig kleiner Magnetisierungsstrom nötig. Der Fluß pulsiert in Takt mit dem Strom, und da er mit den Windungen der Spule I verkettet ist, induziert er in ihr eine EMK der Selbstinduktion. Diese EMK der Selbstinduktion und der Spannungsabfall im Ohmschen Widerstand der Wicklung halten der aufgedrückten Spannung das Gleichgewicht (s. Gleichung 15b).

Die EMK der Selbstinduktion zerlegt man zweckmäßigerweise in zwei Teile, entsprechend zwei voneinander verschiedenen Teilen des Flusses. Der weitaus größte Teil der von der Spule I erzeugten Kraftlinien verläuft durch das Eisen, ein Teil jedoch, wenn auch im Verhältnis zum ersten nur kleiner Teil, verläuft auf einem parallelen Wege durch die Luft, wie in Abb. 46 angedeutet ist. Während der in *der Luft verlaufende Teil des Flusses dem Strome* direkt *proportional* ist, weil der magnetische Widerstand, der für ihn maßgebend ist, hauptsächlich aus der Luftstrecke besteht und für diese die magnetische Leitfähigkeit μ

konstant ist (= 1), ist für den Fluß im Eisen die Beziehung zwischen Fluß und Strom durch die Magnetisierungskurve der verwendeten Blechsorte gegeben (Abb. 40). Man nennt (vergl. S. 28) den in der Luft verlaufenden Fluß den *Streufluß* (Φ_s) und den im Eisen verlaufenden Fluß den *Hauptfluß* (Φ) und zerlegt die EMK der Selbstinduktion entsprechend diesen beiden Flüssen in eine vom Hauptfluß induzierte EMK E_1 und eine vom Streufluß induzierte EMK der Streuinduktion. Man kann also sagen, daß der aufgedrückten Spannung das Gleichgewicht gehalten wird: durch den Ohmschen Spannungsabfall, durch die EMK der Streuinduktion und durch die vom Hauptfluß induzierte EMK E_1 [L. 19]. Wie wir sehen werden, ist nur der Hauptfluß Φ für die Leistungsübertragung von der primären auf die sekundäre Wicklung nützlich, der Streufluß Φ_s ist dagegen ein schädlicher Fluß. Dem entsprechend ist nur E_1 eine Nutz-EMK, nicht aber die EMK der Streuinduktion. Wir wollen in einem Vektordiagramm die drei Spannungen zusammenstellen.

Zwischen der vom Hauptfluß induzierten EMK E_1 und dem Hauptfluß Φ selbst besteht, wie wir wissen (s. S. 8), eine Phasenverschiebung von 90° und zwar eilt die EMK E_1 dem Fluß Φ um 90° nach. Der Fluß Φ ist in Phase mit dem ihn erzeugenden Strom (J_μ), denn er ist im Maximum, wenn der Strom im Maximum ist, und ist gleich 0, wenn der Strom gleich Null ist, so daß auch zwischen dem Strom und der EMK E_1 eine Phasenverschiebung von 90° besteht. Zur Überwindung des Ohmschen Spannungsabfalles ist eine Spannungskomponente nötig, die in Phase ist mit dem Strom, dagegen ist die Spannungskomponente, die zur Überwindung der EMK der Streuinduktion nötig ist (die Streuspannung), gegenüber dem Strom um 90° verschoben und zwar eilt sie dem Strom vor (s. S. 12).

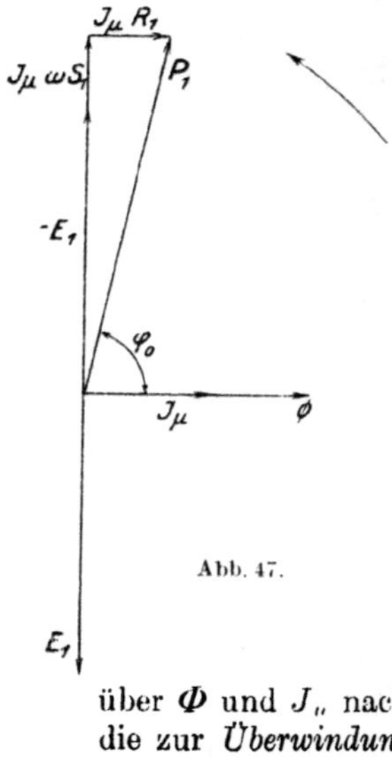

Abb. 47.

Bezeichnet J_μ den Magnetisierungsstrom, S_1 den Koeffizienten der Streuinduktion der Primärwicklung (vergl. S. 31) und $\omega = 2\pi f$ die Kreisfrequenz der zugeführten Spannung, so ist der Effektivwert der EMK der Streuinduktion gleich $J_\mu \omega S_1$.

Zeichnen wir nun den Strom J_μ (Abb. 47) in der Horizontalen nach rechts gerichtet, so ist der Fluß Φ in Phase mit J_μ, die vom Fluß Φ induzierte EMK E_1 um 90° gegenüber Φ und J_μ nacheilend, also nach unten gerichtet, und somit die zur *Überwindung der EMK E_1 nötige Komponente der aufgedrückten Spannung* $-E_1$ um 90° gegenüber dem Fluß und dem

Strom *voreilend,* d. h. nach oben gerichtet. Dieser reiht sich in gleicher Richtung die zur Aufhebung der EMK der Streuinduktion nötige Komponente der Klemmenspannung ($= J_\mu \omega S_1$) an, dann folgt die Spannungskomponente zur Überwindung des Ohmschen Spannungsabfalles $J_\mu R_1$, und die geometrische Summe aller drei ergibt die primär aufgedrückte Klemmenspannung P_1. Der Phasenverschiebungswinkel φ_o zwischen dem Strom J_μ und der Klemmenspannung P_1 ist annähernd gleich 90°. J_μ ist also beinahe ein reiner Blindstrom.

Wir wenden uns nun der Spule II (der Sekundärwicklung) zu und denken uns diese vorläufig noch offen (unbelasteter Zustand, *Leerlauf* des Transformators). Der Hauptfluß Φ, dessen Kraftlinien durch das Eisen verlaufen, ist auch mit dieser Wicklung verkettet und wird, da er ein Wechselfluß ist, auch in ihr eine EMK (E_2) induzieren. Da der Hauptfluß Φ und auch seine Frequenz f für die primäre und sekundäre Wicklung die gleichen sind, müssen sich die in den beiden Wicklungen vom Hauptfluß Φ induzierten EMKe verhalten wie ihre Windungszahlen w_1 und w_2, d. h. es ist

$$\frac{E_1}{E_2} = \frac{w_1}{w_2} \tag{68}$$

und zwar ist nach Gleichung 12

$$E_1 = 4{,}44\, f w_1\, \Phi\, 10^{-8}\,\text{Volt} \tag{69}$$

und

$$E_2 = 4{,}44\, f w_2\, \Phi\, 10^{-8}\,\text{Volt} \qquad \left(4{,}44 = \frac{2\pi}{\sqrt{2}}\right). \tag{70}$$

Das Verhältnis der Windungszahlen $\frac{w_1}{w_2}$ bezeichnet man als die *Übersetzung* des Transformators. Da im Leerlauf der Strom (J_μ) klein ist, so sind der Ohmsche Spannungsabfall ebenso wie die Streuspannung im Leerlauf klein und E_1 ist beinahe gleich der Klemmenspannung P_1. Die Übersetzung des Transformators ist demnach mit genügender Genauigkeit gleich dem Verhältnis der Spannungen im Leerlauf, also

$$\frac{w_1}{w_2} = \frac{E_1}{E_2} \simeq \frac{P_1}{P_{20}}. \tag{71}$$

2. Der Transformator bei Last.

Wir denken uns jetzt die Sekundärwicklung über einen Ohmschen Widerstand geschlossen, d. h. wir betrachten den Transformator unter Last. Da an den Klemmen der Sekundärwicklung eine Spannung herrscht, wird sie im Widerstand einen Strom J_2 erzeugen, der sich über die Sekundärwicklung schließt. Nach dem Gesetz der Erhaltung der Energie muß, abgesehen von den Verlusten im Transformator selbst (diese sind die Kupferverluste in den beiden Wicklungen und die Hysteresis- und Wirbelstromverluste im Eisen), die von der Primärwicklung aus dem Netz entnommene Leistung gleich sein der von der Sekundärwicklung an den Ohmschen Widerstand (den äußeren Stromkreis) abgegebenen Leistung, d. h., *wird die Sekundärwicklung belastet, so muß entsprechend auch die Primärwicklung Strom aus dem Netz entnehmen,* und zwar um so mehr, je stärker die Sekundärwicklung belastet wird. *Die Leistungsübertragung* von der Primärwicklung auf die Sekundärwicklung *vermittelt der Hauptfluß Φ.* Dieser ist beim Transformator (wie auch bei den Dynamomaschinen) ein unentbehrliches Glied und muß sowohl bei Leerlauf wie bei Last vorhanden sein.

Von den drei Komponenten, die der Primärspannung das Gleichgewicht halten, nämlich dem Ohmschen Spannungsabfall, der EMK der Streuinduktion und der vom Hauptfluß induzierten EMK E_1, werden infolge des Anwachsens des Primärstromes die ersten beiden etwas größer und die EMK E_1 wird dementsprechend etwas kleiner. Da aber der Ohmsche Spannungsabfall und die Streuspannung nur klein sind im Vergleich zu der EMK E_1, so kann man sagen, daß die EMK E_1 beim belasteten wie unbelasteten Transformator beinahe den gleichen Wert hat oder, was dasselbe ist, daß *der Hauptfluß des Transformators Φ sich zwischen Leerlauf und Last nur wenig ändert.* Zur Erzeugung des Hauptflusses bei Belastung ist also fast dieselbe AW-Zahl $J_\mu w_1$ erforderlich wie bei Leerlauf.

Auch aus dieser Tatsache läßt sich das automatische Anwachsen des primären Stromes mit zunehmendem sekundären Strom ableiten. Bei belastetem sekundären Kreis wirken auf den Transformator zwei MMKe, die der Primärwicklung und die der Sekundärwicklung. Für die Größe des Flusses ist die aus diesen beiden MMKen resultierende MMK maßgebend. Abb. 48 zeigt das AW-Diagramm eines belasteten Transformators, und zwar ist angenommen, daß der sekundäre Strom J_2 gegen die in der Sekundärwicklung induzierte EMK E_2 nacheilt. Ebenso wie E_1 eilt auch E_2 dem Fluß Φ um 90° nach. Soll nun beim belasteten Transformator der Fluß Φ aufrechterhalten bleiben, so muß die resultierende MMK $J_\mu w_1$ Amperewindungen betragen. Dies ist aber nur dann möglich, wenn die primäre AW-Zahl stets gleich ist der geometrischen Summe aus $J_\mu w_1$ und $-J_2 w_2$, also gleich der Diagonale des Parallelogramms $J_1 w_1$, d. h. je mehr die Sekundärwicklung belastet wird, desto mehr Strom entnimmt die Primärwicklung aus dem Netz, um den Fluß aufrechtzuerhalten. *Die Differenz zwischen der primären MMK $J_1 w_1$ und der sekundären MMK $J_2 w_2$ muß stets so groß sein, als AW nötig*

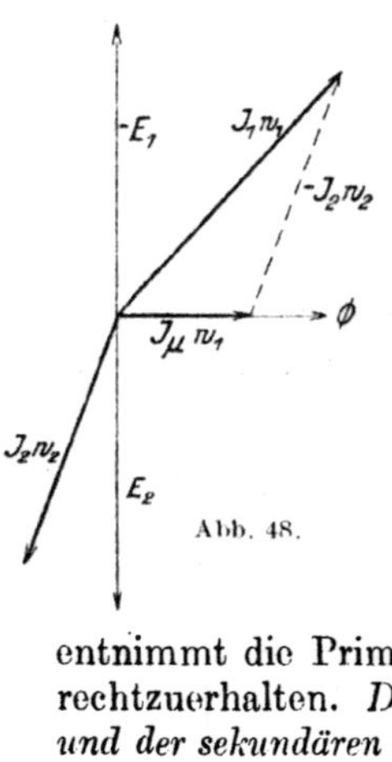

Abb. 48.

sind, um den magnetischen Fluß Φ zu erzeugen. — Da der magnetische Widerstand des Transformators verhältnismäßig gering ist, betragen die Magnetisierungs-AW nur 5 bis 10% der primären AW bei Normallast, oder, was dasselbe ist, der Magnetisierungsstrom J_μ beträgt nur 5 bis 10% des Nennstromes (Stromes bei Normallast) des Transformators, und es kann näherungsweise gesetzt werden $J_1 w_1 = J_2 w_2$,

d. h.
$$\frac{J_2}{J_1} \simeq \frac{w_1}{w_2} \simeq \frac{E_1}{E_2}. \tag{72}$$

Die Ströme der beiden Wicklungen verhalten sich also annähernd umgekehrt wie die induzierten EMKe. Dies entspricht dem Gesetz der Erhaltung der Energie, denn nach diesem muß (abgesehen von den Verlusten) $P_1 J_1 \cos\varphi_1 = P_2 J_2 \cos\varphi_2$ sein. Wie wir sehen werden, ist beim Transformator unter Last $\cos\varphi_1 \simeq \cos\varphi_2$.

3. Die sekundäre Streuung.

Die sekundäre Klemmenspannung P_2 ist nicht gleich der bei Leerlauf in der Sekundärwicklung induzierten EMK E_2, denn auch die Sekundärwicklung hat einen Ohmschen Spannungsabfall ($J_2 R_2$) und einen Spannungsverlust infolge Streuung ($E_{S2} = J_2 \omega S_2$).

Den Verlauf der sekundären Streulinien kann man sich, wie Abb. 49 zeigt, dem der primären Streulinien ähnlich denken. Der magnetische Widerstand, der für sie maßgebend ist, liegt wie bei den primären Streulinien hauptsächlich in der Luft, und auch sie sind nur mit der Sekundärwicklung allein verkettet, genau wie die primären Streulinien nur mit der Primärwicklung allein verkettet sind. Wie der primäre Streufluß dem primären Strom direkt proportional und mit ihm in Phase ist, so ist der sekundäre Streufluß dem sekundären Strom direkt proportional und mit ihm in Phase. Es muß jedoch bemerkt wer-

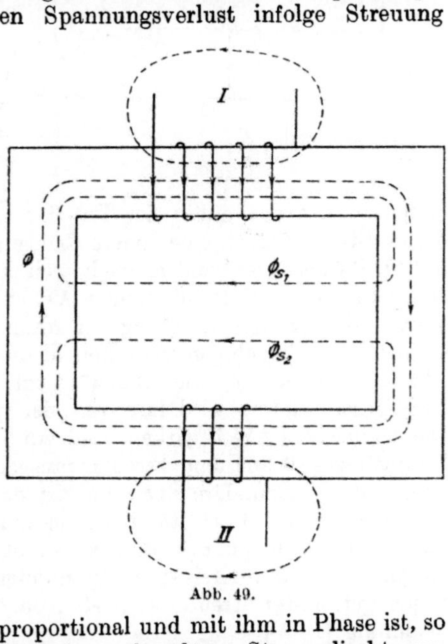

Abb. 49.

den, daß der Verlauf der sekundären Streulinien, wie er in Abb. 49 angenommen ist, nur ein ideelles Gebilde darstellt. Die Streuflüsse des Transformators zeigen nämlich nicht ein konstantes sondern ein veränderliches Bild. Das hängt damit zusammen, daß zwischen den primären und sekundären AW eine Phasenverschiebung besteht und daß der Hauptfluß von den resultierenden *momentanen* AW erzeugt wird. In dem Augenblick z. B., wo der primäre Strom gleich Null ist, wird der Hauptfluß vom sekundären Strom erzeugt, und die sekundären Streulinien werden tatsächlich den Verlauf der Abb. 49 haben. Nehmen wir dagegen einen Augenblick, wo die primären AW größer sind als die sekundären AW und der Hauptfluß somit von den primären AW erzeugt wird (was während eines großen Teiles der Periode der Fall ist), so ist der Verlauf der sekundären Streulinien nach Abb. 49 nicht möglich. Die Annahme eines solchen Verlaufes würde nämlich bedingen, daß in dem Teile des Eisens, wo die sekundäre Spule sich befindet, Kraftlinien verschiedener Richtung verlaufen, und zwar müßte der Teil der sekundären Streulinien, der im Eisen verläuft, eine andere Richtung haben als der Hauptfluß Φ. Dies ist aber nicht möglich, weil die aus den primären und den sekundären AW resultierenden AW einen Fluß *nur einer Richtung*, und zwar der Richtung der resultierenden AW erzeugen können. Die Streulinien verlaufen in diesem Falle nicht so wie Abb. 49, sondern so, wie Abb. 50 zeigt. Der ganze Streufluß des Transformators wird hier von den primären AW erzeugt. Die sekundären AW bewirken, daß ein Teil der Kraftlinien des Hauptflusses Φ aus dem Eisen herausgedrängt wird. Die Wirkung auf die sekundäre Spannung ist dabei die gleiche wie bei der Annahme eines selbständigen sekundären Streuflusses nach Abb. 49, denn auch der Streulinienverlauf nach Abb. 50 bedeutet für den sekundären Kreis einen Spannungsverlust. Die Annahme zweier getrennter Streuflüsse nach Abb. 49 vereinfacht aber die Rechnung [L. 20].

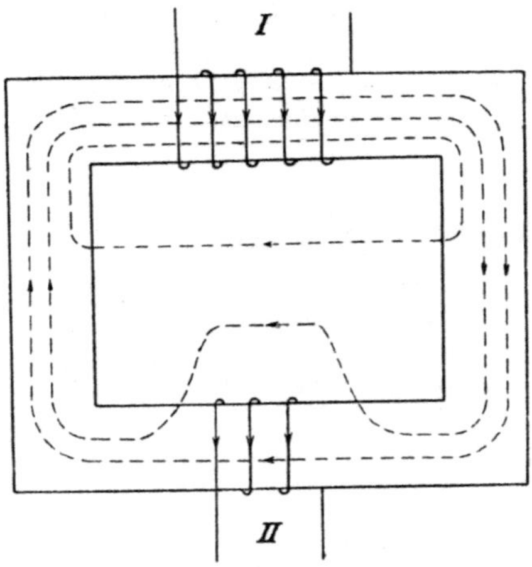

Abb. 50.

4. Das Spannungsdiagramm des Transformators bei Last.

Die in der Sekundärwicklung vom Hauptfluß induzierte EMK E_2 ist in Phase mit E_1, da beide von demselben Fluß Φ induziert werden. Der Phasenverschiebungswinkel φ_2 zwischen dem sekundären Strom J_2 und der sekundären Klemmenspannung P_2 ist durch die Beschaffenheit des äußeren Stromkreises bestimmt. Die zur Überwindung des Ohmschen Widerstandes der Sekundärwicklung nötige Komponente der EMK E_2 $(J_2 R_2)$ ist in Phase mit dem Strom J_2, und die zur Überwindung der EMK der Streuinduktion der sekundären Wicklung nötige Komponente der EMK E_2 $(E_{S2} = J_2 \omega S_2)$ eilt dem Strom J_2 um 90^0 vor.

Zu dem Spannungsdiagramm (Abb. 47,) das sich auf die Primärwicklung des unbelasteten Transformators bezieht, ist noch zu bemerken, daß in diesem die Eisenverluste, die der pulsierende Fluß hervorruft, nicht berücksichtigt sind. Die Eisenverluste bedingen eine Wirkkomponente des Stromes, die mit der EMK E_1 multipliziert den Eisenverlusten gleich ist. Die geometrische Summe aus dieser Wirkkomponente und dem Magnetisierungsstrom J_μ ergibt den Leerlaufstrom des Transformators J_o. Bezeichnet V_{ei} die Eisenverluste des Transformators, so ist somit

$$J_\mu = J_o \sin \varphi_o \tag{73}$$

$$V_{ei} = E_1 J_o \cos \varphi_o \simeq P_1 J_o \cos \varphi_o. \tag{74}$$

φ_o ist also tatsächlich kleiner als in Abb. 47. In den vollständigen Transformatordiagrammen, die jetzt aufgestellt werden sollen, werden wir auch den Wirkstrom $J_o \cos \varphi_o$, der ebenso wie der Magnetisierungsstrom J_μ ein ständiger Begleiter des Kraftflusses Φ ist, berücksichtigen.

Bei der Aufstellung der Vektordiagramme nimmt man am besten an, daß die *sekundäre Windungszahl gleich der primären* Windungszahl ist. Es ist dann $E_2 = E_1$ und das *AW-Diagramm* (Abb. 48) wird zu einem *Stromdiagramm*[1]).

1) Die Annahme $w_2 = w_1$ bedeutet, daß man nicht mit den wirklichen Werten der sekundären EMK E_2 und des sekundären Stromes J_2, sondern mit ideellen *(auf den Primärkreis reduzierten)* Werten $E_2' = E_1$ und $J_2' \simeq J_1$ rechnet. Aus den Gleichungen 68 und 72 erhält man

$$E_2' = E_2 \frac{w_1}{w_2} \quad \text{und} \quad J_2' = J_2 \frac{w_2}{w_1}. \tag{75}$$

Da $E_2' J_2' = E_2 J_2$ und $J_2' w_1 = J_2 w_2$ ist, so bleiben die Leistungsverhältnisse ebenso wie die magnetischen Verhältnisse im Transformator die gleichen, als wenn man mit E_2 und J_2 rechnet. Die Reduktion des Sekundärkreises auf den Primärkreis ändert also an den Vorgängen im Transformator nichts, bringt aber den Vorteil, daß die Diagramme einfacher und übersichtlicher werden.

Der Reduktionsfaktor ist also nach Gleichung 75 für die EMK

Es sollen zunächst die Spannungen und Ströme (MMKe) des Transformators unter der Annahme, daß die Belastung des Sekundärkreises induktions- und kapazitätsfrei ist, zusammengestellt werden.

Wir tragen nach unten den Sekundärstrom J_2 auf (Abb. 51). Da die Belastung induktions- und kapazitätsfrei ist, so ist die Phasenverschiebung zwischen dem Sekundärstrom J_2 und der

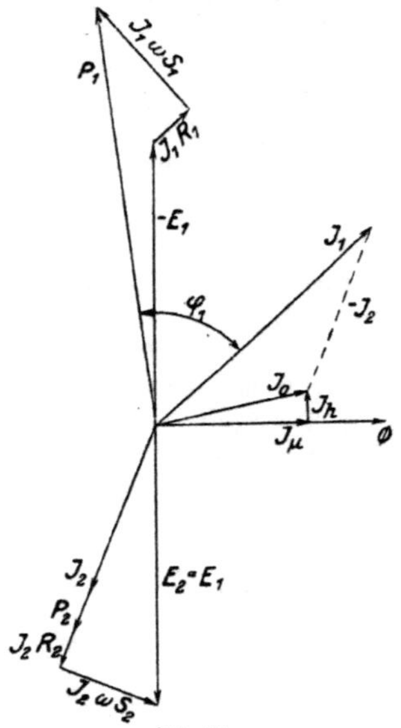

Abb. 51.

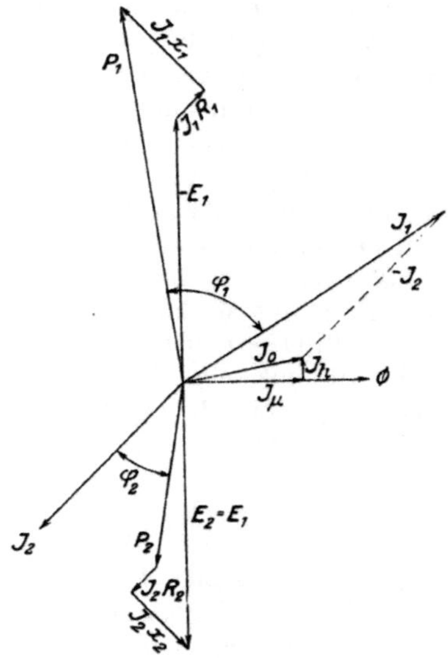

Abb. 52.

Sekundärspannung P_2 gleich O, so daß auch P_2 in der gleichen Richtung wie J_2 liegt. Addieren wir zu P_2 $J_2 R_2$ in Phase mit dem Strom J_2 und $E_{S2} = J_2 \omega S_2$ senkrecht zu J_2, und zwar um 90° voreilend, so erhalten wir die in der Sekundärwicklung vom Hauptfluß induzierte EMK E_2. In der gleichen Richtung mit E_2 liegt E_1. Der Fluß steht senkrecht auf E_1 bzw. E_2, und zwar um 90° voreilend. Der Magnetisierungsstrom J_μ ist in Phase mit dem Fluß Φ und der Verluststrom $J_h = J_0 \cos \varphi_0$ steht senkrecht auf J_μ und zwar um 90° voreilend. Die geometrische Summe dieser beiden ergibt J_0. Die geometrische Summe aus J_0 und $-J_2$ ergibt den Primärstrom J_1. Wir tragen weiter nach oben

gleich $\frac{w_1}{w_2}$, für den Strom gleich $\frac{w_2}{w_1}$. Für den sekundären Ohmschen Widerstand bzw. sekundären Streu-Blindwiderstand ist der Reduktionsfaktor, da Widerstand das Verhältnis zwischen Spannung und Strom ist,

$$\frac{w_1}{w_2} : \frac{w_2}{w_1} = \left(\frac{w_1}{w_2}\right)^2.$$

senkrecht zu Φ den zur Aufhebung von E_1 nötigen Teil der Klemmenspannung $-E_1$ auf, addieren zu diesem den primären Ohmschen Spannungsabfall $J_1 R_1$ in Phase mit J_1 und die primäre Streuspannung $E_{S1} = J_1 \omega S_1$ senkrecht und voreilend zu J_1 und erhalten die primäre Klemmenspannung P_1. Der primäre Phasenverschiebungswinkel ist gleich φ_1. Der Magnetisierungsstrom und die Streuung der beiden Wicklungen bewirken, daß trotz Phasengleichheit an den sekundären Klemmen primär eine Phasenverschiebung zwischen Strom und Klemmenspannung auftritt. ωS_1 und ωS_2 können als die *Streu-Blindwiderstände* der primären bzw. der sekundären Wicklung bezeichnet werden. Die Lage von $J_1 \omega S_1$ und $J_2 \omega S_2$ in bezug auf die Ströme J_1 und J_2 ist dieselbe wie die der Spannungskomponente $J \omega L$ in Abb. 9. Für ωS wird im weiteren auch die Bezeichnung x benutzt.

Abb. 52 zeigt das Spannungs- und Strom- (MMK-) Diagramm für den Fall, wo die Belastung des Transformators induktiv ist, d. h. wo der sekundäre Strom J_2 der sekundären Klemmenspannung P_2 nacheilt. φ_2 ist die sekundäre Phasenverschiebung. Je größer bei induktiver Belastung φ_2 ist, desto größer wird auch φ_1. Bei kapazitiver Belastung liegen die Verhältnisse zum Teil umgekehrt [L. 21].

5. Die Spannungsänderung des Transformators.

Vernachlässigt man den Leerlaufstrom J_0, der 5 bis 10% des Primärstromes J_1 bei Vollast beträgt, so daß $J_2 = J_1$ wird, und klappt den unteren Teil des Spannungsdiagramms nach oben um, so ergibt sich das vereinfachte Transformator-Spannungsdiagramm nach *Kapp* (Abb. 53). In diesem braucht man außer der sekundären Klemmenspannung $P_2 = \overline{OA}$ nur die Summe der beiden Ohmschen Spannungsabfälle $J_1(R_1 + R_2) = J_1 \Sigma R$ in Phase mit dem Strom $J_2 = J_1$ und die Summe der beiden Streuspannungen $J_1 \omega (S_1 + S_2) = J_1 \Sigma \omega S = J_1 \Sigma x$ senkrecht und voreilend zum Strom $J_2 = J_1$ aufzutragen, um die primäre Klemmenspannung $P_1 = \overline{OC}$ zu erhalten. φ_1 und φ_2 sind der primäre beziehungsweise der sekundäre Phasenverschiebungswinkel.

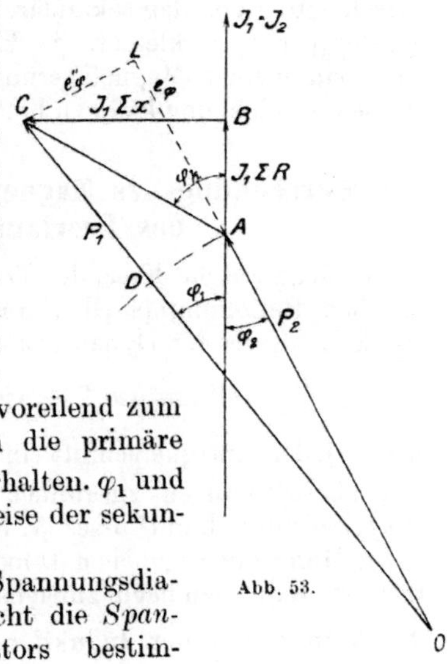

Abb. 53.

Mit Hilfe des vereinfachten Spannungsdiagramms (Abb. 53) kann man leicht die *Spannungsänderung* des Transformators bestimmen. Man versteht darunter die Erhöhung der Sekundärspannung $P_1 - P_2$, die eintritt, wenn man den unter Vollast stehenden Transformator ganz entlastet. Setzt man $P_1 = 100$, $\frac{J_1 \Sigma R}{P_1} 100 = e$ und $\frac{J_1 \Sigma x}{P_1} 100 = e_s$, so ergibt sich aus diesem Diagramm die *prozentuale Spannungsänderung* für einen bestimmten sekundären Phasenverschiebungswinkel φ_2 zu (Winkel $ALC = \frac{\pi}{2}$)

$$e_\varphi = e'_\varphi + 100 - \sqrt{10000 - e''^2_\varphi}, \tag{76}$$

wo

$$e'_\varphi = e_r \cos \varphi_2 + e_s \sin \varphi_2 \tag{77}$$

und

$$e''_\varphi = e_r \sin \varphi_2 - e_s \cos \varphi_2. \tag{78}$$

Schlägt man in Abb. 53 um den Punkt O einen Kreis mit $P_2 = \overline{OA}$, so stellt $\overline{CD}$ den Wert der Spannungsänderung dar.

Bei gegebener Phasenverschiebung φ_2 ist die Spannungsänderung um so größer, je größer $J\Sigma R$ und $J\Sigma\omega S$, d. h. je größer die Spannungsabfälle, die die Streuung und die Ohmschen Widerstände hervorrufen, sind. Der Einfluß der Streuung ist dabei bedeutend größer als der der Ohmschen Widerstände. Kleine Spannungsänderung erfordert also kleine Streuung. Die Spannungsänderung ist weiter um so größer, je größer die sekundäre Phasenverschiebung ist. Bei Phasengleichheit und Phasennacheilung zwischen Sekundärstrom und Sekundärspannung tritt bei Entlastung eine Spannungserhöhung an den sekundären Klemmen auf, bei Phasenvoreilung — eine Spannungserniedrigung. Wie die Spannungsänderung ist auch die Änderung der Phasenverschiebung von den sekundären bis zu den primären Klemmen $(\varphi_1 - \varphi_2)$ um so kleiner, je kleiner die Streuung ist. Auch trägt ein kleiner Magnetisierungsstrom dazu bei, die primäre Phasenverschiebung klein zu halten [L. 22].

6. Berechnung des Magnetisierungsstromes J_μ und des Leerlaufstromes J_0.

Der magnetische Kreis des Transformators läßt sich nach der gleichen Beziehung (s. Gleichung 42b) berechnen wie der magnetische Kreis der Dynamomaschine. Es ist hier:

$$AW_k = aw_1 l_1 + aw_2 l_2 + \cdots + 0{,}8\,\delta \frac{\Phi}{Q_l}, \tag{79}$$

wobei Q_l den Luftquerschnitt einer Stoßfuge und δ den Luftspalt, den alle Stoßfugen zusammen bilden, bedeuten. Φ ist die *Amplitude* des Hauptflusses (s. S. 29).

An Hand der gegebenen Dimensionen des Transformators berechnet man demnach zunächst den Kraftfluß Φ und daraus die Amplituden der Induktionen $\mathfrak{B}_{max} = \frac{\Phi}{Q}$ für die einzelnen

Teile des magnetischen Kreises. Man entnimmt dann der Magnetisierungskurve $\mathfrak{B} = f(aw)$ für das verwendete Blech die zugehörigen aw und multipliziert diese mit den entsprechenden Längen des Kraftlinienweges. Die Joche pflegt man bei Transformatoren etwas kräftiger zu halten als die die Wicklung tragenden Kerne, weil eine Vergrößerung des Joches nicht mit einem Mehraufwand von Wicklungskupfer verbunden ist. Die Länge einer Stoßfuge kann man, wie oben erwähnt, etwa gleich 0,0035 bis 0,005 cm setzen.

Die Berechnung des Kraftflusses Φ erfolgt nach Gleichung 69, wobei für E_1 die Primärspannung P_1 eingesetzt werden darf, da beim Transformator, wie wir gesehen haben, der Spannungsabfall klein ist und der Fluß zwischen Leerlauf und Vollast sich nur wenig ändert.

Sind die AW für den ganzen Kreis bekannt, so gilt

$$AW_k = \sqrt{2}\, J_\mu\, w_1,$$

da die Amplitude des Flusses von der Amplitude des Stromes erzeugt wird (s. S. 29). Der Effektivwert des Magnetisierungsstromes ist somit

$$J_\mu = \frac{AW_k}{\sqrt{2}\, w_1}. \tag{80}$$

Zur Berechnung der Wirkkomponente des Leerlaufstromes, des Verluststromes J_h, ist die Kenntnis der Eisenverluste erforderlich. Diese bestimmt man mit Hilfe der Verlustkurven, indem man diesen die zu den oben berechneten Werten von $\mathfrak{B}_{\max}$ gehörigen Werte der Verluste pro kg entnimmt und mit den entsprechenden Gewichten multipliziert (s. S. 41). Es wird dann

$$J_h = \frac{V_{ei}}{P_1}. \tag{81}$$

Sowohl die Hysteresis- wie die Wirbelstromverluste hängen von der maximalen Induktion $\mathfrak{B}_{\max}$ ab; man wählt diese infolgedessen (bei der Frequenz 50) nicht über 14000 bis 12000 Linien pro cm², wobei der kleinere Wert sich auf große Transformatoren bezieht. Da mit zunehmender Größe des Transformators das Eisenvolumen schneller wächst als die kühlende Oberfläche, so müssen, damit die Oberflächenerwärmung die gleiche bleiben soll, mit zunehmender Größe des Transformators die Verluste pro Volumeneinheit kleiner werden.

Der Magnetisierungsstrom J_μ und der Verluststrom J_h stehen senkrecht aufeinander (Abb. 51). Somit ist der *Leerlaufstrom*

$$J_0 = \sqrt{J_h^2 + J_\mu^2}. \tag{82}$$

Nur der Magnetisierungsstrom J_μ ist in Phase mit dem Hauptfluß Φ. Der Leerlaufstrom J_0 eilt dem Flusse Φ vor, und zwar ist der Voreilungswinkel um so größer, je größer die Eisenverluste sind.

7. Berechnung der Streuung.

Mit Rücksicht auf die Spannungsänderung und die primäre Phasenverschiebung muß die Streuung so klein gehalten werden wie möglich (s. S. 54). Die Anordnung der primären und der

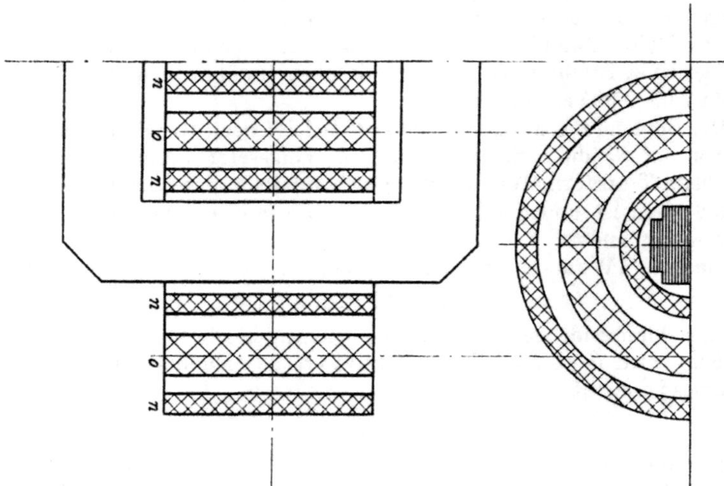

Abb. 55.

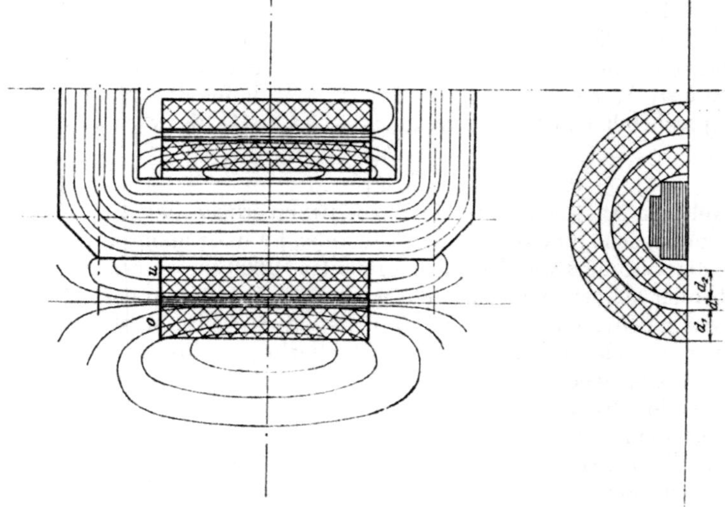

Abb. 54.

sekundären Wicklung auf zwei verschiedenen Kernen, wie dies Abb. 46 zeigt, ist in dieser Hinsicht sehr ungünstig. Die kleinste Streuung erhält man, wenn man die beiden Wicklungen so nahe wie möglich nebeneinander legt

Man unterscheidet bei Transformatoren die *Röhrenwicklung*

(Abb. 54) und die *Scheibenwicklung* (Abb. 56). Bei der Röhrenwicklung liegt die Unterspannungswicklung (d. h. die mit dem Netz der niederen Spannung verbundene Wicklung) u am Eisen und die Oberspannungswicklung o konzentrisch darüber. Man legt die Unterspannungswicklung in die Nähe des Eisens, weil die Unterspannungswicklung sich leichter gegen das Eisen isolieren läßt. Bei der Scheibenwicklung sind sowohl Unterspannungs- wie Oberspannungswicklung in mehrere Scheiben unterteilt, die abwechselnd übereinander angeordnet sind. Mit Rücksicht auf gute Isolierung gegen das Eisen nimmt man als äußere Scheiben Unterspannungsscheiben. Zur Verringerung der Streuung wird bei der Röhrenwicklung die innere Röhre in zwei Teile zerlegt, von denen einer am Eisen und der andere außen liegt, so daß die Oberspannungswicklung zwischen den Teilen der Unterspannungswicklung zu liegen kommt (Abb. 55). Bei der Scheibenwicklung wird die Streuung kleiner, wenn die beiden äußeren Unterspannungsscheiben halb soviel Windungen erhalten wie die übrigen Unterspannungsscheiben (Abb. 56).

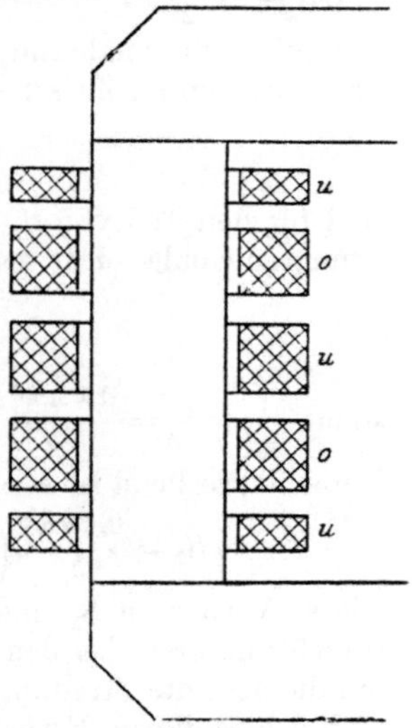

Abb. 56.

Zur Berechnung der Streuung vernachlässigt man $J_0 w_1$, so daß die AW der beiden Wicklungen einander gleich und entgegengesetzt gerichtet angenommen werden können. Der Verlauf der Streufelder einer Röhrenwicklung entsprechend dieser Annahme ist in Abb. 54 eingezeichnet. Da die MMKe der beiden Wicklungen gleich sind, so verläuft im Zwischenraum zwischen den beiden Wicklungen die Symmetrielinie des Feldes in der Mitte.

Als Beispiel wollen wir die *Streuung einer Röhrenwicklung* nach Abb. 54 berechnen. Der magnetische Widerstand, der für die Größe der beiden Streuflüsse maßgebend ist, liegt hauptsächlich im Zwischenraum zwischen den beiden Wicklungen: für den primären Streufluß steht außerhalb dieses Zwischenraumes der ganze Außenraum zur Verfügung, die sekundären Streulinien verlaufen außerhalb des Zwischenraumes durch das Eisen. Bei der Berechnung des magnetischen Widerstandes (s. S. 21) kann somit als Länge näherungsweise die Spulenhöhe h_s eingesetzt werden. Es ist (s. Gleichung 56)

$$S_1 = 0{,}4\,\pi \sum \frac{w_{1x}^2}{R_x} \quad \text{und} \quad S_2 = 0{,}4\,\pi \sum \frac{w_{2x}^2}{R_x}\,. \qquad (83)$$

Bezeichnet

d_1 die Dicke der primären Spule,

d die radiale Breite des Zwischenraumes zwischen den beiden Spulen,

d_2 die Dicke der sekundären Spule,

U_1 den mittleren Umfang der primären Spule,

U_2 den mittleren Umfang der sekundären Spule,

$U_m = \frac{U_1 + U_2}{2}$,

so ergibt sich annähernd für den Teil von S_1, der die Kraftlinienverkettungen im Zwischenraum umfaßt,

$$\frac{0,4\,\pi\, w_1^2}{h_s}\,\frac{d}{2}\,U_m$$

und für den Teil von S_1, der die Kraftlinienverkettungen in der primären Spule selbst berücksichtigt (s. S. 31)

$$\frac{0,4\,\pi\, w_1^2}{h_s}\,\frac{d_1}{3}\,U_1,$$

somit
$$S_1 = \frac{0,4\,\pi\, w_1^2}{h_s}\left(\frac{d}{2}\,U_m + \frac{d_1}{3}\,U_1\right)\,10^{-8}\ \text{Henry}. \tag{84}$$

Dementsprechend ist auch
$$S_2 = \frac{0,4\,\pi\, w_2^2}{h_s}\left(\frac{d}{2}\,U_m + \frac{d_2}{3}\,U_2\right)\,10^{-8}\ \text{Henry}. \tag{85}$$

Diese Werte von S_1 und S_2 gelten pro Kern. Bei Einphasentransformatoren, bei denen beide Kerne bewickelt sind, sind sie, um die gesamte Streuung zu erhalten, mit 2 zu multiplizieren.

Wie aus diesen Formeln hervorgeht, ist die Streuung eines Transformators mit Röhrenwicklung um so kleiner, je kleiner die Windungszahlen, je größer die Spulenhöhen, je kleiner der Luftabstand zwischen den Spulen und je dünner die Spulen sind. Auch bei der Scheibenwicklung ist die Streuung um so geringer, je dünner die Scheiben sind [L. 23].

8. Der Leerlauf- und der Kurzschlußversuch.

Drückt man dem Transformator bei offener Sekundärwicklung *(Leerlauf)* die primäre Spannung P_1 auf, so nimmt er den Leerlaufstrom J_o und eine Leistung N_o auf. N_o ist der *Leerlaufverlust* des Transformators. Er besteht aus dem Eisenverlust und dem Stromwärmeverlust in der Primärwicklung, den der Leerlaufstrom J_o hervorruft. Im Vergleich zum Eisenverlust ist dieser Stromwärmeverlust sehr klein. Mißt man J_o und N_o, so gilt

$$\frac{N_o}{P_1\,J_o} = \cos\varphi_o$$

$$J_o \cos\varphi_o = J_h$$

und
$$J_o \sin\varphi_o = J_\mu.$$

Durch den Leerlaufversuch erhält man also sowohl den Magnetisierungsstrom wie die Eisenverluste des Transformators.

Die Summe der Streuspannungen, die Summe der Ohmschen Widerstände (Abb. 53) und die Stromwärmeverluste des Transformators erhält man durch den *Kurzschlußversuch*. Dieser besteht darin, daß man die Sekundärklemmen miteinander durch kurze dicke Leiter von möglichst kleinem Widerstand verbindet und der Primärwicklung eine so große Spannung aufdrückt, daß sie ihren *Nennstrom* (Vollaststrom) aufnimmt. Diesen Wert der Primärspannung bezeichnet man als die *Kurzschlußspannung* e_k des Transformators. Da die sekundäre Klemmenspannung P_2 gleich O ist, so ist nach Abb. 53 die Kurzschlußspannung gleich $\overline{AC}$, d. h. gleich der geometrischen Summe aus den Ohmschen Spannungsabfällen und den Streuspannungen. Die im Kurzschluß bei der Spannung e_k aufgenommene Leistung N_k besteht nur aus Stromwärmeverlusten in den Wicklungen, denn im Kurzschluß ist $P_2 \simeq E_2 = O$, also der Hauptfluß und somit die Eisenverluste $\simeq O$. *Im Kurzschluß treten nur die Streufelder der beiden Wicklungen auf.*

Die Kurzschlußverluste N_k stellen die wirklichen Stromwärmeverluste im Transformator dar. Sie sind größer als die reinen Ohmschen Verluste in den beiden Wicklungen, und zwar infolge der Eigenschaft des Wechselstromes, den Strom nach einer Stelle des Leiters zu verdrängen (Stromverdrängung), was auf die Größe der Verluste wie eine Verkleinerung des Querschnittes wirkt [L. 24]. Die Stromverdrängung und somit das Verhältnis der Kurzschlußverluste N_k zu den Ohmschen Verlusten ist um so größer, je größer die Periodenzahl ist und je größer die Dimensionen des Leiters sind. Es ist also

$$N_k = J_1^2 \Sigma R, \tag{86}$$

$$J_1 \Sigma R = \frac{N_k}{J_1} \tag{87}$$

und, da $J_1 \Sigma R$, $J_1 \Sigma x$ und e_k ein rechtwinkliges Dreieck bilden, so ist

$$J_1 \Sigma x = J_1 \Sigma \omega S = \sqrt{e_k^2 - \left(\frac{N_k}{J_1}\right)^2}. \tag{88}$$

Daraus lassen sich die für die Bestimmung der Spannungsänderung nötigen Größen e_r und e_s berechnen. ΣR in der Gleichung 86 ist infolge der Stromverdrängung größer als die Summe der Ohmschen Widerstände der beiden Wicklungen $R_1 + R_2$[1]). Dagegen ist

$$\Sigma \omega S = \Sigma x = x_1 + x_2 = x_k. \tag{89}$$

x_k, der *Kurzschluß-Blindwiderstand* des Transformators, ist also gleich der Summe der Streu-Blindwiderstände der beiden Wicklungen.

1) R_2 und x_2 sind hier wie in der Abb. 53 auf den Primärkreis reduziert.

Die Kurzschlußspannung beträgt normalerweise 2,5 bis 4% (bei Hochspannungstransformatoren bis zu 8%) der primären Nennspannung. Da $J\Sigma R$ gegenüber $J\Sigma x = J\Sigma \omega S$ klein ist, so bildet die Kurzschlußspannung direkt ein Maß für die Größe der Streuung des Transformators. Tritt am Transformator bei voller Spannung plötzlich ein Kurzschluß auf, so wird sich bald nach dem ersten Stromstoß ein Strom einstellen, der um so viel mal größer ist als der Nennstrom des Transformators, um wieviel mal die Nennspannung P_1 größer ist als die Kurzschlußspannung e_k. Je größer die Kurzschlußspannung ist, desto kleiner wird der Kurzschlußstrom. Ein kleiner Kurzschlußstrom ist erwünscht mit Rücksicht auf die mechanischen Kräfte, die er an den Wicklungen hervorruft und die zu einer Deformation der Wicklungen führen können [L. 25]. Man wird aus diesem Grunde mit der Streuung nicht unter ein gewisses Maß heruntergehen.

Im Leerlauf ist die Sekundärspannung des Transformators gleich der sekundären Nennspannung P_2 und der sekundäre Strom gleich Null. Im Kurzschluß ist die sekundäre Spannung gleich Null und der sekundäre Strom gleich dem sekundären Nennstrom. Im Leerlauf treten im Transformator die Eisenverluste, im Kurzschluß die Stromwärmeverluste auf. *Durch Übereinanderlagerung des Leerlauf- und des Kurzschlußzustandes erhält man demnach den Zustand des Transformators bei Last.* Die Möglichkeit, den Betriebszustand durch Superposition des Leerlauf- und des Kurzschlußzustandes zu gewinnen, ist nicht nur bei dem Transformator vorhanden, sondern bei jedem Wechselstromkreis allgemeinen Charakters [L. 26].

9. Der Dreiphasentransformator.

Zur Transformierung eines Dreiphasenstromes kann man drei Einphasentransformatoren verwenden, derart, daß jede Phase einen besonderen Transformator erhält. Bei großen Leistungen wird dieses Verfahren vielfach angewendet, weil es die Vorteile einer größeren Abkühlungsfläche, der leichteren Reparatur und der kleineren Reserve bietet. Die primären ebenso wie die sekundären Wicklungen können dabei in Stern oder in Dreieck geschaltet sein.

Da die Summe der Momentanwerte der drei aufgedrückten Spannungen stets gleich Null ist (s. S. 17), ist auch die Summe der Momentanwerte der drei von diesen Spannungen erzeugten magnetischen Flüsse stets gleich Null. Es folgt daraus, daß man die drei magnetischen Kreise ebenso verketten kann, wie die drei elektrischen Stromkreise eines Dreiphasensystems (s. S. 18), also etwa zu einem Sternsystem, wobei wie bei dem elektrischen Dreiphasensystem die Rückleitung wegbleiben kann. Die übliche Ausführung eines Dreiphasentransformators mit magnetischer Verkettung zeigt Abb. 57. Die drei Kerne befinden sich in einer Ebene und erhalten zwei gemeinsame Joche. Jeder Kern erhält die Unterspannungs- und die Oberspannungswicklung je einer Phase. Der Eisenkörper ist in bezug auf die drei Phasen nicht symmetrisch, die Magnetisierungsströme der drei Phasen werden infolgedessen nicht ganz gleich sein. Da die Magnetisierungsströme aber an sich klein sind, so spielt dies keine Rolle.

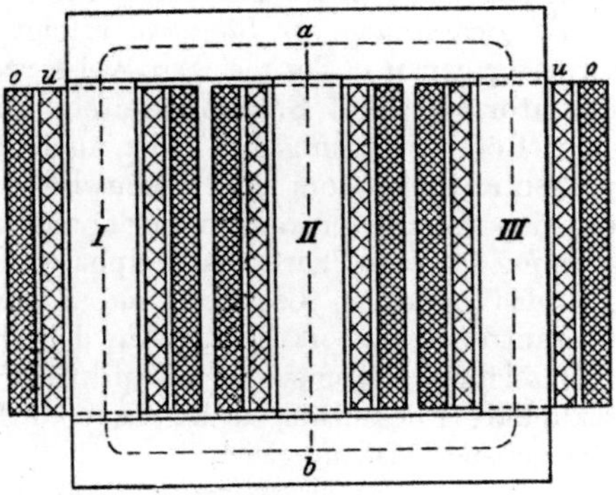

Abb. 57.

Die *Berechnung des Leerlaufstromes* eines derartigen Dreiphasentransformators kann angenähert wie folgt geschehen. Man berechnet zunächst die AW zwischen den Punkten a und b für einen äußeren Kern und für den inneren Kern. Den Fluß Φ erhält man aus Gleichung 69, wenn man dort für E_1 die Phasenspannung P_1 des Dreiphasensystems einsetzt. Da die Dimensionen des Eisenkörpers bekannt sind, so lassen sich die Induktionen im Kern und im Joch berechnen [L. 27].

Bezeichnet l_{aus} die Länge des Kraftlinienweges zwischen a und b für den äußeren Kern und l_{in} die Länge des Kraftlinienweges zwischen a und b für den inneren Kern, so erhält man für den äußeren Kern

$$J_{\mu;aus} = \frac{AW_{ei} + AW_l}{\sqrt{2}\, w_1} = \frac{aw_{ei}\, l_{aus} + 0{,}8\,\delta\,\mathfrak{B}_l}{\sqrt{2}\, w_1}$$

und für den inneren Kern

$$J_{\mu;in} = \frac{aw_{ei}\, l_{in} + 0{,}8\,\delta\,\mathfrak{B}_l}{\sqrt{2}\, w_1},$$

wobei für w_1 die Windungszahl eine Phase der Primärwicklung und für δ der Luftabstand zweier Stoßfugen (ca. $2 \cdot 0{,}005$ cm) einzusetzen ist. Die Luftinduktion $\mathfrak{B}_l$ kann der Kerninduktion gleichgesetzt werden. Der Mittelwert des Magnetisierungsstromes ist dann

$$J_\mu = \frac{2\,J_{\mu;aus} + J_{\mu;in}}{3}. \qquad (90)$$

Zur Bestimmung der Wirkkomponente des Leerlaufstromes, des Verluststromes J_h, berechnet man den gesamten Eisenverlust V_{ei} des Transformators und verteilt ihn auf alle drei Phasen. Man erhält

$$J_h = \frac{V_{ei}}{3\,P_1}. \qquad (91)$$

Der Leerlaufstrom ist

$$J_0 = \sqrt{J_\mu^2 + J_h^2}.$$

J_μ, J_h und J_0 sind die in der primären Wicklung fließenden Ströme, bei Dreieckschaltung der Primärwicklung also nicht Linienströme, sondern Phasenströme.

Die *Berechnung der Streuung* erfolgt beim Dreiphasentransformator genau in der gleichen Weise wie beim Einphasentransformator. Die auf S. 58 abgeleitete Formel für die Streuung einer Röhrenwicklung gilt daher auch für *eine* Phase des Dreiphasentransformators mit Röhrenwicklung. Ebenfalls gelten die für den Einphasentransformator aufgestellten Spannungsdiagramme für *eine* Phase des Dreiphasentransformators, und auch gilt das über den Leerlauf- und Kurzschlußversuch des Einphasentransformators Gesagte für den Dreiphasentransformator.

Bezeichnet allgemein m_1 die primäre Phasenzahl und m_2 die sekundäre Phasenzahl, so ist die vom Transformator sekundär abgegebene Leistung gleich

$$N_2 = m_2 P_2 J_2 \cos \varphi_2 \tag{92}$$

und die primär aufgenommene Leistung

$$N_1 = m_1 P_1 J_1 \cos \varphi_1. \tag{93}$$

P_1, P_2, J_1 und J_2 sind Phasenspannungen bzw. Phasenströme.

10. Der Spartransformator.

Im allgemeinen erhalten Transformatoren für die Ober- und Unterspannung je eine getrennte Wicklung. Das Netz mit der niederen Spannung ist dann von dem Netz mit der höheren Spannung vollkommen getrennt und braucht nur für die niedere Spannung isoliert zu werden. Bei einer Übersetzung (Verhältnis von Oberspannung zu Unterspannung, s. S. 47) bis zu etwa 2 : 1, namentlich bei niedrigen Spannungen, kann man jedoch mit einer einzigen Wicklung, die eine Anzapfung besitzt, auskommen *(Spartransformator)*.

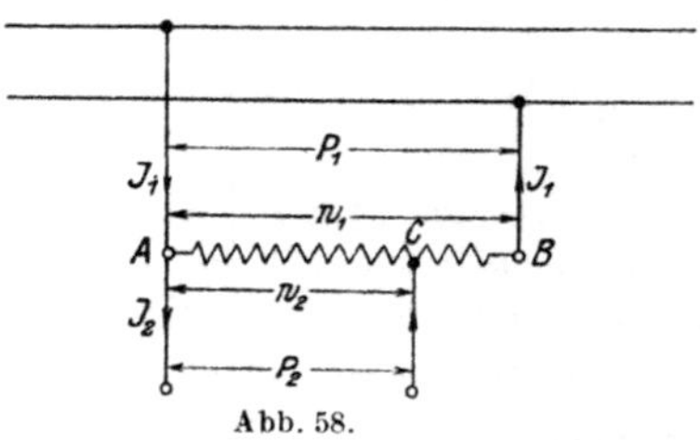

Abb. 58.

Wird die primäre Spannung P_1 an die Punkte A und B (Abb. 58) angeschlossen, so wird ein Fluß erzeugt, der mit den einzelnen Windungen verkettet ist. Zwischen den Punkten A und C kann man (vom Spannungsabfall abgesehen) eine Spannung abnehmen, die sich zu der Netzspannung P_1 verhält, wie die zwischen A und C liegende Windungszahl w_2 zur Gesamtwindungszahl w_1 zwischen A und B. Den Wicklungsteil AC kann man ebenso belasten, wie die getrennt angeordnete Sekundärwicklung eines gewöhnlichen Transformators. Wird diesem Wicklungsteil ein Strom

J_2 entnommen, so fließt durch seine w_2 Windungen, da die Phasenverschiebung zwischen J_2 und J_1 beim Transformator in der Nähe von 180° liegt, die *Differenz* $J_2 - J_1$. Aus der Leistungsgleichung $P_1 J_1 \cos \varphi_1 \simeq P_2 J_2 \cos \varphi_2$, folgt, wie beim Zweiwicklungstransformator, da $\cos \varphi_1 \simeq \cos \varphi_2$ und $\frac{P_2}{P_1} \simeq \frac{w_2}{w_1}$,

$$\frac{J_2}{J_1} = \frac{w_1}{w_2}.$$

Die Vorteile des Spartransformators bestehen erstens darin, daß er weniger Stromwärmeverluste hat als der Zweiwicklungstransformator, weil er nur eine Wicklung hat und weil in einem Teil dieser Wicklung die Differenz der Ströme fließt, und zweitens darin, daß er weniger Kupfer braucht als der Zweiwicklungstransformator. Je kleiner die Übersetzung ist, desto weniger unterscheidet sich J_2 von J_1 und desto kleiner werden die Stromwärmeverluste.

In Abb. 58 ist P_2 kleiner als P_1. Ebensogut kann beim Spartransformator (wie beim Zweiwicklungstransformator) P_2 größer sein als P_1. Die Windungszahl, der P_2 abgenommen wird, muß in diesem Falle größer sein als die Windungszahl, an der P_1 liegt. In derselben Weise wie der Einphasentransformator kann auch der Mehrphasentransformator als Spartransformator ausgeführt werden.

Die oben aufgestellten Spannungsdiagramme ebenso wie das Prinzip der Überlagerung des Leerlauf- und Kurzschlußzustandes zur Bestimmung des Belastungszustandes gelten auch für den Spartransformator.

Die Spartransformatoren finden Anwendung zum Anlassen von Motoren (s. S. 146), als Bogenlichttransformatoren u. dgl.

11. Parallelarbeiten von Transformatoren.

Sollen mehrere Transformatoren parallel arbeiten, d. h. über gemeinsame Sammelschienen die Leistung den Stromverbrauchern liefern, so müssen sie *bestimmten Bedingungen genügen*: die Sekundärspannungen müssen bei Leerlauf gleich sein, die Phasenverschiebung zwischen den Sekundärspannungen der einzelnen Transformatoren muß gleich Null sein, der Spannungsabfall bei Belastung muß bei allen Transformatoren nach Größe und Phase annähernd gleich sein. Diese letzte Bedingung erfordert, daß der Ohmsche wie der induktive Spannungsabfall (Abb. 53) bei allen Transformatoren annähernd der gleiche ist. Werden die genannten Bedingungen nicht erfüllt, so entstehen zwischen den Sekundärwicklungen Ausgleichströme, welche sie unnötig erwärmen, bzw. die Last verteilt sich ungleichmäßig auf die einzelnen Transformatoren. Abb. 59 zeigt den Verlauf des Ausgleichstromes für zwei Einphasentransformatoren, deren Spannungen ungleich sind. Dasselbe tritt auf, wenn die Spannungen gleich aber die Phasen verschieden sind, denn auch in diesem Falle tritt eine Differenzspannung (ΔP, Abb. 60) auf, die sich über die Sekundärwicklungen der Transformatoren ausgleicht.

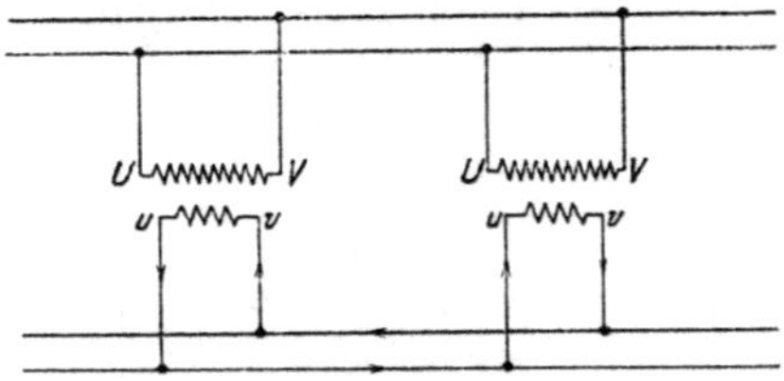

Abb. 59.

Sind die Spannungsabfälle nicht gleich, so nimmt der Transformator mit dem kleineren Spannungsabfall mehr Last auf als der Transformator mit dem größeren Spannungsabfall, bei zwei parallelgeschalteten Transformatoren z. B. so viel mehr, als notwendig ist, um die Spannungen bei beiden Transformatoren gleich groß zu machen.

Bei Dreiphasentransformatoren haben die sekundären Klemmenspannungen gleiche Phase, wenn bei *gleichem Wicklungssinn* der primären und der sekundären Wicklungen die *Schaltung* primär und sekundär die *gleiche* ist, z. B. primär überall Sternschaltung, sekundär überall Dreieckschaltung oder umgekehrt, bzw. primär überall Sternschaltung (oder Dreieckschaltung) und auch sekundär überall Sternschaltung (oder Dreieckschaltung). Haben die primäre und die sekundäre Wicklung eines Dreiphasentransformators gleiche Schaltung, d. h. sind sie beide in Stern oder beide in Dreieck geschaltet, so sind ihre verketteten Spannungen (Linienspannungen) beinahe um 180° gegeneinander verschoben. Ist dagegen die Primärwicklung in Stern geschaltet und die Sekundärwicklung in Dreieck oder umgekehrt, so sind die verketteten Spannungen um ca. 180 ± 30° gegeneinander verschoben. Es folgt daraus, daß man keinesfalls Transformatoren parallel schalten darf, deren Primärwicklungen gleichartig geschaltet sind, also z. B. alle in Stern oder alle in Dreieck, und deren Sekundärwicklungen gemischt, d. h. mancher in Stern, mancher in Dreieck, geschaltet sind. Dagegen darf ein Transformator, dessen beide Wicklungen in Stern geschaltet sind, mit einem solchen, dessen beide Wicklungen in Dreieck geschaltet sind, parallel geschaltet werden.

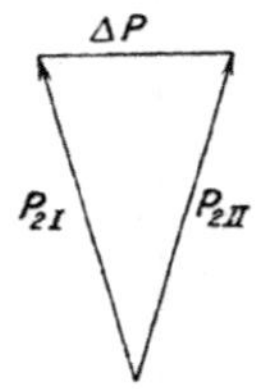

Abb. 60.

12. Der Wirkungsgrad des Transformators.

Der Wirkungsgrad (η) ist das Verhältnis

$$\eta = \frac{\text{Abgegebene Leistung}}{\text{Zugeführte Leistung}} = \frac{m_2 P_2 J_2 \cos \varphi_2}{m_1 P_1 J_1 \cos \varphi_1} \tag{94}$$

und, da die zugeführte Leistung der abgegebenen Leistung vermehrt um die Verluste im Transformator gleich ist, so ist auch

$$\eta\% = \frac{m_2 P_2 J_2 \cos \varphi_2}{m_2 P_2 J_2 \cos \varphi_2 + V_{el} + V_{cu}} 100. \tag{95}$$

Die Eisenverluste V_{ei} können für alle Belastungen als konstant angenommen werden, da der Hauptfluß, wie wir gesehen haben, zwischen Leerlauf und Vollast beinahe konstant bleibt. Die Kupferverluste V_{cu} ändern sich mit dem Quadrate des Stromes. Die Eisenverluste werden entweder aus dem Leerlaufversuch oder rechnerisch, wie auf S. 55 angegeben, bestimmt. Die Stromwärmeverluste V_{cu} werden entweder aus dem Kurzschlußversuch ermittelt oder berechnet, indem die primären und sekundären Ohmschen Verluste $(m_1 J_1^2 R_1 + m_2 J_2^2 R_2)$ bestimmt werden und zu diesen ein Zuschlag von 10 bis 40% gemacht wird. Der Zuschlag berücksichtigt die zusätzlichen Kupferverluste infolge der Stromverdrängung.

Die Wirkungsgrade der Transformatoren liegen zwischen 95 bis 99%.

Um bei einem Transformator bei Nennleistung den maximalen Wirkungsgrad zu erreichen, muß man seine Kupferverluste gleich seinen Eisenverlusten machen [L. 28]. Dies ist jedoch nur dann zweckmäßig, falls der Transformator, wenn er im Betrieb ist, mit voller Last arbeitet, also bei *Krafttransformatoren*. Bei Lichttransformatoren, die meistens nur mit einem geringen Teil ihrer Nennleistung arbeiten, ist es zweckmäßiger, die Eisenverluste klein zu halten, so daß bei Nennleistung die Kupferverluste größer sind als die Eisenverluste. Der Transformator hat dann einen besseren Jahreswirkungsgrad.

13. Aufbau und Kühlung der Transformatoren.

Der Eisenkörper der Transformatoren wird gewöhnlich bei 50 Per/sek. aus 0,3 mm starken legierten Eisenblechen, bei niedrigeren Periodenzahlen (25 Per/sek.) aus 0,5 mm starken gewöhnlichen Dynamoblechen zusammengesetzt. Durch Papierzwischenlagen von 0,02 bis 0,03 mm oder durch Lackanstrich werden die Bleche voneinander isoliert.

Der Kernquerschnitt hat rechteckige oder runde Form. Die Bleche werden durch Nieten oder Bolzen zusammengepreßt. Die Bleche dürfen nicht miteinander verbunden werden, weil sonst stärkere Wirbelströme in der Berührungsebene entstehen können. Die Nieten und Bolzen werden deswegen von den Blechen durch Isolierrohre getrennt. Auch muß aufgepaßt werden, daß die einzelnen Bolzen oder Nieten keine *geschlossenen*, mit dem Fluß verketteten Kreise bilden, weil sonst in ihnen Ströme (Parasitströme) fließen würden. Die Nietköpfe und Schraubenmuttern werden aus diesem Grunde von den Endplatten durch Isolierscheiben getrennt.

Bei größeren Eisenquerschnitten ist es wegen der Kühlung notwendig, Luftschlitze, die den gesamten Querschnitt in einzelne Pakete zerlegen, anzuordnen.

Konstruktiv unterscheidet man *Kern-* und *Manteltransformatoren.* Den Aufbau des Blechkörpers eines Dreiphasen-Kerntransformators zeigt Abb. 57, den Aufbau des Blechkörpers eines Dreiphasen-Manteltransformators zeigt Abb. 61. Zum Unterschied vom Kerntransformator ist beim Manteltransformator das Joch wie ein Mantel um die Wicklung herumgezogen. Manteltransformatoren werden hauptsächlich bei größeren Leistungen verwendet. Für hohe Spannungen, etwa über 80000 Volt, werden stets Kerntransformatoren genommen. Manteltransformatoren erhalten stets Scheibenwicklung, Kerntransformatoren meistens Röhrenwicklung, werden aber auch mit Scheibenwicklung ausgeführt.

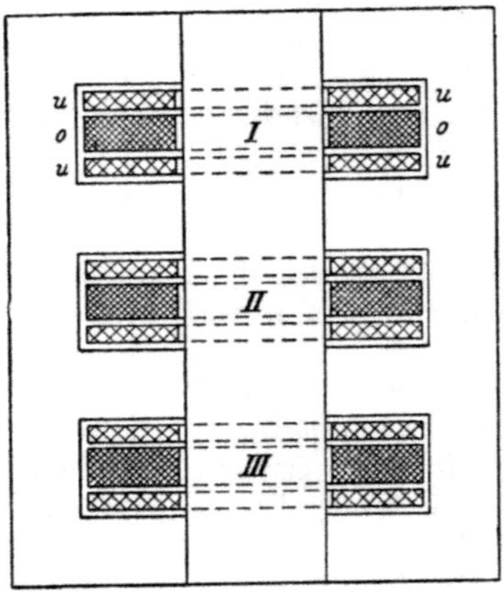

Abb. 61.

Bei der Anordnung der Wicklung ist darauf zu achten, daß die Spannung zwischen zwei benachbarten Drähten (die *Lagenspannung*) ein gewisses Maß nicht überschreitet. Weiter müssen die Abstände zwischen der Ober- und Unterspannungswicklung, zwischen den Wicklungen der verschiedenen Phasen und zwischen den Wicklungen und dem Eisenkörper der Spannung gemäß gewählt werden. Die ersten Windungen (die *Eingangswindungen*) der Hochspannungswicklungen müssen besonders gut gegeneinander isoliert sein. Bei diesen besteht die Gefahr des Durchschlages von Windung zu Windung infolge der Überspannungswellen, die mit einer Höhe bis zur vierfachen Nennspannung in die Wicklung eindringen. Solche Überspannungswellen entstehen z. B. beim Einschalten der Wicklung, bei Kurzschlüssen usw. [L. 29].

Den Zusammenbau eines Einphasen-Manteltransformators für primär 80000, sekundär 3150 Volt zeigt Tafel I. Ein Element der Niederspannungswicklung dieses Transformators zeigt Tafel II. Einen Dreiphasen-Kerntransformator zeigt Tafel III, Abb. a. Die Niederspannungswicklung ist bei diesem Transformator unterteilt in zwei Röhren. Die Wicklungen der drei Phasen befinden sich in verschiedenen Fabrikationsstadien; während auf dem rechtsstehenden Kern nur die erste Röhre der Niederspannungswicklung aufgesetzt ist, ist auf dem mittleren Kern außer dieser die Hochspannungswicklung und bei dem linksstehenden Kern auch die zweite Röhre der Niederspannungswicklung angebracht.

In bezug auf die Kühlungsart unterscheidet man *Trocken-*

Einphasen-Manteltransformator für primär 80000, sekundär 3150 Volt (ein Element der Niederspannungswicklung dieses Transformators zeigt Tafel II).

Element der Niederspannungswicklung des **auf** Tafel I **abgebildeten** Einphasen-Manteltransformators.

a) Dreiphasen-Kerntransformator mit unterteilter Niederspannungswicklung (auf dem Kern rechts ist die innere Röhre der Niederspannungswicklung, auf dem mittleren Kern die innere Röhre der Niederspannungswicklung und die Hochspannungswicklung, auf dem Kern links die äußere Röhre der Niederspannungswicklung angebracht).

b) Dreiphasen-Kerntransformator für primär 6000, sekundär 10000 Volt mit innenliegender Kühlschlange

transformatoren und *Öltransformatoren.* Bei den ersten dient als Kühlmittel Luft, bei den letzteren Öl. Öl ist nicht nur ein gutes Kühlmittel, sondern auch ein sehr gutes Isoliermittel. Die Abstände zwischen den Wicklungen untereinander und zwischen den Wicklungen und dem Eisen können bei gleicher Spannung unter Öl kleiner gehalten werden als in Luft. Für Spannungen über 6000 Volt verwendet man deswegen meistens Öltransformatoren. Die Kupferbelastung (Amperezahl pro 1 mm² Leiterquerschnitt) kann bei Öltransformatoren höher genommen werden als bei Lufttransformatoren. Schon bei kleineren Leistungen (etwa bei 50 kVA) wird infolgedessen der Preis des Öltransformators nicht größer als der des Trockentransformators, so daß für Leistungen von etwa 50 kVA an Öltransformatoren verwendet werden.

Für Leistungen bis etwa 5000 kVA kommt man bei Öltransformatoren mit *Selbstlüftung* aus. Der Ölkasten wird durch natürlichen Zug und durch Strahlung gekühlt. Bei größeren Leistungen wird *Wasserkühlung* des Öls angewendet. Steht reines Wasser zur Verfügung, so daß Beschädigung der Kühlschlange und Eindringen des Wassers in den Ölkasten nicht zu befürchten sind, so kann die Kühlschlange im Innern des Ölkastens angeordnet werden *(innere Wasserkühlung)*, andernfalls wird die Kühlschlange außerhalb des Ölkastens angeordnet und das Öl mittels Pumpe in Zirkulation gebracht *(äußere Wasserkühlung mit Ölumlauf)*. Einen Dreiphasen-Kerntransformator für 2000 kVA, 50 Per/sek., 6000/10000 Volt mit innerer Wasserkühlung zeigt Tafel III, Abb. b. Bei innerer Wasserkühlung ist eine Wasserpumpe erforderlich. Die außen liegende Kühlschlange hat den Vorteil, daß sie zugänglicher ist und sich leichter reinigen läßt als die innen liegende Kühlschlange [L. 30].

IV. Die Wicklungen der elektrischen Maschinen.

Konzentrierte Wicklungen werden nur als Erregerwicklungen der Gleichstrommaschinen, Synchronmaschinen und Einankerumformer verwendet (Tafel V, Abb. b). Die Ankerwicklungen sämtlicher Maschinen ebenso wie die Erregerwicklungen von Asynchronmaschinen und Wechselstrom-Kommutatormaschinen (mit Ausnahme des Reihenschluß-Kommutatormotors, bei dem man als Erregerwicklung ebenfalls eine konzentrierte Wicklung nimmt) werden als *verteilte* Wicklungen ausgeführt und in Nuten untergebracht.

Die *verteilten* Wicklungen lassen sich einteilen in *Gleichstromwicklungen* und *Wechselstromwicklungen.* Zu den ersten gehören die Gleichstrom-*Anker*wicklungen der Gleichstrommaschinen, Einankerumformer und Wechselstrom-Kommutatormaschinen, die gewöhnlich als geschlossene Wicklungen ausgeführt und an einen Kommutator angeschlossen werden. Zu den zweiten gehören die Ständerwicklungen der Synchronmaschinen, Asynchronmaschinen und der Wechselstrom-Kommutatormaschinen (mit Ausnahme des Reihenschluß-Kommutatormotors).

A. Die Gleichstrom-Ankerwicklungen.

1. Die Ringwicklung.

Die Gleichstrom-Ankerwicklungen werden gewöhnlich als geschlossene Wicklungen ausgeführt. Von einer Seite der Wicklung (bisweilen auch von beiden Seiten) gehen in regelmäßigen Abständen Verbindungen zum Kommutator ab.

Die Vorgänge in der Gleichstromwicklung lassen sich am leichtesten an der ältesten geschlossenen Gleichstromwicklung, der *Ringwicklung*, verfolgen. Eine solche Wicklung für eine zweipolige Maschine zeigt schematisch Abb. 62. Das Charakteristische der Ringwicklung ist, daß die Hälfte der Leiter innerhalb des Ankereisens liegt, so daß jede Windung nur mit dem halben Magnetfluß verkettet ist, während bei der heutzutage üblichen *Trommelwicklung* die beiden Seiten der Windung in Nuten auf der äußeren Zylinderfläche des Ankereisens angeordnet sind, so daß jede Windung mit dem ganzen Magnetfluß verkettet ist (Abb. 2).

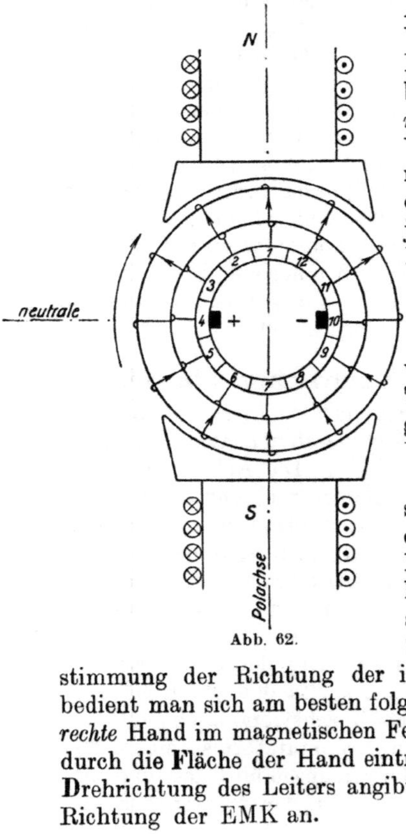

Abb. 62.

Bei gleichem Magnetfluß und gleicher Ankergeschwindigkeit wird somit in einer Windung der Trommelwicklung eine doppelt so große EMK induziert als in einer Windung der Ringwicklung.

Entsprechend dem Faradayschen Induktionsgesetz (Gleichung 1) haben die EMKe in den Leitern, die unter dem Nordpol liegen, entgegengesetzte Richtung als in den Leitern, die unter dem Südpol liegen (Abb. 62). Zur Bestimmung der Richtung der induzierten EMK bei Maschinen bedient man sich am besten folgender *Regel*: Man denkt sich die *rechte* Hand im magnetischen Felde derart liegend, daß der **F**luß durch die **F**läche der Hand eintritt und der **D**aumen die relative **D**rehrichtung des Leiters angibt, dann **z**eigt der **Z**eigefinger die Richtung der EMK an.

Solange die auf dem Kommutator liegenden Bürsten (Abb. 62) nicht miteinander über irgendeinen Widerstand (Lampen, Motor oder dgl.) verbunden sind, halten sich die in der geschlossenen Wicklung induzierten EMKe das Gleichgewicht und ein Strom kann in der Wicklung nicht entstehen. Werden dagegen die Bürsten über einen Widerstand miteinander verbunden, so fließt nach außen hin ein Strom, der sich über die Wicklung schließt. Der obere unter dem Nordpol liegende Teil der Wicklung und der untere unter dem Südpol liegende Teil der Wicklung arbeiten auf den Widerstand parallel, so daß der Strom in der Wicklung gleich der Hälfte des Stromes des äußeren Stromkreises ist. Bezeichnet a die *halbe* Anzahl der parallelen Zweige der Wicklung, so ist bei der zweipoligen Ringwicklung $a = 1$.

Die Achse, die senkrecht zur Polachse steht (allgemein die Achse, die um 90 elektrische Grade gegen die Polachse verschoben ist) heißt die *neutrale Achse.* Hier ist außerhalb des Eisens kein Feld vorhanden (Abb. 178). Die Spannung zwischen den Bürsten ist am größten, wenn sie in der neutralen Achse stehen. Dies geht aus Abb. 62 deutlich hervor. Für die Spannung zwischen den Bürsten ist nämlich die Zahl der zwischen ihnen liegenden hintereinandergeschalteten Windungen maßgebend. Sind die Bürsten aus der neutralen Achse verschoben, so ist je nach der Größe der Verschiebung eine kleinere oder größere Anzahl von Windungen den übrigen Windungen gegengeschaltet; die Bürstenspannung wird dadurch verkleinert. Stehen die Bürsten in der Polachse, so ist die Spannung zwischen ihnen gleich Null. Dies wird später bei der Betrachtung des Spannungspolygons der Wicklung noch klarer werden.

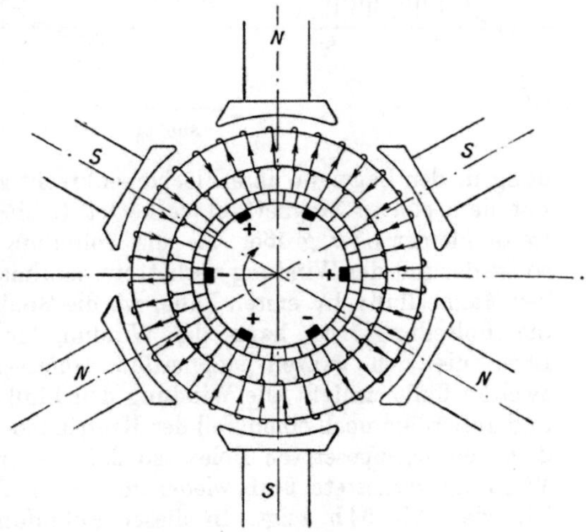

Abb. 63.

Die zweipolige Ringwicklung bedarf mindestens zweier Bürsten (Bürstenbolzen), einer positiven, durch die der Strom aus dem Anker herauskommt, und einer negativen, durch die der Strom in den Anker wieder eintritt.

Abb. 63 zeigt eine sechspolige Ringwicklung. Zwischen je zwei Polen tritt ein Richtungswechsel der induzierten EMK auf. Es sind also sechs Ankerzweige vorhanden. Zur Stromentnahme aus den sechs Ankerzweigen sind sechs Bürsten nötig. Die positiven und negativen Bürsten wechseln auf dem Anker ab. Die gleichnamigen Bürsten werden miteinander verbunden, so daß für den äußeren Stromkreis, wie bei der zweipoligen Maschine, nur zwei Zuführungen nötig sind. Wie aus Abb. 63 ersichtlich ist, stellt die Ringwicklung mit $2p$-Polen eine p-fache Wiederholung der zweipoligen Maschine, Abb. 62, dar. Bei der p-polpaarigen Ringwicklung ist die Zahl der parallelen Ankerzweige gleich der Polzahl, d. h. $a = p$, und auch die Bürstenzahl ist gleich der Polzahl.

2. Die Trommelwicklung. Die Schleifen- und die Wellenwicklung.

Bei der *Trommelwicklung* ist die in der Windung induzierte EMK am größten, wenn ihre Spulenweite gleich der Polteilung ist (*Durchmesserwicklung*). In diesem Falle ist nämlich die Win-

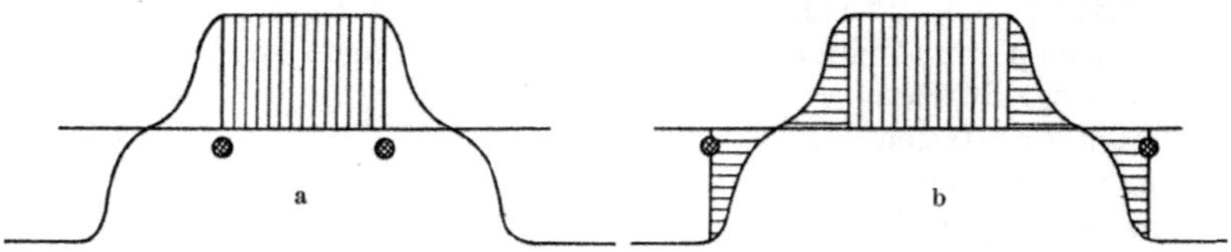

Abb. 64.

dung in der Lage, wo ihre Fläche senkrecht zur Polachse steht, mit dem *ganzen* Magnetfluß verkettet (Abb. 2). Ist die Spulenweite kleiner oder größer als die Polteilung (*Sehnenwicklung*), so ist der mit der Windung verkettete maximale Fluß kleiner als der Magnetfluß: Im ersten Falle, wo die Spulenweite kleiner als die Polteilung ist, kann die Windung in der günstigsten Lage nie den ganzen Magnetfluß umfassen (Abb. 64a); im zweiten Falle umfaßt die Windung den Fluß eines ganzen Poles und außerdem noch einen Teil der Kraftlinien des benachbarten, d. h. entgegengesetzten Poles, so daß der maximale mit der Windung verkettete Fluß wiederum kleiner als der Magnetfluß ist, wie Abb. 64b zeigt. In dieser Abbildung ebenso wie in Abb. 64a bildet der vertikal gestrichelte Teil der Feldkurve ein Maß für den mit der Windung verketteten maximalen Fluß, denn der Inhalt der Feldkurve ist gleich dem Fluß pro 1 cm Ankerlänge (s. S. 23).

Bei der Trommelwicklung wird man deswegen die Spulenweite möglichst gleich der Polteilung machen. Die einzelnen Wicklungselemente müssen außerdem so miteinander verbunden werden, daß ihre EMKe in jedem Ankerzweig sich unterstützen. Dies ist der Fall, wenn man nach dem Durchlaufen eines Wicklungselementes entweder zu dem gleichen Pol, von dem man ausgegangen ist, oder zu einem anderen Pol, der mit dem Ausgangspol gleichnamig ist, kommt. Es ergeben sich auf diese Weise zwei Arten der Gleichstrom-Trommelwicklung: die *Schleifenwicklung* und die *Wellenwicklung*. Einige Elemente einer Schleifenwicklung bzw. einer Wellenwicklung zeigen die Abb. 65a und 65b. Bei der Schleifenwicklung kehrt das Ende des Wicklungselementes zum Ausgangspol zurück und wird dementsprechend an die zur Ausgangslamelle (in der Abb. 65a mit 1 bezeichnet) benachbarte Lamelle 2 angeschlossen. Bei der Wellenwicklung (Abb. 65b) geht das Ende des Wicklungselementes zum nächsten gleichnamigen Pol und wird dort an eine Kommutatorlamelle 1′ angeschlossen, die von der Ausgangslamelle 1 um ca. zwei Polteilungen entfernt ist. *An die zur Ausgangslamelle benachbarte Kommutatorlamelle kommt man bei der Wellenwicklung erst nach dem Durchlaufen von p Wicklungselementen* (s. Abb. 72). Die Entfernung 1—1′ muß von der doppelten Polteilung etwas abweichen, denn sonst würde man auch dem Durchlaufen von p Wicklungselementen wieder zu der Ausgangslamelle 1 kommen, so daß ein in sich geschlossener Kreis (Kurzschlußkreis) entstehen würde und eine Hintereinanderschaltung der Windungen des Ankerzweiges nicht zustande käme.

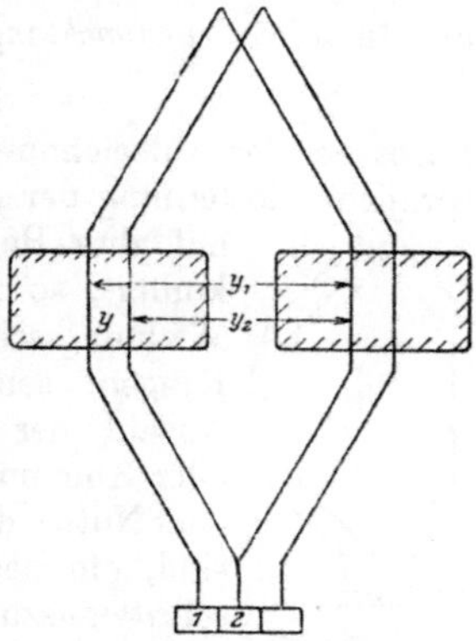

Abb. 65a.

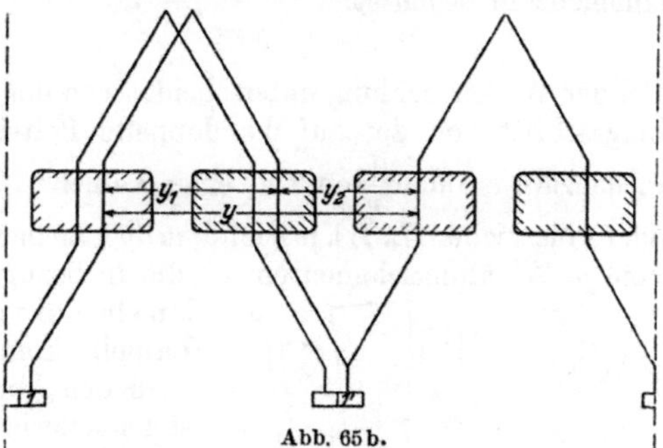

Abb. 65b.

3. Der Wicklungsschritt.

Die Entfernung zweier aufeinander folgender Wicklungselemente nennt man den *Wicklungsschritt* y. Dieser besteht aus zwei Teilschritten: dem Teilschritt y_1, der gleich der Spulenweite, und dem Teilschritt y_2, der gleich der Entfernung zweier am *Kommutator* miteinander verbundenen Spulenseiten ist. Wie aus den Abb. 65a und 65b hervorgeht, ist für die *Schleifenwicklung*

$$y = y_1 - y_2 \tag{96}$$

und für die *Wellenwicklung*

$$y = y_1 + y_2. \tag{97}$$

Da es bei der Aufzeichnung des Wicklungsschemas nicht auf die wirkliche Entfernung der Spulenseiten voneinander, sondern nur auf ihre Reihenfolge ankommt, so mißt man die Wicklungsschritte nicht in Längen, sondern in der Anzahl der Spulenseiten oder Kommutatorlamellen oder Nuten, die abzuzählen sind, um den Wicklungsschritt auszuführen. Mißt man den resultierenden Wicklungsschritt *y in Kommutatorlamellen,* so gilt für die *Schleifenwicklung*

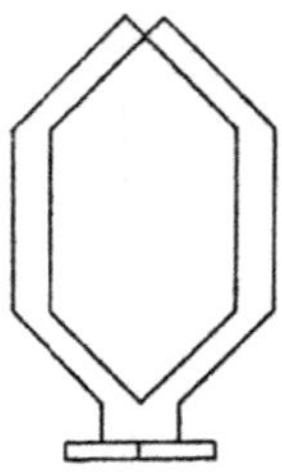

Abb. 66a.

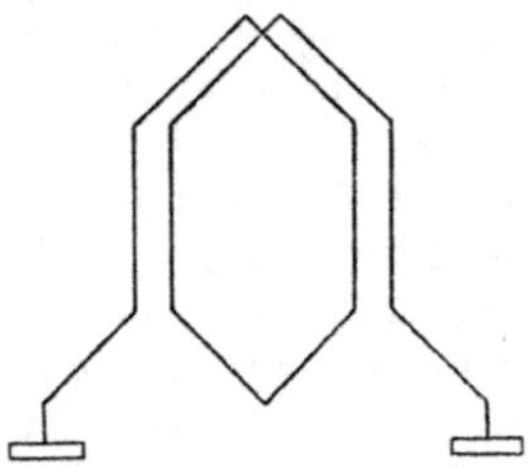

Abb. 66b.

$$y = 1 \tag{98}$$

und für die *Wellenwicklung,* wenn k die gesamte Kommutatorlamellenzahl bedeutet,

$$y = \frac{k \mp 1}{p}. \tag{99}$$

Bei der Wellenwicklung unterscheidet sich der resultierende Wicklungsschritt von der auf die doppelte Polteilung fallenden Lamellenzahl um den $\frac{1}{p}$-ten Teil einer Lamelle. Es gilt das Minus- oder Pluszeichen [L. 31], je nachdem ob man nach dem Durchlaufen von p Wicklungselementen an die in bezug auf die Ausgangslamelle links oder rechts liegende Lamelle kommt (Abb. 72).

Abb. 67.

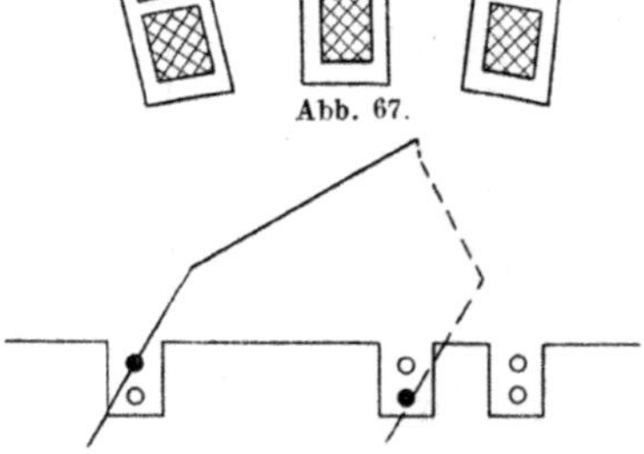

Abb. 68.

In den Abb. 65a und 65b besteht das zwischen zwei im Schema aufeinanderfolgenden Kommutatorlamellen liegende Wicklungselement aus einer Windung. Das Wicklungselement kann aber sowohl bei der Schleifen- wie bei der Wellenwicklung aus mehreren Windungen bestehen. Abb. 66a und 66b zeigen Wicklungselemente einer Schleifen- und einer Wellenwicklung mit je zwei Windungen.

Bei der Trommelwicklung liegen in der Regel in jeder Nut zwei Spulenseiten *übereinander* (Abb. 67). Von den zu einem Wicklungselement gehörigen zwei Spulenseiten liegt dann eine in der Oberschicht, die andere in der Unterschicht (Abb. 68). Eine solche Wicklung bezeichnet man als *Zweischichtwicklung,* zum Unterschied von der *Einschichtwicklung* (Abb. 69), die als Gleichstromwicklung nur selten, wenn die Spannung der Maschine eine sehr geringe Leiterzahl vorschreibt, vorkommt. Die Zweischichtwicklung läßt sich bequemer herstellen als die Ein- oder Mehrschichtwicklung [L. 32].

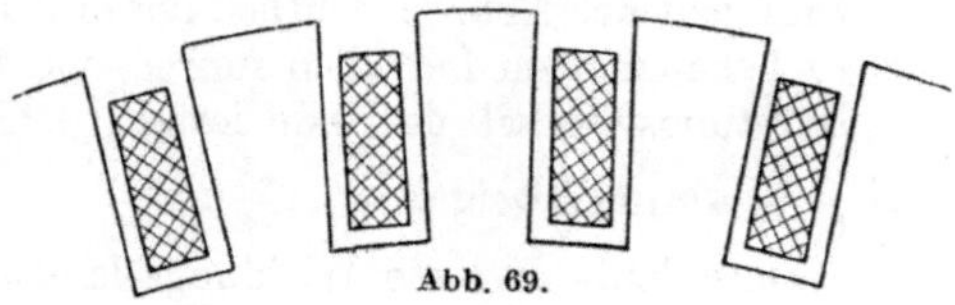

Abb. 69.

In Abb. 67 ist die Zahl der Spulenseiten quer zur Nut gleich 1. Es können aber auch mehrere Spulenseiten nebeneinander in der Nut angeordnet werden. Abb. 70 zeigt eine Zweischichtwicklung mit drei nebeneinanderliegenden Spulenseiten. Die Zahl der Leiter pro Spulenseite (Windungen pro Wicklungselement) kann dabei beliebig sein.

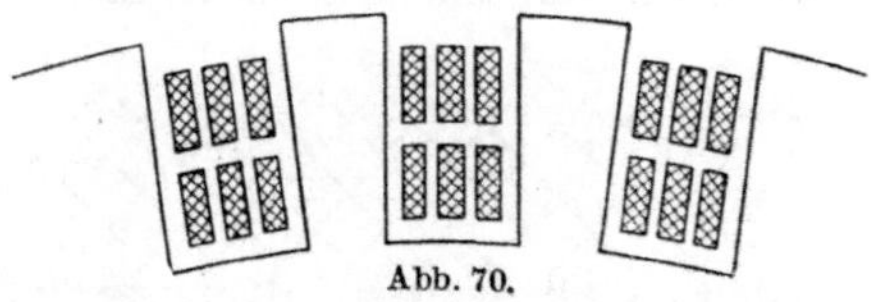

Abb. 70.

4. Die Feldverschiebung und die Anzahl der Ankerzweige.

Jedes Wicklungselement hat gegenüber dem benachbarten Wicklungselement eine andere Lage im Magnetfelde. Durchläuft man ein Wicklungselement, so verschiebt man sich im magnetischen Felde um den resultierenden Wicklungsschritt y. Mißt man die *Feldverschiebung* in Kommutatorteilungen, so ist die Feldverschiebung bei der Schleifenwicklung gleich 1 und bei der Wellenwicklung gleich

$$y - \frac{k}{p} = \mp \frac{1}{p}.$$

Während bei der Schleifenwicklung die Feldverschiebung eine ganze Zahl ist, ist sie bei der Wellenwicklung eine gebrochene Zahl.

Eine vierpolige Schleifenwicklung zeigt Abb. 71. Ober- und Unterschicht sind der deutlicheren Darstellung halber nicht übereinander sondern nebeneinander, und zwar die obere Schicht voll, die untere Schicht gestrichelt gezeichnet. In jeder Schicht liegt pro Nut nur 1 Leiter. Es sind insgesamt 20 Nuten vorhanden, auf jede Polteilung fallen somit 5 Nutenteilungen. Da die Spulenweite (der Teilschritt y_1) 5 Nutenteilungen beträgt, so ist die Wicklung eine Durchmesserwicklung.

Geht man von irgendeiner Lamelle aus, so kommt man nach dem Durchlaufen eines Wicklungselementes genau wie bei der Ringwicklung zu der benachbarten Lamelle. Der Unterschied gegenüber der Ringwicklung besteht nur darin, daß die innere Hälfte der Windung von innen nach außen, auf die äußere Oberfläche des Ankers verlegt ist. Wie die Ringwicklung hat infolgedessen die Schleifenwicklung ebenso viele Ankerzweige wie Pole, d. h. bei der *Schleifenwicklung* ist

$$2a = 2p.$$

Dies geht aus Abb. 71 deutlich hervor. Da benachbarte Oberstäbe zu benachbarten Lamellen führen und nach je 5 Oberstäben ein Richtungswechsel der induzierten EMK eintritt, so entstehen $\frac{20}{5} = 4$ Ankerzweige.

Durchläuft man ein Wicklungselement, so verschiebt man sich im Felde um eine Lamellenteilung. Durchläuft man die ganze

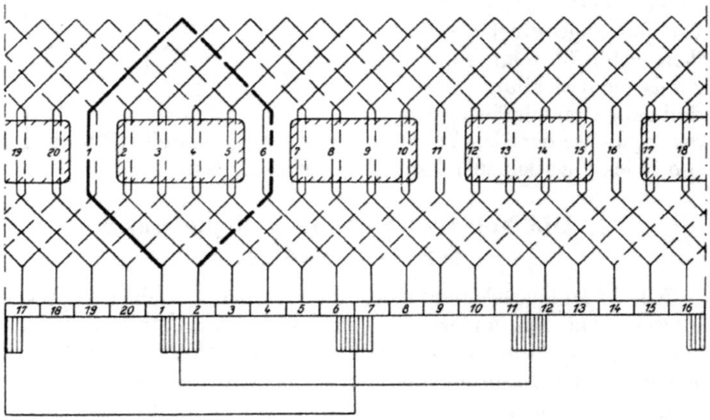

Abb. 71.

Wicklung, so beträgt die gesamte Feldverschiebung $p = a$ doppelte Polteilungen. *Die gesamte Feldverschiebung ist ein Maß für die Anzahl der Ankerzweige der Wicklung;* beträgt sie a doppelte Polteilungen, so hat die Wicklung $2a$ Ankerzweige.

Entsprechend den $2a$ Ankerzweigen muß die Schleifenwicklung $2a = 2p$ Bürstenbolzen erhalten, d. h. pro Pol je *einen* Bürstenbolzen.

Ist die Zahl der Wicklungselemente (der Kommutatorlamellen) pro Pol keine ganze Zahl, so läßt sich die Schleifenwicklung nicht als Durchmesserwicklung ausführen. Die Wicklung muß dann als Sehnenwicklung ausgeführt werden, und zwar wird man in diesem Falle die Spulenweite *kleiner* als die Polteilung machen. Macht man die Spulenweite größer als die Polteilung, so wird die induzierte EMK nicht größer, die Spulenköpfe werden aber länger, wodurch das Kupfergewicht unnötig vergrößert wird. Mit Rücksicht auf die Ausgleichsverbindungen (s. S. 83) macht man bei der Schleifenwicklung die Anzahl der *Kommutatorlamellen pro Polpaar* stets ganzzahlig.

Eine vierpolige Wellenwicklung zeigt Abb. 72. In jeder Schicht ist pro Nut nur 1 Leiter angeordnet. Die Anzahl der Wicklungselemente (Kommutatorlamellen) beträgt 19. Der resultierende Schritt

$$y = \frac{k-1}{p}$$

ist gleich $\frac{19-1}{2} = 9$ Lamellenteilungen. Die Spulenweite (Teilschritt y_1) ist gleich 5 Lamellenteilungen, der Teilschritt y_2 ist gleich 4 Lamellenteilungen. Geht man beispielsweise vom Oberstab 1 aus, so muß dieser auf der dem Kommutator entgegenge-

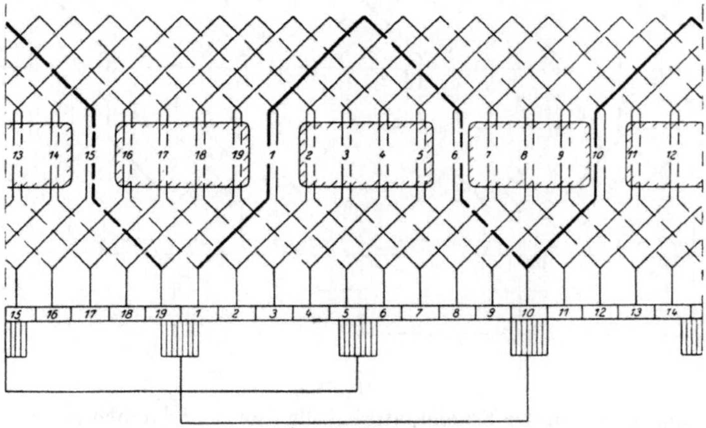

Abb. 72.

setzten Seite mit dem Unterstab $1 + 5 = 6$ und auf der Kommutatorseite der Unterstab 6 mit dem Oberstab $6 + 4 = 10$ verbunden werden. Die Spulenweite ist beinahe gleich der Polteilung.

Geht man von irgendeiner Lamelle aus, so kommt man nach dem Durchlaufen eines Wicklungselementes nicht zu der benachbarten Lamelle wie bei der Schleifenwicklung, sondern zu einer nahezu um die doppelte Polteilung entfernten Lamelle. Zu der benachbarten Lamelle kommt man hier erst nach dem Durchlaufen von zwei (allgemein p) Wicklungselementen. Durchläuft man die ganze Wicklung, so beträgt die gesamte Feldverschiebung nur *eine* doppelte Polteilung, und zwar unabhängig von der Polzahl, d. h. die *Wellenwicklung hat, unabhängig von der Polzahl, nur zwei Ankerzweige* ($a=1$).

Man bezeichnet die Schleifenwicklung mit Rücksicht auf die große Zahl der parallelen Zweige auch als *Parallelwicklung* und die Wellenwicklung als *Reihenwicklung*.

5. Die Reihenparallelwicklung.

Vergrößert man bei der Wellenwicklung die gesamte Feldverschiebung, so erhält man auch bei ihr mehr als zwei Ankerzweige. Wählt man z. B. den resultierenden Schritt y derart, daß man nach dem Durchlaufen von p Wicklungselementen nicht zu der benachbarten Lamelle, sondern zu der von der Ausgangslamelle um *a Lamellenteilungen entfernten Lamelle kommt, so hat die Wellenwicklung 2a Ankerzweige.* Eine solche vierpolige Wellenwicklung mit vier statt zwei Ankerzweigen zeigt Abb. 73. Es sind insgesamt 20 Kommutatorlamellen (Wicklungselemente) vorhanden. Der resultierende Wicklungsschritt ist gleich 9 Kommutatorteilungen.

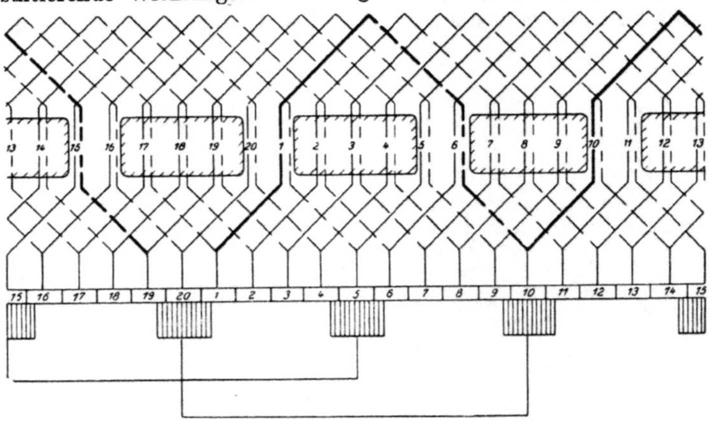

Abb. 73.

Geht man von der Kommutatorlamelle 1 aus und durchläuft $p = 2$ Wicklungselemente, so kommt man bei dieser Wicklung nicht zu der benachbarten Lamelle 20, sondern zu der Lamelle 19. Die gesamte Feldverschiebung ist zweimal so groß wie bei der gewöhnlichen Reihenwicklung, es sind infolgedessen $2 \cdot 2 = 4$ Ankerzweige vorhanden. Man bezeichnet eine Wellenwicklung mit mehr als zwei Ankerzweigen als eine *Reihenparallelwicklung.*

Der resultierende Wicklungsschritt der Reihenparallelwicklung ist

$$y = \frac{k \mp a}{p}; \tag{100}$$

er ist kleiner als bei der gewöhnlichen Wellenwicklung mit $a = 1$.

Bei der gewöhnlichen Wellenwicklung (mit $a=1$) schließt sich die Wicklung, nachdem man so viel Umläufe von je p Wicklungselementen gemacht hat, wie y Kommutatorteilungen enthält. Ist bei der Reihenparallelwicklung y durch a teilbar, so schließt sich die Wicklung schon nach $\frac{y}{a}$ Umläufen von je p Wicklungselementen, ohne daß sämtliche Wicklungselemente des Ankers durchlaufen sind. Soll die Reihenparallelwicklung einen einzigen geschlossenen

Kreis bilden (*eingängig* sein), so dürfen y und a keinen gemeinsamen Teiler haben[1]).

Da die gewöhnliche Reihenwicklung nur zwei Ankerzweige hat, so genügen an sich bei ihr zwei Bürstenbolzen. Man ordnet jedoch gewöhnlich auch bei der Wellenwicklung so viel Bürstenbolzen an, als Pole vorhanden sind. Wie aus den Abb. 71 und 72 ersichtlich ist, wird bei der Schleifenwicklung jedes Wicklungselement einzeln zeitweise von der Bürste kurzgeschlossen, bzw. bei der Wellenwicklung werden p Wicklungselemente *zusammen* zeitweise von der Bürste kurzgeschlossen, d. h. Wicklungselemente und Bürste bilden einen in sich geschlossenen Kreis. Ordnet man bei der Wellenwicklung $2p$ Bürsten (Bürstenbolzen) an, so sind die gleichnamigen Bürsten im Innern der Ankerwicklung durch die kurzgeschlossenen Spulen miteinander verbunden. Da auch außerhalb des Ankers die gleichnamigen Bürsten miteinander verbunden werden, so werden die von einer Bürste kurzgeschlossenen Wicklungselemente nochmals über die gleichnamigen Bürsten kurzgeschlossen (Abb. 72). Dies ist vorteilhaft für die Kommutierung. Die Anordnung von $2\,p$ Bürsten bei der Wellenwicklung hat noch den Vorteil, daß der Strom auf mehrere Bürstenbolzen verteilt wird. Dasselbe gilt auch für die Reihenparallelwicklung, bei der an sich 2 a Bürstenbolzen genügen würden [L. 33].

Während die Schleifenwicklung für jede beliebige Anzahl von Kommutatorlamellen (Wicklungselementen) ausführbar ist, muß bei der gewöhnlichen Wellenwicklung zwischen dem resultierenden Schritt y, der Kommutatorlamellenzahl k und der Polpaarzahl p die Beziehung

$$y = \frac{k \mp 1}{p}$$

bzw. bei der Reihenparallelwicklung die Beziehung

$$y = \frac{k \mp a}{p}$$

bestehen. Die Spulenweite wählt man bei Wellenwicklungen im allgemeinen so, daß die von den Bürsten kurzgeschlossenen Spulenseiten nahe der neutralen Achse liegen, also möglichst wenig abweichend von der Polteilung.

6. Die Treppenwicklung.

Liegen in jeder Schicht pro Nut nicht eine, sondern mehrere Spulenseiten nebeneinander, was meistens der Fall ist, so sind sowohl bei der Schleifen- wie bei der Wellenwicklung zwei verschiedene Ausführungen möglich. Entweder liegen die in einer Nut nebeneinanderliegenden Spulenseiten auch in der um den Schritt y_1 entfernten Nut beisammen, wie Abb. 74a zeigt, oder sie liegen dort in verschiedenen Nuten, wie Abb. 74b und 74c

[1]) In manchen Fällen werden auch die mehrgängigen Wicklungen verwendet.

für eine Wicklung mit zwei bzw. drei nebeneinanderliegenden Spulenseiten zeigen. Im ersten Falle sind alle Spulen gleich; bei offenen Nuten können dann alle nebeneinanderliegenden Spulenseiten gemeinsam vor dem Einlegen in die Nut isoliert werden. Im zweiten Falle sind Spulen verschiedener Weite erforderlich. Man bezeichnet diese Ausführung als *Treppenwicklung*. Bei der Treppenwicklung läßt sich stets das Bürstenfeuer leichter vermeiden als bei der Wicklung mit gleichen Spulen [L. 34].

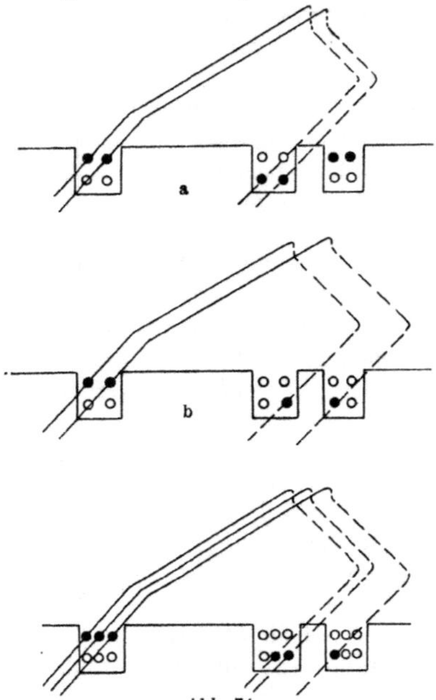

Abb. 74.

7. Das Spannungspolygon.

Die in den oben behandelten Gleichstromwicklungen induzierten EMKe sind Wechsel-EMKe. Durch die Wirkung des Kommutators werden diese gleichgerichtet. Wie aus Abb. 62 für die Ringwicklung ohne weiteres hervorgeht, sind die in den einzelnen Spulen induzierten EMKe nicht in Phase: während in der Spule, die unter der Polmitte liegt, die induzierte EMK im Maximum ist, weil der mit ihr verkettete Fluß gleich Null ist, ist die EMK in der Spule, die in der neutralen Achse liegt, gleich Null, weil der mit ihr verkettete Fluß im Maximum ist. In den anderen Spulen hat die induzierte EMK Werte, die zwischen dem Maximum und Null liegen. Das gleiche gilt für die Schleifen- und Wellenwicklung.

Trägt man die Amplituden der in den einzelnen Wicklungselementen induzierten EMKe in einem Spannungsdiagramm auf, so erhält man für die zweipolige Ringwicklung Abb. 62 oder eine zweipolige Schleifenwicklung mit 12 Wicklungselementen das Diagramm Abb. 75a. Die Zeitlinie Z sei in der Vertikalen angenommen, so daß für den gewählten Augenblick in den Wicklungselementen 1 und 7 die induzierte EMK im Maximum, in den Wicklungselementen 4 und 10 die induzierte EMK gleich Null ist. Reiht man die Einzelvektoren der Abb. 75a in derselben Reihenfolge einander an, wie die Wicklungselemente in der Wicklung aufeinander folgen (Abb. 62), so erhält man das *Spannungspolygon* der Wicklung Abb. 75b.

Schließt man zwei beliebige Punkte der Wicklung, z. B. die

Punkte 5 und 11 (Abb. 75 b) an zwei mit der Wicklung rotierende Schleifringe an und nimmt diesen über Bürsten Spannung ab, so ist dies eine einphasige Wechselspannung, deren Amplitude der Verbindungslinie 5—11 gleich ist. Diese Wechselspannung ist im Maximum, wenn der Anker so im Felde steht, daß die Verbindungslinie 5—11 parallel zur Zeitlinie Z liegt. In der Abb. 62 liegen dann die Lamellen 5 und 11 in der neutralen Achse. Das Spannungspolygon (Abb. 75) entspricht einer zweipoligen Maschine, also 360 elektrischen Graden. Schließt man 3 Schleifringe an drei um 120^0 gegeneinander verschobene Punkte, etwa an die Punkte 3, 7 und 11, an, so erhält man ein verkettetes Dreiphasensystem. Der Anschluß einer Gleichstromwicklung an Schleifringe findet bei

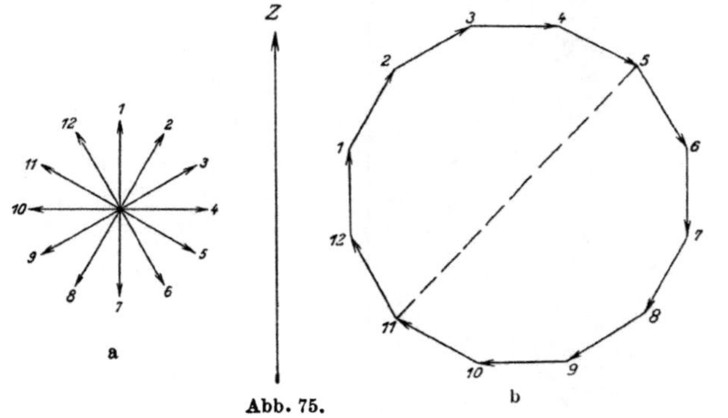

Abb. 75.

dem Einankerumformer statt. Wir kommen in Kapitel IX auf diesen Punkt noch zurück.

Wesentlich anders liegt die Sache, wenn wir der Wicklung die Spannung nicht über Schleifringe, sondern über einen Kommutator wie bei der Gleichstrommaschine abnehmen. Die Schleifringe und somit auch die auf den Schleifringen angeordneten Bürsten sind an *ganz bestimmte* Punkte der Wicklung, die mit ihr rotieren, angeschlossen. Das Spannungspolygon (Abb. 75 b) dreht sich infolgedessen mit den Anschlußpunkten, d. h. es *steht in bezug auf diese still*, und die jeweilige Projektion auf die ruhende Zeitlinie Z gibt den Momentanwert der induzierten EMK. Die Bürsten, die auf dem Kommutator gleiten, sind dagegen nicht an feste Punkte der Wicklung gebunden; im Gegenteil, *alle* Wicklungselemente kommen der Reihe nach unter die Kommutatorbürsten, so daß in bezug auf diese das Wicklungsbild unveränderlich bleibt: In bezug auf die Kommutatorbürsten *dreht sich das Spannungspolygon* (Abb. 75 b) genau wie in bezug auf die ruhende Zeitlinie Z. Daraus folgt, daß die Kommutatorbürsten dauernd einen ganz bestimmten, ihrer Stellung auf dem Kommutator entsprechenden Momentanwert der Spannung abgreifen. Diesen findet man durch Projektion der Verbindungslinie der

Bürsten auf die Zeitlinie. Stellt man die Bürsten so ein, daß ihre Achse *parallel zur Zeitlinie Z* steht, d. h. mit der neutralen Achse zusammenfällt, so greifen sie dauernd die *Amplitude* der Spannung heraus. Die von den Bürsten am Kommutator abgenommene Gleichspannung ist also $\sqrt{2}$ mal so groß wie die mittels zweier Schleifringe abgenommene *effektive* Wechselspannung.

Eine Schwankung der Spannung an den Kommutatorbürsten entsteht dadurch, daß die Bürste (Abb. 62) bald auf zwei, bald auf einer Kommutatorlamelle steht. Dadurch ändert sich das Bild des Spannungspolygons in bezug auf die Bürsten, wie Abb. 76a und 76b zeigen. Im ersten Falle ist die Gleichspannung

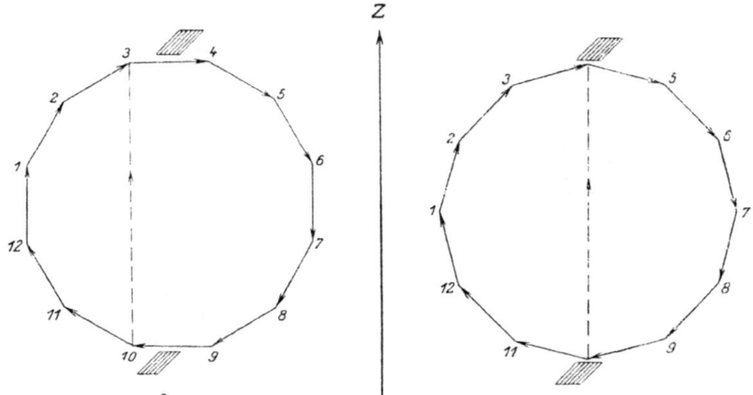

a Abb. 76. b

gleich der Sehne 3—10, im zweiten Falle dem Durchmesser 4—10. Zwischen diesen beiden Werten schwankt die Gleichspannung (falls die Bürstenbreite einer Kommutatorteilung gleich ist), und zwar ist die Schwankung um so größer, je geringer die Kommutatorlamellenzahl ist. Bei sehr vielen Lamellen (Wicklungselementen) geht das Spannungspolygon beinahe in einen Kreis über, und die Schwankung wird sehr klein. Die meisten praktisch vorkommenden Fälle liegen diesem Grenzfalle nahe.

8. Die Anzahl der phasengleichen Punkte.

Betrachten wir die sechspolige Ringwicklung (Abb. 63), so sind pro Polpaar 12 Wicklungselemente vorhanden. Die Lage dieser 12 Wicklungselemente im magnetischen Felde ist für alle Polpaare die gleiche. Jedem Polpaare (*allgemein je 2 Ankerzweigen*) entspricht demnach ein gleiches Spannungspolygon wie der zweipoligen Maschine mit 12 Wicklungselementen (Abb. 75b).

Dasselbe wie für die Ringwicklung gilt für die *Schleifenwicklung* mit gleicher Anzahl Wicklungselemente pro Polpaar. Das

Spannungspolygon einer solchen Schleifenwicklung mit $2a$ Ankerzweigen wird dargestellt durch a zusammenfallende einzelne Polygone.

Gleichphasige Punkte der Wicklung, d. h. solche Punkte, die die gleiche Lage im magnetischen Felde haben und zwischen denen keine Spannungsdifferenz vorhanden ist, dürfen miteinander verbunden werden, ohne daß ein Ausgleichstrom in der Wicklung entsteht. Solche gleichphasigen Punkte gibt es ebensoviel als Einzelpolygone vorhanden sind, also a. Dies gilt jedoch nur dann, wenn die Kommutatorlamellenzahl durch die Polpaarzahl p $(= a)$ teilbar ist. Ist die Lamellenzahl durch die Polpaarzahl nicht teilbar, hat z. B. eine vierpolige Maschine mit Schleifenwicklung 15 Kommutatorlamellen, so haben die unter den einzelnen Polpaaren liegenden Wicklungselemente keine gleiche Lage

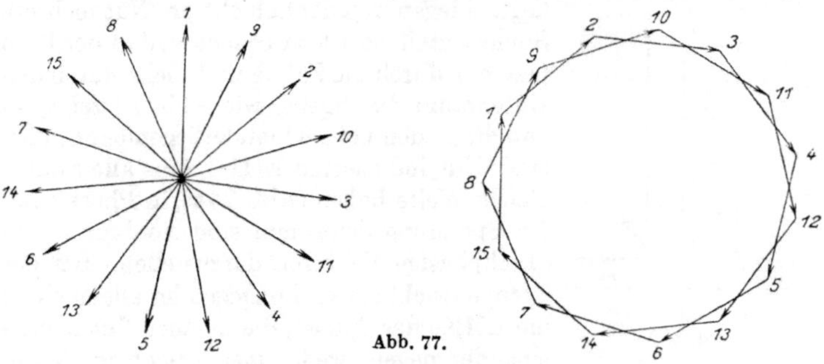

Abb. 77.

im magnetischen Felde, die Teile des Spannungspolygons, die den einzelnen Polpaaren entsprechen, decken sich nicht, und eine solche Wicklung wird keine phasengleichen Punkte besitzen. Das Spannungspolygon einer solchen Wicklung zeigt Abb. 77. Bei einer achtpoligen Schleifenwicklung mit 42 Kommutatorlamellen wiederholen sich Wicklungselemente, die gleiche Lage im magnetischen Felde haben, erst nach je 2 Polpaaren. Eine solche Wicklung hat nur zwei gleichphasige Punkte.

Bei der gewöhnlichen *Wellenwicklung* liegen die Verhältnisse ähnlich wie bei der zweipoligen Schleifenwicklung. Es sind stets unabhängig von der Polzahl nur 2 Ankerzweige vorhanden. Sämtlichen Polpaaren entspricht daher ein einfaches Spannungspolygon ähnlich Abb. 75b, gleichphasige Punkte gibt es nicht. Dagegen besteht bei der Reihenparallelwicklung das Spannungspolygon wiederum aus a einzelnen Polygonen, falls gewisse Symmetriebedingungen erfüllt sind. Diese sind: erstens die Kommutatorlamellenzahl $\frac{k}{a}$ für je 2 Ankerzweige muß eine ganze Zahl sein, wie bei der mehrpoligen Schleifenwicklung, zweitens $\frac{p}{a}$ muß eine ganze Zahl sein.

Die Frage der gleichphasigen Punkte ist aus zweierlei Gründen wichtig, einmal mit Rücksicht auf die angezapften Wicklungen, wie sie z. B. für Einankerumformer verwendet werden, das andere mal mit Rücksicht auf die mögliche Anzahl der Ausg'eichsverbindungen. Bei den angezapften Wicklungen werden, wie Abb. 75b zeigt, *je 2 Ankerzweige* an gewissen Stellen, entsprechend der Phasenzahl, angezapft. Sollen bei einer angezapften Wicklung alle Zweige der Wicklung ausgenutzt werden, so muß jede Anzapfstelle a Punkte der Wicklung miteinander verbinden; dann darf aber zwischen diesen Punkten im Spannungspolygon keine Spannungsdifferenz bestehen. Auf den Zweck der Ausgleichsverbindungen kommen wir weiter unten zurück.

Die obigen Überlegungen über das Spannungspolygon gelten für den Fall, daß in jeder Schicht pro Nut nur eine Spulenseite liegt. Liegen in jeder Schicht pro Nut mehrere Spulenseiten, so ist zu beachten, daß der Fluß fast nur durch die Zähne und nicht durch den Nutenraum durchgeht, wie Abb. 78 zeigt, so daß die in den nebeneinanderliegenden Spulen einer Nut induzierten EMKe, falls alle Spulen gleiche Weite haben (Abb. 74a), in Phase sind. Im Spannungsdiagramm sind sie dann durch gleichphasige Vektoren darzustellen. Bei der Treppenwicklung sind dagegen im allgemeinen die EMKe der Spulen, die in einer Nut nebeneinander liegen, weder gleich noch in Phase.

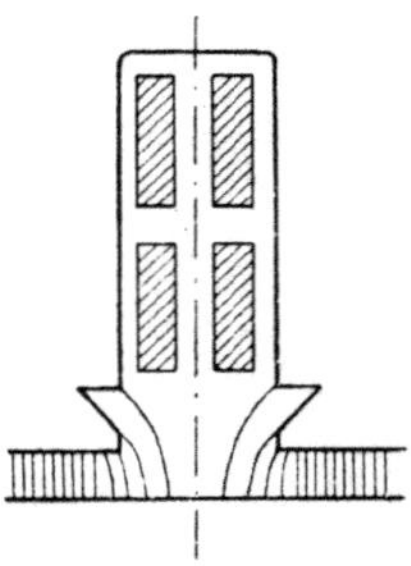

Abb. 78.

Bei Wicklungen mit mehreren Spulenseiten in jeder Schicht pro Nut (ohne wie mit Treppe) kommt als weitere Symmetriebedingung für das Auftreten von a gleichphasigen Punkten hinzu, daß die Nutenzahl pro je 2 Ankerzweige eine ganze Zahl sein soll. Dies gilt sowohl für die Schleifen- wie für die Reihenparallelwicklung [L. 35].

9. Die Ausgleichsverbindungen.

Infolge ungenauer Ausführung des Magnetsystems oder exzentrischer Lagerung des Ankers können leicht Unsymmetrien in den Polflüssen der Maschine entstehen. Bei der Schleifenwicklung, wo die Spulenseiten eines Ankerzweiges nur unter zwei benachbarten Polen liegen, sind dann die EMKe der einzelnen Ankerzweige nicht mehr gleich und die Punkte der Wicklung, die bei voller Symmetrie gleichphasig wären, sind nicht mehr gleichphasig. Da ein Teil dieser Punkte durch die gleichnamigen Bürsten miteinander verbunden ist, so wird über die gleichnamigen Bürsten ein Ausgleichstrom fließen. Durch die Überlastung einzelner Bürsten kann dann leicht Feuer am Kommutator entstehen.

Bei der gewöhnlichen Reihenwicklung (mit $a = 1$) haben diese

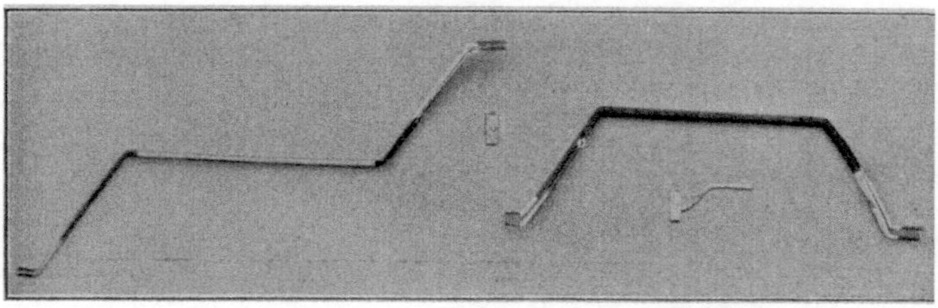

a

b

c

d

a) Links: Leiter einer Wellenwicklung. **Rechts:** Leiter einer Schleifenwicklung.
b, c, d) Anker mit Schablonenwicklung in verschiedenen Stadien der Fabrikation.

Ursachen keinen Einfluß auf die Größe der in den einzelnen Wicklungszweigen induzierten EMK, weil die Wicklungselemente eines Zweiges hier gleichmäßig auf alle Pole der Maschine verteilt sind. Dagegen zeigt die Erfahrung, daß bei der Reihenparallelwicklung leicht Ausgleichströme entstehen.

Um die Bürsten von den Ausgleichströmen zu entlasten, werden bei der mehrpoligen Schleifenwicklung ebenso wie bei der Reihenparallelwicklung einige Punkte der Wicklung, zwischen denen bei voller Symmetrie des Feldes die Spannung gleich Null wäre, durch Ausgleichsverbindungen von geringem Widerstande miteinander verbunden. Durch die Wicklung und die Ausgleichsverbindungen fließt dann ein Wechselstrom, der zwar eine zusätzliche Erwärmung des Ankers verursacht, dafür aber auch die Kommutierung verbessert und die Unsymmetrien in den Polflüssen ausgleicht.

Wie wir oben gesehen haben, sind bei der mehrpoligen Schleifenwicklung (oder Ringwicklung) ebenso wie bei der Reihenparallelwicklung maximal a gleichphasige Punkte vorhanden. Bei der sechspoligen Ringwicklung (Abb. 63) wäre es möglich, jedes der zwölf unter einem Polpaar liegenden Wicklungselemente durch Ausgleichsverbindungen mit je zwei unter den anderen Polpaaren liegenden Wicklungselementen zu verbinden, insgesamt also 12 Ausgleichsverbindungen anzuordnen. In der Praxis führt man jedoch nur einen Teil der möglichen Ausgleichsverbindungen aus.

Die Schleifenwicklung hat sich im allgemeinen in der Praxis sehr gut bewährt. Maschinen für hohe Spannung und fast alle kleineren Maschinen, die eine verhältnismäßig hohe Zahl von hintereinandergeschalteten Leitern erhalten müssen, werden mit der gewöhnlichen Reihenwicklung ausgeführt [L. 36].

10. Ausführung der Gleichstrom-Ankerwicklungen.

Bei Wicklungen mit nur einem oder zwei Leitern pro Nut in jeder Schicht, also bei größeren Leiterquerschnitten, wird die Wicklung aus einzelnen Leitern zusammengesetzt, die an den Stirnverbindungen miteinander verlötet werden. Bei offenen Nuten und halbgeschlossenen Nuten mit genügend weitem Schlitz werden dann die Leiter vor dem Einlegen in die Nut fertig gebogen und eingelegt, sonst müssen die Leiter seitlich durch die Nut durchgeschoben werden und können auf einer Seite erst nachträglich auf die richtige Form gebracht werden. Leiter einer Schleifen- und einer Wellenwicklung fertig zum Einlegen in die Nut zeigt Tafel IV, Abb. a.

Bei kleineren Stabquerschnitten wird das ganze Wicklungselement mittels einer Schablone auf die richtige Form gebracht, so daß das Löten der Wicklung auf einer Seite des Ankers wegfällt. Bei offenen Nuten können die nebeneinander liegenden

Spulenseiten gemeinsam isoliert werden. Zwei auf der Schablone hergestellte gemeinsam isolierte Wicklungselemente einer Schleifenwicklung zeigt Tafel V, Abb. a.

Einen Anker mit 2 Spulen, die aus drei gemeinsam isolierten Wicklungselementen einer Wellenwicklung bestehen, zeigt Tafel IV, Abb. b. Denselben Anker halb bzw. voll bewickelt, aber noch nicht bandagiert, zeigen Tafel IV, Abb. c und d.

Als Isolationsmaterial der einzelnen Leiter wird normalerweise Baumwolle verwendet. Bei Massivstäben wird der gerade Teil mit Glimmer umpreßt. Zur Isolierung der Leiter gegen die Zähne wird Preßspan oder auch Glimmerpapier benutzt [L. 37].

B. Die Wechselstromwicklungen.

11. Die Dreiphasenwicklungen.

Die Wechselstromwicklungen werden (in Europa) gewöhnlich als *Einschichtwicklungen* mit nur einer Spulenseite pro Nut ausgeführt. Die Wicklung erhält so viel Stränge, als Phasen (m) vorgesehen sind. Jede Phase erhält pro Pol den $\frac{1}{m}$ ten Teil der pro Pol angeordneten Nuten. Eine zweipolige Dreiphasenwicklung mit 3 Nuten pro Pol und Phase zeigt schematisch Abb. 79.

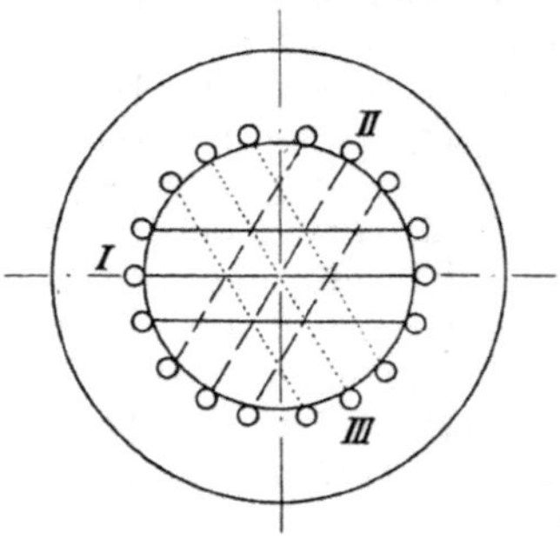

Abb. 79.

Wir betrachten zuerst die wichtigste der Mehrphasenwicklungen, die *Dreiphasenwicklung*. Eine solche Wicklung für eine vierpolige Maschine mit je 1 Leiter pro Nut zeigt schematisch Abb. 80. Es sind insgesamt 24 Nuten vorhanden, pro Pol und Strang somit $\frac{24}{3 \cdot 4} = 2$ Nuten. Die Leiter zweier Nuten eines Poles bilden mit den Leitern der zugehörigen 2 Nuten des benachbarten Poles eine (Zweifach-)Spule. Pro Strang sind so viele Spulen als Polpaare vorhanden. Je nach der Größe der zu erzeugenden Spannung bei Generatoren bzw. der aufgedrückten Spannung bei Motoren werden die zu einem Strang gehörigen Spulen hintereinander oder parallel geschaltet. In der Abb. 80 sind die 2 Spulen des Stranges hintereinander geschaltet. *Die Anfänge ebenso wie die Enden der drei Wicklungsstränge müssen um 120 elektrische Grade räumlich gegeneinander verschoben sein.* Einer vierpoligen Maschine entsprechen $2 \cdot 360 = 720$ elektrische Grade. Bei 24 Nuten entsprechen einer Nutteilung $720 : 24 = 30$ elektrische Grade, so daß die Anfänge der drei Wicklungsstränge U, V, W um $120 : 30 = 4$ Nutteilungen gegeneinander verschoben sein müssen.

Für einen bestimmten Augenblick lassen sich die Richtungen der Ströme (oder der EMKe) in den Wicklungen bei Wechselstrom genau so eintragen wie bei Gleichstrom, nur ist dabei zu berücksichtigen, daß die Ströme (EMKe) in den drei Strängen zeitlich um 120 elektrische Grade gegeneinander in der Phase verschoben sind. Wählt man z. B. den Augenblick, in dem der Strom in dem Strang UX im Maximum ist, so ist er in den beiden anderen Strängen nur halb so groß (Abb. 81) und fließt dort in entgegengesetzter Richtung,

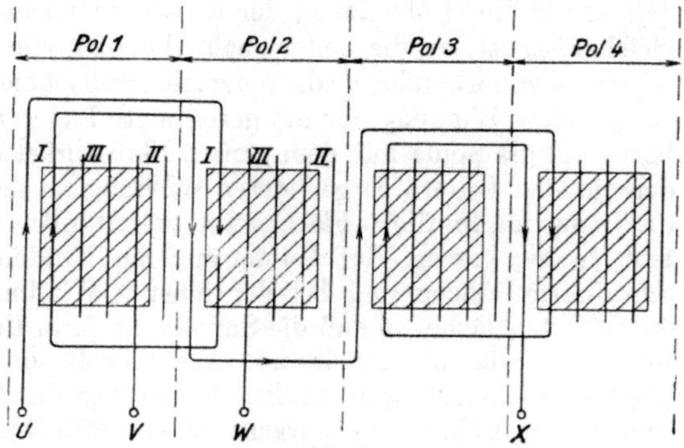

Abb. 80.

d. h. fließt der Strom im Strang UX von U nach X, so fließt er in den Strängen VY und WZ von Y nach V bzw. von Z nach W. In Abb. 80 ist für die Leiter des Stranges UX eine bestimmte Stromrichtung angenommen. Bei Hintereinanderschaltung der Spulen eines Stranges sind je zwei solche Spulenenden miteinander zu verbinden, bei welchen aus einem der Strom austritt und in das andere eintritt. Bei Parallelschaltung der Spulen sind dagegen Spulenenden mit gleicher Stromrichtung miteinander zu verbinden.

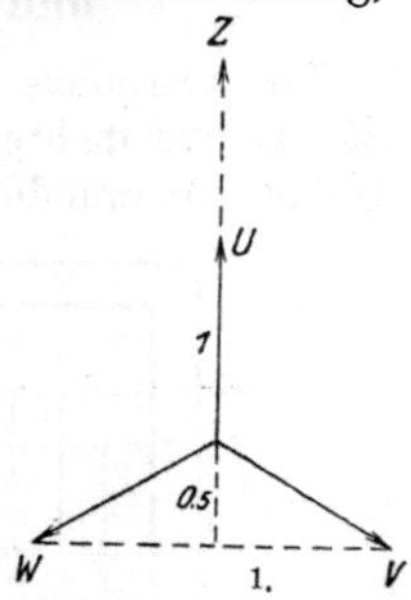

1.

Wie bei den Gleichstromwicklungen ist die pro Windung induzierte EMK am größten, wenn die Spulenweite gleich der Polteilung ist. In Abb. 82a ist eine Spule der Wicklung Abb. 80 besonders dargestellt. Die Spulenweite der inneren Windung ist kleiner als die Polteilung, die Spulenweite der äußeren Windung größer als die Polteilung. Abb. 82b zeigt die Leiter derselben Spule, sie sind jedoch miteinander so verbunden, daß die Spulenweite beider Windungen gleich der Polteilung ist. Über

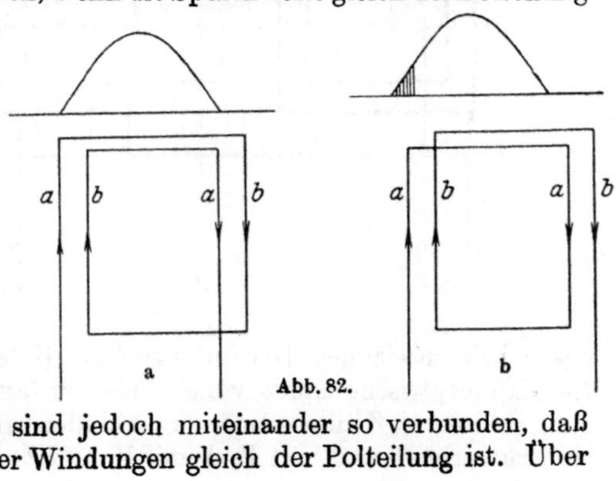

a b Abb. 82.

den Spulen ist die sinusförmig gedachte Feldkurve der Pole, die (s. S. 23) ein Maß für den pro 1 cm Maschinenlänge mit der Windung verketteten Fluß ist, eingetragen. Man sieht ohne weiteres, daß es für die Größe der in der ganzen Spule induzierten EMK gleichgültig ist, ob die Leiter nach Abb. 82a oder nach Abb. 82b miteinander verbunden sind. In der Abb. 82b ist die aus den Leitern *aa* gebildete Windung für die gezeichnete Lage der Feldkurve in bezug auf die Spule mit dem ganzen Fluß verkettet, während bei der aus den Leitern *bb* gebildeten Windung zu dem ganzen Fluß die dreifache schraffierte Fläche fehlt (vgl. Abb. 64). In der Abb. 82a fehlt zu dem ganzen Fluß bei der äußeren Windung die zweifache schraffierte Fläche und bei der inneren Windung die einfache schraffierte Fläche, so daß die Summe der Kraftflußverkettungen für beide Fälle die gleiche ist. Aus wickeltechnischen Gründen kommt bei Wicklungen nach Abb. 80 nur die Ausführung der Spulen nach Abb. 82a in Betracht, da Abb. 82b Kreuzungen ergibt.

12. Dreiphasenwicklungen mit ungleichartigen Spulen und Spulenköpfen in 2 Etagen.

Eine vierpolige Dreiphasenwicklung mit 2 Nuten pro Pol und Strang und mehreren Leitern pro Nut zeigt Abb. 83. Der Strang *UX* ist voll und dick, der Strang *VY* voll und dünn, der Strang *WZ*

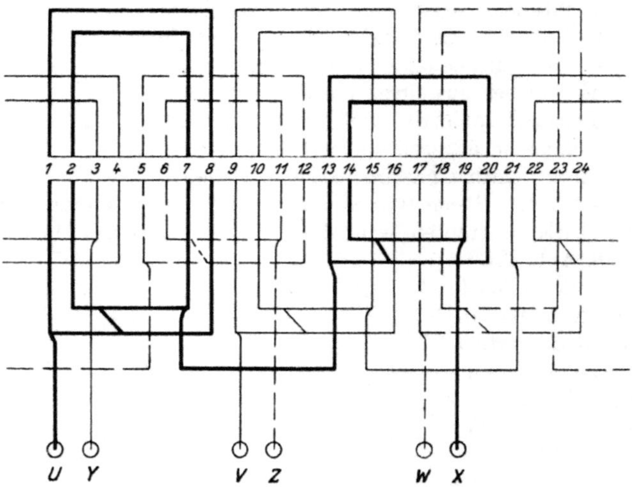

Abb. 83.

gestrichelt gezeichnet. Die Anfänge *U*, *V*, *W* sind um 240 bzw. 480 (= 120) elektrische Grade voneinander entfernt. Für Sternschaltung sind *X*, *Y*, *Z* miteinander zu verbinden; für Dreieckschaltung sind zu verbinden: *X* mit *V*, *Y* mit *W* und *Z* mit *U*. Jeder Strang erhält eine lange und eine kurze Spule, die hintereinander geschaltet sind. Ist die Polpaarzahl p eine gerade Zahl, so erhält jeder Strang $\frac{p}{2}$ lange und $\frac{p}{2}$ kurze Spulen. Ist dagegen die Polpaarzahl eine ungerade Zahl, so erhält *ein* Strang eine *gekröpfte* Spule, die von einer Etage in die andere übergeht. Eine sechspolige Wicklung

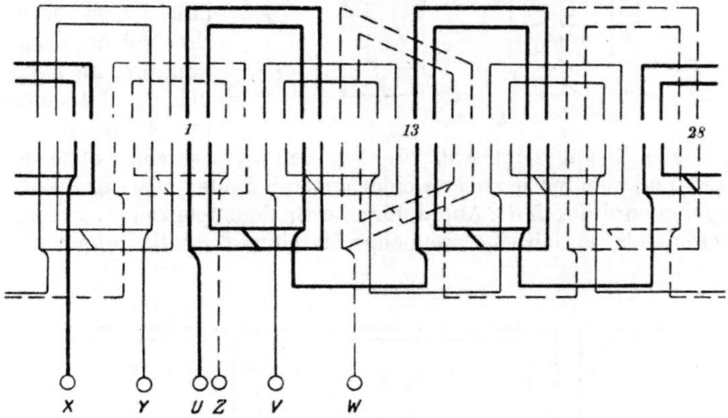

Abb. 84

mit zwei Nuten pro Pol und Strang zeigt Abb. 84. Der Strang UX besteht hier aus zwei langen und einer kurzen Spule, der Strang VY aus einer langen und zwei kurzen Spulen, der Strang WZ aus einer langen, einer kurzen und der gekröpften Spule.

Die Wicklungsköpfe erhalten gewöhnlich die in der Abb. 85a dargestellte Form, bei Niederspannung oft die Formen 85b und

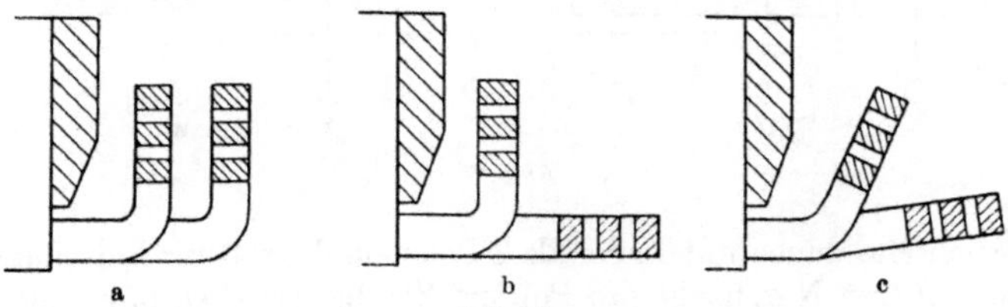

Abb. 85.

85c. Diese Abbildungen beziehen sich auf Wicklungen mit 3 Nuten pro Pol und Strang. Eine fertige achtpoligeWicklung nach Abb. 85b zeigt Tafel V, Abb. c.

13. Dreiphasenwicklungen mit ungleichartigen Spulen und Spulenköpfen in 3 Etagen.

Die meisten mehrpoligen Wechselstromwicklungen werden als Zweietagenwicklungen ausgeführt. Bei zweipoligen Maschinen erhält man jedoch eine bessere Verteilung der Spulenköpfe, wenn man diese nicht in zwei, sondern in drei Etagen, wie Abb. 86 zeigt, anordnet. Zu diesem Zwecke werden die zu einem Pol und Strang gehörigen Nuten in zwei Teile geteilt und die Leiter des einen Teiles nach rechts, die Leiter des anderen Teiles nach links abgebogen. Eine solche Wicklung für eine zweipolige Maschine mit 4 Nuten pro Pol und Strang zeigt Abb. 87. Von den 4 Nuten eines Stranges (pro Pol) gehören je zwei zu einer anderen Spule. Die Anzahl der Spulen wird durch die Anordnung der Spulenköpfe in drei Etagen verdoppelt, so daß eine zweipolige Maschine 6 Spulen erhält.

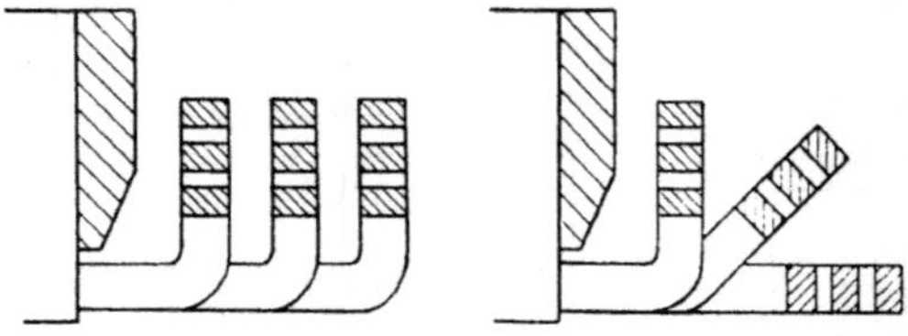

a Abb. 86. b

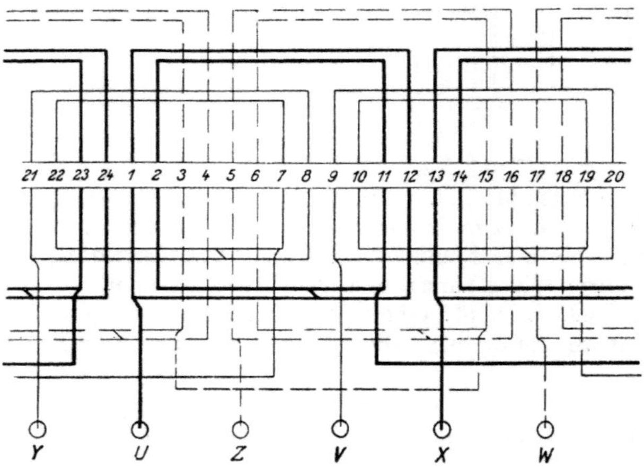

Abb. 87.

Auch Maschinen mit mehr als 2 Polen und größerer Polteilung, also größerer Nutenzahl pro Pol und Strang, erhalten in manchen Fällen Dreietagenwicklung. Die Unterteilung der Spulenköpfe hat den Vorteil der besseren Abkühlung, auch ist die Spulenkopfstreuung bei der Dreietagenwicklung kleiner als bei der Zweietagenwicklung.

14. Dreiphasenwicklungen mit gleichartigen Spulen.

Ordnet man die Spulenköpfe in ähnlicher Weise wie bei den Gleichstromwicklungen an, so erhalten alle Spulen *gleiche Weite* und Form. Die Form der Spulenköpfe für diesen Fall ist aus Abb. 88

zu ersehen. Das Schaltbild einer solchen Spulenwicklung für eine zweipolige Maschine mit 6 Nuten pro Pol und Strang zeigt Abb. 89. Die Spulenweite ist bei allen Spulen gleich der Polteilung. Ebenso

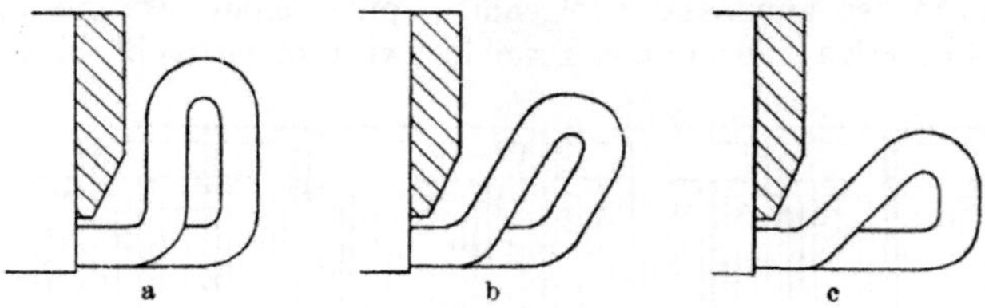

Abb. 88.

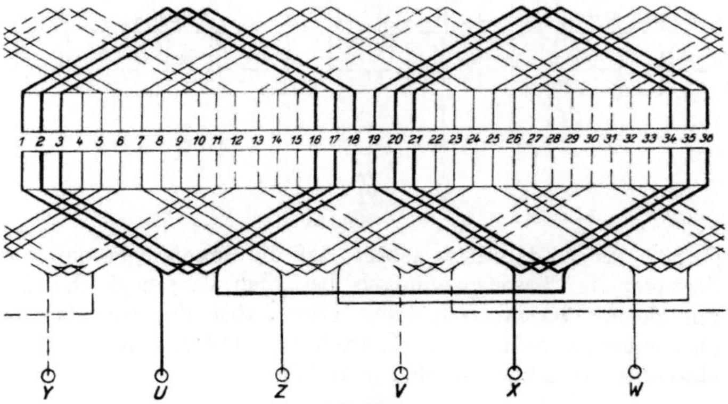

Abb. 89.

wie die Dreietagenwicklung wird auch diese Wicklung meistens bei Maschinen mit großer Polteilung wie Turbogeneratoren verwendet[1]).

15. Die Bruchlochwicklungen.

Mit Rücksicht auf die Form der Spannungskurve, für welche stets die Sinusform angestrebt wird, ist es bei Maschinen mit geringer Nutenzahl pro Pol und Strang zweckmäßig, wenn die zu einem Strang gehörigen Nuten nicht unter allen Polpaaren genau die gleiche Lage im Felde einnehmen, sondern im Felde verteilt sind. In solchem Falle nehmen nämlich die Wicklungsfaktoren der Oberwellen stärker ab als die Wicklungsfaktoren der Grundwelle (s. S. 95). Mehrpolige Synchrongeneratoren, die eine geringe Nutenzahl pro Pol und Strang haben, werden deswegen mit *nicht ganzzahligen Nutenzahlen pro Pol und Strang* ausgeführt. Derartige Wicklungen werden als *Bruchlochwicklungen* bezeichnet.

Als Beispiel wählen wir eine 16polige Maschine mit 120 Nuten; auf den Pol und Strang fallen somit 2,5 Nuten, d. h. die aufeinander-

[1]) In Amerika ist die Dreiphasenwicklung mit gleichartigen Spulen sehr verbreitet, jedoch nicht als Ein- sondern als Zweischichtwicklung.

folgenden Polpaare erhalten in jedem Strang abwechselnd Spulen, die aus 3 Nuten, und Spulen, die aus 2 Nuten bestehen. 12 Pole dieser Wicklung zeigt Abb. 90.

Die in den aufeinander folgenden Spulen eines Stranges induzierten EMKe sind bei den Bruchlochwicklungen nicht in Phase

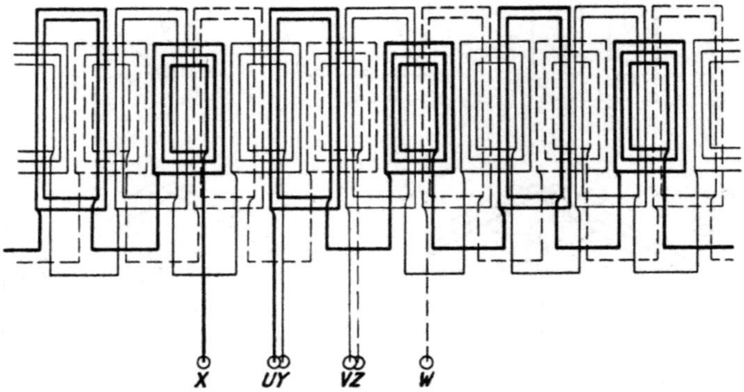

Abb. 90.

[L. 38]. Es ist darauf zu achten, daß die Spannungen der *ganzen* Stränge, die Phasenspannungen, bei allen Phasen gleiche Größe und gleiche Phasenverschiebung (120°) haben, da andernfalls Ausgleichsströme beim Parallelbetrieb mit anderen symmetrischen Maschinen entstehen werden (s. S. 179).

16. Die Stabwicklungen.

Bei niedrigen Spannungen kommt man oft auf einen oder zwei Stäbe pro Nut.

Die *Einstabwicklungen*, als Einschichtwicklungen, lassen sich in derselben Weise ausführen wie die oben behandelten einschichtigen

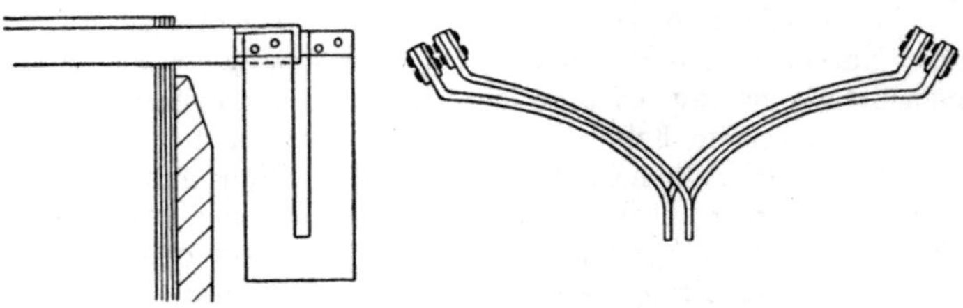

Abb. 91.

Spulenwicklungen. Bei Ausführung mit Spulen gleicher Weite erhalten sie Gabelverbinder, wie Abb. 91 zeigt.

Die *Zweistabwicklungen* werden hauptsächlich für die Läufer von Asynchronmotoren verwendet. Die einzelnen Stäbe werden gewöhnlich in derselben Weise miteinander verbunden wie bei der

Gleichstrom-Wellenwicklung. Wie die Gleichstrom-Stabwicklung wird auch diese Wicklung als Zylinderwicklung ausgeführt, die Ober- und Unterstäbe werden durch Zwingen miteinander verbunden (Abb. 92). Eine Dreiphasen-Zweistabwicklung für 4 Pole mit ins-

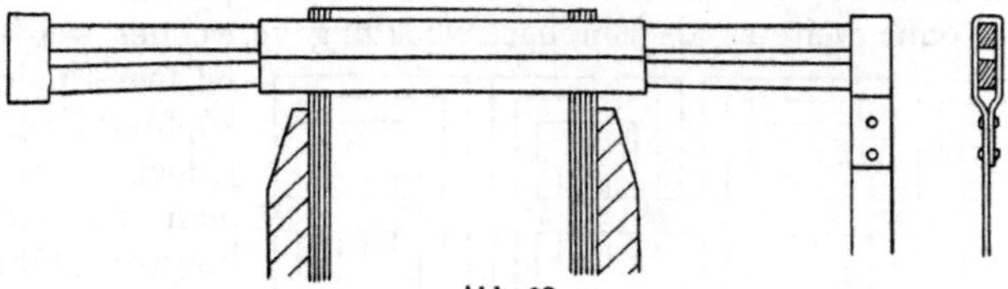

Abb. 92.

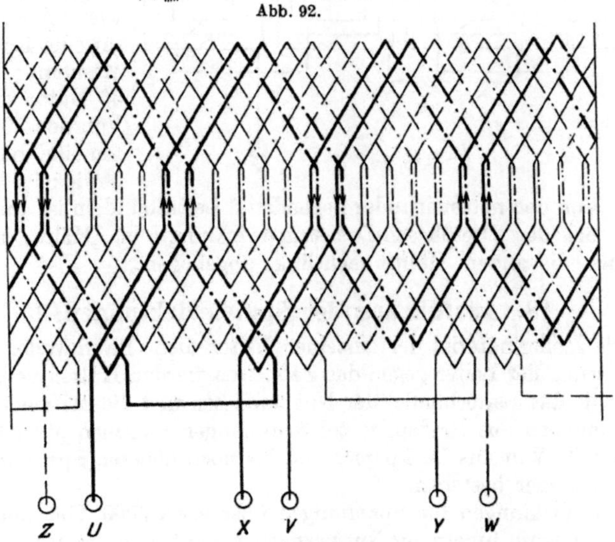

Abb. 93.

gesamt 24 Nuten zeigt Abb. 93. Die Nutenzahl pro Pol und Strang ist gleich 2. Eine Phase ist durch stärkere Linien besonders hervorgehoben.

17. Die Zweiphasen- und Einphasenwicklungen.

Die *Zweiphasen-Spulenwicklungen* werden in ähnlicher Weise ausgeführt wie die Dreiphasen-Dreietagenwicklungen. Die zu einem Pol und Strang gehörigen Leiterbündel werden in zwei Teile geteilt, die nach verschiedenen Seiten abgebogen werden. Die Köpfe erhalten dann dieselbe Form wie bei den Dreiphasen-Zweietagenwicklungen (Abb. 85). Auch die Zweiphasenwicklungen lassen sich mit Spulen gleicher Weite bzw. als Stabwicklungen ausführen.

Bei den *Einphasenwicklungen* werden gewöhnlich nur $^2/_3$ der gesamten Nuten bewickelt. Wie wir weiter unten (s. S. 97) sehen werden, trägt die Bewicklung eines größeren Teiles des Ankerumfanges nur wenig zur induzierten EMK bei Generatoren bzw. zur Größe der MMK bei Motoren bei, dagegen steigen mit größerer Bewicklung die Verluste im Kupfer und das Kupfergewicht.

Zwei Stränge einer in Stern geschalteten Dreiphasenwicklung können ohne weiteres als Einphasenwicklung verwendet werden. Kleinere Spulenköpfe erhält man jedoch, wenn man die Wicklung so ausführt, wie Abb. 94 für eine 4-polige Maschine mit 36 Nuten zeigt. Von den 36 Nuten sind nur 24 bewickelt, 6 pro Pol. Von den nebeneinander liegenden 6 Leiterbündeln ist ähnlich wie bei der Dreiphasen-Dreietagenwicklung eine Hälfte nach rechts, die andere Hälfte nach links abgebogen.

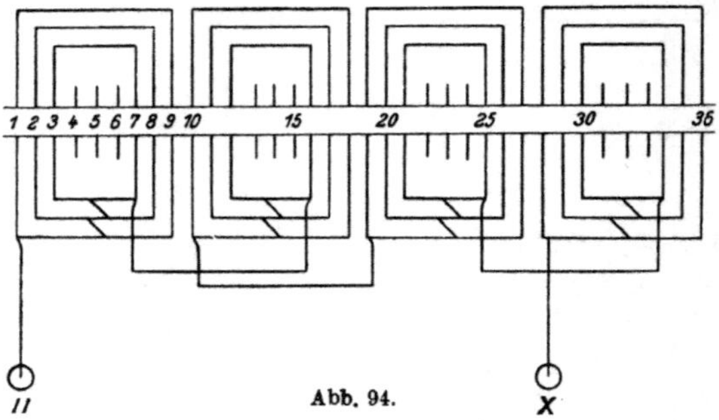

Abb. 94.

18. Ausführung der Spulenwicklungen.

Als Isoliermaterial der einzelnen Leiter dient Baumwolle. Zur Isolierung der Leiter gegen das Zahneisen werden Hülsen verwendet, die das Leiterbündel der Nut umfassen und die bei niedrigen Spannungen aus Preßspan, bei Spannungen zwischen etwa 1500 und 3000 Volt aus Lackpapier und bei noch höheren Spannungen aus Glimmer bestehen.

Bei Wicklungen für Spannungen über etwa 5000 Volt müssen Lufträume im Innern der Nut vermieden werden, da in diesen Entladungen auftreten, die nach längerer oder kürzerer Zeit die Isolation zerstören. Zu diesem Zwecke wird der Teil der Spule, der in der Nut liegt, vor dem Einlegen in die Maschine in Asphaltmasse getränkt und im warmen Zustande mit Glimmer umpreßt. Bei Spannungen über etwa 4000 Volt werden die in der Nut übereinander liegenden Leiter mit Rücksicht auf Überspannungswellen durch Preßspanzwischenlagen voneinander isoliert. Ebenso wie bei Transformatoren (s. S. 66) erhalten die den Klemmen am nächsten liegenden Windungen, die Eingangswindungen, stärkere Zwischenlagen als die anderen Nuten.

Bei Niederspannungsmaschinen werden die Leiter in die Nut eingefädelt oder eingeträufelt. Im ersten Falle sind die Hülsen geschlossen und die Leiter werden durch die Hülse durchgezogen, im zweiten Falle sind die Hülsen am Zahnkopf offen und die Leiter werden durch den Nutenschlitz in die Nut eingelegt. Bei Träufel-

a

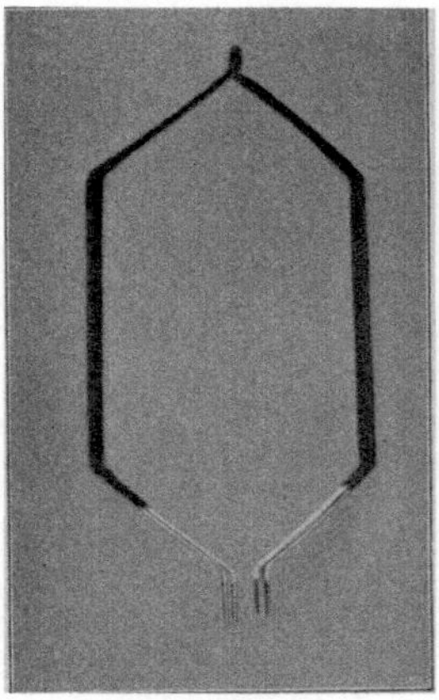

a) Zwei gemeinsam isolierte Wicklungselemente einer Schablonen-Schleifenwicklung

b

c

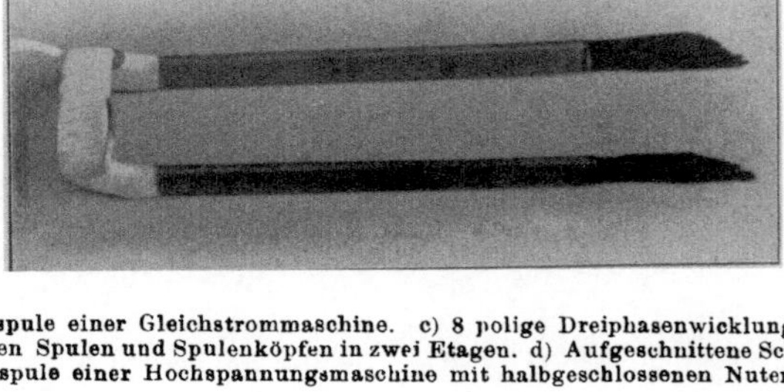

d

b) Erregerspule einer Gleichstrommaschine. c) 8 polige Dreiphasenwicklung mit ungleichartigen Spulen und Spulenköpfen in zwei Etagen. d) Aufgeschnittene Schablonenspule einer Hochspannungsmaschine mit halbgeschlossenen Nuten.

a

b

a) Schablonenwicklung einer Maschine mit offenen Nuten. b) Ständer eines Turbogenerators mit versteifter Wicklung.

wicklungen werden die Spulen meistens vorher auf der Schablone hergestellt. Das Träufeln wird bis zu etwa 4000 Volt angewendet.

Auch bei Spannungen über 4000 Volt werden meistens Schablonenspulen verwendet. Bei halbgeschlossenen Nuten müssen sie dann auf einer Seite aufgeschnitten (Tafel V, Abb. d), durch die Nuten durchgeschoben und dann wieder verlötet werden; bei offenen Nuten können sie direkt in die Nuten eingelegt werden (Tafel VI, Abb. a).

Bei langen Maschinen, wie Turbogeneratoren, werden die Leiterbündel der einzelnen Nuten durch die Nut durchgeschoben und auf beiden Seiten der Maschine zu Spulen zusammengelötet [L. 39].

Treten Kurzschlüsse im Netz auf, so treten sowohl bei Generatoren wie Motoren starke Ströme in den Wicklungen auf, die die Spulenköpfe beschädigen können. Bei Maschinen mit großen Polteilungen, also langen Spulenköpfen, müssen aus diesem Grunde die Spulenköpfe besonders versteift werden. Den Ständer eines Turbogenerators mit Wicklungsversteifung zeigt Tafel VI, Abb. b. Die Spulenköpfe werden gegen Verbiegen durch Traversen geschützt, die von Bolzen, welche in die Druckplatten eingeschraubt sind, gehalten werden. Sämtliche Traversen sind durch einen Ring miteinander verbunden.

19. Die Käfigwicklung.

Bei Asynchronmaschinen wird Spannung gewöhnlich nur dem Ständer zugeführt, während der Läufer seinen Strom durch Induktion vom Hauptfluß erhält. Der Läufer darf bei Asynchronmaschinen demnach eine beliebige Mehrphasenwicklung erhalten. Die einfachste Mehrphasenwicklung ist die Käfigwicklung (Abb. 95). Jede Nut erhält nur einen Stab. Die Enden der Stäbe werden auf beiden Seiten durch Ringe miteinander verbunden. Die Anzahl der Phasen ist bei der Käfigwicklung gleich der Anzahl der Nuten pro doppelte Polteilung.

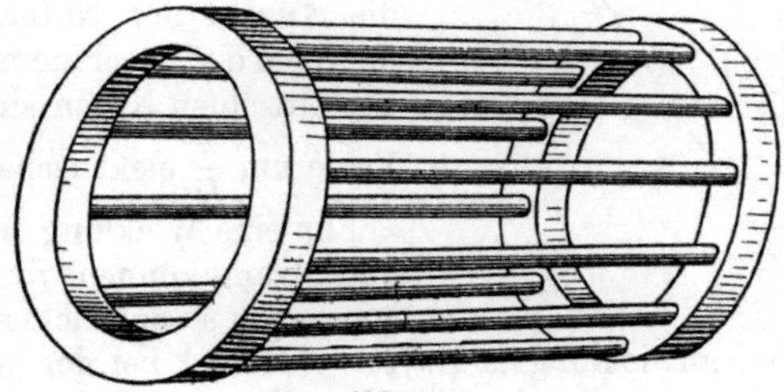

Abb. 95.

Die Gleichstrom-Erregerwicklung der Gleichstrommaschinen und der Einankerumformer wird aus Rund- oder Flachdraht hergestellt. Der Draht wird gewöhnlich über einen Spulenkasten gewickelt und dieser dann über den Pol geschoben. Einen solchen Spulenkasten mit Wicklung zeigt Tafel V, Abb. b. Bei der Synchronmaschine mit ausgeprägten Polen, wo die Erregerspannung normalerweise niedriger ist als bei der Gleichstrommaschine, wird die

Erregerwicklung entweder ebenso wie bei der Gleichstrommaschine über einen Spulenkasten oder direkt über den isolierten Pol gewickelt.

V. Die induzierte EMK und die Feldkurve einer Wechselstrom- und einer Gleichstromwicklung.

1. Die in einer Wechselstromwicklung induzierte EMK. Der Wicklungsfaktor.

Wie wir oben (s. S. 6) gesehen haben, beträgt der Effektivwert der in einer Wicklung mit w Windungen induzierten EMK

$$E = 4{,}44\, f w \Phi\, 10^{-8} \text{ Volt} \quad \left(4{,}44 = \frac{2\pi}{\sqrt{2}}\right).$$

Vorausgesetzt hierbei ist erstens, daß alle w Windungen in jedem Augenblick mit dem gleichen Fluß verkettet sind, und zweitens, daß die Änderung der Kraftflußverkettungen nach einer Sinusfunktion erfolgt. Die zweite Voraussetzung trifft bei den elektrischen Maschinen mehr oder weniger zu, die erste Voraussetzung, infolge der Verteilung der Wicklung über den Ankerumfang, nicht. Diese Verteilung der Wicklung muß noch besonders berücksichtigt werden.

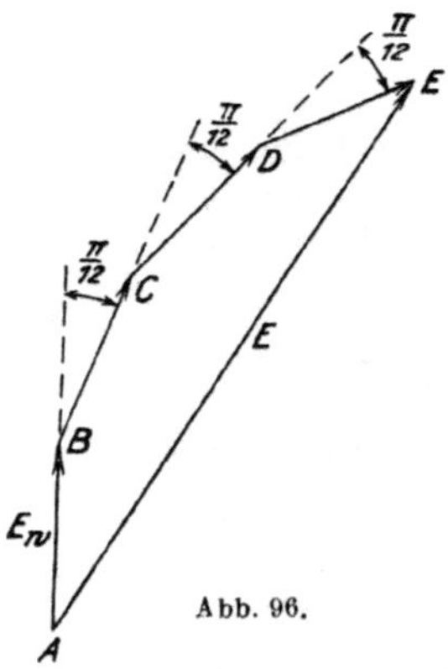

Abb. 96.

Für eine Windung gilt:

$$E_w = 4{,}44\, f \Phi\, 10^{-8} \text{ Volt}.$$

Wir betrachten zunächst einen Strang einer Mehrphasenwicklung. Die Anzahl der Nuten pro Pol und Strang sei allgemein gleich q; die Anzahl der Nuten pro Pol Q beträgt dann bei der Maschine mit m Phasen $Q = mq$. Die einzelnen Nuten sind gegeneinander im Felde um $\frac{\pi}{Q}$ elektrische Grade verschoben.

Für eine Wicklung mit q Nuten pro Pol und Strang können wir das Spannungspolygon genau so aufzeichnen wie für die Gleichstromwicklung (s. S. 79). Während bei der geschlossenen Gleichstromwicklung mit vielen Nuten das Spannungspolygon durch einen Kreis dargestellt wird, wird es hier nur durch einen Teil des Kreises dargestellt sein.

Wir wählen als Beispiel eine Dreiphasenwicklung mit $q = 4$ und einem Leiter pro Nut. Da die Nuten jedes Stranges unter allen Polpaaren die gleiche Lage im Felde haben, so brauchen wir nur ein Polpaar zu betrachten. Der Winkel, den die einzelnen Nuten miteinander bilden, beträgt $\frac{180}{4 \cdot 3} = 15^0$. Den 4 Nuten entsprechen 4 Windungen mit einer Spulenweite, die gleich der Polteilung ist (s. S. 85). Das Spannungspolygon der in den 4 Windungen induzierten EMKe zeigt Abb. 96. Jeder Vektor $\overline{AB} = \overline{BC} = \overline{CD} = \overline{DE}$ stellt die Amplitude der in einer Windung induzierten EMK dar. Die Amplitude der resultierenden EMK ist gleich $\overline{AE}$; sie tritt auf, wenn $\overline{AE}$ parallel zur Zeitlinie liegt.

Lägen die 4 Windungen nicht in 4 Nuten, sondern in einer Nut, so wären die in ihnen induzierten EMKe in Phase und die Amplitude der resultierenden EMK wäre gleich 4 $\overline{AB}$, d. h. der Länge der gebrochenen Linie $ABCDE$. *Die Verteilung der Wicklung auf mehrere Nuten bewirkt, daß die EMKe der einzelnen Windungen nicht in Phase sind und daß infolgedessen die resultierende EMK kleiner wird, als wenn sämtliche Windungen in einer Nut liegen.*

Man bezeichnet das Verhältnis $\frac{\overline{AE}}{4\,\overline{AB}}$, allgemein das Verhältnis

$$\frac{\textit{resultierende eff. EMK}}{\textit{Summe der eff. EMKe der einzelnen Windungen}} = \frac{E}{q\,E_w} = \zeta$$

als den *Wicklungsfaktor*. Der Wicklungsfaktor ist stets kleiner als 1. Er gibt an, welcher Teil der Wicklung mit Rücksicht auf die induzierte EMK *wirksam* ausgenützt wird. Je größer der Wicklungsfaktor ist, desto besser ist die Wicklung, also auch die Maschine, ausgenützt. Der Wicklungsfaktor ist infolgedessen eine für die Wicklung wichtige Größe.

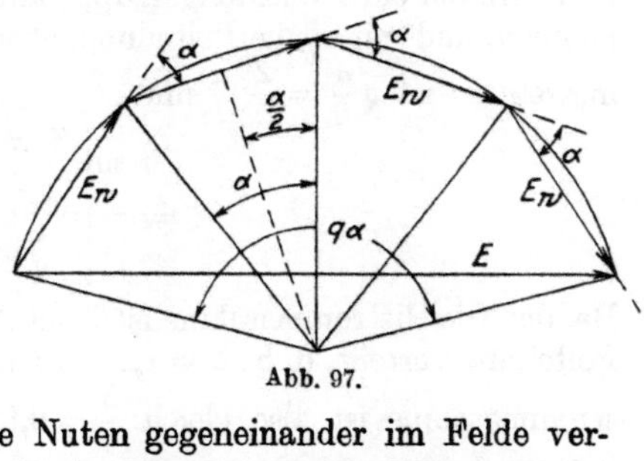

Abb. 97.

Bezeichnet man mit α den Winkel $\frac{\pi}{Q}$, um den die Nuten gegeneinander im Felde verschoben sind, und berücksichtigt, daß die einzelnen EMKe E_w Sehnen eines Kreises bilden, so folgt aus Abb. 97:

$$\zeta = \frac{E}{q\,E_w} = \frac{2\,R\sin\frac{q\,\alpha}{2}}{2\,R\,q\sin\frac{\alpha}{2}} = \frac{\sin\frac{q\,\alpha}{2}}{q\sin\frac{\alpha}{2}} \tag{101}$$

oder, wenn man $\frac{\pi}{Q} = \alpha$ einführt,

$$\zeta = \frac{\sin\frac{q}{Q}\frac{\pi}{2}}{q\sin\frac{1}{Q}\frac{\pi}{2}}. \tag{102}$$

Die Beziehungen 101 und 102 gelten für jede Phase einer Mehrphasenwicklung und somit auch für die Einphasenwicklung, wobei bei dieser für q die Anzahl der bewickelten Nuten pro Pol einzusetzen ist.

Wir haben der Ableitung der Formel für den Wicklungsfaktor eine Wicklung mit nur einem Leiter pro Nut zugrunde gelegt. Befinden sich mehrere Leiter in der Nut, so sind die in den Windungen, zu denen diese Leiter gehören, induzierten EMKe in Phase (s. S. 82). Das Spannungspolygon einer solchen Wicklung mit beispielsweise 4 Nuten pro Pol und Strang sieht genau so aus wie das Spannungspolygon der Wicklung mit einem Leiter pro Nut Abb. 96, und die Formel 102 (bzw. 101) hat also auch für eine Wicklung mit mehreren Leitern pro Nut Gültigkeit.

Bei Gleichstromwicklungen, wo jede Wicklungsgruppe einen größeren Teil des Polbogens einnimmt, ebenso wie bei Wicklungen mit feinerer Nutung, nähert sich der Linienzug $ABCDE$ (Abb. 96) einem Kreisbogen, und der Wicklungsfaktor kann gleich gesetzt werden dem Verhältnis von Sehne $\overline{AB}$ zu Bogen AB, d. h.

$$\zeta = \frac{2R\sin\frac{q\alpha}{2}}{Rq\alpha} = \frac{\sin q\frac{\alpha}{2}}{q\frac{\alpha}{2}}. \tag{103}$$

Bezeichnet man mit Z die *Zonenbreite*, d. h. den Bogen, den die Spulenseiten einer Wicklungsgruppe am Ankerumfang pro Pol einnehmen, und mit τ_p die Polteilung, ebenfalls am Ankerumfang gemessen, so ist $q\frac{\alpha}{2} = \frac{Z}{\tau_p}\frac{\pi}{2}$ und

$$\zeta = \frac{\sin\frac{Z}{\tau_p}\frac{\pi}{2}}{\frac{Z}{\tau_p}\frac{\pi}{2}}. \tag{104}$$

Bei der Gleichstrommaschine ist jeder Ankerzweig über eine ganze Polteilung verteilt, d. h. $Z = \tau_p$. Der Wicklungsfaktor der Gleichstrommaschine ist also gleich $\frac{2}{\pi} = 0{,}637$, d. h. infolge der Verteilung der Wicklung werden bei der Gleichstrommaschine nur ca. 64% des Ankerkupfers ausgenützt.

Die *Wicklungsfaktoren* der Dreiphasen- und Zweiphasenwicklungen für verschiedene Größen der Nutenzahl pro Pol und Strang q, ebenso wie der Gleichstromwicklungen, gehen aus folgender Tabelle hervor (s. Gleichung 102 und Gleichung 104).

Anzahl der Nuten pro Pol und Strang							Gleichstromwicklungen $\frac{Z}{\tau_p} =$		
$q =$	2	3	4	5	6	8	$\frac{1}{3}$	$\frac{2}{3}$	$\frac{1}{2}$
Dreiphasenwicklungen	0,966	0,960	0,958	0,957	0,956	0,956	0,956	0,830	—
Zweiphasenwicklungen	0,924	0,910	0,906	0,904	0,903	0,90	—	—	0,901

Bei der Dreiphasenwicklung ist $Q = 3q$, bei der Zweiphasenwicklung ist $Q = 2q$. Die Wicklungsfaktoren der Dreiphasenwicklungen sind größer als die der Zweiphasenwicklungen. Man macht deswegen dort, wo man in der Wahl der Phasenzahl frei ist, wie z. B. bei den Läufern von Asynchronmotoren, meistens Dreiphasenwicklungen.

Bei der *Einphasenwicklung* mit $Q = 6$ und $q = 4$ ist $\zeta = 0{,}833$, bei der Einphasenwicklung mit $Q = 9$ und $q = 6$ ist $\zeta = 0{,}831$. Bei der verteilten Einphasenwicklung mit $\frac{Z}{\tau_p} = \frac{2}{3}$ ist $\zeta = 0{,}83$. Die Wicklungsfaktoren der Einphasenwicklungen sind viel kleiner als die der Dreiphasen- und Zweiphasenwicklungen, weil der Wicklungsstrang bei ihnen über einen größeren Bogen als bei jenen verteilt ist. Würde man bei der Einphasenwicklung mit $Q = 9$ statt 6 *sämtliche* 9 Nuten bewickeln, so wäre der Wicklungsfaktor nach Gleichung 102 gleich 0,644. Die effektiven Windungszahlen bei sämtlichen bewickelten Nuten und $^2/_3$ bewickelten Nuten verhalten sich also wie $9 \cdot 0{,}644$ zu $6 \cdot 0{,}831$ ($= 1{,}17:1$), d. h. bei Verwendung von 50% mehr Kupfer und somit bei 50% mehr Verlusten im Kupfer erhält man nur ca. 17% mehr Spannung. Dies ist der Grund, warum man bei der Einphasenmaschine nur $^2/_3$ der Nuten pro Pol bewickelt.

Die *in einer beliebig verteilten Wicklung induzierte EMK ist* also

$$E = 4{,}44\, f w \zeta \Phi\, 10^{-8} \text{ Volt.} \tag{105}$$

2. Einfluß der dritten Oberwelle.

Eine sinusförmige EMK wird in der Wicklung nur dann induziert, wenn die Kraftflußverkettungen der Windung sich nach einer Sinusfunktion ändern. Dies ist der Fall, wenn der Fluß im Luftspalt nach einer Sinusfunktion verteilt ist, oder, was dasselbe ist, wenn die Feldkurve sinusförmig ist (s. S. 25). Bei Synchrongeneratoren ist man stets bestrebt, durch passende Formung des Polschuhes bei Maschinen mit ausgeprägten Polen bzw. durch feine Nutung bei Maschinen mit Vollpolen eine sinusförmige Feldkurve zu erreichen.

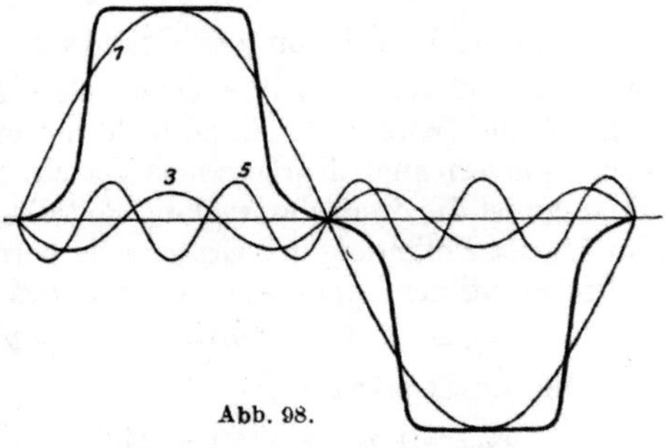

Abb. 98.

Ist die Feldkurve nicht sinusförmig, hat sie z. B. die Form der stark ausgezogenen Linie der Abb. 98, so ist es zur Bestimmung der in der Windung induzierten EMK zweckmäßig, sie in eine Summe von Sinuswellen aufzulösen. Mit Hilfe einer Reihenentwicklung nach *Fourier* kann jede beliebige periodische Funktion durch eine Reihe von Sinus- und Cosinusfunktionen, deren Periodenzahlen sich wie ganze Zahlen verhalten, dargestellt werden. Ist dabei die periodische Funktion derart beschaffen, daß jede Halbwelle in bezug auf ihre Mittellinie symmetrisch ist und die negative Halbwelle das Spiegelbild der positiven Halbwelle in bezug auf die Abszissenachse bildet, so bestehen die Glieder der Reihe nur aus *ungeraden* Sinusfunktionen [L. 40]. Dies ist bei der Feldkurve Abb. 98 der Fall. In dieser Abbildung sind die *Grundwelle*, deren Periode der Periode der Feldkurve, also der doppelten Polteilung entspricht, und die dritte bzw. fünfte Oberwelle eingezeichnet. Die Amplituden der Oberwellen (der höheren Harmonischen) sind klein im Vergleich zur Amplitude der Grundwelle, ihre Periodenzahlen sind aber 3, 5, 7 usw. mal größer als die Periodenzahl der Grundwelle.

Der Fluß erscheint demnach in mehrere Flüsse verschiedener Polteilung zerlegt. Die oben abgeleiteten Beziehungen 102 und 104 für den Wicklungsfaktor, ebenso wie die Beziehung 105 für die induzierte EMK, beziehen sich auf die Grundwelle, die allein wir bis jetzt betrachtet haben. Aber auch die Oberwellen induzieren EMKe in der Wicklung, und zwar solche von dreifacher, fünffacher usw. Periodenzahl der Grundwelle. Wir ziehen nur die wichtigere, die dritte Oberwelle in Betracht.

Ist die in dem Strang I von der Grundwelle induzierte momentane EMK gleich $\sqrt{2}\,E_1 \sin \omega t$, so ist die in diesem Strang von der dritten Oberwelle induzierte momentane EMK gleich $\sqrt{2}\,E_3 \sin 3\,\omega t$. E_1 und E_3 sind Effektivwerte. E_3 ist gewöhnlich klein gegenüber E_1. Die resultierende in dem Strang I induzierte momentane EMK ist also

$$e_I = \sqrt{2} E_1 \sin \omega t + \sqrt{2} E_3 \sin 3 \omega t. \qquad (106\,\text{a})$$

Im Strange II wird von der Grundwelle $\sqrt{2} E_1 \sin (\omega t - 120^0)$ induziert und von der dritten Oberwelle $\sqrt{2} E_3 \sin (3\omega t - 3 \cdot 120^0)$, denn für die dritte Oberwelle ist nicht nur die Periodenzahl die dreifache, sondern auch die räumliche Verschiebung der Stränge gegeneinander ist die dreifache, weil die Polteilung der dritten Oberwelle nur $^1/_3$ der Polteilung der Grundwelle beträgt.

Die resultierende momentane EMK des Stranges II ist also

$$e_{II} = \sqrt{2} E_1 \sin (\omega t - 120^0) + \sqrt{2} E_3 \sin 3\,\omega t \qquad (106\,\text{b})$$

und die des Stranges III:

$$e_{III} = \sqrt{2} E_1 \sin (\omega t - 240^0) + \sqrt{2} E_3 \sin 3\,\omega t. \qquad (106\,\text{c})$$

Während die von der Grundwelle in den drei Strängen induzierten EMKe ein richtiges Dreiphasensystem bilden, sind *die von der dritten Oberwelle in den drei Strängen induzierten EMKe alle drei in Phase,* sie bilden also kein Dreiphasensystem. In bezug auf die drei Wicklungsstränge sind diese EMKe dreifacher Periodenzahl derart, daß sie in jedem Augenblick entweder von den Anfängen der drei Stränge nach deren Enden oder von den Enden der drei Stränge nach deren Anfängen gerichtet sind.

Bilden die drei Wicklungsstränge ein Sternsystem, so werden die EMKe dreifacher Periodenzahl nicht zum Vorschein kommen, weil sie zwischen je zwei Leitungen sich gegenseitig aufheben. Anders liegen die Verhältnisse bei der Dreieckschaltung. Da hier das Ende des einen Stranges mit dem Anfang des zweiten, das Ende des zweiten Stranges mit dem Anfang des dritten Stranges usw. verbunden ist, so addieren sich die EMKe dreifacher Periodenzahl in den drei Strängen algebraisch zu einer Oberwelle *von der dreifachen Amplitude und erzeugen einen Ausgleichstrom,* der sich über die drei Stränge schließt. Dieser Ausgleichstrom ist beinahe unabhängig von der Belastung der Maschine und kann unter Umständen eine beträchtliche zusätzliche Erwärmung der Wicklung hervorrufen. Man vermeidet aus diesem Grunde die Dreieckschaltung bei den elektrischen Maschinen und wendet nach Möglichkeit die Sternschaltung der Wicklungsstränge an.

3. Die in der Wicklung einer Gleichstrommaschine induzierte EMK.

Mit Hilfe der Gleichung 105, die den Effektivwert der induzierten EMK einer Wechselstromwicklung angibt, läßt sich auch die in der Wicklung einer Gleichstrommaschine induzierte EMK bestimmen. Wie wir oben (s. S. 79) gesehen haben, greifen die Bürsten am Kommutator die Amplitude der Wechsel-EMK ab. Führt man hier für die Periodenzahl statt des Zeichens f ihre Größe $\frac{pn}{60}$ ein und berücksichtigt, daß der Wicklungsfaktor der Gleichstromwicklung gleich $\frac{2}{\pi}$ ist, so ergibt sich für die Gleich-EMK:

$$E_g = 4w\frac{pn}{60}\Phi\, 10^{-8}\ \text{Volt.} \tag{107}$$

w bedeutet hier die Windungszahl eines Ankerzweiges, d. h. die Windungszahl, die zwischen zwei benachbarten ungleichnamigen Bürsten liegt.

4. Die MMK-Kurve einer Einphasenwicklung. Das Wechselfeld.

Bei der Gleichstrommaschine und bei der Synchronmaschine, zu der auch der Einankerumformer gehört, wird das Magnetfeld durch eine konzentrierte, von Gleichstrom durchflossene Wicklung erzeugt. Die Stärke und Verteilung des Magnetflusses hängt dort bei gegebenen Dimensionen der Maschine von den AW, die auf den Polen untergebracht sind, und von der Form des Polschuhes (Abb. 26 und 98) ab. Bei der Asynchronmaschine und bei der Wechselstrom-Kommutatormaschine wird dagegen das Feld von Wechselstrom erzeugt. Die Erregerwicklung ist hier mit Ausnahme des Reihenschluß-Kommutatormotors eine *verteilte* Mehr- oder Einphasenwicklung. Wir wollen untersuchen, wie die Feldkurve einer solchen Wicklung aussieht und wie groß die MMK einer solchen Wicklung ist. Diese beiden Fragen sind jedoch nicht nur für die Asynchronmaschine und die Wechselstrom-Kommutatormaschine, sondern auch für die Synchronmaschine von Wichtigkeit, da auch sie im Anker eine verteilte, von Wechselstrom durchflossene Ein- oder Mehrphasenwicklung besitzt und die Kenntnis der Größe der MMK der Ankerwicklung für die Bestimmung der Ankerrückwirkung erforderlich ist.

Wir betrachten zunächst eine Einphasenwicklung mit nur *einer Nut pro Pol* oder einen Strang einer Mehrphasenwicklung mit nur

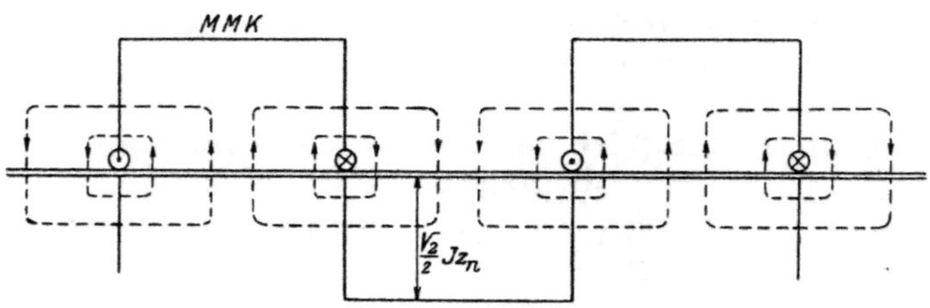

Abb. 99.

einer Nut pro Pol und Strang. Eine solche Wicklung zeigt schematisch Abb. 99. Für einen bestimmten Augenblick sind auch die Richtungen der Ströme eingezeichnet. Zwischen dem Ständer- und Läufereisen befindet sich ein Luftspalt, dessen Größe längs des ganzen Ankerumfanges konstant ist. Der Verlauf der von den Leitern erzeugten Kraftlinien ist in Abb. 99 eingezeichnet. Es sind nur Kraftlinien denkbar, die mit *einer* Spule verkettet sind. Mit 2 Spulen können keine Kraftlinien verkettet sein, weil für solche Kraftlinien die MMK gleich Null ist (s. S. 21). Die MMK aller Kraftlinien ist hier konstant, und zwar im Maximum gleich $\sqrt{2} J z_n$, wenn z_n die Anzahl der Leiter pro Nut und J den Effektivwert des Stromes eines Leiters bedeuten. Da jede Kraftlinie aus zwei symmetrischen Teilen besteht, von denen jeder in dem Luftspalt und in den Zähnen nach verschiedenen Richtungen verläuft, so zerlegt man gewöhnlich die MMK der Kraftlinie in zwei Teile entsprechend einem *einmaligen* Durchgehen durch den Luftspalt, und erhält als *MMK-Kurve einer Einphasenwicklung* mit 1 Nut pro Pol (oder *eines Stranges einer Mehrphasen-*

wicklung mit 1 Nut pro Pol und Strang) die rechteckige Kurve Abb. 99, mit der maximalen Rechteckhöhe $\frac{\sqrt{2}\, J z_n}{2}$.

Dieser Maximalwert der MMK tritt dann auf, wenn der Strom im Maximum ist. Nimmt der Strom ab, so nimmt die Höhe des Rechteckes ab, und die Höhe des Rechteckes wird gleich Null, wenn der Strom gleich Null wird. Kehrt der Strom seine Richtung um, so klappt sich das Rechteck nach der anderen Seite um und erreicht seinen Maximalwert wiederum, wenn der Strom im Maximum ist.

Das Linienintegral der magnetischen Feldstärke $\mathfrak{H}$ längs einer geschlossenen Linie $\int \mathfrak{H}\, dl$ ist gleich der MMK der Windungen, mit denen diese Linie verkettet ist (s. S. 21). Das Integral $\int \mathfrak{H}\, dl$ zerlegt man, wie im Kapitel II gezeigt wurde, in eine Summe entsprechend den Jochen und den Zähnen von Ständer und Läufer und dem Luft-

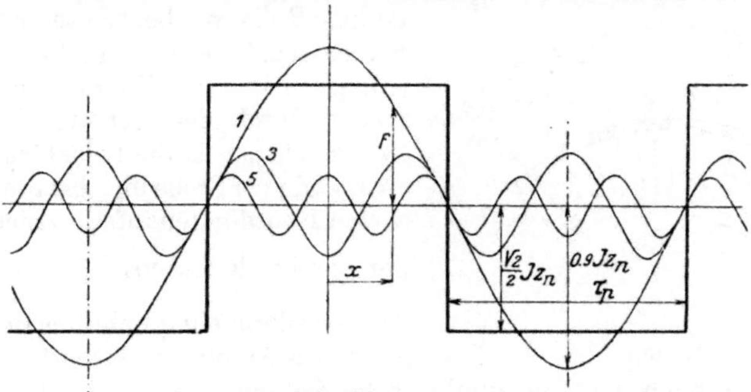

Abb. 100.

spalt. Setzt man kleine Sättigung im Eisen voraus, so kann das Integral $\int \mathfrak{H}\, dl$ der Größe $2\delta \mathfrak{B}_l$ gleichgesetzt werden, d. h. bei kleiner Sättigung ist die Luftinduktion an jeder Stelle des Luftspaltes der für den Umlauf durch diese Stelle maßgebenden MMK proportional. Da δ in unserem Falle konstant ist, so stellt (unter der gemachten Voraussetzung kleiner Sättigung) die rechteckige Kurve Abb. 99 zugleich die *Feldkurve* der Maschine dar.

In verschiedenen Maßstäben stellt somit die rechteckige Kurve Abb. 99 sowohl die MMK-Kurve wie die Feldkurve einer Einphasenwicklung mit einer Nut pro Pol oder eines Stranges einer Mehrphasenwicklung mit einer Nut pro Pol und Strang dar. Ebenso wie die MMK ist die Feldstärke dann im Maximum, wenn der Strom im Maximum ist, und ist gleich Null, wenn der Strom gleich Null ist. Kehrt der Strom seine Richtung um, so kehrt auch das Feld seine Richtung um. Ein solches Feld bezeichnet man als *Wechselfeld*. Das Wechselfeld ist also dadurch charakterisiert, daß *die Richtung der Feldstärke im Raume feststeht, während die Größe des Feldes sich periodisch von einem positiven zu einem negativen*

Maximum ändert. Mit einem solchen Wechselflusse haben wir bereits bei dem Einphasen-Transformator zu tun gehabt.

Für die weitere Behandlung der Dreiphasenwicklung mit einer Nut pro Pol und Strang bzw. der Einphasenwicklung mit mehreren Nuten pro Pol und der Mehrphasenwicklung mit mehreren Nuten pro Pol und Strang (Abschn. 5, 6 und 7) zerlegt man die rechteckige Kurve Abb. 99 in ihre Grundwelle und ihre Oberwellen. In Abb. 100 sind die Grundwelle und die dritte bzw. fünfte Oberwelle eingezeichnet. Die Amplitude der Grundwelle ist gleich der Höhe des Rechteckes mal $\frac{4}{\pi}$, d. h. $\frac{\sqrt{2}}{2} J z_n \frac{4}{\pi} = 0{,}9 J z_n$, die Amplitude der dritten Oberwelle ist gleich $\frac{1}{3}$, die Amplitude der fünften Oberwelle $\frac{1}{5}$ der Amplitude der Grundwelle [L. 41]. Wie wir weiter unten sehen werden, spielen hier die Oberwellen gewöhnlich eine ganz geringe Rolle, wir betrachten daher zunächst nur die Grundwelle.

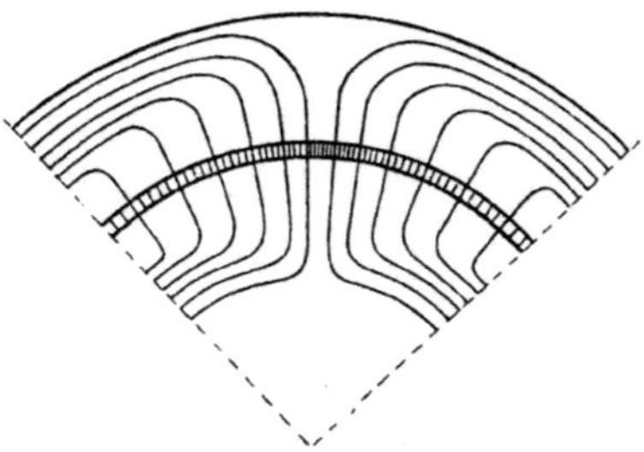

Abb. 101.

Legt man ein Koordinatensystem durch den Scheitel der Grundwelle, so ist die Feldstärke an irgendeiner Stelle im Abstande x vom Koordinatenanfang gleich der Amplitude mal $\cos \frac{x}{\tau_p} \pi$, denn der Polteilung entspricht der Bogen π. Die Amplitude variiert mit dem Strom nach einer Sinusfunktion der Zeit und ist zur Zeit t gleich $0{,}9 J z_n \sin \omega t$, wo $\omega = 2\pi f$ die Kreisfrequenz des Stromes ist, der durch die Wicklung fließt. Die *Gleichung des Wechselfeldes* ist also

$$f = 0{,}9\, J z_n \sin \omega t \cos \frac{x}{\tau_p} \pi = F \sin \omega t \cos \frac{x}{\tau_p} \pi, \qquad (108)$$

wobei

$$F = 0{,}9 J z_n \qquad (109)$$

die Amplitude der Grundwelle ist. In jedem Augenblick ist die Induktion im Luftspalt und in den Zähnen nach einer Cosinusfunktion verteilt. In Abb. 101 ist der Verlauf der Linien für einen bestimmten Augenblick angedeutet. Im Eisen sind der Einfachheit halber nur wenige Induktionslinien gezeichnet.

5. Die MMK-Kurve einer Dreiphasenwicklung. Das Drehfeld.

Wir wollen nun eine *Dreiphasenwicklung* betrachten, und zwar vorläufig wiederum mit nur einer Nut pro Pol und Strang. Die drei Wicklungsstränge sind gegeneinander räumlich um 120 elektrische Grade verschoben. Wird eine solche Wicklung von einem sinusförmigen Dreiphasenstrom gespeist, so erzeugt sie *drei* Wechselfelder, die *zeitlich und räumlich* gegeneinander um 120° verschoben sind. Wir berücksichtigen zunächst nur die Grundwellen dieser drei Wechselfelder und bestimmen für verschiedene Zeitmomente das resultierende Feld, indem wir für diese Zeitmomente die Momentanwerte der drei Wechselfelder unter Berücksichtigung der räumlichen Lage der drei Wicklungsstränge addieren. Die Zeitlinie denken wir uns wie oben in der Vertikalen. In der Abb. 102 ist der Zeitmoment gewählt, in dem der Strom in dem Strang I im Maximum ist. In den beiden anderen Strängen ist er dann halb so groß wie im Strang I. Nimmt man für diesen Zeitmoment den

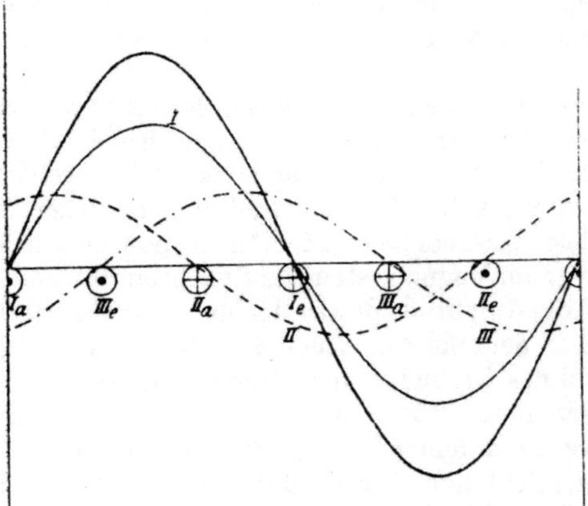

Abb. 102.

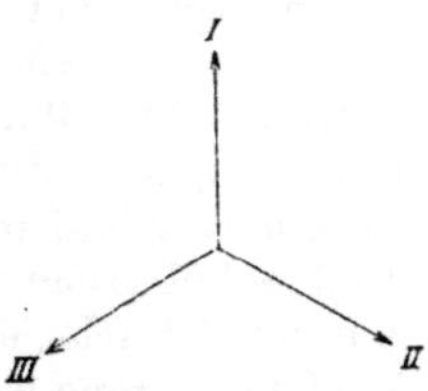

Strom in dem Strang I vom Ende des Stranges nach dem Anfang gerichtet an, so sind die Ströme in den Strängen II und III von den Anfängen nach den Enden gerichtet. In Abb. 102 sind die Richtungen der Ströme entsprechend eingetragen. Dabei ist zu beachten, daß beim Dreiphasensystem die Anfänge der Stränge um 120 elektrische Grade, d. h. um $\frac{2}{3}$ Polteilung voneinander entfernt sind. Die drei Wechselfelder ebenso wie das resultierende Feld (stärker ausgezogen) sind in Abb. 102 eingezeichnet. Infolge der zeitlichen Verschiebung der Ströme in den drei Wicklungssträngen und der räumlichen Verschiebung der drei Wicklungsstränge gegeneinander ist die Amplitude des resultierenden Feldes kleiner als die dreifache Amplitude *eines* Wechselfeldes, und zwar ist sie nur dem 1,5fachen Wert der Amplitude eines Wechselfeldes gleich.

Abb. 103a bis g zeigen die Einzelfelder ebenso wie das resultierende Feld für sieben verschiedene Zeitmomente. Abb. 103a entspricht Abb. 102. Abb. 103b zeigt die Einzelfelder und das resultierende Feld für einen Augenblick, in welchem der Strom im Strang I auf das 0,866fache seiner Amplitude gesunken ist. Im Strang II ist er dann gleich Null und im Strang III ist er ebenfalls gleich dem 0,866fachen der Amplitude. Zwischen Abb. 103a und Abb. 103b besteht eine zeitliche Differenz von $30° = \frac{1}{12}$ der Periode des Stromes. Nach Ablauf einer weiteren $\frac{1}{12}$ Periode haben die Felder die Form der Abb. 103c und nach Ablauf von je vier weiteren $\frac{1}{12}$ Periode die Form der Abb. 103 d bis g.

An Hand der Abb. 103a bis g lassen sich zwei Tatsachen feststellen:

1. Die Amplitude des resultierenden Feldes ist unabhängig von der zeitlichen Phase der Ströme in den drei Wicklungssträngen und ist gleich der 1,5 fachen Amplitude eines Einzelfeldes.

2. Die Achse des resultierenden Feldes verschiebt sich längs der Wicklung, und zwar derart, daß sie stets über derjenigen Phase liegt, die Strommaximum hat (Abb. 103a, c, e und g). Da die Wicklung auf einem Zylindermantel angeordnet ist, so *dreht sich* das resultierende Feld.

Ein solches Feld bezeichnet man als *Drehfeld.* Es ist in seinen Eigenschaften dem vom Gleichstrom erzeugten Magnetfeld der Synchronmaschine ähnlich. Das vom Gleichstrom erzeugte Feld behält seine Amplitude und dreht sich mit dem Polrad im Raume genau so herum wie das Drehfeld. Auch der Begriff der Polzahl paßt zu einem Drehfeld ebensogut wie zum Magnetsystem der Synchronmaschine. Aus der Tatsache, daß die Amplitude des Drehfeldes stets über dem Wicklungsstrang liegt, in dem die Amplitude des Stromes auftritt, folgt, daß die Drehzahl des Drehfeldes der Periodenzahl des Stromes f proportional sein muß. Die Zeit, die nötig ist, damit in irgendeinem Strang zwei aufeinanderfolgende Amplituden des Stromes auftreten, entspricht einer Periode des Stromes. Während dieser Zeit legt das Drehfeld eine doppelte Polteilung zurück. Einer vollen Umdrehung des Drehfeldes entsprechen also p Perioden des Wechselstromes. Bei f Perioden des Wechselstromes pro Sekunde beträgt somit die minutliche *Umdrehungszahl* des Drehfeldes

$$n = \frac{60\,f}{p}.$$

Das ist dieselbe Beziehung, die wir auf S. 5 für das mit Gleichstrom erregte Feld abgeleitet haben. Ein Drehfeld ist also dadurch charakterisiert, daß *die Richtung der Feldstärke sich im Raume mit konstanter Geschwindigkeit ändert, während die Größe des Feldes unveränderlich bleibt.*

Die Gleichung des Drehfeldes erhält man durch Addition der drei Wechselfelder, also

$$\begin{aligned} f &= F \sin \omega t \cos \frac{x}{\tau_p}\pi + F \sin(\omega t - 120^0) \cos\left(\frac{x}{\tau_p}\pi - 120^0\right) \\ &\quad + F \sin(\omega t - 240^0) \cos\left(\frac{x}{\tau_p}\pi - 240^0\right) \\ &= \frac{3}{2} F \sin\left(\omega t - \frac{x}{\tau_p}\pi\right), \end{aligned} \tag{110}$$

wobei wie oben $F = 0{,}9\,J\,z_n.$

Die Amplitude des Drehfeldes ist gleich der halben Phasenzahl multipliziert mit der Amplitude eines Wechselfeldes F. Dies gilt

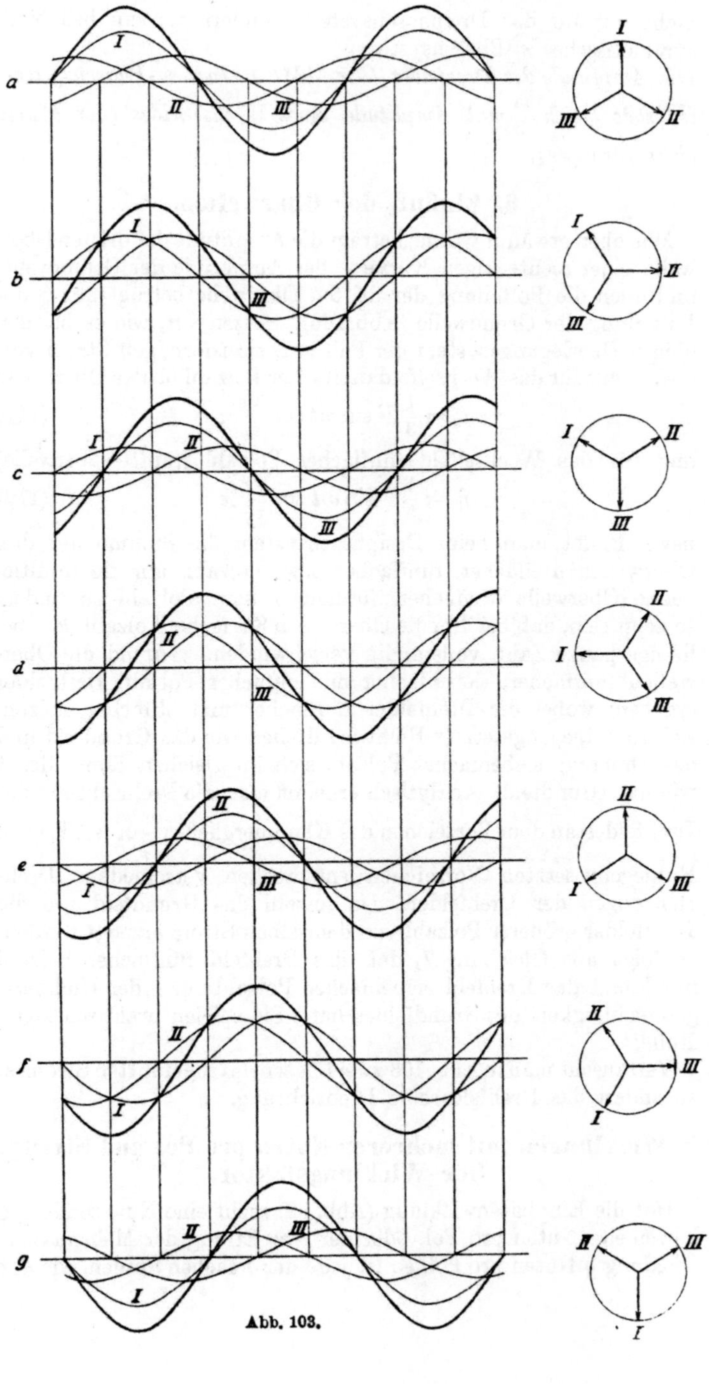

Abb. 103.

nicht nur für das Dreiphasensystem, sondern für ein beliebiges symmetrisches m-Phasensystem:
Die Amplitude des Drehfeldes (der MMK) eines m-Phasensystems ist stets gleich $\frac{m}{2}$ mal Amplitude eines Wechselfeldes (der MMK eines Stranges).

6. Einfluß der Oberwellen.

Wie oben erwähnt wurde, beträgt die Amplitude der dritten Oberwelle einer rechteckigen Kurve $\frac{1}{3}$ der Amplitude der Grundwelle, und auch die Polteilung der dritten Oberwelle beträgt nur $\frac{1}{3}$ der Polteilung der Grundwelle (Abb. 100). Setzen wir, wie es bei den obigen Überlegungen stets der Fall war, sinusförmigen Strom voraus, so gilt für das Wechselfeld dreifacher Polzahl (dritte Oberwelle)

$$f_3 = \frac{1}{3} F \sin \omega t \cos \frac{3x}{\tau_p} \pi \tag{111}$$

und für das Wechselfeld fünffacher Polzahl (fünfte Oberwelle)

$$f_5 = \frac{1}{5} F \sin \omega t \cos \frac{5x}{\tau_p} \pi \tag{112}$$

usw. Bildet man beim Dreiphasensystem die Summe der drei Oberwellen dreifacher, fünffacher usw. Polzahl, um die resultierende Oberwelle dreifacher, fünffacher usw. Polzahl zu finden, so zeigt sich, daß bei ihm die Oberwellen $3k$-facher Polzahl ($k=$ beliebige ganze Zahl) vollständig verschwinden, während die Oberwellen fünffacher, siebenfacher und elffacher Polzahl Drehfelder ergeben, wobei die Drehfelder fünffacher und elffacher Polzahl sich in entgegengesetzter Richtung drehen wie das Grundfeld und das Drehfeld siebenfacher Polzahl sich im gleichen Sinne dreht wie das Grundfeld. Analytisch erkennt man die Drehrichtung des Drehfeldes an dem Vorzeichen des Klammergliedes $\frac{x}{\tau_p} \pi$ (s. Gl. 110). Entgegengesetzten Vorzeichen entsprechen verschiedene Drehrichtungen der Drehfelder. Da sowohl das Grundfeld wie die Drehfelder größerer Polzahl von demselben Strom erzeugt werden, so folgt aus Gleichung 7, daß das Drehfeld fünffacher Polzahl nur $\frac{1}{5}$ und das Drehfeld siebenfacher Polzahl nur $\frac{1}{7}$ der Umfangsgeschwindigkeit des Grundfeldes hat. Sie spielen praktisch keine Rolle.

Vertauscht man in Abb. 103 zwei Phasen des zugeführten Stromes, so ändert das Drehfeld seine Drehrichtung.

7. Wicklungen mit mehreren Nuten pro Pol und Strang. Der Wicklungsfaktor.

Hat die Einphasenwicklung (Abb. 99) nicht eine Nut, sondern q bewickelte Nuten pro Pol, oder der eine Strang der Mehrphasenwicklung q Nuten pro Pol, so ist jede der q-fachen Spulen, wie auf

S. 85 gezeigt wurde, q Einfachspulen mit einer Spulenweite, die gleich der Polteilung ist, gleichwertig. Die MMK-Kurve einer solchen Wicklung setzt sich also aus q Sinuskurven zusammen, die um den Winkel $\frac{\pi}{Q}$ gegeneinander räumlich verschoben sind. Wie wir aus der Berechnung der induzierten EMK einer Wicklung mit q Nuten pro Pol und Strang wissen, ist die Amplitude der resultierenden MMK einer solchen Wicklung nicht gleich dem q-fachen Wert der Amplitude der MMK einer Wicklung mit $q = 1$, sondern kleiner, und zwar im Verhältnis der Linie AE zur Länge der gebrochenen Linie $ABCDE$ (Abb. 96), d. h. im Verhältnis des Wicklungsfaktors ζ. Die räumliche Verteilung der Wicklung hat auf die Größe der Amplitude der MMK bzw. der Feldstärke genau den gleichen Einfluß wie auf die Größe der induzierten EMK. Die Wicklungsfaktoren haben infolgedessen hier die gleichen Werte wie dort (s. S. 96).

Die Amplitude der Grundwelle der MMK einer *Einphasenwicklung* mit q bewickelten Nuten pro Pol oder eines Stranges einer Mehrphasenwicklung mit q Nuten pro Pol und Strang ist demnach gleich

$$F = 0{,}9 J z_n q \zeta \tag{113a}$$

und die Amplitude der Grundwelle der MMK einer *m-Phasenwicklung* mit q Nuten pro Pol und Strang

$$F = \frac{m}{2} 0{,}9\, J z_n q \zeta,$$

oder

$$F = 0{,}45 m z_n q \zeta J. \tag{114a}$$

$z_n q$ ist die Leiterzahl pro Pol und Strang, also auch die Windungszahl pro Polpaar und Strang, somit

$$z_n q = \frac{w}{p}$$

und die Gleichungen 113a und 114a können geschrieben werden:

$$F = 0{,}9 \frac{w\zeta}{p} J \tag{113b}$$

und

$$F = 0{,}45 m \frac{w\zeta}{p} J. \tag{114b}$$

Mit diesen Gleichungen werden wir sowohl bei der Bestimmung des Magnetisierungsstromes von Asynchronmaschinen wie bei der Bestimmung der Ankerrückwirkung von Synchronmaschinen zu rechnen haben.

8. Die Form der MMK-Kurve bzw. der Feldkurve einer verteilten Wicklung.

In Abb. 103 ist nur die Grundwelle der MMK- bzw. der Feldkurve betrachtet worden. Wir wollen noch den Einfluß der Oberwellen auf die Form der MMK- bzw. der Feldkurve untersuchen.

Wie wir gesehen haben, nimmt mit zunehmender Zahl der bewickelten Nuten pro Pol q bei der Einphasenmaschine bzw. der Nuten pro Pol und Strang bei der Mehrphasenmaschine der Wicklungsfaktor des Grundfeldes ab. In noch größerem Maße nehmen aber mit zunehmendem q die Wicklungsfaktoren der Oberfelder ab, weil die Polteilungen der Oberfelder kleiner sind als die Polteilung des Grundfeldes, so daß bei größeren Werten von q die Form der MMK-Kurve bzw. der Feldkurve sich der Sinusform nähert, von dieser aber doch mehr oder weniger abweicht. Abb. 104 zeigt die MMK-Kurve eines Stranges einer Dreiphasenwicklung mit 5 Nuten pro Pol und Strang. Hier ist nicht für alle Kraftlinien die MMK die gleiche, denn manche Kraftlinien sind nur mit den Leitern einer Nut, manche nur mit den Leitern dreier Nuten verkettet. Die MMK- bzw. die Feldkurve haben infolgedessen bei $q > 1$ die Form einer treppenförmigen Kurve, die man praktisch, wie in Abb. 104 angedeutet ist, durch ein Trapez ersetzen kann.

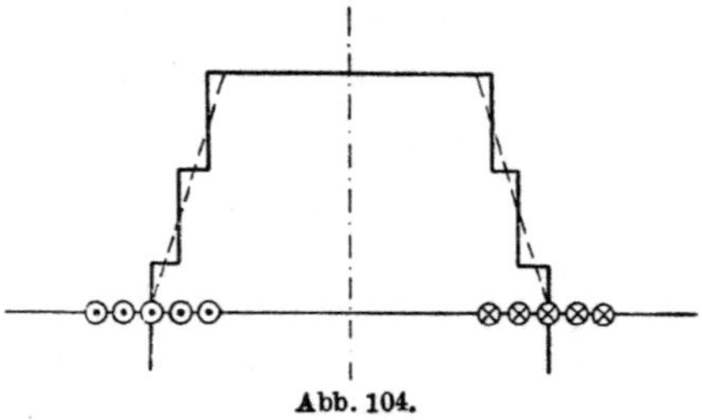

Abb. 104.

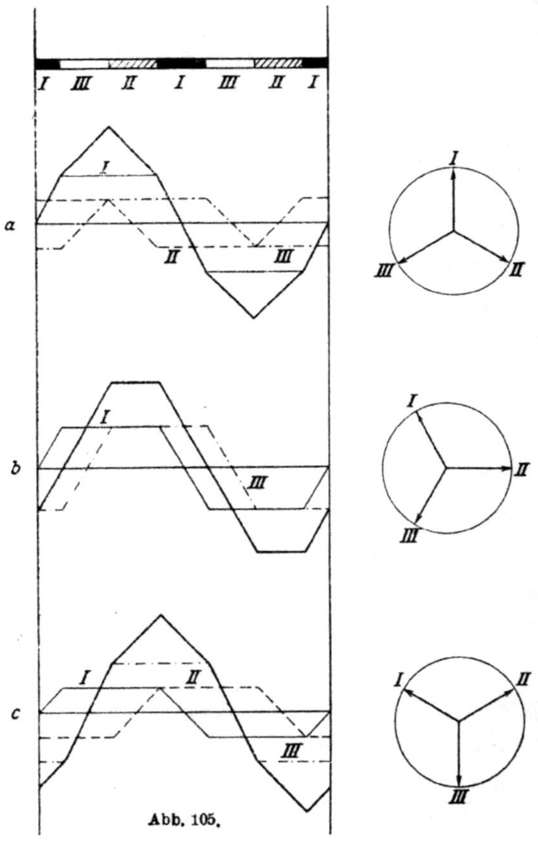

Abb. 105.

Das Drehfeld einer Dreiphasenwicklung mit mehreren Nuten pro Pol und Strang zeigt Abb. 105, und zwar für drei verschiedene Zeitmomente. Die treppenförmigen Kurven sind durch Trapeze ersetzt. Wie ersichtlich ist, ist das Drehfeld nicht konstant. Seine Amplitude schwankt vielmehr zwischen zwei Grenzwerten, die sich nach 60° jedesmal wiederholen, d. h. die Periodenzahl, mit der die Amplitude des Drehfeldes schwankt, ist gleich der *sechsfachen* Periodenzahl des Stromes. Diese periodischen Änderungen der Amplitude des Drehfeldes mit der sechsfachen Periodenzahl des Stromes sind allen Dreiphasenwicklungen eigen [L. 42].

Die Grenzwerte, zwischen denen die Amplitude der MMK schwankt, erhält man aus Abb. 105. In Abb. 105a ist der Maximalwert der MMK-Kurve gleich

$$\frac{\sqrt{2}\,J\,q\,z_n}{2} + 2\,\frac{0{,}5\,\sqrt{2}\,J\,q\,z_n}{2} = \sqrt{2}\,J\,q\,z_n;$$

in Abb. 105b ist der Maximalwert der MMK-Kurve gleich

$$\frac{\sqrt{2}\,J\,q\,z_n\,\cos 30^0}{2} + \frac{\sqrt{2}\,J\,q\,z_n\,\cos 30^0}{2} = 0{,}866\,\sqrt{2}\,J\,q\,z_n.$$

Die beiden Amplituden verhalten sich also wie 1 : 0,866. Ihr Mittelwert ist gleich $0{,}933\,\sqrt{2}\,J\,q\,z_n = 1{,}32\,J\,q\,z_n$, also beinahe gleich der Amplitude der Grundwelle ($1{,}35\,\zeta\,J\,q\,z_n$, s. Gl. 114a).

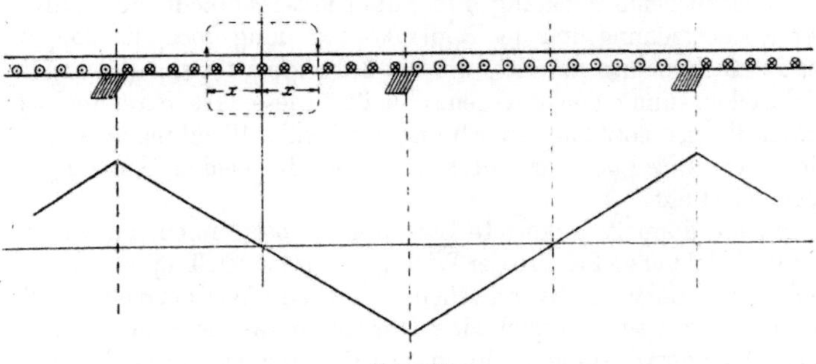

Abb. 106.

Bei der Ankerwicklung einer Gleichstrommaschine oder eines Einphasen-Kommutatormotors, wo alle Leiter eines Ankerzweiges Ströme gleicher Richtung führen, hat die MMK-Kurve bzw. die Feldkurve die Form eines Dreieckes, wie Abb. 106 zeigt.[1])

1) Legt man ein Koordinatensystem durch die Mitte eines Ankerzweiges, so erkennt man, wenn mit A der *Strombelag*, d. h. die Anzahl der Amperestäbe pro 1 cm Ankerumfang bezeichnet wird, daß die MMK an der Stelle x gleich ist $A\,x$, oder *allgemein*

$$(MMK)_x = \int_0^x A\,dx,$$

d. h. die *MMK-Kurve ist die Integralkurve des Strombelages.* Man findet also die MMK-Kurve und somit die Feldkurve einer beliebigen Wick-

9. Zerlegung eines Wechselfeldes in zwei Drehfelder.

Die Gleichung des Wechselfeldes ist

$$f = F \sin \omega t \cos \frac{x}{\tau_p} \pi.$$

Zerlegt man das Produkt in eine Summe, so wird

$$f = \frac{F}{2} \sin\left(\omega t - \frac{x}{\tau_p} \pi\right) + \frac{F}{2} \sin\left(\omega t + \frac{x}{\tau_p} \pi\right). \qquad (115)$$

Die beiden Summanden stellen die Gleichungen von zwei nach entgegengesetzten Richtungen sich bewegenden Drehfeldern dar. Die Amplitude jedes Drehfeldes ist gleich der halben Amplitude des Wechselfeldes. Es folgt daraus, daß sich die Wirkung eines Wechselfeldes durch die Wirkung zweier *gegenläufiger* Drehfelder mit einer Amplitude, die gleich ist der halben Amplitude des Wechselfeldes, ersetzen läßt. Von dieser Tatsache werden wir weiter unten bei der Erläuterung der Vorgänge in dem Einphasen-Asynchronmotor und in dem Einphasen-Synchrongenerator Gebrauch machen.

10. Die doppelt verkettete Streuung.

Im Kapitel II ist darauf hingewiesen worden, daß bei Maschinen, bei welchen beide Wicklungen in Nuten untergebracht sind, außer der Nutenstreuung und der Spulenkopfstreuung noch die *doppelt verkettete* Streuung auftritt, die die Zahnkopfstreuung (hier auch Zickzackstreuung genannt) einschließt. Diese Art Streuung ist durch die geometrische Anordnung der beiden Wicklungen, durch die *gegenseitige Lage* der Nuten, in denen die beiden Wicklungen liegen, bedingt.

Um die doppelt verkettete Streuung zu bestimmen, muß man von den wirklichen Feldern der Wicklungen (von den Treppenfeldern und nicht von ihren Grundwellen) ausgehen. Wir betrachten als besonders krasses Beispiel eine Dreiphasen-Asynchronmaschine, deren Ständerwicklung 2 Nuten pro Pol und Strang und deren Läuferwicklung 3 Nuten pro Pol und Strang hat. Je kleiner nämlich die Nutenzahl pro Pol und Strang ist, desto größer ist die doppelt verkettete Streuung [L. 43].

---

lung, indem man durch Superposition der Ströme der einzelnen Stränge die Strombelagkurve bestimmt und diese (graphisch) integriert. Da der in den Ankermantel eintretende Induktionsfluß gleich sein muß dem aus dem Ankermantel austretenden Induktionsfluß, so müssen die Flächen, die der oberhalb und der unterhalb der Abszissenachse liegende Teil der Feldkurve und auch der MMK-Kurve mit der Abszissenachse bilden, einander gleich sein. Man kann also die graphische Integration der Strombelagkurve an einer beliebigen Stelle beginnen, d. h. den Koordinatenanfangspunkt beliebig annehmen, und die Abszissenachse nachträglich so legen, daß diese Flächengleichheit vorhanden ist.

In Abb. 107 sind die primäre Wicklung (A) und die sekundäre Wicklung (B) durch Kreise angedeutet, wobei Phase I schwarz, Phase II weiß und Phase III schraffiert gezeichnet sind. Zunächst sei die primäre Wicklung allein von Strom durchflossen. In der Abb. 107 ist das Feld für den Augenblick gezeichnet, wo der Strom in der Phase I im Maximum ist (Abb. 102). In diesem Augenblick hat die Feldkurve die größte Fläche, von der Wicklung

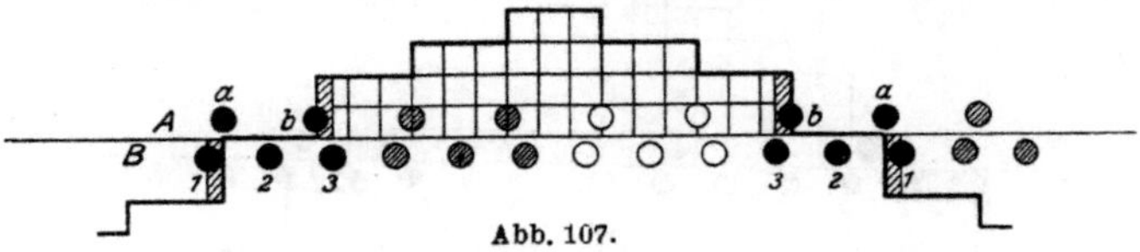

Abb. 107.

wird also in diesem Augenblick der größte Fluß erzeugt. In Abb. 107 kann dieser gleich 42 Einheiten gesetzt werden (die Fläche enthält 42 Quadrate). Sowohl die Spule aa wie die Spule bb der Phase I ist mit dem ganzen Fluß verkettet. Der Verkettungsfaktor der Primärwicklung ist also gleich

$$f_1 = \frac{42 + 42}{2 \cdot 42} = 1.$$

Anders liegen die Verhältnisse bei der Sekundärwicklung. Während die Spule 2,2 mit dem vollen Fluß (42 Einheiten) verkettet ist, sind die Spulen 1,1 und 3,3 nur mit 40 von den 42 Teilen des Flusses verkettet, weil für diese beiden Spulen je zwei der schraffierten Flächen in Wegfall kommen. Der Verkettungsfaktor der Sekundärwicklung ist also gleich

$$f_{1,2} = \frac{40 + 42 + 40}{3 \cdot 42} = \frac{122}{126} = 0{,}9682.$$

Bezeichnet $N_{1,2}$ den von der Primärwicklung abzüglich der reinen Streuung, d. h. der Nut-, Zahnkopf- und Spulenkopfstreuung, erzeugten Fluß, so geht

$$(f_1 - f_{1,2}) N_{1,2}$$

für die Verkettung mit der Sekundärwicklung verloren. $N_{1,2}$ ist der Fluß, den wir bei dem Transformator als Hauptfluß bezeichnet haben. Wie wir sehen, ist auch dieser infolge der verschiedenen räumlichen Verteilung der primären und der sekundären Wicklung nur unvollkommen mit der Sekundärwicklung verkettet. Manche Kraftlinien des Hauptflusses sind, trotzdem sie mit beiden Wicklungssystemen verkettet sind, doch als Streulinien aufzufassen.

Führt die Sekundärwicklung auch Strom, so erzeugt sie ihrerseits ein Feld, wie Abb. 108 zeigt, wobei hier wiederum der Augenblick gewählt ist, wo der Strom in der Phase I im Maximum ist. Der Fluß ist in dem beliebig gewählten Maßstabe gleich 64 Einheiten. Die Spule 2,2 ist mit dem ganzen Fluß verkettet, dagegen sind die Spulen 1,1 und 3,3 nur mit 60 von den 64 Teilen des Flusses verkettet, d. h. der Verkettungsfaktor der Sekundärwicklung in bezug auf den von ihr erzeugten Fluß beträgt

$$f_2 = \frac{60 + 64 + 60}{3 \cdot 64} = \frac{184}{192} = 0{,}9583.$$

Von den beiden Spulen der Primärwicklung ist keine mit dem ganzen von der Sekundärwicklung erzeugten Fluß verkettet. So-

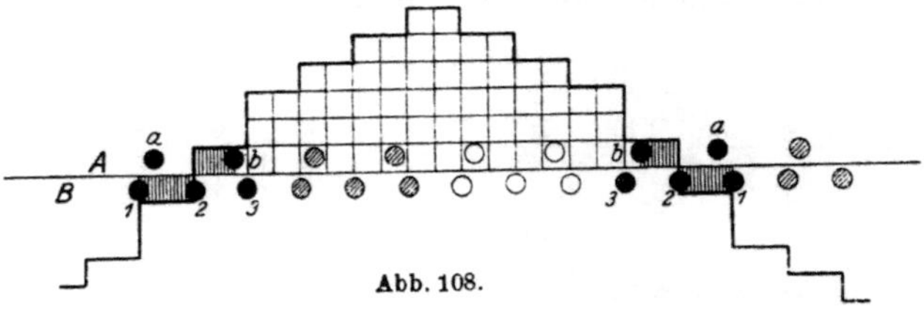

Abb. 108.

wohl für die Spule *aa* wie für die Spule *bb* fallen drei der schraffierten Flächen fort, so daß der Verkettungsfaktor der Primärwicklung in bezug auf den von der Sekundärwicklung erzeugten Fluß beträgt

$$f_{2,1} = \frac{61 + 61}{2 \cdot 64} = \frac{122}{128} = 0{,}9531.$$

Der Fluß
$$(f_2 - f_{2,1}) N_{2,1}$$
nimmt wiederum an der Verkettung der beiden Wicklungen nicht teil und ist ebenso wie der Fluß
$$(f_1 - f_{1,2}) N_{1,2}$$
als Streufluß zu zählen.

Macht man die Nutenzahlen pro Pol und Strang statt 2 und 3 4 und 6, so werden die Größen $(f_1 - f_{1,2})$ bzw. $(f_2 - f_{2,1})$ gleich 0,0123 bzw. 0,0014 statt 0,0318 bzw. 0,0052 in obigem Beispiel, und die doppelt verkettete Streuung wird bedeutend kleiner.

Noch größer als bei Asynchronmotoren ist die doppelt verkettete Streuung bei den Einphasen-Kommutatormotoren, wo die trapezförmige MMK der einphasigen Ständerwicklung mit der dreieckigen MMK der Gleichstromankerwicklung zum Zusammenwirken kommt. Bei den Kommutatormotoren spielt aber die Streuung an sich eine geringere Rolle als bei den Asynchronmotoren, wo durch sie die Überlastungsfähigkeit der Maschine bestimmt wird (s. S. 135).

In Abb. 84 ist für die Nutenstreulinien ein bestimmter Verlauf angenommen worden. Diesen Verlauf würden die Nutenstreulinien haben, wenn kein anderer Fluß als der von den Leitern in den Nuten erzeugte vorhanden wäre. In Abb. 109a sind neben den Nutenstreulinien noch die Kraftlinien des Hauptflusses eingezeichnet. Die Nutenstreulinien verlaufen auf einem Teil ihres Weges entgegengesetzt den Kraftlinien des Hauptflusses. Physikalisch ist aber das Nebeneinanderbestehen von Kraftlinien entgegengesetzter Richtung unmöglich. Der wirkliche Verlauf der

a

b

c

a) Asynchronmotor mit Schleifringanker. b) Schleifringanker eines größeren Asynchronmotors. c) Asynchronmotor mit Schleifringanker zerlegt.

Kraftlinien wird infolgedessen so sein, wie Abb. 109b zeigt, d. h. die Nutenstreuung äußert sich im wesentlichen in einer Verschiebung des Hauptflusses, die eine Verschlechterung der Verkettung zwischen der Primär- und Sekundärwicklung zur Folge hat. Nur wenige reine, in sich geschlossene Nutenstreulinien können sich ausbilden. Das gleiche gilt von der Zahnkopfstreuung (Abb. 34).

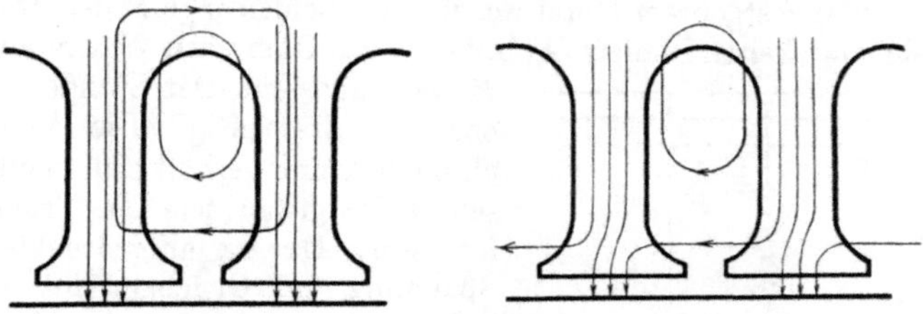

a Abb. 109. b

Nutenstreuung und Zahnkopfstreuung sind also ihrem Charakter nach der doppelt verketteten Streuung ähnlich, indem sie genau wie diese sich in einer Verschlechterung der Verkettung beider Wicklungen äußern. Bei der Spulenkopfstreuung handelt es sich dagegen um tatsächlich auftretende Kraftlinien [L. 44].

VI. Die Asynchronmaschine.

1. Die Mehrphasen-Asynchronmaschine als allgemeiner Transformator.

Die Gesamtansicht eines Dreiphasen-Asynchronmotors für 30 kW und 730 Umdr./Min. zeigt Tafel VII, Abb. a. Den Läufer eines Asynchronmotors für 2500 kW zeigt Tafel VII, Abb. b. Einen Asynchronmotor in auseinandergenommenem Zustande zeigt Tafel VII, Abb. c. Der Ständer ebenso wie der Läufer werden mit Rücksicht darauf, daß der sie durchsetzende Fluß ein Wechselfluß ist, aus Blechen zusammengesetzt. Die in den Nuten des Ständers angeordnete Wicklung wird mit dem speisenden Netz verbunden. Die in den Läufernuten liegende Wicklung steht dagegen mit dem speisenden Netz nicht in Verbindung, sondern erhält ihren Strom durch Induktion, d. h. *auf den Läufer wird die Energie durch das magnetische Feld übertragen.* Die Ständerwicklung ist je nach dem speisenden Netz eine Mehrphasenwicklung (gewöhnlich Dreiphasenwicklung, selten Zweiphasenwicklung) oder eine Einphasenwicklung. Die Läuferwicklung wird entweder als Mehrphasenwicklung, gewöhnlich Dreiphasenwicklung (s. S. 97), oder als Käfigwicklung ausgeführt. Im ersten Falle werden die Enden der Läuferwicklung zu Schleifringen, an die der Anlasser angeschlossen wird, geführt (Tafel VII, Abb. c). Je nachdem ob der Läufer eine Mehrphasenwicklung mit Schleifringen oder eine Käfigwicklung hat, spricht man von *Schleifringläufer* oder *Kurzschlußläufer*. Während also der Ständer der Asynchronmaschine mehrphasig oder einphasig sein kann, ist der Läufer stets mehrphasig. Wir werden zuerst die Asynchronmaschine mit mehrphasigem Ständer (die Mehrphasen-Asynchronmaschine) betrachten.

Der Asynchronmotor im Stillstand. Wir denken uns zunächst den Läufer festgebremst und an die drei Schleifringe S des dreiphasig gewickelten Läufers (Abb. 110) einen Ohmschen Widerstand R angeschlossen. Der Ständer sei ebenfalls dreiphasig. Die Asynchronmaschine verhält sich in diesem Falle genau wie ein Transformator. Um der aufgedrückten Spannung das Gleichgewicht zu halten, nimmt der Ständer einen Strom auf, der so groß ist, daß die geometrische Summe aus der vom Hauptfluß induzierten EMK, der EMK der Streuinduktion und dem Ohmschen Spannungsabfall der aufgedrückten Spannung gleich ist (Abb. 51). Ebenso wie beim Transformator ist die Größe des primären Stromes (Ständerstromes) abhängig von der Größe des sekundären Stromes (Läuferstromes), weil zur Erzeugung des Hauptflusses stets ein gewisser Überschuß an AW vorhanden sein muß (s. S.48). Daß der Hauptfluß der Asynchronmaschine ein Drehfluß ist, spielt dabei, wie wir später sehen werden, keine Rolle. Der Unterschied gegenüber dem gewöhnlichen Transformator besteht darin, daß die Asynchronmaschine einen größeren Magnetisierungsstrom und einen kleineren Kurzschlußstrom (in % des Nennstromes ausgedrückt) als der Transformator hat. Der größere Magnetisierungsstrom ist durch den Luftspalt bedingt, also durch den größeren Widerstand des magnetischen Kreises der Asynchronmaschine, der kleinere Kurzschlußstrom durch die größere Streuung der Asynchronmaschine im Vergleich zum Transformator. Der Magnetisierungsstrom eines Asynchronmotors beträgt ca. 20 bis 40% seines Nennstromes, sein Kurzschlußstrom ca. das 6,5- bis 3,5fache seines Nennstromes, während beim Transformator der Magnetisierungsstrom ca. 5 bis 10% des Nennstromes und der Kurzschlußstrom ca. das 40 bis 12fache des Nennstromes beträgt.

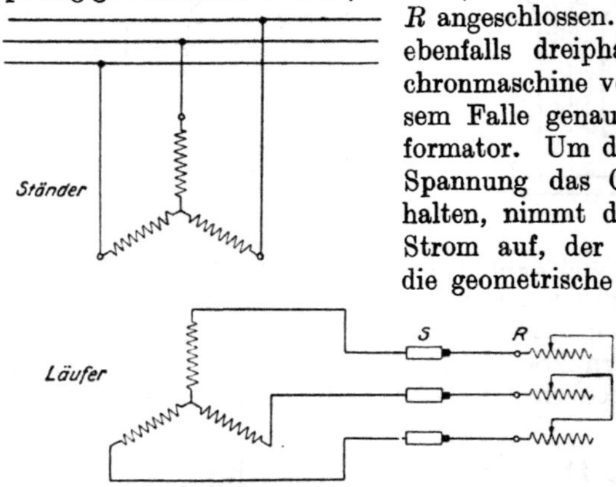

Abb. 110.

Solange der Läufer *stillsteht*, verhält sich die in der Läuferwicklung induzierte EMK zu der in der Ständerwicklung induzierten

EMK wie die Windungszahl der Läuferwicklung zur Windungszahl der Ständerwicklung. Es gilt also

$$\frac{E_2}{E_1} = \frac{w_2}{w_1}, \tag{116}$$

wobei alle Größen wie beim Transformator sich auf eine Phase beziehen. Während beim Transformator im Leerlauf (bei offener Sekundärwicklung) $E_1 \simeq P_1$ ist, ist beim Aysnchronmotor im Stillstand bei offener Läuferwicklung E_1 um ca. 3 bis 8% kleiner als P_1, und zwar wegen des größeren Magnetisierungsstromes und der größeren Streuung der Asynchronmaschine in Vergleich zum Transformator.

Der dreiphasige Ständerstrom erzeugt ein Drehfeld. Ist die Polpaarzahl der Ständerwicklung gleich p und die Periodenzahl des zugeführten Stromes gleich f_1, so ist die minutliche Drehzahl des Drehfeldes gleich

$$n_d = \frac{60\, f_1}{p}. \tag{117}$$

Da die Läuferströme von diesem Drehfeld induziert werden, so muß die Polzahl der Läuferwicklung der Polzahl der Ständerwicklung und damit der des Drehfeldes gleich sein. Die Läuferströme erzeugen nämlich ihrerseits auch eine fortschreitende MMK-Welle. Steht der Läufer (wie vorläufig angenommen wurde) still, so ist die Periodenzahl seiner Ströme gleich der Periodenzahl der Ständerströme. Bei gleicher Polzahl von Ständer und Läufer stehen dann die von ihnen *erzeugten MMK-Wellen in bezug aufeinander still, eine Bedingung, die bei jeder elektrischen Maschine erfüllt sein muß.* Nur wenn diese Bedingung erfüllt ist, ist eine vollkommene Übertragung der Leistung vom Drehfeld auf den Läufer möglich. Wie wir gleich sehen werden, ist diese Bedingung auch bei der laufenden Asynchronmaschine erfüllt, falls sie es bei der stillstehenden Maschine ist.

Der Asynchronmotor im Lauf. Der Schlupf. Nach dem Biot-Savartschen Gesetz übt das Drehfeld auf die stromdurchflossenen Leiter des Läufers Kräfte aus, und es bedarf eines gewissen Drehmomentes, um den Läufer festzuhalten. Wird er losgelassen, so nimmt ihn das Drehfeld mit; er fängt an sich zu drehen und erreicht, falls er nichts anderes als das Drehmoment seiner Luft- und Lagerreibung zu überwinden hat, eine Drehzahl, die beinahe gleich der Drehzahl des Drehfeldes ist. Vollkommen gleich der Drehzahl des Drehfeldes kann die des Läufers nicht sein, denn sonst würden die Läuferleiter in bezug auf das Drehfeld stillstehen und von diesem nicht induziert werden; der Läufer könnte infolgedessen keine Ströme führen, und auf ihn würde keine Kraft (kein Drehmoment) ausgeübt werden. Die Drehzahl des Läufers n muß demnach kleiner sein, als die Drehzahl des Drehfeldes n_d. Man bezeichnet das Verhältnis

$$\frac{n_d - n}{n_d} = \sigma \tag{118}$$

als den *Schlupf* des Motors.

Je kleiner der Schlupf ist, desto kleiner ist die Relativgeschwindigkeit des Läufers gegenüber dem Drehfeld, desto kleiner ist auch die im Läufer induzierte EMK; umgekehrt: je größer der Schlupf ist, desto größer ist die im Läufer induzierte EMK. Da zu einem bestimmten Drehmoment ein bestimmter Läuferstrom gehört und der Läuferstrom der im Läufer induzierten EMK proportional ist, so folgt daraus, daß *bei einem bestimmten Drehmoment der Schlupf um so größer ist, je größer der Läuferwiderstand ist,* denn je größer der Läuferwiderstand ist, desto größer muß die EMK sein, um einen bestimmten Strom zu erzeugen.

Ist der Läufer sich selbst überlassen, d. h. hat er nur seine Reibung zu überwinden, so läuft er beinahe mit der Drehfeld-Drehzahl (der *synchronen* Drehzahl). Wird die Läuferwelle mechanisch belastet, so sucht das bremsende Lastmoment seinen Lauf zu hindern. Der Läufer verliert an Geschwindigkeit (erhöht seinen Schlupf), aber nur so viel, als es nötig ist, um den dem Belastungsdrehmoment entsprechenden Strom (durch Induktion) zu erhalten. *Je größer also das Belastungsmoment* ist, *desto größer ist der Schlupf.* Wie wir weiter unten sehen werden, geht diese Proportionalität zwischen Drehmoment und Schlupf nur bis zu einer gewissen Grenze.

Der einfache Zusammenhang zwischen Schlupf, Drehmoment und Läuferwiderstand macht den Schlupf zu einer der wichtigsten Rechengrößen der Asynchronmaschine.

Wir wollen nun zeigen, daß auch die laufende Asynchronmaschine sich wie ein Transformator verhält.

Im Stillstand ist $n = 0$ und $\sigma = 1$. Im Synchronismus ist $n = n_d$ und $\sigma = o$. Die bei irgendeinem Schlupf σ im Läufer induzierte EMK $E_{2\sigma}$ ist gleich

$$E_{2\sigma} = \sigma E_2, \tag{119}$$

wenn wir mit E_2 wie oben die im *Stillstand,* wo die Läuferfrequenz gleich der Ständerfrequenz ist, in der Läuferwicklung induzierte EMK bezeichnen. Die Periodenzahl der Läufer-EMK ist bei einer Drehzahl n gleich

$$f_2 = \frac{p\,(n_d - n)}{60}. \tag{120}$$

Im Stillstand $(n = o)$ ist $f_2 = \frac{p n_d}{60} = f_1$, im Synchronismus $(\sigma = o)$ ist $f_2 = o$. Führt man in die Gleichung für f_2 die Gleichung 118 für σ ein, so ergibt sich

$$f_2 = \sigma f_1. \tag{121}$$

Bezeichnet R_2 den Ohmschen Widerstand und S_2 den Koeffizienten der Streuinduktion eines Stranges der Läuferwicklung, so beträgt bei irgendeinem Schlupf σ der Läuferstrom J_2

$$J_2 = \frac{\sigma E_2}{\sqrt{R_2^2 + (2\pi f_2 S_2)^2}} \tag{122a}$$

oder, wenn wir Zähler und Nenner mit σ dividieren,

$$J_2 = \frac{E_2}{\sqrt{\left(\frac{R_2}{\sigma}\right)^2 + (2\pi f_1 S_2)^2}}. \tag{122b}$$

In dieser Gleichung ist $2\pi f_1 S_2$ der Blindwiderstand der Läuferwicklung im Stillstand, wo $f_2 = f_1$ ist. Da E_2 die im Stillstand im Läufer induzierte EMK ist, so folgt daraus, daß im *stillstehenden* Läufer der gleiche Strom induziert wird wie in dem mit dem Schlupf σ laufenden Läufer, wenn der Widerstand des Läufers im Stillstand gleich $\frac{R_2}{\sigma}$ gemacht wird. Damit bei der stillstehenden Asynchronmaschine der elektromagnetische Zustand, d. h. der Fluß ebenso wie die Ströme, der gleiche sei wie bei der mit dem Schlupf σ laufenden Maschine, muß der Läuferwicklung pro Strang ein Widerstand vorgeschaltet werden von der Größe

$$R_v = \frac{R_2}{\sigma} - R_2 = R_2\left(\frac{1-\sigma}{\sigma}\right). \tag{123}$$

Die Drehzahl der von den Läuferströmen J_2 bei dem Schlupf σ (Drehzahl n) erzeugten MMK-Welle ist in bezug auf den Läufer gleich $\frac{60 f_2}{p} = n_d - n$. Da der Läufer selbst die Drehzahl n hat, so ist die Drehzahl der MMK-Welle des Läufers in bezug auf den Ständer gleich $n_d - n + n = n_d$. Da auch die Ständer-MMK-Welle in bezug auf den Ständer die Drehzahl n_d hat, so stehen Ständer- und Läufer-MMK-Wellen im Lauf des Läufers in bezug aufeinander still, genau wie im Stillstand. *Der laufende Asynchronmotor verhält sich also wie ein auf einen rein Ohmschen Widerstand belasteter Transformator.* Daß der Belastungskreis der als Transformator gedachten Asynchronmaschine nur Ohmschen Widerstand und keine Induktivität erhalten kann, folgt auch daraus, daß die Leistung der sich drehenden Asynchronmaschine eine mechanische Leistung ist und eine solche als Wirkleistung nur durch einen Ohmschen Widerstand und nicht durch eine Induktivität ausgedrückt werden kann. Die Asynchronmaschine stellt jedoch einen Transformator *allgemeinerer* Art dar: sie gibt nicht nur wie der gewöhnliche Transformator elektrische Leistung an den Sekundärkreis (den Läufer) ab, sondern gibt gleichzeitig noch mechanische Leistung (an die Welle) ab, formt dabei die Periodenzahl um und kann gleichzeitig auch die Phasenzahl umformen.

2. Das Drehmoment und die Grundgleichungen der Mehrphasen-Asynchronmaschine.

Der Schlupf eines mit seinem Nenndrehmoment laufenden Asynchronmotors ist gewöhnlich klein und beträgt etwa 6 bis 1%, wobei der kleinere Wert sich auf große Motoren bezieht. Bei solchen

Schlüpfen ist der Blindwiderstand der Läuferwicklung $2\pi f_2 S_2$ sehr klein im Vergleich zu ihrem Ohmschen Widerstand R_2, so daß im Läufer beinahe Phasengleichheit zwischen induzierter EMK und Strom herrscht. Abb. 111 zeigt, unter der Voraussetzung vollkommener Phasengleichheit zwischen Läufer-EMK und Läuferstrom, den zeitlichen Verlauf sowohl des Stromes in einer auf dem Läufer angeordneten Spule wie der Lage des Drehfeldes in bezug auf die Seiten der Spule. Liegen z. B. die Spulenseiten dort, wo die Induktion gleich Null ist (Lage a), so fällt die Achse der Spule mit der Feldachse zusammen, die Spule ist mit dem maximalen Fluß verkettet, die induzierte EMK und Strom in ihr sind gleich Null. Liegen die Spulenseiten dort, wo die Induktion im Maximum ist (Lage b), so ist die Achse der Spule um 90° gegen die Achse des Feldes verschoben, der mit der Spule verkettete Fluß ist gleich Null und ihre EMK bzw. Strom sind im Maximum. Hat also die Spule Stromminimum, so befinden sich ihre Leiter im Feldminimum, hat die Spule Strommaximum, so befinden sich ihre Leiter im Feldmaximum, d. h. in bezug auf das Drehmoment, das auf die Leiter ausgeübt wird (s. Gl. 40), sind Induktion und Strom in Phase und das Drehmoment selbst, das dem Produkt dieser beiden proportional ist, ist durch die stark ausgezogene Kurve dargestellt. Das Drehmoment des Läufers ist stets positiv, es ändert seinen Wert zwischen einem Maximum und Null. Ordnet man aber auf dem Anker eine zweite Spule an, die gegen die erste um 90 elektrische Grade verschoben ist, wie es beim Zweiphasensystem der Fall ist, so sind die Drehmomente der beiden Spulen um 90° gegeneinander verschoben (gestrichelte Kurve Abb. 111) und das resultierende Moment ist stets konstant (gerade Linie Abb. 111). *Konstantes Drehmoment ist ein Charakteristikum aller Mehrphasensysteme.* Das Einphasensystem hat dagegen variables Drehmoment.

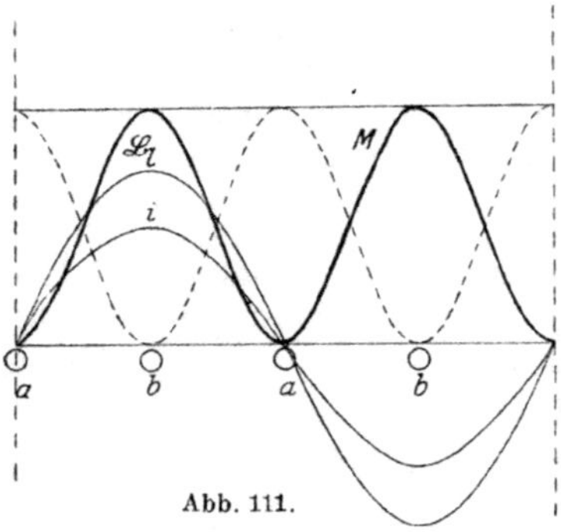

Abb. 111.

Bei größeren Schlüpfen, wo der Streublindwiderstand der Läuferwicklung im Vergleich zum Ohmschen Widerstand eine Rolle spielt, sind Induktion und Strom nicht in Phase, und das Drehmoment wird kleiner als in Abb. 111 (s. Abb. 123).

Die Größe des Drehmomentes ist nach dem Gesetz von Wirkung und Gegenwirkung für Ständer und Läufer die gleiche. Wäre der Läufer fest und der Ständer drehbar angeordnet, so würde sich der Ständer drehen. Bezeichnet man dieses für Ständer und Läufer gleiche Drehmoment mit M (in mkg gemessen), so ist die vom Drehfeld, das die Drehzahl n_d hat, auf den Läufer übertragene Leistung, *die Drehfeldleistung* (in Watt), gleich

$$N_d = \frac{n_d M}{0{,}975}. \tag{124}$$

Da der Läufer selbst nur die Drehzahl n hat, so beträgt die *mechanische Leistung* des Läufers

$$N_m = \frac{n M}{0{,}975}. \tag{125}$$

Die Differenz zwischen der vom Drehfeld auf den Läufer übertragenen Leistung und der mechanischen Leistung des Läufers geht als *elektrische Leistung* im Läufer verloren. Diese ist mit den Stromwärmeverlusten des Läufers identisch und ist gleich

$$N_e = N_d - N_m = \frac{M}{0{,}975}(n_d - n) = \frac{n_d M}{0{,}975}\left(\frac{n_d - n}{n_d}\right) = \sigma N_d. \tag{126}$$

Aus dieser Gleichung erhält man für die mechanische Leistung des Läufers den Ausdruck

$$N_m = N_d - N_e = N_d(1 - \sigma). \tag{127}$$

Die Gleichungen 126 und 127 für die mechanische und elektrische Leistung des Läufers gehören zu den *Grundgleichungen* der Asynchronmaschine. Sie gelten für jeden Schlupf.

Gleichung 126 sagt aus, daß die elektrische Leistung des Läufers dem Schlupf proportional ist. Je größer der Schlupf ist, desto mehr Energie geht im Läufer verloren. Der prozentuale Schlupf gibt direkt den prozentualen Verlust an Drehfeldleistung an, der als Stromwärmeverluste im Läufer verbraucht wird. Da der Schlupf dem Läuferwiderstand proportional ist, so muß dieser demnach klein gehalten werden. Wird in den Läuferkreis zwecks Vergrößerung des Schlupfes Widerstand eingeschaltet (s. S. 139), so geht der Wirkungsgrad der Maschine beinahe um ebenso viel Prozent herunter, wie der Schlupf vergrößert wurde.

Die Größe des Drehmomentes M läßt sich auf einfache Weise aus den Transformatoreigenschaften der Asynchronmaschine ableiten. Beim Transformator ist die sekundär *abgegebene* Leistung gleich $m_2 P_2 J_2 \cos\varphi_2$. Die gesamte der Sekundärwicklung *zugeführte* Leistung ist aber gleich $m_2 E_2 J_2 \cos\psi_2$, wenn ψ_2 der Winkel zwischen der induzierten EMK E_2 und dem Strom J_2 ist. Der Unterschied zwischen der sekundär zugeführten und der abgegebenen Leistung ist gleich den Stromwärmeverlusten in der Sekundärwicklung. Für die Drehfeldleistung N_d kann also gesetzt werden:

$$N_d = m_2 E_2 J_2 \cos\psi_{2\sigma}, \quad \text{wo (s. S. 117)} \quad tg\,\psi_{2\sigma} = \frac{2\pi f_1 S_2}{\frac{R_2}{\sigma}}. \tag{128}$$

Führt man $E_2 = 4{,}44 f_1 w_2 \zeta_2 \Phi 10^{-8}$
ein und beachtet Gleichung 124, so ergibt sich das Drehmoment M (in mkg) zu

$$M = 7{,}2 m_2 J_2 w_2 \zeta_2 p \Phi \cos \psi_{2\sigma} 10^{-6} \text{ mkg}. \tag{129}$$

Da E_2 und Φ um 90° gegeneinander in der Phase verschoben sind, so kann an Stelle des $\cos \psi_{2\sigma}$ der Sinus des Winkels zwischen Φ und J_2 eingeführt werden. *Das Drehmoment der mehrphasigen Asynchronmaschine ist somit gleich einer Konstanten × effektive MMK des Läufers × Kraftfluß (Hauptfluß) aller magnetischen Kreise × Sinus der Phasenverschiebung zwischen diesen beiden.* Dies gilt nicht nur für die mehrphasige Asynchronmaschine, sondern auch für die mehrphasige Synchronmaschine und Wechselstrom-Kommutatormaschine.

Die Gleichung 129 läßt sich auch direkt aus dem Biot-Savartschen Gesetz ableiten.

Von der dem Ständer zugeführten Leistung $m_1 P_1 J_1 \cos \varphi_1$ geht ein Teil im Ständer verloren, und zwar so viel als nötig ist, um die Stromwärmeverluste in der Ständerwicklung und die Eisenverluste im Ständereisen zu decken. Der übrige Teil stellt die Drehfeldleistung dar, die auf den Läufer übertragen wird. Die Drehfeldleistung, abzüglich der Stromwärmeverluste in der Läuferwicklung, wird vom Läufer als mechanische Leistung (zu der auch die Reibungsverluste gehören) weitergegeben. Im Läufer treten beinahe keine Eisenverluste auf, weil die Periodenzahl der Ummagnetisierung im Läufer gering ist. Bei einer Ständerperiodenzahl, die gleich 50 ist, und einem Schlupf von 2%, beträgt die Periodenzahl im Läufer nur 1. Arbeitet der Läufer mit einem künstlich großen Schlupf, so daß auch in seinem Eisen Verluste entstehen, so werden auch diese Eisenverluste, die an das vom Ständer geschaffene Drehfeld gebunden sind, vom Ständer gedeckt und gehen für die Drehfeldleistung verloren.

Zusätzliche Eisenverluste entstehen bei Asynchronmaschinen infolge der Bewegung der Läuferzähne gegenüber den Ständerzähnen. An jedem Ständerzahn streichen während einer Umdrehung sämtliche Läuferzähne vorüber. Der Läuferzahn steht bald gegenüber dem Ständerzahn, bald gegenüber der Ständernut, so daß die magnetische Leitfähigkeit an den Zahnköpfen zwischen einem Maximum und einem Minimum schwankt. Dies ruft Schwankungen des Flusses in den Zähnen und somit zusätzliche Wirbelstromverluste in den Zähnen hervor. Diese Verluste sind um so größer, je größer die Zahnzahlen des Ständers und Läufers sind und je größer die Drehzahl des Läufers ist. Man bezeichnet diese Verluste als *Zahnpulsationsverluste* [L. 45]. Bei offenen Nuten sind sie verhältnismäßig groß, da bei offenen Nuten die Schwankungen der magnetischen Leitfähigkeit groß sind. Bei halbgeschlossenen Nuten, die (in Europa) normalerweise bei Asynchronmotoren verwendet werden, betragen sie etwa 15 bis 25 % der Ständereisenverluste. Da die Zahnpulsationsverluste an die mechanische Drehung des Läufers gebunden sind, so werden sie vom Läufer gedeckt. Zusammen mit den Reibungsverlusten sind sie zu der mechanischen Leistung des Läufers zu zählen, stellen aber einen Verlust an mechanischer Leistung dar.

3. Leerlauf und Kurzschluß.

Wie beim Transformator sind der Leerlauf- und der Kurzschlußzustand zwei ausgezeichnete Betriebszustände des Asynchronmotors.

Leerlauf. Der äußere Widerstand des als Transformator gedachten Asynchronmotors ist unendlich groß, d. h. der Schlupf σ ist nach Gleichung 123 gleich Null und somit die Läuferdrehzahl gleich der synchronen Drehzahl n_d. Da jedoch der Läufer auch im Leerlauf eine mechanische Leistung, nämlich die Reibungsverluste (und die zu diesen zählenden Zahnpulsationsverluste) abzugeben hat, so wird er einen kleinen Schlupf haben. $\sigma = 0$ ist der *ideelle* Leerlauf, er kann nur eintreten, wenn die Reibungsverluste des Motors von einer äußeren Quelle, etwa von einer Antriebsmaschine, der Motorwelle zugeführt werden.

Die Leistungsaufnahme des Ständers im Leerlauf besteht aus den Eisenverlusten, den Reibungsverlusten und den kleinen vom Leerlaufstrom in der Ständerwicklung erzeugten Stromwärmeverlusten. Die Stromwärmeverluste des Läufers, der nur die Reibungsverluste mechanisch abzugeben hat, sind im Leerlauf vernachlässigbar klein.

Der Leerlaufstrom der Asynchronmaschine besteht also, ähnlich wie beim Transformator, aus einer Blindkomponente, die zur Erzeugung des Feldes dient, und einer Wirkkomponente, die zur Deckung der Eisen- und Reibungsverluste (sowie der geringen Stromwärmeverluste in der Ständerwicklung) dient. Im ideellen Leerlauf hat die Wirkkomponente des Leerlaufstromes nur die Eisenverluste zu decken.

Mißt man im Leerlauf bei der Nennspannung P_1 den dem Ständer zugeführten Leerlaufstrom J_0 (beide Größen pro Phase) und die vom Ständer aufgenommene Leistung V_0, so ist der Leistungsfaktor im Leerlauf gleich

$$\cos \varphi_0 = \frac{V_0}{m_1 P_1 J_0}. \tag{130}$$

$\cos \varphi_0$ ist gewöhnlich sehr klein, ca. 0,05 bis 0,15, da die Blindkomponente des Leerlaufstromes, der Magnetisierungsstrom J_μ, viel größer ist als die Wirkkomponente des Leerlaufstromes.

Kurzschluß. Der äußere Widerstand der stillstehend gedachten Asynchronmaschine ist wie beim Transformator gleich Null, d. h.

der Schlupf ist nach Gleichung 123 gleich 1. Der Läufer wird festgehalten und steht still. Der Hauptfluß ist wie beim Transformator praktisch gleich Null, es sind nur der Ständer- und Läuferstreufluß vorhanden. Führt man dem Ständer eine so große Kurzschlußspannung e_k zu, daß er den Nennstrom aufnimmt, so beträgt diese ca. 15 bis 28% der Nennspannung P_1 (beim Transformator beträgt die Kurzschlußspannung nur ca. 2,5 bis 8% der Nennspannung). Die Kurzschlußspannung bildet ein Maß für die Größe der Streuung der Maschine. Bei voller Nennspannung nimmt die Asynchronmaschine im Kurzschluß einen Kurzschlußstrom $J_k = \frac{P_1}{e_k} J_1$ auf, der dem 6,5- bis 3,5fachen $\left(= \frac{1}{0{,}15} \text{ bis } \frac{1}{0{,}28}\right)$ primären Nennstrom J_1 gleich ist.

Beträgt die im Kurzschluß beim Nennstrom J_1 dem Ständer zugeführte Leistung V_k, so ist der Leistungsfaktor im Kurzschluß gleich

$$\cos \varphi_k = \frac{V_k}{m_1 e_k J_1}. \tag{131}$$

$\cos \varphi_k$ ist klein, weil die zur Erzeugung des Streuflusses dienende Blindkomponente des Kurzschlußstromes viel größer ist als die Wirkkomponente des Kurzschlußstromes. Da im Kurzschluß der Hauptfluß fast Null ist, so sind die Eisenverluste im Kurzschluß praktisch gleich Null. Es treten also im Kurzschluß nur Stromwärmeverluste in den beiden Wicklungen ($= V_k$) auf, zu deren Deckung die Wirkkomponente des Stromes dient. Während aber beim Transformator die im Kurzschluß beim Nennstrom J_1 auftretenden Verluste seinen Stromwärmeverlusten bei Last gleich sind, sind die bei der Asynchronmaschine im Kurzschluß beim Nennstrom J_1 auftretenden Verluste (V_k) größer als die Stromwärmeverluste in den beiden Wicklungen bei Last, weil im Stillstand bei der hohen Periodenzahl der Läuferströme im Läuferkupfer infolge der Stromverdrängung zusätzliche Kupferverluste auftreten, die bei Lauf nicht vorhanden sind (s. S. 59). Wie beim Transformator kann man mit Hilfe der Größen e_k, J_1 und V_k den Kurzschlußblindwiderstand ωS_k berechnen. Es ist

$$\Sigma R = \frac{V_k}{J_1^2} \tag{132}$$

und

$$\omega S_k = \sqrt{\left(\frac{e_k}{J_1}\right)^2 - (\Sigma R)^2}. \tag{133}$$

Man bezeichnet das Verhältnis

$$J_{ki} = \frac{P_1}{\omega S_k} \tag{134}$$

als den *ideellen Kurzschlußstrom* der Asynchronmaschine. Der ideelle Kurzschlußstrom würde in der Maschine auftreten, wenn die Widerstände ihrer beiden Wicklungen gleich Null wären. J_{ki} ist also größer als der wirkliche Kurzschlußstrom J_k.

4. Das Heylanddiagramm.

In Abb. 112 stellen die drei stärker ausgezogenen Vektoren das AW-Diagramm der Asynchronmaschine dar. Unter der Annahme gleicher Phasenzahlen, Windungszahlen und Wicklungsfaktoren im Ständer und Läufer (s. S. 51 und S. 96), ist dieses Diagramm zugleich das Stromdiagramm. $\overline{OA}$ ist der Magnetisierungsstrom J_μ, der den Hauptfluß erzeugt. $\overline{OB}$ ist der sekundäre Strom J_2, $\overline{OC}$ ist der primäre Strom J_1, der gleich ist der geometrischen Summe aus J_μ und J_2.

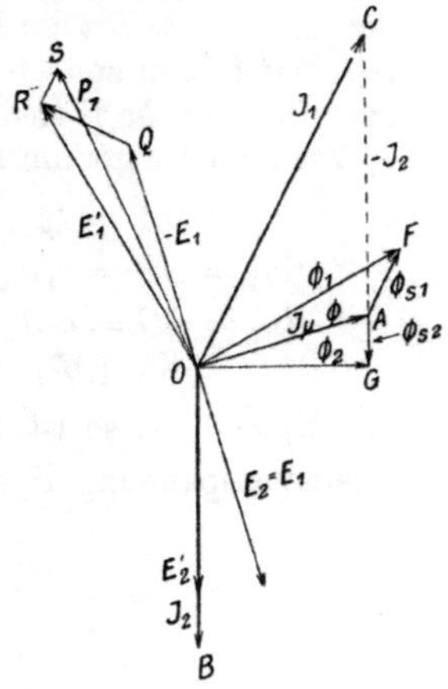

Abb. 112.

Wir wollen mit dem Stromdiagramm das Kraftflußdiagramm der Maschine vereinigen. Der Hauptfluß Φ ist in Phase mit dem Magnetisierungsstrom J_μ. Den Flußmaßstab wählen wir so, daß $\overline{OA}$ gleich Φ ist. $\overline{OA}$ stellt also sowohl den Magnetisierungsstrom J_μ wie den Hauptfluß Φ dar. Der primäre Streufluß Φ_{s1} ist dem Primärstrom (Ständerstrom), der sekundäre Streufluß Φ_{s2} dem Sekundärstrom proportional (Proportionalitätsfaktoren c_1 und c_2). Im Flußdiagramm ist Φ_{s1} parallel zu J_1 und Φ_{s2} parallel zu J_2 aufzutragen. Tragen wir in der Abb. 112 $\overline{AF} = \Phi_{s1}$ parallel zu J_1 und $\overline{AG} = \Phi_{s2}$ parallel zu J_2 auf, so ist $\overline{OF}$ der *totale* primäre Fluß Φ_1 und OG der *totale* sekundäre Fluß Φ_2, weil Φ_1 und Φ_2 auch die Streuflüsse enthalten. Um die Lage der Primärspannung P_1 zu bestimmen, machen wir $\overline{OQ}$ gleich und entgegengesetzt der vom Hauptfluß Φ in der Ständerwicklung pro Phase induzierten EMK E_1. $\overline{OQ}$ steht senkrecht auf $\overline{OA} = \Phi$. Zu $\overline{OQ} = -E_1$ addieren wir geometrisch die Spannung $\overline{QR} = J_1 \omega S_1$, die zur Aufhebung der EMK der Streuinduktion der Primärwicklung nötig ist, und $\overline{RS} = J_1 R_1$, die zur Überwindung des Ohmschen Widerstandes der Primärwicklung dient. Die Spannung $\overline{QR} = J_1 \omega S_1$ steht senkrecht auf J_1, und zwar eilt sie dem Strome J_1 um 90^0 vor. Die Spannung $\overline{RS}$ ist in Phase mit J_1. $\overline{OS}$ ist dann die primäre Spannung P_1. Dies sind genau dieselben Verhältnisse wie beim Transformator (s. Abb. 52).

Der Vektor OR, der der geometrischen Summe aus $-E_1$ und $J_1 \omega S_1$ entspricht, muß senkrecht stehen auf $\overline{OF} = \Phi_1$, da Φ_1 der totale primäre Fluß ist. Wir bezeichnen den Vektor OR mit E'_1.

Dementsprechend steht die vom totalen sekundären Fluß Φ_2 in der Sekundärwicklung induzierte EMK E'_2 senkrecht auf $\overline{OG} = \Phi_2$. E'_2 ist in Phase mit J_2, weil im äußeren Stromkreis entsprechend der mechanischen Leistung des Läufers ein rein Ohmscher Widerstand zu denken ist.

Wir wollen nun beweisen, daß für alle möglichen Werte des Sekundärstromes J_2 (oder, was dasselbe ist, für alle möglichen Werte des Belastungsdrehmomentes) zwischen Leerlauf und Kurzschluß *der geometrische Ort des Endpunktes des Primärstromes* J_1 *ein Kreis ist.* Wir führen zunächst den Beweis unter der *Annahme, daß der primäre Ohmsche Widerstand* R_1 *gleich Null ist.*

Aus dem Diagramm ist bereits bekannt:

$$\overline{OA} = J_\mu \qquad \overline{OB} = J_2 \qquad \overline{OC} = J_1$$

$$\Phi_{s1} = \overline{AF} = c_1 J_1 \parallel J_1 \qquad \Phi_1 = \Phi + \Phi_{s1} = \overline{OF}$$

$$\Phi_{s2} = \overline{AG} = c_2 J_2 \parallel J_2 \qquad \Phi_2 = \Phi + \Phi_{s2} = \overline{OG}$$

$$E'_1 \perp \Phi_1 \qquad E'_2 \perp \Phi_2.$$

Da $R_1 = 0$ ist, so ist RS in Abb. 112 gleich 0 und die primäre Klemmenspannung P_1 gleich $\overline{OR}$, d. h. der vom totalen primären

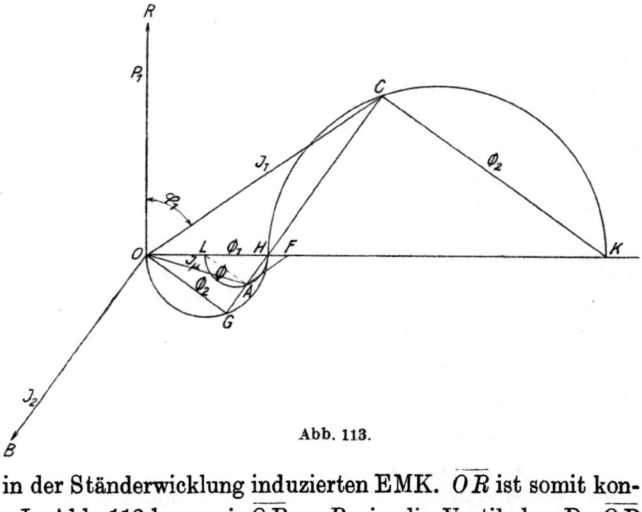

Abb. 113.

Fluß in der Ständerwicklung induzierten EMK. $\overline{OR}$ ist somit konstant. In Abb. 113 legen wir $\overline{OR} = P_1$ in die Vertikale. Da $\overline{OR}$ konstant ist, muß auch der totale primäre Fluß $\overline{OF}$ konstant sein, und zwar muß $\overline{OF}$ senkrecht stehen auf $\overline{OR}$ und voreilend sein. Ebenso wie die Klemmenspannung P_1 ist $\overline{OF}$ unabhängig von der Größe des Sekundärstromes. F ist somit ein *fester Punkt* im Diagramm.

Zu irgendeinem Strom J_1, der um φ_1 gegen P_1 verzögert ist, machen wir von F aus $\overline{AF} = \Phi_{s1}$ und erhalten $\overline{OA} = J_\mu = \Phi$; $J_2 = \overline{CA}$

findet man als geometrische Differenz zwischen J_1 und J_μ. Trägt man von A aus $\overline{AG} = \Phi_{s2}$ parallel zu J_2 auf, so ist $\overline{OG} = \Phi_2$; $\overline{AG}$ und $\overline{AC}$ liegen in einer und derselben Geraden.

Während der totale primäre Fluß $\Phi_1 = \overline{OF}$ konstant ist, weil P_1 konstant ist, ist Φ ebenso wie Φ_2 abhängig von dem Sekundärstrom. Da Φ von dem Sekundärstrom abhängig ist, so ist es auch der Magnetisierungsstrom J_μ.

Da $\overline{AF} = c_1 J_1 = c_1 \overline{OC}$ parallel zu $J_1 = \overline{OC}$ ist, so ist das Dreieck OCH ähnlich dem Dreieck FAH und somit

$$\frac{\overline{HF}}{\overline{HO}} = \frac{\overline{AF}}{\overline{OC}} = c_1 = \text{konst.}$$

Da F und O feste, von der jeweiligen Belastung unabhängige Punkte sind, folgt daraus, daß auch *H ein fester Punkt* des Diagramms ist. $\overline{OH}$ ist somit konstant und durch den Punkt H geht der jeweilige Sekundärstrom J_2 hindurch.

$\overline{OG} = \Phi_2$ steht senkrecht auf J_2, somit auch auf $\overline{GC}$ und $\overline{GH}$. Der Winkel OGH zwischen $\overline{GH}$ und $\overline{GO}$ ist somit gleich 90^0. Da O und H feste Punkte sind, folgt daraus, daß *der geometrische Ort des Punktes G ein Halbkreis* über $\overline{OH}$ als Durchmesser ist. Der Endpunkt des totalen sekundären Flusses Φ_2 bewegt sich also bei den verschiedenen Sekundärströmen auf einem Kreis. Mit zunehmendem Sekundärstrom nimmt der totale sekundäre Fluß ab.

Die Strecke $\overline{AC} = J_2$ wird durch den festen Punkt H in gleichem Verhältnis geteilt wie die Strecke $\overline{OF}$, d. h. es ist

$$\frac{\overline{HA}}{\overline{HC}} = \frac{\overline{HF}}{\overline{HO}} = c_1 \qquad \overline{HA} = c_1 \overline{HC}.$$

Weiter ist

$$\overline{AG} = c_2 J_2 = c_2 \overline{AC} = c_2 (\overline{CH} + \overline{HA}),$$

somit

$$\frac{\overline{GH}}{\overline{CH}} = \frac{\overline{HA} + \overline{AG}}{\overline{CH}} = \frac{c_1 \overline{HC} + c_2 (\overline{CH} + c_1 \overline{HC})}{\overline{CH}} = c_1 + c_2 + c_1 c_2 = \text{konst.}$$

$\overline{GH}$ und $\overline{HC}$ stehen also in einem gleichbleibenden Verhältnis zueinander. H ist ein fester Punkt. Da der Punkt G sich auf einem Halbkreise bewegt, so muß auch der *Punkt C*, d. h. der Endpunkt des primären Stromes J_1, sich *auf einem Halbkreis* über der Verlängerung von $\overline{OH}$ bewegen. Den Kreisdurchmesser $\overline{HK}$ bzw. den Punkt K findet man, indem man von C aus eine Parallele zu $\overline{OG}$ bis zum Schnitt mit der Verlängerung von $\overline{OH}$ zieht. Da $\overline{OH}$ konstant ist, ist auch $\overline{HK}$ konstant und unabhängig von der Belastung. Wie H ist infolgedessen *auch K ein fester Punkt* des Diagramms.

Aus der Ähnlichkeit der Dreiecke HOG und HKC erhält man den Kreisdurchmesser $\overline{HK}$ zu

$$\overline{HK} = \overline{OH}\,\frac{\overline{HC}}{\overline{GH}} = \overline{OH}\,\frac{1}{c_1 + c_2 + c_1 c_2}\,. \qquad (135)$$

Da $\overline{OH}$ konstant ist, ist der Durchmesser des Kreises, auf dem der Primärstrom J_1 sich bewegt, um so größer, je kleiner die primäre und die sekundäre Streuung sind.

Da $\overline{CK}$ $\overline{OG}$ proportional ist, so stellt auch $\overline{CK}$ in einem anderen Maßstab als $\overline{OG}$ den totalen sekundären Fluß Φ_2 dar.

Im Leerlauf ($J_2 = 0$) fallen die Punkte C, G und A mit dem Punkte H zusammen. *OH ist der Magnetisierungsstrom im Leerlauf.* OK ist der größtmögliche primäre Strom, d. h. der Kurzschlußstrom des Motors, und zwar *der ideelle Kurzschlußstrom:* Er steht senkrecht auf der Primärspannung P_1, hat also keine Wirkkomponente, die die Stromwärmeverluste in den Wicklungen deckt (s. S. 122).

Ebenso wie die Punkte G und C bewegt sich auch der Punkt A auf einem Halbkreis. Den Durchmesser dieses Kreises $\overline{LH}$ findet man, indem man von A aus eine Parallele zu $\overline{OG}$ bis zum Schnitt mit der Geraden OH zieht. Es ist

$$\frac{\overline{LH}}{\overline{OH}} = \frac{\overline{HA}}{\overline{GH}} = \frac{\overline{HA}}{\overline{HC}} \cdot \frac{\overline{HC}}{\overline{GH}} = \frac{c_1}{c_1 + c_2 + c_1 c_2} \simeq \frac{1}{2},$$

d. h. der Punkt L liegt annähernd in der Mitte von $\overline{OH}$.

Die Mittelpunkte aller drei Kreise liegen auf einer und derselben Geraden durch O und H.

Das obige von *Heyland* entwickelte Kreisdiagramm [L. 46] ermöglicht auf ganz einfache Weise die Verhältnisse im Asynchronmotor zu übersehen und gibt den Zusammenhang zwischen der Streuung und dem Verhalten des Motors. Wir werden weiter unten noch das genaue Kreisdiagramm des Asynchronmotors behandeln, das auch dem Ständerwiderstand Rechnung trägt, wollen aber zunächst an Hand des einfachen Heylanddiagramms einige Beziehungen über den Leistungsfaktor und die Überlastungsfähigkeit der Asynchronmaschine ableiten.

5. Konstruktion des Heylanddiagramms aus Leerlauf und Kurzschluß.

Da der Kreismittelpunkt des Heylanddiagramms auf der Abszissenachse liegt (die Klemmenspannung hier stets in der Ordinatenachse angenommen), so genügt die Kenntnis zweier Arbeitspunkte, um den Kreis aufzeichnen zu können. Als solche Punkte kommen der Leerlauf- und der Kurzschlußpunkt *(P_0 bzw. P_k)* in Frage, die sich auf einfache Weise messen bzw. berechnen lassen. Der Leerlaufstrom $\overline{OP_0}$ liegt unter dem Winkel φ_0, der Kurzschlußstrom $\overline{OP_k}$ unter dem Winkel φ_k zur Klemmenspannung P_1. Die Mittelsenkrechte zur Verbindungslinie $\overline{P_0 P_k}$ (Abb. 114) schneidet die Abszissenachse im Punkte M, der der Mittelpunkt des Kreises ist. $\overline{OH}$ ist mit großer Annäherung gleich dem Magnetisierungsstrom im Leerlauf $J_{\mu o}$, $\overline{OK}$ dem ideellen Kurzschlußstrom $J_{ki} = \frac{J_k}{\sin \varphi_k}$. $\overline{P_0 H}$ ist die Wirkkomponente des Leerlaufstromes, die die Eisen- und Reibungsverluste der Maschine deckt. Der ideelle Leerlaufpunkt ($\sigma = 0$) liegt etwas tiefer als der Punkt P_0, und zwar um den den Reibungsverlusten entsprechenden Teil der Wirkkomponente des Leerlaufstromes. Bezeichnet man mit V_ϱ die Reibungsverluste der Maschine, so liegt der ideelle Leerlaufpunkt P_0' um

$$\frac{V_\varrho}{m_1 P_1}$$

tiefer als P_0. Dem Kurzschlußpunkt P_k entspricht $\sigma = 1$.

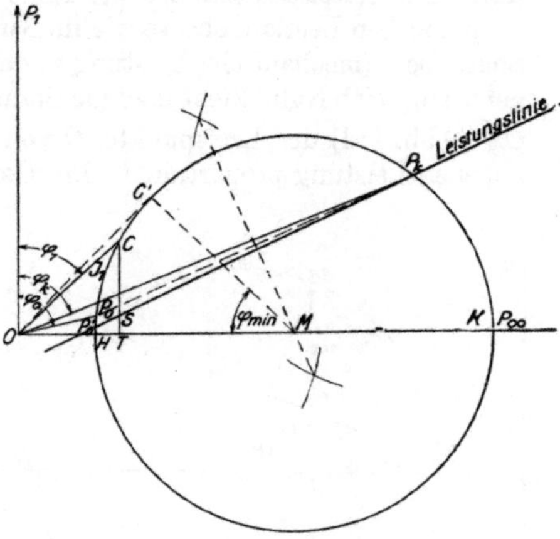

Abb. 114.

Die Ordinate $\overline{CT}$ irgendeines Arbeitspunktes C entspricht dem vom Motor aufgenommenen Wirkstrom, die Abszisse $\overline{OT}$ dem vom Motor aufgenommenen Blindstrom. $\overline{OT}$ ist größer als der zugehörige Magnetisierungsstrom. Der Teil des Blindstromes, um den $\overline{OT}$ größer als der Magnetisierungsstrom ist, ist durch die Streuung bedingt; er dient zur Erzeugung des Streuflusses. *Der Blindstrom, den die Asynchronmaschine aufnimmt, besteht demnach aus zwei Teilen, von denen einen der Hauptfluß und den anderen der Streufluß bedingt.* Je größer der Primärstrom $J_1 = \overline{OC}$ ist, desto größer ist der durch die Streuung bedingte Teil des Blindstromes des Motors. Im Kurzschlußpunkt P_k ist der Hauptfluß fast gleich Null und es ist nur Streufluß vorhanden; dieser ruft die Blindkomponente des Kurzschlußstromes hervor.

φ_1 ist der Phasenverschiebungswinkel zwischen dem primären Strom J_1 und der Klemmenspannung P_1. φ_1 wird am kleinsten und somit der Leistungsfaktor $\cos \varphi$ am größten, wenn der Strom J_1 auf der Tangente zum Kreis liegt (Abb. 114, Punkt C'). In diesem Falle ist der Winkel $MC'O = 90^0$ und der Winkel $OMC' = \varphi_{1\,\min}$. Somit ist

$$(\cos\varphi_1)_{\max} = \frac{\overline{MC'}}{\overline{MO}} = \frac{\frac{J_{ki}-J_{\mu o}}{2}}{\frac{J_{ki}-J_{\mu o}}{2}+J_{\mu o}} \simeq \frac{J_{ki}-J_o}{J_{ki}+J_o}. \qquad (136)$$

Mit Hilfe dieser Beziehung läßt sich der größtmögliche Leistungsfaktor eines Asynchronmotors berechnen.

Die Ordinate $\overline{CT}$ eines Arbeitspunktes C stellt den vom Motor aufgenommenen Wirkstrom dar. Die vom Motor aufgenommene Leistung ist

$$N_1 = m_1 P_1 \overline{CT}.$$

Der Abstand des Kreispunktes von der Abszissenachse stellt somit in einem bestimmten Maßstab die aufgenommene Leistung des Motors dar. Die *Abszissenachse* ist die Linie der *zugeführten* Leistung.

Im ideellen Leerlauf ebenso wie im Kurzschluß ist die vom Motor abgegebene (mechanische) Leistung, zu der auch die Reibungsverluste gehören, gleich Null. Zieht man die Gerade $P_0' P_k$, so ist der Abstand $\overline{CS}$ (Abb. 114) des Kreispunktes C von dieser Geraden der abgegebenen Leistung proportional. Die Gerade $P_0' P_k$ nennt man die *Leistungslinie*. Die abgegebene Leistung ist somit

$$N_m = m_1 P_1 \overline{CS}$$

und der Wirkungsgrad des Motors (ohne Berücksichtigung der Reibung)

$$\eta = \frac{N_m}{N_1} = \frac{\overline{CS}}{\overline{CT}}.$$

Die Strecke $\overline{CT} - \overline{CS} = \overline{ST}$ bildet ein Maß für die gesamten Verluste der Maschine (ausschließlich Reibung).

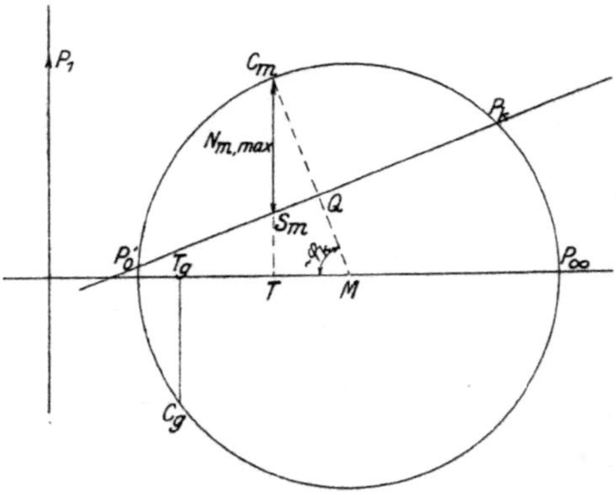

Abb. 115.

Die mechanische Leistung erreicht ihren Maximalwert im Scheitel des Bogens über der Leistungslinie (Punkt C_m, Abb. 115) und ist gleich $\overline{C_m S_m}$. Der Winkel $C_m M T$ ist annähernd gleich φ_k und somit der Winkel $T C_m M \simeq (90 - \varphi_k)$. Es folgt aus Abb. 115, wenn der Kreisradius $R = \frac{J_{ki}-J_o}{2}$ gesetzt wird,

$$\overline{MQ} \simeq R\cos\varphi_k$$

$$\overline{C_m Q} = R\,(1-\cos\varphi_k)$$

$$\overline{C_m S_m} = \frac{\overline{C_m Q}}{\sin\varphi_k} = R\,\frac{1-\cos\varphi_k}{\sin\varphi_k} = R\,\frac{\sin\varphi_k}{1+\cos\varphi_k} =$$

$$= \frac{J_{ki}-J_o}{2}\,\frac{\sin\varphi_k}{1+\cos\varphi_k} = \simeq \frac{J_k - J_o}{2\,(1+\cos\varphi_k)}$$

und *der Maximalwert der an die Welle abgegebenen Leistung* ist also mit genügender Annäherung, da die Reibungsverluste prozentual klein sind,

$$N_{m\,\max} = m_1 P_1 \frac{J_k - J_o}{2\,(1 + \cos\varphi_k)} \text{ Watt.} \tag{137}$$

Von P_0' bis C_m nimmt die vom Motor abgegebene Leistung zu. Hinter dem Punkte C_m nimmt sie wieder ab, trotzdem die zugeführte Leistung noch zunimmt: hinter dem Punkte C_m nehmen die Kupferverluste sehr schnell zu.

6. Arbeitsweise als Generator und Bremse.

Im Punkte P_0' ist der Schlupf gleich Null, die Läuferdrehzahl also gleich der synchronen Drehzahl (der Drehfeldzahl) der Maschine. Der Läufer ist aber nicht imstande, von selbst auf die synchrone Drehzahl zu kommen; eine Antriebsmaschine muß ihm die Reibungsverluste zuführen, damit er diese Drehzahl erreicht. Treibt die Antriebsmaschine den Läufer noch schneller an, so daß seine Drehzahl (n) größer wird als die Drehfeldzahl (n_d), so erhält die EMK im Läufer im Vergleich zu der EMK des untersynchronen Laufes entgegengesetztes Vorzeichen, und die Stromrichtung im Läufer wird umgekehrt. Auch die Wirkkomponente des Ständerstromes erhält infolgedessen entgegengesetztes Vorzeichen (s. 48), so daß die Maschine, statt Wirkstrom (Wirkleistung) aus dem Netz zu entnehmen, Wirkstrom in dasselbe hineinschickt, d. h. die Maschine arbeitet als Generator. *Die übersynchron angetriebene Asynchronmaschine arbeitet als Asynchrongenerator.* Da im Übersynchronismus n größer ist als n_d, so ist der Schlupf

$$\sigma = \frac{n_d - n}{n_d}$$

im Übersynchronismus negativ. Für Punkte, die unterhalb des Punktes P_0' liegen, ist also der Schlupf negativ.

Der Übergang vom motorischen zum generatorischen Betrieb geschieht bei der Asynchronmaschine ebenso wie bei den anderen elektrischen Maschinen stetig ohne Sprünge. Der wesentliche Unterschied zwischen Generator- und Motorbetrieb besteht darin, daß die Phasenverschiebung zwischen der vom Hauptfeld in der Primärwicklung induzierten EMK und dem Strom beim Generator kleiner ist als 90°, beim Motor größer ist als 90°. Auf Gleichstrom übertragen bedeutet dies, daß beim Gleichstromgenerator E und J gleiche Richtung, beim Gleichstrommotor E und J entgegengesetzte Richtung haben. Beim Generator treibt also die EMK E den Strom in ihrer eigenen Richtung, beim Motor wird der Strom gegen die Richtung der induzierten EMK E getrieben.

Die Antriebsmaschine kann nur auf den Wirkstrom, nicht aber auf den Blindstrom Einfluß haben. Ebenso wie der Asynchronmotor muß infolgedessen auch der Asynchrongenerator seinen Blindstrom dem Netz entnehmen. Im Arbeitspunkte als Generator C_g (Abb. 115) gibt z. B. die Asynchronmaschine dem Netz den Wirkstrom $\overline{C_g T_g}$ ab und entnimmt dem Netz den nacheilenden Blindstrom $\overline{O T_g}$. Ein Asynchrongenerator kann also nur dann arbeiten, wenn andere Maschinen vorhanden sind, die ihm den nacheilenden Blindstrom liefern. Da von Wechselstromgeneratoren gewöhnlich verlangt wird, daß sie nacheilende Ströme dem Netz liefern, nicht aber dem Netz entnehmen, so ist der Asynchrongenerator im Nachteil gegenüber dem Synchrongenerator, der imstande ist, nacheilende Ströme abzugeben. Wie wir später sehen werden, ist es mit Hilfe einer in den Läuferkreis eingeschalteten Kommutatormaschine möglich, auch die Asynchronmaschine in bezug auf Blindströme vom Netz unabhängig zu machen.

Der äußere Widerstand der als Transformator gedachten Asynchronmaschine ist nach Gleichung 123

$$R_v = R_2 \left(\frac{1-\sigma}{\sigma}\right)$$

bzw. der gesamte Widerstand des Läufers pro Phase

$$R_2 + R_v = \frac{R_2}{\sigma}. \qquad (138)$$

Im generatorischen Gebiet, wo σ negativ ist, wird R_v negativ, d. h. der äußere Widerstand, der Nutzwiderstand, verzehrt keine Energie, sondern gibt Energie ab, führt der Welle der Maschine Energie zu.

Außer dem Leerlauf- und Kurzschlußpunkt ist *noch ein dritter Punkt des Kreisdiagramms von Wichtigkeit,* nämlich der Kreispunkt, in welchem $\sigma = \pm\infty$ ist. Wie aus der Gleichung 138 hervorgeht, entspricht $\sigma = +\infty$ und $\sigma = -\infty$ ein und derselbe Punkt, und zwar derjenige, für welchen $R_2 + R_v = 0$ ist. Bei unendlich großem Schlupf ist also der äußere Widerstand R_v gleich $-R_2$, d. h. die dem Läufer mechanisch zugeführte Leistung $J_2^2 R_v$ ist gerade gleich den Läuferstromwärmeverlusten $J_2^2 R_2$. *Die Läuferstromwärmeverluste werden somit im Punkte P_∞ auf mechanischem Wege gedeckt und dem Ständer brauchen nur die Ständerstromwärmeverluste zugeführt zu werden.* Die Eisenverluste können in diesem Betriebsfalle, der in der Nähe des Kurzschlußpunktes liegt, außer acht gelassen werden. Da der Ständerwiderstand laut Voraussetzung gleich Null ist (Heylanddiagramm) und die dem Ständer zugeführte Leistung durch den Abstand des Kreispunktes von der Abszissenachse dargestellt wird, so ist die dem Ständer im Punkte P_∞ zugeführte Leistung gleich Null und der Punkt P_∞ fällt in den Schnittpunkt des Kreises mit der Abszissenachse (Abb. 115).

Vom Punkte P_0' bis zum Punkte P_k arbeitet die Asynchronmaschine als *Motor*, der Schlupf ist positiv und kleiner als 1. Vom Punkte P_0' bis zum Punkte P_∞ arbeitet die Maschine als *Generator*, der Schlupf ist negativ. Im Kurzschlußpunkte P_k ist $\sigma = 1$, der Läufer steht still. Wird der Läufer *gegen das Drehfeld* gedreht (n negativ), so ist σ positiv, aber größer als 1. Diesem Zustand entspricht der Teil des Kreises zwischen P_k und P_∞. In diesem Gebiet arbeitet die Asynchronmaschine als *Bremse.* Im motorischen Arbeitsgebiet ist die Periodenzahl der Läuferströme geringer als die Periodenzahl der Ständerströme. Im generatorischen Arbeitsgebiet kann die Periodenzahl der Läuferströme alle Werte annehmen zwischen 0 und ∞. Das Arbeitsgebiet als Bremse umfaßt alle Periodenzahlen zwischen der Ständerperiodenzahl f_1 und ∞.

7. Das genaue Kreisdiagramm.

Bei größeren Motoren mit einem $\cos \varphi_k$ bis zu etwa 0,2 gibt das Heylanddiagramm praktisch brauchbare Resultate. Für kleinere Motoren, wo der $\cos \varphi_k$ bis auf 0,6 ansteigen kann, ist das Heylanddiagramm ungenau. Hier muß das genaue Kreisdiagramm, das auch den Ständerwiderstand berücksichtigt, angewendet werden.

Zur Ableitung des genauen Kreisdiagramms geht man von den Transformatoreigenschaften der Asynchronmaschine aus. Ebenso wie der Transformator gehört die Asynchronmaschine zu den Wechselstromkreisen *allgemeinen* Charakters und für diese läßt sich (vorausgesetzt, daß die Phasenverschiebung an den sekundären Klemmen konstant ist, was für die Asynchronmaschine zutrifft) auf mathematischem Wege ohne jede Vernachlässigung die Gültigkeit des Kreisdiagramms beweisen. Es soll hier nur die Konstruktion dieses Diagramms angegeben werden [L. 47].

Aus dem Leerlauf- und Kurzschlußversuch sind zunächst zwei Punkte des Kreisdiagramms P_0 und P_k bekannt. Die Mittelsenkrechte zur Verbindungslinie $\overline{P_0 P_k}$ gibt somit einen geometrischen Ort für den Mittelpunkt des Kreises. Der zweite geometrische Ort für den Kreismittelpunkt ist nicht die Abszissenachse, sondern eine Parallele zu dieser. Diese Parallele wird gefunden, indem man durch P_0 (Abb. 116) eine Vertikale zieht und den Abschnitt $\overline{P_0 L}$, der zwischen P_0 und dem Schnittpunkt L der Vertikalen mit dem Strahl $\overline{O P_k}$ liegt, halbiert. Die Parallele geht durch den Halbierungspunkt M'. Der Kreismittelpunkt M liegt stets oberhalb der Abszissenachse.

8. Die Leistungslinie und die Drehmomentenlinie. Das Kippmoment.

Die Abszissenachse ist wie oben die *Linie der zugeführten Leistung*, denn die Abstände der Kreispunkte von dieser stellen die Wirkströme der Maschine dar. *Die Leistungslinie* geht durch die Kreispunkte P_0' und P_k, wobei P_0' der ideelle Leerlaufpunkt ist. Die Abstände der Kreispunkte von dieser sind der mechanischen

Leistung des Läufers (einschließlich Reibung) proportional. Zieht man eine Tangente zum Kreis parallel zur Leistungslinie $P_0' P_k$, so ist nn' der Maximalwert der mechanischen Leistung des Läufers. Zieht man eine Parallele zur Leistungslinie durch den Punkt P_0 (Abb. 116), so stellen die Abstände der Kreispunkte von dieser die an die Welle abgegebene mechanische Leistung N'_m dar.

P_∞ ist der Kreispunkt, in welchem der Schlupf $\sigma = \pm\infty$ ist. Der Abstand des Punktes P_∞ von der Leistungslinie $P_0' P_k (\overline{P_\infty S_\infty})$ stellt für ihn wie für jeden anderen Kreispunkt die mechanische Leistung des Läufers dar, und zwar ist diese eine *zugeführte* Leistung, weil der Kreispunkt P_∞ unterhalb der Leistungslinie liegt. Wie wir wissen (s. S. 130), wird die mechanisch zugeführte Leistung im Betriebszustande P_∞ zur Deckung der Läuferkupferverluste verbraucht. $\overline{P_\infty S_\infty}$ stellt somit die Läuferkupferverluste in diesem Betriebsfalle dar. Die primär zugeführte Leistung $\overline{P_\infty T_\infty}$ wird zur Deckung der primären Kupferverluste verbraucht, da die Eisenverluste in diesem Betriebszustande beinahe gleich Null sind. Den Kreispunkt P_∞ findet man also angenähert, wenn man die Ordinate des Kurzschlußpunktes $\overline{P_k T_k}$ im Verhältnis der primären zu den sekundären Kupferverlusten im Kurzschluß teilt und die Verbindungslinie des Teilungspunktes mit P_0' verbindet. Statt die Strecke $\overline{P_k T_k}$ im Verhältnis der Kupferverluste zu teilen, genügt es, sie im Verhältnis des primären zum sekundären (auf den Primärkreis reduzierten) Widerstand $(R_1 : R_2)$ zu teilen.

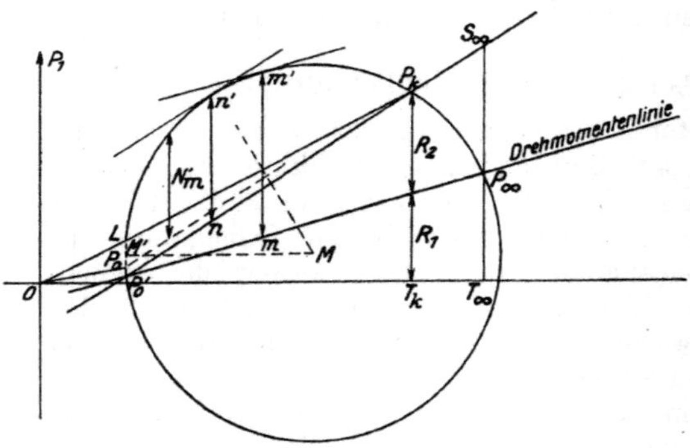

Abb. 116.

Im Punkte P_0' wird vom Ständer auf den Läufer keine Leistung übertragen, die Drehfeldleistung und das Drehmoment (s. Gleichung 124) sind gleich Null. Auch im Punkte P_∞ sind die Drehfeldleistung und das Drehmoment gleich Null. Zieht man eine Gerade $P_0' P_\infty$, so stellen die Abstände der Kreispunkte von dieser Geraden die Drehmomente der Maschine dar. Die Gerade $P_0' P_\infty$ ist die *Drehmomentenlinie.* Zieht man eine Tangente zum Kreis parallel zur Drehmomentenlinie, so ist $\overline{mm'}$ der Maximalwert des Drehmomentes. Wird der Asynchronmotor mit einem größeren Moment als $\overline{mm'}$ belastet, so fällt er außer Tritt und bleibt stehen. Das Maximalmoment $\overline{mm'}$ bezeichnet man deswegen als das *Kippmoment* M_k des Motors und das Verhältnis von Kippmoment zu Nennmoment $\frac{M_k}{M_n}$ als die *Überlastungsfähigkeit* des Motors. Den zum Kippmoment zugehörigen Schlupf nennt man den *Kippschlupf*. Der Bereich zwischen dem Leerlaufpunkt P_0 und dem Kippunkt m' ist der *stabile* Arbeitsbereich des Motors, der Bereich zwischen dem Kippunkt m' und dem Kurzschlußpunkt P_k ist der *labile* Arbeitsbereich des Motors.

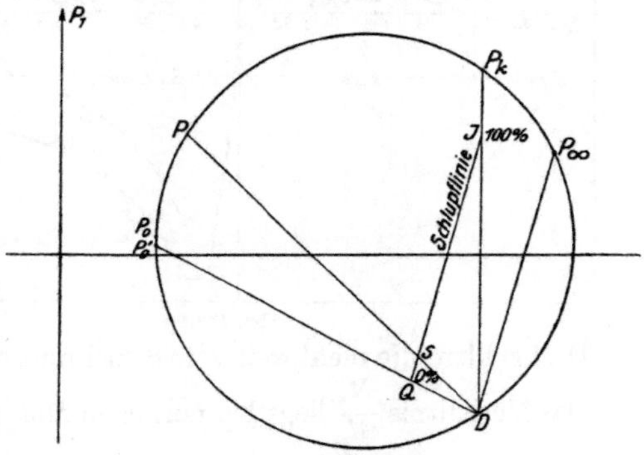

Abb. 117.

Auch der Schlupf läßt sich dem Kreisdiagramm entnehmen. Nimmt man einen beliebigen Punkt D auf dem Kreise an (Abb. 117), zieht die Strahlen $\overline{DP_0'}$, $\overline{DP_k}$, $\overline{DP_\infty}$ und $\overline{DP}$ und eine Parallele zu $\overline{DP_\infty}$ zwischen $\overline{DP_0'}$ und $\overline{DP_k}$ gleich $\overline{JQ}$, so schneidet der Strahl $\overline{DP}$ auf dieser Parallelen den Schlupf $\sigma = \overline{SQ}$ in Prozent ab. Dem Punkte J entspricht $\sigma = 100\,\%$, dem Punkte Q entspricht $\sigma = 0\,\%$ [L. 48].

Zur *Bestimmung der Maßstäbe* geht man am besten vom normalen Arbeitspunkt aus. Für diesen ist die Leistung (einschließlich Reibung) ebenso wie das Drehmoment bekannt. Wählt man den Strommaßstab so, daß 1 mm $= a$ Amp. ist, so ist im Leistungsmaßstab 1 mm $= am_1P_1 10^{-3}$ kW. Macht man auf der Ordinatenachse (Abb. 118) $\overline{NN_n}$ gleich so viel mm, wieviel mal die Größe $am_1P_1 10^{-3}$ in der Nennleistung enthalten ist, und zieht von N_n aus eine Parallele zur Leistungslinie $\overline{P_0' P_k}$, so schneidet diese den Kreis im normalen Arbeitspunkt P. $\overline{OP}$ ist dann der Ständerstrom bei Normallast und φ_1 der primäre Phasenverschiebungswinkel. Zieht man von P aus eine Parallele zur Dreh-

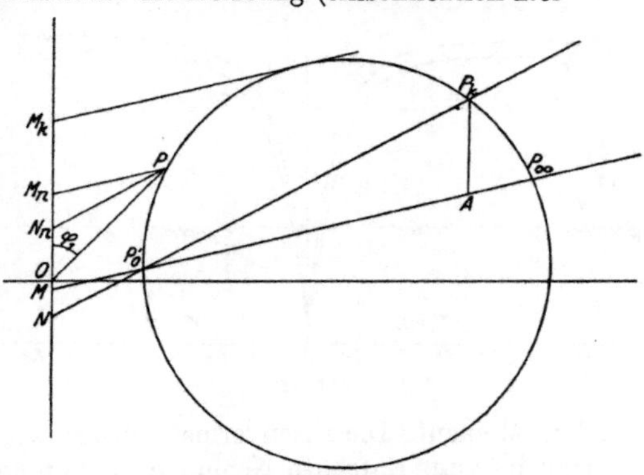

Abb. 118.

momentenlinie, so ist $\overline{MM_n}$ das Nenndrehmoment und das Verhältnis $\overline{MM_k}$ zu $\overline{MM_n}$ die Überlastungsfähigkeit des Motors.

Den Verlauf des Drehmomentes M und der an die Welle abgegebenen mechanischen Leistung N'_m in Abhängigkeit von dem Schlupf zeigt Abb. 119. Der Kippschlupf ist gewöhnlich ca. 4 bis 6 mal größer als der Nennschlupf, also gleich ca. 20 bis 6%. Der stabile Arbeitsbereich des Motors ist somit auf Drehzahlen, die nicht weit vom Synchronismus liegen, beschränkt.

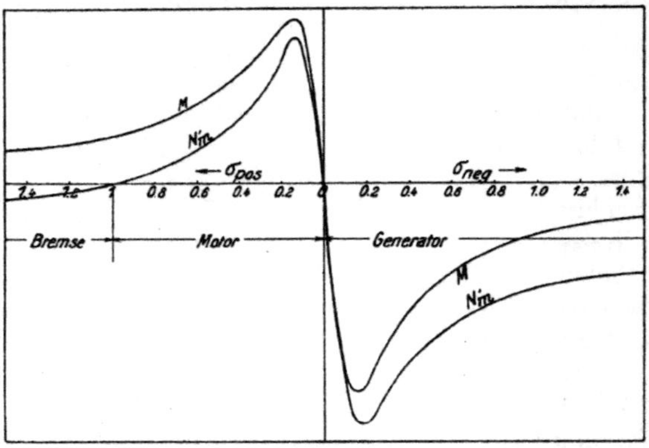

Abb. 119.

Das Verhältnis $\frac{M_k}{M_n}$ liegt bei normalen Motoren in der Nähe von 2.

Den Verlauf des primären und sekundären Stromes in Abhängigkeit vom Schlupf zeigt Abb. 120. Bei größeren Schlüpfen ändern sich die Ströme nur wenig, beim Kippschlupf beträgt der Primärstrom ca. 70% des Kurzschlußstromes und erst unterhalb des Kippunktes ändern sich die Ströme schnell. Die Arbeitskurven eines Motors für 115 kW, 3000 Volt und $n = 980$ Umdr./Min. zeigt Abb. 121. Bis zum etwa 1,5 fachen Moment ändert sich der Schlupf proportional mit dem Moment. Die Eisenverluste ebenso wie die Reibungsverluste sind bis zum 1,5 fachen Nennmoment von der Last beinahe unabhängig, sie machen also bei kleineren Lasten prozentual mehr aus als bei größeren Lasten, und der Wirkungsgrad sinkt stark mit abnehmender Last. Auch der Magnetisierungsstrom ist von der Last beinahe unabhängig. Bei kleineren Lasten (kleineren Wirkströmen) ist infolgedessen der Leistungsfaktor gering.

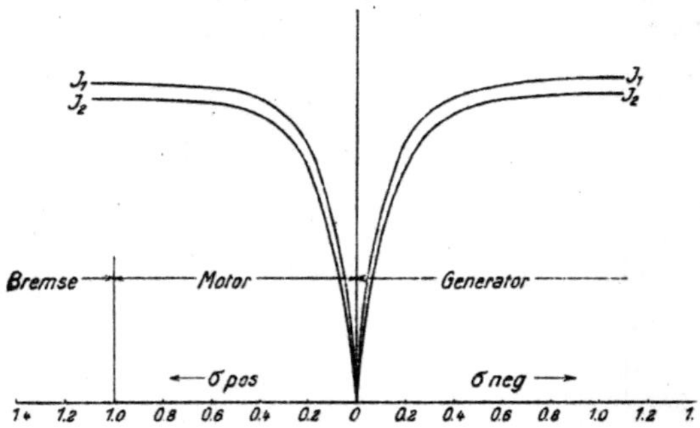

Abb. 120.

Wirkungsgrad, Leistungsfaktor, Überlastungsfähigkeit und Erwärmung sind die Punkte, die für die Beurteilung der Güte des Asynchronmotors maßgebend sind.

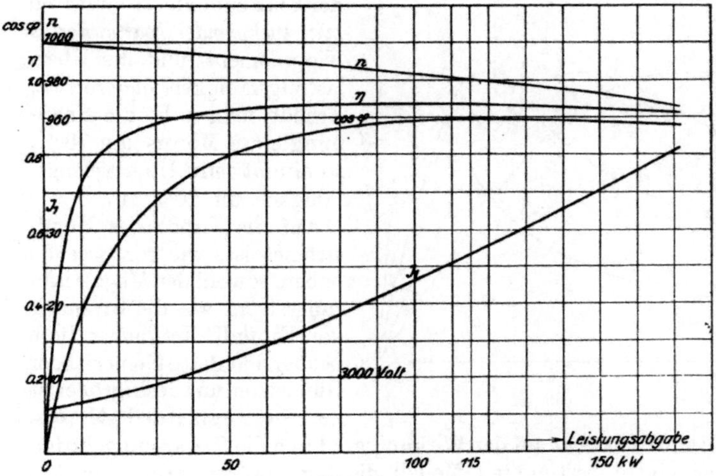

Abb. 121.

9. Einfluß der Streuung und der Widerstände der Wicklungen auf die Arbeitsweise der Asynchronmaschine.

Wie wir oben gesehen haben (s. Gleichung 135), hängt der Kreisdurchmesser von der Streuung ab, und zwar ist er um so größer, je kleiner die Streuung ist. Das maximale Moment (Kippmoment) des Motors hängt infolgedessen im wesentlichen von der Streuung ab. Aber auch der Ständerwiderstand ist von Einfluß auf die Größe des Kippmomentes, denn je größer der Ständerwiderstand ist, desto größer sind die Verluste im Ständer und desto kleiner ist die Drehfeldleistung. Im Kreisdiagramm rückt bei größeren Ständerwiderständen der Punkt P_∞ nach oben und das Kippmoment wird infolgedessen kleiner. Der Läuferwiderstand hat dagegen keinen Einfluß auf die Größe des Kippmomentes (Abb. 116), wohl aber auf die Größe des Kippschlupfes, wie überhaupt auf die Größe des Schlupfes.

Bei einem und demselben Moment ist der Schlupf um so größer, je größer der Läuferwiderstand ist. Den Verlauf der Drehmomentenkurve in Abhängigkeit vom Schlupf bei vier verschieden großen Läuferwiderständen zeigt Abb. 122. Kurve I entspricht den normalen Verhältnissen. Durch Einschalten von Widerständen in den Läuferkreis wird die ganze Drehmomentenkurve in bezug auf die Abszissenachse verschoben. Mittels Widerstände im Läuferkreis ist es also möglich, die Drehzahl des Asynchronmotors zu verändern, jedoch nur zu *verkleinern.*

Mit zunehmender Spannung nimmt der Kurzschlußstrom, also der Kreisdurchmesser, zu. Da mit zunehmender Spannung auch der Fluß zunimmt, so wachsen *mit zunehmender Spannung* das Kippmoment und die Überlastungsfähigkeit *quadratisch.* Erhöht man z. B. die Spannung eines Motors um 10%, so nimmt seine Überlastungsfähigkeit um 20% zu.

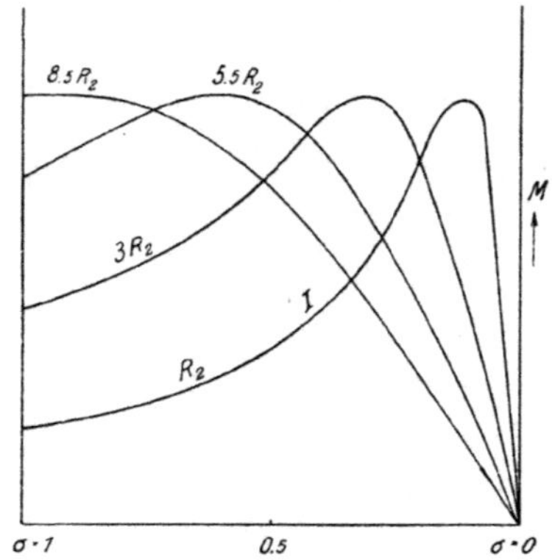

Abb. 122.

Auf die Größe des Blindstromes ist, wie wir gesehen haben, sowohl der Magnetisierungsstrom wie die Streuung von Einfluß. Je kleiner diese beiden sind, desto kleiner ist der Blindstrom und desto größer ist der Leistungsfaktor des Motors.

Mit Rücksicht auf den Wirkungsgrad und die Erwärmung dürfen bei einem bestimmten Modell die Stromwärmeverluste in den beiden Wicklungen und die Eisenverluste ein gewisses Maß nicht überschreiten. Kleine Widerstände der Ständer- und Läuferwicklung sind also mit Rücksicht auf den Wirkungsgrad von Vorteil.

10. Anlassen des Mehrphasenmotors mit Schleifringläufer.

In Abb. 111 ist die Drehmomentenkurve gezeichnet unter der Annahme, daß Strom und induzierte EMK in der Läuferwicklung in Phase sind. Dies trifft annähernd zu, wenn die Schlupfperiodenzahl gering ist, also in der Nähe des Synchronismus. Anders liegen die Verhältnisse beim *Anlassen* des Motors. Der Läufer steht still ($\sigma = 1$) und die Periodenzahl der Läuferströme ist gleich der Periodenzahl der Ständerströme. Die Streuinduktivität des Läufers ist infolgedessen groß im Vergleich zu seinem Widerstand, und sein Strom ist gegenüber seiner EMK stark verschoben. Die Drehmomentenlinie jeder Phase (Abb. 123) weist positive und negative Teile auf (vgl. auch Abb. 13), und das resultierende mittlere Drehmoment M_{ml} ist gering.

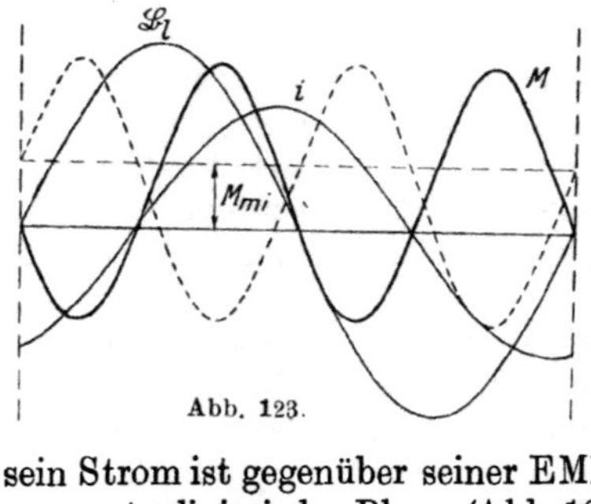

Abb. 123.

Soll das Anlaufmoment vergrößert werden, so müssen in den Läuferkreis Ohmsche Widerstände eingeschaltet werden, die die Phasenverschiebung zwischen Strom und EMK verringern. Für die Größe dieses Anlaßwiderstandes gibt es jedoch eine Grenze, über die nicht hinausgegangen werden darf, ohne daß das Anlaufmoment wieder kleiner wird, denn der Widerstand verkleinert zwar die Phasenverschiebung zwischen Strom und EMK im Läufer, er verkleinert aber gleichzeitig den Läuferstrom, der für die Größe des Anlaufmomentes ebenso maßgebend ist wie die Phasenverschiebung [L. 49].

Sobald der Läufer sich in Bewegung gesetzt hat, nimmt die Streuinduktivität und auch die induzierte EMK seiner Wicklung ab. Damit dann das gleiche Drehmoment auftritt wie im Stillstand, muß der Anlaßwiderstand kleiner gemacht werden. Nach erfolgtem Hochlaufen ist der Anlaßwiderstand ganz kurzzuschließen, da er sonst nur Verluste verursachen würde.

Im Kreisdiagramm ist das Anlaufmoment ($\sigma = 1$) gegeben durch den Abstand $\overline{P_k A}$ des Kurzschlußpunktes P_k von der Drehmomentenlinie $P'_0 P_\infty$ (Abb. 118). Einer Vergrößerung des Widerstandes des Läuferkreises entspricht ein Hinaufrücken des Kurzschlußpunktes P_k nach oben. Da die Lage des Punktes P_∞ vom Läuferwiderstand unabhängig ist, so wird die Strecke $\overline{P_k A}$ durch Einschalten des Anlaßwiderstandes (bis zu einer gewissen Grenze) größer. Soll der Motor z. B. mit seinem Nenndrehmoment (und Nennstrom) anlaufen, so muß der Anlaßwiderstand bei $\sigma = 1$ so groß gemacht werden, daß der Kurzschlußpunkt P_k in den Kreispunkt für normale Last fällt.

Die *Bemessung des Anlaßwiderstandes* für ein bestimmtes Anlaufmoment ergibt sich aus folgender Überlegung. Der Schlupf ist dem Läuferwiderstand direkt proportional. Ist σ_1 der zu einem bestimmten Drehmoment bei kurzgeschlossenem Läufer (Widerstand pro Phase gleich R_2) gehörige Schlupf und soll *dasselbe* Drehmoment beim Schlupf σ_2 auftreten, so ergibt sich für den zweiten Fall der Gesamtwiderstand einer Läuferphase R_t aus der Beziehung

$$R_t : R_2 = \sigma_2 : \sigma_1 \qquad (139)$$

und daraus der Vorschaltwiderstand pro Phase

$$R_v = R_t - R_2 = R_2 \frac{\sigma_2 - \sigma_1}{\sigma_1}\,. \qquad (140)$$

Für den Anlauf ist $\sigma_2 = 1$ und somit der Anlaßwiderstand

$$R_a = R_2 \frac{1 - \sigma_1}{\sigma_1}\,. \qquad (141)$$

Soll ein Motor mit seinem Nenndrehmoment anlaufen, so ist σ_1 gleich dem Nennschlupf σ_n und der Anlaßwiderstand

$$R_a = R_2 \frac{1 - \sigma_n}{\sigma_n}\,. \qquad (142)$$

Ist z. B. der Nennschlupf gleich 2%, so muß, damit das Anlaufmoment gleich dem Nennmoment ist, der Anlaßwiderstand pro Phase $\frac{1-0{,}02}{0{,}02} = 49$ mal größer sein als der Widerstand der Läuferwicklung pro Phase. Soll ein Motor mit seinem Kippmoment anlaufen, so ist $\sigma_1 = \sigma_k$ und der Anlaßwiderstand

$$R_a = R_2 \frac{1-\sigma_k}{\sigma_k}. \tag{143}$$

Ist der Kippschlupf z. B. gleich 10%, so muß der Anlaßwiderstand pro Phase 9 mal größer sein als der Widerstand der Läuferwicklung pro Phase, damit das Anlaufmoment gleich dem Kippmoment ist.

Wie wir oben (Gleichung 124) gesehen haben, ist die Drehfeldleistung ein Maß für die Größe des Drehmomentes und umgekehrt. *Zu einem bestimmten Drehmoment gehört eine ganze bestimmte Drehfeldleistung, und zwar vollkommen unabhängig davon, wie groß die Läuferdrehzahl bei diesem Drehmoment ist.* Die Drehfeldleistung unterscheidet sich von der primär zugeführten Leistung nur durch die Ständerverluste, d. h. durch die Eisenverluste und die Stromwärmeverluste des Ständers. *Zu einem bestimmten Drehmoment gehört also unabhängig von der Drehzahl des Läufers auch eine bestimmte zugeführte Leistung.* Soll der Asynchronmotor im Stillstand ein bestimmtes Moment beispielsweise das normale Moment entwickeln, so muß er schon im Stillstand seine Nennleistung aufnehmen. Diese Eigenschaft, die aus dem Transformatorcharakter des Asynchronmotors folgt, denn zu einem bestimmten Drehmoment gehört ein bestimmter Läuferstrom und zu einem bestimmten Läuferstrom wie beim Transformator ein bestimmter Ständerstrom, tritt bei den Gleichstrom- und Wechselstrom-Kommutatormotoren nicht auf. Ein Kommutatormotor verbraucht im Anlauf nur Leistung zur Deckung der Kupfer- und Eisenverluste. In einem mit konstantem Drehmoment anlaufenden Kommutatormotor steigt die zugeführte Leistung mit der Drehzahl; beim Asynchronmotor bleibt die zugeführte Leistung bei konstantem Drehmoment unabhängig von der Drehzahl die gleiche.

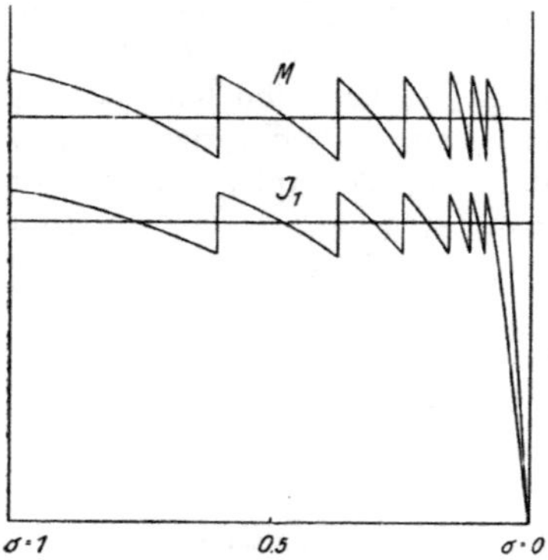

Abb. 124.

Soll also der Asynchronmotor imstande sein, im Stillstand ein bestimmtes Drehmoment zu entwickeln, so muß er im Stillstand die diesem Drehmoment entsprechende Leistung aufnehmen können, und dies kann, wie wir oben gesehen haben, nur durch Einschalten von Widerständen in den Läuferkreis erreicht werden. Bei der Gleichstrommaschine soll der Anlasser den Anlaufstrom in bestimmten Grenzen halten; die Energieverzehrung durch den Anlasser ist dabei eine unerwünschte Begleiterscheinung. Würde man bei der Gleichstrommaschine den großen Anlaufstrom zulassen, so könnte man die Energieverzehrung durch den Anlasser bei ihr vermeiden. Bei der Asynchronmaschine ist dagegen im Anlauf die Energieverzehrung durch den Anlasser unvermeidlich.

Das Anlassen geschieht gewöhnlich mit annähernd konstantem Moment, indem der Anlaßwiderstand mit steigender Drehzahl und abnehmender Streuinduktivität des Läufers verkleinert wird. Den Verlauf des Drehmomentes und des primären Stromes während der Anlaufperiode zeigt Abb. 124.

11. Drehzahlregelung des Mehrphasenmotors.

a) Drehzahlregelung mittels Widerstände im Läuferkreis. Wie aus dem Obigen hervorgeht, kann bei einem bestimmten Moment durch entsprechende Wahl des Läuferwiderstandes eine beliebige Drehzahl (unterhalb des Synchronismus) eingestellt werden (Abb. 122). Die dem Ständer zugeführte Leistung hängt nur vom Drehmoment ab und ändert sich bei gleichbleibendem Drehmoment mit der Drehzahl ganz wenig, da die Zunahme der Eisenverluste infolge abnehmender Drehzahl durch die Abnahme der Reibungsverluste kompensiert wird. Die abgegebene mechanische Leistung ist dagegen bei konstantem Moment der Drehzahl direkt proportional. Die Differenz zwischen der Drehfeldleistung, d. h. der zugeführten Leistung abzüglich der Ständerverluste, und der abgegebenen Leistung, ist die elektrische Leistung des Läufers (s. Gleichung 126). Diese wird im Widerstand vernichtet. Der Wirkungsgrad des Motors nimmt infolgedessen mit abnehmender Drehzahl ab, und zwar, da die elektrische Leistung des Läufers gleich dem Schlupf mal Drehfeldleistung ist, beinahe um ebensoviel Prozent, wie die Drehzahl herunterreguliert wird. Die Drehzahlregelung mittels Widerstände im Läuferkreis ist also unwirtschaftlich. Da außerdem der Schlupf nicht nur vom Widerstand des Läuferkreises, sondern auch vom Strom (von der Last) abhängt, kann eine Drehzahlregelung mittels Widerstände im Läuferkreis nur bei Last stattfinden.

b) Drehzahlregelung durch Polumschaltung. Bei konstanter Netzperiodenzahl läßt sich eine Änderung der Drehzahl in wenigen groben Stufen dadurch erreichen, daß man die Polzahl des Motors ändert. Kleine Motoren erhalten zu diesem Zwecke zwei getrennte Wicklungen für zwei verschiedene Polzahlen, größere Motoren erhalten besondere polumschaltbare Wicklungen. Zur feineren Regulierung unterhalb der Grunddrehzahlen sind auch hier Widerstände im Läuferkreis nötig [L. 50].

c) Kaskadenschaltung zweier Asynchronmotoren. Ähnlich der Polumschaltung in bezug auf die Drehzahlregelung ist die *Kaskadenschaltung* zweier Motoren. Diese besteht in einer mechanischen *und* elektrischen Kupplung zweier Maschinen, wie Abb. 125

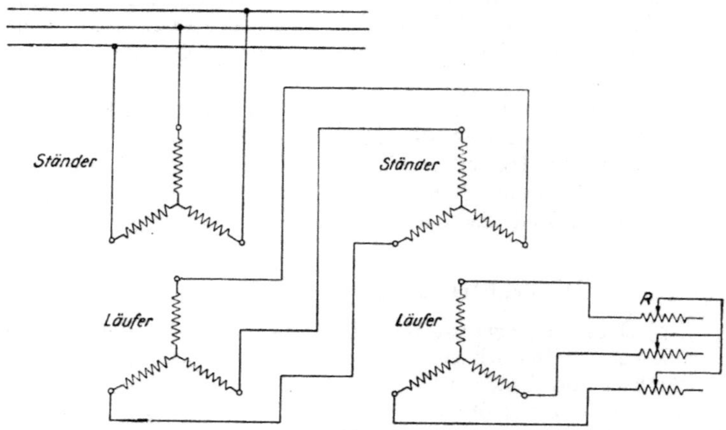

Abb. 125.

zeigt. Die beiden Läufer sind direkt (oder auch mittels Vorgelege) miteinander gekuppelt. Die Läuferwicklung der Vordermaschine ist entweder mit der Ständerwicklung oder mit der Läuferwicklung der Hintermaschine verbunden.

Damit ein derartiges Aggregat stabil läuft, müssen sowohl in der Vordermaschine wie in der Hintermaschine die beiden MMK-Wellen in bezug aufeinander stillstehen. Es sei:

p_1 die Polpaarzahl der Vordermaschine,
p_2 „ „ „ Hintermaschine,
f_1 „ Periodenzahl des Netzes und
n_k „ synchrone Drehzahl der Kaskade.

Die Drehfelddrehzahl der Vordermaschine ist gleich

$$n_{d1} = \frac{60\, f_1}{p_1}$$

und die Periodenzahl der Ströme im Läufer der Vordermaschine bei Synchronismus der Kaskade

$$f_2 = \frac{(n_{d1} - n_k)\, p_1}{60}. \tag{144}$$

Dieselbe Periodenzahl hat auch der Ständer der Hintermaschine (Abb. 125). Die Drehfelddrehzahl in der Hintermaschine ist infolgedessen gleich

$$n_{d2} = \frac{60\, f_2}{p_2}.$$

In der Hintermaschine ist die Bedingung, daß beide MMK-Wellen bei jeder Drehzahl in bezug aufeinander stillstehen sollen, erfüllt, wenn ihre synchrone Drehzahl gleich ist ihrer Drehfelddrehzahl (wie bei jeder Asynchronmaschine), somit

$$n_k = n_{d2} = \frac{60\,f_2}{p_2} = \frac{60}{p_2}\,\frac{(n_{d1} - n_k)\,p_1}{60} = \frac{60\,f_1}{p_1 + p_2}. \qquad (145)$$

Das Aggregat hat also eine synchrone Drehzahl, die der Summe der Polpaarzahlen beider Maschinen entspricht.

Von der Drehfeldleistung der Vordermaschine wird ein Teil, entsprechend der Drehzahl n, von dem Läufer der Vordermaschine an die Welle als mechanische Leistung abgegeben (s. S. 119) und der andere Teil, entsprechend der Drehzahl $n_{d1} - n$, als elektrische Leistung an die Hintermaschine abgegeben und von dieser in mechanische Leistung verwandelt: die Schlupfleistung der Vordermaschine wird also hier durch die Hintermaschine nutzbar gemacht. *Die mechanischen Leistungen* der beiden Maschinen verhalten sich wie n zu $(n_{d1} - n)$ oder in der Nähe des Synchronismus der Kaskade wie p_1 zu p_2, d. h. *wie die Polzahlen beider Maschinen.*

Mit Hilfe der Kaskadenschaltung lassen sich drei Grunddrehzahlen erreichen, und zwar die zwei Drehzahlen, die sich ergeben, wenn der Vorder- oder Hintermotor allein arbeitet, und die dritte Drehzahl, die die Kaskade hat.

Die Überlastungsfähigkeit und der Leistungsfaktor der Kaskade sind geringer als die jedes Motors für sich, weil die Kaskade eine Maschine mit größerer Streuung und größerem Magnetisierungsstrom darstellt als jeder Motor einzeln, z. B. bei zwei gleichen in Kaskade geschalteten Motoren eine Maschine mit der doppelten Streuung und dem doppelten Magnetisierungsstrom.

Das Stromdiagramm der Kaskade ist kein Kreis, sondern eine Kurve 4ten Grades von der Form Abb. 126 [L. 51]. P'_{01}, P'_0, P_k und P_∞ sind vier charakteristische Arbeitspunkte der Kaskade. P'_{01} entspricht dem Synchronismus ($\sigma_1 = 0$) des Vordermotors allein, P'_0 dem Synchronismus ($\sigma = 0$) der Kaskade. P_k ist der Kurzschlußpunkt ($\sigma = 1$) der Kaskade und P_∞ der Punkt, in welchem der Schlupf der Kaskade gleich $\pm\infty$ ist. Der ideelle Leerlaufstrom der Kaskade $\overline{OP'_0}$ ist wegen des größeren Magnetisierungsstromes der Kaskade viel

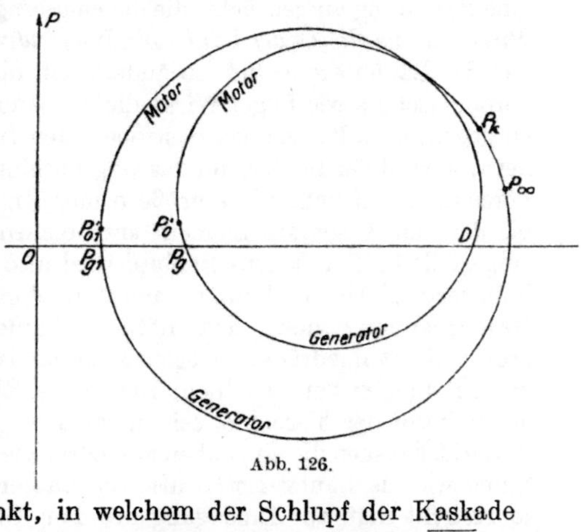

Abb. 126.

größer als der ideelle Leerlaufstrom $\overline{OP'_{01}}$ des Vordermotors allein. Zwischen P'_0 und P_k arbeitet die Kaskade als Motor, unterhalb P'_0 als Generator.

d) Drehzahlregelung mit Hilfe eines besonderen Regelsatzes. Phasenkompensation. Die Polumschaltung ebenso wie die Kaskadenschaltung erlauben eine Drehzahlregelung in wenigen groben Stufen. Mit Hilfe eines Drehstrom- oder Gleichstromregelsatzes ist es dagegen möglich, eine wirtschaftliche *stetige* Regelung des Asynchronmotors zu erzielen. Der eine wie der andere Regelsatz muß *zur Aufnahme der Schlupfenergie des Asynchronmotors eine Drehfeldmaschine besitzen.* Bei dem Drehstromregelsatz wird dazu ein Dreiphasen-Kommutatormotor, bei dem Gleichstromregelsatz ein Einankerumformer verwendet.

Die Wirkungsweise des *Drehstromregelsatzes* geht aus folgender Überlegung hervor.

Zur Überwindung eines bestimmten Gegendrehmomentes an der Motorwelle gehört ein ganz bestimmter Läuferstrom, also auch eine ganz bestimmte induzierte EMK der Läuferwicklung. Diese EMK hat (im stabilen Arbeitsbereich) im wesentlichen nur den Ohmschen Widerstand der Läuferwicklung zu überwinden und ist infolgedessen beinahe in Phase mit dem Strom. Wird das Gegendrehmoment an der Läuferwelle geändert, beispielsweise vergrößert, so muß sich auch der Läuferstrom ändern, und zwar vergrößern, und somit auch die in der Läuferwicklung induzierte EMK, da der Widerstand der Läuferwicklung konstant ist. Damit die EMK der Läuferwicklung größer wird, muß der Schlupf größer werden.

Wird nun den Schleifringen des Asynchronmotors von außen eine Spannung aufgedrückt, die die *entgegengesetzte oder die gleiche Richtung wie die in der Läuferwicklung induzierte EMK* (also auch wie der Läuferstrom) hat, so ändert sich die Drehzahl der Asynchronmaschine wie folgt: Wirkt diese Spannung der Läufer EMK entgegen, d. h. hat sie das Bestreben, den Läuferstrom zu verkleinern, so wird der Läufer, um das Gegendrehmoment überwinden zu können, seinen Schlupf vergrößern müssen, und zwar um so viel, bis der dem Gegendrehmoment entsprechende Strom sich wieder eingestellt hat. Der neue Schlupf wird also so groß sein, daß die induzierte EMK im Läufer nach Aufhebung der aufgedrückten Gegenspannung noch den nötigen Läuferstrom erzeugt. Je größer die aufgedrückte Gegenspannung ist, desto größer wird die im Läufer vom Drehfeld induzierte EMK, und somit auch der Schlupf der Maschine, sein müssen.

Wirkt dagegen die von außen aufgedrückte Spannung in gleichem Sinne wie die Läufer-EMK, also die Läufer-EMK unterstützend, so braucht man zur Erzeugung des dem Gegendrehmoment entsprechenden Läuferstromes eine kleinere Läufer-EMK, d. h. einen kleineren Schlupf, und zwar muß der Schlupf um so kleiner sein, je größer die aufgedrückte Spannung ist. Macht man die aufgedrückte, gleichsinnig wirkende äußere Spannung genau gleich der EMK, die zur Erzeugung des Läuferstromes nötig ist, so wird der Asynchronmotor synchron laufen und doch das nötige Drehmoment erzeugen. Noch mehr: ist die aufgedrückte Spannung größer als die erforderliche EMK, so wird die Asynchronmaschine übersynchron als Asynchronmotor laufen.

Durch Aufdrücken einer Spannung, die mit der Läufer-EMK in Gegenphase oder in Phase ist, ist es also möglich, die Drehzahl eines Asynchronmotors unterhalb wie oberhalb des Synchronismus stetig zu regeln.

Die dem Läufer aufgedrückte Spannung muß natürlich die gleiche Periodenzahl haben wie die Läufer-EMK, d. h. die Schlupfperiodenzahl. Eine Maschine, die, mit der Netzperiodenzahl oder mit der Schlupfperiodenzahl gespeist, imstande ist, Ströme der Schlupfperiodenzahl zu erzeugen bzw. aufzunehmen, ist die Mehrphasen-Kommutatormaschine (s. Kapitel X). Die Eigenschaft, Ströme der Schlupfperiodenzahl zu führen, gibt ihr der Kommutator. Die Kommutator-Hintermaschine wird mit dem Asynchronmotor entweder elektrisch *und* mechanisch, oder nur elektrisch gekuppelt. Im Untersynchronismus sind im Anker der Kommutatormaschine Strom und EMK entgegengesetzt gerichtet, weil der Strom die Richtung der EMK des Läufers des Asynchronmotors hat und beide EMKe um 180^0 gegeneinander in der Phase verschoben sind. Im Untersynchronismus arbeitet also die Kommutator-Hintermaschine als Motor. Ist sie mit dem Hauptmotor mechanisch gekuppelt, so führt sie seiner Welle mechanische Leistung zu. Ist sie mit dem Hauptmotor nur elektrisch gekuppelt, so gibt sie die aufgenommene Leistung an eine mit ihr gekuppelte Maschine ab, die ihrerseits die aufgenommene Leistung dem Netz generatorisch zurückgibt.

Im übersynchronen Betrieb sind im Anker der Kommutator-Hintermaschine Strom und EMK gleichgerichtet. Die Kommutator-Hintermaschine arbeitet also im Übersynchronismus als Generator. Bei mechanischer Kupplung mit dem Hauptmotor gibt sie die aufgenommene generatorische Leistung dem Netz zurück. Bei rein elektrischer Kupplung muß ihr von der Maschine, mit der sie gekuppelt ist, Leistung mechanisch zugeführt werden [L. 52].

Bei Verwendung einer Kommutator-Hintermaschine zur Regelung der Drehzahl wird gewöhnlich mit der Regelung noch die *Phasenkompensation* verbunden, d. h. die Kommutator-Hintermaschine wird dazu benutzt, das Netz von der Lieferung des Blindstromes für den Hauptmotor zu befreien. An den Klemmen des Ständers des Asynchronmotors ist dann die Phasenverschiebung gleich 0.

Abb. 127a zeigt, unter Voraussetzung gleicher Windungszahlen im Ständer und Läufer, das Vektordiagramm des gewöhnlichen

Asynchronmotors. Der Ohmsche Widerstand der Ständerwicklung und die Streuung sind dabei außer Acht gelassen, so daß die primäre Klemmenspannung mit dem Vektor $-E_1$ zusammenfällt. Der Strom J_1 eilt ihr um den Winkel φ_1 nach. Unten ist die Läufer-EMK beim Schlupf σ $E_{2\sigma}$ aufgetragen, die dem Ohmschen Spannungsabfall $J_2 R_2$ gleich ist. Abb. 127b unten zeigt das Spannungsdiagramm des Läufers, wenn in den Läufer von außen eine EMK E_{ph} eingeführt wird, die gegenüber der Schlupfspannung $E_{2\sigma}$ um 90° voreilt. Die Resultierende aus diesen beiden EMK-en ist dann gleich dem Ohmschen Spannungsabfall $J_2 R_2$. Das Stromdiagramm für diesen Fall zeigt Abb. 127b oben. Da im Spannungsdiagramm Abb. 127b $E_{2\sigma}$ die gleiche Lage hat wie in Abb. 127a, so müssen auch der Fluß Φ, der $E_{2\sigma}$ um 90° stets voreilt, der Magnetisierungsstrom J_μ und die primäre Klemmenspannung P_1 die gleiche Lage haben wie in Abb. 127a. Die neue Lage von J_2 bedingt aber, da J_μ stets der geometrischen Differenz aus J_1 und J_2 gleich ist, daß auch J_1 eine neue Lage annimmt, und zwar derart, daß die Phasenverschiebung φ_1 zwischen P_1 und J_1 kleiner wird. Bei einer gewissen Größe der eingeführten EMK E_{ph} wird φ_1 gleich Null und der Motor entnimmt dem Netz keine Blindleistung: der Blindstrom wird vom Läufer durch die eingeführte EMK E_{ph} geliefert und der Läuferstrom eilt der EMK $E_{2\sigma}$ um den Winkel $\psi = \varphi_1$ vor [L. 53].

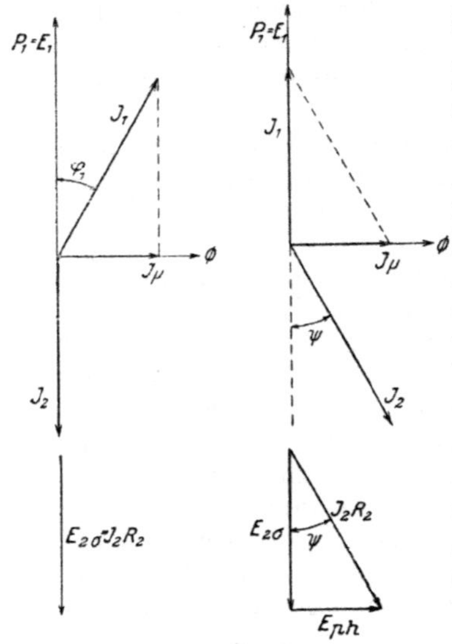

a Abb. 127. b

Während also eine in den Läufer von außen eingeführte EMK von entgegengesetzter oder gleicher Richtung wie die Schlupf-EMK eine Drehzahländerung bewirkt, wird durch eine äußere EMK, die senkrecht auf der Schlupf-EMK steht, eine Änderung der Phasenverschiebung an den Motorklemmen hervorgerufen (s. S. 323).

Auch bei der Regelung eines Asynchronmotors mittels *Gleichstromregelsatzes* ist Phasenkompensation möglich. Die Anordnung des Motors mit Gleichstromregelsatz zeigt schematisch Abb. 128. Mit dem Hauptmotor A ist mechanisch eine Gleichstrommaschine GM gekuppelt, die elektrisch mit einem Einankerumformer EU verbunden ist. Die Schleifringe des Einankerumformers sind mit den Schleifringen des Hauptmotors verbunden (der Einfachheit halber ist nur eine Phase gezeichnet). Der Einankerumformer nimmt die Schlupfenergie auf und gibt sie über den Kommutator der Gleichstrom-Hintermaschine *GM* ab, so daß die Schlupfenergie wiederum der Motorwelle zugeführt wird. Der Einankerumformer läuft um so schneller, je größer die Schlupfperiodenzahl ist; in der Nähe des Synchronismus arbeitet der Regelsatz nicht.

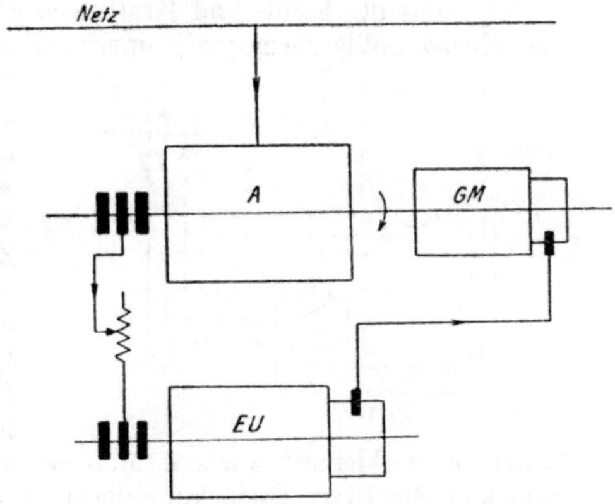

Abb. 128.

Die Regelung der Drehzahl geschieht durch Änderung der Erregung des Gleichstrom-Hintermotors. Je stärker die Erregung des Hintermotors ist, desto geringer ist die Drehzahl der Motorwelle (s. S. 237). Die Drehzahlregelung ist aber hier nur auf Untersynchronismus beschränkt.

Die Einstellung des Leistungsfaktors des Hauptmotors geschieht mit Hilfe der Erregung des Einankerumformers. Bei einer gewissen Übererregung des Einankerumformers (s. S. 244) wird die Phasenverschiebung an den Motorklemmen gleich Null [L. 54].

12. Anlassen des Mehrphasenmotors mit Kurzschlußläufer.

Beim Kurzschlußläufermotor ist eine Vergrößerung des Läuferwiderstandes zur Erhöhung des Anlaufmomentes und zur Verkleinerung des Anlaufstromes wie beim Schleifringläufermotor nicht möglich. Der Widerstand des Läuferkäfigs darf mit Rücksicht auf die Verluste im Betrieb einen gewissen Wert nicht überschreiten. Die Ausführung des Käfigs mit einem hohen Widerstand zur Erzielung eines hohen Anlaufmomentes ist also nicht zulässig. Das Anlaufmoment ebenso wie der Anlaufstrom ist durch die Lage des Kurzschlußpunktes P_k im Kreisdiagramm (Abb. 118) gegeben: *Der Anlaufstrom ist beim Kurzschlußläufermotor gleich dem Kurzschlußstrom.*

Wird ein Kurzschlußläufermotor angelassen, so nimmt er zunächst seinen Kurzschlußstrom auf und durchläuft das ganze motorische Arbeitsgebiet vom Punkte P_k bis zu dem Kreispunkte, der dem Belastungsdrehmoment entspricht. Der Strom nimmt dabei dauernd ab und stellt sich auf den dem Belastungsmoment entsprechenden Wert ein. Das Drehmoment durchläuft die Kurve I Abb. 122, d. h. es nimmt zunächst bis zum Kippmoment zu und fällt dann ebenso wie der Strom auf den dem Belastungsdrehmoment entsprechenden Wert. Der *Verlauf des Stromes ebenso wie des Dreh-*

momentes während der Anlaufperiode ist dabei ganz *unabhängig von der Größe des Belastungsdrehmomentes* und ist einzig und allein durch den Kreis des Motors, d. h. durch die Streuung und Widerstände seiner Wicklungen, bestimmt.

Für gemischte Licht- und Kraftnetze ist der hohe Anlaufstrom der Kurzschlußläufermotoren unerwünscht, weil er einen Spannungsabfall und infolgedessen Lichtschwankungen erzeugt. In vielen Fällen, wie z.B. beim Antrieb von Ventilatoren, Zentrifugalpumpen usw., wo zum Anfahren nur ein kleines Moment nötig ist, kann unter gleichzeitiger Herabsetzung des Anlaufmomentes auch der Anlaufstrom verkleinert werden. Man verwendet zu diesem Zwecke entweder die Stern-Dreieckumschaltung oder einen Anlaßtransformator.

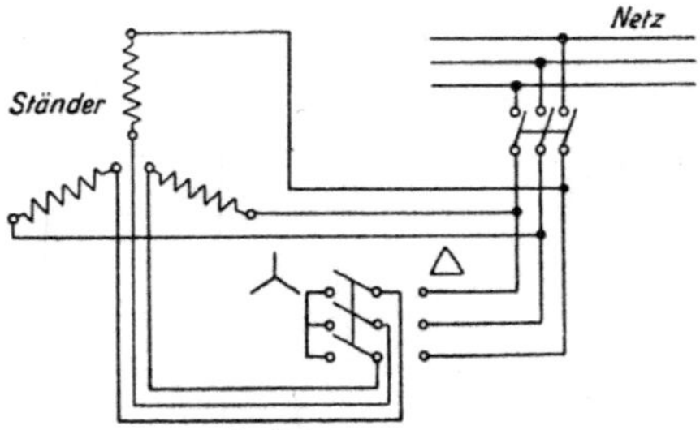

Abb. 129.

Die *Stern-Dreieckumschaltung* besteht darin, daß der Motor normalerweise in der Dreieckschaltung läuft, beim Anlauf aber in Stern geschaltet wird (Abb. 129). Beim Anlauf in der Dreieckschaltung nehmen die Motorphasen einen bestimmten Strom auf, der $\sqrt{3}$mal kleiner ist als der Netzstrom. Schaltet man den Motor in Stern, so wird der Strom in seinen Phasen $\sqrt{3}$mal kleiner als in der Dreieckschaltung, weil die Spannung pro Phase $\sqrt{3}$ mal kleiner geworden ist. Da weiter in der Sternschaltung der Netzstrom gleich dem Phasenstrom des Motors ist, so wird beim Anlauf in der Sternschaltung der Netzstrom nur $\frac{1}{3}$ desjenigen Stromes betragen, der beim Anlaufen in der Dreieckschaltung auftritt. Aber auch das Anlaufmoment geht auf $\frac{1}{3}$ herunter, denn die Umschaltung von Dreieck auf Stern ist, wie wir eben gesehen haben, gleichbedeutend mit einer Verringerung der Phasenspannung auf $\frac{1}{\sqrt{3}}$

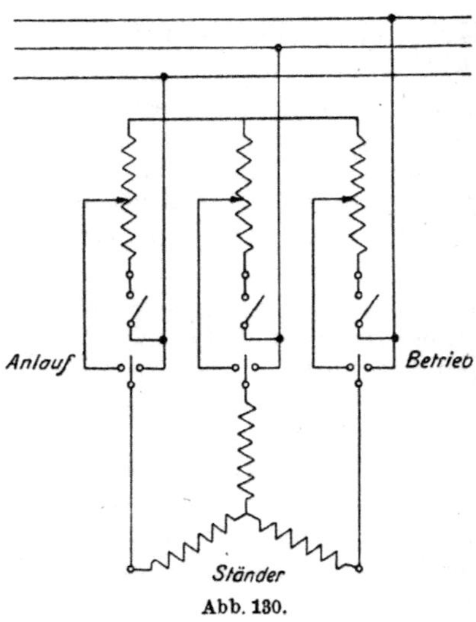

Abb. 130.

und die Änderung des Drehmomentes erfolgt quadratisch mit der Spannung.

Die Stern-Dreieckumschaltung wird hauptsächlich bei kleineren Motoren verwendet, bei größeren Motoren kommt ein besonderer *Anlaßtransformator*, der als Spartransformator (s. S. 62) ausgeführt wird, in Frage (Abb. 130). Die Sekundärspannung des Anlaßtransformators wird je nach dem gewünschten Anlaufmoment zu 70, 60 oder 50% der Netzspannung gewählt. Das Anlaufmoment des Motors geht quadratisch mit der Spannung herunter, der Anlaufstrom *des Motors* geht dagegen proportional mit der Spannung herunter. Da aber zwischen Netz und Motor der Transformator liegt und das Netz die Anlaufleistung bei der höheren Spannung abgibt, so geht der Anlaufstrom, den das *Netz* abgibt, auch quadratisch mit der Spannung herunter. Bei 70% Anlaßspannung beträgt z. B. das Anlaufmoment bzw. der vom Netz zu liefernde Anlaufstrom 49% des Anlaufmomentes bzw. des Anlaufstromes bei voller Spannung [L. 55].

13. Der Einphasen-Asynchronmotor.

a) Das gleichsinnige und das inverse Drehfeld. Der Ständer des Einphasen-Asynchronmotors erhält eine Einphasenwicklung, der Läufer dagegen stets eine Mehrphasen-, normalerweise Dreiphasenwicklung und nur bei kleinen Motoren eine Käfigwicklung. Wird der einphasigen Ständerwicklung ein Wechselstrom zugeführt, so erzeugt dieser (s. S. 101) ein Wechselfeld, das in einer bestimmten Achse pulsiert. Der Läufer wird zwar induziert, er bleibt aber stehen. Bringt man ihn mit Hilfe einer äußeren Kraft aus seiner Ruhelage heraus und versetzt ihn nach *irgendeiner* Richtung in Drehung, so dreht er sich in dieser Richtung von selbst weiter, erreicht dabei eine Drehzahl, die beinahe gleich ist der synchronen Drehzahl $n_d = \frac{60 f_1}{p}$, genau wie beim Mehrphasenmotor, und verhält sich in der Nähe dieser synchronen Drehzahl vollkommen ähnlich dem Mehrphasenmotor.

Dieses Verhalten des Einphasenmotors läßt sich auf folgende Weise erklären: wie auf S. 110 auseinandergesetzt wurde, entspricht ein Wechselfeld in seiner Wirkung zwei Drehfeldern, deren Amplituden gleich sind der halben Amplitude des Wechselfeldes und die nach entgegengesetzten Richtungen sich drehen.

Bringt man den Läufer aus seiner Ruhelage nach irgendeiner Richtung heraus, so wird er von dem in gleicher Richtung laufenden Drehfelde mitgenommen und auf die beinahe synchrone Drehzahl dieses Drehfeldes gebracht. Das in entgegengesetzter Richtung rotierende Drehfeld, das *inverse* Drehfeld, hat dann gegenüber dem Läufer beinahe die zweifache synchrone Geschwindigkeit, aber in der der Drehung des Läufers entgegengesetzten Richtung und wirkt infolgedessen bremsend.

In Abb. 131 stellt die Kurve a die Drehmomentenkurve des gleichsinnigen Drehfeldes dar. Zwischen $\sigma = 0$ und $\sigma = 1$ ist der Verlauf der gleiche wie in Abb. 122, die sich auf einen Dreiphasenmotor bezieht. Die Drehmomentenkurve a ist hier verlängert bis $\sigma = 2$, d. h. bis in das Arbeitsgebiet des Motors als Bremse, und zwar bis zum Lauf *gegen* das Drehfeld mit einer Geschwindigkeit, die gleich der synchronen Geschwindigkeit ist. Dieser Teil der Drehmomentenkurve zwischen $\sigma = 1$ und $\sigma = 2$ stellt die Bremsmomente des inversen Drehfeldes dar.

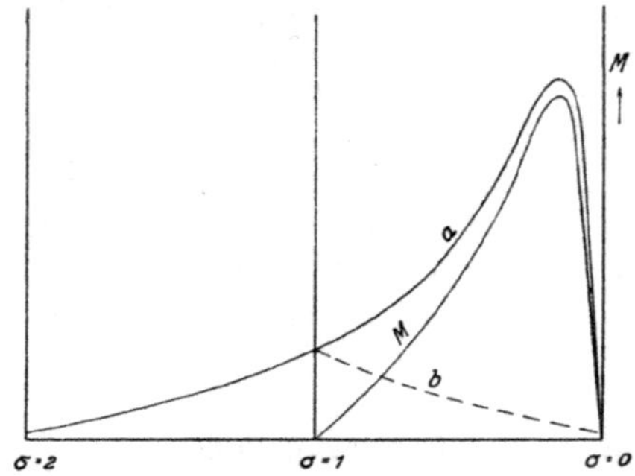

Abb. 131.

Im Stillstand ist sowohl in bezug auf das gleichsinnige wie in bezug auf das inverse Drehfeld $\sigma = 1$. Wenn der Schlupf in bezug auf das gleichsinnige Drehfeld gleich 0 ist, ist er in bezug auf das inverse Drehfeld gleich 2. Klappt man also den Teil der Drehmomentenkurve, der zwischen $\sigma = 1$ und $\sigma = 2$ liegt, um die Ordinatenachse um (Kurve b) und zieht die Werte der Kurve b von denen der Kurve a ab, so ergeben die Differenzen die resultierenden Drehmomente M des Einphasen-Asynchronmotors in Abhängigkeit von dem Schlupf. *Im Stillstand ist das Drehmoment des Einphasen-Asynchronmotors gleich* 0, *sein Anlaufmoment* also (unabhängig vom Läuferwiderstand) *gleich Null.* Der weitere Verlauf der Drehmomentenkurve ist ähnlich dem des Mehrphasenmotors.

Das inverse Drehfeld, das gegenüber dem Läufer mit der ca. zweifachen synchronen Geschwindigkeit rotiert, induziert im Läufer Ströme von der zweifachen Netzperiodenzahl. Wegen der hohen Periodenzahl ist der Blindwiderstand des Läufers in bezug auf diese Ströme groß, so daß der Strom zweifacher Periodenzahl seiner EMK um ca. 90^0 nacheilt, und da das inverse Drehfeld dieser EMK um 90^0 voreilt, so wirkt die Läufer-MMK zweifacher Periodenzahl der MMK des inversen Drehfeldes entgegen und vernichtet den inversen Drehfluß bis auf einen kleinen Restbetrag, der gerade ausreicht, um den induktiven und Ohmschen Spannungsabfall des Stromes doppelter Periodenzahl im Läufer zu decken.

Die Läuferströme schälen somit aus dem primären Wechselfeld das gleichsinnige Drehfeld heraus, so daß auch der Einphasenmotor (im Lauf) ähnlich wie der Mehrphasenmotor praktisch ein einziges Drehfeld besitzt.

Der Läuferstrom des Einphasenmotors wird demnach durch Übereinanderlagerung zweier Ströme gebildet: des Schlupfstromes des gleichsinnigen Drehfeldes mit der Periodenzahl $f_2 = \sigma f_1$ und des Stromes des inversen Drehfeldes mit der Periodenzahl $f_2' = f_1 (2 - \sigma)$, d. h. eines Stromes ganz niedriger und eines Stromes hoher Periodenzahl. Die Stromwärmeverluste des Läufers sind so groß, als ob jeder der beiden Ströme für sich allein im Läuferwiderstand fließen würde, so daß der Einphasenmotor im Läufer bedeutend höhere Kupferverluste hat als der Mehrphasenmotor, und zwar im Vergleich zum Mehrphasenmotor ca. zweimal so große, weil beide Ströme des Läufers von gleichen MMK-en des Ständers erzeugt werden (s. S. 110) und dementsprechend ungefähr gleich sein müssen.

Wird das Belastungsdrehmoment des Einphasenmotors größer, so nimmt im Läufer wie bei dem Mehrphasenmotor der Strom der Schlupfperiodenzahl zu und dementsprechend auch der Strom im Ständer. Nimmt aber der Strom im Ständer zu, so wird die MMK des inversen Drehfeldes größer und somit auch der Strom zweifacher Periodenzahl im Läufer. Mit zunehmender Belastung wachsen also im Läufer sowohl der Strom der Schlupffrequenz wie der Strom doppelter Periodenzahl an.

Der Magnetisierungsstrom des Einphasenmotors berechnet sich in gleicher Weise wie der des Mehrphasenmotors. Mit Hilfe der Gleichung 105 für die induzierte EMK berechnet man zunächst den Fluß, aus diesem die nötige MMK und mit Hilfe der Gleichung 113b den Magnetisierungsstrom J_μ.

b) Vergleich mit dem Dreiphasenmotor. Zum bequemeren Vergleich mit dem Dreiphasenmotor nehmen wir an, daß die Ständerwicklung des Einphasenmotors aus zwei Strängen einer Dreiphasenwicklung besteht. Eine solche Wicklung ist mit einer Einphasenwicklung nach Abb. 94 gleichwertig.

Bei gleicher Klemmenspannung muß der Fluß beim Einphasen- und Dreiphasenmotor der gleiche sein und somit müssen auch die MMK-e die gleichen sein. Nach Gleichung 113a ist die Amplitude der MMK des Einphasenmotors, wenn man berücksichtigt, daß beide Phasen der Dreiphasenwicklung 120° miteinander bilden (vgl. Gl. 33),

$$F = \sqrt{3} \cdot 0{,}9 J z_n q \zeta$$

und die des Dreiphasenmotors nach Gleichung 114a

$$F = 0{,}45 \cdot 3 \; J z_n q \zeta .$$

Sollen die beiden MMK-e einander gleich sein, so müssen sich die *Magnetisierungsströme* angenähert verhalten wie

$$\frac{J_{\mu 1}}{J_{\mu 3}} \simeq \frac{\sqrt{3}}{2} .$$

Der *Leerlaufstrom* des Einphasenmotors ist aber beinahe doppelt so groß wie sein Magnetisierungsstrom, weil beim Einphasenmotor der Läufer *auch im Leerlauf* vom inversen Drehfeld induziert wird und Strom führt. Um den Drehfluß aufrechtzuerhalten, muß infolgedessen der Ständer mehr Strom aufnehmen.

Der große Leerlaufstrom bedingt, daß der Leistungsfaktor des Einphasenmotors kleiner ist als der des Dreiphasenmotors.

Wir denken uns während des Kurzschlußversuches die Lage der Ständerwicklung in bezug auf die Läuferwicklung derart, daß die beiden Phasen des Ständers sich mit 2 Phasen des Läufers überdecken. Der Kurzschluß erfolgt dann unter genau den gleichen Verhältnissen wie beim Dreiphasenmotor. Bei gleichen Strömen müssen die Kurzschlußspannungen der *einzelnen* Wicklungsstränge einander gleich sein. Während aber im Dreiphasenmotor sich die Spannungen zweier Wicklungsstränge geometrisch zu dem $\sqrt{3}$-fachen Wert zusammensetzen, setzen sich beim Einphasenmotor die Spannungen der beiden Stränge algebraisch zu dem doppelten Wert zusammen. Bei gleichen Kurzschlußspannungen fällt Drei- auf den Strang des Einphasenmotors $\frac{1}{2}$, auf den Strang des somit phasenmotors $\frac{1}{\sqrt{3}}$ der Kurzschlußspannung. Der Kurzschlußstrom des Einphasenmotors ist also im Verhältnis $\frac{\sqrt{3}}{2}$ kleiner als der Kurzschlußstrom des Dreiphasenmotors. Der Kreisradius des Einphasenmotors ist infolgedessen kleiner als der Kreisradius des Dreiphasenmotors. Berücksichtigt man weiter, daß die aufgenommene Leistung des Dreiphasenmotors gleich ist dem Strom (Wirkstrom) mal $\sqrt{3}\,P_1$, während die des Einphasenmotors dem Strom mal P_1 gleich ist, so folgt, daß die maximalen aufgenommenen Leistungen sich angenähert verhalten wie

$$\frac{\sqrt{3}}{2}\,\frac{1}{\sqrt{3}} = 0{,}5,$$

d. h. bei gleichen Klemmenspannungen kann der Einphasenmotor nur die Hälfte der maximalen Leistung des Dreiphasenmotors aufnehmen. Das gleiche gilt angenähert auch für die abgegebene Leistung. Durch Erhöhung der Klemmenspannung um etwa 15°/₀ läßt sich die abgegebene Leistung auf $\frac{2}{3}$ der Leistung des Dreiphasenmotors bringen. Die Gesamtverluste sind dann ungefähr die gleichen wie bei dem Dreiphasenmotor. Da aber die abgegebene Leistung kleiner ist als beim Dreiphasenmotor, so ist der Wirkungsgrad des Einphasenmotors geringer als der des Dreiphasenmotors.

c) Das Kreisdiagramm des Einphasenmotors. Das Kreisdiagramm des Einphasenmotors kann genau in derselben Weise aufgezeichnet werden wie das des Mehrphasenmotors. Auch für die Schlupflinie und Leistungslinie gilt dasselbe wie beim Mehrphasenmotor. Dagegen hat das Kreisdiagramm des Einphasenmotors *keine Drehmomentenlinie,* denn beim Einphasenmotor ist das Drehmoment nicht nur in der Nähe des Synchronismus (vgl. Abb. 131) und im Punkte P_∞ gleich Null, sondern auch im Punkte P_k (Stillstand). Die Drehmomente müssen hier aus der Leistung und der Drehzahl berechnet werden. Abb. 132 zeigt das Kreisdiagramm eines Einphasenmotors. Auf dem Kreisbogen $P_0' P_k$ ist $\sigma < 1$ und die Maschine arbeitet als Motor. Zwischen P_0' und P_∞ ist σ negativ und die Maschine arbeitet als Generator. Der Bremszustand (Bogen $P_k P_\infty$) fehlt dagegen bei der Einphasenmaschine, weil die Einphasenmaschine vom Stillstand aus keine bestimmte Drehrichtung hat.

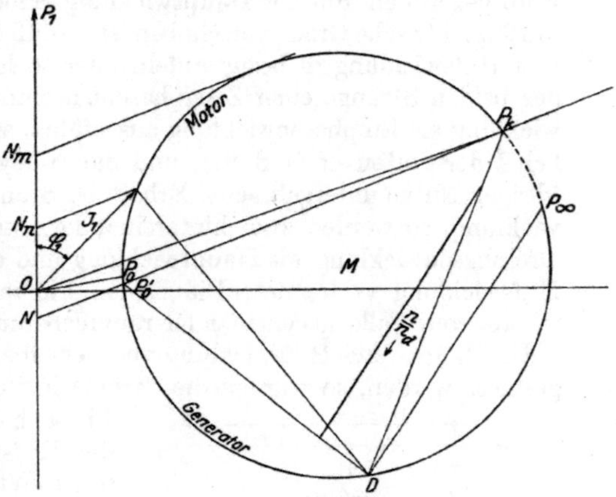

Abb. 132.

Im Gegensatz zum Mehrphasenmotor ist beim Einphasenmotor das *maximale Drehmoment* (Kippmoment) *abhängig vom Läuferwiderstand* (s. S. 135). Je größer der Läuferwiderstand ist, desto geringer sind die Ströme zweifacher Periodenzahl im Läufer, desto mehr bleibt vom bremsend wirkenden inversen Drehfeld übrig. Dies geht auch aus Abb. 131 hervor. Bei größerem Läuferwiderstand verschiebt sich das Kippmoment des gleichsinnigen Drehfeldes nach links. Dadurch werden die Ordinaten der Drehmomentenkurve zwischen $\sigma = 1$ und $\sigma = 2$, die die Bremsmomente des inversen Drehfeldes darstellen, größer und die resultierenden Momente kleiner.

Die Drehmomentenkurven eines Einphasenmotors bei vier verschieden großen Läuferwiderständen zeigt Abb. 133. Beim zehnfachen Widerstand im Läuferkreis geht das Kippmoment etwa auf die Hälfte herunter.

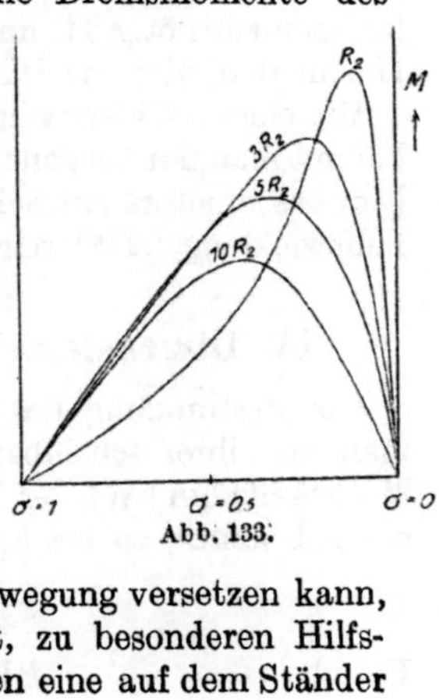

Abb. 133.

Es folgt daraus, daß bei Einphasenmotoren eine Drehzahlregelung mittels Widerstände im Läuferkreis nur in ganz engen Grenzen möglich ist.

d) Anlassen des Einphasenmotors. Da das Wechselfeld den Motor nicht in Bewegung versetzen kann, muß, damit der Einphasenmotor anläuft, zu besonderen Hilfsmitteln gegriffen werden. Als solche dienen eine auf dem Ständer angeordnete Hilfswicklung und ein Ohmscher oder induktiver Widerstand.

Die Hilfswicklung wird so angeordnet, daß der von ihr erzeugte Fluß gegen den von der Hauptwicklung erzeugten Fluß räumlich um 90 elektrische Grade verschoben ist, so daß die Flüsse der Haupt- und Hilfswicklung in bezug aufeinander so liegen, wie die Flüsse der beiden Stränge einer Zweiphasenmaschine. Wird die Hauptwicklung als Einphasenwicklung ausgeführt, so nimmt sie gewöhnlich $\frac{2}{3}$ der Nuten ein (s. S. 97), und die Hilfswicklung wird in den übrigen Nuten untergebracht. Erhält der Ständer eine Dreiphasenwicklung, so werden zwei hintereinander geschaltete Stränge der Dreiphasenwicklung als Hauptwicklung und der dritte Strang als Hilfswicklung verwendet. Die beiden Flüsse sind in einem wie im anderen Falle gegeneinander räumlich um 90° verschoben.

Da Haupt- und Hilfswicklung von derselben Quelle, vom Netz, gespeist werden, so würden die Ströme in ihnen gleiche zeitliche Phase haben, wenn nicht in die Hilfswicklung ein Ohmscher Widerstand oder eine Drosselspule einges worden wäre. Der Ohmsche oder der induktive Widerstand bewirkt, daß der Strom in der Hilfswicklung eine andere zeitliche Phase hat als in der Hauptwicklung. Da auch die magnetischen Achsen der beiden Wicklungen räumlich gegeneinander verschoben sind, so entsteht ein Drehfeld ähnlich wie bei der Zweiphasenmaschine. Dieses Drehfeld ist zwar unsymmetrisch, genügt aber, falls kein zu großes Anlaufmoment nötig ist, um den Motor anzuwerfen. Nach erfolgtem Hochlaufen wird die Hilfswicklung abgeschaltet.

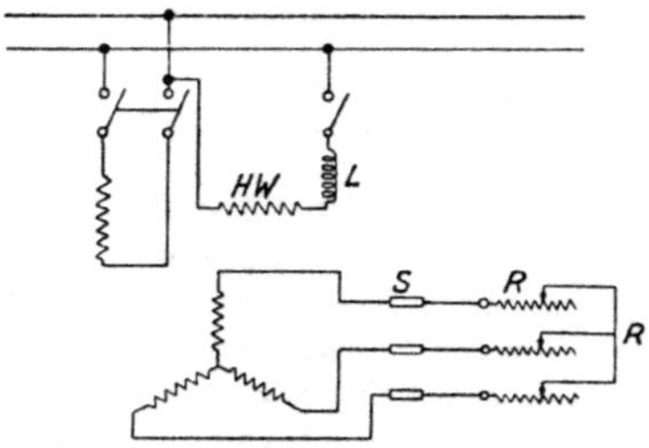

Abb. 134.

Mit einem Widerstand zur Erzeugung der Phasenverschiebung kommt man nur bei ganz kleinen Motoren aus. Die Schaltung eines Einphasenmotors mit Schleifringläufer und Drosselspule (L) in der Hilfswicklung (HW) zeigt Abb. 134.

14. Dimensionierung der Asynchronmaschine.

Zur Bestimmung der Hauptabmessungen der Maschine geht man von ihrer scheinbaren Leistung aus. Ist die Leistung der Motorwelle (in kW), der Wirkungsgrad η und der Leistungsfaktor $\cos\varphi$ bekannt, so beträgt die scheinbare Leistung in kVA:

$$kVA = \frac{kW}{\eta \cos\varphi}. \tag{146}$$

Es gilt

$$kVA = m_1 P_1 J_1 10^{-3}, \tag{147}$$

wobei, unter Voraussetzung sinusförmigen Feldes,

$$P_1 \simeq E_1 = 4{,}44\, f_1\, w_1\, \zeta_1\, \Phi\, 10^{-8}$$

und

$$\Phi = \frac{2}{\pi}\, \tau_p\, l_i\, \mathfrak{B}_l$$

ist (s. Gleichung 105 und 47). Setzt man hier ein

$$f_1 = \frac{p n_d}{60}$$

$$\tau_p = \frac{\pi D}{2p},$$

wo D der innere Durchmesser (die Bohrung) des Ständers ist, und führt ein

$$A = \frac{m_1\, 2\, w_1\, J_1}{\pi D}, \tag{148}$$

so erhält man

$$kVA = \frac{1}{8{,}6}\, D^2\, l_i\, n_d\, \zeta_1\, \mathfrak{B}_l\, A\, 10^{-11}. \tag{149}$$

A ist (s. S. 109) der *Strombelag*, d. h. die Anzahl der Amperestäbe pro 1 cm Ankerumfang. Während die Luftinduktion $\mathfrak{B}_l$ ein Maß für die magnetische Ausnutzung der Maschine bildet, ist der Strombelag A ein Maß für die elektrische Ausnutzung der Maschine.

Aus Gleichung 149 folgt:

$$\frac{kVA}{D^2\, l_i\, n_d} = \frac{\zeta_1 \mathfrak{B}_l A}{8{,}6 \cdot 10^{11}}. \tag{150 a}$$

Sowohl die Amplitude der Induktion $\mathfrak{B}_l$ wie der Strombelag A nehmen mit zunehmender Leistung und zunehmender Drehzahl zu. Jedoch variiert die rechte Seite der Gl. 150a bei Maschinen verschiedener Größe verhältnismäßig wenig. Man bezeichnet sie infolgedessen als *Maschinenkonstante*. Diese liegt bei kleinen Motoren unter $1 \cdot 10^6$ und erreicht bei größeren Motoren den Wert $3{,}5 \cdot 10^6$.

Ist für einen bestimmten Fall (bestimmte Leistung und Drehzahl) die Größe der Maschinenkonstante aus Erfahrung bekannt, so läßt sich mit Hilfe der Gleichung 150a das Produkt $D^2 l_i$, d. h. das Produkt aus den Hauptabmessungen der Maschine, berechnen. Aus Erfahrung kennt man außerdem das Verhältnis $\frac{l_i}{D}$ und kann daraus sowohl den Ständerdurchmesser D wie die ideelle Maschinenlänge l_i bestimmen. Für die zulässige Größe des Verhältnisses $\frac{l_i}{D}$ ist hauptsächlich die Erwärmung der Maschine maßgebend. Je größer das Verhältnis $\frac{l_i}{D}$ ist, desto schlechter sind die Abkühlungsverhältnisse der Maschine.

Eine ähnliche Beziehung wie für die Asynchronmaschine (Gl. 150a) läßt sich auch für die anderen Maschinenarten (Synchronmaschine, Gleichstrommaschine usw.) ableiten. Die rechte Seite der Gleichung, die Maschinenkonstante, ist aber für die verschiedenen Maschinenarten verschieden. Allgemein gilt also für die Dimensionierung der elektrischen Maschine

$$\frac{kVA}{D^2 l_i n} = C, \tag{150 b}$$

wo C die Maschinenkonstante bedeutet [L. 56].

VII. Die Synchronmaschine.

1. Die Synchronmaschine als Stromtransformator.

Wie wir oben gesehen haben, bedarf die Asynchronmaschine eines *bestimmten* Schlupfes, um den für ein *bestimmtes* Drehmoment nötigen Läuferstrom zu erzeugen. Wird aber der zur Erzeugung des Drehmomentes nötige Strom dem Läufer durch eine passende äußere Stromquelle (Mehrphasen-Kommutatormaschine) zugeführt, so kann bei dem gewünschten Drehmoment der Schlupf gleich Null oder sogar negativ gemacht werden. Im ersten Falle dreht sich der Läufer synchron mit dem Drehfelde, und der von der Mehrphasen-Kommutatormaschine dem Läufer zu liefernde Strom muß ein Gleichstrom sein, denn nur dann können Ständer- und Läufer-MMK-Wellen relativ zueinander stillstehen, eine Bedingung, die stets erfüllt sein muß.

So stellt die Synchronmaschine einen Spezialfall der Asynchronmaschine dar: dem Läufer der Synchronmaschine wird von einer besonderen Stromquelle *Gleichstrom* zugeführt. Die Synchronmaschine ist deswegen an die *synchrone* Drehzahl gebunden, eine andere Drehzahl ist bei der Synchronmaschine im Gegensatz zur Asynchronmaschine nicht möglich. Hängt also der Ständer einer Synchronmaschine mit der Polpaarzahl p an einem Netz mit der Periodenzahl f, so hat ihr Läufer genau die minutliche Drehzahl

$$n = \frac{60 f}{p}.$$

Als Spezialfall der Asynchronmaschine stellt die *Synchronmaschine auch einen Spezialfall des allgemeinen Transformators* dar. Die Zusammensetzung der MMKe der beiden Wicklungen kann in gleicher Weise erfolgen wie bei dem Transformator und auch das Spannungsdiagramm der Ständerwicklung kann in ähnlicher Weise aufgestellt werden wie beim Transformator.

In bezug auf die Änderung des Flusses mit der Belastung ist die Synchronmaschine dem *Strom*transformator ähnlich. Dieser arbeitet im wesentlichen mit *konstantem Primär*strome (hier der Gleichstrom), veränderlich ist bei ihm der Sekundärstrom. Während beim Spannungstransformator der Fluß mit der Belastung sich nur wenig

a

b

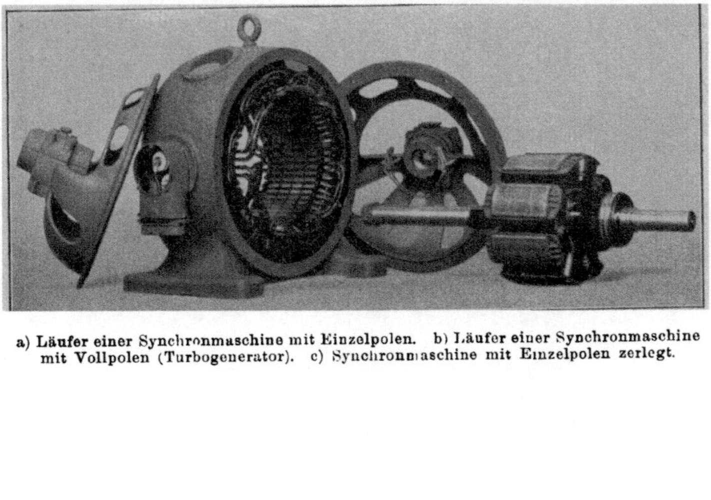

c

a) **Läufer einer Synchronmaschine mit Einzelpolen.** b) **Läufer einer Synchronmaschine mit Vollpolen (Turbogenerator).** c) **Synchronmaschine mit Einzelpolen zerlegt.**

ändert, weil dort die Größe des Flusses durch die primäre Spannung bestimmt wird, sind die Flußänderungen beim Stromtransformator sehr groß. Der sekundär unbelastete Stromtransformator führt einen Fluß, der den vollen Amperewindungen des Primärstromes entspricht; bei irgendeinem bestimmten Sekundärstrom entspricht der Fluß den aus den primären und den sekundären AW resultierenden Amperewindungen und kann vom Leerlauffluß *bedeutend* abweichen. Da zwischen den Amperewindungen und dem Fluß im Eisen keine Proportionalität herrscht, der Zusammenhang zwischen diesen beiden vielmehr durch die *Magnetisierungskurve* (s. S. 25) gegeben ist, so wird man bei der Behandlung der Synchronmaschine sich auf diese stützen müssen. Beim Spannungstransformator und somit auch bei der Asynchronmaschine ist dies nicht nötig, da diese auf einem bestimmten, *festen* Punkt ihrer Charakteristik arbeiten. Dieser Punkt der magnetischen Charakteristik wird dort zur Bestimmung des Magnetisierungsstromes benutzt.

Bei der Behandlung der Synchronmaschine ist ein Unterschied zu machen zwischen der Maschine mit *Vollpolen* und der Maschine mit *Einzelpolen* (ausgeprägten Polen). Den Läufer einer Synchronmaschine mit Einzelpolen zeigt Tafel VIII, Abb. a, den Läufer einer Synchronmaschine mit Vollpolen zeigt Tafel VIII, Abb. b. Abb. c auf Tafel VIII zeigt eine Einzelpolmaschine in auseinandergenommenem Zustande. Vollpole erhalten nur die Schnelläufer (Turbogeneratoren), und zwar aus Festigkeitsgründen. Die Langsamläufer erhalten stets Einzelpole.

Bei den Einzelpolmaschinen wird die Gleichstromerregerwicklung als konzentrierte Spulenwicklung (Tafel V, Abb. b) ausgeführt, bei den Vollpolmaschinen wird sie dagegen in Nuten untergebracht. Aus den gleichen Gründen wie bei den Einphasenwicklungen wird nicht der ganze Umfang bewickelt, sondern nur ca. $\frac{2}{3}$ des Umfanges.

Während die Vollpolmaschinen konstante magnetische Leitfähigkeit längs des ganzen Ankerumfanges haben, ist bei den Einzelpolmaschinen die magnetische Leitfähigkeit längs des Ankerumfanges veränderlich: die Polschenkel wechseln hier mit den Pollücken, deren magnetischer Widerstand sehr groß ist, ab.

Für die Vollpolmaschinen mit konstanter magnetischer Leitfähigkeit längs des Ankerumfanges gelten die Transformatorgesetze ohne weiteres; daß die primäre Wicklung eine Gleichstromwicklung ist, ist dabei nebensächlich, denn ein mit Gleichstrom erregtes rotierendes Polrad gibt ein ebenso vollkommenes Drehfeld wie die mit Drehstrom gespeiste Dreiphasenwicklung des Ständers einer Asynchronmaschine. Wie wir später sehen werden, gelten dagegen die Transformatordiagramme für die Einzelpolmaschine, deren magnetische Leitfähigkeit veränderlich ist, nur bei gewissen Belastungsverhältnissen [L. 57].

2. Die Leerlaufcharakteristik.

Wir betrachten zunächst den *Mehrphasen-Synchrongenerator*, d. h. wir betrachten zunächst den Fall, wo der Synchronmaschine mechanische Leistung zugeführt wird, die, in elektrische Energie verwandelt, von der Sekundärwicklung an irgendeinen Verbraucher abgegeben wird.

Im *Leerlauf* des Generators (Sekundärwicklung offen) wird der Fluß der Maschine nur durch die Gleichstrom-Erregeramperewindungen bestimmt. Konstante Drehzahl, d. h. konstante Periodenzahl vorausgesetzt, ist die in der Sekundärwicklung induzierte Wechsel-EMK dem Flusse direkt proportional, denn nach Gleichung 105 ist:

$$E = 4{,}44 f w \zeta \Phi 10^{-8} \text{ Volt.}$$

Der Zusammenhang zwischen der im Leerlauf in der Sekundärwicklung induzierten EMK und den Erregeramperewindungen (oder auch dem Erregerstrom, da die Windungszahl der Erregerwicklung in jedem gegebenen Falle eine konstante Größe ist) ist durch die *Leerlaufcharakteristik* der Maschine (Abb. 135) gegeben. Der Verlauf der Leerlaufcharakteristik ist durch die Sättigung der Eisenteile der Maschine bestimmt. Im unteren Teil der Charakteristik, wo der Fluß gering ist, ist auch die Sättigung der Eisenteile klein; die Erregeramperewindungen werden hier fast ausschließlich zur Überwindung des magnetischen Widerstandes des Luftspaltes verbraucht und die Charakteristik verläuft infolgedessen in dem unteren Teile geradlinig. Sobald sich die Eisensättigung bemerkbar macht, biegt die Leerlaufcharakteristik von der Geraden ab. Stellt $\overline{OQ}$ die Nennspannung der Maschine dar, so muß, damit die leerlaufende Maschine ihre volle Klemmenspannung hat, die Erregeramperewindungszahl gleich $\overline{OL} = \overline{Qb}$ sein. Von dieser wird der Teil $\overline{Qa}$ für den Luftspalt und der Teil $\overline{ab}$ für das Eisen verbraucht; denn würde die Eisensättigung in dem betrachteten Punkt der Charakteristik vernachlässigbar klein sein, so müßte diese auch dort nach der Geraden $\overline{Oa}$, der Luftspaltcharakteristik, verlaufen.

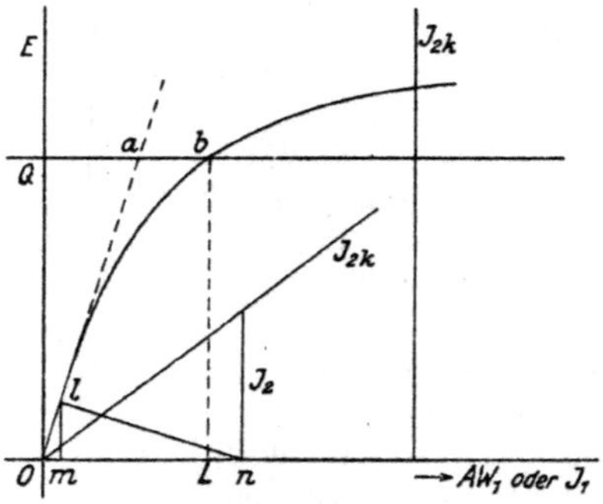

Abb. 135.

Ist die Sekundärwicklung belastet, so ist bei der Bestimmung der Größe des Flusses der Maschine nicht nur die MMK der Erregerwicklung, sondern auch die MMK der Sekundärwicklung (Ankerwicklung) in Betracht zu ziehen. Bei der Aufstellung des Spannungsdiagramms der Ankerwicklung sind ihre Streuung und ihr Ohmscher Widerstand zu berücksichtigen.

3. Das Spannungs- und das Amperewindungsdiagramm des Synchrongenerators mit Vollpolen.

Das AW-Diagramm des Synchrongenerators mit Vollpolen und das Spannungsdiagramm seiner Ankerwicklung bei Belastung mit nacheilendem Strom zeigt Abb. 136. Der Belastungsstrom J_2 liege in der Vertikalen und eile um den Winkel φ der Klemmenspannung $P = \overline{OA}$ nach. In Phase mit J_2 tragen wir den Ohmschen Spannungsabfall der Ankerwicklung $\overline{AB} = J_2 R_2$ auf und senkrecht zu J_2, um 90^0 gegenüber J_2 voreilend, die zur *Aufhebung* der EMK der Streuinduktion der Ankerwicklung nötige Komponente der induzierten EMK $\overline{BC} = J_2 x_2$. $\overline{OC}$ ist dann die vom Hauptfluß Φ, der von den *resultierenden* AW erzeugt wird, zu induzierende EMK E. Die sekundären Amperewindungen AW_2 sind in Phase mit J_2. Die resultierenden Amperewindungen AW_r müssen senkrecht stehen auf E, und zwar um 90^0 gegen E voreilen, weil sie in Phase sind mit dem Hauptfluß Φ und die induzierte EMK dem induzierenden Fluß stets um 90^0 nacheilt. Die vom Gleichstrom erzeugten primären Amperewindungen AW_1 müssen nach Aufhebung der sekundären Amperewindungen AW_2 noch die resultierenden Amperewindungen AW_r hergeben. AW_1 ergibt sich somit als geometrische Summe von $-AW_2$ und AW_r.

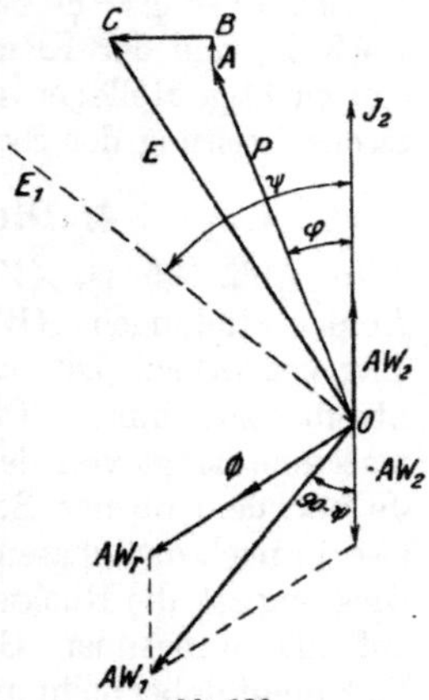

Abb. 136.

Die Streuung setzt sich zusammen aus der Nutenstreuung, der Spulenkopfstreuung und der Zahnkopfstreuung (s. S. 30). Die doppelt verkettete Streuung spielt hier keine Rolle.

Das Diagramm (Abb. 136) bezieht sich auf den Generatorzustand, weil der Winkel zwischen E und J kleiner als 90^0 ist. Wir bemerken, daß beim Synchron*generator* die induzierte EMK der Klemmenspannung stets voreilt. Wie wir sehen werden, ist es beim Motor umgekehrt: dort eilt die Klemmenspannung stets der EMK vor.

Zieht man eine Gerade OE_1 senkrecht zu AW_1, so ist der Winkel ψ zwischen dieser Geraden und J_2 gleich dem Supplementwinkel zwischen AW_1 und $-AW_2$. ψ, der *innere Phasenverschiebungswinkel* genannt, gibt also die gegenseitige Lage der beiden MMK-Wellen in bezug aufeinander an. $\psi = 0$ bedeutet, daß die Amplituden der beiden MMK-Wellen um 90^0 gegeneinander verschoben sind. $\psi = 90^0$ bedeutet, daß die Amplituden der beiden MMK-Wellen in einer Linie liegen.

Der Winkel ψ hat aber noch eine andere Bedeutung: Würde man unter Voraussetzung kleiner Sättigung (s. S. 39) die von den primären und den sekundären Amperewindungen erzeugten Flüsse getrennt betrachten, so würde die von dem primären Fluß (primären Amperewindungen AW_1) allein in der Ankerwicklung erzeugte EMK E_1 in die Linie OE_1 fallen, denn diese EMK muß dem primären Flusse, der in Phase mit den primären Amperewindungen ist, um 90^0 nacheilen. Der innere Phasenverschiebungswinkel ψ ist also der Winkel zwischen dem Ankerstrome und der vom Magnetfluß (*nicht Hauptfluß* Φ) in der Ankerwicklung induzierten EMK. Wie wir später sehen werden, spielt der Winkel $\Theta = \psi - \varphi$ zwischen der vom Magnetfluß induzierten EMK E_1 und der Klemmenspannung bei der Synchronmaschine eine wichtige Rolle: er ist ein Maß für die Wirkleistung bzw. mechanische Leistung der Synchronmaschine.

4. Die Ankerrückwirkung.

In Abb. 136 ist AW_1 größer als AW_r, weil die sekundären Amperewindungen AW_2 den primären Amperewindungen AW_1 entgegenwirken. Dies hängt mit der Annahme eines nacheilenden Stromes zusammen. Die Art der *Ankerrückwirkung* der Synchronmaschine hängt von der Beschaffenheit des Belastungskreises ab. Je nachdem ob der Belastungskreis induktiv oder kapazitiv ist, also je nach der Phasenverschiebung an den Klemmen der Ankerwicklung, ist die Rückwirkung der sekundären Amperewindungen auf die erregenden Gleichstromamperewindungen verschieden. Es kommt dabei nicht auf den äußeren Phasenverschiebungswinkel φ, sondern auf den inneren Phasenverschiebungswinkel ψ an, denn dieser ist für die gegenseitige Lage der beiden MMK-Wellen maßgebend. Wir setzen kleine Sättigung voraus, betrachten also den von den Gleichstromamperewindungen erzeugten Fluß und den von den Ankeramperewindungen erzeugten Fluß getrennt voneinander, und behandeln, um die verschiedenen Arten der Ankerrückwirkung zu untersuchen, drei Fälle:

Fall a). Der Ankerstrom ist in Phase mit der vom Magnetfelde in der Ankerwicklung induzierten EMK E_1, d. h. $\psi = 0$. In diesem Falle ist der Ankerstrom J_2 im Maximum, wenn die EMK E_1 im Maximum ist. Diese letztere ist dann im Maximum, wenn der mit der betrachteten Ankerspule verkettete Fluß gleich Null ist. Die Amplitude des Stromes wird also in dem in Abb. 137 gezeichneten Wicklungsstrange einer Dreiphasenmaschine mit ausgeprägten Polen dann auftreten, wenn die beiden Spulenseiten gerade über den Polen liegen. Die Richtung des induzierten Stromes ergibt sich nach der Regel S. 68. Da die Amplitude der MMK-Welle bei Mehrphasenmaschinen sich jeweils über der Mitte desjenigen Stranges befindet, in dem der Strom gerade im Maximum ist (s. S.104), so liegt in Abb.137 die Amplitude der MMK-Welle der Ankerwicklung über der Mitte der Pollücke. Der vom Gleichstrom erzeugte Polfluß tritt aus dem Nordpol aus und tritt in den Südpol ein. Die Richtung dieser Kraftlinien ebenso wie der von der Anker-MMK erzeugten Kraftlinien sind in der Abb. 137 eingezeichnet. Man sieht, daß die primäre und die sekundäre MMK-Welle um 90°

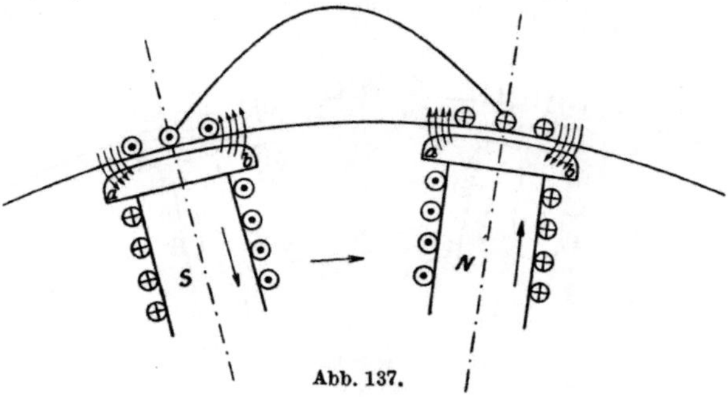

Abb. 137.

gegeneinander verschoben sind, und daß die von der Anker-MMK erzeugten Kraftlinien infolgedessen quer zu den Polen verlaufen, auf die Pole eine *quermagnetisierende* Wirkung ausüben.

Bei Phasengleichheit zwischen Ankerstrom und der vom Magnetfelde induzierten EMK besteht also die Ankerrückwirkung in einer Quermagnetisierung, durch die die eine Polhälfte (*a*) gestärkt, die andere Polhälfte (*b*) geschwächt wird. Da die MMK, die auf die beiden Polhälften wirkt, die gleiche ist, so wird infolge der Sättigung des Eisens die Zunahme des Flusses in der einen Polhälfte geringer sein als die Abnahme des Flusses in der anderen Polhälfte, so daß eine geringe Schwächung des von dem Magnetfeld erzeugten Flusses resultieren wird [L. 58].

Fall b) und c). Der Ankerstrom eilt gegen die vom Magnetfluß induzierte EMK um 90° nach bzw. vor. Das erste ist der Fall, wenn die Ankerwicklung auf eine reine Selbstinduktion, das zweite, wenn die Ankerwicklung auf eine Kapazität belastet ist. Abb. 138 gilt für Nacheilung, Abb. 139 für Voreilung des Ankerstromes gegenüber der vom Magnetfelde induzierten EMK. Der Strom ist jetzt in dem betrachteten Wicklungsstrang nicht dann im Maximum, wenn die Spulenseiten über den Polen, sondern wenn sie zwischen den Polen liegen. Aus den in den Abb. 138 und 139 angegebenen Lagen der MMK-Wellen und Richtungen der Kraftlinien sieht man, daß bei 90° Nacheilung ebenso wie bei 90° Voreilung die Amplituden der primären und der sekundären MMK-Welle zusammenfallen, die Ankerkraftlinien infolgedessen *längs der Pole*, also in gleichen Bahnen wie die Kraftlinien des Magnetfeldes verlaufen, und zwar wird beim Generator, auf welchen die Abb. 138 und 139 sich beziehen, bei Nacheilung des Stromes der Magnetfluß vom Ankerfluß geschwächt, bei Voreilung des Stromes dagegen gestärkt.

Bei Phasengleichheit zwischen Ankerstrom und der vom Magnetfeld induzierten EMK sind also die Amplituden der primären und

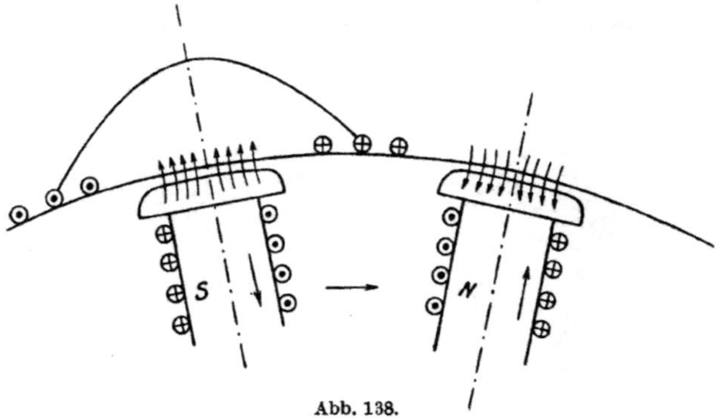

Abb. 138.

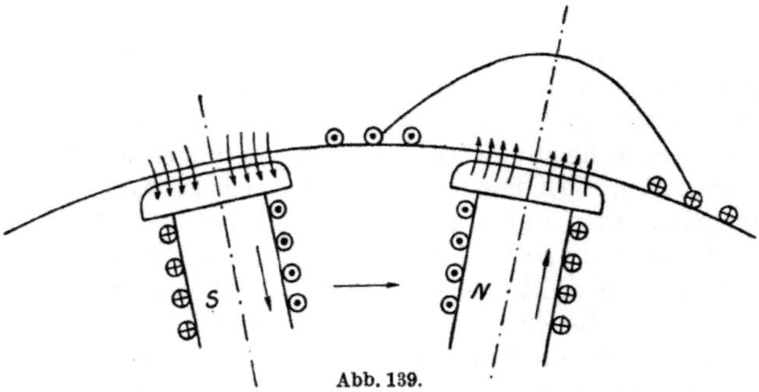

Abb. 139.

der sekundären MMK-Welle gegeneinander um 90° verschoben und die Anker-MMK wirkt quermagnetisierend. Das gilt sowohl für den Generator wie für den Motor. Bei 90° Phasenverschiebung zwischen Ankerstrom und der vom Magnetfelde induzierten EMK liegen dagegen die Amplituden der beiden MMK-Wellen übereinander, und zwar wirken sie bei Nacheilung einander entgegen, bei Voreilung unterstützen sie sich. Dies gilt für den Generator, beim Motor ist es umgekehrt, wie man sich leicht überzeugt, wenn man in den Abb. 138 und 139 die Richtung der Ströme um 180° umkehrt.

Liegt die Phasenverschiebung zwischen Ankerstrom und der vom Magnetfeld induzierten EMK zwischen 0 und 90°, so kann man den Ankerstrom (die Anker-MMK) in 2 Komponenten zerlegen, von denen eine senkrecht zu der vom Magnetfeld induzierten EMK E_1 und die andere in Phase mit ihr liegt. Die erste wirkt dann quermagnetisierend, die zweite längsmagnetisierend. Von dieser Zerlegung werden wir bei der Aufstellung des Spannungsdiagrammes der Maschine mit Einzelpolen Gebrauch machen.

Die Abb. 137 bis 139 beziehen sich auf eine Maschine mit ausgeprägten Polen. Die in bezug auf die Ankerrückwirkung gewonnenen Resultate gelten aber nicht nur für diese, sondern, wie ohne weiteres ersichtlich ist, auch für die Vollpolmaschine. Auch sind die gewonnenen Resultate unabhängig von der Sättigung, denn die gegenseitige Lage der MMK-Wellen in den Abb. 137 bis 139 ist von der Sättigung unabhängig.

Bei dem mit kapazitivem Strom belasteten Generator unterstützt also die sekundäre MMK die primäre MMK in der Erzeugung des Flusses. In diesem Falle sind die resultierenden Amperewindungen größer als die Gleichstrom-Amperewindungen. Das Spannungs- und AW-Diagramm für diesen Fall zeigt Abb. 140.

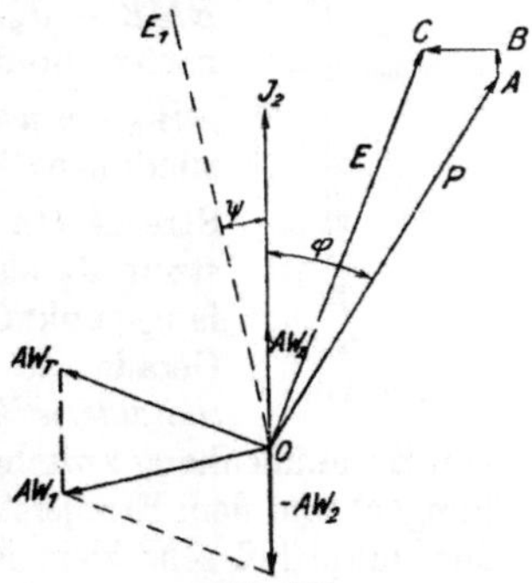

Abb. 140.

Die Aufgabe liegt normalerweise so, daß zu einer bestimmten Spannung und zu bestimmten Belastungsverhältnissen, d. h. zu bestimmten Werten von J_2 und $\cos\varphi$, die Erreger-Amperewindungen zu ermitteln sind.

Die Ankeramperewindungen AW_2 (aller p magnetischen Kreise) lassen sich berechnen nach der Gleichung 114b, die sich auf einen Pol bezieht, zu

$$AW_2 = 0{,}45\, m\, \frac{w_2 \zeta_2}{p} J_2 2p = 0{,}9\, m\, w_2 \zeta_2 J_2. \qquad (151)$$

Die Bestimmung der zu gegebenen Werten von P, J_2 und $\cos\varphi$ gehörigen totalen Erreger-Amperewindungen AW_1 (bzw. Erregerstromes J_1) erfolgt dann derart, daß zuerst aus dem Spannungsdiagramm (Abb. 136 oder 140) die EMK E bestimmt wird. Der Leerlaufcharakteristik entnimmt man dann die zu dem gefundenen Wert von E gehörigen *resultierenden* Amperewindungen AW_r. Die geometrische Addition von AW_r und $-AW_2$ gibt AW_1 (bzw. J_1). Dies gilt für die Maschine mit Vollpolen. Die Bestimmung der Erreger-Amperewindungen bei der Einzelpolmaschine ist im Abschnitt 6 angegeben.

5. Die charakteristischen Kurven der Synchronmaschine.

a) Die Kurzschlußcharakteristik. Der *Kurzschluß* des Synchrongenerators entspricht seiner Belastung durch eine reine Selbstinduktion, da der Ohmsche Widerstand der Sekundärwicklung normalerweise klein ist gegenüber ihrem Streu-Blindwiderstand. Im

Kurzschluß wirkt somit die Anker-MMK der Gleichstrom-MMK beinahe direkt entgegen. Das Spannungs- und AW-Diagramm der kurzgeschlossenen Maschine zeigt Abb. 141. Die Spannung P ist gleich Null. Die primären Amperewindungen müssen so groß sein, daß einerseits die gegenwirkenden Anker-Amperewindungen aufgehoben werden, anderseits von der induzierten EMK der scheinbare Widerstand der Ankerwicklung z_2 überwunden wird. Trägt man in die Leerlaufcharakteristik (Abb. 135) die Kurzschlußspannung $J_2 z_2 = \overline{lm}$ ein, so sind $\overline{Om}$ die Amperewindungen, die nötig sind, um die $EMK - J_2 z_2$ zu induzieren. Trägt man von m nach rechts die Gegen-Amperewindungen des Ankers $AW_2 = \overline{mn}$ auf, so sind $\overline{On}$ die Gleichstrom-Amperewindungen im Kurzschluß. Trägt man weiter zur Strecke $\overline{On}$ als Abszisse den zugehörigen Ankerstrom J_2 als Ordinate auf und verbindet den Anfangspunkt O mit dem Endpunkt von J_2 durch eine Gerade, so stellt diese Gerade die *Kurzschlußcharakteristik* der Synchronmaschine dar. Sie gibt den Zusammenhang zwischen dem Ankerstrom (Anker-Amperewindungen) und dem Erregerstrom (Erreger-AW) im Kurzschluß. Da der Hauptfluß sehr klein ist, so kommt im Kurzschluß die Sättigung des Eisens nicht in Frage; dies ergibt den geradlinigen Verlauf.

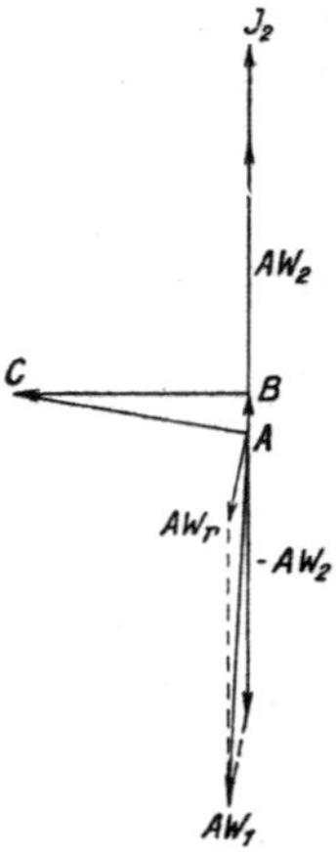

Abb. 141.

Die Kurzschlußcharakteristik läßt sich auf einfache Weise aufnehmen, indem man bei voller Drehzahl der kurzgeschlossenen Maschine die zusammengehörigen Werte von Ankerstrom und Erregerstrom mißt.

b) Das Potier-Dreieck und die cos φ = 0-Charakteristik. Das Dreieck mln (Abb. 135), dessen eine Seite der Streuspannung und dessen andere Seite den Anker-AW proportional ist, das *Potier*-Dreieck, ist für die Synchronmaschine ein charakteristisches Dreieck. Es tritt nämlich nicht nur im Kurzschluß, sondern auch bei rein induktiver Belastung auf. Das Spannungs- und AW-Diagramm für rein induktive Belastung zeigt Abb. 142. Die Erreger-Amperewindungen müssen so groß sein, daß die Gegen-Amperewindungen AW_2 überwunden werden und außerdem die algebraische Summe $P + J_2 x_2$ aus der Klemmenspannung P und der Streuspannung $J_2 x_2$ (der Ohmsche Spannungsabfall ist wegen seiner Kleinheit außer acht gelassen) induziert wird. Macht man in der Leerlaufcharakteristik (Abb. 143) $\overline{OA}$ gleich der Klemmenspannung P, $\overline{BC}$

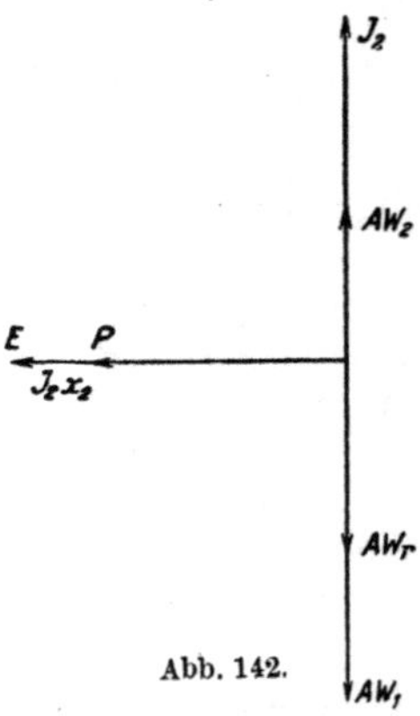

Abb. 142.

gleich der Streuspannung $J_2 x_2$, $\overline{Bn}$ gleich der Gegen-MMK des Ankers AW_2, so sind $\overline{On} = \overline{An}$ die primären Amperewindungen für $\cos\varphi = 0$ Nacheilung. Die Seiten des Dreiecks BCn sind dem Strom J_2 proportional. Bei $\cos\varphi = 0$, konstantem Strom J_2 und verschiedenen Klemmenspannungen bewegt sich das Dreieck parallel zu sich selbst mit der Spitze C auf der Leerlaufcharakteristik. Eine Kurve, die den Zusammenhang zwischen Klemmenspannung und Erregerstrom bei konstantem Belastungsstrom J_2 und konstanter Phasenverschiebung φ gibt, nennt man *Belastungscharakteristik*. Die Kurve, die durch Parallelverschiebung des Potier-Dreiecks entsteht, ist also die $\cos\varphi = 0$-*Charakteristik* des Synchrongenerators. Für jeden Strom J_2 erhält man eine andere $\cos\varphi = 0$-Charakteristik. Sie verlaufen aber alle parallel zur Leerlaufcharakteristik.

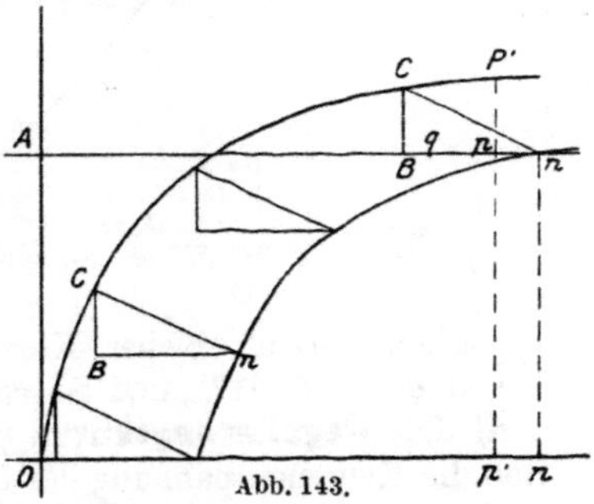

Abb. 143.

Stellt in der Abb. 143 $\overline{OA}$ die Nennspannung der Maschine, $\overline{BC}$ und $\overline{Bn}$ die Streuspannung bzw. die Anker-AW für den Nennstrom J_2 dar, so sind $\overline{An}$ die Erreger-Amperewindungen, die nötig sind bei $\cos\varphi = 0$ Nacheilung. Für $\cos\varphi = 0{,}7$ Nacheilung sind die Erreger-Amperewindungen gleich $\overline{Ap}$, für $\cos\varphi = 1$ sind sie gleich $\overline{Aq}$. Bei einiger Erfahrung ist es möglich, die für eine bestimmte Phasenverschiebung nötigen Erreger-Amperewindungen näherungsweise aus der Leerlaufcharakteristik und dem Potier-Dreieck zu entnehmen.

c) Die Spannungsänderung. Eine für den Synchrongenerator wichtige Größe ist seine *Spannungsänderung*. Man versteht darunter die Spannungserhöhung, die an seinen Klemmen auftritt, wenn er bei gleichbleibender Erregung entlastet wird. In diesem Falle tritt nämlich an seinen Klemmen die seinem Erregerstrom entsprechende Leerlaufspannung, die sich der Leerlaufcharakteristik entnehmen läßt, auf. Die zu $\cos\varphi = 0{,}7$ zugehörigen Erreger-Amperewindungen sind in der Abb. 143 gleich $\overline{Ap}$. Die Leerlaufspannung, die bei diesen Erreger-AW auftritt, ist gleich $\overline{P'p'}$, und somit beträgt für $\cos\varphi = 0{,}7$ die Spannungsänderung in Prozent der Nennspannung

$$\varepsilon = \frac{\overline{P'p' - OA}}{\overline{OA}}\,100 = \frac{E_1 - P}{P}\,100. \qquad (152)$$

Die Spannungsänderung ist um so größer, je größer der Belastungsstrom J_2 und je kleiner der nacheilende Phasenverschiebungswinkel φ ist. Bei kapazitiver Belastung wird ε negativ: die Spannungsänderung ist bei kapazitiver Belastung ein Spannungs*abfall.*

Den Zusammenhang zwischen der Spannungsänderung und dem Leistungsfaktor $\cos\varphi$ für nacheilenden wie voreilenden (konstanten) Strom J_2 zeigt Abb. 144. Zu dem praktisch wichtigen Fall des nacheilenden Stromes ist zu bemerken, daß die Spannungsänderung ε nur bei größeren Werten des Leistungsfaktors sich schnell ändert, bei kleineren Werten des Leistungsfaktors ändert sich ε nur wenig; so beträgt ε in der Abb. 144, die den typischen Verlauf solcher Kurven zeigt, bei $\cos\varphi = 0{,}7$ 28%, bei $\cos\varphi = 0{,}5$ 31% und bei $\cos\varphi = 0$ 34%.

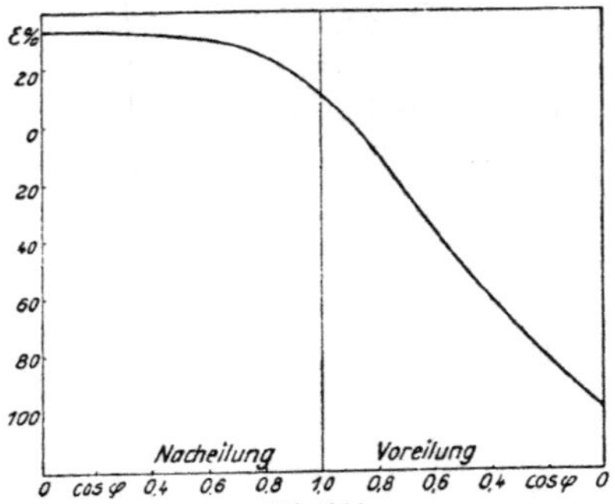

Abb. 144.

d) Die Regulierungskurve und die äußere Charakteristik. Soll die Klemmenspannung des Generators bei Belastung mit verschiedenen Strömen konstant bleiben, so muß die Erregung mit zunehmendem Belastungsstrom vergrößert oder verkleinert wer-

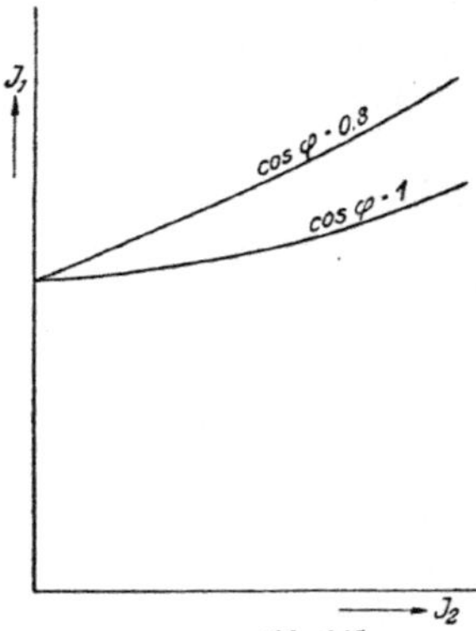

Abb. 145.

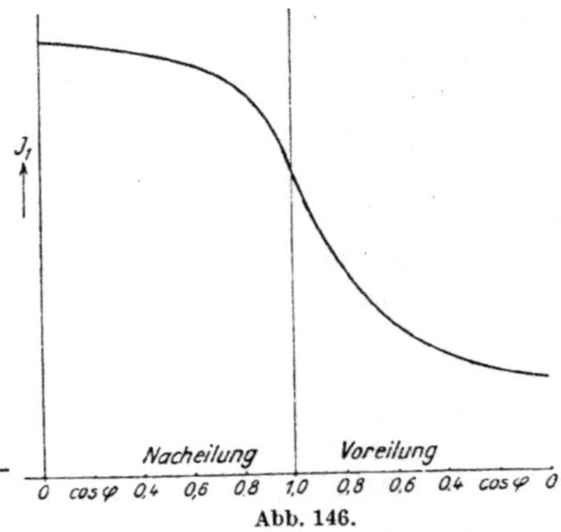

Abb. 146.

den. Die *Regulierungskurven*, d. h. die Kurven, die den Zusammenhang zwischen dem Belastungsstrom J_2 und dem Erregerstrom J_1 bei konstanter Klemmenspannung und konstantem Leistungsfaktor darstellen, zeigt Abb. 145 für zwei Werte des Leistungsfaktors bei nacheilendem Strom. Je kleiner der Leistungsfaktor bei nacheilendem Strom ist, desto mehr muß der Erregerstrom mit zunehmendem Belastungsstrom vergrößert werden.

Die Abhängigkeit des Erregerstromes J_1 von der Phasenverschiebung φ bei konstanter Klemmenspannung und konstantem Ankerstrom J_2 zeigt Abb. 146. Hier gilt das von der Spannungsänderung ε Gesagte: Bei kleineren Werten von $\cos\varphi$ ist die Änderung des Erregerstromes klein.

Außer der Belastungscharakteristik $P = f(J_2)$ und der Regulierungskurve $J_1 = f(J_2)$ ist noch die *äußere Charakteristik* des Synchrongenerators von Interesse. Diese stellt den Zusammenhang zwischen der Klemmenspannung und dem Ankerstrom bei konstant bleibendem Erregerstrom und konstant bleibendem Leistungsfaktor dar. Den Verlauf der äußeren Charakteristiken für nacheilenden wie voreilenden Strom zeigt Abb. 147. Die äußere Charakteristik für $\cos\varphi = 0$ Nacheilung endigt im Kurzschlußpunkt, d. h. in dem Punkt der Kurzschlußcharakteristik, der den konstant gehaltenen Erreger-Amperewindungen entspricht.

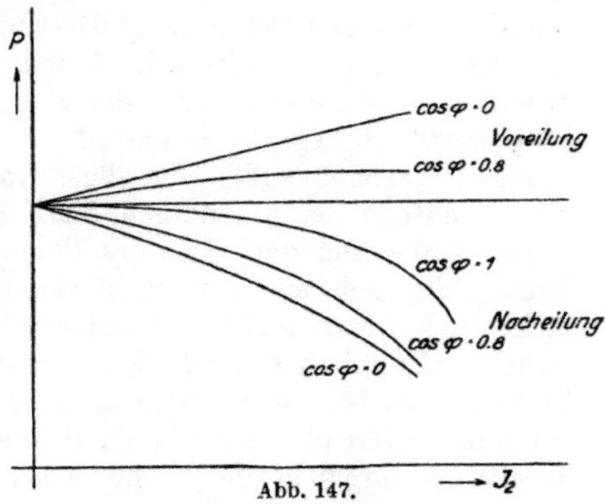

Abb. 147.

6. Der Synchrongenerator mit Einzelpolen.

a) Zerlegung der Anker-MMK in Längs- und Queramperewindungen. Bei der Maschine mit Vollpolen hat die primäre MMK-Kurve die Form eines Trapezes, das sich an die Sinuskurve anschmiegt. Die Feldkurve bei Leerlauf hat infolgedessen nahezu Sinusform. Bei Belastung kommt noch die sekundäre MMK hinzu. Ist die Nutenzahl des Ankers pro Pol und Strang nicht zu gering, so hat auch die sekundäre MMK die Form einer Sinuskurve. Die resultierende MMK-Kurve muß dann, da sie sich aus Sinuskurven zusammensetzt, sinusförmigen Verlauf haben, so daß die Feldkurve *auch bei Last* Sinusform hat. Sowohl bei Leerlauf wie bei Last ist somit die in der Ankerwicklung induzierte EMK praktisch sinusförmig.

Bei der Synchronmaschine mit Einzelpolen liegen die Verhältnisse anders. Die primäre MMK-Kurve hat die Form eines Rechteckes. Durch eine passende Polschuhform (der Luftspalt wird an den Polspitzen größer gemacht als in der Polmitte) wird erreicht, daß die *Feldkurve im Leerlauf* sinusförmig ist (s. S. 97). Bei Belastung kommt die sekundäre MMK hinzu, die auch hier wie bei der Vollpolmaschine sinusförmig ist. Die rechteckige MMK-Kurve der Erregerwicklung und die sinusförmige MMK-Kurve der Ankerwicklung setzen sich bei Belastung zur resultierenden MMK-Kurve zusammen.

Während bei der Vollpolmaschine die Form der resultierenden MMK-Kurve unabhängig von der Beschaffenheit des Belastungskreises nahezu sinusförmig ist, ist bei der Maschine mit Einzelpolen die Form der resultierenden MMK-Kurve abhängig von der Belastung. Ist $\psi = 0$, so liegt die Amplitude der sekundären MMK-Kurve (der Sinuskurve) über der Mitte der Pollücke (Abb. 137); ist $\psi = 90^0$, so liegt die Amplitude der Sinuskurve über der Polmitte (Abb. 138 und 139). Im allgemeinen Falle $0 < \psi < 90^0$ liegt die Amplitude der sekundären MMK-Kurve zwischen der Mitte der Pollücke und der Mitte des Poles. Die resultierende MMK-Kurve, die sich aus der rechteckigen primären MMK-Kurve und der sinusförmigen sekundären MMK-Kurve zusammensetzt, hat in jedem dieser Fälle eine andere Form. Die Form der Feldkurve ist hier, auch wenn man kleine Sättigung voraussetzt, eine ganz andere als die der MMK-Kurve, einerseits wegen der Pollücken mit ihrem hohen magnetischen Widerstand im Vergleich zu dem der Pole, anderseits wegen des ungleichmäßigen Luftspaltes unter den Polen.

Der variable magnetische Widerstand längs des Ankerumfanges macht die theoretische Behandlung der Synchronmaschine mit Einzelpolen außerordentlich schwierig. Die genauesten Resultate lassen sich erzielen, wenn man nach *Blondel* die sekundäre MMK-Kurve in 2 Komponenten zerlegt, von denen die eine ihre Amplitude über der Polmitte und die andere ihre Amplitude über der Mitte der Pollücke hat. Die erste Komponente ($AW_2 \sin \psi$) bildet die Anker-*Längs*amperewindungen; sie setzen sich mit den primären Amperewindungen (Gleichstrom-Amperewindungen) zu den resultierenden Längsamperewindungen der Maschine zusammen; die zweite Komponente ($AW_2 \cos \psi$) bildet die Anker-*Quer*amperewindungen, die zugleich die Queramperewindungen der Maschine sind.

Der Zerlegung der MMK der Maschine in 2 Komponenten entspricht die Rechnung mit zwei Flüssen, dem *Längsfluß* und dem *Querfluß*, was an sich nicht korrekt ist. Der magnetische Widerstand des Längsflusses liegt in dem Poleisen, dem Luftspalt unter den Polen, den Ankerzähnen und dem Ankerjoch. Der Zusammenhang zwischen dem Längsfluß und den Längsamperewindungen ist also durch die Leerlaufcharakteristik der Maschine gegeben. Der magnetische Widerstand des Querflusses liegt hauptsächlich in der Pollücke.

b) Die rückwirkenden Anker-Längsamperewindungen. Der Einfluß der Pollücken ist nicht nur bei der Bestimmung des Querflusses, sondern auch bei der Zusammensetzung der Anker-Längsamperewindungen mit den Gleichstrom-Erregeramperewindungen zu den resultierenden Längsampereinwdungen der Maschine zu berücksichtigen. Wie aus der Abb. 148, die die rechteckige MMK-Kurve der Polwicklung und die sinusförmige Längs-MMK-Kurve der Ankerwicklung darstellt, hervorgeht, kommt der Teil der Anker-Längsamperewindungen, der außerhalb der Polschuhe liegt, nicht zur Wirkung. Als Anker-Längsamperewindungen AW_{2l} ist der Mittelwert des *über dem Polschuh* liegenden Teiles der Sinuskurve einzusetzen.

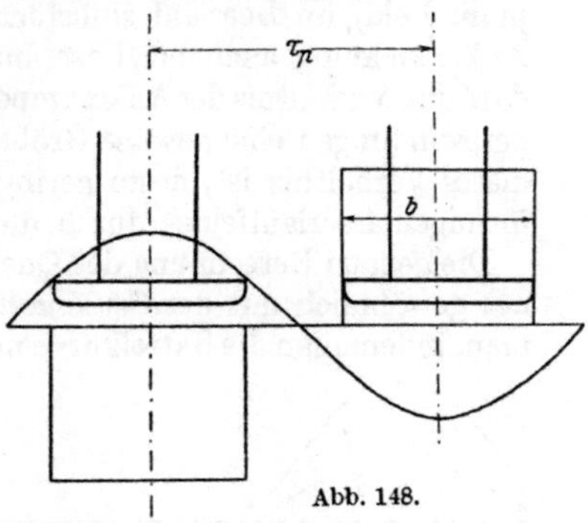

Abb. 148.

Die Amplitude der Sinuskurve ist gleich $AW_2 \sin\psi$, wobei AW_2 den auf S. 161 angegebenen Wert, nämlich

$$AW_2 = 0{,}9\, m\, w_2\, \zeta_2\, J_2$$

hat. Die Anker-Längsamperewindungen sind somit

$$AW_{2l} = \frac{1}{\frac{b}{\tau_p}\frac{\pi}{2}} \int_0^{\frac{b}{\tau_p}\frac{\pi}{2}} AW_2 \sin\psi \cos x\, dx = AW_2 \sin\psi \frac{\sin \frac{b}{\tau_p}\frac{\pi}{2}}{\frac{b}{\tau_p}\frac{\pi}{2}} =$$

$$= c_l AW_2 \sin\psi \qquad (153)$$

und die resultierenden Längsamperewindungen der Maschine

$$AW_l = AW_1 \mp AW_{2l}. \qquad (154)$$

Beim Generator gilt das Minuszeichen für nacheilenden, das Pluszeichen für voreilenden Strom (J_2 gegenüber E_1), beim Motor umgekehrt [L. 59].

c) Die Anker-Queramperewindungen und der Querfluß.

In Abb. 149 sind die MMK Kurve des Querflusses und das Querfeld eingezeichnet. Zwischen den Pollücken ist der magnetische Widerstand sehr groß, so daß das Feld dort stark abfällt und das Querfeld eine sattelförmige Gestalt erhält. In Abb. 150 ist das Querfeld $\mathfrak{B}_q$ besonders dargestellt und außerdem die Grundwelle des Querfeldes eingetragen. Man erkennt, daß die vom Querfluß in der Ankerwicklung induzierte EMK eine dritte Oberwelle aufweisen wird. Auf die verkettete Spannung in Stern geschalteter Dreiphasenmaschinen hat zwar diese dritte Oberwelle keinen Einfluß, wohl aber auf die Phasenspannung (s. S. 99), was bei der Drei-

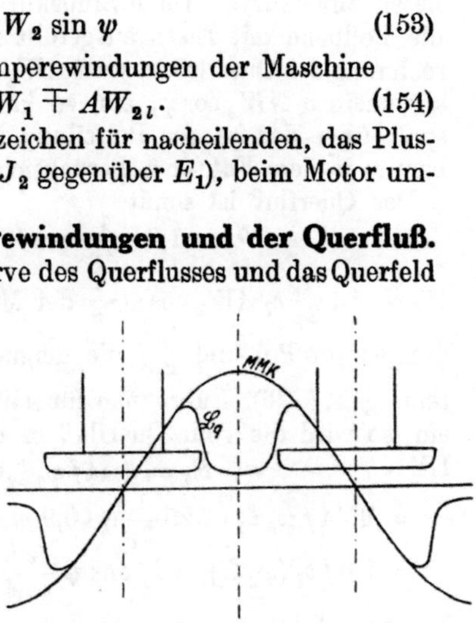

Abb. 149.

eckschaltung zu Ausgleichströmen führen kann. Durch eine passende Polschuhform wird erreicht, daß das Magnetfeld (primäre Feld) im Leerlauf sinusförmig ist. Soll nun die EMK der Ankerwicklung auch bei Last annähernd sinusförmig bleiben, so darf das Verhältnis der Ankeramperewindungen zu den Erregeramperewindungen eine gewisse Größe nicht überschreiten. Je kleiner dieses Verhältnis ist, desto geringer ist die Verzerrung des sinusförmigen Leerlauffeldes durch die Amperewindungen des Ankers.

Die genaue Berechnung des Querflusses ist schwierig. Man rechnet gewöhnlich mit der *Grundwelle* der Sattelkurve. Diese findet man, indem man die Sattelkurve nach *Fourier* auflöst. Nimmt man an, daß das Verhältnis von Polbogen zu Polteilung $\frac{b}{\tau_p} = {}^2/_3$ ist, und daß die Ordinatenhöhe der Sattelkurve in der Pollücke $^1/_6$ der Amplitude der punktiert gezeichneten Sinuskurve (Abb. 150) beträgt, so erhält man für die Amplitude der Grundwelle der Sattelkurve den Wert 0,53 × Amplitude der punktiert gezeichneten Sinuskurve. Diese Sinuskurve wäre vorhanden, wenn auch die Pollücke mit Eisen ausgefüllt wäre. Führt man in die Berechnung des Querflusses statt $AW_2 \cos\psi$ die Größe $0{,}53\, AW_2 \cos\psi$, allgemein $c_q AW_2 \cos\psi$, ein, so kann man mit konstantem Luftspalt über der ganzen Polteilung rechnen, denn die Pollücke ist bereits in dem Faktor c_q berücksichtigt.

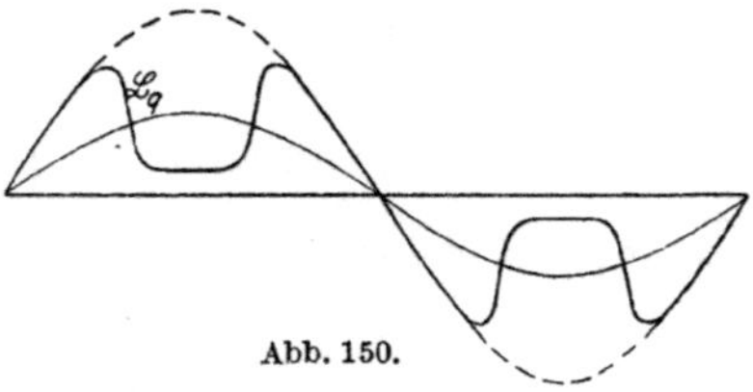

Abb. 150.

Der Querfluß ist somit

$$\Phi_q = 1{,}25 \frac{1}{2p} c_q AW_2 \cos\psi \cdot \frac{2}{\pi} \frac{\tau_p l_i}{k_1 \delta}. \tag{155}$$

Hierin ist $\frac{1}{2p} c_q AW_2 \cos\psi \cdot \frac{2}{\pi}$ der Mittelwert der Queramperewindungen pro Pol und $\frac{\tau_p l_i}{k_1 \delta}$ die magnetische Leitfähigkeit der Polteilung (s. S. 26). Führt man für AW_2 den Wert nach Gleichung 151 ein, so wird die vom Querfluß in der Ankerwicklung induzierte EMK

$$E_q = 4{,}44 f w_2 \zeta_2 \Phi_q 10^{-8} =$$
$$= 4{,}44 f w_2 \zeta_2 \cdot 1{,}25 \frac{1}{2p} c_q \cdot 0{,}9\, m\, w_2 \zeta_2 J_2 \cos\psi \cdot \frac{2}{\pi} \frac{\tau_p l_i}{k_1 \delta} 10^{-8} =$$
$$= 1{,}6 f c_q (w_2 \zeta_2)^2 m J_2 \cos\psi \frac{\tau_p l_i}{p k_1 \delta} 10^{-8} \text{ Volt [L. 60]}. \tag{156}$$

7. Das Spannungsdiagramm des Synchrongenerators mit Einzelpolen.

Wir wollen nun das Spannungs- und AW-Diagramm der Synchronmaschine mit ausgeprägten Polen aufstellen.

Wir tragen zunächst wiederum J_2 in der Vertikalen auf (Abb. 151). Die Ankeramperewindungen AW_2, die in Phase mit J_2 sind, werden zerlegt in 2 Komponenten: $AW_2 \cos\psi$ und $AW_2 \sin\psi$. Die Queramperewindungen der Maschine AW_q sind gleich

$$AW_q = AW_2 \cos\psi, \quad (157)$$

und die resultierenden Längsamperewindungen AW_l

$$AW_l = AW_1 \mp c_l AW_2 \sin\psi. \quad (158)$$

Von AW_q wird der Querfluß Φ_q in Phase mit AW_q und von AW_l der Längsfluß Φ_l in Phase mit AW_l erzeugt.

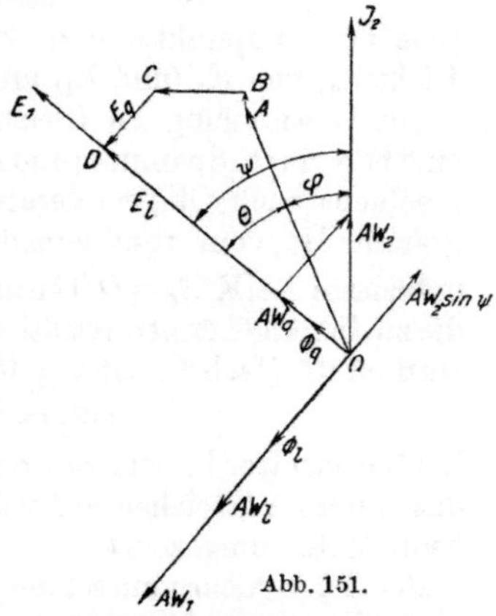

Abb. 151.

Macht man $\overline{OA} = P =$ der Klemmenspannung des Generators und trägt $\overline{OA}$ unter dem in bezug auf J_2 gegebenen Winkel φ auf, so reihen sich an $\overline{OA}$ zunächst $\overline{AB} = J_2 R_2$ und $\overline{BC} = J_2 x_2$ an. Es folgt weiter die vom Querfluß Φ_q in der Ankerwicklung induzierte EMK $E_q = \overline{CD}$, die senkrecht auf Φ_q und AW_q steht und diesen nacheilt. $\overline{OD}$ ist dann die vom Längsfluß Φ_l, der von den *resultierenden* Längsamperewindungen $AW_l = AW_1 - c_l AW_2 \sin\psi$ erzeugt wird, in der Ankerwicklung induzierte EMK E_l; diese steht senkrecht auf Φ_l und AW_l und eilt ihnen nach.

Da AW_l und AW_1 die gleiche Richtung haben, so haben auch Φ_l und der von den primären Amperewindungen allein erzeugte Fluß die gleiche Richtung. E_l muß somit in die Richtung von E_1 (vgl. auch Abb. 136) fallen und ebenso wie E_1 mit dem Ankerstrom J_2 den Winkel ψ bilden.

Die Schwierigkeit der Aufstellung des Spannungs- und AW-Diagramms der Synchronmaschine mit ausgeprägten Polen besteht darin, daß man dazu die Kenntnis des Winkels ψ zwischen J_2 und E_1 braucht. Dieser Winkel ist aber von vornherein unbekannt. Durch folgenden Kunstgriff läßt sich jedoch die Richtung von E_1 und somit der Winkel ψ bestimmen [L. 61]. Der Winkel φ ist gegeben. Man trägt (Abb. 152) $\overline{OA} = P$ unter dem Winkel φ zu J_2 auf, dann $\overline{AB} = J_2 R_2$ und $\overline{BC} = J_2 x_2$. Wäre der Winkel ψ bekannt, so müßte $\overline{CD} = E_q$ und $\overline{CF} = \frac{E_q}{\cos\psi}$ sein.

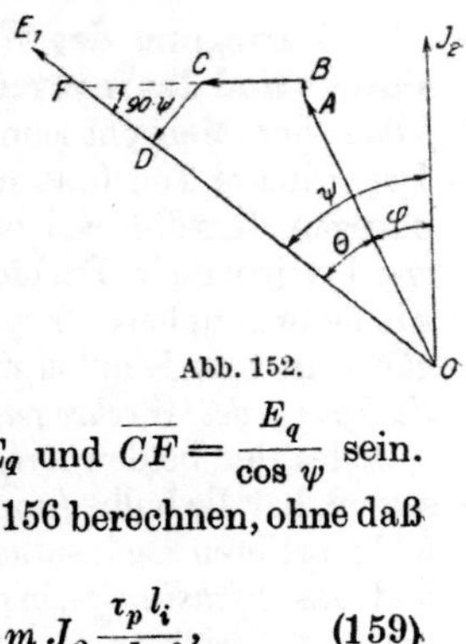

Abb. 152.

Die Größe $\overline{CF}$ läßt sich aber nach Gleichung 156 berechnen, ohne daß man ψ kennt. Es ist

$$\overline{CF} = \frac{E_q}{\cos\psi} = 1{,}6\, f\, c_q (w_2 \zeta_2)^2\, m\, J_2 \frac{\tau_p\, l_i}{p\, k_1 \delta}, \quad (159)$$

d. h.: reiht man im Spannungsdiagramm der Streuspannung $\overline{BC} = J_2 x_2$ die Spannung $\frac{E_q}{\cos\psi} = \overline{CF}$ an, so gibt die Verbindungslinie des Endpunktes F dieser Spannung mit dem Punkt O die Richtung von E_1 (und E_l) und somit den Winkel ψ.

Die Bestimmung der Gleichstrom-Erregeramperewindungen für eine bestimmte Spannung und für bestimmte Belastungsverhältnisse geschieht nach Obigem derart, daß man aus dem Spannungsdiagramm die vom resultierenden Längsfeld in der Ankerwicklung induzierte EMK $E_l = \overline{OD}$ bestimmt und der Leerlaufcharakteristik die zu dieser gehörigen resultierenden Längsamperewindungen AW_l entnimmt. Nach Gleichung 154 ist dann

$$AW_1 = AW_l \pm AW_{2l}.$$

Beim Generator bezieht sich das obere Vorzeichen auf nacheilenden, das untere Vorzeichen auf voreilenden Strom (J_2 gegenüber E_1), beim Motor umgekehrt.

Bei der Synchronmaschine mit Einzelpolen gibt das Transformatordiagramm Abb. 136 zu große Werte für die primären Erregeramperewindungen und für den Spannungsabfall, namentlich bei Leistungsfaktoren, die in der Nähe von 1 liegen, weil infolge der Pollücken hier die Ankeramperewindungen AW_2 nicht voll zur Geltung kommen. Bei kleineren Leistungsfaktoren, von etwa 0,8 ab, wo der Querfluß keine große Rolle mehr spielt, gibt auch hier das Transformatordiagramm brauchbare Resultate. Als Ankeramperewindungen sind dabei die Anker-Längsamperewindungen nach Gleichung 153 einzusetzen.

Der Charakter der Belastungscharakteristiken, der Regulierungskurven und der äußeren Charakteristiken ist bei der Einzelpolmaschine natürlich der gleiche wie bei der Maschine mit Vollpolen.

8. Der Einphasengenerator.

a) Zerlegung des Wechselfeldes des Ankers in das gleichsinnige und das inverse Drehfeld. An die Stelle des Anker*drehfeldes* der Mehrphasenmaschine tritt hier das Anker*wechselfeld*. Der primäre Teil (das mit Gleichstrom erregte Magnetsystem) ist dagegen derselbe wie bei der Mehrphasenmaschine und erzeugt wie bei jener ein Drehfeld. Die Verhältnisse liegen also ähnlich wie beim Einphasen-Asynchronmotor, und wir wollen, um die Vorgänge in dem Einphasengenerator zu verfolgen, wie dort von der *Zerlegung des Wechselfeldes in zwei Drehfelder* Gebrauch machen.

Jedes der beiden Drehfelder, die zusammen das Wechselfeld ersetzen, hat die halbe Amplitude des Wechselfeldes. Die beiden Drehfelder rotieren nach entgegengesetzten Richtungen, so daß ein Drehfeld, das *gleichsinnige*, in gleicher Richtung rotiert wie der Läufer (wie das mit Gleichstrom erregte Magnetsystem), und zwar *synchron* mit ihm; das zweite Drehfeld, das *inverse*, rotiert in entgegengesetzter Richtung und hat in bezug auf den Läufer die doppelte synchrone Geschwindigkeit.

In bezug auf das gleichsinnige, synchrone Drehfeld liegen hier die Verhältnisse ähnlich wie bei der Mehrphasenmaschine. Zusammen mit den primären Erregeramperewindungen geben die dem gleichsinnigen Drehfelde entsprechenden Ankeramperewindungen die resultierende MMK und den resultierenden Fluß der Maschine. Gegenüber dem Anker rotiert dieser Fluß mit der synchronen Drehzahl $n_d = \frac{60 \cdot f}{p}$ und erzeugt in ihm wie bei der Mehrphasenmaschine die Nutz-EMK. In der Erregerwicklung wird von diesem Fluß nichts induziert, weil er ebenso wie seine MMK-Kurve in bezug auf das Magnetsystem stillsteht.

b) Einfluß des inversen Drehfeldes auf die Form der Spannungskurve. Anders steht es mit dem inversen Drehfelde, das hier im Vergleich zur Mehrphasenmaschine als Neuerscheinung auftritt. In bezug auf den stillstehenden Anker rotiert es mit der synchronen Geschwindigkeit und induziert dort eine EMK derselben Periodenzahl wie das synchrone Drehfeld, also wie der Hauptfluß der Maschine. In bezug auf das Magnetsystem rotiert es aber mit der doppelten synchronen Geschwindigkeit und induziert infolgedessen in der Läuferwicklung eine EMK doppelter Periodenzahl. In der Läuferwicklung überlagern sich somit ein Gleich- und ein Wechselstrom. Der resultierende Läuferstrom hat die Form

$$i_{1r} = J_{1gl} + \sqrt{2}\, J_{1w} \sin 2\omega t, \tag{160}$$

wenn $\omega = 2\pi f$ die Kreisfrequenz des Ständerstromes ist. Bildet man den Effektivwert dieses Wellenstromes (vgl. S. 6), so ergibt sich

$$J_1 = \sqrt{J_{1gl}^2 + J_{1w}^2}. \tag{161}$$

Die Stromwärmeverluste in der Erregerwicklung sind

$$J_1^2 R_1 = J_{1gl}^2 R_1 + J_{1w}^2 R_1, \tag{162}$$

d. h. der Wechselstrom zweifacher Periodenzahl erzeugt in der Erregerwicklung Stromwärmeverluste unabhängig von dem Gleichstrom.

Der Wechselstrom zweifacher Periodenzahl tritt in der Erregerwicklung nur bei Belastung auf. J_{1w} ist um so größer, je größer der Belastungsstrom ist, da das Ankerfeld dem Belastungsstrome proportional ist.

Der Wechselstrom zweifacher Periodenzahl erzeugt in der Polachse ein Wechselfeld zweifacher Periodenzahl, das mit dem Läufer rotiert. Um den Einfluß dieses Wechselfeldes auf die Ankerwicklung festzustellen, denken wir uns für einen Augenblick auch dieses Wechselfeld durch 2 Drehfelder ersetzt. In bezug auf den Läufer rotieren diese mit der doppelten synchronen Geschwindigkeit, aber nach entgegengesetzten Richtungen. In bezug auf den Anker hat das gleichsinnig mit dem Läufer rotierende Drehfeld die dreifache synchrone Geschwindigkeit, das invers rotierende Drehfeld die einfache synchrone Geschwindigkeit. Das letztere wirkt dem inversen Drehfelde des Ankers entgegen, weil die Wechselströme zweifacher Periodenzahl in der Erregerwicklung vom inversen Drehfelde des Ankers induziert werden und die Erregerwicklung in bezug auf diese Ströme im wesentlichen eine Selbstinduktion darstellt (vergl. S. 148); das erste induziert in der Ankerwicklung eine EMK dreifacher Periodenzahl, die bei Einzelpolmaschinen zusammen mit der dritten Oberwelle, welche das Querfeld verursacht, zu einer starken Deformation der Spannungskurve führen kann.

Das inverse Drehfeld des Ankers ruft Ströme zweifacher Periodenzahl nicht nur in der Erregerwicklung hervor, sondern auch in den massiven Teilen des Magnetsystems, die an den Luftspalt grenzen. Bei lamelliertem Magnetsystem sind diese Wirbelströme klein. Bei massivem Magnetsystem, d. h. bei Vollpolmaschinen mit massiven Zähnen (Tafel VIII, Abb.b) und bei Einzelpolmaschinen mit massiven Polschuhen können sich die Wirbelströme zweifacher Periodenzahl leicht entwickeln und eine bedeutende Erwärmung dieser Maschinenteile hervorrufen. Die Erregerwicklung wird aber durch diese Wirbelströme entlastet; sie unterstützen die Erregerwicklung in der Vernichtung des inversen Drehfeldes. Die Wechselströme zweifacher Periodenzahl der Erregerwicklung schaffen zusammen mit den Wirbelströmen ein Drehfeld, wenn auch ein unvollkommenes, welches das (induzierende) inverse Ankerdrehfeld bis auf einen gewissen Restbetrag, ähnlich wie bei einem Transformator im Kurzschluß, vernichtet. Es bleibt nur noch ein Streufluß übrig, der sich in einer Vergrößerung der Streuspannung der Ankerwicklung (Abb. 136, Vektor $\overline{BC}$) bemerkbar macht [L. 62].

Die Wirkung des inversen Ankerdrehfeldes äußert sich also in einer Vergrößerung der Verluste der Maschine, die den Wirkungsgrad um mehrere Prozent heruntersetzen können, und in einer Verzerrung der Spannungskurve. Weiter kommt noch hinzu, daß, wenn der Erregerkreis zufälligerweise unterbrochen wird, das inverse Drehfeld nicht mehr gedämpft wird und die EMK zweifacher Periodenzahl, die dann den Wert von einigen tausend Volt erreichen kann, zu einem Durchschlag der Erregerwicklung führen kann. Auch die Kommutierung der Erregermaschine wird unter Umständen durch den Wechselstrom zweifacher Periodenzahl verschlechtert.

c) Unterdrückung des inversen Drehfeldes mittels Dämpferwicklung. Um allen diesen Schwierigkeiten aus dem Wege zu gehen, ordnet man bei den Einphasengeneratoren, namentlich wenn bei Vollpolmaschinen die Zähne lamelliert oder bei Einzelpolmaschinen die Polschuhe aus Blechen zusammengesetzt sind, eine besondere Wicklung, eine *Dämpferwicklung* an, die das inverse Ankerfeld auslöscht. Diese Wicklung wird im Magnetsystem angeordnet und in ähnlicher Weise ausgeführt, wie die Käfigwicklung der Asynchronmaschine (Abb. 95). Bei der Vollpolmaschine werden dazu die Keile, die zum Verschließen der Erregernuten dienen, verwendet; bei der Einzelpolmaschine werden in den Polschuhen besondere Nuten angeordnet und in diesen die Dämpferstäbe untergebracht (Abb. 153). Ebenso wie bei der Käfigwicklung müssen die Stäbe von beiden Seiten gut leitend miteinander verbunden sein.

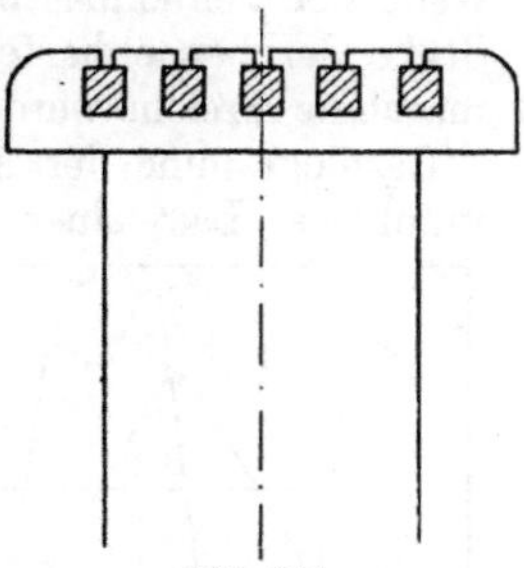

Abb. 153.

Soll die Dämpferwicklung gut wirken, d. h. das inverse Ankerfeld bis auf einen kleinen Rest vernichten, so muß ihre Streuung gering sein, sie muß also *möglichst nahe am Luftspalt* angeordnet werden. Bei Einzelpolmaschinen sind die Dämpfernuten am zweckmäßigsten offen zu machen.

Eine Dämpferwicklung mit kleiner Streuung und kleinem Ohmschen Widerstand entlastet vollkommen die Erregerwicklung von den Strömen zweifacher Periodenzahl und auch die massiven Teile des Magnetsystems von den Wirbelströmen zweifacher Periodenzahl. Die Verluste, die das inverse Ankerfeld verursacht, werden bedeutend kleiner, die dritte Oberwelle in der Spannungskurve kann nicht auftreten, die Gefahr eines Durchschlages der Erregerwicklung im Falle einer plötzlichen Öffnung des Erregerkreises ist vermieden [L. 63].

Zur Dämpfung des inversen Ankerdrehfeldes wird bei Maschinen mit Einzelpolen oft an Stelle des Dämpferkäfigs ein Ring um die Pole gelegt (Abb. 154) oder es werden die Stäbe jedes Poles unter sich, jedoch nicht mit den Stäben der anderen Pole verbunden. Eine richtige Dämpfung des inversen Ankerfeldes kann jedoch nur durch eine Wicklung erfolgen, die selbst ein Drehfeld zu erzeugen vermag, also durch eine Mehrphasenwicklung. Die Käfigwicklung ist eine Mehrphasenwicklung. Ein Ring um den Pol wirkt aber wie eine Einphasenwicklung und auch die unter sich verbundenen Dämpferstäbe eines Poles bilden nur eine ganz unvollkommene Mehrphasenwicklung. Solche Anordnungen können infolgedessen das inverse Drehfeld nie richtig auslöschen. Da sie die gleiche Achse haben wie die Erregerwicklung, so geben sie eine Dämpfung in der Längsachse der Maschine und schützen die Er-

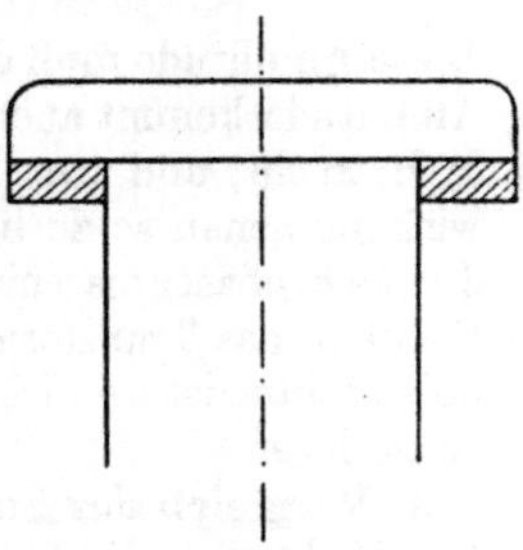

Abb. 154.

regerwicklung, es fehlt aber noch die Dämpfung in der Querachse, die durch die Mitte der Pollücke geht, und diese kann entweder durch einen richtigen Käfig, wie ihn die miteinander verbundenen Keile der Vollpolmaschine darstellen, oder durch Verbindung der Stäbe der benachbarten Pole untereinander bei der Einzelpolmaschine erreicht werden.

Oszillogramme der Ankerspannung und des Ankerstromes bei induktiver Last einer Einphasenmaschine ohne und mit Dämpfung zeigen Abb. 155a und b. In Abb. 155a, wo die Dämpfung fehlt, sieht man die Verzerrung sowohl der Spannungs- wie der Stromkurve.

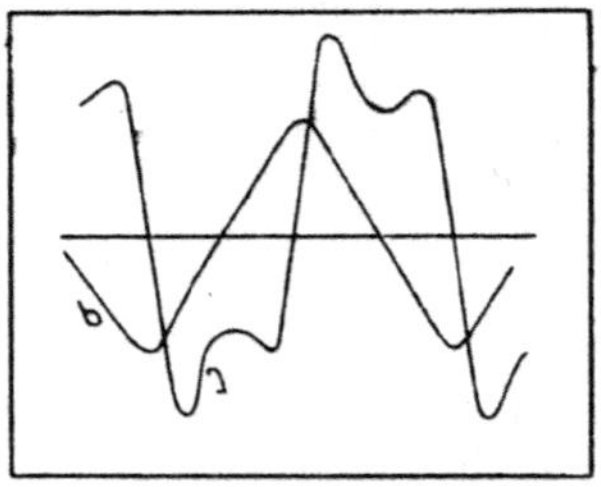

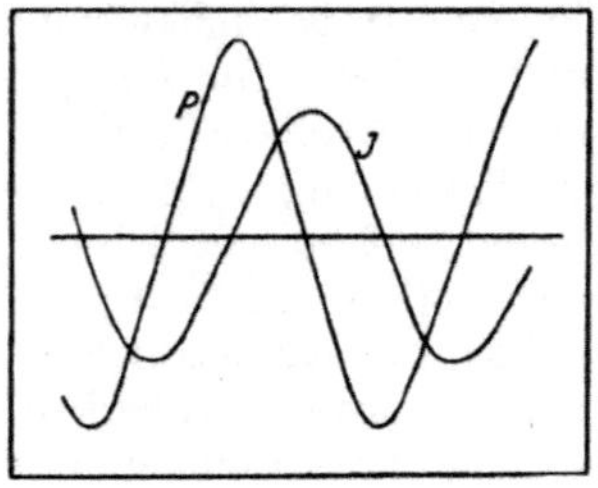

a Abb. 155. b

Die Amplitude der Wechsel-MMK der Ankerwicklung ist nach Gleichung 113b, wenn w_2 die gesamte Windungszahl und ζ_2 den Wicklungsfaktor der Einphasenwicklung bedeuten,

$$F_2 = 0{,}9\,\frac{w_2\,\zeta_2}{p}\,J_2$$

und somit die Amplitude der MMK des gleichsinnigen bzw. des inversen Drehfeldes

$$F_2 = 0{,}45\,\frac{w_2\,\zeta_2}{p}\,J_2. \tag{163}$$

Diese Amplitude muß die MMK der Dämpferwicklung haben, diese Amplitude kommt auch für die Berechnung der Ankerrückwirkung in Betracht, und zwar ist sie bei der Bestimmung der Ankerrückwirkung genau so zu behandeln, wie die MMK des Drehfeldes bei der Mehrphasenmaschine. Bei der Vollpolmaschine ist also diese Größe in das Transformatordiagramm einzuführen, bei der Einzelpolmaschine ist sie in 2 Komponenten entsprechend dem Winkel ψ zu zerlegen.

d) Vergleich der Einphasen- mit der Dreiphasenmaschine. Vergleicht man die Ankerrückwirkung der Einphasenmaschine mit der der Dreiphasenmaschine, so ist bei der letzteren mit der Amplitude der MMK-Kurve

$$F_{2\,III} = 0{,}45\,.\,3\,\frac{w_2\,\zeta_2}{p}\,J_2$$

zu rechnen, während bei der Einphasenmaschine, falls man wie auf S. 149 annimmt, daß die Ankerwicklung aus zwei Phasen einer Dreiphasenwicklung mit der Windungszahl w_2 pro Phase besteht,

$$F_{2\mathrm{I}} = \sqrt{3}\,\frac{0{,}9}{2}\,\frac{w_2\,\zeta_2}{p}\,J_2$$

einzusetzen ist.

Bei gleichem Strom J_2 ist somit

$$\frac{F_{2\mathrm{III}}}{F_{2\mathrm{I}}} = 1{,}73. \tag{164}$$

Das Verhältnis der Leistungen ist unter Voraussetzung gleicher Netzspannung P und wiederum gleichen Stromes J_2

$$\frac{N_{\mathrm{III}}}{N_{\mathrm{I}}} = \frac{\sqrt{3}\,P J_2 \cos\varphi}{P J_2 \cos\varphi} = \sqrt{3}, \tag{165}$$

also dasselbe wie das der MMKe der Ankerdrehfelder. Dies war auch zu erwarten, denn beim Transformator ist die sekundäre MMK ein Maß für die Belastung.

Bei gleichem Ankerstrom ist bei der Einphasenmaschine die Ankerrückwirkung bedeutend kleiner, die Streuspannung (Vektor $\overline{BC}$, Abb. 136) dagegen größer als bei der Dreiphasenmaschine. Ist x_2 der Blindwiderstand eines Stranges der Dreiphasenmaschine, so ist, gleiche Netzspannung vorausgesetzt, bei der Dreiphasenmaschine (bezogen auf die verkettete Spannung) $\sqrt{3}\,x_2$ und bei der Einphasenmaschine $2\,x_2$ in das Diagramm einzuführen. Das Verhältnis der Streuspannung der Einphasenmaschine zu der der Dreiphasenmaschine ist jedoch kleiner als $\frac{2}{\sqrt{3}}$, weil die Spulenköpfe der Einphasenwicklung kürzer sind als die der Dreiphasenwicklung und infolgedessen auch die Spulenkopfstreuung der Einphasenwicklung kleiner ist als die der Dreiphasenwicklung. Die Spannungsänderung, die von der Ankerrückwirkung und von der Streuspannung abhängt, ist bei der Einphasenmaschine geringer als bei der Dreiphasenmaschine.

Mit Rücksicht auf die Gesamtverluste, denen durch die Erwärmung eine Grenze gegeben ist, lassen sich aus einem bestimmten Modell ca. $\frac{2}{3}$ der Mehrphasenleistung als Einphasenleistung herausholen.

9. Parallelarbeiten und Parallelschalten von Synchronmaschinen.

Für die weiteren Betrachtungen, wo es uns mehr auf das qualitative als das quantitative der Vorgänge ankommt, machen wir die Annahmen, daß die magnetische Leitfähigkeit längs des Ankerumfanges konstant und daß die Sättigung der Maschine gering ist. Die letztere Annahme gibt die Möglichkeit, den Fluß der Maschine in den rückwirkenden Ankerfluß und den Magnetfluß zu zerlegen und diese beiden Flüsse getrennt zu betrachten. Der Ankerfluß wird vom Ankerstrom erzeugt, ist mit dem Ankerstrom in Phase und ist ihm, da die Sättigung als klein vorausgesetzt ist, direkt proportional. Dies sind dieselben Eigenschaften, die der Streufluß hat. Die Wirkung des Ankerflusses (die Ankerrückwirkung) kann also durch eine EMK der Selbstinduktion ersetzt werden, die in Phase ist mit der EMK der Streuinduktion.

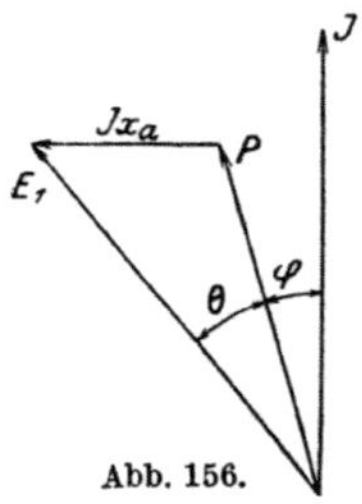

Abb. 156.

Das Spannungsdiagramm (vgl. Abb. 136) sieht dann so aus, wie Abb. 156 zeigt (den Ankerwiderstand lassen wir vorläufig außer acht). E_1 ist die vom primären Fluß, dem Magnetfluß, in der Ankerwicklung induzierte EMK. Der Ankerblindwiderstand x_a entspricht dem totalen Ankerfluß, d. h. dem rückwirkenden Ankerfluß *und* dem Streufluß. Die Klemmenspannung P und die zur Überwindung des Blindwiderstandes x_a nötige Spannung $J x_a$ halten der EMK E_1 das Gleichgewicht. Die geometrische Differenz zwischen E_1 und P gibt stets den Spannungsabfall in der Ankerwicklung; der Ankerstrom steht senkrecht auf diesem.

a) Einfluß des Winkels Θ auf die Größe der Wirkleistung. Wir denken uns nun einen an einem Netz mit konstanter Klemmenspannung P hängenden, zunächst leerlaufenden Synchrongenerator. E_1 und P sind dann in Phase. Der Regler der Antriebsmaschine des Generators werde derart beeinflußt, daß die Antriebsmaschine, etwa Dampfmaschine, eine größere Füllung erhält und den Generator schneller zu treiben sucht. Da die Umdrehungszahl der Synchronmaschine starr ist, wird die größere Füllung sich nur in einer Verdrehung des Polrades, durch welche die EMK E_1 in Voreilung zum Vektor der Netzspannung P gebracht wird (Abb. 157), bemerkbar machen. Die Gleichgewichtsbedingung der Spannungen bedingt das Auftreten eines Stromes J, der den Spannungsvektor $J x_a$ erzeugt. Die Richtung des Spannungsvektors $J x_a$ ebenso wie des Stromes J ist dabei eindeutig durch E_1 und P gegeben. Der Strom in Abb. 157 hat nur eine geringe Phasenverschiebung gegen die Netzspannung. Daraus folgt die wichtige Tatsache, daß *die Vorwärtsverdrehung des Vektors E_1 (des Polrades) den Generator zur Abgabe eines Wirkstromes, zur Abgabe von Nutzleistung zwingt.*

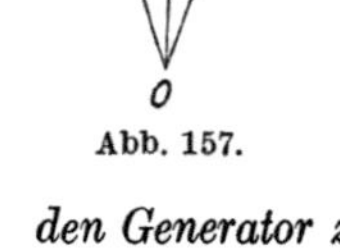

Abb. 157.

Soll ein parallel mit anderen Generatoren laufender Synchrongenerator eine größere Leistung abgeben, so muß seine Antriebsmaschine so beeinflußt werden, daß sie schneller zu laufen sucht, daß also ihre Füllung größer wird. Soll umgekehrt die Leistung des parallellaufenden Synchrongenerators kleiner gemacht werden, so muß die Antriebsmaschine so beeinflußt werden, daß sie langsamer zu laufen sucht, daß ihre Füllung kleiner wird.

Der Phasenverschiebungswinkel Θ zwischen der Generator-EMK E_1 und der Netzspannung P bildet direkt ein Maß für die Größe der Wirkleistung des Synchrongenerators. Wird die Füllung verändert, z. B. vergrößert, so nimmt der Winkel und mit ihm die Leistung des Generators so weit zu, bis das Gegendrehmoment des Wirkstromes eine weitere Vorwärtsdrehung des Polrades verhindert; die EMK E_1 bleibt dann in der neuen Lage stehen.

b) Einfluß der Erregung im Parallelbetrieb. Ausgleichströme. Wir betrachten nun den Fall, wo die Füllung der Antriebsmaschine derart eingestellt ist, daß der Generator keine Wirkleistung abgibt. Der Winkel Θ ist dann gleich Null und die Generator-EMK E_1 ist mit der Netzspannung P in Phase. Bei einer gewissen Erregung, und zwar bei der, bei welcher E_1 gleich P ist, führt der Generator keinen Strom. In diesem Falle wirken nämlich die Generator-EMK E_1 und die Netzspannung P in bezug auf den geschlossenen Kreis, den die anderen (die Netzspannung erzeugenden) Generatoren mit den Sammelschienen und dem betrachteten Generator bilden, einander entgegen, so daß kein Strom durch die Ankerwicklung des Generators fließen kann. Anders ist es, wenn die Erregung derart eingestellt ist, daß $E_1 \gtrless P$ ist. Ist E_1 größer als P, so muß sich ein Spannungsabfall Jx_a von gleicher Richtung wie die Klemmenspannung P (Abb. 158), der das Gleichgewicht herstellt, ausbilden. Da der Spannungsabfall Jx_a dem ihn erzeugenden Strom stets um 90° voreilt, so muß also im Falle $E_1 > P$ der Strom, den der Generator führt, um 90° nacheilend sein. Auf Grund der Gesetze über die Ankerrückwirkung, die wir auf S. 160 gewonnen haben, war dies vorauszusehen: $E_1 > P$ bedeutet, daß der Fluß der Maschine größer ist, als es mit Rücksicht auf die Klemmenspannung nötig ist. Der Generator wird dadurch gezwungen, einen Strom zu führen, der den Fluß der Maschine wieder schwächt, und dies bewirkt beim Generator ein nacheilender Strom (Abb. 138). Ist umgekehrt $E_1 < P$, d. h. ist die Erregung des Generators zu schwach, um den nötigen Fluß zu erzeugen, so wird die Ankerwicklung einen voreilenden Strom führen müssen, da ein voreilender Strom den Ankerfluß stärkt (Abb. 139). Wir stellen die Tatsache fest, daß *durch Änderung der Erregung die Maschine nur zur Abgabe von Blindströmen gezwungen wird.* Wie wir später sehen werden, wird im Gegensatz hierzu eine Gleichstrommaschine durch Änderung der Erregung zur Änderung ihrer Wirkleistung gezwungen.

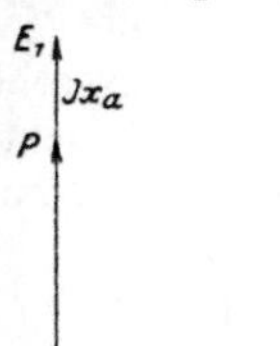

Abb. 158.

Wir betrachten als Beispiel eine Anlage, die aus zwei vollkommen gleichen Generatoren und einer induktiven Belastung besteht (Abb. 159). Sind die Erregerströme beider Generatoren gleich und ist die Wirkleistung auf beide Maschinen gleich verteilt, so sind auch die Vektordiagramme beider Maschinen einander vollkommen gleich (Abb. 160). Wir vergrößern nun die Erregung der Maschine I und verkleinern die Erregung der Maschine II derart, daß die Klemmenspannung P die gleiche bleibt wie früher; auch die Gesamtwirkleistung soll den gleichen Wert wie früher haben und gleichmäßig auf beide Maschinen verteilt sein. Die Gleichgewichtsbedingung der Spannungen verlangt dann, daß die Maschine I, die zu stark erregt ist, einen nacheilenden Strom abgibt, der ihren Fluß schwächt, und daß die Maschine II, die zu schwach erregt ist, einen voreilenden Strom abgibt, der ihren Fluß stärkt. Die Vektordiagramme beider Maschinen für diesen Fall zeigt Abb. 161. Zu den früheren beiden Strömen J_{I} und J_{II}, deren Wirk- wie Blindkomponenten allein durch die Belastung bestimmt waren und die bei beiden Maschinen gleich waren, tritt in jeder Maschine ein neuer Strom J_a hinzu, derart, daß er bei der übererregten Maschine I nacheilend und bei der untererregten Maschine II voreilend ist. Der resultierende Strom J_{I}' der Maschine I wird für die hier gewählten Verhältnisse bedeutend größer als der resultierende Strom J_{II}' der Maschine II, und auch der Phasenverschiebungswinkel zwischen Strom und Spannung φ ist bei der Maschine I bedeutend größer als bei der Maschine II.

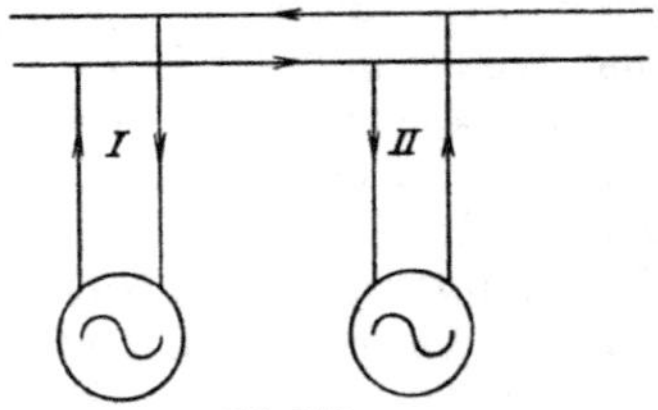

Abb. 159.

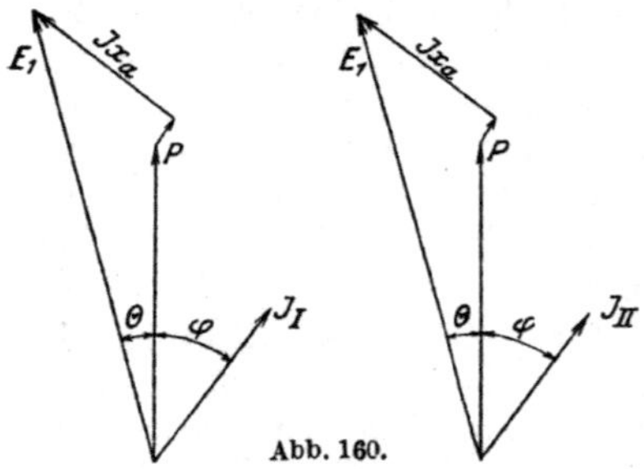

Abb. 160.

Vom Strome J_a fließt in den äußeren Kreis nur ein Teil, entsprechend der nacheilenden Blindkomponente von J_{II}. Der andere Teil von J_a, dessen Größe der voreilenden Komponente von J_{II}' entspricht, ist dagegen ein *innerer* Strom, ein *Ausgleichstrom*, der nur durch die Ankerwicklungen beider Maschinen und die Sammelschienen fließt. In Abb. 159 ist für einen bestimmten Augenblick bei beiden Maschinen die Richtung des Ausgleichstromes eingetragen. Dieser ist in beiden Maschinen gleich, aber entgegengesetzt gerichtet.

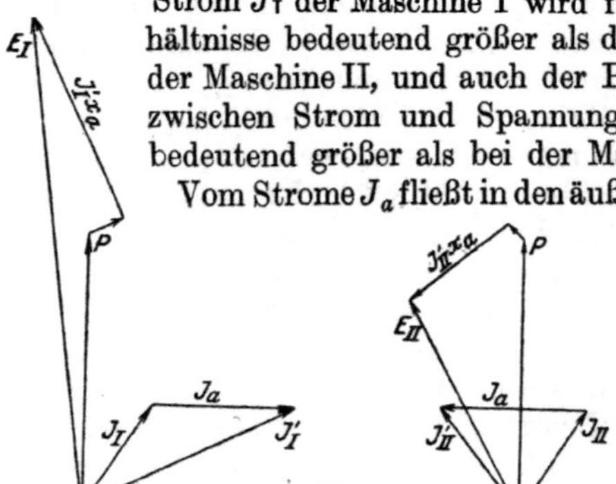

Abb. 161.

Ausgleichströme sind schädliche Ströme, weil sie in den Maschinen größere Verluste hervorrufen, als es mit Rücksicht auf die Belastung notwendig ist. Man erkennt sie *an der Verschiedenheit der Leistungsfaktoren der parallel arbeitenden Maschinen.* Sind die parallel arbeitenden Maschinen alle gleich und ist die Wirkleistung auf alle Maschinen gleich verteilt, so kann man sie auch an der Verschiedenheit der Ankerströme (oder auch der Erregerströme) erkennen.

c) Parallelschalten von Synchronmaschinen. Soll eine Synchronmaschine ohne Stromstoß zu einem bestehenden Netz mit der Klemmenspannung P zugeschaltet werden, so müssen drei Bedingungen erfüllt sein:

1. Die Klemmenspannung der zuzuschaltenden Maschine muß gleich sein der Netzspannung P.
2. Diese beiden Spannungen müssen in Phase sein.
3. Die Periodenzahlen dieser beiden Spannungen müssen gleich sein.

Ist die Klemmenspannung der zuzuschaltenden Maschine größer oder kleiner als die Netzspannung, während die beiden anderen Bedingungen erfüllt sind, so entsteht beim Zuschalten der neuen Maschine ein Stromstoß, der nachher als Ausgleichstrom über die Ankerwicklungen der Maschinen und die Sammelschienen weiterfließt. Damit kein Stromstoß auftritt, genügt jedoch nicht allein, daß beide Spannungen gleich sind; sie müssen im Moment des Zuschaltens außerdem in Phase sein, denn nur in diesem Falle wirken die Klemmenspannung der zugeschalteten Maschine und die Netzspannung in bezug auf den geschlossenen Kreis, den die das Netz speisenden Generatoren, die Sammelschienen und der zugeschaltete Generator bilden, einander entgegen. Sind die beiden Spannungen im Moment des Zuschaltens nicht in Phase, so erzeugt die Differenzspannung (vgl. Abb. 60) einen Stromstoß, der bei größeren Phasenverschiebungen für die Wicklungen der Maschinen gefährlich werden kann.

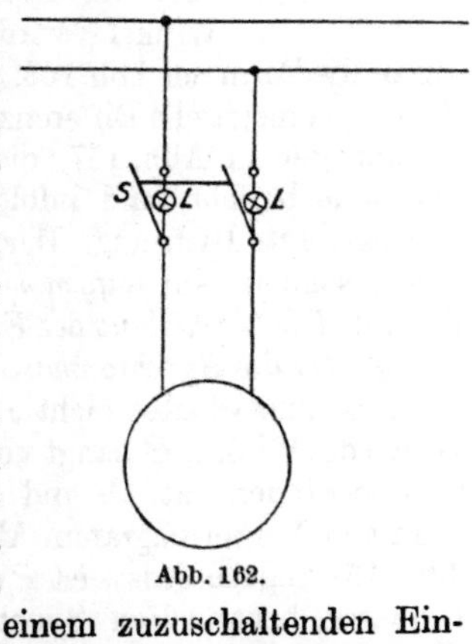

Abb. 162.

Zur Beobachtung der Phasengleichheit zwischen der Netzspannung und der Klemmenspannung der zuzuschaltenden Maschine benutzt man *Phasenlampen.* Abb. 162 zeigt als Beispiel die Anordnung der Phasenlampen bei einem zuzuschaltenden Einphasengenerator. Der doppelpolige Schalter S wird durch zwei Lampen L überbrückt. Sind die beiden Spannungen *gleich groß und in Phase,* so bleiben die Lampen dunkel. Stimmen jedoch die

Periodenzahlen des Netzes und der zuzuschaltenden Maschine nicht überein, so bleiben die Lampen nur ganz kurze Zeit dunkel und leuchten wieder auf, um nachher wieder dunkel zu werden. Das Verlöschen und Aufleuchten der Lampen geschieht in periodischer Reihenfolge, und zwar ist die Zahl dieser Lichtschwankungen um so größer, je mehr die beiden Periodenzahlen voneinander abweichen. Man reguliert die Periodenzahlen so ein, daß das Verlöschen und Aufleuchten der Lampen ganz langsam erfolgt, und legt den Schalter S in dem Augenblick ein, wo die Lampen dunkel sind [L. 64].

10. Der Synchronmotor.

a) Das Spannungsdiagramm des Synchronmotors. Wir betrachten einen an einem Netz hängenden Synchrongenerator und nehmen an, daß der Regulator der Antriebsmaschine, dessen Stellung einer bestimmten Belastung entspricht, derart verstellt wird, daß die Leistungszufuhr gerade ausreicht, um die Leerlaufverluste der Maschine, d. h. die Eisen- und Reibungsverluste, zu decken. Die EMK E_1, die in der ursprünglichen Stellung des Regulators der Netzspannung P um einen bestimmten Winkel Θ vorauseilte (Abb. 157), wird dadurch gezwungen zurückzubleiben und die gleiche Lage wie die Netzspannung P anzunehmen. Wird nun die Leistungszufuhr des Generators ganz abgeschnitten, so wird das Drehmoment, das zur Deckung der Eisen- und Reibungsverluste nötig ist, bremsend wirken und die EMK E_1 zwingen, gegenüber der Netzspannung P zurückzubleiben. Der Winkel Θ wird negativ und das Spannungsdiagramm erhält die Form der Abb. 163. Die Richtung der Streuspannung Jx_a, die die geometrische Differenz zwischen E_1 und P ist, wird entgegengesetzt der in Abb. 157, die sich auf den Generatorbetrieb der Maschine bezieht, und infolgedessen erhält auch der Strom entgegengesetzte Richtung. Der Strom J ist kein abgegebener Strom mehr, sondern ein *aufgenommener* Strom (*negativer* abgegebener Strom). *Die Nacheilung der EMK E_1 gegenüber der Netzspannung P zwingt also die Synchronmaschine zur Aufnahme eines Wirkstromes*: die Maschine arbeitet nicht als Generator, sondern als *Motor*. Die Größe des Winkels Θ hängt von dem Drehmoment, das die Maschine zu überwinden hat, ab und nimmt mit diesem zu.

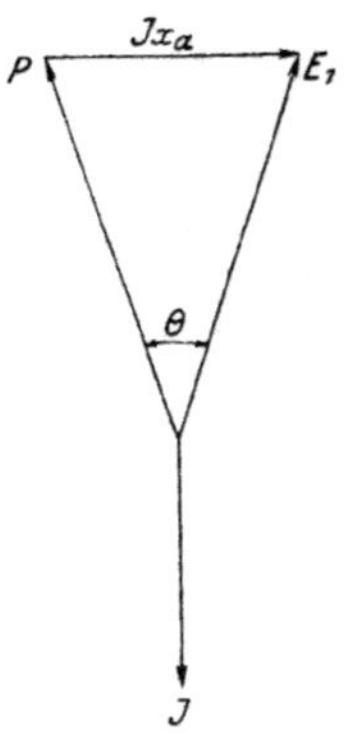

Abb. 163.

In dem Vektordiagramm Abb. 163, das vom Generatordiagramm Abb. 157 abgeleitet ist, ist P die Sekundärspannung der als Transformator behandelten Synchronmaschine. Beim Generator ist diese Spannung mit der Netzspannung identisch. Beim Motor wird die Netzspannung von anderen Maschinen erzeugt. In bezug auf die Netzspannung ist also die Spannung P im Motordiagramm

Abb. 163 um 180° verschoben. Um auch in das Motordiagramm die Netzspannung einzuführen, dreht man in Abb. 163 den Vektor P um 180°. Die induzierte EMK E_1 (gegen EMK) bildet dann mit der Netzspannung P wie beim Asynchronmotor (s. Abb. 112) einen Winkel, der größer als 90° ist. Führt man wie beim Asynchronmotor in das Spannungsdiagramm an Stelle der Gegen-EMK E_1 die Komponente der Klemmenspannung P ein, die nötig ist, um sie zu überwinden, und berücksichtigt noch den Ohmschen Widerstand der Ankerwicklung, so erhält man für den Synchronmotor das Spannungsdiagramm Abb. 164, das dem des Ständers des Asynchronmotors ähnlich ist.

b) Das Kreisdiagramm der Synchronmaschine für konstante Klemmenspannung und konstanten Erregerstrom. Da die Synchronmaschine als Transformator zu den allgemeinen Wechselstromkreisen gehört, so ist ihr *Arbeitsdiagramm* ebenso wie bei der Asynchronmaschine ein *Kreis*. Wie wir gleich sehen werden, gehört jedoch zu jeder Erregung ein anderer Kreis.

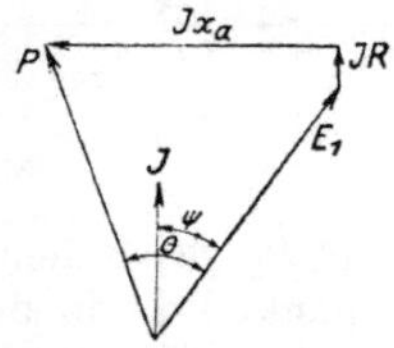

Abb. 164.

Zur Ableitung des Kreisdiagrammes gehen wir vom Spannungsdiagramm (Abb. 164) aus und legen wie bei dem Asynchronmotor die Klemmenspannung P in die Vertikale (Abb. 165). Die *Klemmenspannung* $P = \overline{OC}$ und der *Erregerstrom*, somit auch die EMK $E_1 = \overline{OA}$, seien als *konstant* vorausgesetzt. Die Seiten des rechtwinkligen Dreiecks ABC sind dem Strome J proportional. Ändert sich der Strom J, so ändert sich mit ihm proportional der Spannungsabfall Jz_a (z_a der scheinbare Widerstand der Ankerwicklung), und der gemeinsame Endpunkt A des EMK-Vektors E_1 und des Spannungsabfalles Jz_a beschreibt einen Kreis mit dem Radius $\overline{OA} = E_1$; der Spannungsabfall Jz_a hat seinen kleinsten und seinen größten Wert, wenn der Punkt A auf der Klemmenspannung P bzw. auf ihrer Fortsetzung liegt. Daraus folgt, daß auch der Endpunkt des Stromes J einen Kreis beschreibt, und zwar muß die Linie, auf welcher der kleinste und größte Wert des Stromes J liegen, um den Winkel $\alpha = \operatorname{arctg} \frac{x_a}{R_a}$ gegen die Klemmenspannung P nacheilen, denn J eilt gegenüber Jz_a um den Winkel α nach. In Abb. 166 tragen wir die Gerade $\overline{OG}$ unter dem Winkel α zur Klemmenspannung P auf. Auf dieser Geraden liegen der kleinste und größte

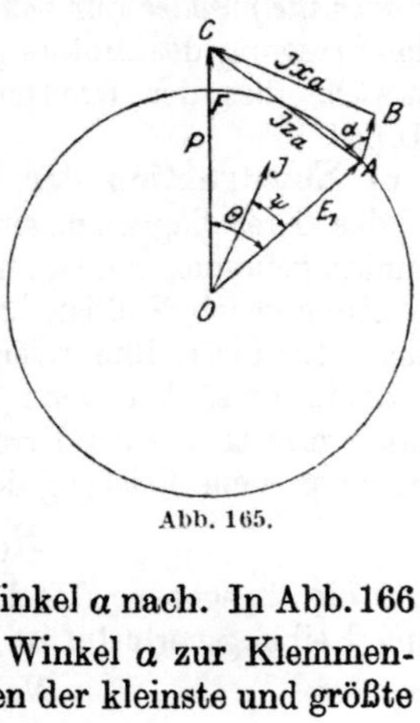

Abb. 165.

Wert des Stromes J und auch der Mittelpunkt des Kreises, auf welchem sich der Endpunkt des Stromes bewegt.

Der Strom hat den kleinsten Wert, wenn Jz_a den kleinsten Wert hat, also wenn der Punkt A (Abb. 165) auf der Klemmenspannung $\overline{OC}$ im Punkte F liegt. Der kleinste Strom beträgt also

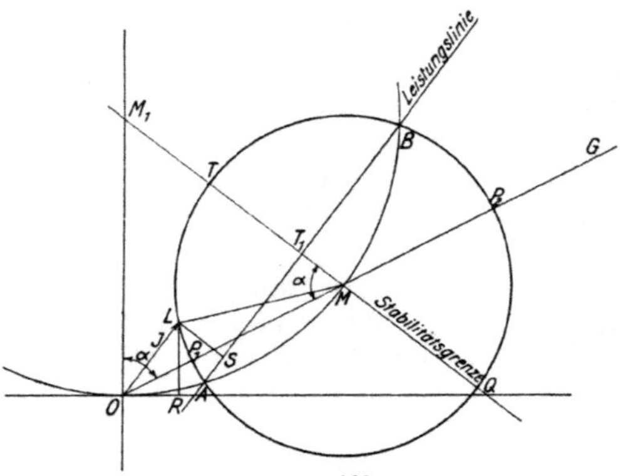

Abb. 166.

$$J_{\min} = \frac{P - E_1}{z_a}.$$

Wie ohne weiteres ersichtlich ist, beträgt der größte Strom

$$J_{\max} = \frac{P + E_1}{z_a}.$$

Macht man $\overline{OP_1} = J_{\min}$ und $\overline{OP_2} = J_{\max}$, so ist $\overline{P_1 P_2}$ gleich dem Durchmesser des Kreises und der Kreismittelpunkt liegt in der Mitte zwischen P_1 und P_2.

Der Kreisdurchmesser ist gleich

$$D = J_{\max} - J_{\min} = \frac{2E_1}{z_a}, \tag{166}$$

und der Abstand des Kreismittelpunktes M vom Anfangspunkt O

$$\overline{OM} = J_{\max} - \frac{D}{2} = \frac{P}{z_a}, \tag{167}$$

d. h. der *Kreisdurchmesser hängt* nur von der EMK E_1 oder, was dasselbe ist, *von der Erregung des Motors ab*, während *die Lage des Kreismittelpunktes* nur *von der Klemmenspannung* abhängt. Wird die Erregung des Motors geändert, so ändert sich der Kreisdurchmesser, aber der Kreismittelpunkt ist für alle Kreise derselbe [L. 65].

c) Konstruktion der Leistungslinie. Um die *Leistungslinie* in das Kreisdiagramm eintragen zu können, müssen die Kreispunkte gefunden werden, in welchen die abgegebene (mechanische) Leistung gleich Null ist. Zu der mechanischen Leistung sind hier nicht nur die Reibungsverluste, sondern auch die gesamten Eisenverluste zu zählen, denn bei der Synchronmaschine werden die Eisenverluste wie der Erregerstrom vom Läufer aus gedeckt. Die aufgenommene Leistung der m-phasigen Maschine ist gleich

$$N_1 = m P J \cos\varphi, \tag{168}$$

und die abgegebene (mechanische) Leistung, einschließlich Eisen- und Reibungsverluste, ist (vgl. Gleichung 128)

$$N_m = m E_1 J \cos\psi. \tag{169}$$

Die mechanische Leistung des Läufers ist bei der Synchronmaschine identisch mit ihrer Drehfeldleistung. Eine Zerlegung der Drehfeldleistung in eine mechanische Leistung des Läufers, die der Drehzahl proportional ist, und eine elektrische Leistung des Läufers, die dem Schlupf proportional ist, wie bei der Asynchronmaschine, findet hier nicht statt, weil der Schlupf bei der Synchronmaschine stets gleich Null ist.

Aus Gleichung 169 folgt, daß zur Bestimmung der Lage der Leistungslinie diejenigen Kreispunkte aufzusuchen sind, in welchen E_1 und J aufeinander senkrecht stehen, oder was dasselbe ist, die Kreispunkte, bei welchen E_1 und Jz_a miteinander den Winkel $(90 \pm \alpha)$ bilden, da Jz_a dem Strome J um den Winkel α voreilt. Von allen Dreiecken OAC (Abb. 165) sind demnach diejenigen zu suchen, bei welchen der Winkel OAC gleich $(90 \pm \alpha)$ ist.

Betrachtet man das Dreieck OLM (Abb. 166), wo L ein beliebiger Kreispunkt ist, so ist in diesem $\overline{OL}$ gleich J, $\overline{LM}$ als der Kreisradius gleich $\frac{E_1}{z_a}$ und $\overline{OM} = \frac{P}{z_a}$. Das ist demnach dasselbe Dreieck wie OAC (Abb. 165), nur sind alle drei Seiten durch z_a dividiert. Die Leistung N_m ist infolgedessen in denjenigen Kreispunkten gleich Null, bei welchen der Winkel OLM gleich ist $(90 \pm \alpha)$, von welchen aus also die Strecke $\overline{OM}$ unter dem Winkel $(90 \pm \alpha)$ gesehen wird. Diese Punkte liegen auf einem Kreis durch O und M, dessen Mittelpunkt M_1 auf einer Geraden unter dem Winkel α zu $\overline{OM}$ liegt, d. h. auf der Ordinatenachse. Der Winkel OMM_1 ist somit auch gleich α und das Dreieck OM_1M ist ein gleichschenkliges Dreieck.

Der Radius OM_1 ist gleich

$$\overline{OM_1} = \frac{P}{2\,z_a}\,\frac{1}{\cos\alpha} = \frac{P}{2\,R_a}. \tag{170}$$

Schlägt man nun mit dem Radius $\overline{OM_1}$ von M_1 aus einen Kreis, so erhält man die Punkte A und B, durch welche die Leistungslinie durchgeht.

Auf dem Kreisbogen AB oberhalb der Leistungslinie arbeitet die Maschine als Motor, auf dem Kreisbogen unterhalb der Leistungslinie als Generator.

Die Abstände der Kreispunkte von der Abszissenachse sind proportional der zugeführten Leistung, die Abstände der Kreispunkte von der Leistungslinie sind proportional der abgegebenen Leistung (einschließlich Reibungs- und Eisenverluste).

Der Wirkungsgrad des Motors ohne Berücksichtigung der Eisen- und Reibungsverluste beträgt im Punkte L

$$\eta = \frac{\overline{LS}}{\overline{LR}}.$$

Da die Drehzahl der Synchronmaschine unabhängig von der Last stets dieselbe ist, so stellt die Leistungslinie zugleich die *Dreh-*

momentenlinie dar. Der Abstand $\overline{LS}$ eines Kreispunktes L von der Leistungslinie gibt somit nicht nur die abgegebene Leistung sondern in einem anderen Maßstabe auch das diesem Kreispunkte entsprechende Drehmoment an.

Mit zunehmendem Strom J steigt zunächst das Drehmoment und erreicht im Punkte T seinen Maximalwert $\overline{TT_1}$. Oberhalb des Punktes T nehmen zwar die zugeführte Leistung und der Strom zu, aber die abgegebene Leistung und hiermit das Drehmoment sinken, da die Verluste schneller zunehmen als die zugeführte Leistung. Wird das Belastungsmoment größer als $\overline{TT_1}$, so fällt der Motor außer Tritt und bleibt stehen.

Im Punkte Q, der diametral zum Punkte T liegt, erreicht die dem Generator zugeführte (mechanische) Leistung ihren Maximalwert $\overline{T_1Q}$. Wird die von der Antriebsmaschine zugeführte Leistung größer als $\overline{T_1Q}$, so geht die Antriebsmaschine mit dem Generator durch. Die Linie $\overline{TQ}$ stellt somit die *Stabilitätsgrenze* der Synchronmaschine als Motor und Generator dar. Sie geht durch die Punkte M_1 und M hindurch.

d) Einfluß der Erregung auf die Überlastungsfähigkeit des Synchronmotors. Das Kreisdiagramm (Abb. 166) entspricht einer ganz bestimmten Erregung. Ändert man diese, so ändert sich am Kreisdiagramm Abb. 166 nur der Durchmesser des Kreises; die Kreismittelpunkte M und M_1, die von der EMK E_1 unabhängig sind, bleiben bestehen. Die Kreisdiagramme für verschiedene Erregungen werden demnach durch konzentrische Kreise um M als Mittelpunkt dargestellt. In der Abb. 167 sind Kreisdiagramme für drei verschiedene Erregungen angegeben. Bei kleineren Erregungen (Kreis 1) bleibt J gegen P stets zurück. Bei größeren Erregungen (Kreis 3) wird der Strom voreilend. Dies steht im Einklang mit den Gesetzen der Ankerrückwirkung, die wir auf S. 160 abgeleitet haben. Wir kommen auf diesen Punkt auf S. 188 zurück.

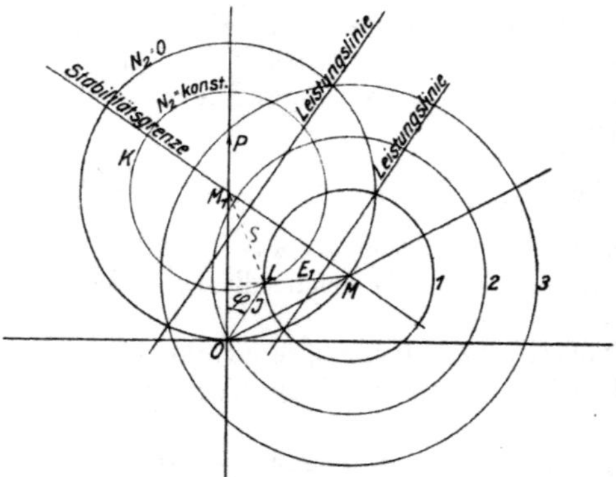

Abb. 167.

Die Leistungslinie ist jedesmal die Gerade durch die Schnittpunkte des betreffenden Kreises mit dem Kreis, der von M_1 aus durch die Punkte O und M $\left(\text{Radius} = \frac{P}{2R_a}\right)$ gezogen wird. Zeichnet man die

Leistungslinien für mehrere Erregungen ein, so findet man, daß die Überlastungsfähigkeit des Motors, d. h. das Verhältnis seines maximalen Momentes zu seinem Nennmoment, mit zunehmender Erregung schnell zunimmt; bei ganz großen Übererregungen nimmt jedoch die Überlastungsfähigkeit wieder ab.

Für die Erregung Null schrumpft das Kreisdiagramm des Motors zu einem Punkt (Punkt M) zusammen und die Maschine kann keine Leistung abgeben. Für die Maschine mit Vollpolen, auf welche obige Ableitungen ebenso wie das Kreisdiagramm (Abb.167) sich beziehen (s. S. 175), trifft dies auch zu. Der Synchronmotor mit ausgeprägten Polen ist jedoch imstande eine gewisse Leistung auch ohne Erregung abzugeben (*Reaktionsmaschine*). Dies hängt bei ihm mit der Ungleichheit der magnetischen Leitfähigkeit längs des Ankerumfanges zusammen [L. 66].

e) Das Kreisdiagramm des Synchronmeters für konstante Klemmenspannung und konstante Leistung. Der Kreis um M_1 durch die Punkte O und M ist der geometrische Ort aller Punkte, für welche die abgegebene Leistung gleich Null ist. Es läßt sich beweisen, daß *jeder Kreis um* M_1 als Mittelpunkt einen geometrischen Ort der Endpunkte des Stromes darstellt, für welche die abgegebene *Leistung konstant* ist. Wir ziehen einen solchen Kreis K mit dem Radius ϱ in Betracht und fragen nach der Größe der Leistung, die diesem Kreis entspricht.

Die dem Motor zugeführte Leistung beträgt (pro Phase)

$$N_1 = P J \cos\varphi.$$

Die abgegebene Leistung (einschließlich Eisen- und Reibungsverluste) beträgt

$$N_m = E_1 J \cos\psi = P J \cos\varphi - J^2 R_a.$$

Der Abb. 167 entnimmt man für einen beliebigen Kreispunkt L

$$J^2 \sin^2\varphi = \varrho^2 - \left(\frac{P}{2 R_a} - J \cos\varphi\right)^2.$$

Dies ergibt:

$$P J \cos\varphi - J^2 R_a = \frac{P^2}{4 R_a} - \varrho^2 R_a.$$

Auf der rechten Seite stehen lauter konstante Größen, auf der linken Seite steht die abgegebene Leistung N_m: dem Kreis mit dem Radius ϱ entspricht somit die konstante Leistung N_m

$$N_m = \frac{P^2}{4 R_a} - \varrho^2 R_a = \text{konst.}$$

Drückt man den Radius ϱ durch die konstante Leistung N_m aus, so ergibt sich die Beziehung

$$\varrho = \sqrt{\frac{P^2}{4 R_a^2} - \frac{N_m}{R_a}}. \qquad (171)$$

Für $N_m = 0$ erhält man, wie zu erwarten war,

$$\varrho = \frac{P}{2 R_a}.$$

f) Die *V*-Kurven des Synchronmotors. Der Abb. 167 lassen sich die zu jedem Punkte eines Kreises konstanter Leistung gehörigen Wertepaare von E_1 und J entnehmen. So gehören zu dem Punkte L des Kreises K der Strom $J = \overline{OL}$ und die EMK $E_1 = \overline{LM}$. Trägt man für einen bestimmten Kreis, d. h. für eine bestimmte konstante abgegebene Leistung, den Strom J in Abhängigkeit von der EMK E_1 auf, so erhält man eine V-ähnliche Kurve.

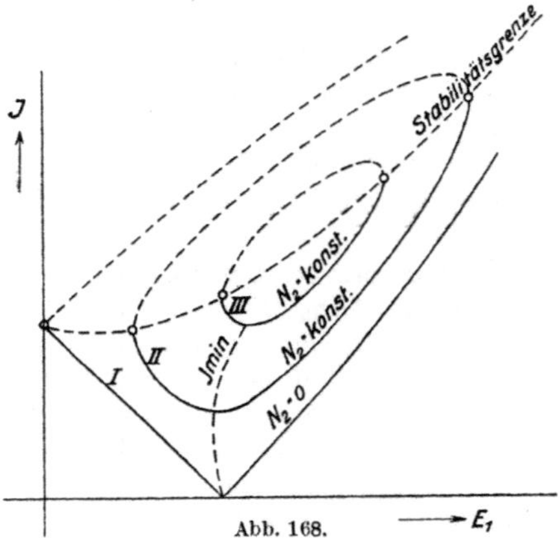

Abb. 168.

Abb. 168 zeigt V-Kurven für drei verschiedene Leistungen. Die Teile der Kurven oberhalb der Stabilitätsgrenze sind gestrichelt gezeichnet. Man sieht aus diesen Kurven, daß es bei jeder Motorleistung eine bestimmte Erregung gibt, bei welcher der Ankerstrom ein Minimum wird. Diese Erregung ist auch die *richtige* für die betreffende Motorleistung, denn dem kleinsten Ankerstrom entsprechen die kleinsten Kupferverluste. Die Punkte des kleinsten Ankerstromes sind in der Abb. 168 durch eine punktierte Linie miteinander verbunden. Bei gegebener Größe der Leistung ist der Ankerstrom am kleinsten, wenn J und P in Phase sind. Die $J_{\min}$-Linie ist also zugleich die $\cos\varphi = 1$-Linie.

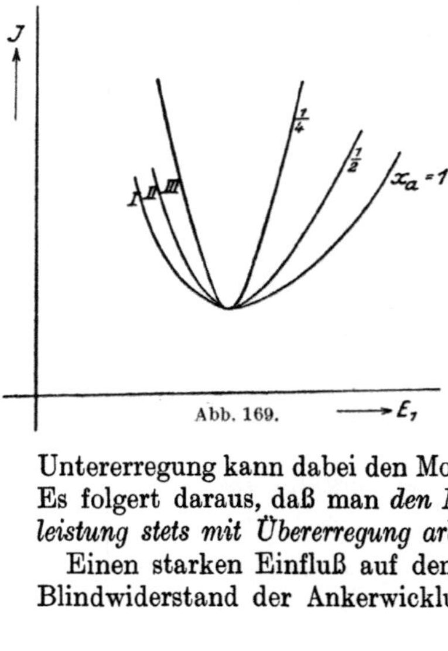

Abb. 169.

Je höher die Belastung ist, desto näher rückt die Stabilitätsgrenze zu der $\cos\varphi = 1$-Erregung (vgl. Kurve III, Abb. 168). Eine verhältnismäßig kleine Untererregung kann dabei den Motor zum Außertrittfallen bringen. Es folgert daraus, daß man *den Motor in der Nähe der Maximalleistung stets mit Übererregung arbeiten* lassen soll.

Einen starken Einfluß auf den Verlauf der V-Kurven hat der Blindwiderstand der Ankerwicklung x_a. Sowohl der Kreisradius

$\overline{P_1 M}$ (Abb. 166) wie die Lage des Kreismittelpunktes M hängen von x_a ab. Je kleiner der Blindwiderstand x_a ist, desto spitzer verlaufen die V-Kurven. In Abb. 169 sind für eine und dieselbe Leistung N_m drei V-Kurven gezeichnet, wobei der Blindwiderstand der Ankerwicklung x_a bei der Kurve II $\frac{1}{2}$ und bei der Kurve III $\frac{1}{4}$ des Blindwiderstandes der Kurve I beträgt. Ein Motor mit kleinem Blindwiderstand ist also viel empfindlicher in bezug auf Änderungen der Erregung als ein Motor mit großem Blindwiderstand: eine und dieselbe prozentuale Änderung der EMK E_1 ruft beim ersten eine bedeutend größere Änderung des Ankerstromes hervor als beim zweiten. Bei ungeschickten Änderungen der Erregung wird ein Motor mit großem Blindwiderstand weniger leicht außer Tritt fallen als ein Motor mit kleinem Blindwiderstand.

g) Anlassen des Synchronmotors. Die Synchronmotoren haben den großen Nachteil, daß sie im Stillstand und bei Drehzahlen, die unterhalb der synchronen Drehzahl liegen, kein Drehmoment entwickeln können; sie sind also nicht imstande anzulaufen. Diese Erscheinung läßt sich erklären, wenn man den Synchronmotor mit der anderen, nach den Gesetzen des allgemeinen Transformators arbeitenden Maschine, dem Asynchronmotor vergleicht. Es ist bei der Behandlung des letzteren darauf hingewiesen worden (s. S. 115), daß die Asynchronmaschine nur dann ein Drehmoment entwickeln und Leistung hergeben kann, wenn die Läufer-MMK-Kurve und Ständer-MMK-Kurve in bezug aufeinander stillstehen. Bei dem Synchronmotor trifft dies nur dann zu, wenn er synchron läuft. Im Untersynchronismus und auch im Stillstand des Läufers hat die Ständer-MMK die volle synchrone Drehzahl, weil die Ständerwicklung vom Netz gespeist wird, während die Läufer-MMK, die *durch einen Gleichstrom* erzeugt wird, dieselbe Drehzahl hat wie der Läufer. Unterhalb des Synchronismus haben also Ständer- und Läufer-MMKe verschiedene Geschwindigkeiten, ein gleichmäßiges Drehmoment kann infolgedessen nicht entstehen.

Um beim Synchronmotor den Selbstanlauf zu ermöglichen, wird er mit einer besonderen Anlaufwicklung versehen, die in ähnlicher Weise wie der Dämpferkäfig der Einphasengeneratoren (s. S. 173), d. h. wie die Käfigwicklung der Asynchronmotoren ausgeführt wird. Ebenso wie der Asynchronmotor mit Käfigwicklung nimmt er aber dabei einen großen Anlaufstrom bei kleinem Anlaufmoment auf.

Das Anlassen kann auch derart geschehen, daß man mit dem Synchronmotor einen besonderen *Anwurfmotor*, der als Asynchronmotor ausgeführt ist, kuppelt. Nach erfolgtem Hochlaufen auf die synchrone Drehzahl wird der Synchronmotor auf das Netz geschaltet und der Anwurfmotor abgeschaltet.

h) Der Synchronmotor als Blindleistungsmaschine. Da die meisten Antriebe schon im Anlauf eines größeren Drehmomentes bedürfen, hat der Synchronmotor infolge seines kleinen Anlaufmomentes keine Verbreitung gefunden. Dafür aber wird der leerlaufende Synchronmotor öfters als *Blindleistungsmaschine* verwendet.

Beim leerlaufenden Motor ist die EMK E_1 beinahe in Phase mit P, da der Winkel Θ (Abb. 163) nur den Eisen- und den Reibungsverlusten entspricht und ganz klein ist. Bei einer gewissen Erregung nimmt der Motor im Leerlauf nur den zur Deckung der Verluste nötigen Wirkstrom auf. Wird die Erregung größer oder kleiner als dieser Wert gemacht, so wird das Spannungsgleichgewicht gestört und der Anker muß einen Blindstrom, dessen Spannungsabfall das Gleichgewicht wieder herstellt, aufnehmen. Die Verhältnisse liegen vollkommen ähnlich wie beim Synchrongenerator (s. S. 177).

Die Art des Blindstromes, den der Anker des Motors aufnimmt, erhält man, wenn man entweder das Spannungsdiagramm aufstellt, oder noch einfacher, auf die Gesetze der Ankerrückwirkung zurückgreift. Beim Motor wirkt ein nacheilender Strom stärkend, ein voreilender Strom schwächend auf den Magnetfluß. Wird der Synchronmotor *übererregt*, so daß die EMK E_1 größer wird, als es der Klemmenspannung P entspricht, so muß der Anker einen Strom aufnehmen, der den Fluß schwächt; dies ist ein *voreilender* Strom. Wird der Synchronmotor *untererregt*, so daß E_1 zu klein wird, so muß der Anker einen Strom aufnehmen, der den Fluß stärkt, und dies ist ein nacheilender Strom.

Der *übererregte Synchronmotor* nimmt also einen voreilenden Strom auf; er verhält sich wie ein Kondensator und ist infolgedessen imstande die *Induktivitäten des Netzes zu kompensieren* (vgl. S. 10). Solche Induktivitäten sind z. B. die Asynchronmotoren und Transformatoren, die zur Magnetisierung nacheilenden Strom brauchen. Die Generatoren, die das Netz speisen, werden bei Anschluß eines überregten Synchronmotors von der Lieferung des Blindstromes befreit und können kleiner bemessen werden. Ein übererregter Synchronmotor übernimmt die Lieferung der Blindleistung des Netzes und arbeitet gewissermaßen als Generator für Blindleistung.

11. Das Pendeln von Synchronmaschinen.

a) Das synchronisierende Moment der Synchronmaschine. Eigenschwingungen als Folge von Belastungsstößen. Wir denken uns eine, an einem Netz mit *konstanter* Klemmenspannung hängende, belastete Synchronmaschine, etwa einen Synchronmotor, und fragen uns nach den Vorgängen, die sich abspielen, wenn die Last plötzlich verschwindet.

Dem unter Last stehenden Synchronmotor entspricht, wenn man den Ohmschen Widerstand der Ankerwicklung außer acht läßt, das Diagramm Abb. 163. Das Polrad befindet sich in einer solchen Stellung, daß der Vektor der EMK E_1 gegenüber dem Vektor der Klemmenspannung P um den der Last entsprechenden Winkel Θ nacheilt.

Verschwindet die Last an der Motorwelle, so muß der Winkel Θ gleich Null werden und das Polrad muß eine Vorwärtsdrehung ausführen. Das kann jedoch wegen der Schwungmassen des Läufers nicht *plötzlich* geschehen. Der Ankerstrom wird infolgedessen trotz der Entlastung nicht verschwinden, sondern bestehen bleiben, und das von ihm erzeugte Moment, das früher zur Überwindung des Gegendrehmomentes diente, wird jetzt für die Beschleunigung des Polrades verwendet werden. Hat nun das Polrad die Nullstellung ($\Theta = 0$) erreicht, so wird es vermöge seiner kinetischen Energie nicht stehen bleiben, sondern darüber hinauspendeln. Die EMK E_1 eilt jetzt der Klemmenspannung P voraus und die Maschine arbeitet als Generator. Da der Antrieb aber fehlt, muß Θ wieder Null werden, und das Spiel wiederholt sich. Der ganze Vorgang läßt sich an den Amperemetern und Wattmetern beobachten.

Wir haben also hier mit einem *Schwingungsvorgang* zu tun, wie er etwa bei einem an einer Torsionsfeder hängenden Schwungrad auftritt. Die Feder sei gespannt und das Schwungrad in Ruhe. Wird das Schwungrad losgelassen, so sucht die Richtkraft der Feder es in die Nullstellung zu bringen. Da aber das Rad auf dem ganzen Wege bis zur Nullstellung von der Federkraft beschleunigt wird, so hat es gerade in der Nullstellung seine maximale Geschwindigkeit und pendelt über die Nullstellung hinaus. Die Feder erfährt jetzt eine Verdrehung in entgegengesetztem Sinne. Die neue Ruhelage (Endstellung) wird dann erreicht, wenn die kinetische Energie des Schwungrades sich in potentielle Energie der Feder umgesetzt hat. Dann beginnt das Spiel von neuem und dauert so lange, bis die ursprüngliche Federenergie von der Reibung des Systems aufgezehrt ist.

Die Tatsache, daß die Leistung der Synchronmaschine von der Lage ihres Polrades abhängt und daß jede Änderung der Lage des Polrades eine entsprechende Änderung der Leistung bedingt, macht die Synchronmaschine zu einem schwingungsfähigen System. Die Änderung der Leistung (bzw. des Drehmomentes) bei der Verdrehung des Polrades um die Winkeleinheit spielt hier dieselbe Rolle wie in dem aus Schwungrad und Feder bestehenden mechanischen System die Änderung der Federkraft bei der Verdrehung des Schwungrades um die Winkeleinheit.

Die *Änderung* des Drehmomentes der Synchronmaschine *pro Winkeleinheit* bezeichnet man als das *synchronisierende Moment* der Synchronmaschine. Dies ist also das Drehmoment, mit welchem das Polrad bei der Verdrehung um die Winkeleinheit aus seiner Mittellage in dieselbe zurückgezogen wird [L. 67].

Die Drehfeldleistung der m-phasigen Synchronmaschine ist nach Gl. 169 gleich

$$N_m = m E_1 J \cos \psi .$$

Zieht man in Abb. 170 die Gerade GG unter dem Winkel ψ zu $J x_a$, so erhält man durch Projizieren des Spannungsdreiecks auf diese Gerade

$$J x_a \cos \psi = P \sin \Theta$$

$$J \cos \psi = \frac{P \sin \Theta}{x_a}$$

und

$$N_m = m \frac{E_1 P}{x_a} \sin \Theta . \qquad (172)$$

Das dieser Leistung entsprechende Drehmoment ist

$$M = \frac{0{,}975}{n} m \frac{E_1 P}{x_a} \sin \Theta \; mkg \qquad (173)$$

und somit das *synchronisierende Moment*

$$M_s = \frac{dM}{d\Theta} = \frac{0{,}975}{n} m \frac{E_1 P}{x_a} \cos \Theta \; mkg. \qquad (174)$$

Ebenso wie die plötzliche Entlastung beim Synchronmotor löst jede plötzliche Änderung der Belastung, jeder *Belastungsstoß*, bei der Synchronmaschine Schwingungen aus. Die Frequenz dieser Schwingungen hängt einzig und allein von der Größe des synchronisierenden Momentes, das vom Netz unabhängig ist, und von der Größe der zu beschleunigenden Schwungmassen ab. Der Taktgeber fehlt und das System führt *Eigenschwingungen* (freie Schwingungen) aus. Das sind dieselben Schwingungen, die das aus Schwungrad und Feder bestehende mechanische System ausführt, wenn das Schwungrad verdreht und das System dann sich selbst überlassen wird. Die Richtkraft der Feder und die Schwungmasse des Rades sind allein für die Frequenz der Schwingungen maßgebend. Die Dämpfung hat hier, wie bei der Synchronmaschine, nur wenig Einfluß auf die Frequenz der Schwingungen.

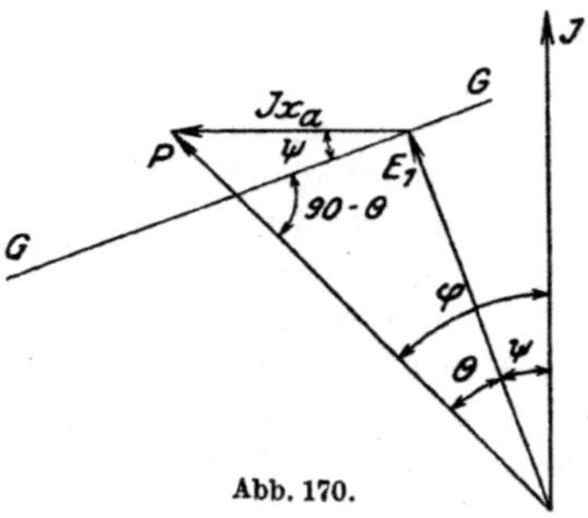

Abb. 170.

b) Erzwungene Schwingungen als Folge der Ungleichförmigkeit des Antriebes. Viel wichtiger als die Eigenschwingungen sind die *erzwungenen Schwingungen*, die bei der Synchronmaschine auftreten, wenn der Antrieb ungleichförmig ist.

Werden in obigem Beispiel dem Schwungrad, das Eigenschwingungen ausführt, von irgendeinem *in gleichem Takt* mit den Eigenschwingungen wirkenden Taktgeber *Impulse erteilt*, so wird die Amplitude der Schwingungen immer größer und größer; sie würde unendlich groß werden, falls keine Dämpfung vorhanden wäre. Auf die Größe des Drehmomentes des Taktgebers kommt es dabei nicht an; es genügt das kleinste Drehmoment, um die stärksten Schwingungen zu erzeugen. Dasselbe tritt auf, wenn die Schwingungszahl, mit der der Taktgeber die Impulse erteilt, nicht mit der Eigenschwingungszahl des Systems zusammenfällt, sondern in der Nähe der Eigenschwingungszahl des Systems liegt, wenn auch in diesem Falle die Amplitude der Schwingungen nicht so groß wird wie im ersten Falle. Die Frequenz der Schwingungen ist infolge der Anwesenheit des Taktgebers unabhängig von der Eigenfrequenz des Systems und ist gleich der Frequenz, mit welcher der Taktgeber die Impulse erteilt (*erzwungene Schwingungen*). Der erste Fall, wo die Frequenz der aufgezwungenen Schwingungen gleich ist der Frequenz der Eigenschwingungen (*Resonanz*), ist stets der gefährlichste.

Solche Schwingungen großer Amplitude, die zum Außertrittfallen der Maschine führen können, sind auch bei der Synchronmaschine möglich. Der Taktgeber ist dabei die Antriebsmaschine, und zwar infolge der Ungleichförmigkeit ihres Drehmomentes während einer Umdrehung. Dient als Antriebsmaschine eine Dampfturbine oder Wasserturbine, die konstantes Drehmoment während der ganzen Umdrehung hat, so besteht die Gefahr von Pendelungen nicht. Anders ist es, wenn als Antriebsmaschine eine Dampfmaschine oder Gasmaschine dient.

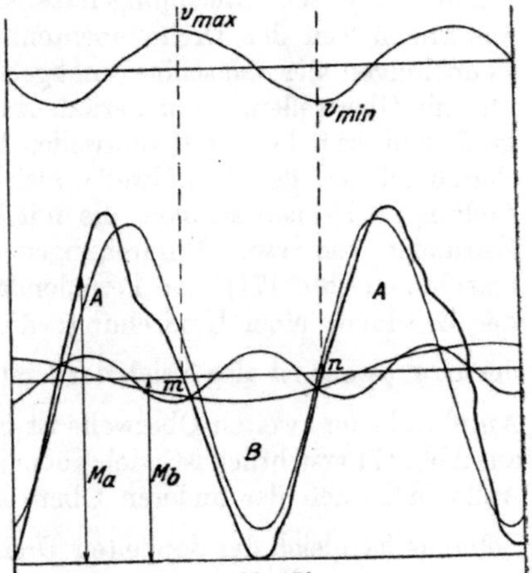

Abb. 171.

Das Drehmomentendiagramm einer Tandemmaschine für eine Umdrehung zeigt z. B. Abb. 171. Das Drehmoment M_a schwankt während einer Umdrehung zweimal zwischen einem Maximum und einem Minimum. Der Mittelwert M_b ist gleich dem gleichbleibenden Drehmoment der Nutzlast. Den Ausgleich zwischen der variablen Zufuhr und dem konstanten Bedarf an Leistung übernehmen die Schwungmassen. Ist Überschuß an Energie vorhanden (Fläche A), so speichern die Schwungmassen die überschüssige Energie als kinetische Energie auf und geben diese wieder ab, wenn Mangel an Energie vorhanden ist (Fläche B).

Während der Zeit, wo das Polrad (die Schwungmassen) Energie aufnimmt, wird es beschleunigt; das Polrad erreicht seine höchste Geschwindigkeit, wenn der ganze Überschuß an

Energie A von ihm in kinetische Energie umgewandelt ist (Punkt m). Die geringste Geschwindigkeit tritt am Ende des Arbeitsintervalls B auf, wo die ganze kinetische Energie der Schwungmassen an die Nutzlast abgegeben ist (Punkt n). Das Verhältnis

$$\delta = \frac{v_{\max} - v_{\min}}{v_{\text{mitt}}} \tag{175}$$

nennt man den *Ungleichförmigkeitsgrad.*

Guter Parallelbetrieb erfordert, daß der Ungleichförmigkeitsgrad einen gewissen Wert nicht überschreitet. Dieser Wert darf bei einer Maschine, die allein arbeitet, größer sein als bei einer Maschine, die parallel mit anderen Synchronmaschinen arbeitet, denn, wie wir sehen werden, vergrößern die Pendelungen der parallellaufenden Maschinen den Ungleichförmigkeitsgrad.

Für analytische Rechnungen zerlegt man den periodisch sich ändernden Teil der Drehmomentenkurve $M_a - M_b$, der für die Pendelungen der Maschine maßgebend ist, in die Grundwelle und die Oberwellen, deren Periodenzahlen zwei-, drei- usw. mal so groß sind wie die der Grundwelle. Bei Dampfmaschinen ist die Periodendauer der Grundwelle gleich der Zeitdauer einer Umdrehung, bei Gasmaschinen, die mit Viertakt arbeiten, gleich der Zeitdauer von zwei Umdrehungen. So ist bei der Tandemmaschine (Abb. 171) die Periodendauer der Grundwelle gleich der Zeitdauer einer Umdrehung; die Periodenzahl pro Sekunde der Grundwelle ist also gleich der Drehzahl pro Sekunde $\left(\frac{n}{60}\right)$. Die Amplitude der zweiten Oberwelle ist bei der Tandemmaschine, wie aus Abb. 171 ersichtlich ist, viel größer als die Amplitude der Grundwelle und auch der anderen Oberwellen. Ihre Periodenzahl pro Sekunde ist gleich der doppelten Drehzahl pro Sekunde $\left(\frac{2n}{60}\right)$. Da es im Falle der Resonanz (beim Fehlen jeglicher Dämpfung) auf die *Stärke* der von der Antriebsmaschine herrührenden Impulse nicht ankommt, so sind an sich die Grundwelle und alle Oberwellen gleich gefährlich. Jedoch gibt es bei jeder Art von Antriebsmaschinen eine oder mehrere Oberwellen, die in bezug auf Pendelungen besonders gefährlich sind und auf die besonders zu achten ist.

c) Das Verhältnis der Schwingungsamplitude im Parallelbetrieb zu der im Einzelbetrieb. Der Vergrößerungsfaktor. Arbeitet ein Synchrongenerator *auf ein selbständiges Netz,* unabhängig von anderen Synchronmaschinen, so wird die Geschwindigkeit seines Polrades infolge der Ungleichförmigkeit des Antriebes sich zwischen einem Maximum und einem Minimum ändern. Gegenüber einem mit der mittleren Geschwindigkeit laufenden Polrade ist das ungleichförmig angetriebene Polrad bald in Voreilung, bald in Nacheilung; gegenüber dem Vektor E_1 der gleichförmig (mit der mittleren Geschwindigkeit) laufenden Maschine pendelt also der Vektor E_1 der ungleichförmig angetriebenen Maschine um einen gewissen Winkel nach rechts und nach links. Da der Generator (laut Annahme) getrennt von anderen Synchronmaschinen arbeitet, so wird mit dem Vektor der EMK E_1 auch der Vektor der Klemmenspannung P pendeln und der Phasenverschiebungswinkel Θ zwischen ihnen beiden wird *konstant* bleiben. Daraus folgt, daß die *allein arbeitende Synchronmaschine keine synchronisierende Kraft besitzt.* Diese tritt nur dann auf, wenn Θ geändert wird.

Sieht man von der Änderung der Belastung des Netzes mit der Änderung der Umdrehungszahl der Maschine ab, so werden die Überschüsse an Drehmoment (Abb. 171) für die Beschleunigung des Polrades, d. h. für die Änderung seiner Geschwindigkeit gegenüber der mittleren Geschwindigkeit verbraucht.

Bezeichnet:

$\Omega = \frac{\omega}{p}$ die momentane räumliche Winkelgeschwindigkeit der Maschine,

Ω_m die mittlere räumliche Winkelgeschwindigkeit der Maschine,

ω_m die mittlere elektrische Winkelgeschwindigkeit der Maschine,

J das Trägheitsmoment der Schwungmassen,

M_ν die Amplitude der νten Oberwelle des sich periodisch ändernden Teiles $(M_a - M_b)$ der Drehmomentenkurve der Antriebsmaschine,

so lautet die Gleichung der Pendelbewegung der *allein* arbeitenden Maschine [L. 68]

$$\frac{J}{p} \frac{d\,(\omega - \omega_m)}{dt}{}^{1)} = \sum_{\nu=1}^{\nu=\nu} M_\nu \sin(\nu\,\Omega_m t). \qquad (176)$$

Arbeitet die Maschine *parallel mit anderen Synchronmaschinen,* so wird die Klemmenspannung von allen Maschinen gemeinsam erzeugt. Werden der betrachteten Maschine von der Antriebsmaschine Schwingungen aufgezwungen, so wird der Vektor der Netzspannung P die Schwingungen nicht mehr mitmachen können wie bei der allein arbeitenden Maschine, sondern er wird seine Lage beibehalten. Das pendelnde Polrad wird daher Änderungen in der Größe des Winkels Θ und somit das Auftreten der synchronisierenden Kraft hervorrufen. Das synchronisierende Moment M_s ist gleich der Änderung des Drehmomentes der Maschine pro *Winkel-*

1) Die kinetische Energie E eines rotierenden Systems ist gleich $\frac{J\,\Omega^2}{2}$, die Leistung $M\,\Omega$ ist gleich $\frac{dE}{dt}$, somit $M = J\frac{d\,\Omega}{dt}$.

einheit. Bei der Änderung des Winkels von Θ_m auf Θ (Θ_m entspricht der mittleren Lage des Polrades) beträgt die Änderung des Drehmomentes der Maschine $M_s(\Theta - \Theta_m)$. Die Überschüsse an Drehmoment, die die Antriebsmaschine hergibt, werden jetzt einerseits für die Beschleunigung der Schwungmassen, anderseits zur Überwindung des synchronisierenden Momentes verbraucht.

Die Pendelgleichung einer *an einem Netz* mit konstanter Spannung hängenden Synchronmaschine ist demnach

$$\frac{J}{p}\,\frac{d(\omega - \omega_m)}{dt} + M_s(\Theta - \Theta_m) = \sum_{\nu=1}^{\nu=\nu} M_\nu \sin(\nu\,\Omega_m\,t). \quad (177)$$

Die Lösung dieser Gleichung können wir dem uns bekannten, aus einer Induktivität und einer Kapazität bestehenden Schwingungskreise entnehmen. Die Spannungsgleichung dieses letzteren Kreises ist (s. S. 7 und 9)

$$L\frac{di}{dt} + \frac{1}{C}\int i\,dt = E \sin \omega t. \quad (178)$$

Differentiiert man diese Gleichung, so erhält man:

$$L\frac{d^2 i}{dt^2} + \frac{i}{C} = E\omega \cos \omega t. \quad (179)$$

Durch Differentiation der Gleichung 177 erhält man anderseits

$$\frac{J}{p}\,\frac{d^2(\omega - \omega_m)}{dt^2} + M_s(\omega - \omega_m) = \sum_{\nu=1}^{\nu=\nu} M_\nu\,\nu\,\Omega_m \cos(\nu\,\Omega_m\,t). \quad (180)$$

Der Aufbau der Gleichung 180 und der der Gleichung 179 sind vollkommen identisch. Es entsprechen sich gegenseitig

$$(\omega - \omega_m) \;\cdots\cdots\; i$$

$$\frac{J}{p} \;\cdots\cdots\; L$$

$$M_s \;\cdots\cdots\; \frac{1}{C}.$$

In gleicher Weise entspricht Gleichung 176, wo die synchronisierende Kraft gleich Null und nur Masse allein vorhanden ist, einem Stromkreis mit Induktivität allein.

Die Amplitude des Stromes in einem Stromkreis mit Induktivität allein beträgt

$$J_{\max,1} = \frac{E_{\max}}{\omega L}.$$

In einem Stromkreis mit Selbstinduktion und Kapazität beträgt die Amplitude des Stromes

$$J_{\max,2} = \frac{E_{\max}}{\omega L - \frac{1}{\omega C}}.$$

Das Verhältnis der Ströme $\frac{J_{max,2}}{J_{max,1}} = \zeta$ beträgt

$$\zeta = \frac{\omega L}{\omega L - \frac{1}{\omega C}} = \frac{1}{1 - \frac{1}{\omega^2 C L}} = \frac{1}{1 - \frac{1}{(2\pi)^2 C L \cdot f^2}}. \tag{181}$$

Nun ist aber $\frac{1}{2\pi\sqrt{CL}}$ gleich der Periodenzahl der Eigenschwingungen f_{ei} des Stromkreises mit L und C (s. Gleichung 27). Somit ist das Verhältnis der Stromamplitude eines Stromkreises mit Kapazität zu der eines solchen ohne Kapazität gleich

$$\zeta = \frac{1}{1 - \left(\frac{f_{ei}}{f}\right)^2}. \tag{182}$$

Dieselbe Gleichung muß auch für die pendelnde Synchronmaschine gelten. Der Faktor ζ wird hier *Resonanzmodul* oder *Vergrößerungsfaktor* genannt. Er gibt das Verhältnis der Schwingungsamplitude eines Systems mit Masse *und* synchronisierender Kraft zu der Schwingungsamplitude eines Systems, bei dem nur Masse allein vorhanden ist, an.

d) Die Eigenschwingungszahl der Synchronmaschine. Die Gefahr der Resonanz. Die Periodenzahl der *Eigenschwingungen* der Synchronmaschine ergibt sich aus der Analogie mit dem Stromkreis, der aus Induktivität und Kapazität besteht, zu

$$f_{ei} = \frac{1}{2\pi}\sqrt{\frac{p M_s}{J}}. \tag{183}$$

Der Vergrößerungsfaktor ζ hängt einerseits von der Periodenzahl der durch den Antrieb aufgezwungenen Schwingungen (von der Pulszahl des Antriebes) f, die z. B. bei der Tandemmaschine (Abb. 171) $\frac{n}{60}$ bzw. $\frac{2n}{60}$ betrug, anderseits von der Periodenzahl der Eigenschwingungen f_{ei} ab. ζ ist das Verhältnis zweier Schwingungsamplituden: der des Systems mit synchronsierender Kraft *und* Masse zu der des Systems mit Masse allein. Die Schwingungsamplitude des Systems mit Masse allein ist hier stets eine endliche Größe, die in gewissen Grenzen bleibt. *Der Vergrößerungsfaktor ζ ist* also direkt *ein Maß für die Amplitude der Schwingungen, die im Parallelbetrieb auftreten.*

Den Zusammenhang zwischen dem Vergrößerungsfaktor ζ und dem Verhältnis $\frac{f_{ei}}{f}$, wobei die für $f_{ei} > f$ sich ergebenden negativen Werte von ζ ebenfalls nach oben aufgetragen sind, zeigt Abb. 172.

Wie aus der Gleichung 182 und Abb. 172 hervorgeht, wird der Vergrößerungsfaktor ζ um so größer, je näher die Periodenzahl der

Eigenschwingungen der Maschine f_{ei} zu der Periodenzahl der aufgezwungenen Schwingungen des Antriebes (zu der Pulszahl des Antriebes) f liegt. Ist die Periodenzahl der Eigenschwingungen der Maschine gleich der Periodenzahl der aufgezwungenen Schwingungen (*Resonanz*), so wird der Vergrößerungsfaktor unendlich groß. *Zur Vermeidung der Gefahr der Resonanz müssen die Periodenzahl der Eigenschwingungen der Maschine und die Pulszahl des Antriebes voneinander abweichen.*

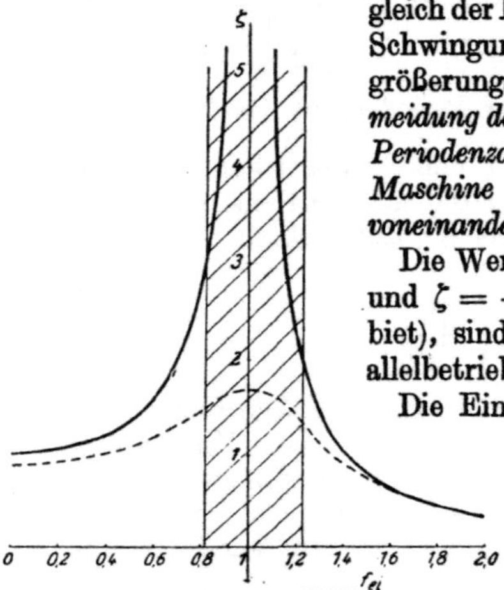

Abb. 172.

Die Werte von ζ, die zwischen $\zeta = +3$ und $\zeta = -2$ liegen (das gestrichelte Gebiet), sind mit Rücksicht auf guten Parallelbetrieb zu meiden.

Die Einstellung des passenden Verhältnisses von f_{ei} zu f geschieht hauptsächlich durch passende Bemessung des Trägheitsmomentes der rotierenden Massen. Das synchronisierende Moment M_s läßt sich nur in verhältnismäßig geringen Grenzen variieren.

e) Verbesserung des Parallelbetriebes mittels einer Dämpferwicklung. Eine Verringerung des Pendelns kann durch eine Dämpferwicklung, die in den Polschuhen in ähnlicher Weise wie die Dämpferwicklung des Einphasengenerators angeordnet ist, erreicht werden. Wenn die Maschine pendelt, so steht das Ankerfeld nicht mehr still in bezug auf das Magnetsystem, sondern zwischen diesen beiden entstehen Geschwindigkeitsdifferenzen. Dadurch werden in den Dämpferstäben Ströme induziert, die die Schwingungen zu verhindern suchen. Die stärkste Dämpfung wird hier wie bei der Einphasenmaschine durch einen Dämpferkäfig erreicht [L. 69].

Eine zu starke Dämpfung kann aber unter Umständen nachteilig wirken. Dadurch, daß die mechanischen Pendelungen verhindert werden, verlieren nämlich die Schwungmassen ihre Eigenschaft als Energiespeicher für den Ausgleich der Schwankungen des Antriebes. Die Schwankungen übertragen sich infolgedessen auf den Generator, so daß seine Leistung und auch seine Stromstärke in der gleichen Weise schwanken wie der Antrieb. Dies hat den Nachteil, daß erstens die anderen parallelarbeitenden Maschinen den Ausgleich übernehmen müssen und daß zweitens der schwankende Strom höhere Kupferverluste verursacht.

Sind die Polschuhe massiv, so werden infolge der Relativbewegung zwischen Ankerfeld und Magnetsystem in ihnen Wirbelströme induziert, die in gleicher Weise wirken wie eine Dämpfer-

a

b

a) Gleichstrommaschine. b) Gleichstrommaschine zerlegt.

wicklung. Bei Maschinen mit geblätterten Polschuhen ist die Eigendämpfung dagegen gering. Eine gewisse Dämpfung ist stets erforderlich, da sonst die bei Belastungsstößen auftretenden Eigenschwingungen (freie Schwingungen) ungedämpft verlaufen würden, d. h. unendlich lange dauern würden.

Ist sehr starke Dämpfung vorhanden, so wird die Resonanzkurve $\zeta = \varphi\left(\frac{f_{ei}}{f}\right)$ abgeflacht, wie in Abb. 172 punktiert angedeutet ist.

VIII. Die Gleichstrommaschine.

Die Gleichstrommaschine hat ein Magnetsystem, das dem der Synchronmaschine mit ausgeprägten Polen ähnlich ist. Das Magnetsystem ist jedoch bei der Gleichstrommaschine stets ruhend angeordnet und bildet den Außenteil der Maschine, während der Anker den inneren Teil bildet und drehbar angeordnet ist. Eine Gleichstrommaschine für 135 kW und 985 Umdr./Min. zeigt Tafel IX, Abb. a. Eine kleinere Gleichstrommaschine in auseinandergenommenem Zustande zeigt Tafel IX, Abb. b.

1. Die Wirkung des Kommutators.

Die Ankerwicklung ist hier stets eine geschlossene Gleichstromwicklung (Schleifenwicklung oder Wellenwicklung); in gleichmäßigen Abständen gehen von ihr Verbindungen zum Kommutator ab.

Wie wir im Kapitel IV bereits gesehen haben, sind die in den einzelnen Spulen der Ankerwicklung induzierten EMKe Wechsel-EMKe. Addiert man diese geometrisch zueinander, so erhält man für die ganze Wicklung ein in sich geschlossenes Polygon (Abb. 75). Verbindet man gewisse Punkte einer solchen Gleichstromwicklung mit Schleifringen, so kann diesen, ähnlich wie der aus einzelnen Strängen bestehenden Ständerwicklung der Synchronmaschine, Ein- oder Mehrphasenstrom entnommen werden. Werden z. B. bei der zweipoligen Maschine zwei diametrale Punkte der Wicklung an 2 Schleifringe angeschlossen, so kann man den auf diesen Schleifringen angeordneten Bürsten eine einphasige Wechsel-EMK entnehmen (Abb. 75). Die Amplitude dieser Wechsel-EMK ist gleich der Verbindungslinie der beiden Anschlußpunkte im Spannungspolygon. Für die Größe des Momentanwertes der EMK zwischen den Bürsten auf den Schleifringen ist die Lage der Anschlußpunkte der Wicklung in bezug auf das Magnetsystem maßgebend. Liegen die Anschlußpunkte in der neutralen Achse, so tritt zwischen ihnen und also auch zwischen den Bürsten auf den Schleifringen, mit denen sie fest verbunden sind, die Amplitude der Wechsel-EMK auf. Liegen die Anschlußpunkte der Wicklung in der Polachse, so ist der Momentanwert der EMK zwischen den Bürsten gleich Null.

Der Kommutator mit den auf ihm angeordneten Bürsten hat nun *die Eigenschaft, einen gewissen Momentanwert der Wechsel-EMK festzuhalten,* so daß die Spannung zwischen seinen Bürsten konstant bleibt. Wie wir im Kapitel IV an Hand des Spannungspolygons gesehen haben, erhält der Kommutator diese Eigenschaft dadurch, daß seine Bürsten *nicht dauernd mit ein und denselben Punkten* der Ankerwicklung verbunden sind, wie dies bei den auf den Schleifringen angeordneten Bürsten der Fall ist. Stehen die Kommutatorbürsten in der neutralen Achse, so wird von ihnen die *Amplitude* der Wechsel-EMK festgehalten. Verschiebt man sie so weit, daß sie unter der Polachse stehen, so ist die Spannung zwischen ihnen gleich Null. Die Kommutatorbürsten halten allgemein denjenigen Momentanwert der Wechsel-EMK fest, der zwischen den Bürsten auf den Schleifringen herrscht, wenn die Verbindungslinie der Anschlußpunkte an die Schleifringe in bezug auf die Pole die gleiche Lage hat wie die Verbindungslinie der Kommutatorbürsten.

Bei einem bestimmten Erregerstrom und einer bestimmten Umdrehungszahl des Ankers ist also die *Gleich-EMK am größten, wenn die Kommutatorbürsten in der neutralen Achse* stehen. Aus diesem Grunde und mit Rücksicht auf die Kommutierung (s. S. 217) läßt man gewöhnlich die Bürstenachse mit der neutralen Achse zusammenfallen.

Läßt man eine Bürste (etwa die Minusbürste) in der neutralen Achse stehen und verschiebt die andere Bürste ringsherum auf dem Kommutator, so wird die zwischen den beiden Bürsten gemes-

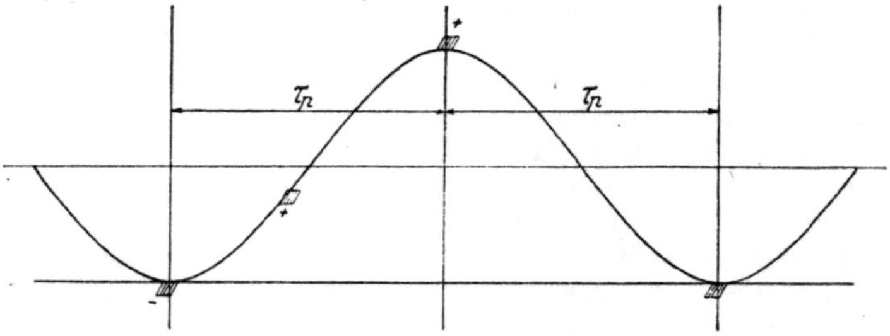

Abb. 173.

sene Spannung in Abhängigkeit von der Stellung der beweglichen Bürste durch eine Sinuskurve, *die Spannungskurve des Kommutators,* dargestellt (Abb. 173). Dies gilt unter der Voraussetzung, daß die Feldstärke im Luftraum sinusförmig verteilt ist. Ist die Feldkurve nicht sinusförmig, so weicht auch die Spannungskurve des Kommutators von der Sinusform ab [L. 70].

Wie wir auf S. 80 gesehen haben, ist die Spannung zwischen den Kommutatorbürsten nicht konstant. Ist z.B. die Bürstenbreite gleich einer Lamellenteilung, so berührt die Bürste bald eine, bald zwei Lamellen (die Isolationsstärke zwischen den Lamellen ist stets gering gegenüber der Lamellenbreite): die Wicklung und auch das Spannungspolygon haben somit zwei verschiedene Stellungen in bezug auf die Bürsten, und dem entsprechen zwei verschiedene Spannungswerte zwischen den Bürsten (Sehnen 4—10 und 3—10 in Abb. 76). Die Größe der Spannungsschwankungen läßt sich mit Hilfe des Spannungspolygons bestimmen. Je größer die Anzahl der Seiten des Polygons, d. h. je größer die Anzahl der Wicklungselemente (Kommutatorlamellen) ist, desto kleiner sind die Spannungsschwankungen.

2. Arten der Polerregung.

Während bei der Synchronmaschine stets eine besondere Stromquelle zur Erzeugung des Erregerstromes nötig ist, besitzt die Gleichstrommaschine die Fähigkeit, sich selbst zu erregen. Diese Fähigkeit gibt ihr einerseits der Gleichstromanker, anderseits der remanente Magnetismus, der in ihrem Magnetsystem zurückbleibt, wenn die Maschine einmal fremd erregt worden ist. Wie wir gleich sehen werden, erzeugt *unter gewissen Bedingungen* die EMK, die der remanente Magnetismus in der Ankerwicklung induziert, in der Erregerwicklung einen Strom solcher Richtung, daß der remanente Magnetismus gestärkt wird; dadurch steigen sowohl die Anker-EMK wie der Erregerstrom, und zwar wachsen beide Größen so weit an, bis eine gewisse Spannung, deren Größe von der Sättigung des Eisens der Maschine und von dem Widerstand des Erregerkreises abhängt, erreicht ist. Der remanente Magnetismus ist auch bei der Synchronmaschine vorhanden, die verstärkende Wirkung des Gleichstrom-Ankers fehlt aber bei ihr.

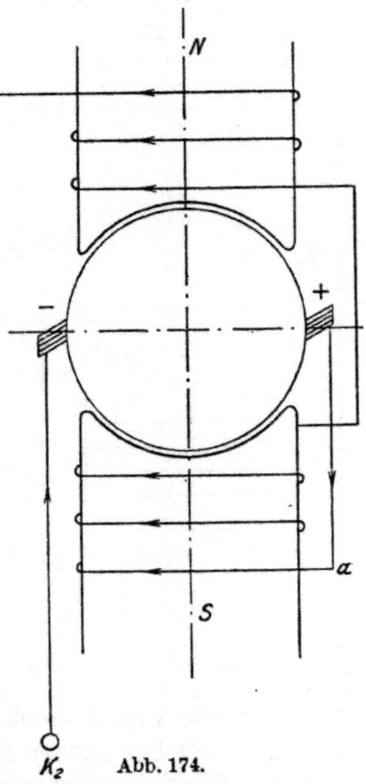

Abb. 174.

Die Gleichstrommaschine kann also sowohl *Fremd-* wie *Eigenerregung* haben. Je nach der Verbindungsart der Erregerwicklung mit dem Anker unterscheidet man im letzteren Falle dreierlei Arten der Erregung:

a) die Reihenschlußerregung,
b) die Nebenschlußerregung,
c) die Doppelschlußerregung.

a) Die Reihenschlußerregung. Bei der Reihenschlußerregung (auch Hauptschlußerregung genannt) sind Erregerwicklung und Ankerwicklung hintereinandergeschaltet, wie Abb. 174 zeigt. Ist der remanente Magnetismus derart, daß der obere Pol ein Nordpol (*N*) und der untere Pol ein Südpol (*S*) ist, so muß die Erregerwicklung mit der Ankerwicklung so verbunden werden, daß der Erregerstrom ebenfalls oben einen Nordpol und unten einen Südpol erzeugt. Die Schaltung der beiden Wicklungen ebenso wie die Richtung des Stromes in der Erregerwicklung ist in der Abb. 174 angegeben. K_1 und K_2 sind die Klemmen der Maschine, an die der äußere Kreis anzuschließen ist.

Würde man die Erregerwicklung verkehrt anschließen, d. h. nicht das Ende *a*, sondern das Ende *b* mit dem Pluspol des Ankers verbinden, so würde die Maschine sich entmagnetisieren und keine Spannung liefern. Durch eine fremde Stromquelle müßte dann neuer remanenter Magnetismus erzeugt werden. *Selbsterregung kann nur dann entstehen, wenn der Erregerstrom den remanenten Magnetismus unterstützt.*

b) Die Nebenschlußerregung. Bei der Nebenschlußerregung wird die Erregerwicklung nicht hintereinander mit der Ankerwicklung, sondern parallel (in Nebenschluß) zur Ankerwicklung gelegt, wie Abb. 175 zeigt. Während man bei der Reihenschlußerregung den Widerstand der Erregerwicklung klein machen muß, damit in ihr kein zu großer Spannungsabfall entsteht, muß man bei der Nebenschlußerregung den Widerstand der Erregerwicklung groß machen. Wie aus Abb. 175 hervorgeht, hat der Anker nicht nur den Belastungsstrom, sondern auch den Erregerstrom zu liefern. Würde die Erregerwicklung einen kleinen Widerstand haben, so würde sie einen großen Strom aufnehmen und die Ankerwicklung belasten. Der Erregerstrom der Nebenschlußmaschine beträgt normalerweise ca. 5 bis 1 $^0/_0$ ihres Ankerstromes, wobei der höhere Wert sich auf kleinere Maschinen bezieht.

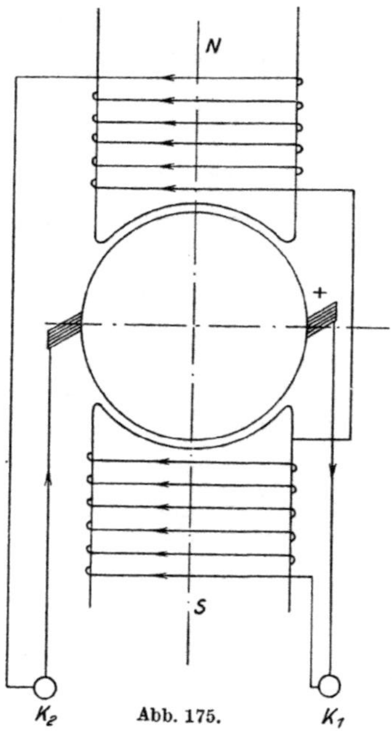

Abb. 175.

Für die Erzeugung des Flusses ist eine bestimmte Anzahl Amperewindungen nötig. Es ist gleichgültig, ob diese durch den großen Strom der Reihenschlußwicklung und eine kleine Windungszahl, oder durch den kleinen Strom der Nebenschlußwicklung und eine entsprechend große Windungszahl erzeugt werden.

c) Die Doppelschlußerregung. Bei der Doppelschlußerregung hat die Maschine zwei Erregerwicklungen, eine Reihenschluß- und eine Nebenschlußwicklung. Den größten Teil der Erregeramperewindungen liefert die Nebenschlußwicklung. Die Reihenschlußwicklung dient nur dazu, den Magnetfluß in engen Grenzen vom Belastungsstrom abhängig zu machen. Wie wir später (s. S. 231) sehen werden, erhält dadurch die Doppelschlußmaschine im Gegensatz zur Nebenschlußmaschine die Möglichkeit, den Spannungsabfall ihres Ankers zu kompensieren.

Die Nebenschlußwicklung kann hier entweder an den Ankerklemmen (Kommutatorbürsten) oder an den Klemmen des äußeren Stromkreises K_1 und K_2 angeschlossen werden. Der erste Fall ist schematisch in Abb. 176, der zweite Fall in Abb. 177 dargestellt. *NW* bedeutet die Nebenschluß-, *HW* die Reihenschlußwicklung (Hauptschlußwicklung).

Die *Polarität* des selbsterregten Gleichstromgenerators hängt von seinem remanenten Magnetismus ab. Wie wir eben gesehen haben, kann die selbsterregte Gleichstrommaschine nur dann Strom liefern, wenn die Erregerwicklung mit der Ankerwicklung derart verbunden ist, daß der Erregerstrom den remanenten Magnetismus stärkt. Bei falscher Verbindung zwischen Erregerwicklung und Ankerwicklung wird die Maschine entmagnetisiert. Dasselbe tritt ein, wenn bei einer Maschine, die sich richtig erregt, die Drehrichtung des Ankers oder der Wicklungssinn der Erregerspulen (rechtsgängige oder linksgängige Wicklung) oder der Wicklungssinn der Ankerwicklung geändert wird [L. 71].

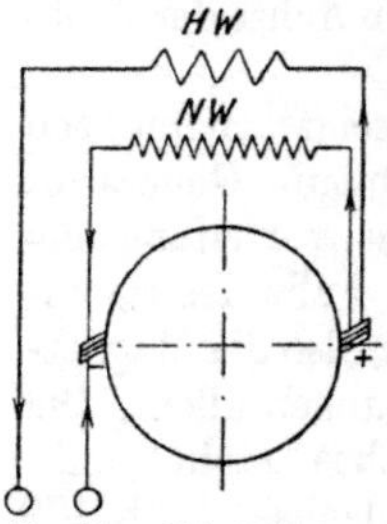

Abb. 176.

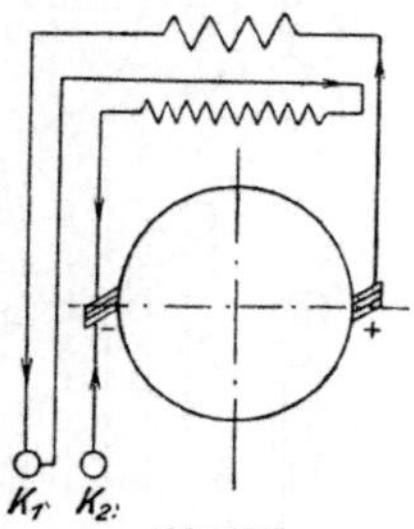

Abb. 177.

Damit die selbsterregte Gleichstrommaschine Strom liefert, müssen also die Art der Verbindung zwischen der Erregerwicklung und der Ankerwicklung, die Drehrichtung des Ankers, der Wicklungssinn der Erregerspulen und der Wicklungssinn der Ankerwicklung gewisse Bedingungen erfüllen. Ändert man bei der richtig laufenden Maschine irgendeinen der vier Faktoren, so entmagnetisiert sich die Maschine. Ändert man irgendzwei der vier Faktoren, so wird die Maschine wieder Strom liefern.

3. Die Ankerrückwirkung.

Die in der Ankerwicklung der Gleichstrommaschine induzierte EMK ist nach Gleichung 107 gleich

$$E = 4\,w\,\frac{p\,n}{60}\,\Phi\,10^{-8}\ \text{Volt}.$$

Im Leerlauf wird der Fluß Φ von der Erregerwicklung allein erzeugt. Bei Belastung kommt noch die MMK der Ankerwicklung hinzu, und für die Größe des Flusses Φ sind die resultierenden Amperewindungen maßgebend.

Wir haben oben gesehen, daß der Kommutator mit seinen Bürsten das Verhalten der Ankerwicklung in elektrischer Hinsicht bestimmt, indem er die Amplitude ihrer Wechsel-EMK herausgreift und diese als konstante EMK an den äußeren Kreis weitergibt. Wie wir gleich sehen werden, bestimmt der Kommutator mit den auf ihm liegenden Bürsten auch das magnetische Verhalten der Ankerwicklung: die Bürstenachse bestimmt die Lage der magnetischen Achse der Wicklung.

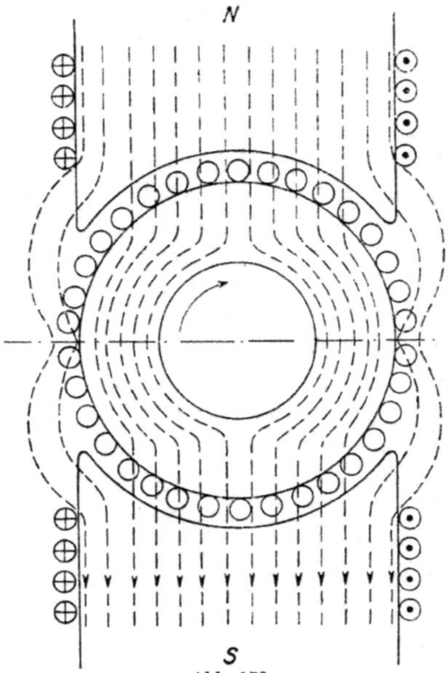

Abb. 178.

Abb. 178 zeigt schematisch einen zweipoligen Generator. Die Kraftlinienverteilung entspricht dem Falle des stromlosen Ankers, also der Magnetamperewindungen allein. Die neutrale Achse steht senkrecht zur Polachse. Abb. 179 zeigt die Strom- und Kraftlinienverteilung des Ankers allein unter der Annahme einer stromlosen Erregerwicklung. Auf Grund der Regel S. 68 ist für die angenommene Drehrichtung des Ankers die Richtung der induzierten EMKe eingetragen. Da wir einen Generator voraussetzen, so hat der Strom dieselbe Richtung wie die EMK (s. S. 129). Bei allen Leitern, die unter dem Nordpol liegen, tritt der Strom in die Zeichenebene hinein, bei allen Leitern, die unter dem Südpol liegen, tritt der Strom aus der Zeichenebene heraus.

Die Stromverteilung des Ankers hängt jedoch nicht allein vom Induktionsgesetz ab: die Bürstenachse schreibt ihrerseits den Leitern bestimmte Stromrichtungen vor. Es müssen nämlich alle Leiter, die oberhalb der Bürstenachse liegen, Ströme einer Richtung, alle Leiter die unterhalb der Bürstenachse liegen, Ströme entgegengesetzter Richtung führen, denn die Leiter oberhalb der Bürstenachse und die Leiter unterhalb der Bürstenachse gehören zu verschiedenen Ankerzweigen. Stehen die Bürsten in der neutralen Achse, so fällt die vom Induktionsgesetz vorgeschriebene

Stromrichtung mit der durch die Zugehörigkeit zu einem bestimmten Ankerzweige vorgeschriebenen Stromrichtung zusammen. Sind aber die Bürsten aus der neutralen Achse verschoben, so wird, wie ein Vergleich der Abb. 179 mit der Abb. 182 zeigt, ein Teil der Leiter Ströme führen, deren Richtung der vom Induktionsgesetz vorgeschriebenen entgegengesetzt ist.

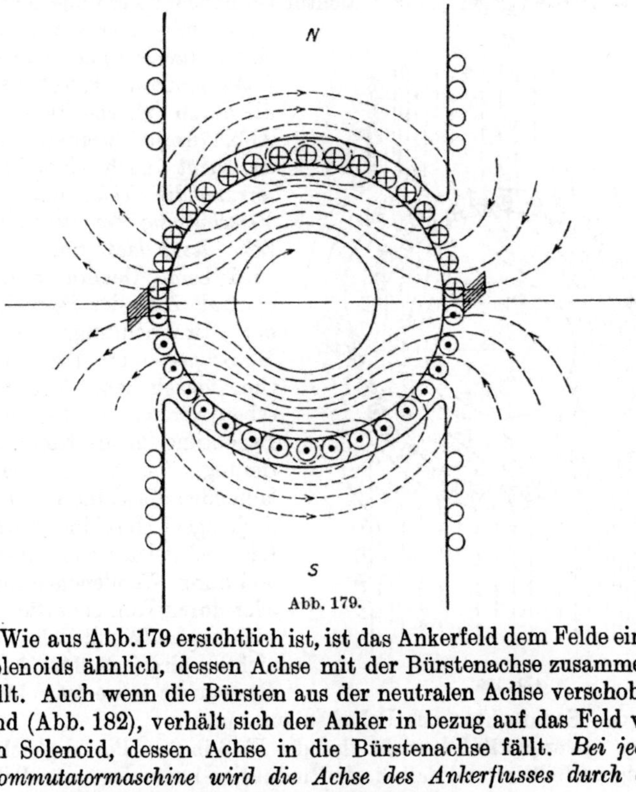

Abb. 179.

Wie aus Abb.179 ersichtlich ist, ist das Ankerfeld dem Felde eines Solenoids ähnlich, dessen Achse mit der Bürstenachse zusammenfällt. Auch wenn die Bürsten aus der neutralen Achse verschoben sind (Abb. 182), verhält sich der Anker in bezug auf das Feld wie ein Solenoid, dessen Achse in die Bürstenachse fällt. *Bei jeder Kommutatormaschine wird die Achse des Ankerflusses durch die Lage der Bürsten auf dem Kommutator bestimmt.*

a) Die quermagnetisierende Wirkung des Ankers. Wie Abb. 179 zeigt, verlaufen die Kraftlinien des Ankerfeldes, wenn die Bürsten in der neutralen Achse stehen, senkrecht zu den Polen. Die Verhältnisse liegen hier also ganz genau wie bei der Synchronmaschine, wenn ihr Strom und ihre induzierte EMK in Phase sind (Abb. 137). Durch den Ankerfluß (Querfluß) wird die eine Polhälfte gestärkt, die andere Polhälfte geschwächt. Da eine und dieselbe MMK den Fluß eines gesättigten Eisenstückes weniger stärken als schwächen kann, so wird durch die Ankeramperewindungen die eine Polhälfte mehr geschwächt, als die andere Polhälfte gestärkt wird; daraus resultiert eine kleine Schwächung des Hauptfeldes.

Wie aus Abb. 179 hervorgeht, werden durch den Ankerquerfluß beim Generator die Eintrittseiten der Pole, d. h. die Seiten, wo die Ankerleiter bei der Drehung unter die Pole eintreten, geschwächt und die Austrittsseiten gestärkt. Beim Motor, wo Strom und induzierte EMK entgegengesetzte Richtungen haben, ist es umgekehrt.

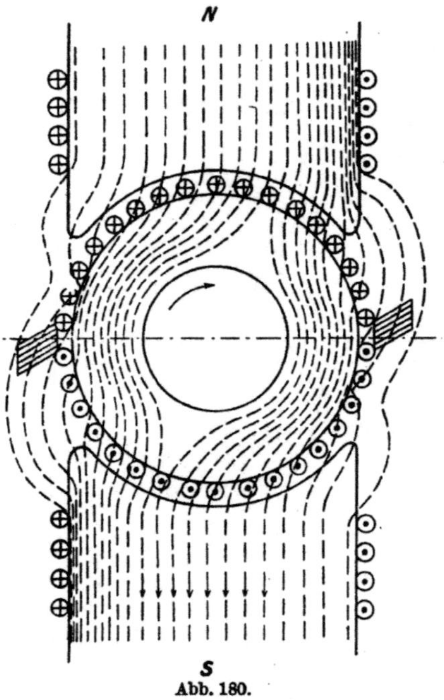

Abb. 180.

Dies ergibt aber nicht nur eine *Schwächung des Hauptfeldes*, sondern, wie Abb. 180, die durch Superposition der Abb. 178 und 179 entstanden ist, zeigt, auch eine *Verzerrung des Feldes und eine Verschiebung der neutralen Zone des Feldes*, und zwar wird beim Generator die neutrale Zone des Feldes in der Drehrichtung, beim Motor gegen die Drehrichtung verschoben. Wie wir sehen werden, ist dies von Bedeutung für die Kommutierung. Nur bei der leerlaufenden Maschine und bei derjenigen Maschine unter Last, bei welcher das Ankerfeld durch Wendepole *allein* oder durch Kompensationswicklung *und* Wendepole vernichtet wird (s. S. 219), fällt die neutrale Achse des Feldes mit der Senkrechten zur Polachse zusammen.

Der Ankerquerfluß bewirkt, daß der Fluß in dem Pol ungleichmäßig verteilt ist und daß die Luftinduktion unter der einen Polhälfte größer ist als unter der anderen. Dies kann zur Folge haben, daß der Momentanwert der EMK, der in den Windungen induziert wird, wenn sie die Stelle des starken Feldes passieren, zu große Werte annimmt, so daß zwischen den Lamellen, an welche die Windungen angeschlossen sind, ein Funke überschlägt und Veranlassung zu Rundfeuer gibt (s. S. 219).

Die MMK-Kurve einer Gleichstromwicklung ist, wie auf S. 109 gezeigt wurde, ein Dreieck. Unter der Voraussetzung kleiner Sättigung in den Ankerzähnen und in dem Polschuh verläuft also die Ankerfeldkurve unter dem Polschuhe nach einer Geraden; in der Pollücke bilden sich Einsattelungen ähnlich wie bei der Synchronmaschine mit ausgeprägten Polen aus. Die Feldkurve der Magnetpole ist eine trapezartige Kurve. In Abb. 181 sind schematisch 2 Pole und ein Teil der Ankerwicklung einer mehrpoligen Maschine dargestellt. Die verschiedenen Stromrichtungen der aufeinanderfolgenden Ankerzweige sind durch schwarze bzw. weiße Flächen gekennzeichnet. Die Bürsten stehen in der neutralen Achse. Der untere Teil der Abbildung zeigt das Magnetfeld (I) und das Ankerfeld (II). Das resultierende Feld ist III; es weist gegenüber dem Leerlauffeld I eine starke Verzerrung auf. Da kleine Sättigung des Eisens angenommen ist, liegt die Ankerfeldkurve II symmetrisch zur Abszissenachse, und die Fläche der Kurve III ist gleich der Fläche der Kurve I, d. h. der Fluß, der dem Inhalt der Feldkurve proportional ist (s. S. 23), bleibt bei Last derselbe wie bei Leerlauf.

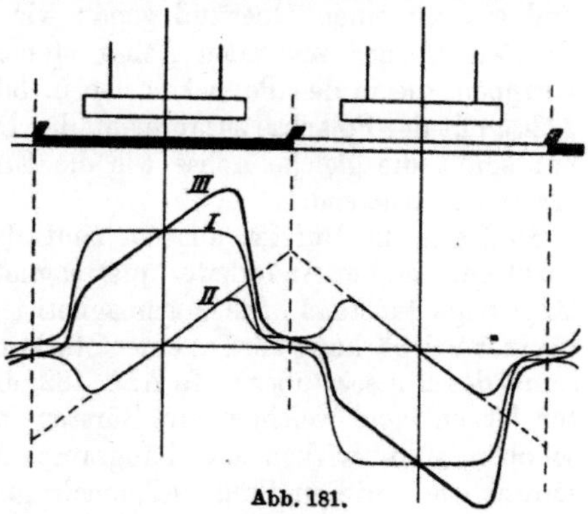

Abb. 181.

Sind die Ankerzähne und die Polschuhe gesättigt, so wird der oberhalb der Kurve I liegende Teil der Kurve III kleiner sein als in Abb. 181, und der Fluß bei Last ist geringer als im Leerlauf [L. 72].

b) Die längsmagnetisierende Wirkung des Ankers. Viel größer ist die Ankerrückwirkung, wenn die Bürsten aus der neutralen Achse verschoben sind. Zieht man in Abb. 182 eine Gerade *GG*, die gegen die Horizontale um denselben Winkel β verschoben ist wie die Bürstenachse *BB*, so werden die Ankerstäbe in vier Gruppen geteilt, die sich zu zwei

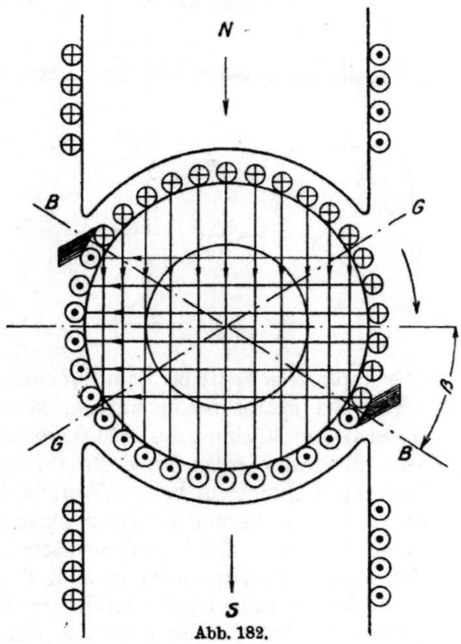

Abb. 182.

Solenoiden zusammenfassen lassen. Die unter den Polen liegenden zwei Gruppen bilden ein Solenoid, dessen Achse mit der neutralen Achse zusammenfällt. Seine MMK steht also senkrecht zur Polachse und erzeugt einen Querfluß genau wie in der Abb. 179, wo die Bürsten in der neutralen Achse stehen. Die beiden anderen Gruppen, die in den Pollücken liegen, bilden ein Solenoid, dessen Achse mit der Polachse zusammenfällt. Die MMK dieses Solenoids hat somit die gleiche Achse wie die Erregerwicklung und wirkt *längsmagnetisierend.*

Sind also die Bürsten aus der neutralen Achse verschoben, so wirkt ein Teil der Ankerleiter quermagnetisierend, der andere Teil längsmagnetisierend. Die längsmagnetisierende Wirkung kann sich in einer Schwächung oder in einer Stärkung der Erreger-MMK und somit des Flusses äußern. In Abb. 182, die sich auf einen Generator bezieht, bei welchem die Bürsten in der Drehrichtung verschoben sind, wirken die Längsamperewindungen des Ankers schwächend auf den Fluß. Allgemein gilt:

Verschiebt man die Bürsten bei einem Generator in der Drehrichtung oder bei einem Motor gegen die Drehrichtung, so wird das Feld geschwächt. Verschiebt man die Bürsten bei einem Generator gegen die Drehrichtung oder bei einem Motor in der Drehrichtung, so wird das Feld gestärkt.

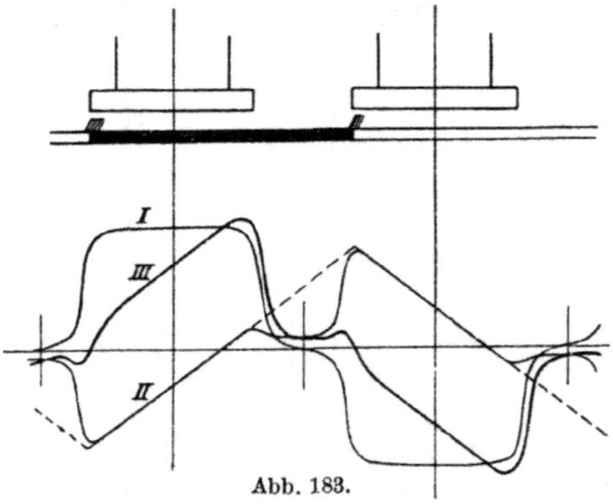

Abb. 183.

Die Lage der Bürsten auf dem Kommutator ist hier ebenso bestimmend für die Lage der Anker-MMK in bezug auf die Erreger-MMK wie die Beschaffenheit des äußeren Stromkreises (induktive oder kapazitive Last) bei dem Synchrongenerator.

Wie wir später sehen werden, kommt aus Kommutierungsgründen eine Stärkung des Feldes durch Verschiebung der Bürsten beim Generator gegen die Drehrichtung oder beim Motor in der Drehrichtung nicht in Frage. Werden die Bürsten mit Rücksicht auf die Kommutierung aus der neutralen Achse verschoben, so geschieht dies gewöhnlich beim Generator in der Drehrichtung und beim Motor gegen die Drehrichtung, so daß das Feld geschwächt wird.

Das Magnetfeld und das resultierende Feld einer Maschine, bei der die Bürsten aus der neutralen Achse verschoben sind, zeigt Abb. 183.

c) Berechnung der Magnetamperewindungen bei Belastung. Soll beim Gleichstromgenerator die Klemmenspannung bei Last die gleiche bleiben wie bei Leerlauf, so muß der Erregerstrom vergrößert werden, und zwar entsprechend sowohl der Querwirkung wie der Längswirkung der Ankeramperewindungen. Wir wollen zunächst bestimmen, um welchen Betrag die Erregeramperewindungen mit Rücksicht auf den Ankerquerfluß erhöht werden müssen.

Wie aus Abb. 179 und Abb. 182 ersichtlich ist, kommt für die Quermagnetisierung hauptsächlich der Teil der Ankerstäbe in Frage, der unter den Polschuhen liegt. Die gesamten Ankeramperewindungen pro Polpaar (also pro magnetischer Kreis) betragen $\tau_p A$, wo A wie früher den Strombelag, d. h. die Anzahl der Amperestäbe pro 1 cm Ankerumfang bedeutet. Von diesen $\tau_p A$ Ankeramperewindungen wirken somit quermagnetisierend auf die Pole $b_i A$ Amperewindungen, und zwar, wie aus Abb. 179 hervorgeht, wirken auf jeden Pol die ganzen $b_i A$ Amperewindungen, d. h. auf jede Polhälfte $\frac{b_i A}{2}$ Amperewindungen.

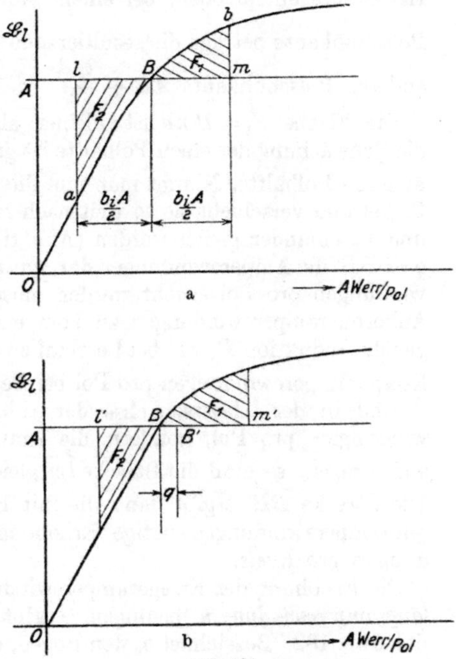

Abb. 184.

Abb. 184a zeigt die Leerlaufcharakteristik der Maschine. In der Ordinatenachse ist statt der Leerlauf-EMK oder des Kraftflusses Φ die Luftinduktion $\mathfrak{B}_l$, die mit dem Fluß Φ durch die Beziehung (s. S. 24)

$$\mathfrak{B}_l = \frac{\Phi}{b_i l_i}$$

verbunden ist, aufgetragen; in der Abszissenachse sind statt der Erregeramperewindungen pro Kreis die Erregeramperewindungen für den halben Kreis, d. h. für einen Pol aufgetragen. $\overline{OA}$ sei die der Nennspannung entsprechende Luftinduktion, AB sind dann die zugehörigen Erregeramperewindungen pro Pol bei Leerlauf.

Im Leerlauf ist die Induktion $\mathfrak{B}_l$ unter dem ganzen Polbogen b_i konstant und gleich $\overline{OA}$. Ein Bild von der Verteilung der Luftinduktion unter dem Pol bei Belastung erhält man, wenn man nach rechts und nach links vom Punkte B die Amperewindungen $\frac{b_i A}{2}$ aufträgt (Abb. 184a). Die Induktion unter dem Polschuh ist nach der Kurve aBb verteilt. Der Punkt B entspricht der Polmitte; hier ist die MMK des Ankers gleich Null (Abb. 181) und die Luftinduktion die gleiche, wie wenn der Anker stromlos wäre. Die Punkte a und b entsprechen den Polschuhkanten, und zwar würde bei einem Generator a der Eintrittskante und b der Austrittskante entsprechen, bei einem Motor umgekehrt. An einer Polschuhkante beträgt die resultierende MMK $\overline{AB} - \frac{b_i A}{2}$, an der anderen Polschuhkante $\overline{AB} + \frac{b_i A}{2}$.

Die Fläche $F_1 = Bmb$ ist kleiner als die Fläche $F_2 = Bla$: die Schwächung der einen Polhälfte ist größer als die Stärkung der anderen Polhälfte. Nimmt man nun die Strecke $\overline{lm} = b_i A$ in den Zirkel und verschiebt sie so weit nach rechts, daß die Flächen F_1 und F_2 einander gleich werden (Abb. 184b), so stellt die Strecke $q = \overline{BB'}$ die Amperewindungen dar, um welche die Erregeramperewindungen pro Pol erhöht werden müssen, um den Einfluß der Ankerqueramperewindungen zu kompensieren. Um bei Last die gleiche Induktion $\mathfrak{B}_l$ wie bei Leerlauf zu erzeugen, müssen also die Erregeramperewindungen pro Pol bei Last $\overline{AB'}$ betragen.

Sind in der Abszissenachse der Abb. 184 nicht die Amperewindungen pro Pol, sondern die Amperewindungen pro Kreis aufgetragen, so muß die Strecke $\overline{lm}$ gleich $2 b_i A$ gemacht werden. Die Strecke $\overline{BB'}$ ergibt dann die mit Rücksicht auf die Ankerquerамperewindungen nötige Erhöhung der Erregeramperewindungen pro *Kreis*.

Die Erhöhung der Erregeramperewindungen, welche die *Ankerlängsamperewindungen* bedingen, ergibt sich ohne weiteres aus der Abb. 182. Bezeichnet b_v den Bogen, der dem Bürstenverschiebungswinkel β entspricht, so beträgt die Windungszahl des längsmagnetisierenden Leiterbündels pro doppelte Polteilung (pro Kreis) $2\, b_v A$. Um diesen Betrag müssen also pro Kreis die Erregeramperewindungen erhöht werden, um den Einfluß der Ankerlängsamperewindungen zu kompensieren.

Der Bogen b_v ist von vornherein nicht bekannt. Man begnügt sich deswegen bei der Berechnung der bei Last nötigen Magnetamperewindungen mit einem Näherungswert.

Bei der Betrachtung der charakteristischen Kurven der einzelnen Maschinenarten werden wir noch auf den Einfluß der Ankerrückwirkung auf die Arbeitsweise der Maschinen zurückkommen.

4. Die Kommutierung.

Bezeichnet J den an das Netz abgegebenen bzw. den vom Netz aufgenommenen Strom, so beträgt bei einer Maschine mit $2a$ Ankerzweigen der Strom eines Ankerzweiges

$$i_a = \frac{J}{2a}. \tag{184}$$

Den Verlauf des Stromes eines Wicklungselementes zeigt Abb. 185. Beim Übergang von einem Ankerzweig zum nächsten ändert der

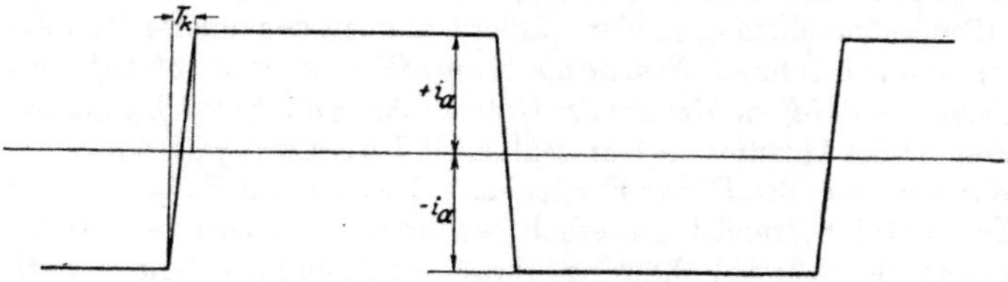

Abb. 185.

Strom seinen Wert von $+i_a$ auf $-i_a$; während der Übergangszeit T_k befindet sich die Spule in der neutralen Zone und ist von der Bürste (bei der Wellenwicklung mit $2p$ Bürstenbolzen von zwei gleichnamigen Bürsten) *kurzgeschlossen* (Abb. 71, 72 und 73).

In Abb. 186 ist ein Wicklungselement einer Ringwicklung (Schleifenwicklung) mit den zugehörigen Kommutatorlamellen aufgezeichnet. Es sei angenommen, daß die *Bürstenbreite gleich einer Lamellenteilung* ist. In diesem Falle kann die Bürste höchstens ein Wicklungselement kurzschließen. Der Kurzschluß der in Abb. 186 betrachteten Windung beginnt, wenn die Bürstenkante b die Lamelle 1 berührt, und hört auf, wenn die Bürstenkante a die Lamelle 2 verläßt. b ist die *auflaufende*, a die *ablaufende* Bürstenkante.

Vor dem Beginn der Kurzschlußzeit T_k ist der Strom in der betrachteten Spule gleich $+i_a$; die Bürste steht dann auf der Lamelle 2 und führt den Strom $2i_a$; die Stromdichte ist über dem ganzen Bürstenquerschnitt dieselbe. Nach Ablauf der Kurzschlußperiode T_k ist der Strom in der Spule gleich

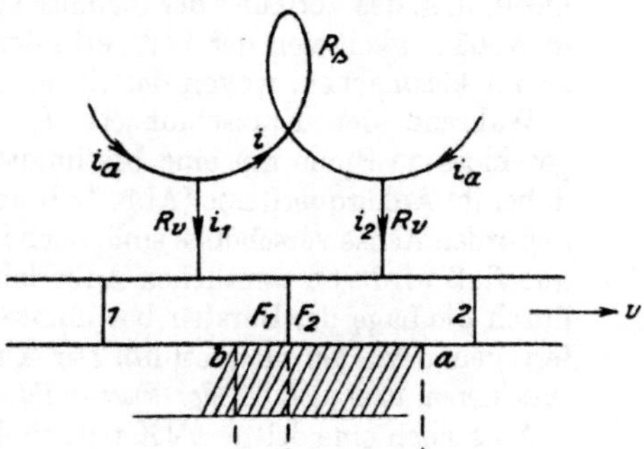

Abb. 186.

$-i_a$; die Bürste steht auf der Kommutatorlamelle 1 und führt wiederum den Strom $2i_a$; die Stromdichte ist wie bei Beginn der Kommutierung über dem ganzen Bürstenquerschnitt dieselbe.

Während der Übergangszeit, der Kurzschlußzeit T_k, führt die Spule einen Strom i, dessen Größe von der Lage der Bürste und von den weiter unten angegebenen Umständen abhängt. Von diesem Strome i gelangt nur ein Teil in den äußeren Stromkreis; der andere Teil fließt als *innerer* Strom in dem geschlossenen Kreis, der aus der Spule, den beiden Kommutatorfahnen, den beiden Kommutatorlamellen und der Bürste gebildet ist. Die Stromdichte ist über dem Bürstenquerschnitt nicht mehr konstant, denn die Bürste hat jetzt nicht nur den Strom $2i_a$ nach außen abzugeben (oder von außen aufzunehmen), sondern außerdem noch den inneren Teil des Stromes i zu führen. *Nimmt die Stromdichte unter der ablaufenden Bürstenkante (a) im Moment der Unterbrechung des Kurzschlusses* (im Moment des Ablaufes der Kurzschlußzeit T_k) *einen zu großen Wert an, so treten unter der Bürste Funken auf.* Dies hat zur Folge, daß der Kommutator Brandstellen erhält, wodurch das Feuern der Bürsten infolge der Verschlechterung ihres mechanischen Laufes noch stärker wird.

Die Brauchbarkeit einer Kommutatormaschine hängt neben der Erwärmung ihrer Wicklungen in erster Linie von der Güte ihrer Stromwendung ab. Es ist daher erforderlich, dafür zu sorgen, daß die Stromdichte unter der ablaufenden Bürstenkante so klein wie möglich sei. An sich darf die Stromdichte wegen der damit verbundenen Schmelzerscheinungen an keiner Stelle der Bürste zu hohe Werte annehmen. Jedoch ist eine hohe Stromdichte an der ablaufenden Bürstenkante wegen der auftretenden Funken am gefährlichsten.

a) Die Übergangskurve. Zur Bestimmung der Stromdichte unter der ablaufenden Bürstenkante ist die Kenntnis *der Übergangskurve,* d. h. des Verlaufes des Stromes i der kurzgeschlossenen Spule in Abhängigkeit von der Zeit, erforderlich [L. 73]. Wir wollen uns zuerst klarmachen, wovon der Strom i abhängt.

Während der Kurzschlußzeit T_k verschiebt sich die kurzgeschlossene Spule um eine bestimmte Strecke. Sie bewegt sich dabei im Ankerquerflusse (Abb. 182) und, falls die Bürsten aus der neutralen Achse verschoben sind, auch im Magnetflusse. Der Ankerquerfluß wird von sämtlichen Ankerleitern erzeugt, hat eine feste, durch die Lage der Bürsten bestimmte Achse und steht im Raume fest, genau wie der Magnetfluß. *Der Ankerfluß wie der Magnetfluß induzieren demnach in der kurzgeschlossenen Spule je eine EMK.*

Aber noch eine dritte EMK tritt in der kurzgeschlossenen Spule auf, nämlich die *EMK der Selbstinduktion,* die durch die Änderung des Stromes von $+i_a$ auf $-i_a$ hervorgerufen wird. Der Strom, der in den Ankerleitern fließt, erzeugt bei der Gleichstrommaschine genau wie bei den Wechselstrommaschinen Streuflüsse um die Spulenköpfe, von Zahnkopf zu Zahnkopf und in den Nuten. Diese Flüsse machen sich jedoch hier nur dann bemerkbar, wenn der Strom sich ändert, also nur während der Kurzschlußzeit. Der resultierende Fluß der Maschine, der von den Magnet- und Ankeramperewindungen gemeinsam erzeugt wird, hat auf die Größe der EMK der Selbstinduktion der kurzgeschlossenen Spule keinen Einfluß, denn er hat einen konstanten unveränderlichen Wert: Die kleinen Schwankungen der Ankeramperewindungszahl, die dadurch entstehen, daß die Anzahl der kurzgeschlossenen Spulen bald größer bald kleiner ist, versuchen zwar den Fluß der Maschine in Schwingungen zu versetzen; die Schwingungszahl ist aber derart groß, daß das Magnetsystem sie nicht mitmachen kann, es dämpft sie vielmehr vollkommen ab. Für die EMK der Selbstinduktion der kurzgeschlossenen Spule kommen also nur die in der Luft verlaufenden Streuflüsse in Betracht.

Die EMK der Selbstinduktion ist um so größer, je schneller die Änderung des Stromes von $+i_a$ auf $-i_a$ erfolgt, d. h. je kleiner die Kurzschlußzeit ist. Bezeichnet b' die auf den Ankerumfang reduzierte Bürstenbreite und v_a die Umfangsgeschwindigkeit des Ankers, so ist die Kurzschlußzeit gleich

$$T_k = \frac{b'}{v_a}. \tag{185}$$

Infolge der kleineren Kurzschlußzeit ist die EMK der Selbstinduktion bei schnellaufenden Maschinen größer als bei langsamlaufenden Maschinen.

Der Verlauf des Stromes i in der kurzgeschlossenen Spule hängt somit, falls ein besonderes Wendefeld (Wendepole) nicht vorhanden ist, von folgenden EMKen bzw. Widerständen ab:

1. von der EMK der Selbstinduktion,
2. von der EMK des Ankerquerfeldes,
3. von der EMK des Magnetfeldes,
4. von dem Ohmschen Widerstand der Bürste,
5. von dem Ohmschen Widerstand der Kommutatorfahnen,
6. von dem Ohmschen Widerstand des kurzgeschlossenen Wicklungselementes.

b) Die Widerstandskommutierung. Wir wollen jetzt untersuchen, unter welchen Bedingungen eine gute Kommutierung, d. h. eine kleine Stromdichte unter der ablaufenden Bürstenkante, sich erreichen läßt.

Wir betrachten zunächst den ideellen Fall, wo sowohl die EMK der Selbstinduktion, wie die EMKe des Ankerquerfeldes und des Magnetfeldes gleich Null sind. Dieser Fall würde dann eintreten, wenn die Geschwindigkeit des Ankers gleich Null wäre.

Es bezeichne:

R_s den Widerstand der kurzgeschlossenen Spule (eines Wicklungselementes),

R_v den Widerstand einer Kommutatorfahne,
R_b den Übergangswiderstand von der Bürste zum Kommutator,
i den Kurzschlußstrom, d. h. den veränderlichen Strom in der kurzgeschlossenen Spule,
i_1 und i_2 die veränderlichen Ströme in den Kommutatorfahnen,
F_b die Berührungsfläche der Bürste,
F_1 die Berührungsfläche der Bürste mit der Lamelle 1,
F_2 die Berührungsfläche der Bürste mit der Lamelle 2.

Nach Abb. 186, die die gegenseitige Lage des Kommutators und der Bürste zur Zeit t nach Beginn des Kurzschlusses darstellt, ist:

$$\begin{aligned} i_1 &= i_a - i \\ i_2 &= i_a + i \end{aligned} \qquad (186) \qquad\qquad \begin{aligned} F_1 &= F_b \frac{t}{T_k} \\ F_2 &= F_b \frac{T_k - t}{T_k}\,. \end{aligned} \qquad (187)$$

Der Übergangswiderstand zwischen der Bürste und Lamelle 1 ist gleich $R_b \frac{F_b}{F_1}$ und der Übergangswiderstand zwischen der Bürste und Lamelle 2 ist gleich $R_b \frac{F_b}{F_2}$. Da laut Voraussetzung im Kurzschlußkreis keine EMKe vorhanden sind, muß nach dem Kirchhoffschen Satze die Summe aller Spannungsabfälle gleich Null sein,

somit $$i R_s + i_2 R_v + i_2 R_b \frac{F_b}{F_2} - i_1 R_b \frac{F_b}{F_1} - i_1 R_v = 0. \qquad (188)$$

Führt man in diese Gleichung die Werte von i_1, i_2, F_1 und F_2 aus den Gleichungen 186 und 187 ein und setzt zur Abkürzung

$$\frac{R_s + 2 R_v}{R_b} = k_1, \qquad (189)$$

so ergibt sich für den Kurzschlußstrom i in Abhängigkeit von der Zeit seit Beginn des Kurzschlusses t die Beziehung

$$i = i_a \frac{T_k (T_k - 2t)}{T_k^2 + k_1 t (T_k - t)}\,. \qquad (190)$$

Für $k_1 = \frac{1}{5}$ zeigt den Verlauf des Kurzschlußstromes Abb. 187, Kurve II. Vernachlässigt man die Widerstände der Spule und der Kommutatorfahnen gegenüber dem Übergangswiderstand der Bürste ($k_1 = 0$), was praktisch stets zulässig ist, so verläuft die Übergangskurve geradlinig (Kurve I). Für die Zeit $t = 0$ (Beginn der Kommutierung) ergibt sich aus der Gleichung 190 $i = + i_a$, für die Zeit $t = T_k$ (Ende der Kommutierung) $i = - i_a$, wie zu erwarten war.

Steht also die Kommutierung unter dem ausschließlichen Einfluß der Widerstände des Kurzschlußkreises (*reine Widerstandskommutierung*), so ist die Übergangskurve eine gerade Linie.

Von Interesse für uns ist jedoch nicht der Verlauf der Übergangskurve als solcher, sondern die aus ihm zu entnehmenden Stromdichten an der auflaufenden und an der ablaufenden Bürstenkante.

Zur Zeit t ist die Stromdichte an der Berührungsfläche der Bürste mit der Lamelle 1 gleich

$$s_1 = \frac{i_1}{F_1} = \frac{T_k}{F_b} \frac{i_1}{t} \tag{191}$$

und an der Berührungsfläche der Bürste mit der Lamelle 2

$$s_2 = \frac{i_2}{F_2} = \frac{T_k}{F_b} \frac{i_2}{T_k - t} \,. \tag{192}$$

Der Strom i_1 ist gleich

$$i_1 = i_a - i.$$

In der Abb. 187 findet man die Werte von i_1 als Abstände der Punkte der Übergangskurve von der oberen Seite des Rechtecks, die im Abstand i_a von der Abszissenachse liegt. In gleicher Weise findet man die Ströme $i_2 = i_a + i$ als Abstände der Punkte der Übergangskurve von der unteren Seite des Rechtecks, die ebenfalls im Abstande i_a von der Abszissenachse

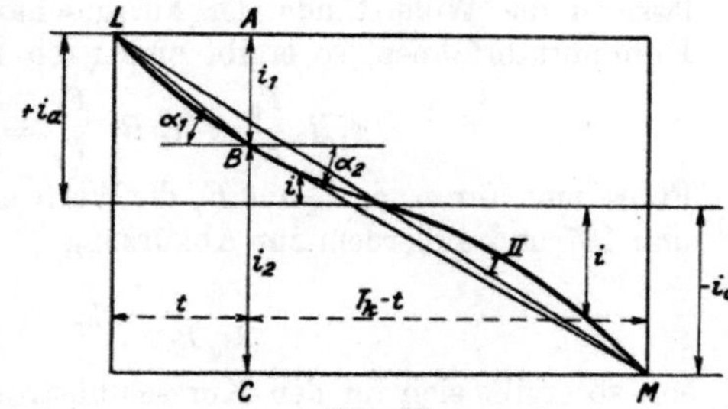

Abb. 187.

liegt. So ist zur Zeit t $i_1 = \overline{AB}$ und $i_2 = \overline{BC}$. Da $s_1 = \text{konst} \cdot \frac{i_1}{t}$ und $s_2 = \text{konst} \cdot \frac{i_2}{T_k - t}$ ist, so gilt (Abb. 187)

$$s_1 = \text{konst} \cdot \frac{i_1}{t} \equiv \operatorname{tg} \alpha_1 \tag{193}$$

und

$$s_2 = \text{konst} \cdot \frac{i_2}{T_k - t} \equiv \operatorname{tg} \alpha_2 . \tag{194}$$

Man findet also die jeweiligen Stromdichten s_1 und s_2 an den Berührungsflächen der Bürste mit den Lamellen 1 und 2, indem man den betreffenden Punkt der Übergangskurve (z. B. Punkt B, Abb. 187) mit den Ecken L und M des Rechtecks verbindet und durch den Punkt eine Horizontale zieht. Die tg der so gebildeten Winkel geben ein direktes Maß für die Stromdichten. Aus Abb. 187 sieht man, daß, wenn $k_1 = \frac{R_s + 2 R_v}{R_b} = 0$ ist (Kurve I), die Stromdichte unter der Bürste während der ganzen Kommutierungsperiode konstant bleibt. Die Widerstände der kurzgeschlossenen Spule und der Kommutatorfahnen bewirken, daß die Stromdichte sowohl an dem auflaufenden Bürstenteil (Lamelle 1) wie an dem ablaufenden Bürstenteil (Lamelle 2) größer wird als der konstante Wert, der bei der Kommutierung nach der Geraden I vorhanden ist.

Bei den obigen Überlegungen haben wir vorausgesetzt, daß die Bürstenbreite gleich einer Lamellenteilung ist. Bedeckt die Bürste mehrere Lamellen und ist $k_1 = 0$, so läßt sich durch eine ähnliche Überlegung wie die obige beweisen, daß auch in diesem Falle die Übergangskurve eine Gerade ist, falls keine EMKe auf den Kurzschlußkreis einwirken.

c) Bedingung für die Stromdichte Null unter der ablaufenden Bürstenkante. Wir wollen nun bestimmen, wie groß die *Resultierende* aus allen in dem Kurzschlußkreis wirkenden EMKen sein muß, damit die Stromdichte unter der ablaufenden Bürstenkante gleich Null wird.

Bezeichnen wir diese resultierende EMK mit e_r und vernachlässigen die Widerstände der kurzgeschlossenen Spule und der Kommutatorfahnen, so ergibt sich nach Gleichung 188

$$i_2 R_b \frac{F_b}{F_2} - i_1 R_b \frac{F_b}{F_1} = e_r. \tag{195}$$

Führt man für i_2, i_1, F_2 und F_1 die Werte aus den Gleichungen 186 und 187 und außerdem zur Abkürzung

$$\frac{e_r}{2 i_a R_b} = k_2 \tag{196}$$

ein, so ergibt sich für den Kurzschlußstrom i die Gleichung

$$i = i_a \frac{2 k_2 (T_k - t) t - T_k (2t - T_k)}{T_k^2}. \tag{197}$$

Für die Zeit $t = 0$ ergibt diese Gleichung $i = + i_a$ und für die Zeit $t = T_k$ $i = - i_a$, wie zu erwarten war.

Der Strom des ablaufenden Bürstenteiles (Lamelle 2) ist demnach

$$i_2 = i + i_a = 2 i_a \frac{k_2 (T_k - t) t + T_k (T_k - t)}{T_k^2} \tag{198}$$

und die Stromdichte unter dem ablaufenden Bürstenteil

$$s_2 = \frac{T_k}{F_b} \frac{i_2}{T_k - t} = 2 i_a \frac{k_2 (T_k - t) t + T_k (T_k - t)}{T_k F_b (T_k - t)}. \tag{199}$$

Um den Wert der Stromdichte unter der ablaufenden Bürstenkante zu bestimmen, ist in dieser Gleichung $t = T_k$ zu setzen. Man erhält zunächst die unbestimmte Größe $\frac{0}{0}$ und findet nach den Regeln der Differentialrechnung

$$s_{2t = T_k} = \frac{2 i_a}{F_b} (k_2 + 1). \tag{200}$$

Ist die Resultierende aus allen in dem Kurzschlußkreis wirkenden EMKen so groß, daß $k_2 = \frac{e_r}{2 i_a R_b} = -1$ ist, so ist die Stromdichte unter der ablaufenden Bürstenkante gleich Null. *Dies ist der günstigste Fall der Kommutierung.* Er tritt also auf, wenn die Resultierende aus den im Kurzschlußkreis wirkenden EMKen gleich ist dem Spannungsabfall im Übergangswiderstand der Bürste.

Dieses Resultat, das wir unter der Annahme Bürstenbreite = Lamellenteilung abgeleitet haben, gilt angenähert auch dann, wenn die Bürstenbreite größer ist als eine Lamellenteilung.

Den Verlauf der Übergangskurve $i = f(t)$ für $k_2 = -1$ zeigt Abb. 188. Am Ende der Kurzschlußperiode hat i fast tangentialen

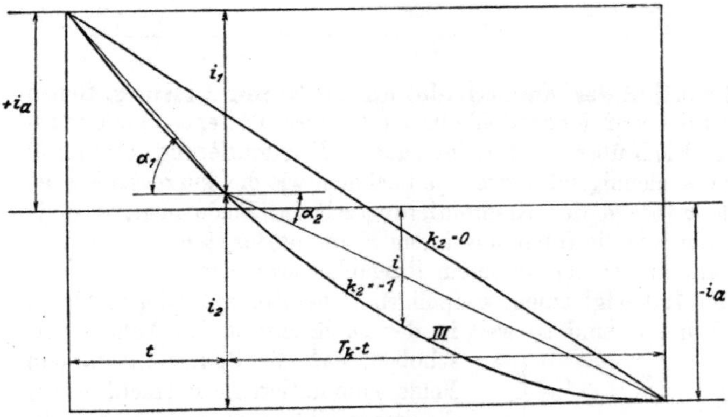

Abb. 188.

Verlauf und ist nahezu gleich $-i_a$; i_2 und somit auch $s_2 =$ konst. tg α_2 sind infolgedessen am Ende der Kurzschlußperiode nahezu gleich Null; zur Zeit $t = T_k$ ist s_2 gleich Null.

d) Einfluß der EMK der Selbstinduktion auf die Kommutierung. Wir wollen nun die auf den Kurzschlußkreis wirkenden EMKe einzeln betrachten und beginnen mit der *EMK der Selbstinduktion.* Während der Kurzschlußzeit T_k muß der Strom der kurzgeschlossenen Spule seinen Wert von $+i_a$ auf $-i_a$ ändern. Dies bedingt eine entsprechende Änderung des Streuflusses der Spule und somit eine EMK der Selbstinduktion in der Spule. Diese, als eine EMK der Selbstinduktion, sucht jede Änderung des ursprünglichen Stromes zu verhindern und wird infolgedessen *die Kommutierung verzögern.* Gegenüber der Geraden der reinen Widerstandskommutierung (Abb. 189, Kurve I) erscheint die Übergangskurve nach oben verschoben (Abb. 189, Kurve IV). Zu jeder Zeit t ist der Kurzschlußstrom i größer als es der Geraden I entspricht. Am Ende der Kurzschlußperiode ist der absolute Wert des Stromes in der kurzgeschlossenen Spule bedeutend kleiner als i_a;

die Stromdichte unter der ablaufenden Bürstenkante ($tg\alpha_2$) ist infolgedessen groß. *Die Hauptursache des Feuerns von Gleichstrommaschinen liegt in der verzögernden Wirkung der EMK der Selbstinduktion der kurzgeschlossenen Spule.*

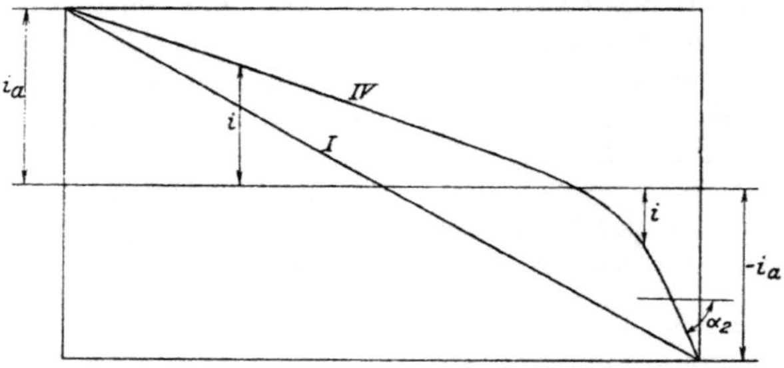

Abb. 189.

e) Einfluß des Magnetfeldes auf die Kommutierung. Gehen wir zu der vom Magnetfelde in der kurzgeschlossenen Spule induzierten EMK über, so kann diese auf die Kommutierung verzögernd oder beschleunigend wirken, je nachdem wie die kurzgeschlossene Spule während der Kommutierungszeit im Felde liegt, d. h. je nachdem wie die Bürsten auf dem Kommutator stehen. Dies läßt sich am einfachsten an einem Ringanker erkennen.

Abb. 190 zeigt einen zweipoligen Generator mit Ringwicklung. Die Bürsten sind so weit in der Drehrichtung des Ankers verschoben, daß die Spulen in starkem Felde kommutieren. Betrachten wir die kurzgeschlossene Spule 1, so geht sie vom unteren zum oberen Ankerzweig über, d. h. die Stromrichtung, die den Leitern unter dem Südpol entspricht, wird in ihr in die Stromrichtung, die den Leitern unter dem Nordpol entspricht, umgekehrt. Da sie aber während der Kommutierungszeit unter dem Nordpol liegt, so wird in ihr vom Nordpol bereits während der Kommutierungszeit ein Strom solcher Richtung induziert, wie er erst nach Ablauf der Kommutierungsperiode eintreten sollte: die Kommutierung in der betrachteten Spule wird vom Magnetfeld beschleunigt. Würde man in der Abb. 190 die Bürsten gegen die Drehrichtung verschieben, so wäre die Richtung des in der Spule während der Kommutierungszeit vom Südpol induzierten Stromes entgegengesetzt der, die der

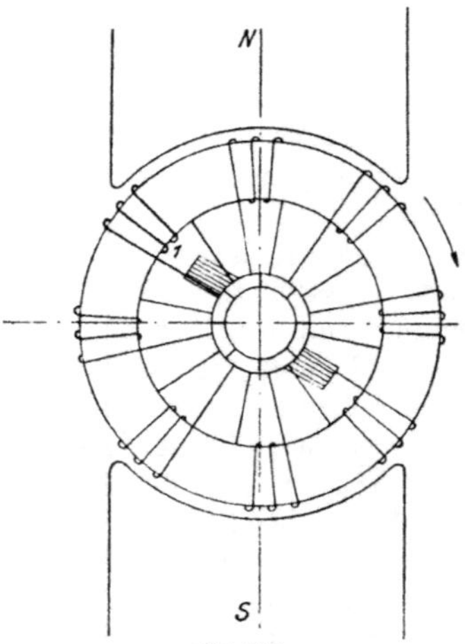

Abb. 190.

Strom nach Beendigung der Kommutierung haben sollte, d. h. die Kommutierung wird bei dieser Lage der Bürsten vom Magnetfeld verzögert. Allgemein gilt:

Verschiebt man die Bürsten beim Generator in der Drehrichtung oder beim Motor gegen die Drehrichtung, so wird die Kommutierung vom Magnetfeld beschleunigt; verschiebt man die Bürsten beim Generator gegen die Drehrichtung oder beim Motor in der Drehrichtung, so wird die Kommutierung vom Magnetfeld verzögert.

In einer passenden Verschiebung der Bürsten in der Drehrichtung beim Generator bzw. gegen die Drehrichtung beim Motor hat man also ein Mittel, die verzögernde Wirkung der EMK der Selbstinduktion zu kompensieren und die verzögerte Kommutierung (*Unterkommutierung*), wie sie Kurve IV der Abb. 189 zeigt, in eine beschleunigte Kommutierung (*Überkommutierung*) nach Kurve III der Abb. 188 zu verwandeln.

f) Einfluß des Ankerfeldes auf die Kommutierung. Um den Einfluß der dritten EMK der kurzgeschlossenen Spule, die das Ankerfeld in ihr induziert, zu bestimmen, betrachten wir die Abb. 179. Wie oben bereits erwähnt wurde, steht das Ankerfeld trotz der Bewegung des Ankers im Raume still. Die Ankerleiter bewegen sich gegenüber dem Ankerfeld mit der gleichen Geschwindigkeit wie gegenüber dem Magnetfeld. Die in den einzelnen Ankerzweigen vom Ankerfeld induzierten EMKe heben sich gegenseitig auf, weil die Bürsten in der Achse des Ankerfeldes stehen (vgl. S. 198); einen Strom können infolgedessen diese Anker-EMKe nicht hervorrufen. Die EMK, die das Ankerfeld in der kurzgeschlossenen Spule induziert, kann dagegen einen Strom erzeugen, und zwar in dem aus der Spule, den Kommutatorfahnen und der Bürste gebildeten Kurzschlußkreis.

Ziehen wir nun beispielsweise die linke Ankerseite der Abb. 179 in Betracht, so treten dort die Kraftlinien aus dem Anker heraus, genau wie an dem Südpol S; d. h. die in der neutralen Zone links liegenden kurzgeschlossenen Leiter werden im Sinne desjenigen Ankerzweiges induziert, den sie verlassen haben: *das Ankerfeld wirkt somit auf die Kommutierung verzögernd, genau wie die EMK der Selbstinduktion.*

Zusammenfassend kann man sagen: die EMK der Selbstinduktion ebenso wie die vom Ankerfeld in der kurzgeschlossenen Spule induzierte EMK wirken auf die Kommutierung verzögernd; damit sind hohe Stromdichten an der ablaufenden Bürstenkante verbunden. Um das Feuern der Bürsten zu verhindern, d. h. um die Kommutierung zu beschleunigen, muß entweder das Magnetfeld oder ein besonderes Wendefeld (Wendepole) zu Hilfe genommen werden. Dieses hat dann nicht nur die Wirkung der EMK der Selbstinduktion und des Ankerfeldes, sondern außerdem noch den Spannungsabfall im Übergangswiderstand der Bürste zu kompensieren. Soll das Magnetfeld zur Beschleunigung der Kommutierung benutzt werden, so sind die Bürsten beim Generator in der Drehrichtung, beim Motor gegen die Drehrichtung zu verschieben.

Wir haben oben die Wirkung des Ankerfeldes und die Wirkung des Magnetfeldes auf die kurzgeschlossene Spule getrennt betrachtet. Da es sich um die Wirkung dieser Felder in der Wendezone, d. h. in der Luft handelt, so ist die getrennte Behandlung der beiden Felder zulässig. An sich ist nur ein Feld, nämlich das aus diesen beiden Feldern resultierende Feld, vorhanden.

Die Wirkung des Ankerfeldes äußert sich, wie wir oben gesehen haben, in einer Verschiebung der neutralen Zone, und zwar wird diese beim Generator in der Drehrichtung, beim Motor gegen die Drehrichtung verschoben. Betrachten wir etwa die linke Hälfte der Abb. 180, die sich auf einen Generator bezieht, so ergibt sich daraus (Bürsten in der Senkrechten zur Polachse vorausgesetzt), daß die Kommutierung im Magnetfelde des Südpoles, d. h. des Poles, den die Spule zu verlassen hat, erfolgt. Die Kommutierung erfolgt somit im falschen Magnetfelde und wird infolgedessen verzögert. Man kommt also, was die Wirkung des Ankerfeldes betrifft, durch die Betrachtung des resultierenden Feldes zu dem gleichen Resultat wie bei der Betrachtung des Ankerfeldes für sich.

Ein zu starkes Ankerfeld ist sowohl mit Rücksicht auf die Kommutierung wie mit Rücksicht auf die Feldverzerrung und die damit verbundene Gefahr des Rundfeuers (s. S. 204) zu vermeiden. Durch passende Wahl des Verhältnisses von Polbogen zu Polteilung (etwa $\frac{2}{3}$) und des Verhältnisses der Ankeramperewindungen zu den Magnetamperewindungen läßt sich die Wirkung des Ankerfeldes einschränken. Je größer das Verhältnis der Magnetamperewindungen zu den Ankeramperewindungen ist, desto weniger macht sich das Ankerfeld bemerkbar. Das gewünschte Verhältnis der Magnetamperewindungen zu den Ankeramperewindungen wird durch genügend großen Luftspalt und genügend große Sättigung des Eisens erreicht. Je kleiner die Wirkung des Ankerfeldes ist, eine desto geringere Bürstenverschiebung ist nötig, um günstige Kommutierung zu erzielen.

g) Erzeugung eines besonderen Wendefeldes mittels Wendepole. Zur Erreichung einer guten Kommutierung benutzt man heutzutage aus den weiter unten angegebenen Gründen nicht das Magnetfeld, indem man die Bürsten verschiebt, sondern man ordnet im Magnetsystem besondere Pole, *Wendepole*, an, die das nötige Wendefeld erzeugen. Da durch die Anordnung der Wendepole Beschleunigung der Kommutierung bezweckt wird, so *muß jeder Wendepol die Polarität des in der Drehrichtung folgenden Hauptpoles erhalten.* Die Anordnung der Wendepole bei einer zweipoligen Maschine zeigt Abb. 191. Die Achse der Wendepole fällt mit der neutralen Achse und auch mit der Bürstenachse zusammen, da bei

Wendepolmaschinen die Bürsten aus der neutralen Achse nicht verschoben werden. Wie aus Abb. 191 hervorgeht, wirkt das Feld der Wendepole dem Ankerfeld entgegen; in der neutralen Zone hebt es das Ankerfeld ganz auf. Das Feld der Wendepole muß aber stärker sein als das Ankerfeld, denn es hat nicht nur dieses zu kompensieren, sondern außerdem noch eine EMK in der kurzgeschlossenen Spule zu induzieren, die der EMK der Selbstinduktion und dem Spannungsverlust unter der Bürste entgegenwirkt.

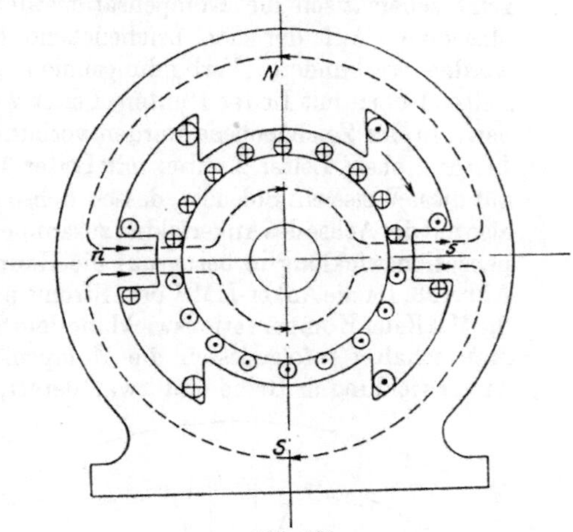

Abb. 191.

h) Aufhebung der MMK des Ankers mittels einer Kompensationswicklung. Die Wendepole heben das Ankerquerfeld nur in der Wendezone auf; die ungleichmäßige Verteilung des Flusses in dem Pol und die Konzentration der Luftinduktion unter der einen Polhälfte bleiben bestehen; somit bleibt auch die Gefahr des Rundfeuers bestehen. Bei großen Maschinen und Maschinen für schwierige Betriebsverhältnisse, wie z. B. für Walzenstraßen, wo starke Belastungsstöße auftreten, ordnet man deswegen zur Unterdrükkung des Ankerfeldes eine besondere Wicklung, *Kompensationswicklung*, an. Die völlige Vernichtung des Ankerfeldes ist nur durch eine Wicklung, die ebenso wie die Ankerwicklung über den ganzen Umfang verteilt ist, möglich. Man

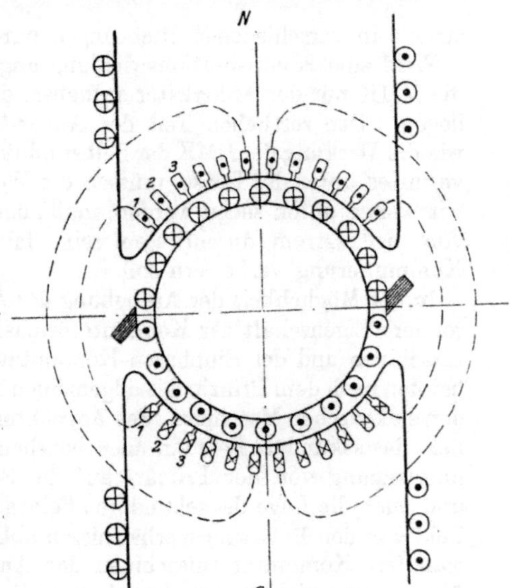

Abb. 192.

legt aus diesem Grunde die Kompensationswicklung in die Polschuhe möglichst nahe der Polschuhoberfläche. Abb. 192 zeigt schematisch die Kompensationswicklung einer zweipoligen Maschine. Auf der der Zeichenebene entgegengesetzten Seite werden verbunden (Verbindungslinien gestrichelt gezeichnet): Leiter 1 oben mit Leiter 1 unten, Leiter 2 oben mit Leiter 2 unten usw.; in der Zeichenebene werden verbunden: Leiter 1 unten mit Leiter 2 oben, Leiter 2 unten mit Leiter 3 oben usw. Es entsteht auf diese Weise ein Solenoid, dessen Achse mit der neutralen Achse, also mit der Achse des Ankerfeldes, zusammenfällt. Die Lage der Kompensationswicklung in bezug auf die Haupt- und Wendepole zeigt Abb. 193. Da die Anker-MMK dem Strome proportional ist, muß auch die MMK der Kompensationswicklung dem Strome proportional sein. Man schaltet infolgedessen die Kompensationswicklung mit der Ankerwicklung in Reihe und zwar derart, daß die innerhalb einer und derselben Polteilung liegenden Leiter der Ankerwicklung und der Kompensationswicklung vom Ankerstrome in verschiedenen Richtungen durchflossen werden.

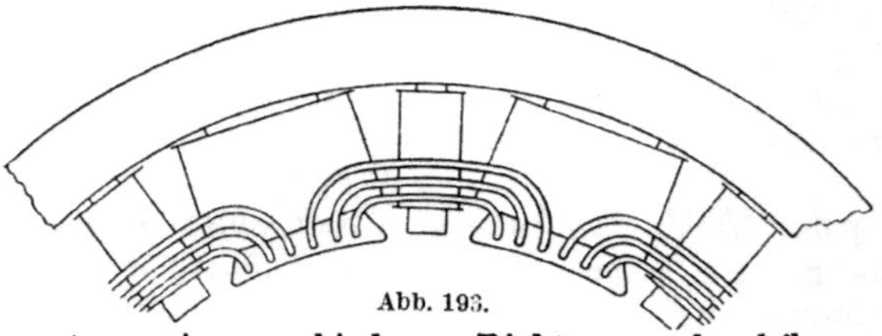

Abb. 193.

Wird eine Kompensationswicklung angeordnet, so läßt man sie die MMK nur der Ankerleiter aufheben, die unter den Polschuhen liegen. Den restlichen Teil der Anker-MMK (ca. 30 $^0/_0$) ebenso wie die Wirkung der EMK der Selbstinduktion und des Spannungsverlustes unter der Bürste müssen die Wendepole aufheben. Wie wir weiter unten sehen werden, muß auch die Wendepolwicklung vom Ankerstrom durchflossen sein, falls sie *bei jeder Last* die Kommutierung verbessern soll.

In der Möglichkeit der Aufhebung des Ankerfeldes liegt eine besondere Eigenschaft der Kommutatormaschinen (der Gleichstrommaschinen und der Einphasen-Kommutatormaschinen). Während bei den nach dem Prinzip des allgemeinen Transformators arbeitenden elektrischen Maschinen, den Asynchron- und Synchronmaschinen, das sekundäre Feld ein unentbehrliches Glied für die Arbeitsübertragung von der Primär- auf die Sekundärwicklung bildet und auch die Lage des sekundären Feldes in bezug auf das primäre Feld von den Belastungsverhältnissen abhängt, nimmt bei den erwähnten Kommutatormaschinen das Ankerfeld an der Arbeitsübertragung nicht teil und auch seine Lage ist nur von der Lage der Bürsten, nicht aber von der Belastung abhängig. Dies gibt bei diesen Maschinen die Möglichkeit, das (für sie schädliche) Ankerfeld durch äußere Mittel zu unterdrücken.

i) Die Größe der EMK der Selbstinduktion der kurzgeschlossenen Spule. Die EMK der Selbstinduktion der kurzgeschlossenen Spule ist gleich $-S\frac{di}{dt}\cdot$ Für den Koeffizienten der Streuinduktion S ist hier nicht allein die betrachtete Spule maßgebend, sondern auch die andern mit ihr gleichzeitig kurzgeschlossenen Spulen. Bei der Schleifenwicklung der Abb. 194 ist die Bürstenbreite, wie es gewöhnlich der Fall ist, größer als eine Lamellenteilung. Die Spulenseiten der von den Plus- und Minusbürsten kurzgeschlossenen Spulen liegen nebeneinander, und die kurzgeschlossenen Spulen induzieren sich infolgedessen gegenseitig. In dem Koeffizienten S ist diese gegenseitige Induktion der gleichzeitig kurzgeschlossenen Spulen zu berücksichtigen.

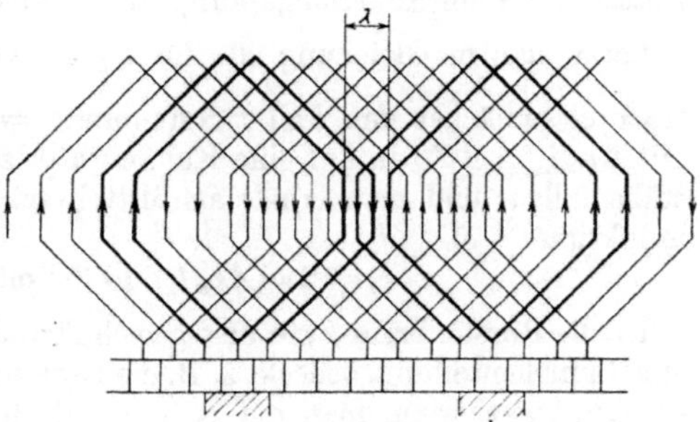

Abb. 194.

Die Breite des kommutierenden Leiterbündels (in Abb. 194 mit λ bezeichnet) hängt von den Teilschritten y_1 und y_2 der Wicklung ab. Bei der Sehnenwicklung ist die Breite des kommutierenden Leiterbündels größer als bei der Durchmesserwicklung. Je breiter das kommutierende Leiterbündel ist, desto geringer wird der Koeffizient S. Ein stark verteiltes kommutierendes Bündel kann aber dazu führen, daß die Leiter teilweise in starkem Magnetfeld kommutieren, wodurch die Kommutierung wiederum verschlechtert wird. Die Erfahrung zeigt, daß eine große Sehnung vermieden werden muß und daß die Treppenwicklung (Abb. 74) in bezug auf die Kommutierung günstig ist.

Ist die Übergangskurve eine Gerade, so ist $\frac{di}{dt}$ konstant, und zwar gleich $\frac{2\,i_a}{T_k}\cdot$ Für einen beliebigen Verlauf der Übergangskurve ist $\frac{di}{dt}$ mit der Zeit veränderlich, der *Mittelwert* von $\frac{di}{dt}$ über die ganze Kommutierungszeit muß aber auch in diesem Falle den konstanten Wert $\frac{2\,i_a}{T_k}$ haben, denn die Spule muß zwangsweise ihren Strom von $+\,i_a$ auf $-\,i_a$ ändern.

Die Berechnung des genauen Verlaufes von $\frac{di}{dt}$ während der Kommutierungszeit ist nur unter vereinfachenden Annahmen, die in der Praxis selten zutreffen, möglich. Man begnügt sich daher mit der Berechnung des *Mittelwertes* der EMK der Selbstinduktion [L. 74]. Der absolute Betrag dieses Mittelwertes ist gleich

$$e_s = S\frac{di}{dt} = S\frac{2i_a}{T_k}\text{ Volt.} \tag{201}$$

Bezeichnet man mit w_s die Windungszahl der kurzgeschlossenen Spule (eines Wicklungselementes), so kann man für den Koeffizienten der Streuinduktion S nach Gleichung 56 und Gleichung 58 setzen:

$$S = 0{,}4\,\pi\sum\frac{w_x^2}{R_x}10^{-8} = w_s^2\,2\,l_i\,\zeta\,10^{-8}\text{ Henry,} \tag{202}$$

wo ζ ähnlich wie dort als die magnetische Leitfähigkeit des Streuflusses pro 1 cm Ankerlänge aufgefaßt werden kann.

Setzt man in Gleichung 201 für T_k die Größe $\frac{b'}{v_a}$ ein und betrachtet zunächst den Fall Bürstenbreite = Lamellenteilung, so gilt $2w_s i_a = A b'$, da auf eine Kommutatorlamelle $2w_s i_a$ Amperestäbe fallen, und man erhält als Mittelwert der EMK der Selbstinduktion

$$e_s = 2\,w_s A\,v_a\,l_i\,\zeta\,10^{-8}\text{ Volt.} \tag{203}$$

Ist die Bürstenbreite, wie dies gewöhnlich der Fall ist, größer als eine Lamellenteilung, bedeckt z. B. die Bürste q Lamellenteilungen, so wird zwar, wenn man mit τ_k' die auf den Ankerumfang reduzierte Lamellenteilung bezeichnet, die Kurzschlußzeit $T_k = \frac{b'}{v_a} = q\,\frac{\tau_k'}{v_a}$ q-mal so groß, aber auch der Koeffizient der Streuinduktion S, der die Anzahl der Kraftflußverkettungen der kurzgeschlossenen Spule pro 1 Amp. darstellt, wird größer als im Falle $b' = \tau_k'$, weil die Bürste jetzt gleichzeitig q Spulen, die sich gegenseitig induzieren, kurzschließt. Die Gleichung 203 gilt auch im Falle $b' > \tau_k'$, wenn in der magnetischen Leitfähigkeit ζ der Einfluß des ganzen *kommutierenden Bündels* (λ, Abb. 194), d. h. die gegenseitige Induktion aller kurzgeschlossenen Spulen berücksichtigt wird. Die Berechnung der Leitfähigkeit ζ ist in diesem Falle außerordentlich schwierig. Das Experiment zeigt, daß die Werte von ζ bei verschiedenen Maschinen verhältnismäßig wenig voneinander abweichen; sie liegen etwa zwischen 4 und 6.

Wie aus Gleichung 203 hervorgeht, ist der Mittelwert der EMK der Selbstinduktion um so größer, je größer die Windungszahl der kurzgeschlossenen Spule, der Strombelag des Ankers, die Ankerumfangsgeschwindigkeit und die Maschinenlänge sind.

k) Die Stärke des Wendefeldes. Während die Wirkung des Ankerfeldes auf die kurzgeschlossene Spule dadurch vermieden werden kann, daß man die Ursache dieser Wirkung, das Ankerfeld selbst, mittels Wendepole oder mittels Kompensationswicklung und Wendepole aufhebt, kann die Wirkung der EMK der Selbstinduktion nur dadurch vermieden werden, daß in der kurzgeschlossenen Spule von einem äußeren Felde eine der EMK der Selbstinduktion gleiche und entgegengesetzt gerichtete EMK induziert wird. Die Ursache der EMK der Selbstinduktion, die Änderung des Streuflusses der kurzgeschlossenen Spule, läßt sich nicht unterdrücken.

Bezeichnen wir die Feldstärke des äußeren Feldes, des Wendefeldes, mit $\mathfrak{B}_w$, so ist nach Gleichung 46 die in der kurzgeschlossenen Spule vom Wendefeld induzierte Wende-EMK gleich

$$e_w = 2\,\mathfrak{B}_w\, l_i\, v\, w_s\, 10^{-8}\ \text{Volt}. \tag{204}$$

Würde das Wendefeld die Aufgabe haben, nur die EMK der Selbstinduktion zu kompensieren, so müßte die Wendepolinduktion so groß gemacht werden, daß $e_w = e_s$ wird. Durch Gleichsetzung der Gleichungen 203 und 204 erhält man

$$\mathfrak{B}_w = \zeta A\ \text{Gauß}. \tag{205}$$

In der Tat muß $\mathfrak{B}_w$ etwas größer sein, um noch den Spannungsabfall im Übergangswiderstand der Bürste zu kompensieren.

Da die EMK der Selbstinduktion dem Ankerstrome (A) proportional ist, muß, wie Gleichung 205 zeigt, auch *das Wendefeld mit zunehmendem Ankerstrome zunehmen.* Dies ist nur möglich, wenn die Wendepole vom Ankerstrom erregt werden, d. h. wenn die Wendepolwicklung vom Ankerstrom durchflossen wird und die Sättigung des Wendepolkreises derart niedrig ist, daß Proportionalität zwischen Wendepolfluß und Ankerstrom besteht. Ebenso wie die Kompensationswicklung muß infolgedessen auch die Wendepolwicklung mit dem Anker in Reihe geschaltet werden.

Aus Gleichung 205 geht auch hervor, warum durch Bürstenverschiebung, d. h. durch Benutzung des Magnetfeldes zur Beschleunigung der Kommutierung, sich keine so gute Kommutierung erreichen läßt wie mit Wendepolen. Eine Proportionalität zwischen Magnetfeld und Ankerstrom besteht nicht. Stellt man die Bürsten so ein, daß bei einer bestimmten Belastung der Maschine die Kommutierung gut ist, so tritt bei einer kleineren Belastung Überkommutierung, bei einer größeren Belastung Unterkommutierung ein. Jeder Last entspricht eine andere Bürstenstellung. Bei Maschinen, die mit veränderlicher Last arbeiten, läßt sich durch Bürstenverschiebung eine gute Kommutierung überhaupt nicht erreichen. Aus diesem Grunde werden heutzutage nur ganz kleine Maschinen ohne Wendepole gebaut.

Hat die Maschine eine Kompensationswicklung, so muß die Amperewindungszahl der Wendepole so groß sein, daß nach Aufhebung der MMK der Ankerleiter in den Pollücken das Wendefeld angenähert der Gleichung 205 entspricht. Ist eine besondere Kompensationswicklung nicht vorhanden, so muß die Amperewindungszahl der Wendepole, damit ein Wendefeld entsprechend Gleichung 205 entsteht, bedeutend größer sein als im ersten Falle (ca. 2,5 mal so groß), da die Wendepole beim Fehlen der Kompensationswicklung noch die ganzen Ankeramperewindungen aufzuheben haben.

In Abb. 191 ist eine Kraftlinie des magnetischen Kreises der Wendepole punktiert eingezeichnet. Sie ist nur mit der Wendepol- und der Ankerwicklung, nicht aber mit der Magnetwicklung verkettet, so daß nur die Wendepol- und die Ankerwicklung auf die Größe des Wendepolflusses Einfluß haben. Soll Proportionalität zwischen der Luftinduktion $\mathfrak{B}_w$ unter dem Wendepol und dem Ankerstrom vorhanden sein, so müssen sowohl die Wendepole wie das Joch reichlich bemessen sein. Bezeichnet man mit AW_{kw} die Amperewindungen, die dem magnetischen Kreis der Wendepole (der gezeichneten Kraftlinie) für $\mathfrak{B}_w$ nach Gl. 205 entsprechen, so müssen, falls keine Kompensationswicklung vorhanden ist, je zwei Wendepole $AW_{kw} + \tau_p A$ Amperewindungen erhalten, damit die Luftinduktion unter dem Wendepol $\mathfrak{B}_w$ den Wert nach Gleichung 205 ζA haben soll [L. 75].

Aus dem Obigen könnte man folgern, daß in der kurzgeschlossenen Spule eine beliebig große EMK der Selbstinduktion zugelassen werden kann, falls ein Wendefeld nach Gleichung 205 existiert. Es darf aber nicht vergessen werden, daß wir mit der *mittleren* EMK der Selbstinduktion gerechnet haben. Tatsächlich treten Differenzspannungen $e_s - e_w$ auf, die die Kommutierung beeinflussen. Je größer der absolute Wert von e_s ist, desto größer sind auch die Differenzspannungen $e_s - e_w$. Mit Rücksicht auf diese darf die mittlere EMK der Selbstinduktion nach Gleichung 203 etwa 6 Volt nicht übersteigen.

Wie auf S. 82 auseinandergesetzt wurde, können sich unter gewissen Umständen in der Ankerwicklung Ausgleichströme ausbilden, die die Bürsten belasten und hohe Stromdichten hervorrufen. Mit Rücksicht auf gute Kommutierung sind deswegen nur symmetrische Wicklungen zu verwenden und es ist mittels Ausgleichsverbindungen dafür zu sorgen, daß die durch den mechanischen Aufbau bedingten Ausgleichströme ihren Weg nicht über die Bürsten nehmen.

Unruhiger mechanischer Lauf des Bürstenapparates und des Kommutators können ebenfalls zu hohen örtlichen Stromdichten unter den Bürsten führen. Erschütterungsfreier Lauf des Bürstenapparates und des Kommutators bildet infolgedessen auch eine der Bedingungen einer guten Kommutierung. Bürsten mit hohem Übergangswiderstand sind für die Kommutierung günstiger als solche mit kleinem Übergangswiderstand, da der große Übergangswiderstand die Kurzschlußströme verkleinert, sie verursachen aber größere Verluste und eine größere Kommutatorerwärmung.

5. Die Spannungsgleichung eines Generators und eines Motors.

Bezeichnet:

R_a den Widerstand der Ankerwicklung,

R_h den Widerstand der Reihenschlußwicklung,

R_w den Widerstand der Wendepolwicklung,

J_a, J_h und J_w die Ströme in den drei Wicklungen,

ΔP den Spannungsabfall im Übergangswiderstande von der Bürste zum Kommutator,

so beträgt der gesamte Spannungsabfall

$$J_a R_a + J_h R_h + J_w R_w + 2\Delta P = \Sigma J R + 2\Delta P.$$

Beim Generator sind Strom und induzierte EMK gleichgerichtet; die Klemmenspannung ist daher stets um den obigen Spannungsabfall kleiner als die in der Ankerwicklung induzierte EMK. Die Spannungsgleichung des *Generators* ist also

$$P = E - (\Sigma J R + 2\Delta P). \tag{206}$$

Beim Motor sind dagegen Strom und induzierte EMK entgegengesetzt gerichtet; die Klemmenspannung ist infolgedessen stets um den obigen Spannungsabfall größer als die in der Ankerwicklung induzierte EMK. Die Spannungsgleichung des *Motors* ist

$$P = E + (\Sigma J R + 2\Delta P). \tag{207}$$

Die in der Ankerwicklung induzierte EMK ist gleich

$$E = 4w\frac{pn}{60}\Phi 10^{-8} = Cn\Phi \text{ Volt}, \tag{208}$$

wo C für eine gegebene Maschine eine Konstante ist.

Bezeichnet i_e den Erregerstrom der Nebenschlußmaschine und J den abgegebenen bzw. aufgenommenen Netzstrom, so beträgt der Ankerstrom J_a

beim Nebenschlußgenerator $J + i_e$,
beim Nebenschlußmotor $J - i_e$.

6. Die charakteristischen Kurven des Gleichstromgenerators.

a) Der fremderregte Generator. *Die Leerlaufcharakteristik.* Die in der Ankerwicklung induzierte EMK ist

$$E = Cn\Phi.$$

Der Anker sei unbelastet. Der Fluß Φ hängt dann von den Magnetamperewindungen oder, da für eine gegebene Maschine die Windungszahl konstant ist, von dem Erregerstrom i_e und von dem Verlauf der Magnetisierungskurve der Maschine (s. S. 38) ab. Ist n konstant, so gilt

$$E = C_1 f(i_e).$$

Dies ist die Leerlaufcharakteristik; sie gibt den Zusammenhang zwischen der Klemmenspannung im Leerlauf $P = E_0$ und dem Erregerstrom an; ihre Aufnahme geschieht nach Abb. 195; A bedeutet den Anker, EW die Erregerwicklung und B die Batterie, die den Erregerstrom liefert. Die Änderung des Erregerstromes erfolgt mit Hilfe des Widerstandes R_e.

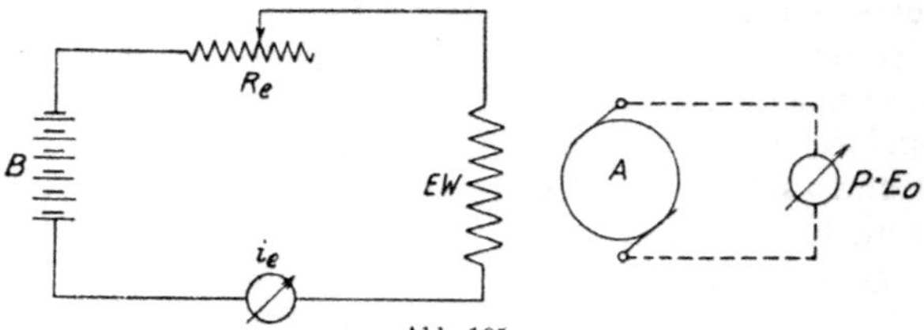

Abb. 195.

In Abb. 196, die eine solche Leerlaufcharakteristik darstellt, zeigt Kurve a den Zusammenhang zwischen E_0 und i_e, wenn der Erregerstrom von 0 bis auf einen gewissen Wert vergrößert wird, Kurve b, wenn der Erregerstrom von diesem Wert bis auf 0 wieder verkleinert wird. Die beiden Kurven fallen nicht zusammen, was mit dem remanenten Magnetismus zusammenhängt. Auch bedingt der remanente Magnetismus, daß die Kurve a nicht im Nullpunkt beginnt.

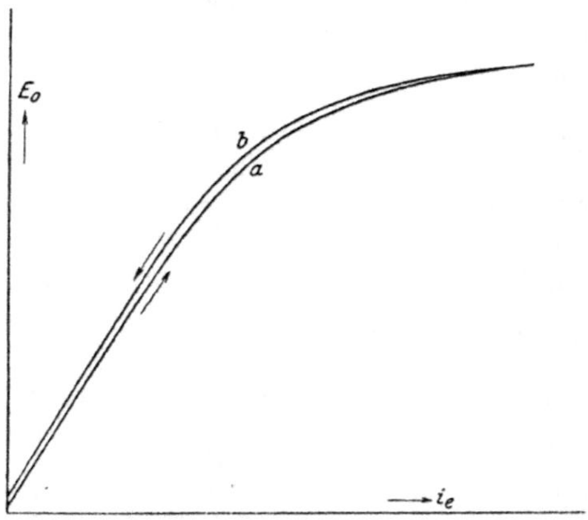

Abb. 196.

Die Belastungscharakteristik. Wird der Anker belastet, so ist die Klemmenspannung nicht mehr gleich der in der Ankerwicklung induzierten EMK, sondern wegen der Ankerrückwirkung und wegen der Ohmschen Spannungsabfälle in den Wicklungen und an den

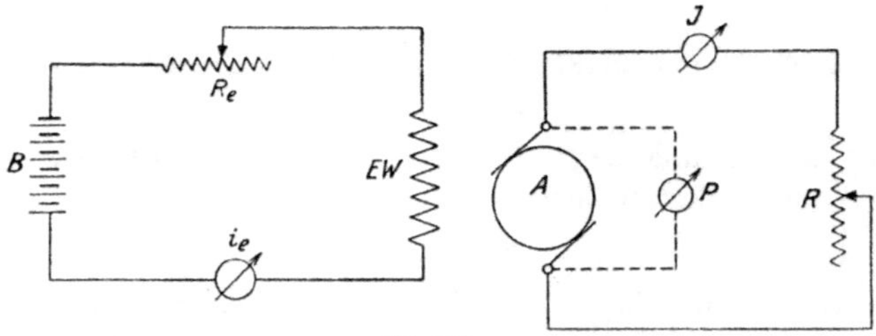

Abb. 197.

Bürsten kleiner als diese. Den Zusammenhang zwischen dem Erregerstrom und der Klemmenspannung bei konstanter Drehzahl und *konstantem* Ankerstrom bezeichnet man als Belastungscharakteristik. Die Schaltung zur Aufnahme der Belastungscharakteristik zeigt Abb. 197. Die Änderung des Belastungsstromes J erfolgt durch Änderung des Belastungswiderstandes R.

In Abb. 198 zeigt Kurve III eine derartige Belastungscharakteristik. Kurve I ist die Leerlaufcharakteristik derselben Maschine. Addiert man zu den Werten der Belastungscharakteristik die Größe $\overline{AB} = (\Sigma J R + 2 \Delta P)$, so erhält man die Werte der in der Ankerwicklung vom resultierenden Felde induzierten EMK (Kurve II). Der Abstand $\overline{BC}$ der Kurve II von der Leerlaufcharakteristik I ist der Spannungsabfall, den die Ankerrückwirkung hervorruft. $\overline{CD}$ ist die erforderliche Vergrößerung des Erregerstromes, um die Ankerrückwirkung und die Ohmschen Spannungsabfälle zu kompensieren. Die Belastungscharakteristik liegt um so tiefer, je größer der Belastungsstrom J ist [L. 76].

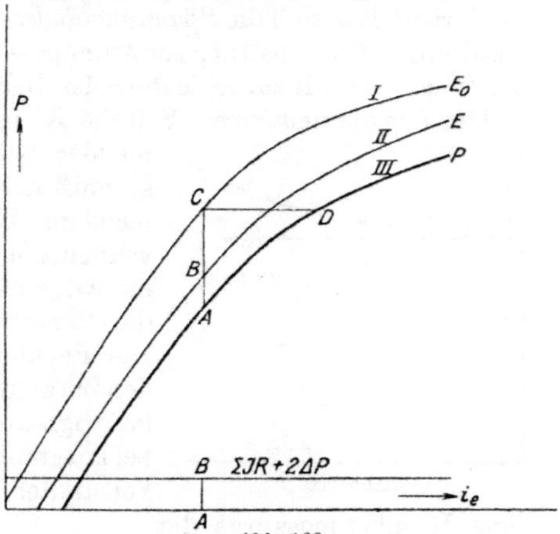

Abb. 198.

Die äußere Charakteristik. Die Kurve, die bei konstanter Drehzahl und konstantem Erregerstrom die Klemmenspannung als Funktion des Belastungsstromes darstellt, $P = f(J)$, nennt man die äußere Charakteristik (Kurve III, Abb. 199). Mit zunehmendem Belastungsstrom nehmen sowohl die Ankerrückwirkung wie die Ohmschen Spannungsabfälle in den Wicklungen und an den Bürsten zu. Die Spannung nimmt infolgedessen mit zunehmendem Belastungsstrom immer mehr ab.

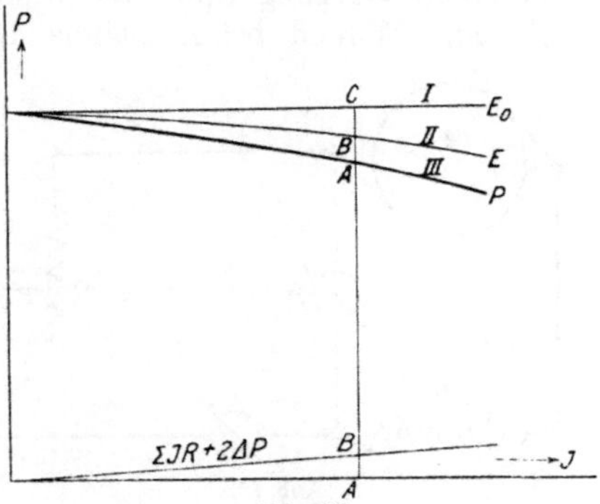

Abb. 199.

Addiert man zu den Werten der äußeren Charakteristik die zugehörigen Spannungsabfälle $\overline{AB} = (\Sigma J R + 2 \Delta P)$, so erhält man die Werte der in der Ankerwicklung induzierten EMK E (Kurve II). Die Ordinatendifferenzen $\overline{BC}$ zwischen der Geraden I, die der Leerlaufspannung entspricht, und der Kurve II stellen die Spannungsabfälle infolge der Ankerrückwirkung dar. Mit Hilfe der äußeren Charakteristik läßt sich die *Spannungsänderung* der Maschine (s. S. 163) bestimmen. Die Schaltung zur Aufnahme der äußeren Charakteristik ist dieselbe wie die zur Aufnahme der Belastungscharakteristik.

Die Regulierungskurve. Soll die Klemmenspannung mit zunehmender Belastung konstant bleiben, so muß der Erregerstrom mit zunehmendem Belastungsstrom verstärkt werden, und zwar umso mehr, je größer die Ankerrückwirkung und je größer die Ohmschen Spannungsabfälle sind. Die Regulierungskurve $i_e = f(J)$ gibt den Zusammenhang zwischen dem Belastungsstrom und dem Erregerstrom bei konstanter Klemmenspannung und konstanter Drehzahl. Abb. 200 stellt eine Regulierungskurve dar.

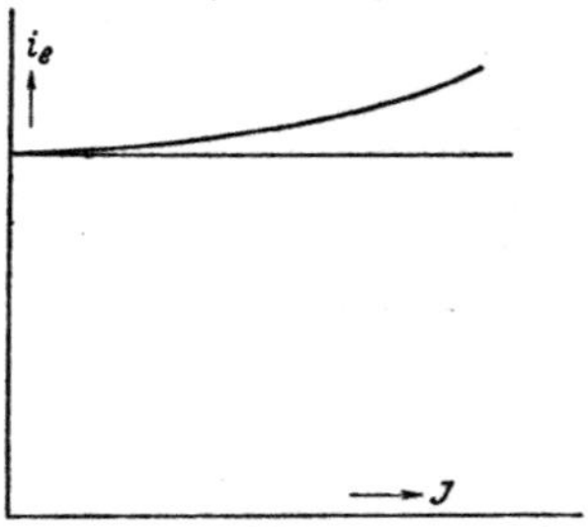

Abb. 200.

Die charakteristischen Kurven des fremderregten Generators haben mit denen der Synchronmaschine bei Phasengleichheit zwischen Strom und induzierter EMK große Ähnlichkeit, denn hier wie dort sind es die Ankerrückwirkung und die Spannungsabfälle, die den Verlauf der Kurven bestimmen.

b) Der Reihenschlußgenerator. Die *Leerlaufcharakteristik* kann hier nur bei Fremderregung aufgenommen werden, denn bei Selbsterregung führt der Anker der Reihenschlußmaschine Strom, während bei Aufnahme der Leerlaufcharakteristik der Anker stromlos sein soll.

Auch die *Belastungscharakteristik* des Reihenschlußgenerators kann nur bei Fremderregung aufgenommen werden, denn bei Selbsterregung würde sich der Ankerstrom zugleich mit dem Erregerstrom ändern. Die Leerlauf- und die Belastungscharakteristik des Reihenschlußgenerators sind infolgedessen identisch mit der Leerlauf- bzw. der Belastungscharakteristik des fremderregten Generators.

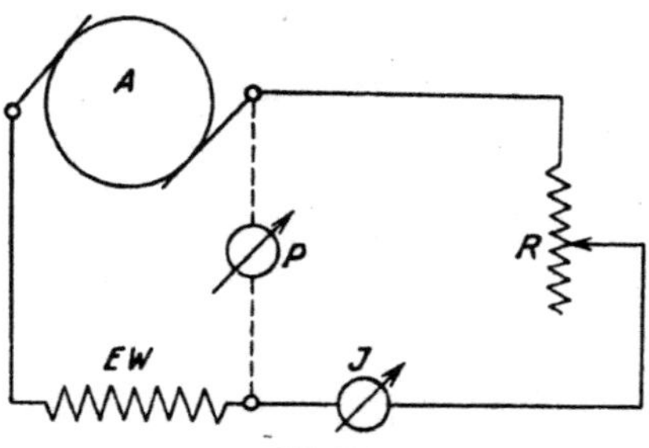

Abb. 201.

Die äußere Charakteristik. Das Charakteristische des Reihenschlußgenerators kommt erst in seiner äußeren Charakteristik $P = f(J)$ zum Ausdruck. Die Schaltung zur Aufnahme der äußeren Charakteristik zeigt Abb. 201. Die Änderung des Belastungsstromes geschieht durch Änderung des Belastungswiderstandes R. Da hier der Ankerstrom zur Erregung des Magnetsystems verwendet wird, so nehmen mit zunehmendem Belastungsstrom die Erregeramperewindungen zu und mit ihnen die in der Ankerwicklung induzierte EMK E und die Klemmenspannung P. In Abb. 202 zeigt Kurve III die äußere Charakteristik eines Reihenschlußgenerators. Die Kurve I stellt die Leerlaufcharakteristik der Maschine dar. Addiert man zu den Werten der Kurve III die zugehörigen Spannungsabfälle $\overline{AB} = (\Sigma J R + 2 \Delta P)$, so erhält man die Kurve II, die die in der Ankerwicklung induzierten EMKe angibt. Die Ordinatendifferenzen $(\overline{BC})$ zwischen dieser und der Leerlaufcharakteristik Kurve I geben die Spannungsabfälle infolge der Ankerrückwirkung.

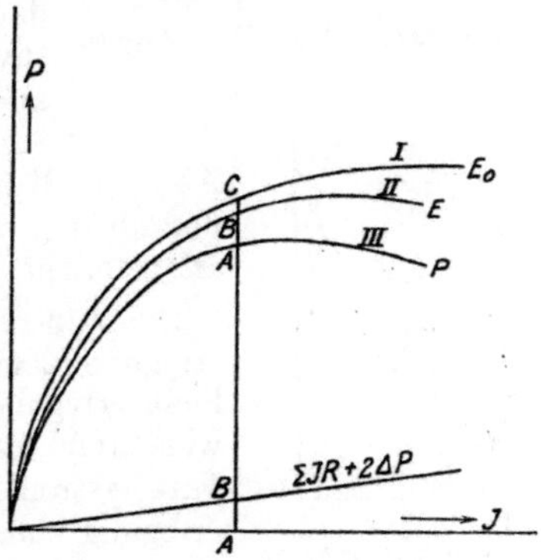

Abb. 202.

c) Der Nebenschlußgenerator. *Die Leerlaufcharakteristik.* Die Aufnahme der Leerlaufcharakteristik geschieht nach Abb. 203. NW bedeutet die Nebenschlußwicklung. Die Änderung des Erregerstromes i_e erfolgt durch Änderung des Widerstandes des Nebenschlußreglers (R_n). Der Anker ist bei der Aufnahme der Leerlaufcharakteristik nicht ganz stromlos, denn er muß den Erregerstrom führen. Da dieser aber nur wenige Prozent des Ankerstromes bei Last ausmacht, so ist der Spannungsabfall in den Widerständen der Wicklungen und an den Bürsten ebenso wie die Ankerrückwirkung, die er hervorruft, sehr gering. Die Leerlaufcharakteristik bei Selbsterregung fällt hier infolgedessen mit der bei Fremderregung zusammen.

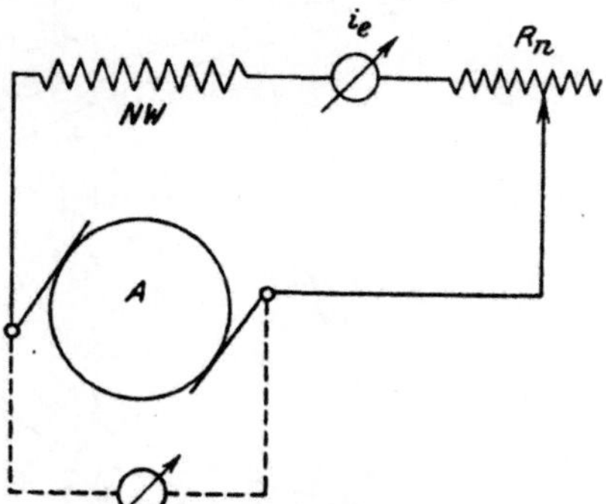

Abb. 203.

Auch die *Belastungscharakteristik* des Nebenschlußgenerators, die bei Selbsterregung aufgenommen wird, fällt beinahe mit der bei Fremderregung aufgenommenen Belastungscharakteristik zusammen. Der Verlauf der Belastungscharakteristik ist hier also derselbe wie bei dem fremderregten Generator.

Die äußere Charakteristik. Diese wird nach Abb. 204, bei *konstantem Widerstand* R_n des Nebenschlußkreises (unveränderter Stellung des Nebenschlußreglers) und konstanter Drehzahl aufgenommen. Der Belastungsstrom wird dadurch geändert, daß der Widerstand R des äußeren Stromkreises geändert wird. Die äußere Charakteristik eines Nebenschlußgenerators zeigt Abb. 205, Kurve III. Die äußere Charakteristik desselben Generators bei Fremderregung veranschaulicht Kurve IV.

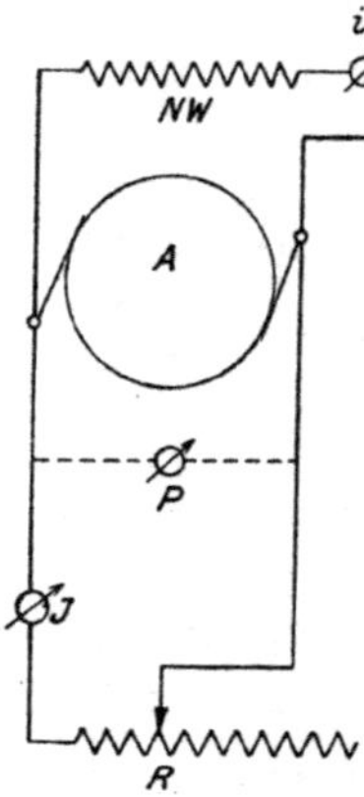

Abb. 204.

Die äußere Charakteristik liegt bei Selbsterregung tiefer als bei Fremderregung, weil bei Selbsterregung und konstantem Nebenschlußwiderstand mit abnehmender Spannung auch der Erregerstrom abnimmt, während er bei Fremderregung konstant bleibt. Bei einer bestimmten Stromstärke, die man die *kritische Stromstärke* nennt, kehrt die bei Selbsterregung aufgenommene äußere Charakteristik um. Bis zum Umkehrpunkt (U) nimmt mit abnehmendem äußeren Widerstand R der Belastungsstrom zu. Unterhalb des Umkehrpunktes nimmt der Belastungsstrom trotz abnehmendem äußeren Widerstand R ab. Bei der Klemmenspannung O (Widerstand R kurzgeschlossen) ist noch der Ankerstrom $J = \overline{OD}$ vorhanden; dieser hängt mit dem remanenten Magnetismus der Maschine zusammen, da bei $P = 0$ der Erregerstrom $i_e = 0$ ist.

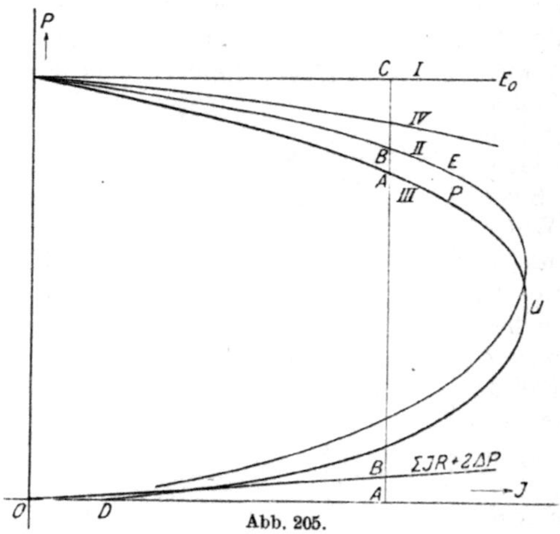

Abb. 205.

Addiert man zu den Ordinaten der äußeren Charakteristik die Ohmschen Spannungsabfälle $\overline{AB} = (\Sigma JR + 2\Delta P)$, so erhält man die Kurve II. Die Ordinatendifferenzen $\overline{BC}$ zwischen dieser Kurve und der Geraden I (E_0 = Leerlaufspannung der Maschine) geben die Spannungsabfälle infolge der Ankerrückwirkung und der Verkleinerung des Erregerstromes.

Die äußere Charakteristik des selbsterregten Nebenschlußgenerators ist keine eindeutige Kurve: zu einem und demselben Wert von J gehören hier zwei verschiedene Spannungen.

Tritt an einem Nebenschlußgenerator ein plötzlicher Kurzschluß auf ($R = 0$), so fällt bald darauf der Ankerstrom auf den Wert $\overline{OD}$, d. h. der Ankerstrom wird klein. Bei einem Reihenschlußgenerator nimmt dagegen im Falle eines Kurzschlusses der Ankerstrom immer mehr zu, weil der Erregerstrom immer mehr zunimmt. Der Nebenschlußgenerator hat also vor dem Reihenschlußgenerator den Vorteil, daß er im Falle eines plötzlichen Kurzschlusses diesen nicht speist, sondern im Gegenteil den Kurzschlußstrom verkleinert. Der große Momentanwert des Kurzschlußstromes, der gleich nach dem Eintreten des Kurzschlusses sich einstellt, genügt jedoch meistens, um auch beim Nebenschlußgenerator die Wicklungen zu beschädigen.

Die Regulierungskurve, die den Erregerstrom i_e als Funktion des Belastungsstromes J bei konstanter Klemmenspannung darstellt, hat hier den gleichen Verlauf wie bei der fremderregten Maschine, weil der Spannungsabfall, den der Erregerstrom hervorruft, sehr klein ist und gegenüber dem Spannungsabfall, den der Belastungsstrom verursacht, vernachlässigt werden kann.

d) Der Doppelschlußgenerator. Das Charakteristische des Doppelschlußgenerators kommt in seiner äußeren Charakteristik zum Ausdruck. Eine solche zeigt Abb. 206. Die Ohmschen Spannungsabfälle in den Wicklungen und an den Bürsten ($\Sigma JR + 2\Delta P$) ebenso wie die Ankerrückwirkung suchen mit zunehmendem Belastungsstrom die Klemmenspannung zu verkleinern. Da aber mit zunehmendem Belastungsstrom die Reihenschlußamperewindungen zunehmen, so nimmt mit zunehmendem Belastungsstrom auch der Ankerfluß zu und kompensiert zum Teil oder ganz sowohl die Ohmschen Spannungsabfälle wie die Ankerrückwirkung. In Abb. 227 überwiegen zwischen A und B die Reihenschlußamperewindungen; die Klemmenspannung ist infolgedessen größer als die Leerlaufspannung $\overline{OA}$. Bei Belastungsströmen, die größer als $\overline{OB'}$ sind, überwiegen die Ohmschen Spannungsabfälle und die Ankerrückwirkung, so daß die Klemmenspannung kleiner wird als die Leerlaufspannung. Zwischen A und B ist die Maschine *überkompoundiert*, bei größeren Strömen ist sie *unterkompoundiert*.

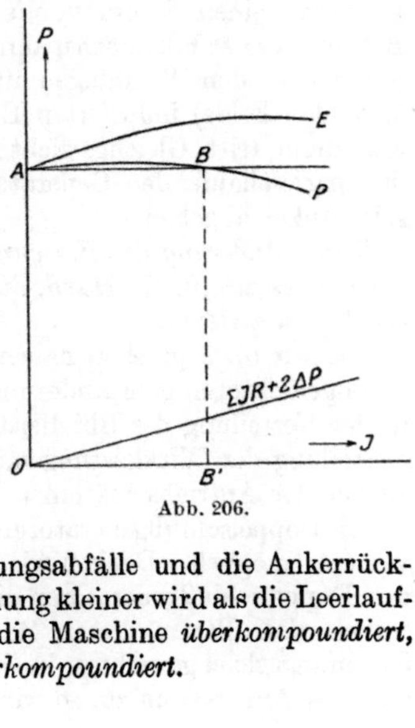

Abb. 206.

Durch passende Wahl der Anzahl der Reihenschlußamperewindungen hat man die Möglichkeit, die äußere Charakteristik so zu gestalten, daß bei Nennleistung die Klemmenspannung gleich oder auch größer wird als bei Leerlauf.

7. Parallelschalten und Parallelarbeiten von Gleichstromgeneratoren.

Als Gleichstromgeneratoren werden heutzutage meistens Nebenschluß- seltener Doppelschlußgeneratoren verwendet. Der Reihenschlußgenerator hat den Nachteil, daß seine Spannung sich stark mit der Belastung ändert.

Soll ein Nebenschluß- oder Doppelschlußgenerator mit anderen Generatoren *parallelgeschaltet* werden, so muß zunächst seine Erregung so eingestellt werden, daß seine Klemmenspannung der gemeinsamen Spannung dieser Generatoren, der Netzspannung, gleich ist; dann wird sein Anker mittels Schalter mit den Sammelschienen verbunden und zwar derart, daß sein Pluspol an die Plussammelschiene und sein Minuspol an die Minussammelschiene angeschlossen wird. In bezug auf den inneren Kreis, der aus dem neu zugeschalteten Generator und den anderen Generatoren gebildet wird, heben sich dann die Spannungen auf, das Parallelschalten erfolgt ohne Stromstoß und der zugeschaltete Generator gibt zunächst keinen Strom ab.

Wird nun seine Erregung verstärkt, d. h. wird seine induzierte EMK größer gemacht als seine Klemmenspannung, die jetzt zwangsweise der Netzspannung gleich sein muß, so wird sein Anker gezwungen, einen Strom von solcher Größe abzugeben, daß die Summe aus der Klemmenspannung und den Ohmschen Spannungsabfällen in den Wicklungen und an den Bürsten der (vom resultierenden Felde) induzierten EMK gleich wird (s. Gleichung 206); erst dann tritt Gleichgewicht ein. Je mehr man die Erregung des parallellaufenden Generators stärkt, desto mehr Strom muß sein Anker abgeben.

Durch Änderung der Erregung der parallellaufenden Generatoren hat man es also in der Hand, die Last auf die einzelnen Generatoren beliebig zu verteilen.

Wie wir oben gesehen haben, hat bei parallelarbeitenden Synchrongeneratoren eine Änderung der Erregung nur eine Änderung in der Verteilung der Blindleistung zur Folge. Zur Änderung der Verteilung der Wirkleistung müssen bei Synchrongeneratoren die Regler der Antriebsmaschinen betätigt werden.

Bei Doppelschlußgeneratoren ist der *Parallelbetrieb* nicht ohne weiteres möglich. Denken wir uns bei einem der parallelarbeitenden Doppelschlußgeneratoren die Nebenschlußerregung etwas verstärkt. Der Strom dieser Maschine muß zur Herstellung des Spannungsgleichgewichtes in ihrem Anker zunehmen. Nimmt aber der Ankerstrom zu, so wird durch die Wirkung der Reihenschlußwicklung die Gleichgewichtsstörung noch größer und der Ankertsrom muß noch mehr zunehmen. Ganz kleine Änderungen im Nebenschlußkreis rufen auf diese Weise große Änderungen in der Belastungsverteilung hervor.

Um den Doppelschlußgenerator für den Parallelbetrieb brauchbar zu machen, verbindet man die Reihenschlußwicklungen der parallelarbeitenden Doppelschlußgeneratoren miteinander durch eine *Ausgleichsleitung*, wie dies Abb. 207 für zwei parallelarbeitende Doppelschlußgeneratoren zeigt. Da die Anfänge ebenso wie die Enden der Reihenschlußwicklungen miteinander direkt verbunden sind (die einen durch die Ausgleichsleitung, die anderen durch eine Sammelschiene), so muß die Spannungsdifferenz zwischen Anfang und Ende der Reihenschlußwicklung für alle Generatoren die gleiche sein, d. h. der von allen parallelarbeitenden Generatoren gelieferte Netzstrom verteilt sich auf die einzelnen Reihenschlußwicklungen umgekehrt proportional ihren Widerständen, bei gleichen Generatoren also gleichmäßig auf alle Reihenschlußwicklungen.

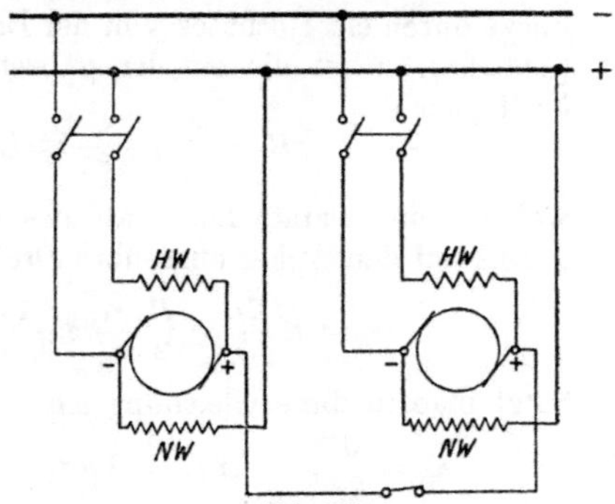

Abb. 207.

Wird nun der Ankerstrom irgendeines Generators durch Änderung seiner Nebenschlußerregung vergrößert oder verkleinert, so werden, da die Spannungsdifferenz zwischen Anfang und Ende bei *allen* Reihenschlußwicklungen entsprechend vergrößert oder verkleinert wird, die Ströme in den Reihenschlußwicklungen und somit auch die Ankerströme aller anderen Generatoren vergrößert oder verkleinert. Die Ausgleichsleitung bewirkt, daß an jeder Laständerung sämtliche parallelarbeitende Generatoren teilnehmen.

Noch aus einem anderen Grunde darf hier die Ausgleichsleitung nicht fehlen: bleibt eine der Antriebsmaschinen in der Drehzahl zurück, so kann sich sonst der betreffende Generator durch den Rückstrom umpolarisieren, was auf das Netz wie ein Kurzschluß wirkt.

Treten in einem Netz, das von parallelarbeitenden Nebenschlußgeneratoren gespeist wird, *Belastungsstöße* auf, so nimmt die Stöße hauptsächlich derjenige Generator auf, der den kleineren Spannungsabfall hat, denn bei allen Generatoren muß infolge des Belastungsstoßes die Klemmenspannung um das gleiche Maß heruntergehen; beim Generator mit dem kleineren Ankerwiderstand bedingt dies den größeren Strom. Bei parallelarbeitenden Doppelschlußgeneratoren bewirkt die Ausgleichsleitung, daß die Stöße gleichmäßiger auf die einzelnen Generatoren verteilt werden.

8. Das Drehmoment des Gleichstrommotors.

Aus dem Biot-Savartschen Gesetz (S. 19) wissen wir, daß auf einen Leiter von der Länge l_i, der von einem Strome i_a durchflossen wird und der sich in einem magnetischen Felde von der Stärke $\mathfrak{B}_l$ befindet, eine Kraft ausgeübt wird von der Größe

$$\frac{1}{9{,}81} \mathfrak{B}_l \, i_a \, l_i \, 10^{-6} \, kg.$$

Bei dem Gleichstromanker ist für i_a der Leiterstrom und für $\mathfrak{B}_l$ die Feldstärke im Luftspalt einzusetzen. Ersetzt man die Feldkurve durch ein Rechteck von der Breite b_i und von der Höhe $\mathfrak{B}_l$ (Abb. 26), so ist die auf den ganzen Anker ausgeübte Umfangskraft gleich

$$K = \frac{b_i}{\tau_p} \, z \, \frac{1}{9{,}81} \mathfrak{B}_l \, i_a \, l_i \, 10^{-6} \, kg, \tag{209}$$

wobei z die gesamte Leiterzahl des Ankers bedeutet.

Das auf den Anker ausgeübte Drehmoment ist gleich

$$M = K \frac{D}{2} = \frac{D}{2} \frac{b_i}{\tau_p} \, z \, \frac{1}{9{,}81} \mathfrak{B}_l \, i_a \, l_i \, 10^{-6} \, mkg. \tag{210}$$

Setzt man in diese Gleichung ein

$$i_a = \frac{J}{2a}, \qquad \pi D = 2 p \, \tau_p \qquad \text{und} \qquad b_i \, l_i \, \mathfrak{B}_l = \Phi,$$

so ergibt sich $$M = \frac{1}{2\pi \cdot 9{,}81} \frac{p}{a} \Phi \, z \, J \, 10^{-8} \, mkg. \tag{211}$$

Wie beim Asynchron- und Synchronmotor stellt sich auch hier der Ankerstrom entsprechend dem jeweiligen Belastungsmoment *selbsttätig* ein. Aus Gleichung 211 folgt: Je größer das Gegenmoment der Belastung ist, desto größer muß der Ankerstrom sein, und umgekehrt, einem kleinen Gegenmoment entspricht ein kleiner Ankerstrom. Wie wir wissen (Gleichung 207), ist beim Gleichstrommotor die Klemmenspannung stets gleich der algebraischen Summe aus den Ohmschen Spannungsabfällen und der Gegen-EMK des Ankers. Die selbsttätige Anpassung an das äußere Lastmoment geschieht derart, daß mit der Zunahme des Belastungsmomentes der Ankerstrom zunimmt und die Gegen-EMK des Ankers abnimmt, weil der zunehmende Ankerstrom einen größeren Ohmschen Spannungsabfall in der Ankerwicklung und an den Bürsten verursacht. Je kleiner das Lastmoment ist, desto kleiner werden der Ankerstrom und die Ohmschen Spannungsabfälle und desto größer wird die Gegen-EMK des Ankers.

9. Drehrichtung der Nebenschluß- bzw. der Reihenschlußmaschine als Generator und Motor.

Soll ein Generator eine bestimmte elektrische Leistung abgeben, so muß ihm (abgesehen von den Verlusten) diese Leistung durch die Antriebsmaschine zugeführt werden. Die Antriebsmaschine hat dabei das Gegenmoment zu überwinden, das auf die stromdurchflossenen Ankerleiter im Magnetfelde ausgeübt wird. Das Drehmoment der Antriebsmaschine und das Drehmoment, das auf den Anker ausgeübt wird, sind einander stets entgegengesetzt gerichtet und halten sich bei jeder Last das Gleichgewicht.

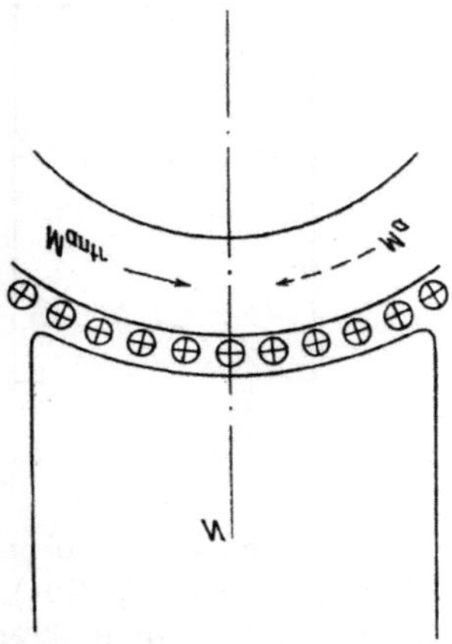

Abb. 208.

In Abb. 208 ist ein Pol des Generators Abb. 179 besonders aufgezeichnet. Die Drehrichtung des Ankers ist die des Uhrzeigers. Die gleiche Richtung muß das Drehmoment der Antriebsmaschine M_{antr} haben. Die Richtung des Drehmomentes des Ankers M_a ist gestrichelt eingezeichnet, sie ist dem Uhrzeigersinne entgegengesetzt. Wüide das Antriebsmoment aufhören, so würde sich der Anker, gleichbleibende Richtung des Magnetfeldes und gleichbleibende Richtung des Ankerstromes vorausgesetzt, im entgegengesetzten Sinne drehen als unter dem Eiufluß der Antriebsmaschine und würde dabei ein motorisches Drehmoment ausüben. Es folgt daraus: *Bei gleicher Richtung des Magnetfeldes und gleicher Stromrichtung im Anker läuft die Maschine als Motor entgegengesetzt der Richtung, in der sie als Generator angetrieben wurde.*

Erinnern wir uns noch (s. S. 20), daß das Drehmoment des Ankers seine Richtung nur dann ändert, wenn *entweder* der Fluß *oder* der Strom, nicht aber beide gleichzeitig, ihre Richtung ändern, so können wir leicht die Drehrichtung der Nebenschluß- bzw. der Reihenschlußmaschine im Lauf als Generator und Motor bestimmen.

Für die Nebenschlußmaschine (Abb. 209a) sei vorausgesetzt, daß sie bei der gewählten Drehrichtung als Generator läuft und die in der Abbildung angegebene Polarität, die mit der Polarität der Sammelschienen übereinstimmen muß, hat. Der Ankerstrom und der Erregerstrom haben dann die in der Abbildung angegebenen Richtungen. Läßt man die Maschine bei demselben Anschluß an das Netz als Motor laufen, so kehrt, wie aus Abb. 209b hervorgeht, der Ankerstrom seine Richtung um, der Erregerstrom behält dagegen seine Richtung. Würden Erregerstrom (Magnetfluß) *und* Ankerstrom ihre Richtungen beibehalten, so würde die Maschine im Lauf als Motor entgegengesetzte Drehrichtung haben als im Lauf als Generator. Da aber der Ankerstrom beim Lauf der Maschine als Motor seine Richtung umkehrt, während der Erregerstrom seine Richtung beibehält, so muß die Drehrichtung im Lauf als Motor dieselbe bleiben wie im Lauf als Generator, d. h.

eine Nebenschlußmaschine kann bei gleicher Drehrichtung ohne Änderung der Schaltung sowohl als Generator wie als Motor arbeiten.

Abb. 210a und b zeigt die Stromrichtung im Anker und in der Erregerwicklung einer Reihenschlußmaschine unter sonst gleichen

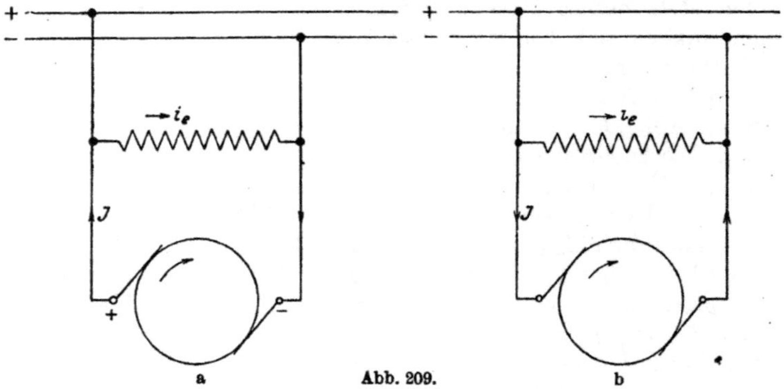

Abb. 209.

Voraussetzungen wie oben. Wird die Reihenschlußmaschine als Motor gespeist (Abb. 210b), so kehrt sich die Stromrichtung sowoh in ihrer Anker- wie in ihrer Erregerwicklung um, d. h. *die Hauptschlußmaschine läuft ohne Änderung der Schaltung als Motor in entgegengesetzter Richtung wie als Generator.*

Soll eine als Motor arbeitende Nebenschlußmaschine nach Aufhören des Gegenmomentes der Belastung bei gleichbleibender Drehrichtung als Generator arbeiten, so braucht ihr nur mechanische Leistung zugeführt und die Erregung so eingestellt zu werden, daß

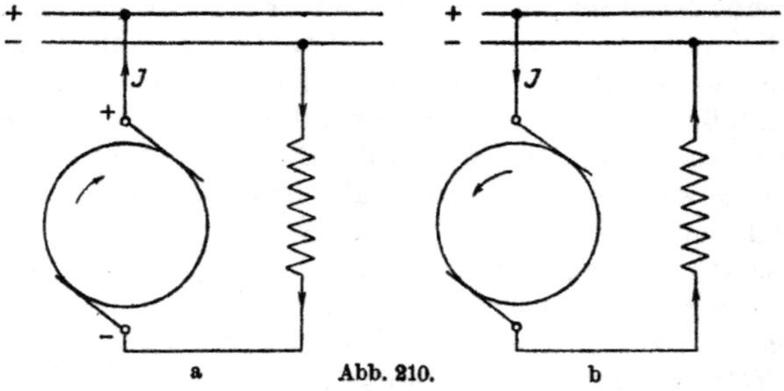

Abb. 210.

ihre EMK größer wird als die Netzspannung (s. Gleichung 206); bei der Reihenschlußmaschine muß noch die Stromrichtung entweder des Ankers oder der Magnetwicklung umgekehrt werden.

Wie aus dem Obigen hervorgeht, muß man, wenn ein Gleichstrommotor *umgesteuert* werden soll, entweder die Stromrichtung des Ankers oder die der Magnetwicklung umkehren. Ein Vertauschen der Anschlüsse an den Sammelschienen nützt nichts, weil dabei die Stromrichtung in beiden Wicklungen umgekehrt wird.

10. Die charakteristischen Kurven des Nebenschlußmotors.

Nach Gleichung 207 ist die Spannungsgleichung eines Motors

$$P = E + (\Sigma JR + 2\Delta P), \tag{207a}$$

d. h. der aufgedrückten Spannung P wird das Gleichgewicht gehalten einerseits durch die Gegen-EMK der Ankerwicklung, anderseits durch die Ohmschen Spannungsabfälle in den Wicklungen und an den Bürsten. Bei dem mit seiner Nennleistung arbeitenden Motor beträgt der Klammerausdruck ca. 10 bis 4 % der Klemmenspannung, wobei der größere Wert sich auf kleinere Motoren bezieht.

Multipliziert man die beiden Seiten der Spannungsgleichung mit J, so gilt

$$PJ = EJ + (\Sigma J^2R + 2J\Delta P) \text{ Watt.}$$

Die linke Seite stellt die dem Motor vom Netz zugeführte Leistung, der Klammerausdruck $(\Sigma J^2R + 2J\Delta P)$ die Jouleschen Verluste in den Wicklungen und an den Bürsten dar. Das Produkt EJ muß demnach, abzüglich der Eisen- und Reibungsverluste, die mechanisch abgegebene Leistung des Motors darstellen. Je größer in der Gleichung 207a die Gegen-EMK des Ankers im Vergleich zu den Ohmschen Spannungsabfällen ist, einen desto größeren Teil der aufgenommenen Leistung gibt der Motor als mechanische Leistung ab, desto größer ist also der Wirkungsgrad des Motors.

Für die Gegen-EMK gilt nach Gleichung 208:

$$E = Cn\Phi, \tag{208a}$$

d. h. die Gegen-EMK des Ankers ist um so größer, je größer der (resultierende) Fluß der Maschine und die Ankerdrehzahl sind.

Für den Fluß gilt noch

$$\Phi = f(i_e). \tag{212}$$

Der Verlauf der Funktion $f(i_e)$ ist durch die Magnetisierungskurve der Maschine gegeben.

Mit Hilfe der drei Gleichungen 207a, 208a und 212 läßt sich das Verhalten des Nebenschlußmotors sowohl im Anlauf wie bei Lauf bestimmen. Wir betrachten zunächst den Anlauf.

Wird der stillstehende Nebenschlußmotor an die Klemmenspannung P angelegt, so wird er infolge des Aufeinanderwirkens der Ankerströme und des Magnetflusses auf Touren kommen, und zwar wird er eine so große Drehzahl annehmen, daß der Spannungs-Gleichgewichtsbedingung Gleichung 207a genügt ist. Wie aus Gleichung 208a hervorgeht, wird diese Drehzahl um so größer sein, je kleiner der Fluß Φ ist. Wird nicht dafür gesorgt, daß im Anlauf ein *genügend großer Fluß* (genügend großer Erregerstrom) vorhanden ist, so kann der Motor eine sehr hohe Drehzahl annehmen (Durchgehen) und infolge zu großer mechanischer Beanspruchung auseinanderfliegen. Beim Anlassen eines Nebenschlußmotors ist es also unzulässig, zuerst den Anker und dann die Magnetwicklung an das Netz zu legen. Es muß zuerst die Magnetwicklung und erst dann der Anker, oder beide gleichzeitig an das Netz gelegt werden. Damit der Ankerstrom keine zu hohen Werte annimmt, legt man ihn nicht direkt, sondern über einen Anlaßwiderstand (Anlasser) an das Netz. In dem Maße, wie die Gegen-EMK E infolge zunehmender Drehzahl zunimmt und somit der Anteil von $(\Sigma JR + 2\Delta P)$ kleiner wird, d. h. der Strom J abnimmt, kann der Anlasser kurzgeschlossen werden.

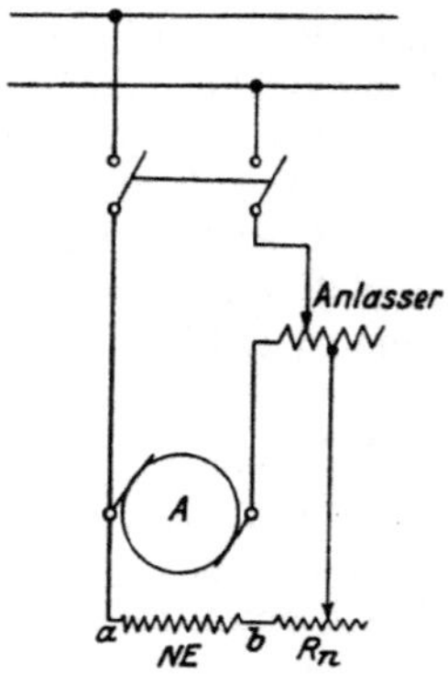

Abb. 211.

Abb. 211 zeigt das Anlaßschema eines Nebenschlußmotors. Die Erregerwicklung ist einerseits (Klemme a) direkt an das Netz, anderseits (Klemme b) über den Nebenschlußregler an den Anlasser angeschlossen. Erreger- und Ankerwicklung werden auf diese Weise gleichzeitig an das Netz gelegt. Die Klemme b der Erregerwicklung darf nicht direkt, ohne Zuhilfenahme eines Teiles des Anlassers, mit der Ankerwicklung verbunden werden, denn sonst würde die Erregerwicklung bei stillstehendem Anker und bei kleinen Drehzahlen durch die parallel zu ihr liegende Ankerwicklung beinahe kurzgeschlossen sein, also eine kleine Spannung haben und einen kleinen Fluß erzeugen.

Der Anschluß der Erregerwicklung parallel zum Anker und zu einem Teil des Anlassers hat noch folgenden Vorteil. Das Abschalten der Erregerwicklung darf nicht plötzlich geschehen. Da die Erregerwicklung eine hohe Selbstinduktion hat, so kann beim plötzlichen Unterbrechen des Erregerstromes eine so große EMK der Selbstinduktion in ihr entstehen, daß ihre Isolation durchschlägt. Beim Abschalten des Motors nach Schema 211 wird nun der Erregerkreis überhaupt nicht unterbrochen, sondern er bleibt über den Anker und einen Teil des Anlassers stets geschlossen [L. 77].

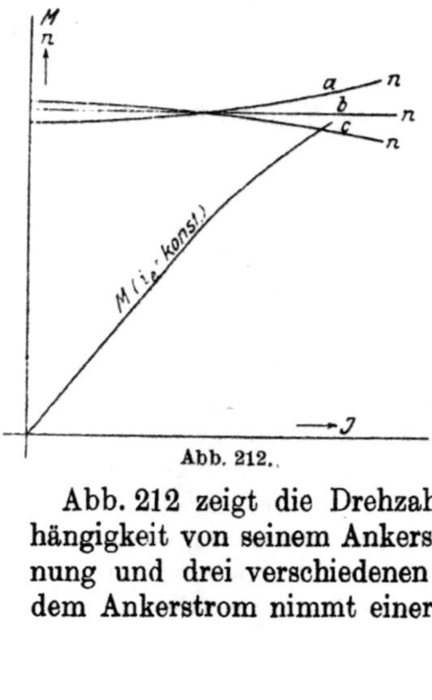

Abb. 212.

Abb. 212 zeigt die Drehzahl eines Nebenschlußmotors in Abhängigkeit von seinem Ankerstrom bei konstanter Klemmenspannung und drei verschiedenen Sättigungsgraden. Mit zunehmendem Ankerstrom nimmt einerseits die Ankerrückwirkung, anderseits die Summe der Ohmschen Spannungsabfälle zu. Die Zunahmen dieser beiden Größen haben auf die Drehzahl entgegengesetzten Einfluß. Je größer die Ankerrückwirkung ist, desto kleiner ist der resultierende Fluß der Maschine, desto größer muß nach Gleichung 208a die Drehzahl werden. Je größer die Summe der Spannungsabfälle ist, desto kleiner wird der Anteil der Gegen-EMK und desto kleiner muß die Drehzahl werden. Je nachdem, ob mit zunehmendem Ankerstrom J die Zunahme der Ankerrückwirkung oder die Zunahme der Summe der Ohmschen Spannungsabfälle überwiegt, wird die Drehzahl des Nebenschlußmotors mit zunehmendem J zunehmen (Kurve a) oder abnehmen (Kurve c), und zwar hängt es von der Größe der Erreger- und der Ankeramperewindungen, die für die Sättigung der Maschine und für die Ankerrückwirkung maßgebend sind, ab, ob das eine oder das andere überwiegt. Bei einer bestimmten Erregung können sich die beiden Einflüsse annähernd kompensieren, dann verläuft die Drehzahl in Abhängigkeit vom Ankerstrom nahezu nach einer Parallelen zur Abszissenachse (Kurve b).

Das Drehmoment eines Motors ist nach Gleichung 211 proportional seinem Ankerstrom und seinem Fluß:

$$M = \text{konst.}\, J\Phi. \tag{213}$$

Bei konstantem Erregerstrom nimmt das Drehmoment langsamer zu als der Ankerstrom, da mit zunehmendem Ankerstrom die Ankerrückwirkung zunimmt und somit der resultierende Fluß Φ abnimmt. In Abb. 212 ist die Drehmomentenkurve für konstanten Erregerstrom eingetragen. Sie weicht um so mehr von der Geraden ab, je geringer der Motor gesättigt ist.

Abb. 213 zeigt noch den Ankerstrom J und den Wirkungsgrad η des Nebenschlußmotors in Abhängigkeit von der abgegebenen mechanischen Leistung bei konstanter Klemmenspannung und konstantem Erregerstrom. Da mit zunehmender Leistung der Strom und die Ohmschen Spannungsabfälle zunehmen, so nimmt mit zunehmender Leistung die Gegen-EMK ab. Wie wir oben gesehen haben, ist für die Größe der abgegebenen Leistung das Produkt EJ maßgebend. Da E mit zunehmender Leistung abnimmt, so muß der Strom J mit zunehmender Leistung mehr als geradlinig zunehmen.

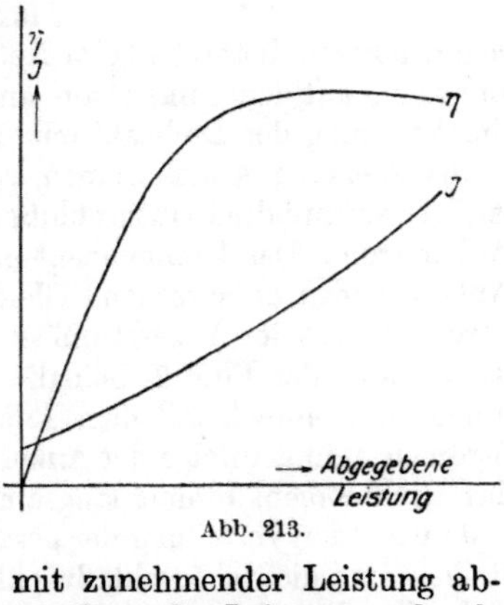

Abb. 213.

Wie aus der Abb. 212 hervorgeht, arbeitet der *Nebenschlußmotor* im wesentlichen *mit konstanter Drehzahl.* Sein Drehmoment nimmt annähernd linear mit dem Ankerstrom zu.

11. Die charakteristischen Kurven des Reihenschluß- und des Doppelschlußmotors.

Die Gleichungen 207a und 208a gelten auch für den Reihenschlußmotor. An Stelle der Gleichung 212 tritt bei ihm die Gleichung

$$\Phi = f(J), \tag{214}$$

da bei der Reihenschlußmaschine der Anker- und der Erregerstrom gleich groß sind.

Abb. 214 zeigt die Drehzahl und das Drehmoment eines Reihenschlußmotors in Abhängigkeit von seinem Ankerstrom J. Bei kleinen Ankerströmen J ist der Fluß Φ klein, die Drehzahl n muß infolgedessen (s. Gleichung 208a) groß werden. Bei $J = 0$ ist der Fluß Φ gleich dem remanenten Magnetismus, und die Drehzahl n wird so groß, daß der Motor auseinanderfliegen kann. *Es darf daher bei dem am Netz hängenden Reihenschlußmotor nie vorkommen, daß er entlastet wird.* Schon beim Anlassen des Reihenschlußmotors muß dafür gesorgt werden, daß er ein gewisses Gegenmoment zu überwinden hat, da bei kleinen Strömen die Drehzahl trotz des vorgeschalteten Anlaßwiderstandes zu hohe Werte annehmen kann. Während beim Nebenschlußmotor die Drehzahl sich nur wenig mit dem Ankerstrom ändert, ist beim Reihenschlußmotor die Änderung der Drehzahl mit dem Ankerstrom sehr groß.

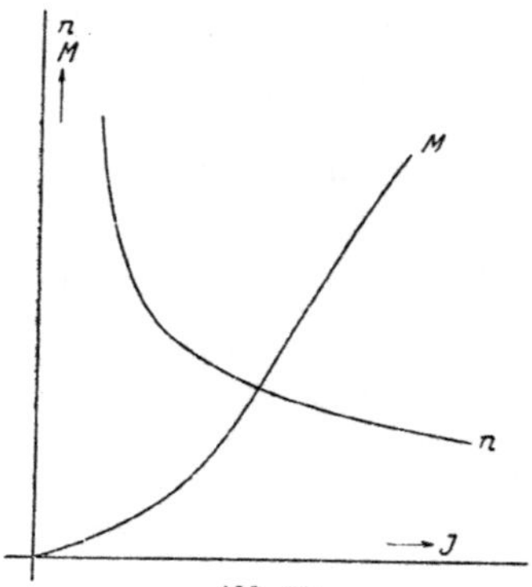

Abb. 214.

Bei kleineren Ankerströmen, solange die Maschine ungesättigt ist, ist der Fluß des Reihenschlußmotors direkt proportional seinem Ankerstrom. Das Drehmoment nimmt infolgedessen bei kleineren Ankerströmen entsprechend Gleichung 213 quadratisch mit dem Strom zu. Ist der Ankerstrom so groß, daß die Maschine gesättigt ist, so wird der Fluß Φ beinahe konstant und das Drehmoment nimmt nur einfach mit dem Ankerstrom zu. Bei noch größeren Strömen nimmt infolge der Ankerrückwirkung der Fluß Φ ab und das Drehmoment nimmt langsamer zu als der Ankerstrom.

Je nach der Verteilung der gesamten Amperewindungen auf die Reihen- und die Nebenschlußwicklung kann der *Doppelschlußmotor* mehr den Charakter eines Nebenschluß- oder eines Reihenschlußmotors haben. Versieht man den Reihenschlußmotor mit einer Nebenschlußwicklung, so wird das Durchgehen des Motors bei Entlastung vermieden. Versieht man den Nebenschlußmotor mit einer Reihenschlußwicklung, so kann man erreichen, daß seine Drehzahl unabhängig von der Belastung beinahe konstant bleibt.

Annähernd konstante Drehzahl zwischen Leerlauf und Vollast, Proportionalität zwischen Ankerstrom und Drehmoment (da der Fluß beinahe konstant und unabhängig vom Ankerstrom ist), die Fähigkeit bei gleicher Drehrichtung ohne Schaltungsänderung als Generator zu arbeiten, bilden die Haupteigenschaften des Nebenschlußmotors. Die letzte Eigenschaft ermöglicht bei Antrieben mit Nebenschlußmotoren die *Nutzbremsung*: Hört das Gegenmoment der Last auf und wird der Anker in gleicher Richtung wie vorher angetrieben, so gibt er als Generator Leistung an das Netz ab und wirkt dabei auf das System bremsend, weil er jetzt ein generatorisches, also ein entgegengesetzt gerichtetes Moment als vorher erzeugt. Als Verwendungsgebiet ergeben sich für den Nebenschlußmotor solche Antriebe, wo bei *veränderlichem Drehmoment eine konstante Drehzahl* oder *eine vom Drehmoment unabhängige Drehzahl* verlangt wird. Dies sind z. B. Werkzeugmaschinen, Papier- und Druckereimaschinen, Pumpen, Ventilatoren, Aufzüge usw.

Abhängigkeit zwischen Drehzahl und Drehmoment, großes Anzugsmoment infolge der Abhängigkeit des Flusses vom Strom und des damit verbundenen Ansteigens des Drehmomentes mit dem Quadrate des Stromes bei geringen Sättigungen, verhältnismäßig kleine Empfindlichkeit in bezug auf den Spannungsabfall in der Leitung bilden die Haupteigenschaften des Reihenschlußmotors. Als Verwendungsgebiet dienen Antriebe, bei welchen *ein hohes Anzugsmoment verlangt wird*, wie z. B. Krane, elektrische Bahnen usw.

Der Asynchron- und der Synchronmotor gehören ihrem Charakter nach zu den Nebenschlußmotoren. Auch bei ihnen ist die Drehzahl zwischen Leerlauf und Vollast beinahe bzw. vollkommen konstant, und zwischen Anker-Wirkstrom und Drehmoment besteht eine gewisse Proportionalität, auch sie können in gleicher Richtung als Motor und Generator arbeiten. Während aber beim Synchronmotor die Drehzahl überhaupt nicht geändert werden kann und beim Asynchronmotor die Änderung der Drehzahl entweder auf unwirtschaftliche Weise durch Widerstände im Läuferkreis oder in groben Stufen durch Änderung der Polzahl oder durch Anordnung von komplizierten Regelsätzen erfolgt, ist beim Nebenschlußmotor eine wirtschaftliche gleichmäßige Regelung der Drehzahl in weiten Grenzen *durch Änderung des Erregerstromes* möglich. Die obere Grenze ist zwar beschränkt durch die Kommutierung, jedoch ist bei Wendepolmotoren eine Drehzahlregelung von 1 : 5 noch gut möglich. Bei Antrieben, die eine weitgehende gleichmäßige Drehzahlregelung erfordern, verwendet man aus diesem Grunde Gleichstrom-Nebenschlußmotoren.

IX. Der Einankerumformer.

1. Aufhebung der MMK des Gleichstromes durch die MMK des Wirkstromes.

Der mechanische Aufbau des Einankerumformers ist dem der Gleichstrommaschine ähnlich. Der Unterschied besteht nur darin, daß bei der Gleichstrommaschine die Ankerwicklung an einen Kommutator, bei dem Einankerumformer jedoch sowohl an einen Kommutator wie an Schleifringe angeschlossen ist. Einen Einankerumformer für 500 kW bei $n = 1500$ Umdr./Min. zeigt Tafel X, Abb. a.

Wie wir im Kapitel IV gesehen haben, kann eine Gleichstromwicklung, wenn sie an Schleifringe angeschlossen wird, als Ein-

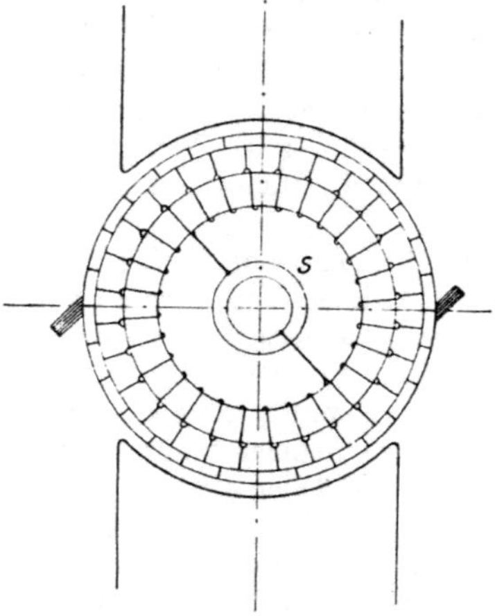

Abb. 215.

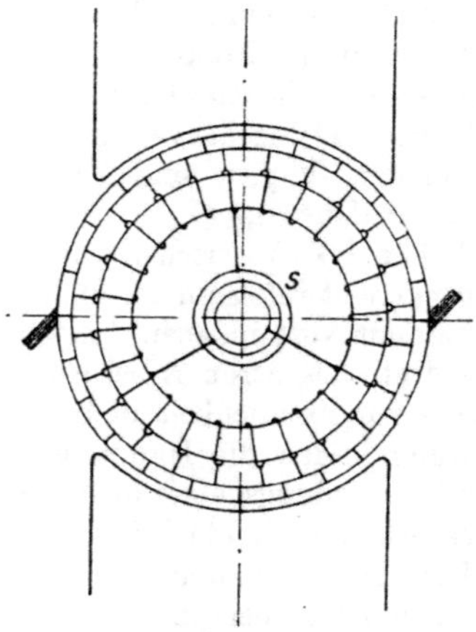

Abb. 216.

oder Mehrphasenwicklung verwendet werden. Der Einankerumformer wird normalerweise zur Umformung von Wechselstrom in Gleichstrom benutzt. Zu diesem Zwecke wird seinen Schleifringen Wechselstrom zugeführt und dem Kommutator Gleichstrom entnommen. Die Anzahl der Schleifringe ist bestimmt durch die Phasenzahl des zugeführten Wechselstromes. Bei einphasiger Speisung sind zwei, bei dreiphasiger Speisung drei, bei sechsphasiger Speisung sechs Schleifringe erforderlich.

Abb. 215 zeigt schematisch einen zweipoligen Einphasen-, Abb. 216 einen zweipoligen Dreiphasenumformer, der einfacheren Darstellung halber mit Ringwicklung. Die Anschlüsse der Schleifringe S an die Ankerwicklung liegen bei dem Einphasenumformer um 180 elektrische Grade, beim Dreiphasenumformer um je $\frac{360}{3}$ $= 120$ elektrische Grade auseinander. In den Abb. 215 und 216 ist

a

b

a) 6 phasiger Einankerumformer. b) Drehtransformator.

$p = a = 1$. Bezeichnet m' die Anzahl der Schleifringe, so müssen bei der mehrpoligen Maschine *je zwei aufeinanderfolgende Ankerzweige durch die Anschlußpunkte in m' gleiche Teile geteilt werden.* Bei einer Maschine mit $2a$ Ankerzweigen werden dann an jeden Schleifring a Punkte der Gleichstromwicklung angeschlossen, und jeder Strang der Mehrphasenwicklung besteht aus a parallelen Zweigen. Sollen dabei in der Wicklung keine Ausgleichsströme, die sich über die Schleifringe schließen, entstehen, so müssen die an jeden Schleifring angeschlossenen a Punkte gleichphasig sein, d. h. die Wicklung muß die in Kapitel IV angegebenen Symmetriebedingungen erfüllen.

Da die Pole des Einankerumformers mit Gleichstrom erregt werden, so muß der Einankerumformer den Charakter einer *Synchronmaschine* haben. Bei konstanter Netzperiodenzahl f muß also seine Drehzahl unabhängig von der Last konstant bleiben, und zwar gleich sein

$$n = \frac{60\,f}{p}.$$

Da das vom Wechselstrom erzeugte Drehfeld in bezug auf den Anker stets die synchrone Drehzahl hat, so kann dieses Drehfeld im Raume (in bezug auf die Pole) nur dann stillstehen, wenn der Anker die gleiche Drehzahl hat, und zwar in der dem Drehfeld *entgegengesetzten* Richtung.

Der Wechselstrom aufnehmende und Gleichstrom abgebende Umformer arbeitet wechselstromseitig wie ein *Synchronmotor*, gleichstromseitig wie ein *Gleichstromgenerator*. Der im Anker fließende Gleichstrom erzeugt also ein generatorisches, d. h. bremsendes Moment, das die Bewegung des Läufers zu hemmen sucht. Dadurch wird wie bei der Synchronmaschine (Abb. 163) der Vektor der Wechsel-EMK gegenüber dem Vektor der Netzspannung verzögert, und die Ankerwicklung ist gezwungen, vom Netz einen Wirkstrom aufzunehmen, und zwar von solcher Größe, daß durch das Drehmoment des Wirkstromes das Gegendrehmoment des Gleichstromes aufgehoben und außerdem das zur Überwindung der Lager- und Luftreibung nötige Drehmoment erzeugt wird. Dieses letztere Drehmoment ist klein. Es folgt daraus, *daß beim Einankerumformer die MMK des Wirkstromes und die MMK des Gleichstromes sich stets gegenseitig aufheben.* Da die MMK des Gleichstromes ebenso wie die MMK des Wirkstromes ihre Achsen in der Pollücke haben, so *hat der Einankerumformer keinen Querfluß.*

Die Verschiedenheit der Formen der MMK-Kurve des Gleichstromes und der MMK-Kurve des Wirkstromes bedingt jedoch, daß ein gewisses Restfeld in der Querachse übrig bleibt. Während die MMK-Kurve des Gleichstromes die Form eines Dreieckes hat, hat z. B. bei dem Dreiphasenumformer die MMK-Kurve des Wirkstromes bald die eine, bald die andere charakteristische Form der

MMK-Kurve der Dreiphasenwicklung Abb. 105. In der Abb. 217a und b sind diese beiden charakteristischen Formen der MMK-Kurve der Dreiphasenwicklung mit der Dreieckkurve des Gleichstromes zusammengestellt. Die Gleichheit der Drehmomente des Wirkstromes und des Gleichstromes bedingt, daß die *Effektivwerte* der beiden MMK-Kurven gleich sind, ihre Amplituden sind jedoch einander nicht gleich. In der Abb. 217 sind die Differenzkurven für beide Grundformen eingezeichnet, sie weichen in der Amplitude und der Form voneinander ab. Da die Schwankungen der MMK-Kurve des Drehfeldes zwischen der spitzen und stumpfen Form mit der sechsfachen Periodenzahl des Wechselstromes erfolgt (s. S. 109), so ändert auch die Differenzkurve der MMKe ihre Gestalt mit der sechsfachen Periodenzahl des Wechselstromes, d. h. das Restfeld pulsiert im Dreiphasenumformer mit der sechsfachen Periodenzahl des Wechselstromes [L. 78].

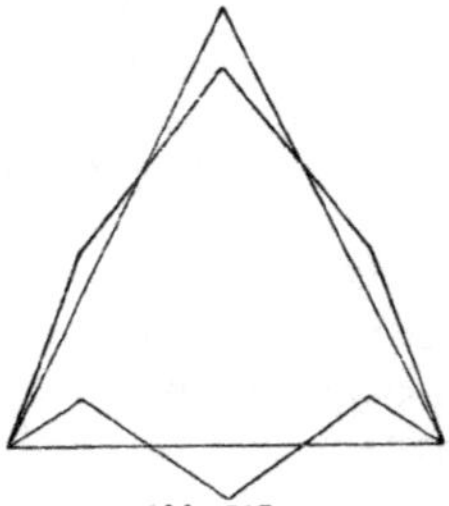

Abb. 217 a.

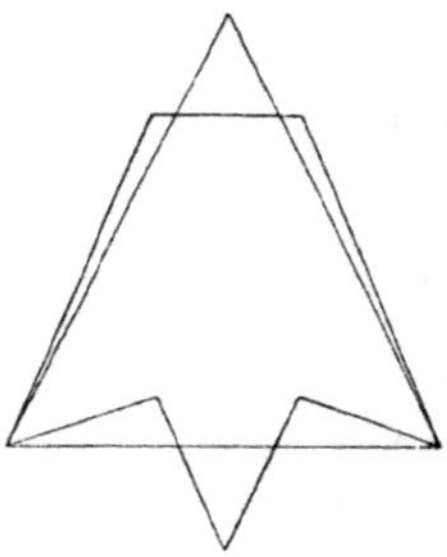

Abb. 217 b.

Wie beim Synchronmotor herrscht auch beim Einankerumformer bei einer bestimmten Erregung Phasengleichheit zwischen Strom und Spannung. Wird die Erregung über diesen Wert hinaus vergrößert, d. h. wird der Einankerumformer *übererregt*, so muß er, um der aufgedrückten Spannung das Gleichgewicht zu halten, einen *voreilenden* Strom vom Netz aufnehmen, denn ein voreilender Strom hat die Eigenschaft, beim Synchronmotor den Magnetfluß zu schwächen. Wird umgekehrt der Einankerumformer untererregt, so wird er gezwungen, um den Magnetfluß zu stärken, einen nacheilenden Strom vom Netz aufzunehmen. Aus den weiter unten angegebenen Gründen wird normalerweise beim Einankerumformer die Erregung so eingestellt, daß an seinen Schleifringen Phasengleichheit zwischen Strom und Spannung herrscht.

Da beim Einankerumformer der Gleichstrom derselben Wicklung entnommen wird, der der Wechselstrom zugeführt wird, so muß sowohl zwischen der Gleichspannung und der Wechselspannung wie zwischen dem Gleichstrom und dem Wechselstrom ein bestimmtes Verhältnis bestehen.

2. Die Spannungs- und Stromverhältnisse des Einankerumformers.

Um das Verhältnis zwischen der Gleich- und Wechselspannung des Einankerumformers zu bestimmen, betrachten wir zunächst den Umformer, wenn er leerläuft und keinen Blindstrom vom Netz aufnimmt. Der Umformer ist dann praktisch stromlos, der Hauptfluß der Maschine wird nur von den Magnetpolen erzeugt und induziert in der Ankerwicklung eine bestimmte EMK.

Wie wir im Kapitel IV, S. 80 gesehen haben, mißt man an den *Kommutatorbürsten,* falls sie in der neutralen Achse stehen, die *Amplitude* der in der Ankerwicklung vom Magnetfluß induzierten EMK; dagegen mißt man zwischen *2 Schleifringen,* die an zwei um 180° gegeneinander verschobene Punkte der Wicklung angeschlossen sind, nur den *Effektivwert* der in der Ankerwicklung induzierten EMK. Setzt man eine sinusförmige Feldkurve voraus, so verhält sich der Effektivwert zu der Amplitude wie $1:\sqrt{2}$, d. h. beim Einphasenumformer verhält sich die Wechsel-EMK E_w zur Gleich-EMK E_g wie $1:\sqrt{2}$. Bei mehrphasiger Speisung des Umformers ändert sich bei gleicher Ankerwicklung der Wert der Gleich-EMK nicht, der Effektivwert der Wechsel-EMK einer Phase E_w ist aber kleiner als $\frac{E_g}{\sqrt{2}}$, und zwar ist er gleich der Sehne eines Kreises mit $\frac{E_g}{\sqrt{2}}$ als Durchmesser für den Winkel $\frac{2\pi}{m}$, wenn m die Phasenzahl bedeutet (Abb. 218).

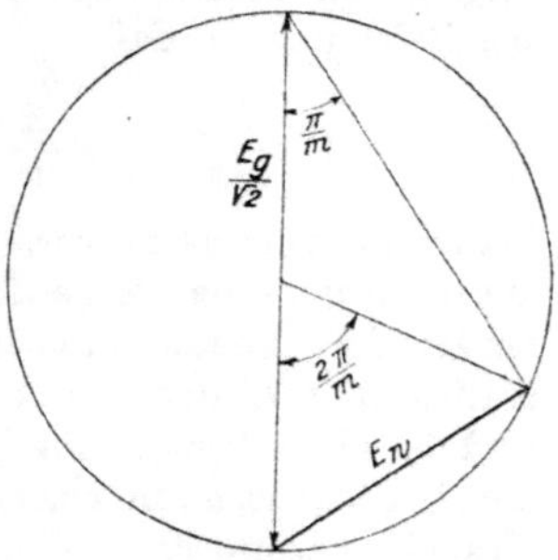

Abb. 218.

Für den m-phasigen Umformer gilt somit:

$$E_w = \frac{E_g}{\sqrt{2}} \sin \frac{\pi}{m}. \tag{215}$$

Diese sowohl wie die weiter unten abgeleiteten Beziehungen gelten auch für den Einphasenumformer, wenn man in ihnen $m = 2$ setzt.

Das Übersetzungsverhältnis der EMKe des Einphasen-, Dreiphasen- und Sechsphasenumformers beträgt somit:

	Einphasen-	Dreiphasen-	Sechsphasenumformer
$\frac{E_w}{E_g} =$	0,707	0,612	0,354.

Im Leerlauf sind die Spannungen an den Klemmen praktisch gleich den induzierten EMKen der Wicklung. Das Übersetzungsverhältnis der EMKe ist somit auch gleich dem Übersetzungsverhältnis der Klemmenspannungen an den Schleifringen und den Kommutatorbürsten im Leerlauf.

Bei Belastung wird der den Schleifringen aufgedrückten Wechselspannung das Gleichgewicht gehalten durch die vom Hauptfluß in der Ankerwicklung induzierten EMK E_w, durch die EMK der Streuinduktion und durch den Ohmschen Spannungsabfall der

Ankerwicklung. Da die Gleich-EMK in denselben Stäben erzeugt wird wie die Wechsel-EMK, so muß der Streufluß auch auf die Gleich-EMK Einfluß haben und die Gleich-EMK wird infolgedessen nicht vom Hauptfluß allein, sondern von dem aus dem Hauptfluß und Streufluß resultierenden Fluß, dem totalen Fluß (vgl. S. 123), erzeugt. Die Klemmenspannung auf der Gleichstromseite ist somit *nur um den Ohmschen Spannungsabfall* kleiner als die ihr entsprechende Klemmenspannung auf der Wechselstromseite. Wie wir sehen werden, ist der Ohmsche Spannungsabfall des Einankerumformers, in dessen Leitern die *Differenz* des Wechselstromes und Gleichstromes fließt, gering. Die Beziehung für die EMKe gilt infolgedessen annähernd auch für die Spannungen des Umformers bei Belastung, so daß

$$\frac{P_w}{P_g} \simeq \frac{1}{\sqrt{2}} \sin \frac{\pi}{m}. \tag{216}$$

Da es nur sehr selten vorkommt, daß die zur Verfügung stehende Wechselspannung der gewünschten Gleichspannung entspricht, so erhält der Einankerumformer normalerweise einen Spannungstransformator, der zwischen Netz und Schleifringe gelegt wird und der die Netzspannung auf den nötigen Wert transformiert. Für den Sechsphasenumformer kann dabei die Sekundärwicklung des Transformators drei offene Phasen erhalten (Abb. 230), eine Schaltung, die elektrisch mit der Sechsphasenschaltung identisch ist [L. 79].

Die angezapfte Ankerwicklung des Einankerumformers verhält sich wie eine Mehrphasenwicklung in *Ringschaltung*. Die verkettete Spannung (Linienspannung) ist gleich der Phasenspannung und der verkettete Strom (Schleifringstrom) ist gleich $2 \sin \frac{\pi}{m}$ mal Phasenstrom (s. S. 18). Bezeichnen wir den Gleichstrom mit J_g und mit J_i den Phasenstrom (den inneren Ankerwechselstrom), so muß, wenn man von den Verlusten im Umformer absieht, die abgegebene Gleichstromleistung gleich sein der zugeführten Wechselstromleistung, d. h. es ist

$$P_g J_g = m P_w J_i \cos\varphi \tag{217}$$

und somit nach Gleichung 216

$$\frac{J_i}{J_g} = \frac{\sqrt{2}}{m \sin \frac{\pi}{m} \cos\varphi}. \tag{218}$$

Für das Verhältnis des Schleifringstromes zum Gleichstrom ergibt sich daraus

$$\frac{J_r}{J_g} = \frac{2\sqrt{2}}{m \cos\varphi}. \tag{219}$$

Mit Hilfe der Gleichungen 218 und 219 erhält man für den verlustlosen Umformer *bei* $\cos\varphi = 1$ folgende Werte für das Verhältnis des inneren Ankerwechselstromes bzw. des Schleifringstromes zum Gleichstrom:

Phasenzahl	1	3	6
$\frac{J_i}{J_g} =$	0,707	0,545	0,472
$\frac{J_r}{J_g} =$	1,41	0,943	0,472

Die Wirkkomponente des Schleifringstromes ist beim Dreiphasenumformer annähernd gleich dem ganzen, beim Sechsphasenumformer annähernd gleich dem halben am Kommutator abgegebenen Gleichstrom.

3. Die Stromwärmeverluste des Einankerumformers.

Die Übereinanderlagerung des Gleich- und Wechselstromes in den Ankerleitern führt beim Einankerumformer zu ganz eigenartigen Resultaten in bezug auf die Stromwärmeverluste und den Spannungsabfall in der Ankerwicklung.

Abb. 219 stellt schematisch einen zweipoligen Dreiphasenumformer dar. Jede Phase bedeckt $\frac{360}{3} = 120^0$ (allgemein $\frac{2\pi}{m}$ Grad), d. h. zwei Drittel einer Polteilung. Wir betrachten die mit I bezeichnete Phase, deren Lage so angenommen ist, daß die Mitte des Wicklungsstranges mit der Mitte der Pollücke (Bürstenachse) zusammenfällt. In dieser Lage ist die Summe der Kraftflußverkettungen des betrachteten Wicklungsstranges im Maximum und die in dem Strang induzierte EMK infolgedessen gleich Null. Wir nehmen zunächst an, daß zwischen der induzierten EMK und dem Strom Phasengleichheit besteht, so daß auch der Wechselstrom in dem betrachteten Wicklungsstrang gleich Null ist.

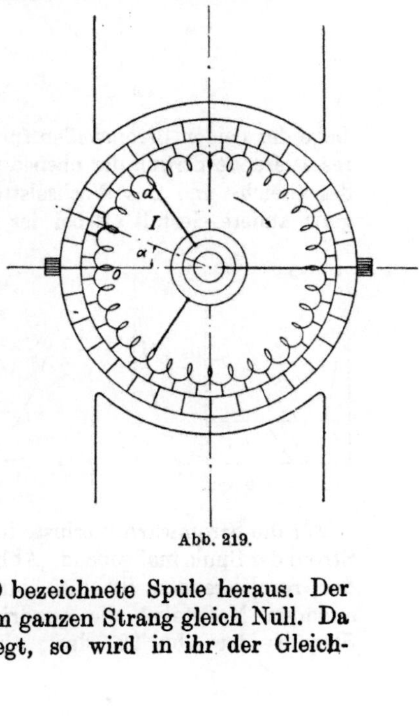

Abb. 219.

Wir greifen die mittlere mit O bezeichnete Spule heraus. Der Wechselstrom ist in ihr wie in dem ganzen Strang gleich Null. Da sie gerade unter der Bürste liegt, so wird in ihr der Gleichstrom kommutiert (s. Abb. 185; die Zeit T_k können wir hier außer acht lasssen), d. h. bei der mittleren Spule des Wicklungsstranges fallen der Augenblick, wo der Wechselstrom durch Null durchgeht, und der Augenblick, wo der Gleichstrom durch Null durchgeht, zusammen. Abb. 220 zeigt für diese Spule die gegenseitige zeitliche Lage der beiden Stromwellen. Der resultierende Strom der Spule, der gleich der Differenz des Gleich- und des Wechselstromes ist, ist ebenfalls eingezeichnet.

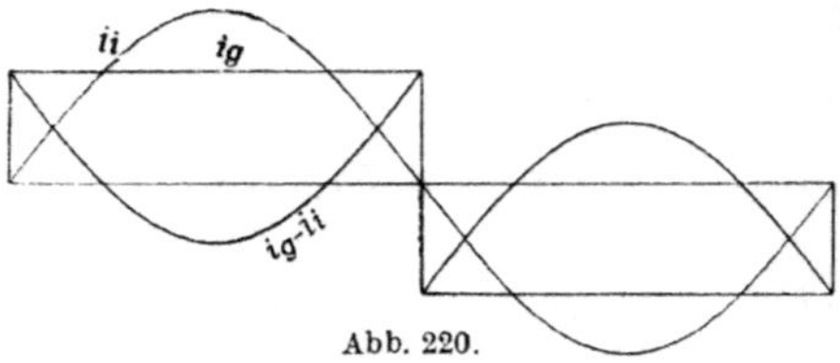

Abb. 220.

Ziehen wir nun die gegen die mittlere Spule um 60° in der Drehrichtung verschobene Spule *a* (Anschlußspule) in Betracht, so hat bei ihr der Wechselstrom genau den gleichen zeitlichen Verlauf wie bei der mittleren Spule, der Gleichstrom hat dagegen bei ihr einen anderen Verlauf als bei der mittleren Spule, weil sie schon früher, und zwar um 60° vorher kommutiert hat. Die gegenseitige Lage der beiden Stromwellen für diese Spule zeigt Abb. 221. Der resultierende Strom, der ebenso wie in der Abb. 221 als Differenz des Gleich- und des Wechselstromes gebildet ist, hat hier eine ganz andere Gestalt als bei der mittleren Spule.

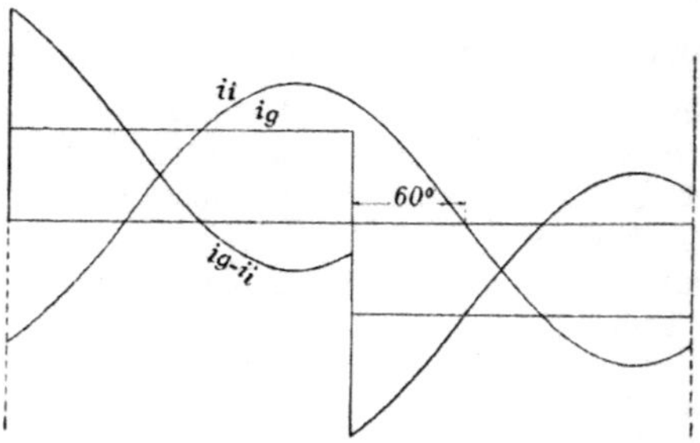

Abb. 221.

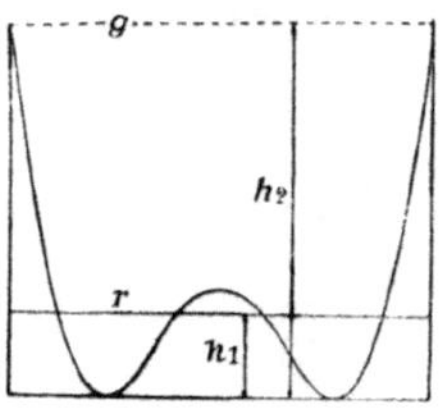

Abb. 222.

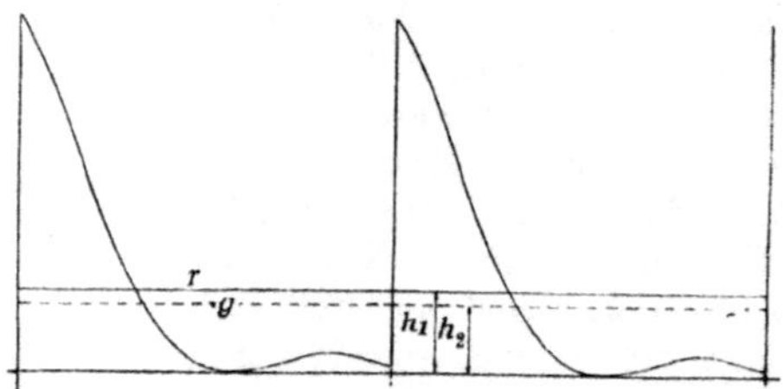

Abb. 223.

Für die Stromwärmeverluste in jeder Spule ist der resultierende Strom der Spule maßgebend. Abb. 222 stellt die quadrierten Werte des resultierenden Stromes der Abb. 220, Abb. 223 stellt (in anderem Maßstabe) die quadrierten Werte des resultierenden Stromes der Abb. 221 dar. Die Flächen, welche die Kurven dieser Abbildungen mit der Abszissenachse bilden, sind ein Maß für die Verluste, die in den betrachteten Spulen auftreten. Der Abstand h_1 der Horizontalen r von der Abszissenachse gibt in beiden Abbildungen den durch Planimetrierung gewonnenen Mittelwert der Verluste, während der Abstand h_2 der gestrichelt gezeichneten Geraden g von der Abszissenachse das Quadrat des Gleichstromes i_g allein darstellt. Das Verhältnis $\frac{h_1}{h_2}$ stellt das Verhältnis der mittleren Verluste, welche der resultierende Strom in der betrachteten Spule hervorruft, zu den Verlusten, welche der Gleichstrom allein in ihr hervorrufen würde, dar. Dieses Verhältnis beträgt für die mittlere Spule des Wicklungsstranges 0,224, während es für die letzte Spule des Wicklungsstranges (die Anschlußspule) 1,203 beträgt. Die Abb. 224 und 225 stellen die Ströme und die Verluste der gegen die mittlere Spule in der Drehrichtung um 30^0 verschobenen Spule dar. Für diese ist $\frac{h_1}{h_2} = 0{,}485$ [L. 80].

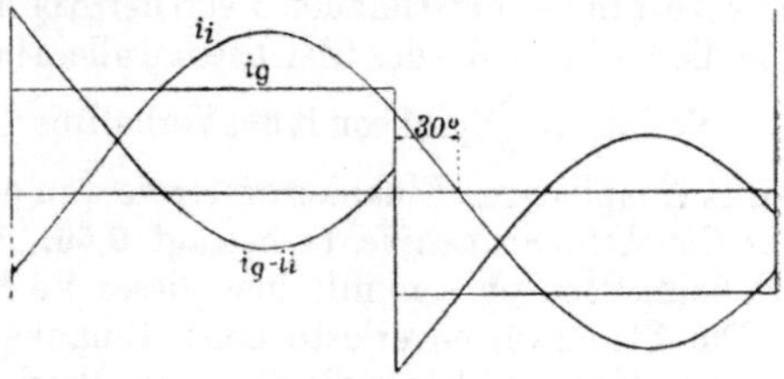

Abb. 224.

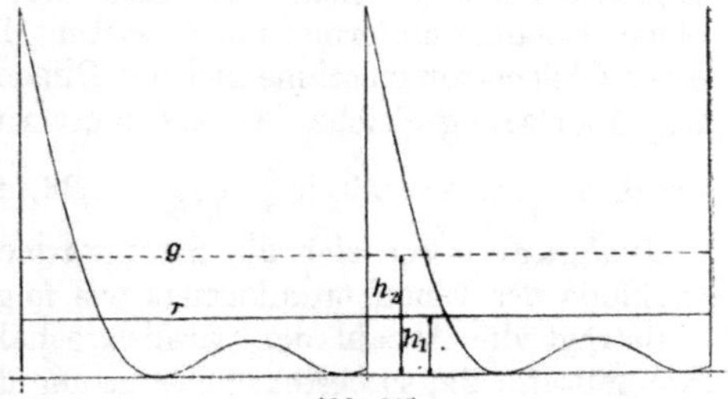

Abb. 225.

Die Übereinanderlagerung des Gleich- und des Wechselstromes in den Ankerleitern des Einankerumformers bewirkt, daß die Verluste in den einzelnen Spulen verschieden sind; sie sind am kleinsten in den mittleren Spulen der Wicklungsstränge, am größten in den Spulen, die an den Anschlußpunkten liegen.

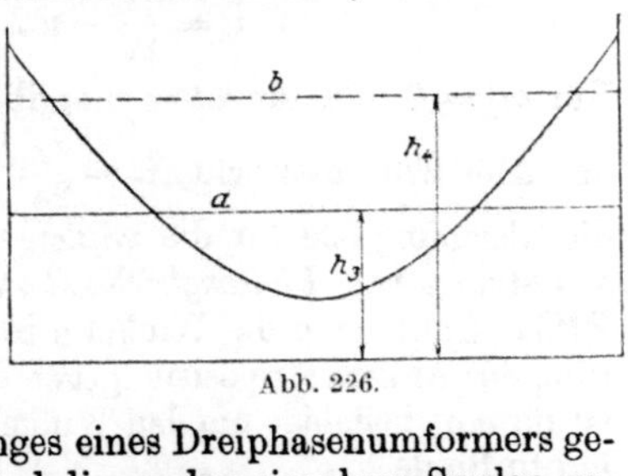

Abb. 226.

In der Abb. 226 sind in der Abszissenachse der Reihe nach die Spulen eines Wicklungsstranges eines Dreiphasenumformers gedacht, in der Ordinatenachse sind die zu den einzelnen Spulen gehörigen Stromwärmeverluste des resultierenden Stromes aufgetragen. Die in einer Anschlußspule entwickelte Stromwärme ist hier $\frac{1{,}203}{0{,}224} = 5{,}4$ mal größer als die in der mittleren Spule entwickelte

Stromwärme. Der Mittelwert der Verluste für den ganzen Wicklungsstrang ist durch den Abstand h_3 der Geraden a von der Abszissenachse, der durch Planimetrierung gefunden wurde, gegeben. Der Abstand h_4 der Geraden b von der Abszissenachse stellt wiederum die Verluste, die der Gleichstrom allein hervorgerufen hätte, dar. Das Verhältnis $\frac{h_3}{h_4}$ gibt somit das Verhältnis der Stromwärmeverluste eines dreiphasigen Einankerumformers zu denen *derselben Maschine als Gleichstrommaschine;* es beträgt 0,56. Wie wir sehen werden, ist beim Sechsphasenumformer dieses Verhältnis noch kleiner.

Die Stromwärmeverluste eines Einankerumformers sind demnach bedeutend kleiner als die einer Gleichstrommaschine gleicher Dimensionen und gleicher Leistung. Daraus folgt, daß man aus einem Einankerumformer mehr Leistung herausholen kann als aus einer Gleichstrommaschine gleicher Dimensionen, und zwar, unter Zugrundelegung gleicher Ankerkupferverluste, beim Dreiphasenumformer im Verhältnis $\sqrt{\frac{1}{0,56}} = 1,33$, d. h. 33 % mehr.

Analytisch lassen sich die Stromwärmeverluste in der Ankerwicklung des Einankerumformers wie folgt berechnen:

Beträgt die Anzahl der parallelgeschalteten Ankerzweige am Kommutator 2a, so besteht jeder Strang der Mehrphasenwicklung aus a parallelgeschalteten Zweigen. Der in einer Ankerspule fließende Gleichstrom ist dann gleich $\frac{J_g}{2a}$ und der in der Spule fließende Wechselstrom ist gleich $\frac{J_i}{a}$, wobei J_i wie oben zum Unterschied vom Schleifringstrom J_r den totalen *inneren* Wechselstrom bedeutet.

Der Verlauf des resultierenden Stromes in Abb. 220 läßt sich somit (für die halbe Periode des Wellenstromes) darstellen durch die Beziehung

$$i_r = \frac{J_g}{2a} - \sqrt{2}\,\frac{J_i}{a} \sin \omega t. \tag{220}$$

Für $\omega t = 0$ und für $\omega t = \pi$ ergibt diese Gleichung, wie es auch der Abb. 220 entspricht, $i_r = \frac{J_g}{2a}$. Ebenso wie die Abb. 220 gilt die Gleichung 220 für die *mittlere* Spule der Phase unter der Voraussetzung von *Phasengleichheit* zwischen Strom und induzierter EMK. Zählt man die Winkel α in der Abb. 219 in der Drehrichtung des Ankers als positiv, gegen die Drehrichtung als negativ, so ist für eine beliebige um den Winkel α von der mittleren Spule entfernte Spule

$$i_r = \frac{J_g}{2a} - \sqrt{2}\,\frac{J_i}{a} \sin (\omega t - \alpha). \tag{221}$$

Dies läßt sich z. B. aus der Abb. 221, die sich auf eine um 60° in der Drehrichtung gegenüber der mittleren Spule verschobene Spule bezieht, ersehen. Läßt man nämlich bei der mittleren Spule und der von ihr um den Winkel α in der Drehrichtung verschobenen Spule die Rechteckwellen sich überdecken, so ist bei der zweiten Spule die Sinuswelle gegenüber der mittleren Spule um α nach rechts verschoben, weil in ihr die Kommutierung um eine dem Winkel α entsprechende Zeit früher stattfindet als in der mittleren Spule. Da wir uns die Ordinatenachse durch den Anfang der Rechteckwelle gelegt denken, so muß infolgedessen in die Gleichung 221 der Winkel $\omega t - \alpha$ eingeführt werden. Bei einer gegenüber der mittleren Spule um den Winkel α *gegen* die Drehrichtung verschobenen Spule erscheint dagegen die Sinuswelle gegenüber der Sinuswelle der mittleren Spule um α nach links verschoben; α ist hier negativ, $-\alpha$ also positiv.

Sind Strom- und Wechsel-EMK des Ankers nicht in Phase, sondern besteht zwischen ihnen eine Phasenverschiebung ψ, so ist

$$i_r = \frac{J_g}{2a} - \sqrt{2}\frac{J_i}{a}\sin(\omega t - \alpha - \psi). \tag{222}$$

Der Winkel ψ ist positiv, wenn der Strom gegenüber der Wechsel-EMK nacheilt, negativ, wenn der Strom gegenüber der Wechsel-EMK voreilt (vgl. Gleichung 25). Eilt der Strom nach, so ist z. B. in der mittleren Spule O der Abb. 219 in dem Moment, wo der Gleichstrom kommutiert wird, der Wechselstrom nicht gleich Null, sondern noch negativ, d. h. die Sinuswelle erscheint in der Abb. 220 gegenüber der Rechteckwelle nach rechts verschoben, wie in der Abb. 221. Ein positives ψ wirkt also in demselben Sinne wie ein positives α.

Die Gleichung 222 hat zwei Variable: ωt und α. Quadriert man diese Gleichung, integriert sie über ωt zwischen den Grenzen $\omega t = 0$ und $\omega t = \pi$, d. h. über eine halbe Periode, bildet den Mittelwert über die halbe Periode durch Division mit π und multipliziert mit dem Widerstand einer Spule r_s, so erhält man für den zeitlichen Mittelwert der Verluste in der unter dem Winkel α liegenden Spule

$$r_s \frac{1}{a^2}\left[\frac{1}{4} J_g^2 + J_i^2 - \frac{2\sqrt{2}}{\pi} J_g J_i \cos(\alpha + \psi)\right].$$

Integriert man diese Gleichung über α zwischen den Grenzen $\alpha = -\frac{\pi}{m}$ und $\alpha = +\frac{\pi}{m}$ und bildet den Mittelwert durch Division mit $\frac{2\pi}{m}$, so erhält man den mittleren Spulenverlust einer Phase und, da dieser dem mittleren Gesamtverlust des Ankers proportional ist, ergibt sich für diesen letzteren

$$V_{cu} = R_a\left(J_g^2 + 4J_i^2 - \frac{8\sqrt{2}}{\pi^2} m J_g J_i \sin\frac{\pi}{m}\cos\psi\right), \tag{223}$$

wo R_a der am Kommutator gemessene Ankerwiderstand ist. Bei einer Gleichstrommaschine gleicher Dimensionen und Leistung würden die Stromwärmeverluste des Ankers betragen

$$V_{cu} = J_g^2 R_a. \tag{224}$$

Setzt man in die Gleichung 223

$$J_i = J_g \frac{\sqrt{2}}{m \sin \frac{\pi}{m} \cos \varphi}$$

aus Gleichung 218 ein, so erhält man für das Verhältnis ν der Stromwärmeverluste des Einankerumformers zu denen der Gleichstrommaschine gleicher Dimensionen und Leistung die Beziehung

$$\nu = 1 + \frac{8}{m^2 \sin^2 \frac{\pi}{m}} \frac{1}{\cos^2 \varphi} - \frac{16}{\pi^2}, \tag{225}$$

wobei $\cos \psi$ gleich $\cos \varphi$ gesetzt worden ist, was für den Einankerumformer wegen des Fehlens des Querflusses und der damit verbundenen Kleinheit des Winkels Θ zwischen der induzierten Wechsel-EMK und der Klemmenspannung (Abb. 151) zulässig ist.

4. Verhältnis der Leistung des Einankerumformers zu der der Gleichstrommaschine gleicher Dimensionen.

Mit Hilfe der Gleichung 225 erhält man für das *Verhältnis ν der Stromwärmeverluste des Einankerumformers zu denen der Gleichstrommaschine gleicher Dimensionen und Leistung* bei verschiedenen Phasenverschiebungen zwischen Strom und Klemmenspannung auf der Wechselstromseite des Umformers folgende Größen:

Phasenzahl	1	3	6	12
$\cos \varphi = 1$	1,38	0,56	0,27	0,21
$\cos \varphi = 0,9$	1,85	0,84	0,48	0,40
$\cos \varphi = 0,8$	2,51	1,23	0,77	0,67
$\cos \varphi = 0,7$	3,46	1,80	1,19	1,06

Die Stromwärmeverluste des Einankerumformers sind um so kleiner, je größer die Phasenzahl ist. Die Verluste sind weiter am kleinsten, wenn die Erregung des Umformers so eingestellt ist, daß Phasengleichheit zwischen Wechselspannung und Wechselstrom herrscht. Ist der Umformer infolge anders eingestellter Erregung gezwungen, nacheilenden oder voreilenden Blindstrom zu führen, so werden seine Verluste größer. Dies wird ohne weiteres klar, wenn man bedenkt, daß die Stromwärmeverluste des Blindstromes von denen des Wirkstromes unabhängig sind. Der Wirkstrom des Einankerumformers und seine Verluste sind durch die Gleichstrombelastung bestimmt. Der Blindstrom bringt ein zusätzliches Glied zu diesen Verlusten.

Da die Stromwärmeverluste dem Quadrate des Stromes proportional sind, darf ein Einankerumformer, *wenn gleiche Ankerkupferverluste zugrunde gelegt werden*, einen im Verhältnis $\sqrt{\frac{1}{\nu}}$ größeren Gleichstrom abgeben als eine Gleichstrommaschine gleicher Dimensionen. Durch Bildung der Größe $\sqrt{\frac{1}{\nu}}$ erhält man somit für das *Verhältnis der Leistung des Einankerumformers zu der der Gleichstrommaschine gleicher Dimensionen* folgende Werte:

Phasenzahl	1	3	6	12
$\cos\varphi = 1$	0,85	1,33	1,93	2,20
$\cos\varphi = 0,9$	0,73	1,09	1,45	1,58
$\cos\varphi = 0,8$	0,63	0,90	1,14	1,22
$\cos\varphi = 0,7$	0,54	0,74	0,91	0,97

Mit abnehmendem $\cos\varphi$ nimmt bei jeder Phasenzahl die Umformerleistung rapid ab.

Die Vorteile des Zwölfphasenumformers gegenüber dem Sechsphasenumformer sind verhältnismäßig gering. Die Anordnung von 12 Phasen bedingt 12 Schleifringe und somit eine lange Maschine. Man führt aus diesem Grunde die Einankerumformer sechsphasig aus. Nur kleinere Umformer bis etwa 250 kW Leistung, bei denen die Ersparnis an Material und der bessere Wirkungsgrad, die die größere Phasenzahl bringt, noch nicht so deutlich hervortreten, werden dreiphasig ausgeführt.

Die Verhältniszahl ν ist auch für die Größe des *Ohmschen Spannungsabfalles* des Einankerumformers maßgebend. Für den Ohmschen Spannungsabfall der Gleichstrommaschine gilt:

$$\varepsilon = J_g R_a = \frac{J_g^2 R_a}{J_g} = \frac{V_{cu}}{J_g}. \tag{226}$$

Beim Einankerumformer ist

$$V_{cu} = (\sqrt{\nu} J_g)^2 R_a;$$

demnach ist der Ohmsche Spannungsabfall des Einankerumformers

$$\varepsilon = \sqrt{\nu} J_g R_a. \tag{227}$$

Der Ohmsche Spannungsabfall des Mehrphasenumformers ist also normalerweise bedeutend kleiner als der aus dem Gleichstrom J_g und dem Gleichstromwiderstand R_a gerechnete Wert.

5. Die Kommutierung des Einankerumformers.

Wie wir oben gesehen haben, setzt sich der Strom der Ankerspule eines Einankerumformers aus dem Wechselstrom und dem nahezu rechteckigen Wellenstrom, wie er bei der Gleichstrommaschine auftritt, zusammen (s. z. B. Abb. 221). Da die Kommutierungszeit im Vergleich zu der Periode des Wechselstromes sehr gering ist, so ist die Änderung des Wechselstromes der Ankerspule während der Kommutierungszeit vernachlässigbar klein. Die totale Stromänderung während der Kurzschlußzeit ist somit gleich der des Gleichstromes, d. h. die Kommutierung des Einankerumformers erfolgt im wesentlichen in derselben Weise wie bei der Gleichstrommaschine [L. 81].

Der Unterschied gegenüber der Gleichstrommaschine besteht darin, daß beim Einankerumformer kein Fluß in der Querachse (neutralen Achse) vorhanden ist. Dies ist bei ihm durch das Prinzip der Erhaltung der Energie bedingt, das Gleichheit der MMKe des Gleichstromes und der Wirkkomponente des Wechselstromes erfordert. In der Querachse treten hier nur Restfelder auf, die mit der Ungleichheit der Formen der MMK-Kurven des Gleichstromes und des Wechselstromes zusammenhängen (Abb. 217).

Werden Wendepole zur Verbesserung der Kommutierung angeordnet, was normalerweise der Fall ist, so brauchen sie bedeutend weniger Amperewindungen zu erhalten als bei der Gleichstrommaschine gleicher Leistung, weil hier die Wendepole wegen Fehlens des Querflusses in erster Linie der EMK der Selbstinduktion der kurzgeschlossenen Spule und dem Spannungsverlust unter der Bürste entgegenzuwirken haben. Zur Aufhebung der Restfelder in der Querachse brauchen die Wendepole nur einen Bruchteil der Ankeramperewindungen zu erhalten, während bei der Gleichstrommaschine die Wendepole zur Aufhebung des Ankerfeldes die ganzen Ankeramperewindungen erhalten müssen.

Eine spezielle Kompensationswicklung zur Aufhebung des Ankerfeldes kommt für den Einankerumformer nicht in Frage. Der Vorteil, den die selbsttätige Aufhebung des Ankerfeldes durch das Querfeld des Wechselstromes in bezug auf die Anzahl der Wendepolamperewindungen bringt, wird jedoch durch den Nachteil gemindert, der bei Belastungsstößen auftritt. Im Moment des Auftretens eines Belastungsstoßes auf der Gleichstromseite ist nämlich das Ankerfeld nicht kompensiert, so daß bei Belastungsstößen leicht hohe Windungsspannungen und Rundfeuer (s. S. 204) auftreten, was zur Beschädigung des Bürstenapparates führen kann.

6. Spannungsregelung des Einankerumformers.

Soll die Gleichspannung eines Einankerumformers geändert werden, so muß seine Schleifringspannung, zu der die Gleichspannung in festem Verhältnis steht, geändert werden. Durch Änderung des Erregerstromes wird im wesentlichen nur der Blindstrom des Umformers geändert, auf die Gleichspannung hat die Änderung des Erregerstromes nur unbedeutenden Einfluß, und zwar etwa insofern, als durch den Blindstrom der Spannungsabfall im Transformator, der dem Umformer vorgeschaltet ist, beeinflußt wird; dieser Spannungsabfall ist an sich klein. Zur Veränderung der Schleifringspannung wird entweder eine *Drosselspule* oder ein *Drehtransformator* verwendet.

a) Spannungsregelung mittels Drosselspule. Die Wirkung der *Drosselspule* beruht auf der durch die Ankerrückwirkung bedingten Eigenschaft des Umformers, je nach der Erregung phasennacheilenden (Untererregung) oder phasenvoreilenden (Übererregung) Strom aufzunehmen. In Abb. 227 ist für Unter- wie Übererregung die gegenseitige Lage des Schleifringstromes J_r, der Transformatorspannung P_t, der Drosselspannung P_d und der Schleifringspannung P_w gezeigt. Die Transformatorspannung P_t ist als konstant angenommen. In bezug auf den Schleifringstrom J_r, der auch durch die Drosselspule fließt, hat die Drosselspannung P_d unabhängig von der Größe der Erregung stets dieselbe Lage, und zwar ist sie stets um 90° voreilend. Bei Untererregung (J_r gegenüber P_w nacheilend) ist infolgedessen die Schleifringspannung P_w kleiner als die Transformatorspannung P_t, bei Übererregung (J_r gegenüber P_w voreilend) ist dagegen die Schleifringspannung P_w größer als die Transformatorspannung P_t. In Verbindung mit einer Drosselspule ermöglicht also die Änderung des Erregerstromes eine Spannungsregulierung des Einankerumformers.

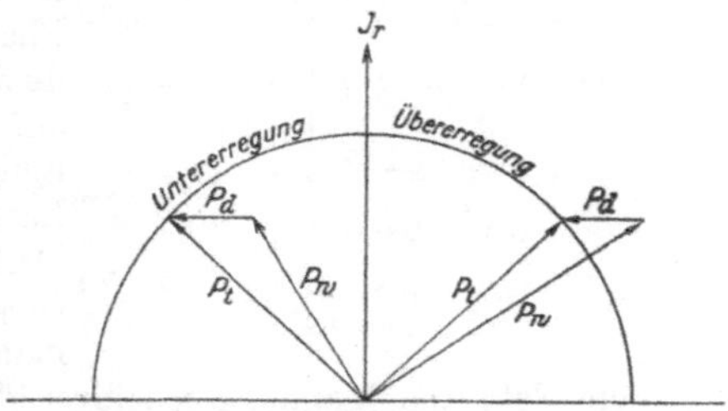

Abb. 227.

Die Regulierung mittels Drosselspule hat den Nachteil, daß der Einankerumformer dabei Blindströme führt, wodurch seine Stromwärmeverluste erhöht werden und die Gleichstromleistung herabgesetzt wird. Die Regulierung mittels Drosselspule wird daher nur dann angewendet, wenn die Regulierungsgrenzen nicht zu groß sind, bis zu etwa $\pm 8\%$ der Gleichspannung. Bei größeren Regulierungsgrenzen wird zur Spannungsregelung ein Drehtransformator genommen. Bei Regulierung mittels Drehtransformators ist der Leistungsfaktor an den Schleifringen, da die Erregung nicht geändert zu werden braucht, praktisch bei jeder Spannung gleich 1.

b) Spannungsregelung mittels Drehtransformators. Der *Drehtransformator* ist nichts anderes als eine Asynchronmaschine, deren Läufer am Umlaufen verhindert ist. Drückt man der (mehrphasigen) Ständerwicklung eine Spannung auf, so entsteht in der Maschine ein Drehfeld, durch welches in der Läuferwicklung eine EMK induziert wird. Die Stärke des Drehfeldes ist in gewissen Grenzen, wie bei jeder Asynchronmaschine, unabhängig von den Strömen in den Wicklungen beinahe konstant. Die *Größe* der in der Läuferwicklung induzierten EMK ist in jeder Lage der Läuferwicklung in bezug auf die Ständerwicklung dieselbe; dagegen ist die *Phase* der Läufer-EMK in bezug auf die Phase der Ständerspannung je nach der Lage der Läuferwicklung gegenüber der Ständerwicklung verschieden.

Wird der Läufer derart angeordnet, daß er um seine Achse um einen bestimmten Winkel gedreht werden kann, so hat man es in der Hand, seiner Wicklung verschiedene Lagen in bezug auf das Drehfeld zu geben und damit die Phase der in seiner Wicklung induzierten EMK beliebig in bezug auf die Phase der Ständerspannung einzustellen. Legt man die Läuferwicklung eines solchen Drehtransformators in die Leitung irgendeines Netzes, so kann man durch Verdrehen des Läufers dem Netz eine Spannung beliebiger Phase aufdrücken und dadurch die Netzspannung in gewissen Grenzen verändern. Abb. 228 zeigt schematisch einen Dreiphasen-Drehtransformator im Anschluß an ein Dreiphasennetz. Die Primärwicklung I des Drehtransformators liegt parallel zu der Leitung, die Sekundärwicklung II liegt hintereinander mit der Leitung. P_n ist die ungeregelte, P_n' die geregelte Netzspannung. P_z ist die von der Sekundärwicklung des Drehtransformators gelieferte Zusatzspannung.

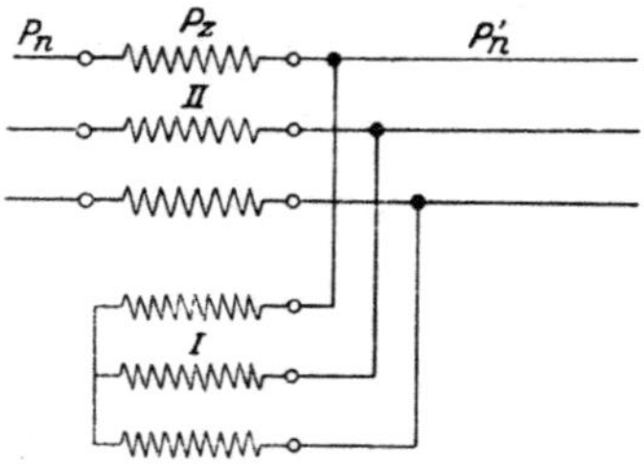

Abb. 228.

Abb. 229 zeigt das Vektordiagramm der Spannungen für eine bestimmte Lage des Läufers. Der Größe nach ist P_z konstant. Die geometrische Summe aus P_n und P_z gibt die geregelte Netzspannung P_n'. Nimmt man die Lage von P_n als fest an, so beschreiben die Endpunkte von P_z und P_n' einen Kreis um den Endpunkt von P_n mit P_z als Radius. Liegt der Endpunkt von P_z in 1, so setzt der Drehtransformator die ganze Spannung P_z zu und die geregelte Spannung ist gleich $P_n + P_z$. Liegt der Endpunkt von P_z in 2, so setzt der Drehtransformator die ganze Spannung P_z ab und die geregelte Spannung ist gleich $P_n - P_z$. Der Drehtransformator setzt die kleinste Spannung zu, wenn P_z senkrecht auf P_n steht. Die gesamte Verdrehung des Läufers von der Endstellung 1 bis zur Endstellung 2 beträgt 180 elektrische Grade.

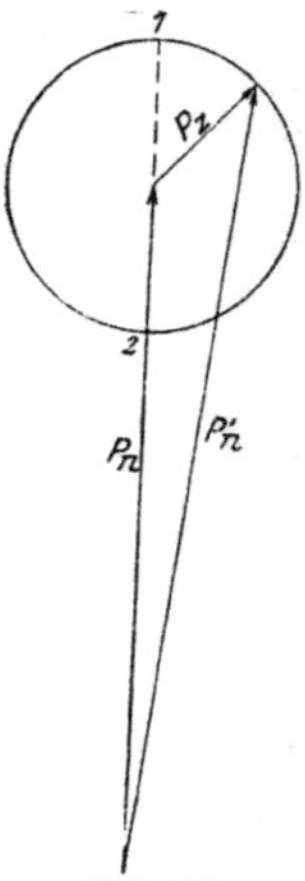

Abb. 229.

Da der Läufer des Drehtransformators nicht rotiert, so kann der Drehtransformator ebenso wie der gewöhnliche Transformator Ölkühlung erhalten. Dies ist besonders von Vorteil, wenn der Drehtransformator zur Regulierung eines Hochspannungsnetzes verwendet wird. Einen solchen aus dem Ölkessel herausgenommenen Drehtransformator zeigt Tafel X, Abb. b. Die Ständer- wie die Läuferausführungen sind an Isolatoren, die auf dem Deckel angeordnet

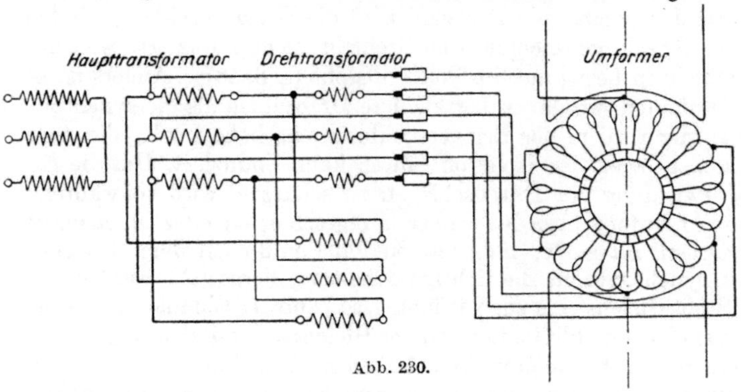

Abb. 230.

sind, angeschlossen. Die Verstellung des Läufers geschieht mittels Schnecke und eines auf der Läuferwelle oberhalb des Deckels aufgesetzten Zahnsegmentes. Drehtransformatoren für Niederspannung werden sowohl mit Öl- wie mit Luftkühlung ausgeführt.

Das Anschlußschema eines sechsphasigen Einankerumformers in Verbindung mit Haupt- und Drehtransformator zeigt Abb. 230. Um den Drehtransformator für Niederspannung ausführen zu können, wird er bei Verwendung für Einankerumformer normalerweise wie in Abb. 230 in die Sekundärseite des Haupttransformators gelegt.

Der Drehtransformator läßt genau wie die Drosselspule eine stetige Regelung der Gleichspannung des Einankerumformers zu, ohne jedoch den Umformer mit Blindstrom zu belasten, wie dies bei der Drosselspule der Fall ist. Dafür ist aber der Drehtransformator bedeutend teurer als die Drosselspule [L. 82].

7. Anlassen und Parallelarbeiten von Einankerumformern.

Das Anlassen des Einankerumformers kann sowohl von der Drehstromseite wie von der Gleichstromseite aus geschehen. Da der Einankerumformer sich drehstromseitig wie ein Synchronmotor verhält, so ist er als solcher nicht imstande, von selbst anzulaufen. Er muß genau wie der selbstanlaufende Synchronmotor eine Käfigwicklung in den Polschuhen erhalten, die ihn befähigt, asynchron, als Kurzschlußläufermotor, anzulaufen (s. S. 187). Um den Anlaufstrom klein zu halten, geschieht das Anlassen nicht mit der ganzen, sondern mit ca. einem Drittel der Schleifringspannung. Zu diesem Zwecke erhält der Haupttransformator sekundär eine entsprechende Anzapfung. Hat der Umformer mit Hilfe der Käfigwicklung beinahe die synchrone Drehzahl erreicht, so läuft er als Reaktionsmaschine, da er ausgeprägte Pole hat (s. S. 185), in den Synchronismus hinein und kann, nachdem er erregt worden ist, auf die volle Spannung umgeschaltet werden.

Bei der synchronen Drehzahl wird die Erregerwicklung wie bei jeder Synchronmaschine vom Drehfeld nicht induziert, weil das Drehfeld in bezug auf die Pole stillsteht (s. S. 187). Anders ist es im Anlaufen, wo der Anker kleinere Drehzahlen als die synchrone hat; hier wird in der Erregerwicklung eine hohe EMK, die zum Durchschlagen der Isolation führen kann, induziert. Um die Erregerwicklung vor Durchschlägen zu schützen, wird sie während des Anlaufens über den Anker kurzgeschlossen oder in mehrere Gruppen unterteilt; im letzteren Falle muß nach dem Erreichen des Synchronismus die richtige Schaltung hergestellt werden.

Steht Gleichstrom zur Verfügung, so kann der Einankerumformer wie ein Nebenschlußmotor von der Gleichstromseite aus angelassen werden. Nach erfolgtem Hochlaufen muß er dann auf der Drehstromseite, um mit dem Drehstromnetz verbunden zu werden, richtig synchronisiert werden (s. S. 179).

Normalerweise wird bei Einankerumformern das Anlassen von der Drehstromseite angewendet. Ganz große Einankerumformer werden meistens mittels besonderen Anwurfmotors angelassen; als solcher dient ein Asynchronmotor, dessen Polzahl geringer ist als die Polzahl des Umformers. Mittels Widerstände im Läuferkreis wird die Drehzahl des Asynchronmotors derart einreguliert, daß der Einankerumformer synchronisiert werden kann.

Arbeiten mehrere Einankerumformer *miteinander parallel*, so erhält normalerweise jeder Umformer seinen eigenen Transformator. Erhalten mehrere Umformer einen gemeinsamen Transformator, so sind ihre Ankerwicklungen sowohl auf der Gleichstrom- wie auf der Drehstromseite parallelgeschaltet. In solchen Fällen kann es vorkommen, daß bei Unsymmetrien in den Bürstenübergangswiderständen der Gleichstrom durch die negativen Bürsten in den Anker der Maschine eintritt und dann seinen Weg nicht über die positiven Bürsten, sondern über die Schleifringe dieser Maschine, die Sammelschienen auf der Wechselstromseite und die positiven Bürsten irgendeiner anderen Maschine nimmt. Die Bürsten dieses letzteren Umformers werden dadurch stark überlastet, und am Kommutator entsteht Feuer.

Arbeitet ein Einankerumformer parallel mit Gleichstromgeneratoren oder mit einer Batterie, so wird er bei Belastungsstößen infolge seines kleinen Spannungsabfalles (in der Ankerwicklung und im Transformator) die Stöße zum größten Teil allein übernehmen. Um eine gleichmäßige Verteilung der Last auf alle parallelarbeitenden Maschinen und eventuell auch auf die Batterie zu erzielen, ist man unter Umständen gezwungen, den Spannungsabfall des Einanker-

a

a) Kaskadenumformer (links die Gleichstrom-, rechts die Asynchronmaschine).

b

b) Läufer eines Kaskadenumformers (links der Läufer der Asynchronmaschine, rechts der Läufer der Gleichstrommaschine).

umformers dadurch zu erhöhen, daß man ihn mit einer kleinen gegenmagnetisierenden Reihenschlußwicklung und einer Drosselspule auf der Drehstromseite versieht (vgl. Abb. 227).

Zur Umformung von Wechselstrom in Gleichstrom (oder umgekehrt) kann, wie früher erwähnt wurde (S. 44), auch ein *Motorgenerator* verwendet werden. Der Motor kann sowohl ein Synchron- wie ein Asynchronmotor sein. Der Nachteil des Motorgenerators gegenüber dem Einankerumformer besteht in dem kleineren Wirkungsgrad. Während beim Motorgenerator die gesamte umzuformende Energie zuerst im Motor in mechanische und dann im Generator wieder in elektrische Energie umgewandelt wird, geschieht beim Einankerumformer die Umwandlung der einen Stromart in die andere in einem und demselben Anker, dessen Wicklung nur die Differenz der beiden Ströme zu führen hat. Die Verluste des Motorgenerators sind infolgedessen bedeutend größer als die des Einankerumformers.

Ein Mittelding zwischen dem Motorgenerator und dem Einankerumformer bildet der Kaskadenumformer.

8. Der Kaskadenumformer.

a) Die Drehzahl des Kaskadenumformers und die Leistungsverteilung auf beide Maschinen. Einen Kaskadenumformer für 500 kW bei 750 Umdr./Min. zeigt Tafel XI, Abb. a. Den Läufer eines Kaskadenumformers für 2000 kW bei 300 Umdr./Min. zeigt Tafel XI, Abb. b. Die Vordermaschine, der die Wechselstromleistung zugeführt wird, ist eine Asynchronmaschine; die Hintermaschine, die die Gleichstromleistung abgibt, ist ein Einankerumformer, also eine Synchronmaschine. Der Kaskadenumformer ist infolgedessen an eine bestimmte synchrone Drehzahl gebunden. Wie wir gleich sehen werden, arbeitet die Hintermaschine nicht nur als Einankerumformer, sondern zum Teil auch als Gleichstrommaschine.

Die beiden Maschinen, aus denen der Kaskadenumformer besteht, sind durch ihre Läufer mechanisch und elektrisch miteinander verbunden. Die Hintermaschine (der Einankerumformer) wird vom Läufer der Asynchronmaschine gespeist. Die Drehzahl des Kaskadenumformers hängt infolgedessen von den Polzahlen der beiden Maschinen ab.

Es bezeichne f_1 die Periodenzahl des dem Ständer der Asynchronmaschine zugeführten Stromes, p_a die Polpaarzahl der Vordermaschine, p_g die Polpaarzahl der Hintermaschine (des Gleichstromteiles), n_d die Drehzahl des Drehfeldes der Asynchronmaschine und n_k die Drehzahl der beiden Läufer. Dann ist die Periodenzahl der Läuferströme der Asynchronmaschine und auch der Ankerströme des Einankerumformers (s. S. 116)

$$f_2 = \frac{p_a (n_d - n_k)}{60} . \tag{228}$$

Soll die Hintermaschine als Synchronmaschine (als Einankerumformer) arbeiten, d. h. soll das in sie eingeleitete Drehfeld in bezug auf ihre Pole stillstehen, so muß ihre Drehzahl betragen:

$$n = \frac{60\, f_2}{p_g} = n_k. \tag{228a}$$

Setzt man in diese Gleichung den Wert für f_2 aus der obigen Gleichung ein und berücksichtigt, daß $n_d = \frac{60 f_1}{p_a}$ ist, so ergibt sich

$$n_k = \frac{60\, f_1}{p_a + p_g}, \tag{229}$$

d. h. *für die Drehzahl des Kaskadenumformers ist die Summe der Polpaarzahlen der Asynchronmaschine und des Einankerumformers maßgebend.* Ist z. B. die Periodenzahl f_1 gleich 50 und die Polpaarzahlen der Asynchronmaschine und des Einankerumformers gleich 2 bzw. 3, so ist die Drehzahl des Kaskadenumformers in der Minute n_k gleich 600. In dem oft vorkommenden Fall, wo die Polzahlen der beiden Maschinen gleich sind, läuft der Kaskadenumformer mit der halben synchronen Drehzahl der Asynchronmaschine. Der Einankerumformer hält das Aggregat stets in Synchronismus, die Drehzahl des Kaskadenumformers ist also unabhängig von seiner Belastung immer dieselbe.

Die vom Drehfeld einer Asynchronmaschine auf den Läufer übertragene Leistung zerfällt stets in zwei Teile, eine transformatorische und eine mechanische Leistung. Die transformatorische Leistung ist dem Schlupf des Läufers gegen das Drehfeld, die mechanische Leistung ist der Drehzahl des Läufers proportional. Der asynchrone Teil des Kaskadenumformers hat demnach eine mechanische Leistung, die n_k, und eine elektrische Leistung, die $n_d - n_k$ proportional ist. Ist die gesamte dem Kaskadenumformer zugeführte Leistung gleich N und bezeichnen N_m und N_e die mechanische bzw. die elektrische Leistung des Läufers der Asynchronmaschine, so ist, abgesehen von den Ständerverlusten,

$$N = N_m + N_e \qquad \text{und} \qquad \frac{N_m}{N_e} = \frac{n_k}{n_d - n_k}.$$

Verbindet man diese Gleichungen mit den Gleichungen 228 und 228a, so ergibt sich

$$\frac{N_m}{N_e} = \frac{p_a}{p_g}, \qquad N_m = N\,\frac{p_a}{p_a + p_g}, \qquad N_e = N\,\frac{p_g}{p_a + p_g}, \tag{230}$$

d. h. die mechanische Leistung des Läufers der Asynchronmaschine verhält sich zu seiner elektrischen Leistung wie die Polzahl der Asynchronmaschine zu der Polzahl des Einankerumformers. Die Vordermaschine arbeitet zum

$\frac{p_a}{p_a + p_g}$ ten Teil als Motor und zum

$\frac{p_g}{p_a + p_g}$ ten Teil als Transformator.

Dementsprechend arbeitet die Hintermaschine zum

$\frac{p_a}{p_a + p_g}$ ten Teil als Gleichstromgenerator und zum

$\frac{p_g}{p_a + p_g}$ ten Teil als Einankerumformer.

Der Kaskadenumformer arbeitet also zum Teil als Motorgenerator, zum Teil als Einankerumformer. Sein Wirkungsgrad liegt infolgedessen zwischen den Werten, die die Wirkungsgrade dieser beiden Maschinenarten haben. Der Transformator, der beim gewöhnlichen Einankerumformer zwischen Netz und Schleifringen eingebaut werden muß, fällt beim Kaskadenumformer normalerweise fort, da der Ständer der Asynchronmaschine direkt für Hochspannung gewickelt werden kann. Die Einstellung der Wechselspannung der Hintermaschine auf den durch die Gleichspannung bedingten Wert geschieht durch passende Wahl der Windungszahl des Läufers der Asynchronmaschine. Um kleinere Stromwärmeverluste in der Hintermaschine zu erzielen, wird der Läufer der Asynchronmaschine meistens zwölfphasig ausgeführt. Für die Kommutierung des Kaskadenumformers gilt das über die Gleichstrommaschine und über den Einankerumformer Gesagte. Die Gefahr des Rundfeuers ist, wie aus dem Obigen folgt, beim Kaskadenumformer bedeutend geringer als beim Einankerumformer.

b) Die Spannungsregelung des Kaskadenumformers. Die *Spannungsregelung* des Kaskadenumformers geschieht durch Änderung der Erregung des Gleichstromteiles. Die Streuung der Ständer- und der Läuferwicklung der Asynchronmaschine spielt dabei dieselbe Rolle, wie die Drosselspule beim gewöhnlichen Einankerumformer. Bei einer gewissen mittleren Gleichspannung (gewissen mittleren Erregung) herrscht Phasengleichheit zwischen Strom und Spannung am Ständer der Asynchronmaschine. Bei einer höheren Gleichspannung führt der Ständer voreilenden Strom, bei einer niedrigeren Gleichspannung nacheilenden Strom, da im ersten Falle der Gleichstromteil übererregt, im zweiten Falle untererregt werden muß (Abb. 227). Da die Verluste im Gleichstromteil in den letzten beiden Fällen größer sind als bei Phasengleichheit, so muß die Leistung des Aggregates ebenso wie beim gewöhnlichen Einankerumformer heruntergesetzt werden.

c) Das Anlassen des Kaskadenumformers. Das *Anlassen* geschieht beim Kaskadenumformer in ähnlicher Weise wie beim gewöhnlichen Asynchronmotor. Die Anordnung der Wicklungen eines zwölfphasigen Kaskadenumformers mit Anlaßwiderstand zeigt Abb. 231. Die einen 12 Enden der 12 Läuferphasen sind fest mit dem Gleichstromteil verbunden. Von den anderen 12 Enden führen drei um 120 elektrische Grade gegeneinander verschobene

Enden zu 3 Schleifringen, an die der Anlaßwiderstand R angeschlossen wird. Mittels eines Kurzschließers K können außerdem diese 12 Enden direkt miteinander verbunden werden. Während des

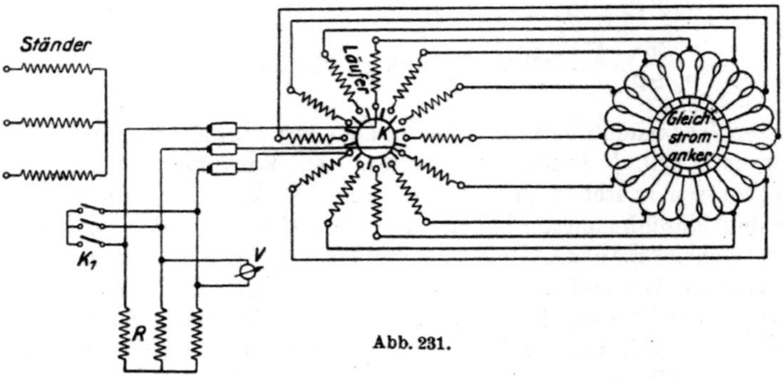

Abb. 231.

Anlaufes ist dieser Kurzschließer offen und der Kaskadenumformer läuft mit den drei an die Schleifringe angeschlossenen Phasen wie ein Dreiphasen-Asynchronmotor an. In der Nähe der synchronen Drehzahl des Aggregates erregt sich die Hintermaschine und drückt den Läuferphasen Spannungen auf. An einem Voltmeter, das parallel zum Anlaßwiderstand R liegt, läßt sich die Resultierende aus der vom Drehfeld der Asynchronmaschine induzierten und der vom Einankerumformer aufgedrückten Spannung ablesen. In einem Augenblick, wo die resultierende Spannung gleich Null ist und das Aggregat in der Nähe der synchronen Drehzahl läuft, was sich an den langsam erfolgenden Bewegungen des Voltmeterzeigers erkennen läßt, wird der Anlasser, der nicht regelbar ist, mittels des Schalters K_1 kurzgeschlossen. Das Aggregat bleibt dann im Synchronismus. Durch Betätigung des Kurzschließers K werden dann alle 12 Enden der Läuferwicklung miteinander verbunden und der Kaskadenumformer kann belastet werden [L. 83].

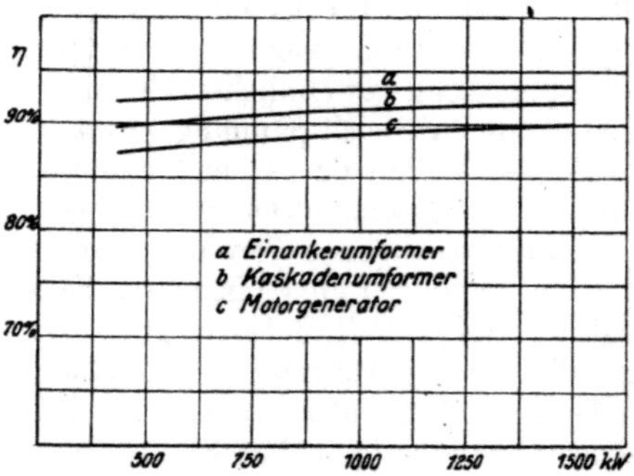

Abb. 232.

Wie oben erwähnt wurde, liegt der Wirkungsgrad des Kaskadenumformers zwischen dem des Motorgenerators und dem des Einankerumformers. Abb. 232 zeigt die Wirkungsgrade aller drei Umformerarten in Abhängigkeit von der abgegebenen Gleichstromleistung.

X. Die Wechselstrom-Kommutatormaschine.

Bei der Gleichstrommaschine und dem Einankerumformer läuft der Gleichstromanker in einem zeitlich unveränderlichen Magnetfelde herum. Bei der Wechselstrom-Kommutatormaschine ist dagegen das Magnetfeld entweder ein *Wechselfeld* oder ein *Drehfeld*. Damit hängt eine Reihe von neuen Erscheinungen zusammen, die bei dem Gleichstromanker im zeitlich unveränderlichen Magnetfelde nicht auftreten. Wir betrachten zunächst die Einphasen-Kommutatormaschine und beginnen mit dem Einfluß des Wechselfeldes auf den Gleichstromanker.

A. Die Einphasen-Kommutatormaschine.

1. Der Gleichstromanker im Wechselfelde.

Bei der Behandlung der Gleichstrommaschine haben wir gesehen, daß die magnetische Achse eines Gleichstromankers durch die Lage der Bürsten auf dem Kommutator bestimmt wird (Abb. 179). Dasselbe gilt auch hier, jedoch mit dem Unterschied, daß bei der Gleichstrommaschine die Ströme in jedem Ankerzweig stets dieselbe Richtung und Größe haben und das Ankerfeld infolgedessen konstant ist, während bei der Einphasen-Kommutatormaschine die Ströme in jedem Ankerzweig, da die Bürsten Wechselstrom führen, sich zeitlich (nach einer Sinusfunktion) ändern und das Ankerfeld infolgedessen auch veränderlich ist: *Das Ankerfeld der Einphasen-Kommutatormaschine ist ein Wechselfeld*, dessen Achse durch die Lage der Bürsten auf dem Kommutator bestimmt wird.

Die *Erregerwicklung* ist bei der Einphasen-Kommutatormaschine entweder eine konzentrierte Wicklung, ähnlich wie bei der Gleichstrommaschine, oder eine verteilte Wicklung wie bei der Einphasen-Asynchronmaschine; sie erzeugt ein Wechselfeld, das bei der verteilten Wicklung im Luftspalt angenähert nach einer Sinusfunktion verteilt ist und dessen Achse mit der Symmetrielinie dieses Feldes zusammenfällt (Abb. 104). Der Einfachheit halber werden wir in den folgenden Abbildungen die Erregerwicklung stets als konzentrierte Wicklung zeichnen.

a) Die EMK der Rotation der Ankerwicklung. Abb. 233 stellt die Erreger- und die Ankerwicklung einer Einphasen-Kommutatormaschine dar. Die Bürstenachse möge senkrecht zur Feldachse stehen und der Anker sich im Wechselfelde der Erregerwicklung drehen. Die infolge der Rotation in der Ankerwicklung induzierte (an den Bürsten meßbare) EMK ist wie bei der Gleichstrommaschine um so größer, je größer die Drehzahl des Ankers ist; sie ist aber, da das Erregerfeld ein Wechselfeld ist, keine Gleich-EMK, sondern eine Wechsel-EMK, und zwar ist ihre *Periodenzahl unabhängig von der Drehzahl des Ankers stets gleich der Periodenzahl des Erreger-*

stromes (der Netzperiodenzahl). Dies geht aus folgender einfachen Überlegung hervor: Bei der Gleichstrommaschine steht das Feld still. Durch Rotation wird im Anker eine Gleich-EMK induziert, deren Größe proportional der Drehzahl des Ankers ist. Denkt man sich das Feld der Gleichstrommaschine in Pulsationen versetzt, so wird zwischen den Kommutatorbürsten eine Wechsel-EMK entstehen, deren Pulsationszahl (Periodenzahl) der Pulsationszahl des Feldes entsprechen muß und deren Größe der Ankergeschwindigkeit proportional ist. — Aus der gleichen Überlegung folgt weiter, daß die *EMK der Rotation im Wechselfluß in Phase ist mit dem Fluß*, denn diese EMK ist gleich Null, wenn der Fluß gleich Null ist und ist im Maximum, wenn der Fluß im Maximum ist.

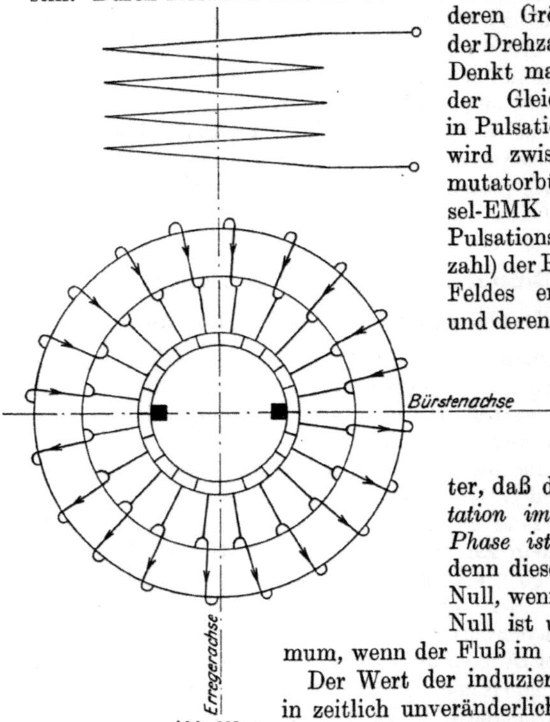

Abb. 233.

Der Wert der induzierten Gleich-EMK in zeitlich unveränderlichem Magnetfelde nach Gleichung 107 stellt im Wechselfelde *die Amplitude* der induzierten EMK dar, so daß der Effektivwert der im Anker *durch Rotation* im Wechselfelde induzierten EMK beträgt

$$E_r = \frac{1}{\sqrt{2}}\, 4\, w\, \frac{pn}{60}\, \Phi\, 10^{-8} \text{ Volt.} \qquad (231)$$

b) Die EMK der Transformation der Ankerwicklung. Außer der EMK der Rotation wird in der Ankerwicklung noch eine zweite EMK induziert und zwar durch *Transformation*. Da der mit den einzelnen Ankerwindungen verkettete Erregerfluß ein Wechselfluß ist, so induziert er in ihnen EMKe genau so, wie der Fluß eines Transformators EMKe in den Windungen der Sekundärwicklung des Transformators induziert (Abb. 46), und zwar sind diese EMKe *ganz unabhängig von der Ankergeschwindigkeit*. In Abb. 234 ist die Richtung der EMKe der Transformation für einen bestimmten Augenblick eingezeichnet. Die EMKe in den Windungen links der Achse des Erregerfeldes und die EMKe in den Windungen rechts der Achse des Erregerfeldes haben in bezug aufeinander entgegengesetzte Richtung, genau so wie die EMKe der Rotation in bezug auf die Bürstenachse in Abb. 233. Innere Ströme in der Ankerwicklung können diese EMKe der Transformation nicht hervorrufen, weil in bezug auf den geschlossenen Kreis, den die ganze Ankerwicklung bildet, die EMKe der beiden Wicklungshälften sich aufheben. Solche Ströme würden dann entstehen können, wenn man auf dem Kommutator Bürsten in der Erregerachse angeordnet (Bürsten *e e*, Abb. 234) und diese miteinander verbunden hätte. An solchen Bürsten läßt sich die EMK der Transformation mit dem Voltmeter auch messen. In bezug auf die Bürsten in der Senkrechten zur Erregerachse (Bürsten *a a*, Abb. 234) sind die EMKe der Transformation, die das Erregerfeld erzeugt, wirkungslos, weil sie sich sowohl in der oberen wie in der unteren Ankerhälfte aufheben, so daß hier die EMKe der Transformation keine Ströme in der Ankerwicklung hervorrufen, falls man diese Bürsten miteinander verbindet.

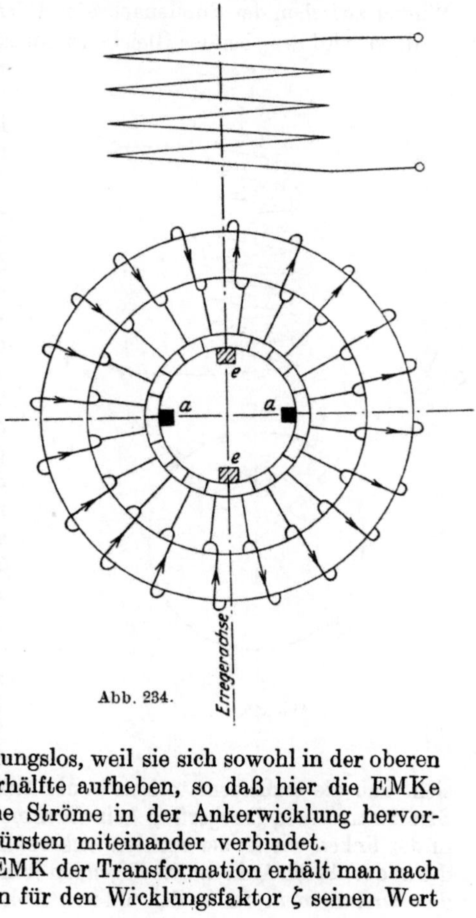

Abb. 234.

Den Effektivwert der EMK der Transformation erhält man nach Gleichung 105, wenn man für den Wicklungsfaktor ζ seinen Wert $\frac{2}{\pi}$ einsetzt,

$$E_t = 2\sqrt{2}\, w\, f\, \Phi\, 10^{-8} \text{ Volt.} \qquad (232)$$

f ist die Periodenzahl des Erregerstromes und w wie in Gleichung 231 die Windungszahl eines Ankerzweiges.

Die EMK der Rotation E_r und die EMK der Transformation E_t haben die gleiche Periodenzahl f. Während aber die EMK der Rotation E_r in Phase ist mit dem sie erzeugenden Fluß und von der Ankerdrehzahl abhängt, ist die EMK der Transformation E_t wie bei jedem Transformator um 90^0 gegen den sie erzeugenden Fluß in der Phase verschoben, und zwar nacheilend gegenüber dem Fluß, und von der Ankerdrehzahl unabhängig.

Verschiebt man in der Abb. 233 die Bürsten derart, daß der Winkel zwischen der Bürstenachse und der Erregerachse $\alpha \gtrless 90^0$ wird, so wird wie bei der Gleichstrommaschine die EMK der Rotation kleiner als nach Gleichung 231, und zwar kommt zu der Größe nach Gleichung 231 noch der Faktor $\sin\alpha$ hinzu. Außerdem tritt in diesem Falle zwischen den Bürsten noch eine EMK der Transformation auf von der Größe der Gleichung 232 mal $\cos\alpha$. Dies sieht man ohne weiteres ein, wenn man den Fluß in zwei Komponenten zerlegt, von denen eine, $\Phi\sin\alpha$, senkrecht zur Bürstenachse steht und die andere, $\Phi\cos\alpha$, parallel zur Bürstenachse liegt (Abb. 235).

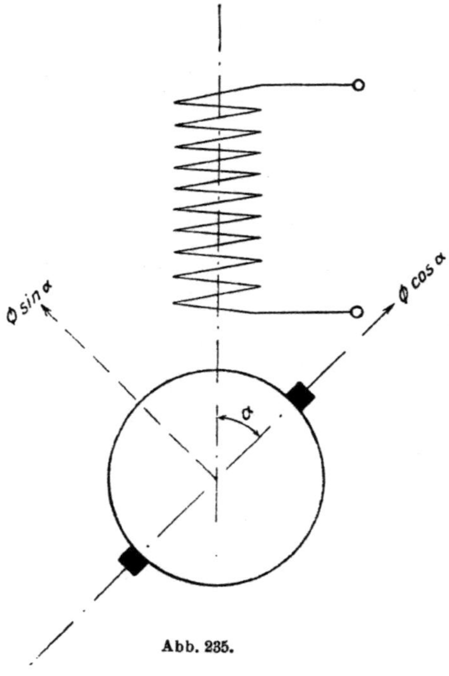

Abb. 235.

c) Das Drehmoment. An Hand der Abb. 234 und des Biot-Savartschen Gesetzes, S. 19, überzeugt man sich, daß die transformatorisch in der Ankerwicklung induzierten Ströme mit dem Erregerfluß kein Drehmoment erzeugen: sowohl in der linken wie in der rechten Ankerhälfte ist das Drehmoment der in der oberen Ankerhälfte liegenden Windungen entgegengesetzt dem Drehmoment der in der unteren Ankerhälfte liegenden Windungen. Anders ist es mit den Strömen, die die EMK der Rotation hervorruft (Abb. 233); diese erzeugen mit dem Erregerfluß das Nutzdrehmoment. Im ersten Falle, wo die Ankerströme transformatorisch erzeugt werden, fällt die Achse des Ankerfeldes mit der Erregerachse zusammen. Im zweiten Falle, wo die Ankerströme durch Rotation erzeugt werden, bildet die Achse des Ankerfeldes (Bürstenachse) mit der Erregerachse einen Winkel von 90^0: *das größte Drehmoment tritt dann auf, wenn Bürstenachse und Erregerachse* (wie bei der Gleichstrommaschine) *miteinander einen Winkel von 90⁰ bilden.*

Die für das Drehmoment des Gleichstrommotors abgeleitete

Gleichung 211 läßt sich auch hier anwenden, wenn man in ihr für den Bürstenstrom und den Fluß deren Momentanwerte einsetzt. Bezeichnet man die Phasenverschiebung zwischen Bürstenstrom und Fluß mit ψ und bildet den Mittelwert des Drehmomentes über eine Periode des Stromes, so erhält man genau wie bei der Bestimmung der mittleren Leistung (S. 14)

$$M = \frac{10^{-8}}{2\pi \cdot 9{,}81} \frac{p}{a} \Phi_{\text{eff}}\, z J \cos\psi \text{ mkg,} \tag{233}$$

wo J und Φ Effektivwerte sind. Bildet die Bürstenachse mit der Erregerachse den Winkel α (Abb. 235), so ist diese Größe mit $\sin\alpha$ zu multiplizieren, da nur die Flußkomponente $\Phi \sin\alpha$ drehmomentenbildend wirkt. Wie in den Gleichungen 231 und 232 für die EMK, führen wir auch hier für den *Fluß Φ seinen Maximalwert* ein und erhalten für den Mittelwert des Drehmomentes allgemein

$$M = \frac{10^{-8}}{2\sqrt{2}\,\pi \cdot 9{,}81} \frac{p}{a} \Phi z J \cos\psi \sin\alpha \text{ mkg.} \tag{234}$$

Das Drehmoment der Einphasen-Kommutatormaschine ist nicht konstant, sondern es schwankt zwischen einem Minimal- und einem Maximalwert (vgl. Abb. 13). Abgesehen von den Faktoren $\cos\psi$ und $\sin\alpha$ ist das mittlere Drehmoment nach Gleichung 234 im Verhältnis $1 : \sqrt{2}$ kleiner als das konstante Drehmoment einer Gleichstrommaschine mit dem gleichen Fluß und den gleichen Ankerkupferverlusten wie bei der Einphasen-Kommutatormaschine. Sind Fluß und Strom nicht in Phase oder ist der Winkel zwischen der Bürstenachse und der Erregerachse nicht gleich 90^0 ($\psi \neq 0$, $\alpha \neq 90^0$), so wird das Drehmoment im Vergleich zu dem der Gleichstrommaschine noch kleiner.

d) Die Kompensationswicklung. Der Erregerfluß induziert in den Ankerwindungen EMKe der Transformation. An den Bürsten ist eine EMK der Transformation nur dann vorhanden, wenn sie nicht senkrecht zur Erregerachse stehen. Stehen die Bürsten in der Senkrechten zur Erregerachse, so ist die EMK der Transformation zwischen ihnen gleich Null, weil die EMKe der einzelnen Windungen sich in jedem Ankerzweig gegenseitig aufheben. Der Erregerfluß ist aber nicht nur mit der Ankerwicklung, sondern auch mit der Erregerwicklung verkettet; er erzeugt in der Erregerwicklung eine EMK der Selbstinduktion, deren Periodenzahl gleich der Periodenzahl des Netzes ist und zu deren Überwindung ein Teil der Klemmenspannung verbraucht werden muß. Diese Komponente der Klemmenspannung eilt dem Erregerstrom um 90^0 vor.

Dieselbe Wirkung wie der Erregerfluß auf die Erregerwicklung hat der Ankerfluß auf die Ankerwicklung. Wie wir gesehen haben, ist der Ankerfluß ein Wechselfluß, dessen Achse mit der Bürstenachse zusammenfällt. Da die Ankerwicklung sich magnetisch wie ein Solenoid, dessen Achse mit der Bürstenachse zusammenfällt, verhält (s. S. 203), so induziert der Ankerfluß in der Ankerwicklung eine EMK der Selbstinduktion (der Transformation), zu deren Überwindung wiederum eine Komponente der Klemmenspannung verbraucht werden muß.

Die EMKe der Selbstinduktion der Erregerwicklung und der Ankerwicklung bringen eine Phasenverschiebung zwischen Strom und Klemmenspannung hinein (Abb. 9) und würden die Phasenverschiebung des Einphasen-Kommutatormotors außerordentlich groß machen, falls nicht besondere Hilfsmittel angewendet würden, um dies zu vermeiden. Wie wir im Kapitel VIII gesehen haben, spielt bei den Maschinen, die nicht nach dem Transformatorprinzip arbeiten, und dies sind die Gleichstrommaschinen und die Einphasen-Kommutatormaschinen, der Ankerfluß für die Arbeitsübertragung keine Rolle. Wie bei der Gleichstrommaschine darf auch hier der Ankerfluß vernichtet werden: die *Einphasen-Kommutatormaschinen erhalten infolgedessen in der Regel eine Kompensationswicklung*. Durch diese wird der Ankerfluß bis auf kleine Reste, die Streuflüsse, vernichtet, so daß die EMK der Selbstinduktion der Ankerwicklung klein wird und zwar gleich der EMK der *Streu*induktion der Ankerwicklung. Die EMK der Selbstinduktion der Erregerwicklung läßt sich dagegen nicht vermeiden, denn diese wird durch den Drehmomentenfluß, der nicht geschwächt werden darf, erzeugt. Bei der Einphasen-Reihenschlußmaschine wird zur Verkleinerung der EMK der Selbstinduktion der Erregerwicklung die Windungszahl der Erregerwicklung so klein wie möglich gemacht.

Ähnlich wie bei der Gleichstrommaschine wird auch hier die Kompensationswicklung als verteilte Wicklung ausgeführt und in Nuten des Ständers untergebracht. Ihre magnetische Achse muß mit der magnetischen Achse der Ankerwicklung, d. h. mit der Bürstenachse, zusammenfallen und ihre MMK-Kurve muß der Anker-MMK-Kurve möglichst ähnlich sein. Da der Ankerfluß ein Wechselfluß ist, ist es hier nicht nötig, die Kompensationswicklung mit der Ankerwicklung hintereinander zu schalten und vom Ankerstrom durchfließen zu lassen wie bei der Gleichstrommaschine: die Kompensationswicklung dämpft hier das Ankerfeld auch dann, wenn sie in sich kurzgeschlossen ist, da sie dann in bezug auf die Ankerwicklung als Primärwicklung wie die kurzgeschlossene Sekundärwicklung eines Transformators wirkt (s. S. 59).

e) Die EMK der Transformation der kurzgeschlossenen Spule und die Wendefelder der Einphasen-Kommutatormaschine. Spielt schon bei der Gleichstrommaschine die Kommutierung eine wesentliche Rolle und wirkt mitbestimmend auf die Bemessung der Maschine, so trifft dies in noch viel größerem Maße bei der Wechselstrom-Kommutatormaschine zu, weil bei dieser die Kommutierung unter viel ungünstigeren Verhältnissen verläuft als bei der Gleichstrommaschine, und zwar ist es *die EMK der Transformation der kurzgeschlossenen Spule,* die die Kommutierungsverhältnisse im Vergleich zu denen der Gleichstrommaschine verschlechtert. Wie aus Abb. 233 ersichtlich ist, liegt die kurzgeschlossene Spule während der Kurzschlußzeit so im Felde, daß ihre Fläche senkrecht zur Erregerachse steht und sie infolgedessen mit dem vollen Erregerflusse verkettet ist. Es entsteht in ihr transformatorisch eine EMK von der Größe:

$$e_t = 4{,}44\, f\, w_s\, \Phi\, 10^{-8} \text{ Volt,} \tag{235}$$

wo w_s wie früher die Anzahl der Windungen pro Wicklungselement (pro Spule) bedeutet. Diese EMK e_t wird in der kurzgeschlossenen Spule induziert unabhängig davon, ob der Anker sich dreht oder stillsteht, sie *tritt also sowohl im Anlauf wie im Lauf der Maschine auf.* Während bei der Gleichstrommaschine, falls die Bürsten in der neutralen Achse stehen, das Erregerfeld auf die kurzgeschlossene Spule keinen Einfluß hat, ist hier der Einfluß des Erregerfeldes auf die kurzgeschlossene Spule in Form der EMK der Transformation auch in diesem Falle vorhanden.

Das Ankerfeld hat hier auf die kurzgeschlossene Spule keinen Einfluß, weil es von der Kompensationswicklung aufgehoben wird.

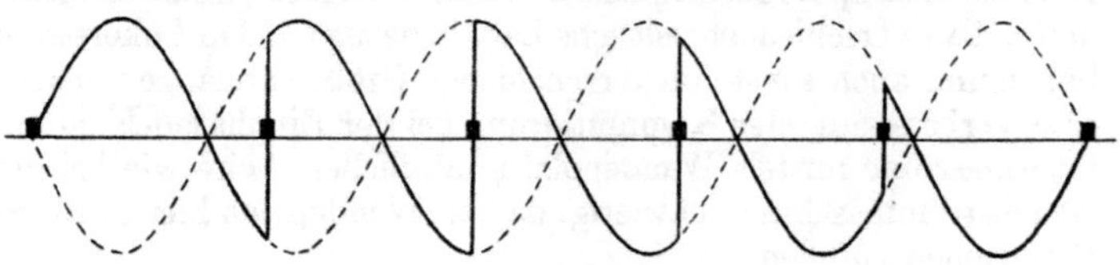

Abb. 236.

Außer der EMK der Transformation e_t wirken auf den Kreis der kurzgeschlossenen Spule noch die Ohmschen Widerstände des Kurzschlußkreises und *die EMK der Selbstinduktion* e_s, die beim Übergang der Spule von einem Ankerzweig zu dem anderen durch die Änderung des Stromes entsteht. Da die Kommutierungszeit normalerweise nur etwa $\frac{1}{30}$ bis $\frac{1}{50}$ der Zeitdauer einer Periode des Wechselstromes beträgt, so liegen hier in bezug auf die EMK der Selbstinduktion der kurzgeschlossenen Spule die Verhältnisse ähnlich wie bei der Gleichstrommaschine. Ein Unterschied gegenüber der Gleichstrommaschine besteht darin, daß die Stromwendung, da der Anker Wechselstrom führt, bei einem beliebigen Momentanwert des Wechselstromes erfolgen kann. Abb. 236 zeigt die Stromwendung für eine bestimmte Windung; sie erfolgt bald bei einem, bald bei dem anderen Momentanwert des Wechselstromes. Dieses Bild ändert sich von Windung zu Windung. Für die Güte der Kommutierung ist die größte EMK der Selbstinduktion maßgebend, und diese tritt dann auf, wenn bei Strommaximum kommutiert wird. Wird in dem Augenblick kommutiert, wo der Momentanwert des Wechselstromes gleich Null ist, so ist auch die EMK der Selbstinduktion gleich Null. Daraus folgt, daß *die EMK der Selbstinduktion der kurzgeschlossenen Spule in Phase mit dem Strom ist,* denn die Maximal- wie die Nullwerte der beiden Größen fallen zeitlich zusammen. Die Größe der EMK der Selbstinduktion berechnet sich aus der Amplitude des Stromes genau in derselben Weise wie bei der Gleichstrommaschine, und für die Größe des Wendefeldes, das nötig ist, um die EMK der Selbstinduktion aufzuheben, ergibt sich nach Gleichung 205

$$\mathfrak{B}_{ws} = \sqrt{2}\, A \zeta, \tag{236}$$

wobei A den effektiven Strombelag und $\mathfrak{B}_{ws}$ die Amplitude der Feldstärke bedeuten. Ein solches dem Ankerstrome proportionales Wendefeld hebt automatisch bei jeder Drehzahl, wie bei der Gleichstrommaschine, die EMK der Selbstinduktion e_s auf.

Während die EMK der Transformation der kurzgeschlossenen Spule vom Fluß und von der Netzperiodenzahl abhängt und gegenüber dem Fluß um 90° in der Phase zurückbleibt, hängt die EMK der Selbstinduktion der kurzgeschlossenen Spule von dem Strom und von der Ankergeschwindigkeit (s. Gleichung 203) ab und ist in Phase mit dem Strom. Die Tatsache, daß die beiden in der kurzgeschlossenen Spule der Einphasen-Kommutatormaschine auftretenden EMKe verschiedene zeitliche Lage in bezug auf den Ankerstrom haben und auch sonst von verschiedenen Größen abhängen, macht eine Verbesserung der Kommutierung bei der Einphasen-Kommutatormaschine mittels Wendepole, in ähnlicher Weise wie bei der Gleichstrommaschine, schwierig, da den Wendepolen hier zweierlei Funktionen zufallen.

Die Aufhebung der EMK der Selbstinduktion der kurzgeschlossenen Spule kann hier in vollkommen gleicher Weise wie bei der Gleichstrommaschine durch *Rotation* der kurzgeschlossenen Spule *in einem Wendefelde* geschehen. Die Stärke dieses Wendefeldes muß dem Strome proportional sein, da e_s dem Strome proportional ist. Die Phase dieses Wendefeldes muß der des Stromes entgegengesetzt sein, denn die durch Rotation in einem Wechselfelde induzierte EMK hat, wie wir wissen, die gleiche Phase wie das Wechselfeld, so daß die in einem dem Strome entgegengesetzt gerichteten Wendefelde durch Rotation induzierte EMK e_s gerade entgegengesetzt gerichtet sein wird. Abb. 237a zeigt das Vektordiagramm des Ankerstromes J und des zur Aufhebung der EMK der Selbstinduktion e_s nötigen Wendefeldes Φ_{ws}. Die EMK e_s ist in Phase mit J, der Fluß Φ_{ws} erzeugt in der kurzgeschlossenen Spule die EMK $-e_s$, die e_s gleich und entgegengesetzt gerichtet ist. Zur Erzeugung des Wendeflusses Φ_{ws} muß, wie bei der Gleichstrommaschine, der Ankerstrom zur Hilfe genommen werden,

Abb. 237a.

d. h. die Wendepolwicklung muß vom Ankerstrome durchflossen sein. Dies kann hier z. B. auf einfache Weise dadurch geschehen, daß man die MMK der Kompensationswicklung um ein bestimmtes Maß größer macht als die der Ankerwicklung. Die Differenz der beiden MMKe erzeugt dann das nötige Wendefeld Φ_{ws}.

Anders ist es mit der EMK der Transformation der kurzgeschlossenen Spule. In Abb. 237b ist Φ der Erregerfluß und e_t die von ihm in der kurzgeschlossenen Spule induzierte EMK der Transformation, die gegenüber dem Fluß um 90° zurückbleibt. *Durch transformatorische* Wirkung eines Wendeflusses kann e_t nicht aufgehoben werden, denn dieser Fluß müßte gegenüber dem Erregerfluß Φ um 180° in der Phase verschoben sein und würde diesen schwächen. Soll e_t aufgehoben werden, so muß dies also durch *Rotation* in einem Wendefluß geschehen, und zwar muß dieser Wendefluß gegenüber dem Erregerfluß Φ um 90° voreilen, wie Abb. 237 b zeigt. Zur Aufhebung der EMK der Transformation der kurzgeschlossenen Spule e_t ist ein Wendefluß anderer Phase und auch anderer Größe erforderlich als der zur Aufhebung der EMK der Selbstinduktion e_s, denn e_t ist der Netzfrequenz, e_s der Ankergeschwindigkeit proportional. Wie diese beiden Wendeflüsse erzeugt werden, werden wir bei der Betrachtung der einzelnen Maschinenarten sehen.

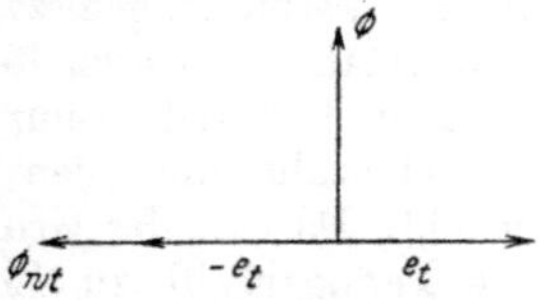

Abb. 237 b.

Bezeichnet $\mathfrak{B}_{wt}$ die Amplitude der Feldstärke des zur Aufhebung der EMK der Transformation e_t nötigen Wendefeldes, so wird von diesem Wendefeld in der kurzgeschlossenen Spule die effektive EMK induziert (Gleichung 204):

$$e_t' = 2\, v\, w_s\, l_i\, \frac{\mathfrak{B}_{wt}}{\sqrt{2}}\, 10^{-8} \text{ Volt.} \tag{237}$$

Führt man hier ein

$$v = \frac{\pi D n}{60} = \frac{2 p \tau_p n}{60}$$

und setzt $e_t' = e_t$ nach Gleichung 235, so folgt

$$\mathfrak{B}_{wt} = \frac{\Phi}{\frac{2}{\pi} \tau_p\, l_i} \, \frac{60 f}{p n}. \tag{238}$$

Die beiden EMKe der kurzgeschlossenen Spule, e_s und e_t, sind bei den Einphasen-Kommutatormaschinen meistens nahezu um 90° gegeneinander in der Phase verschoben, so daß die resultierende EMK des Kurzschlußkreises angenähert gleich ist

$$e_r = \sqrt{e_s^2 + e_t^2}. \tag{239}$$

Wie wir sehen werden, wird e_r von den beiden Wendefeldern nur bei bestimmten Belastungsverhältnissen ganz aufgehoben. Bei anderen Belastungsverhältnissen bleibt ein gewisser Rest übrig.

Dieser darf erfahrungsgemäß den Wert von 3 Volt nicht übersteigen. Damit ist aber auch eine Grenze für e_t selbst gesetzt. Da die Größe der EMK der Transformation e_t von der Drehzahl unabhängig ist, anderseits diese EMK nur durch *Rotation* in einem Wendefelde aufgehoben werden kann, so kann die EMK e_t bei kleinen Geschwindigkeiten, also *im Anlauf, nicht aufgehoben werden und die EMK der Transformation kommt im Anlauf voll zur Wirkung.*

Es gibt kein anderes Mittel, die schädliche Wirkung der EMK der Transformation der kurzgeschlossenen Spule im Anlauf zu vermeiden, als daß man diese EMK *klein* (ca. 3 Volt) macht (falls nicht in die Verbindungen zwischen den Spulen und den Lamellen Widerstände eingeschaltet werden). Wie aus Gleichung 235 hervorgeht, läßt sich e_t nur dadurch verkleinern, daß man die Netzperiodenzahl und den Erregerfluß (Drehmomentenfluß) klein macht. Dies ist der Grund, warum bei den Wechselstrombahnen die Periodenzahl zu $16\,^2/_3$ gewählt wird und warum bei den Wechselstrom-Kommutatormotoren die Polleistung im Vergleich zu der der anderen elektrischen Maschinen klein gehalten werden muß. Der kleine Erregerfluß bedingt eine kleine Spannung pro Windung. Die Kommutatoren der Wechselstrom-Kommutatormaschinen lassen sich infolgedessen nur für niedrige Spannungen ausführen (etwa bis 100 Volt bei 50 Per./sek, 300 Volt bei 25 Per./sek und 500 Volt bei $16^2/_3$ Per./sek). Dort, wo der Kommutator in unmittelbarer Verbindung mit dem Netz steht, ist meistens ein Transformator zwischen Netz und Anker erforderlich.

Die Grenze von 3 Volt für die Restspannung der kurzgeschlossenen Spule ist durch die *Eigenschaften der Kohlenbürsten* gegeben. Je größer nämlich der Übergangswiderstand zwischen den Kommutatorlamellen und den Bürsten ist, desto kleiner wird der Strom des Kurzschlußkreises und eine desto größere Restspannung ist zulässig. Man verwendet bei Wechselstrom-Kommutatormotoren nur harte Bürstensorten mit großem Übergangswiderstand [L. 84].

2. Der Einphasen-Reihenschlußmotor.

a) Das Spannungsdiagramm des Einphasen-Reihenschlußmotors. Das Schaltschema des Einphasen-Reihenschlußmotors zeigt Abb. 238. *A* ist der Anker, *E* die Erregerwicklung, *K* die Kompensationswicklung und *W* die Wendepolwicklung. Die Erregerachse steht senkrecht zur Bürstenachse, die Achsen der Kompensations- und der Wendepolwicklung fallen mit der Bürstenachse zusammen. Die Verbindung der Anker-, der Wendepol- und der Kompensationswicklung miteinander muß derart geschehen, daß der Fluß der Kompensations- und der Wendepolwicklung dem Ankerfluß entgegenwirken. Da die Bürstenachse senkrecht zur Erregerachse steht, so ist an den Bürsten nur eine EMK der Rotation der Ankerwicklung im Erregerfelde und keine EMK der Transformation vorhanden. Die Kompensationswicklung hebt das Ankerfeld auf. Die Erreger- ebenso wie die Wendepolwicklung sind hier in ähnlicher Weise wie bei der Gleichstrommaschine als konzentrierte Wicklungen ausgeführt.

Das dem Schema Abb. 238 entsprechende Spannungsdiagramm läßt sich leicht aufstellen. Alle vier Wicklungen werden von demselben Strom J durchflossen. Der Erregerfluß Φ wird von dem Strome J erzeugt und ist also mit ihm in Phase. Dementsprechend ist auch die EMK der Rotation E_r in Phase mit J. Bezeichnet ΣR die Summe der Ohmschen Widerstände der vier Wicklungen und Σx die Summe aus den Streu-Blindwiderständen der Anker- und der Kompensationswicklung und den Blindwiderständen der Erreger- und der Wendepolwicklung, so wird der aufgedrückten Spannung das Gleichgewicht gehalten durch die Spannungsabfälle $J\Sigma R$ und $J\Sigma x$ und durch die EMK der Rotation der Ankerwicklung E_r. Die Eisenverluste des Ständers werden elektrisch gedeckt und sind in $J\Sigma R$ einzurechnen. Die Eisenverluste des Läufers werden dagegen zum größten Teile ebenso wie die Reibungsverluste auf mechanischem Wege durch den Läufer gedeckt. In der Summe Σx hat der Blindwiderstand der Erregerwicklung den größten Anteil. Da er vom Erregerfluß erzeugt wird, so hängt er wie dieser von der Sättigung des Eisens ab; er ist gleich

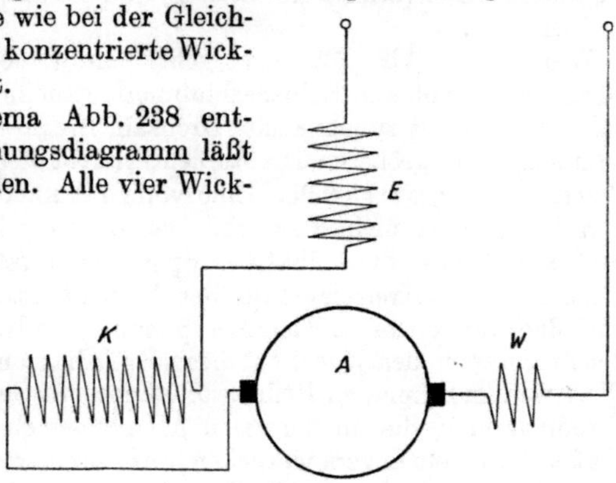

Abb. 238.

$$x_e = \frac{E_e}{J}, \tag{240}$$

wo

$$E_e = 4{,}44\, f\, w_e\, \Phi\, 10^{-8} \tag{241}$$

die in der Erregerwicklung vom Erregerfeld induzierte EMK ist.

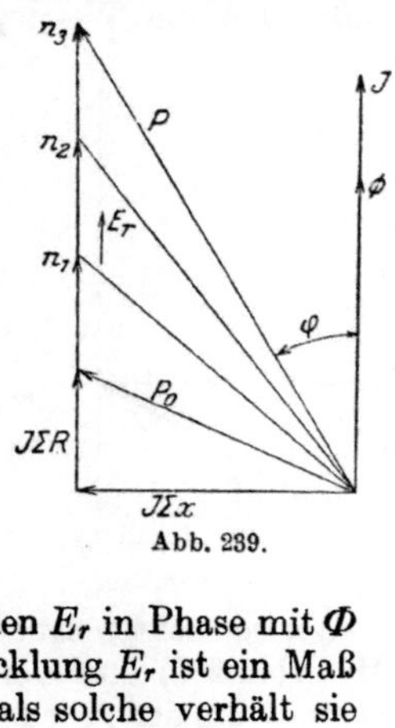

Abb. 239.

In Abb. 239 sind aufgetragen: $J\Sigma R$ in Phase mit J, $J\Sigma x$ um 90^0 gegenüber J voreilend und für drei verschiedene Drehzahlen E_r in Phase mit Φ und J. Die EMK der Rotation der Ankerwicklung E_r ist ein Maß für die mechanische Leistung des Läufers; als solche verhält sie sich wie ein leistungverzehrender Widerstand und hat die gleiche Phase wie $J \Sigma R$. Die an die *Welle* abgegebene mechanische Leistung ist um die Eisenverluste des Läufers und um die Reibungsverluste kleiner als $E_r J$.

Wie aus der Abb. 239 hervorgeht, nimmt die Phasenverschiebung φ des Einphasen-Reihenschlußmotors mit zunehmender Drehzahl ab, weil mit zunehmender Drehzahl E_r im Vergleich zu $J \Sigma x$ zunimmt. Bei größeren Drehzahlen erreicht der Leistungsfaktor Werte bis zu $\cos \varphi = 0{,}95$. Eine völlige Aufhebung der Phasenverschiebung ist nicht möglich. Der Leistungsfaktor ist um so größer, je kleiner die induktiven Spannungsabfälle $J \Sigma x$ sind.

Analog zum Kreisdiagramm der Asynchronmaschine läßt sich auch hier für konstante Klemmenspannung ein Kreisdiagramm für den Strom aufstellen, jedoch hat dieses Kreisdiagramm keinen großen Wert, weil der Einphasen-Reihenschlußmotor im Gegensatz zur Asynchronmaschine, die im normalen Arbeitsbereich mit konstantem Fluß arbeitet, einen veränderlichen Fluß, also veränderliche magnetische Leitfähigkeit hat und diese sich im Kreisdiagramm nicht berücksichtigen läßt.

b) Die Kommutierung des Einphasen-Reihenschlußmotors. Das Vektordiagramm der Flüsse und Spannungen der kurzgeschlossenen Spule erhält man durch Superposition der Diagramme 237a und b, wenn man berücksichtigt, daß Φ hier in Phase ist mit J. Abb. 240 zeigt dieses Vektordiagramm. Die resultierende EMK der kurzgeschlossenen Spule e_r eilt dem Strom um einen bestimmten Winkel nach. Die Erzeugung der ihr entgegengesetzt gerichteten EMK $-e_r$ geschieht entweder mittels *eines* Flusses, des resultierenden Wendeflusses Φ_w, oder mittels *zweier* Flüsse Φ_{ws} und Φ_{wt}, der Komponenten von Φ_w. Im ersten Falle läßt man die Wendepolwicklung W (Abb. 238) den gesamten Fluß Φ_w liefern, wobei sie nicht mit dem Ankerstrom erregt werden darf, denn der Wendefluß Φ_w und der Ankerstrom J sind nicht in Phase. Im zweiten Falle läßt man die Wendepolwicklung nur die eine Wendeflußkomponente Φ_{ws} liefern, während die andere Wendeflußkomponente auf andere weiter unten beschriebene Weise erzeugt wird. In diesem Falle muß die Wendepolwicklung vom negativen (s. S. 219) Ankerstrom durchflossen sein.

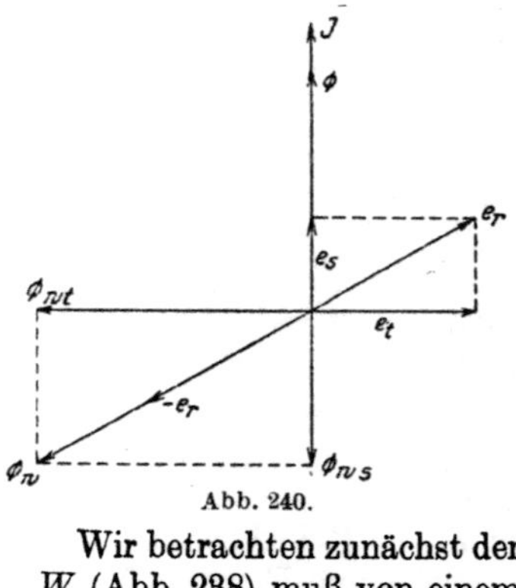

Abb. 240.

Wir betrachten zunächst den ersten Fall. Die Wendepolwicklung W (Abb. 238) muß von einem Strom erregt sein, der dem Ankerstrom J um den gleichen Winkel nacheilt wie e_r. Dies wird dadurch erzielt, daß parallel zur Wendepolwicklung ein Ohmscher Widerstand R gelegt wird, wie Abb. 241 zeigt. Bezeichnet P_w die gemeinsame Spannung der Wendepolwicklung und des parallel zu ihr liegenden Ohmschen Widerstandes R, so ist der Strom J_w, der in der Wendepolwicklung fließt, um 90^0 gegenüber P_w nacheilend, weil der Ohmsche Widerstand der Wendepolwicklung gegenüber ihrem Blindwiderstand sehr klein ist; dagegen ist der Strom J_R, der im Widerstand R fließt, in Phase mit P_w. Abb. 242 zeigt das Vektordiagramm der Spannung P_w und der Ströme J_w und J_R. Die geometrische Summe aus J_w und J_R muß dem Ankerstrom J gleich sein, d. h. durch Parallelschalten des Widerstandes R zur Wendepolwicklung wird der Wendepolstrom in Nacheilung gegenüber dem Ankerstrom gebracht. Der Wendepolstrom kann nun das nötige resultierende Wendefeld Φ_w erzeugen.

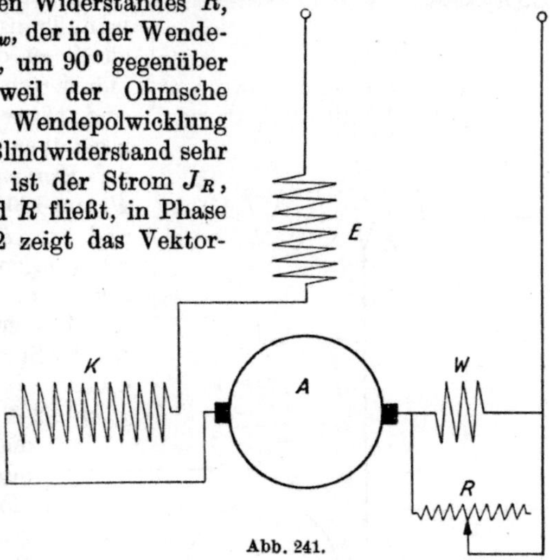

Abb. 241.

Abb. 243 zeigt die Schaltung der Wendepolwicklung und der Kompensationswicklung, wenn die beiden Komponenten des Wendeflusses Φ_w, die Flüsse Φ_{ws} und Φ_{wt}, *einzeln* erzeugt werden. T ist der Transformator, über den der Motor gespeist wird. Die Wendepolwicklung W wird vom Ankerstrome J durchflossen und erzeugt den Fluß Φ_{ws}, der die EMK der Selbstinduktion e_s der kurzgeschlossenen Spule aufhebt. Die Kompensationswicklung K liegt an einem Teil der Transformatorspannung und erzeugt die andere Wendeflußkomponente Φ_{wt} auf folgende Weise. Durch den Transformator T wird der Kompensationswicklung eine bestimmte Spannung P_k aufgedrückt. Um dieser Spannung das Gleichgewicht zu halten, muß die Kompensationswicklung, ähnlich wie die Primärwicklung eines Transformators (s. S. 46), einen bestimmten Magnetisierungsstrom aufnehmen, der einen mit ihren Windungen verketteten Fluß (Φ_k) von solcher Größe erzeugt, daß die von diesem Fluß in ihr induzierte EMK E_k zusammen mit dem Ohm-

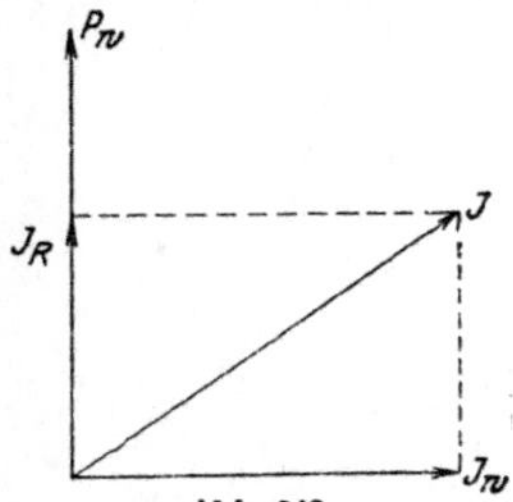

Abb. 242.

schen und den induktiven Spannungsabfall der aufgedrückten Spannung P_k entgegengesetzt gleich ist (Abb. 51). Läßt man den Ohmschen und induktiven Spannungsabfall, die wie beim Transformator im Vergleich zu der vom Fluß Φ_k induzierten EMK E_k klein sind, außer acht, so muß E_k gegenüber der Spannung an der Kompensationswicklung P_k um 180° verschoben sein und, da E_k als induzierte EMK gegenüber Φ_k als induzierendem Fluß um 90° in der Phase zurückbleibt, so eilt Φ_k der Spannung P_k um 90° nach.

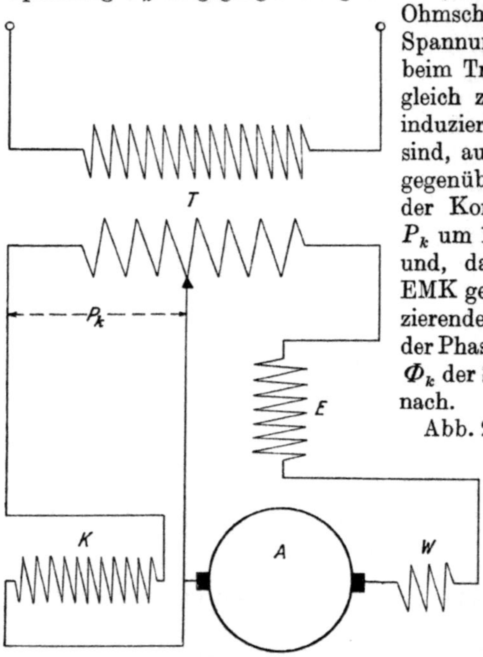

Abb. 243.

Abb. 244 zeigt das Vektordiagramm der Spannungen des ganzen Motors wie der kurzgeschlossenen Spule. Der der Kompensationswicklung aufgedrückten Spannung P_k wird durch die in ihr vom Fluß Φ_k induzierte EMK $E_k = - P_k$ das Gleichgewicht gehalten. Der Fluß Φ_k (gestrichelt gezeichnet) eilt gegenüber der Spannung P_k und somit auch gegenüber der Motorspannung P um 90° nach.

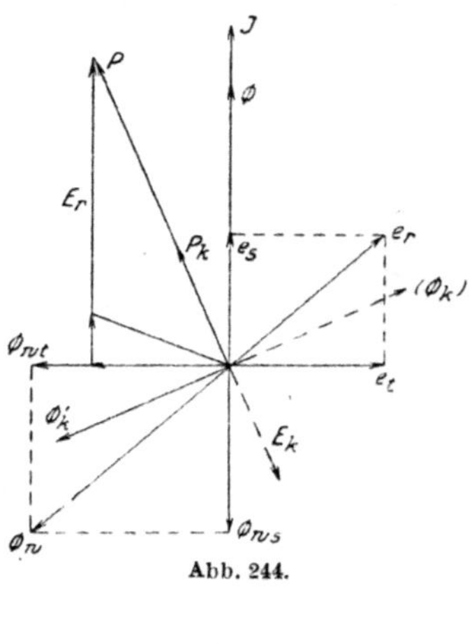

Abb. 244.

Berücksichtigt man, daß die Kompensationswicklung der Ankerwicklung entgegengeschaltet ist, so ist im Diagramm als Wendepolfluß der um 180° gegen Φ_k verschobene Fluß Φ_k' einzutragen. Wie aus der Abb. 244 ersichtlich ist, wirkt der von der Spannung P_k in der Kompensationswicklung hervorgerufene Fluß (Φ_k') derart, daß er für die kurzgeschlossene Spule nicht nur die zur Aufhebung der EMK der Transformation nötige Wendeflußkomponente Φ_{wt}, sondern noch einen Teil der Wendeflußkomponente Φ_{ws} liefert.

Von den beiden Methoden zur Erzeugung des nötigen Wendeflusses Φ_w ist die erste, wo parallel zur Wendepolwicklung ein Widerstand geschaltet wird, für den Betrieb die bessere. Ändert sich der Belastungsstrom J, so ändert sich der Wendepolstrom J_w (Abb. 242) und mit ihm die *beiden* Komponenten Φ_{ws} und Φ_{wt} des Wendeflusses. Da mit zunehmendem (bzw. abnehmendem) Ankerstrom sowohl die EMK der Selbstinduktion e_s wie die EMK der Transformation e_t zunehmen (bzw. abnehmen), die letztere, weil der Erregerfluß mit zunehmendem bzw. abnehmendem Ankerstrom zu- bzw. abnimmt, so paßt der für ein bestimmtes Drehmoment und eine bestimmte Drehzahl eingestellte Parallelwiderstand R für ein ganzes Arbeitsgebiet. Anders ist es, wenn die beiden Wendeflußkomponenten nach Abb. 243 erzeugt werden. Einer bestimmten Spannung an der Kompensationswicklung P_k entspricht ein ganz bestimmter, von den Belastungsverhältnissen unabhängiger Fluß Φ_k'. Eine richtige Kommutierung läßt sich deswegen hier nur für einen *einzigen* Arbeitspunkt einstellen. Soll die EMK der Transformation auch bei anderen Belastungen aufgehoben werden, so muß die Spannung an der Kompensationswicklung P_k entsprechend verändert werden. Diese Änderung der Spannung P_k läßt sich aber praktisch schwer durchführen. Einen Nachteil der Kommutierungsmethode nach Abb. 241 bilden die Stromwärmeverluste im Parallelwiderstand R. Diese verkleinern den Wirkungsgrad des Motors um 3 bis $^1/_2\,\%$, wobei der größere Wert sich auf kleinere, der kleinere Wert sich auf größere Motoren bezieht.

Die Erzeugung der Wendeflußkomponente Φ_{wt} nach Abb. 243 darf nicht derart geschehen, daß der Wendepolwicklung W selbst oder einer auf dem Wendepol angebrachten zweiten Wicklung ein Teil der Transformatorspannung aufgedrückt wird, denn in diesem Falle würde die Größe des Wendepolflusses ausschließlich durch die aufgedrückte Spannung bestimmt sein, während mit Rücksicht auf die EMK der Selbstinduktion e_s eine Abhängigkeit vom Strom nötig ist.

Da beim Einphasen-Reihenschlußmotor der Fluß in Phase ist mit dem Ankerstrom und die Bürstenachse mit der Erregerachse einen Winkel von 90^0 bildet, so beträgt sein *Drehmoment* nach Gleichung 234:

$$M = \frac{10^{-8}}{2\sqrt{2}\,\pi\cdot 9{,}81}\,\frac{p}{a}\,\Phi\, z\, J \text{ mkg.} \qquad (242)$$

Die *Regelung der Drehzahl* erfolgt beim Reihenschluß-Kommutatormotor durch Änderung seiner Spannung. Je größer nämlich die Spannung bei einem gewissen Drehmoment (gewissen Ankerstrom) ist, desto größer muß die Gegen-EMK des Ankers (EMK der Rotation E_r, Abb. 239) und somit die Drehzahl werden. Zum Zwecke der Drehzahlregelung versieht man die Sekundärwicklung des Transformators mit Anzapfungen. Die Drehzahlregelung erfolgt also ökonomisch ohne Verluste.

Den Zusammenhang zwischen Drehmoment und Strom ebenso wie zwischen Drehmoment und Drehzahl bei verschiedenen Spannungen zeigt Abb. 245. Die *Nenn*werte des Drehmomentes, der Drehzahl usw. sind gleich 100 % gesetzt. Der Verlauf der Stromkurve ebenso wie der Drehzahlkurven ist der gleiche wie bei dem Gleichstrom-Reihenschlußmotor. Je größer die Spannung ist, desto größer ist die Drehzahl bei gleichem Moment. Der bei einem bestimmten Moment aufgenommene Strom ist unabhängig von der Größe der Spannung. Zum Anfahren mit dem Nenndrehmoment sind 45 bis 50 % der Nennspannung erforderlich. Mit Rücksicht auf die Kommutierung liegt der Regelbereich des Einphasen-Reihenschlußmotors etwa zwischen 150% und 20% seiner Nenndrehzahl.

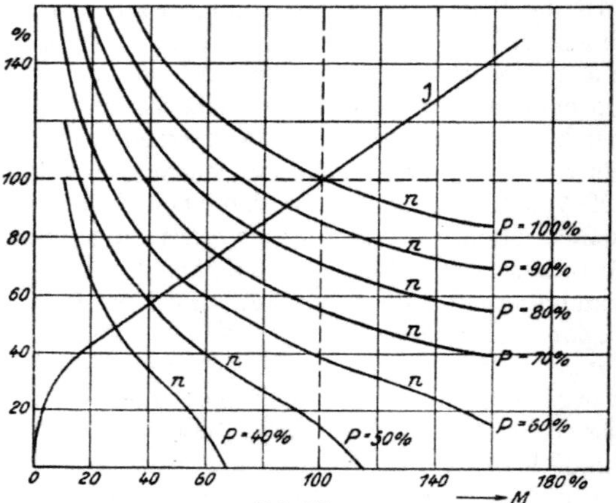

Abb. 245.

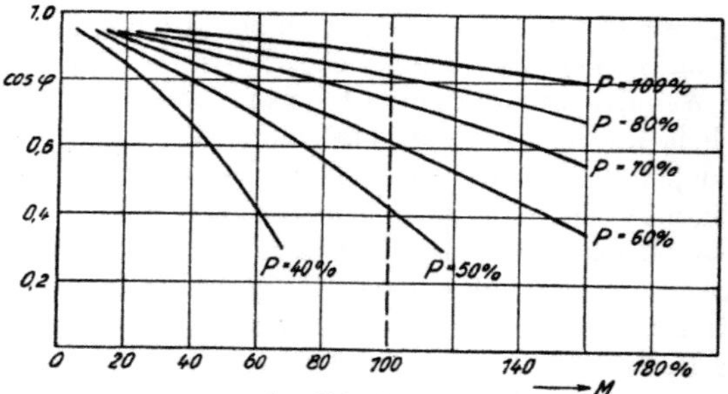

Abb. 246.

Abb. 246 zeigt die Leistungsfaktoren des Einphasen-Reihenschlußmotors in Abhängigkeit vom Drehmoment bei verschiedenen Spannungen. Der Leistungsfaktor ist um so höher, je größer die Drehzahl ist.

c) Der doppelt gespeiste Motor. Zum Unterschied gegenüber dem Motor nach Abb. 238 wird bei dem Motor nach Abb. 243 den Ankerbürsten nur ein Teil der Netzspannung zugeführt, dafür aber wird in der Schaltung nach Abb. 243 die *Ankerwicklung* von der Kompensationswicklung, deren Fluß auch die Ankerwicklung durchsetzt, *transformatorisch induziert;* dem Anker wird also Spannung nicht nur direkt, sondern noch transformatorisch zugeführt. Dementsprechend erhält bei dieser Schaltung der Anker die von ihm in mechanische Leistung umgesetzte elektrische Leistung nur zum Teil direkt vom Netz, ein Teil der Leistung wird auf ihn über die Kompensationswicklung transformatorisch übertragen. Der Motor nach Abb. 243 ist ein *doppelt gespeister* Motor. Seinem Charakter nach unterscheidet er sich vom Reihenschlußmotor nach Abb. 238 nicht, jedoch weist er bereits eine Eigenschaft auf, die die im weiteren behandelten Ein- und Mehrphasenmaschinen haben: *er besitzt ein Drehfeld,* wenn auch ein unvollkommenes. Die Erregerachse und die Achse der Kompensationswicklung stehen bei ihm senkrecht aufeinander, die Flüsse in diesen Achsen sind um ca. 120° zeitlich in der Phase gegeneinander verschoben (Abb. 244), und dies ergibt ein Drehfeld [L. 85].

Statt die vom Erregerfluß Φ in der kurzgeschlossenen Spule induzierte EMK e_t und die vom Fluß der Kompensationswicklung Φ'_k induzierte EMK $-e_t$ getrennt zu betrachten, kann jetzt die von dem aus Φ und Φ'_k resultierenden Fluß, dem Drehfluß, in der kurzgeschlossenen Spule induzierte EMK als Ganzes betrachtet werden. Man erkennt, daß es eine bestimmte Drehzahl gibt, bei der die Kommutierung am günstigsten wird, und zwar ist es die Drehzahl, bei welcher der Anker synchron mit dem Drehfeld läuft. Bei dieser Drehzahl bewegt sich die kurzgeschlossene Spule relativ zum Drehfeld nicht und die in ihr vom Drehfeld induzierte EMK ist gleich Null. Mit Rücksicht auf die Kommutierung ist der doppelt gespeiste Motor wie die anderen Drehfeld-Kommutatormaschinen *an seine synchrone Drehzahl* (Drehfelddrehzahl) *gebunden,* und der Regulierbereich ist auf Drehzahlen, die in der Nähe der synchronen Drehzahl liegen, beschränkt. Die Drehfelddrehzahl (synchrone Drehzahl) ist wie bei der Synchron- oder der Asynchronmaschine gleich

$$n_d = \frac{60\,f}{p}.$$

Macht man in der Abb. 243 den dem Anker direkt zugeführten Teil der Transformatorspannung gleich Null (der Erregerwicklung muß Strom stets vom Netz zugeführt werden, da sonst ein Drehmoment nicht entstehen kann), so erhält man den *Repulsionsmotor*. Hier wird dem Anker die ganze Leistung nur transformatorisch zugeführt.

3. Der Repulsionsmotor.

a) Der Repulsionsmotor mit einfachem Bürstensatz. Die Schaltung des Repulsionsmotors zeigt Abb. 247. Die Ständerwicklung (Erreger- und Kompensationswicklung) hängt am Netz und ist von der Ankerwicklung vollkommen getrennt; diese ist über die Bürsten in sich kurzgeschlossen. Da die Ständerwicklung von dem Kreis, in dem sich der Kommutator befindet, getrennt ist, kann sie für eine beliebige Spannung ausgeführt werden; ein Transformator ist hier nicht erforderlich.

Kompensationswicklung und Anker bilden einen Transformator; über diesen wird der Arbeitsstrom vom Netz auf den Anker übertragen. Die Kompensationswicklung kann deswegen hier als *Ständerarbeitswicklung* bezeichnet werden. Das Drehmoment wird von den Ankerströmen mit dem Erregerfluß erzeugt; in bezug auf diesen steht die Bürstenachse senkrecht, genau wie bei dem Reihenschlußmotor. Der Fluß in der Arbeitsachse, der *Querfluß*, kann dagegen kein Drehmoment erzeugen, weil seine Achse mit der Bürstenachse zusammenfällt, d. h. die Stromverteilung ist in bezug auf diesen Fluß derart, daß die Drehmomente der einzelnen Windungen sich gegenseitig aufheben.

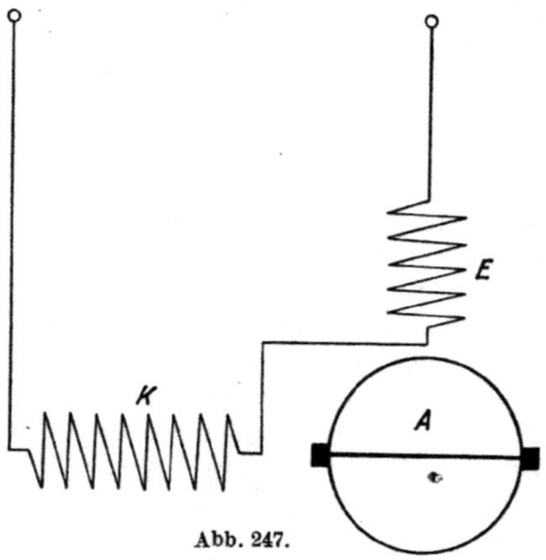

Abb. 247.

Im *Anlauf* verhält sich der Repulsionsmotor genau wie der Reihenschlußmotor. Die dem Motor aufgedrückte Spannung wird im Anlauf bei einem wie bei dem anderen hauptsächlich von der Erregerwicklung wegen ihrer hohen Selbstinduktion verbraucht, während die Kompensationswicklung und die Ankerwicklung, da ihre Flüsse sich gegenseitig aufheben, nur eines geringen, durch ihre Streuung und ihre Ohmschen Widerstände bedingten Teiles der Spannung (der Kurzschlußspannung) bedürfen. Da der Ankerstrom praktisch um 180° gegen den Strom in der Arbeitswicklung, also auch gegen den Erregerfluß, der vom Strom gleicher Phase wie der Strom in der Arbeitswicklung erzeugt wird, verschoben ist, so sind die Bedingungen für die Bildung eines hohen Anlaufmomentes ebenso günstig wie beim Reihenschlußmotor.

Im *Lauf* wird der Anker sowohl vom Erregerfluß wie vom Querfluß induziert. Der Erregerfluß erzeugt im Anker eine EMK der Rotation E_r, die in Phase ist mit dem Erregerfluß und dem Erregerstrom und somit auch mit dem Strom in der Arbeitswicklung, da diese beiden Ströme einander stets gleich sind. Der transformatorisch von der Arbeitswicklung im Anker induzierte Strom ist beinahe um 180° gegenüber dem Erregerstrom in der Phase verschoben, so daß die EMK der Rotation und der transformatorisch übertragene Strom ebenfalls beinahe um 180° gegeneinander in der Phase verschoben sind. Auf den Transformator, den die Arbeitswicklung und der Anker bilden, wirkt somit die EMK der Rotation E_r *wie die Gegenspannung eines Ohmschen Widerstandes*; der Transformator erscheint im Lauf als induktionsfrei belastet und die

Klemmenspannung an der Primärwicklung des Transformators, an der Arbeitswicklung, muß um einen der EMK E_r entsprechenden Betrag ansteigen; zu der Kurzschlußspannung im Anlauf tritt also im Lauf an der Arbeitswicklung noch eine, mit dem Strome phasengleiche Spannung hinzu. Da diese Spannung in der Arbeitswicklung nicht rotatorisch, sondern nur transformatorisch entstehen kann, so ist ihr Auftreten nur dann möglich, *wenn sich in der Arbeitsachse ein Querfluß ausbildet, der gegenüber dieser Spannung um 90° in der Phase verschoben ist.*

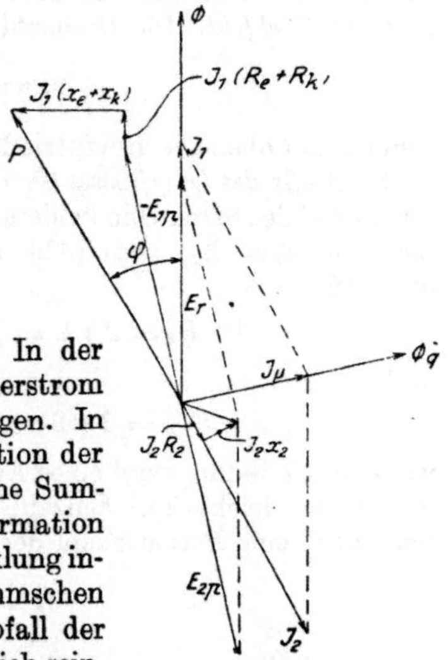

Abb. 248.

Abb. 248 zeigt das Spannungsdiagramm des Repulsionsmotors. In der Vertikalen nach oben ist der Ständerstrom J_1 und der Erregerfluß Φ aufgetragen. In Phase mit Φ ist die EMK der Rotation der Ankerwicklung E_r. Die geometrische Summe aus E_r und der durch Transformation vom Querfluß Φ_q in der Ankerwicklung induzierten EMK E_{2p} muß dem Ohmschen und dem induktiven Spannungsabfall der Ankerwicklung ($J_2 R_2$ und $J_2 x_2$) gleich sein. Der Querfluß Φ_q wird durch einen Magnetisierungsstrom in der Arbeitswicklung J_μ erzeugt. Der Ständerstrom J_1 ist infolgedessen gleich der geometrischen Summe aus J_2 und J_μ. Die Ständerspannung muß so groß sein, daß sie einerseits die EMK der Transformation der Kompensationswicklung E_{1p} aufhebt und außerdem die Ohmschen und induktiven Spannungsabfälle der Erreger- und der Kompensationswicklung $J_1(R_e + R_k)$ und $J_1(x_e + x_k)$ deckt.

Das *Ankerfeld* wird beim Repulsionsmotor genau so aufgehoben wie beim Reihenschlußmotor (Abb. 238). Zwischen dem Ankerfluß und dem Querfluß Φ_q ist hier zu unterscheiden, denn der Ankerfluß ist in Phase mit dem Strome J_2, während der Querfluß Φ_q gegenüber dem Strom J_2 um ca. 90° in der Phase verschoben ist. x_2 enthält infolgedessen nur die Streuung der Ankerwicklung. Entsprechend enthält x_k nur die Streuung der Arbeitswicklung; dagegen ist in x_e, wie beim Reihenschlußmotor, die volle Selbstinduktion der Erregerwicklung enthalten.

Der Querfluß Φ_q, der, wie oben erwähnt wurde, an der Drehmomentenbildung nicht teilnimmt, ist unentbehrlich für die Leistungsübertragung von dem Ständer auf den Läufer. Die mechanische Leistung des Läufers ist gleich dem Produkt $J_2 E_r \cos(J_2 E_r)$. Das Äquivalent dieser Leistung in der Ständer-Arbeitswicklung ist die elektrische Leistung $J_2 E_{1p} \cos(J_2 E_{1p})$; diese Leistung wird von der Arbeitswicklung dem Netz entnommen und durch die Vermittlung des Querflusses Φ_q auf den Läufer übertragen. Der Erregerfluß Φ und der Querfluß Φ_q sind räumlich genau um 90°, zeitlich beinahe um 90° gegeneinander in der Phase verschoben. Dies ergibt ein *Drehfeld*. Die Drehzahl dieses Drehfeldes ist gleich

$$n_d = \frac{60\,f}{p},$$

wenn f wie oben die Netzperiodenzahl bedeutet.

Die *Größe des Querflusses* Φ_q erhält man, wenn man den Ohmschen- und den Streu-Blindwiderstand der Ankerwicklung außer acht läßt und $E_r = E_{2p}$ setzt (Abb. 248). Es ist nach Gleichung 231 und 232

$$E_r = 2\sqrt{2}\, w_2 \frac{p\,n}{60}\, \Phi\, 10^{-8} \text{ Volt} \tag{243}$$

und

$$E_{2p} = 2\sqrt{2}\, w_2 f \Phi_q\, 10^{-8} \text{ Volt}, \tag{244}$$

wo w_2 die Windungszahl eines Ankerzweiges bedeutet. E_r wie E_{2p} haben die gleiche Periodenzahl und zwar die des Netzes. Führt man noch eine Periodenzahl der Drehung

$$f_r = \frac{p\,n}{60} \tag{245}$$

ein, so erhält man aus der Beziehung $E_r = E_{2p}$

$$\Phi_q = \frac{f_r}{f}\, \Phi. \tag{246}$$

Im synchronen Lauf ($n = n_d$) wird $f_r = f$ und $\Phi_q = \Phi$. Im synchronen Lauf ist also das Drehfeld symmetrisch.

Der Effektivwert der EMK der Transformation *der kurzgeschlossenen Spule* ist

$$e_t = 4{,}44\, f\, w_s\, \Phi\, 10^{-8} \tag{247}$$

und der Effektivwert der EMK der Rotation im Querfluß Φ_q (s. Gleichung 237 und 47)

$$e' = 4{,}44\, \frac{p\,n}{60}\, w_s \Phi_q\, 10^{-8} = 4{,}44\, f_r\, w_s\, \Phi_q\, 10^{-8}. \tag{248}$$

Wie beim doppelt gespeisten Motor (Abb. 244) wirken diese beiden EMKe der kurzgeschlossenen Spule einander entgegen. Ihre Differenz beträgt

$$e_t - e_t' = e_t \left(1 - \frac{f_r\, \Phi_q}{f\, \Phi}\right)$$

oder unter Berücksichtigung der Gleichung 246

$$e_t - e_t' = e_t \left[1 - \left(\frac{f_r}{f}\right)^2\right]. \tag{249}$$

Im Synchronismus ist $f_r = f$ und somit $e_t - e_t' = 0$, d. h. im Synchronismus wird die EMK der Transformation der kurzgeschlossenen Spule durch die EMK der Rotation im Querflusse aufgehoben. Dies war zu erwarten, denn im Synchronismus hat die kurzgeschlossene Spule wie beim doppelt gespeisten Motor die gleiche Geschwindigkeit wie das Drehfeld und die in ihr von diesem induzierte EMK muß gleich Null sein. Die Aufhebung der EMK der Transformation findet jedoch nur bei einer einzigen Drehzahl, der synchronen Drehzahl, statt; der Repulsionsmotor ist infolgedessen an seine synchrone Drehzahl gebunden. Zu bemerken ist, daß die EMK der Selbstinduktion der kurzgeschlossenen Spule von diesen Verhältnissen unberührt bleibt. Mittel zur Unterdrückung dieser EMK besitzt der Repulsionsmotor nicht. Dem von ihr in der kurzgeschlossenen Spule hervorgerufenen Strom muß durch den Widerstand der Bürsten eine Grenze gesetzt werden.

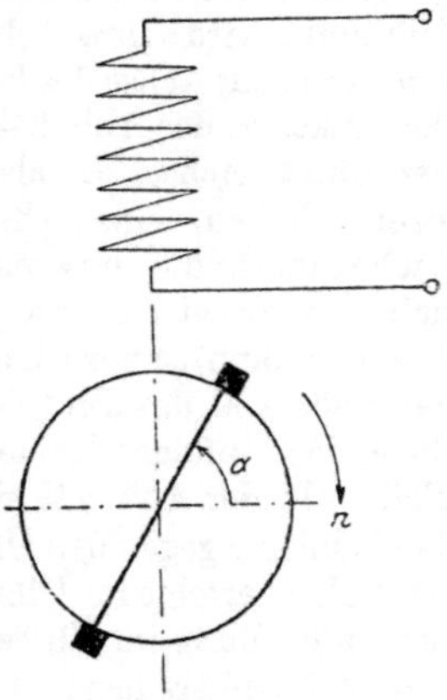

Abb. 249.

Da der Erregerstrom infolge der Hintereinanderschaltung der Erregerwicklung mit der Arbeitswicklung in einem bestimmten Verhältnis zum Ankerstrom steht, so hat der Repulsionsmotor die Charakteristik eines Reihenschlußmotors.

Faßt man in der Abb. 247 die Erreger- und die Kompensationswicklung zu *einer* Wicklung zusammen, so erhält man das Bild 249, das der *heutzutage üblichen* Ausführung des Repulsionsmotors entspricht. Die Schaltung nach Abb. 249 und die nach Abb. 247 sind einander vollkommen äquivalent, was man sofort einsieht, wenn man in der Abb. 249 die Ständerwicklung in zwei Teile, von denen einer seine Achse in der Richtung der Bürstenachse und der andere seine Achse senkrecht dazu hat, zerlegt (s. S. 266). *Durch Verschiebung der Bürsten* hat man hier die Möglichkeit, die Ständerwindungen beliebig auf die Erreger- und die Kompensationswicklung zu verteilen und auf diese Weise die *Drehzahl und das Drehmoment des Motors zu ändern,* da eine Änderung der Anzahl der Erregerwindungen eine Änderung des Drehmomentenflusses (Φ) hervorruft.

Die beiden extremen Bürstenstellungen sind vorhanden, wenn die Bürstenachse senkrecht zur Achse der Ständerwicklung steht ($\alpha = 0$, Abb. 249), bzw. wenn die Bürstenachse mit der Achse der Ständerwicklung zusammenfällt ($\alpha = 90^0$). Im ersten Falle ($\alpha = 0$) ist der Ankerstrom und das Drehmoment des Motors gleich Null. Diese Stellung ist die *Nullstellung* der Bürsten. Im zweiten Falle ($\alpha = 90^0$) verhält sich der Motor wie ein reiner Transformator im

Kurzschluß. Diese Stellung ist die *Kurzschlußstellung* der Bürsten. Trotz des sehr großen Stromes in den beiden Wicklungen ist auch hier das Drehmoment gleich Null, weil der Erregerfluß fehlt. Wegen der großen Ströme, die seine Wicklungen gefährden können, darf der Motor in dieser Bürstenstellung nicht an das Netz geschaltet werden.

Beim *Anlassen* des Motors geht man deswegen von der Nullstellung der Bürsten aus. Die Dreh*richtung* ergibt sich aus folgender Überlegung. Befindet sich eine kurzgeschlossene und beweglich angeordnete Windung in dem von einer festen Spule erzeugten Wechselfelde, so sucht die bewegliche Spule sich auf kürzestem Wege so einzustellen, daß der ihre Fläche durchsetzende Fluß ein Minimum wird; ihre Achse sucht sich also auf kürzestem Wege senkrecht zur Achse des Feldes einzustellen. Dementsprechend wird der Anker in der Abb. 249, der als kurzgeschlossenes Solenoid mit der Bürstenachse *BB* als Achse aufgefaßt werden kann, das Bestreben haben, seine Achse, d. h. die Bürstenachse, durch Drehung nach rechts in die Horizontale zu bringen. Da die Bürsten unbeweglich angeordnet sind und der Anker sich unter den Bürsten fortbewegen kann, so wird der Anker sich nach rechts drehen, und zwar dauernd, weil das Bild der Stromverteilung im Anker (Lage des Solenoids) infolge der festen Lage der Bürsten unveränderlich bleibt. In der Abb. 249 sind die Bürsten aus der Nullstellung um den Winkel α gegen den Uhrzeigersinn verschoben und die Drehung des Ankers erfolgt im Uhrzeigersinne. Würde man die Bürsten aus der Nullstellung im Uhrzeigersinne verschieben, so würde die Drehung des Ankers gegen den Uhrzeigersinn erfolgen, d. h. *die Drehung des Ankers erfolgt stets entgegengesetzt der Verdrehung der Bürsten aus der Nullstellung.* Zur Umkehr der Drehrichtung des Repulsionsmotors braucht man demnach nur die Bürsten über die Nullstellung hinaus in die entsprechende Lage zu bringen.

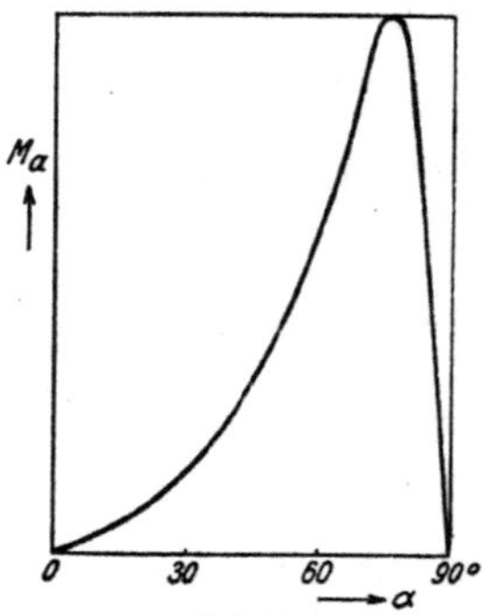

Abb. 250.

Das *Anlaufmoment* des Repulsionsmotors in Abhängigkeit von der Bürstenstellung α zeigt Abb. 250. Das maximale Moment tritt bei einer Bürstenverschiebung von ca. 75 bis 80° auf. Das Anlassen geschieht derart, daß man, von der Nullstellung ausgehend, die Bürsten je nach der gewünschten Drehrichtung des Motors in der einen oder der anderen Richtung so weit verschiebt, bis das Drehmoment des Motors die Größe des Gegenmomentes der Belastung überschritten hat; der Motor läuft dann an.

Bei Nennleistung beträgt die Bürstenverschiebung je nach der Bauart des Motors 67 bis 77°. Den Zusammenhang zwischen Drehmoment, Drehzahl, Ständerstrom und Leistungsfaktor bei der Nennleistungs-Bürstenstellung zeigt Abb. 251. Wie in der Abb. 245 sind alle Größen in % ihrer Werte bei der Nennleistung aufgetragen. Aus dem Verlauf der Drehzahlkurve geht der Reihenschlußcharakter des Repulsionsmotors deutlich hervor. Den Zusammenhang zwischen Drehmoment und Drehzahl bei verschiedenen Bürstenstellungen α zeigt Abb. 252. Diese Abbildung ist der Abb. 245, die die Drehzahlen und Ströme des Reihenschlußmotors in Abhängigkeit vom Drehmoment zeigt, ähnlich. Den verschiedenen Spannungen dort (Drehzahlregelung durch Spannungsänderung) entsprechen hier die verschiedenen Bürstenstellungen (Drehzahlregelung durch Feldänderung).

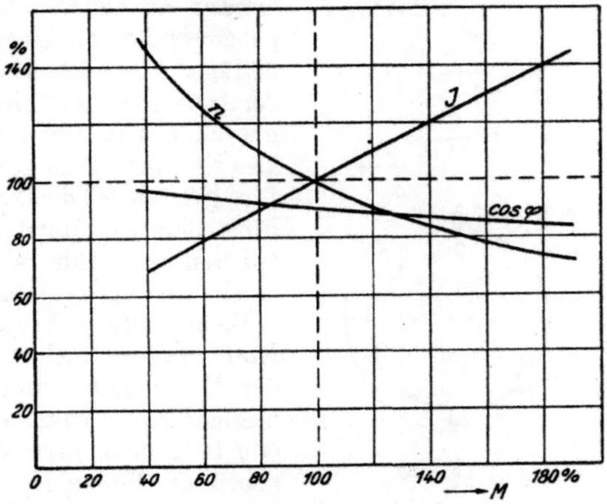

Abb. 251.

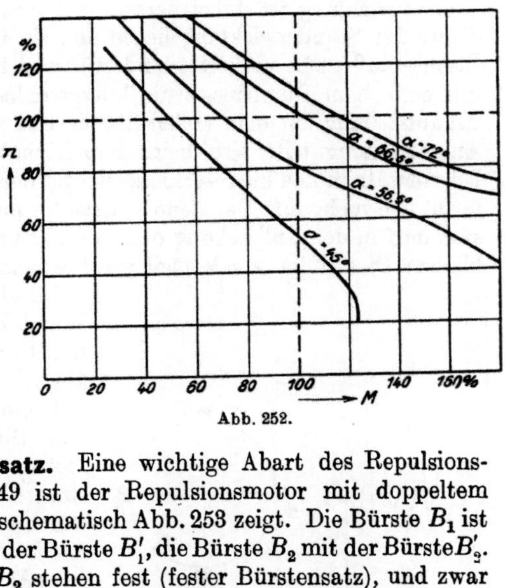

Abb. 252.

b) Der Repulsionsmotor mit doppeltem Bürstensatz. Eine wichtige Abart des Repulsionsmotors nach Abb. 249 ist der Repulsionsmotor mit doppeltem Bürstensatz, wie ihn schematisch Abb. 253 zeigt. Die Bürste B_1 ist direkt verbunden mit der Bürste B_1', die Bürste B_2 mit der Bürste B_2'. Die Bürsten B_1 und B_2 stehen fest (fester Bürstensatz), und zwar in der Achse der Ständerwicklung, die Bürsten B_1' und B_2' sind beweglich (beweglicher Bürstensatz). Die magnetische Achse des Ankers liegt hier in der Mitte zwischen den Verbindungslinien $B_1 B_1'$ und $B_2 B_2'$, d. h. in der Linie RR. In der Nullstellung (Anlaufstellung) steht die Bürste B_1' neben der Bürste B_1 und die Bürste B_2' neben der Bürste B_2; in der Kurzschlußstellung steht die Bürste B_1' neben der Bürste B_2 und die Bürste B_2' neben der Bürste B_1. Die gesamte Bürstenverschiebung (von der Null- bis zur Kurzschlußstellung) beträgt hier 180°, während sie beim Repulsionsmotor mit einem Bürstensatz 90° beträgt. Zu einer gleichen Verschiebung der Ankerachse wie beim Repulsionsmotor mit einfachem Bürstensatz gehört hier also ein zweimal so großer Weg wie dort. Dies gibt die Möglichkeit einer genaueren Einstellung der Bürsten und somit einer feineren Drehzahlregelung als beim Repulsionsmotor mit einfachem Bürstensatz.

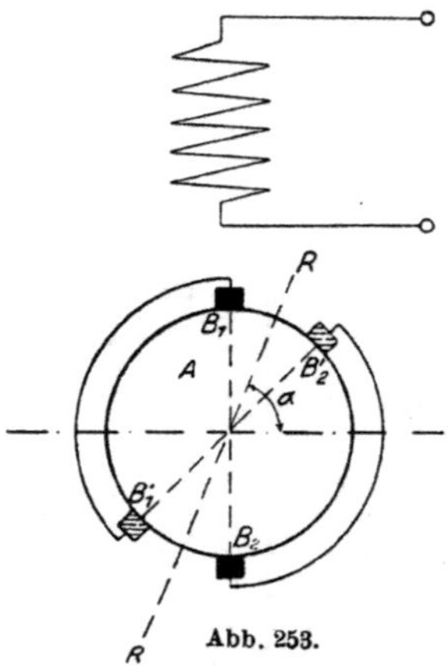

Abb. 253.

Einen weiteren Vorteil gegenüber dem Motor mit einfachem Bürstensatz hat der Motor mit doppeltem Bürstensatz hinsichtlich der Kommutierung in der *Anlauf*stellung. In dieser steht die Bürste B_1' neben der Bürste B_1 und die Bürste B_2' neben B_2. Die Lage der kurzgeschlossenen Spulen in bezug auf die Ständerwicklung ist dabei derart, daß ihre Flächen parallel zur Achse der Ständerwicklung liegen und sie infolgedessen mit dem Ständerfluß nicht verkettet sind, während beim Repulsionsmotor mit einfachem Bürstensatz die kurzgeschlossenen Spulen in der Anlaufstellung mit dem vollen Ständerfluß verkettet sind; in der Anlaufstellung tritt also beim Repulsionsmotor mit doppeltem Bürstensatz in den kurzgeschlossenen Spulen die EMK der Transformation nicht auf. Der Repulsionsmotor mit doppeltem Bürstensatz darf in der Nullstellung ohne Gefahr unter Spannung stehen bleiben. Dies ist dort von Vorteil, wo öfters angelassen werden muß.[1])

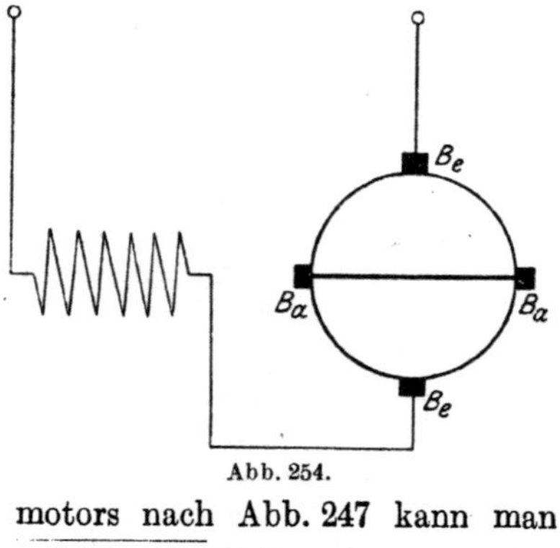

Abb. 254.

Im übrigen verhält sich der Repulsionsmotor mit doppeltem Bürstensatz vollkommen ähnlich dem Repulsionsmotor mit einfachem Bürstensatz. Das Bild eines Repulsionsmotors mit einfachem und eines solchen mit doppeltem Bürstensatz zeigen die Abb. a und b auf Tafel XII [L. 86].

c) Der kompensierte Repulsionsmotor. In der Anordnung des Repulsionsmotors nach Abb. 247 kann man den Erregerfluß statt durch

[1]) Der Repulsionsmotor mit einfachem Bürstensatz wird in der letzten Zeit häufig mit doppeltem Kurzschluß (*Sehnen-Kurzschluß*) ausgeführt. Die Bürstenanordnung ist dieselbe wie in Abb. 253, aber alle Bürsten sind beweglich.

a

b

a) Repulsionsmotor mit einfachem Bürstensatz. b) Repulsionsmotor mit doppeltem Bürstensatz.

den Ständer durch den Läufer erzeugen lassen. Die Ständer-Erregerwicklung fällt dann weg und der Läufer erhält, wie Abb. 254 zeigt, zwei weitere Bürsten, *Erregerbürsten* ($B_e B_e$), deren Achse senkrecht zur Arbeitsachse steht. In bezug auf die Flußverteilung unterscheidet sich der Repulsionsmotor mit Läufererregung von dem Repulsionsmotor mit Ständererregung nach Abb. 247 oder 249 nicht, die Arbeitsweise ist also die gleiche wie bei jenem; auch bedingt hier wie dort die Tatsache, daß die Bürsten in der Arbeitsachse (die Arbeitsbürsten) kurzgeschlossen sind, den durch Gleichung 246 gegebenen Zusammenhang zwischen dem Querfluß und dem Erregerfluß, nämlich

$$\Phi_q = \frac{f_r}{f} \Phi.$$

Stellt man das Spannungsdiagramm des Repulsionsmotors mit Läufererregung auf, so ist mit allen Größen des Spannungsdiagramms des Repulsionsmotors mit Ständererregung (Abb. 248) zu rechnen, aber außerdem noch mit einer weiteren Anker-EMK, die dort nicht auftritt, nämlich mit der EMK der Rotation im Querfelde an den Erregerbürsten. Diese EMK ist in Phase mit dem Querfluß Φ_q und ist für die Arbeitsweise des Repulsionsmotors mit Läufererregung außerordentlich wichtig: durch sie wird die Phasenverschiebung zwischen der dem Motor zugeführten Spannung und dem Motorstrom *kompensiert*, so daß der Repulsionsmotor mit Läufererregung mit dem Leistungsfaktor 1 oder sogar mit voreilendem Strom arbeiten kann.

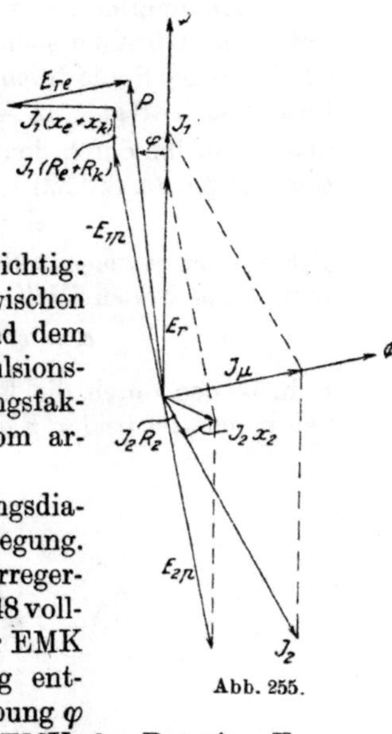

Abb. 255.

Abb. 255 zeigt das Strom- und Spannungsdiagramm des Repulsionsmotors mit Läufererregung. Bis auf die EMK der Rotation an den Erregerbürsten E_{re} ist es mit dem Diagramm Abb. 248 vollkommen identisch. Diese EMK wirkt der EMK der Selbstinduktion der Erregerwicklung entgegen und verkleinert die Phasenverschiebung φ zwischen P und J_1. Da die Größe der EMK der Rotation E_{re} von der Drehzahl des Motors abhängt, so hängt auch der Leistungsfaktor von der Drehzahl ab. Die EMK der Selbstinduktion an den Erregerbürsten ist gleich (s. Gleichung 232)

$$E_{se} = 2\sqrt{2}\, f\, w_2\, \Phi\, 10^{-8}$$

und die EMK der Rotation im Querfelde (s. Gleichung 231)

$$E_{re} = 2\sqrt{2}\, f_r\, w_2\, \Phi_q\, 10^{-8}.$$

Berücksichtigt man die Beziehung **246**, so ergibt sich für ihre Differenz

$$E_{se} - E_{re} = E_{se}\left(1 - \frac{f_r \Phi_q}{f \Phi}\right) = E_{se}\left[1 - \left(\frac{f_r}{f}\right)^2\right]. \qquad (250)$$

Wie aus dieser Gleichung hervorgeht, findet im ganzen untersynchronen Arbeitsbereich ($f_r < f$) eine Verkleinerung der induktiven EMK an den Erregerbürsten statt. Im Synchronismus ($f_r = f$) ist E_{se} ganz aufgehoben und die Phasenverschiebung des Motors ist praktisch gleich Null. Im übersynchronen Arbeitsbereich ($f_r > f$) wird die Phasenverschiebung des Motors negativ; der Motor nimmt voreilenden Strom auf.

Für die *Kommutierung* unter den Arbeitsbürsten gilt hier vollkommen das gleiche wie bei dem Repulsionsmotor mit Ständererregung. Wie dieser ist auch der Repulsionsmotor mit Läufererregung durch die Kommutierung unter den Arbeitsbürsten an den Synchronismus gebunden.

Die Kommutierung unter den Erregerbürsten ist günstiger als unter den Arbeitsbürsten. Die in der von der Erregerbürste kurzgeschlossenen Spule durch den Querfluß induzierte EMK der Transformation beträgt

$$e_t = 4{,}44\, f\, w_s \Phi_q\, 10^{-8}$$

und die in ihr durch den Erregerfluß induzierte EMK der Rotation beträgt (s. S. 282)

$$e_t' = 4{,}44\, f_r\, w_s \Phi\, 10^{-8}.$$

Berücksichtigt man die Beziehung **246**, so ergibt sich für die Differenz dieser beiden EMKe

$$e_t - e_t' = e_t\left(1 - \frac{f_r \Phi}{f \Phi_q}\right) = 0, \qquad (251)$$

d. h. in den durch die Erregerbürsten kurzgeschlossenen Spulen heben sich die beiden EMKe unabhängig von der Drehzahl stets auf. Im Stillstand ist zwar e' gleich 0, aber auch e_t ist an den Erregerbürsten im Stillstand gleich Null, weil Φ_q im Stillstand gleich Null ist. Der Querfluß Φ_q entwickelt sich erst im Lauf des Motors (s. S. 281).

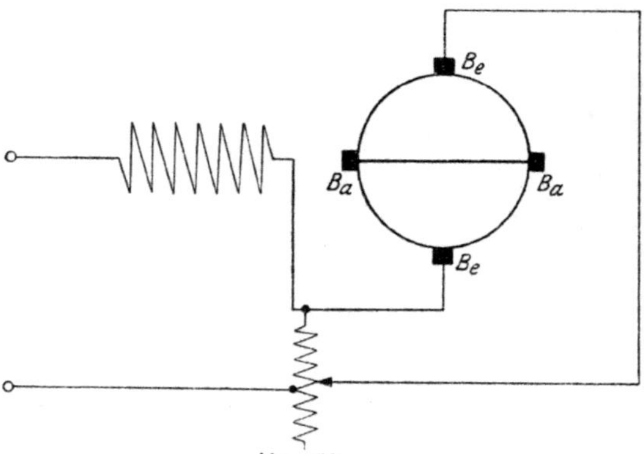

Abb. 256.

Im *Anlauf* liegen die Kommutierungsverhältnisse an den Arbeitsbürsten ähnlich wie bei den anderen Wechselstrom-Kommutatormaschinen: die EMK der

Transformation der kurzgeschlossenen Spule, die der Erregerfluß in ihr hervorruft, besteht in voller Stärke. Mit Rücksicht auf diese EMK darf der Erregerfluß einen gewissen Wert nicht überschreiten. Eine Verbesserung des kompensierten Repulsionsmotors in dieser Hinsicht läßt sich dadurch erreichen, daß man seine Erregerbürsten über einen regelbaren Erregertransformator speist, wie dies Abb. 256 zeigt. Mit Hilfe dieses Transformators läßt sich der Erregerfluß im Anlauf klein halten, im Lauf, wo eine Aufhebung der EMK der Transformation stattfindet, dagegen groß machen. Das Anlaufmoment wird dann durch einen kleinen Erregerfluß und einen großen Ankerstrom, der transformatorisch auf den Anker übertragen wird, erzeugt [L. 87].

4. Der Einphasen-Nebenschlußmotor.

Soll der Einphasen-Kommutatormotor Nebenschlußcharakter haben, d. h. unabhängig von der Größe des Drehmomentes eine annähernd konstante Drehzahl aufweisen, so muß sein Erregerfluß, wie bei dem Gleichstrom-Nebenschlußmotor, unabhängig von seinem Ankerstrom gemacht werden. Würde man hier die Erregerwicklung wie beim Gleichstrom-Nebenschlußmotor parallel zum Anker an das Netz legen, so könnte kein Drehmoment entstehen, und zwar aus folgendem Grunde: Infolge der hohen Selbstinduktion der Erregerwicklung würde der Erregerstrom und somit der Erregerfluß gegenüber der Klemmenspannung um ca. 90° in der Phase verschoben sein. Ist das Ankerfeld kompensiert, was aus den auf S. 267 angegebenen Gründen hier stets geschehen muß, so ist dagegen der Ankerstrom mit der Klemmenspannung beinahe phasengleich, d. h. Erregerfluß und Ankerstrom wären hier beinahe um 90° gegeneinander in der Phase verschoben und das Drehmoment wäre praktisch gleich Null (s. Gleichung 234).

Zu dem gleichen Resultat kommt man auch durch folgende Überlegung: Da der Erregerfluß um ca. 90° gegen die Klemmenspannung in der Phase verschoben wäre, so wäre auch die durch Rotation der Ankerwicklung im Erregerflusse hervorgerufene EMK (die Gegen-EMK des Ankers) um ca. 90° gegen die Klemmenspannung in der Phase verschoben. Zu jeder Leistungsumsetzung gehört aber eine Gegen-EMK, die mit der Klemmenspannung annähernd phasengleich ist (vgl. z. B. Abb. 239): eine Umsetzung der elektrischen in mechanische Leistung wäre also hier nicht möglich, das Drehmoment des Motors wäre gleich Null.

Soll ein Drehmoment entstehen, so muß eine Schaltung verwendet werden, bei welcher die Selbstinduktion der Erregerwicklung nicht auftritt. Als solche Schaltung haben wir die des kompensierten Repulsionsmotors kennen gelernt. Bei diesem wird der Erregerfluß nicht vom Ständer, sondern vom Läufer erzeugt und die EMK der Selbstinduktion der Erregerwicklung wird durch eine

EMK der Rotation im Ankerquerfelde aufgehoben. Der Einphasen-Nebenschlußmotor erhält infolgedessen *Läufererregung*. Sein Schaltbild zeigt Abb. 257. Der Unterschied gegenüber dem kompensierten Repulsionsmotor besteht darin, daß bei jenem die Erregerbürsten mit der Ständerwicklung in Reihe geschaltet sind, während hier die Erregerbürsten parallel zur Ständerwicklung liegen. Da die EMK der Selbstinduktion der Erregerwicklung aufgehoben ist, so braucht man zur Erzeugung des Erregerstromes nur eine kleine Spannung, und es genügt ein kleiner Teil der Ständerwicklung (Abb. 257), um diese Spannung herzugeben. Statt die Ständerwicklung anzuzapfen, kann man auch einen besonderen Spannungstransformator, der die Netzspannung auf das nötige Maß heruntertransformiert, nehmen, jedoch ist diese Anordnung teuerer.

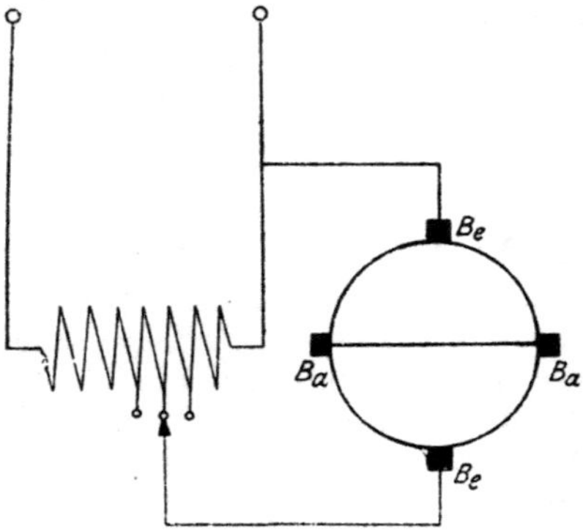

Abb. 257.

Während beim kompensierten Repulsionsmotor Erregerstrom und Ankerarbeitsstrom stets in festem Verhältnis zueinander stehen, denn der Erregerstrom ist bei ihm gleich dem Ständerstrom und dieser steht im festen Verhältnis zum Ankerarbeitsstrom, ist hier der Erregerstrom vom Ankerarbeitsstrom unabhängig. Der kompensierte Repulsionsmotor hat infolgedessen Reihenschlußcharakter, der Motor nach Abb. 257 Nebenschlußcharakter.

Im *Lauf* mit einem bestimmten Drehmoment und einer bestimmten Drehzahl ist das Verhalten der beiden Motoren das gleiche. Der Kurzschluß der Arbeitsbürsten bedingt hier wie beim Repulsionsmotor das Auftreten eines Querflusses in der Arbeitsachse, der um ca. 90° gegenüber dem Erregerfluß in der Phase verschoben ist. Der Einphasen-Nebenschlußmotor besitzt infolgedessen wie der Repulsionsmotor ein Drehfeld und ist mit Rücksicht auf die Kommutierung an seine synchrone Drehzahl gebunden. Die Kommutierungsverhältnisse unter den Arbeits- wie unter den Erregerbürsten sind dieselben wie beim kompensierten Repulsionsmotor. Da im Lauf die Selbstinduktion der Erregerwicklung aufgehoben ist, so sind Erregerstrom und Erregerfluß beinahe in Phase mit der Spannung an den Erregerbürsten und somit beinahe in Phase mit der Netzspannung. Da auch der Ankerarbeitsstrom mit der Netzspannung angenähert in Phase ist, so sind Erregerfluß und Ankerarbeitsstrom nahezu in Phase und die Bedingungen für die Bildung des Drehmomentes sind ebenso günstig wie beim Repulsionsmotor.

Anders liegen die Verhältnisse im *Anlauf*. Da hier die EMK der Selbstinduktion der Erregerwicklung durch die EMK der Drehung im Querflusse nicht aufgehoben werden kann, so ist (bei gegebener Erregerspannung) der Erregerstrom und somit der Erregerfluß gering. Trotz des hohen Stromes in der Arbeitsachse kann nur ein geringes Drehmoment entstehen. Man läßt deswegen den Einphasen-Nebenschlußmotor nicht in seiner Laufschaltung (Abb. 257) sondern in der Schaltung als Repulsions- oder Reihenschlußmotor an und schaltet ihn nach erfolgtem Anlaufen um. Die Handhabung dieses Motors ist somit umständlicher als die der oben behandelten Einphasenmotoren mit Reihenschlußcharakter.

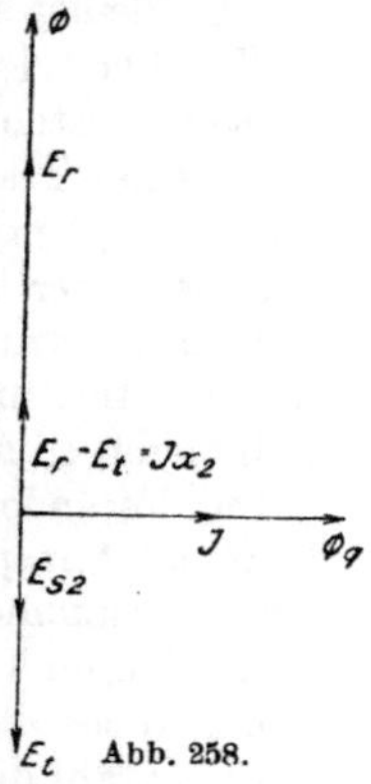

Abb. 258.

Durch Änderung der Spannung an den Erregerbürsten kann man den *Leistungsfaktor* des Motors einstellen. Denken wir uns die Erregerspannung verstärkt, so hat dies zunächst ein Anwachsen des Erregerflusses (Φ) zur Folge. In der Arbeitsachse übersteigt nun die EMK der Rotation der Ankerwicklung (E_r) die EMK der Transformation (E_t), da der Erregerfluß Φ größer geworden und der Querfluß Φ_q derselbe geblieben ist. Zur Herstellung des Spannungsgleichgewichtes in der Ankerwicklung ist dort ein Strom erforderlich, der der EMK der Transformation um beinahe 90° voreilt. In Abb. 258 ist der Einfachheit halber die Phasenverschiebung zwischen Φ und Φ_q zu 90° angenommen. Die Differenz $E_r - E_t$ eilt Φ_q um 90° vor. Da diese EMK im wesentlichen durch die EMK der Streuinduktion der Ankerwicklung $E_{s2} = -Jx_2$ (der Ohmsche Spannungsabfall der Ankerwicklung ist gegenüber dieser klein) ausgeglichen werden muß, so muß der Strom J der EMK E_t um 90° voreilen. Da weiter die Anker- und die Ständerwicklung einen Transformator bilden, so entspricht diesem Strome J in der Ständerwicklung ein Strom, der gegenüber der Klemmenspannung um ca. 90° voreilt und der den nacheilenden Strom (den Magnetisierungsstrom) des Ständers (J_μ, Abb. 255) und hiermit die Phasenverschiebung des Motors vermindert. Bei einer gewissen Größe der Erregerspannung verschwindet der Magnetisierungsstrom in der Ständerwicklung ganz und der Querfluß Φ_q wird durch den Anker, von einem Strome in der Arbeitsachse, geliefert. Bei noch größerer Erregerspannung ist der Ständer gezwungen, voreilenden Strom aus dem Netz zu entnehmen.

Die Änderung der Drehzahl des Einphasen-Nebenschlußmotors kann wie beim Gleichstrom-Nebenschlußmotor entweder durch Änderung der Ankerspannung (in der Arbeitsachse) oder durch Änderung des Erregerflusses erfolgen. Wie beim Gleichstrom-Nebenschlußmotor entspricht einer größeren Ankerspannung bzw.

einem kleineren Erregerfluß eine größere Drehzahl, einer kleineren Ankerspannung bzw. einem größeren Erregerfluß eine kleinere Drehzahl. Zu einer größeren Ankerspannung gehört wie beim Gleichstrommotor eine größere EMK der Rotation im Erregerfluß; bei gleichbleibendem Erregerfluß kann aber die EMK der Rotation nur dadurch größer werden, daß die Drehzahl größer wird; bei gleichbleibender Ankerspannung muß dagegen die Drehzahl um so kleiner sein, je größer der Erregerfluß ist.

Zur Veränderung der Ankerspannung muß der Kurzschluß der Arbeitsbürsten aufgehoben werden und zwischen diese (etwa mit Hilfe eines Transformators) eine der Netzspannung phasengleiche Spannung eingefügt werden. Dies wirkt genau so, als wenn man die EMK der Transformation an den Arbeitsbürsten größer oder kleiner machen würde, und erfordert eine entsprechend große EMK der Rotation im Erregerflusse E_r. Da der Erregerfluß unveränderlich bleibt, so muß der Anker seine Drehzahl entsprechend ändern.

Zur Veränderung des Erregerflusses ist eine neue Ständerwicklung mit Anzapfungen erforderlich, deren Achse mit der Erregerachse zusammenfällt und die in den Erregerkreis eingeschaltet wird. Durch Veränderung der wirksamen Windungszahl und des Schaltsinnes dieser Wicklung kann der Erregerfluß und dadurch die Drehzahl des Motors geändert werden. Zu bemerken ist noch, daß durch Änderung der Spannung an den Erregerbürsten die Drehzahl nur in ganz geringen Grenzen geändert wird; eine Änderung dieser Spannung hat, wie wir gesehen haben, hauptsächlich auf die Größe des Leistungsfaktors Einfluß [L. 88].

B. Die Mehrphasen-Kommutatormaschine.

5. Der Gleichstromanker im Drehfelde.

a) Die Wirkung des Kommutators. Von den Mehrphasen-Kommutatormaschinen wird hauptsächlich der Dreiphasenmotor verwendet; wir betrachten im weiteren nur diesen.

Der Ständer des Dreiphasen-Kommutatormotors erhält eine normale Dreiphasenwicklung, der Läufer eine Gleichstromwicklung mit Kommutator. Die Kommutatorbürsten sind um 120 elektrische Grade gegeneinander verschoben, so daß eine zweipolige Maschine 3 Bürstenbolzen erhält. Die Läuferwicklung mit Kommutator verhält sich somit wie eine Dreiphasenwicklung in Ringschaltung, deren Stromzuführungspunkte die Bürsten bilden.

Abb. 259 stellt schematisch eine zweipolige Dreiphasen-Kommutatormaschine dar; der Einfachheit halber sind die Wicklungen als Ringwicklungen gezeichnet.

Führt man dem Ständer Dreiphasenstrom zu, so entsteht ein Drehfeld, das gegenüber dem ruhenden Ständer die Drehzahl $n_d = \frac{60 f_1}{p}$ hat. Die von diesem Drehfeld in der Ständerwicklung induzierte EMK hat die gleiche Periodenzahl wie der zugeführte Strom (f_1). Die in den Läufer*spulen* induzierten EMKe haben dagegen wie beim Läufer der Asynchronmaschine die Schlupfperiodenzahl $f_2 = \frac{p\,(n_d - n)}{60} = \sigma f_1$, wo n die jeweilige Läuferdrehzahl bedeutet, denn für die EMKe der Läuferspulen ist die Relativgeschwindigkeit zwischen der Läuferwicklung und dem Drehfeld

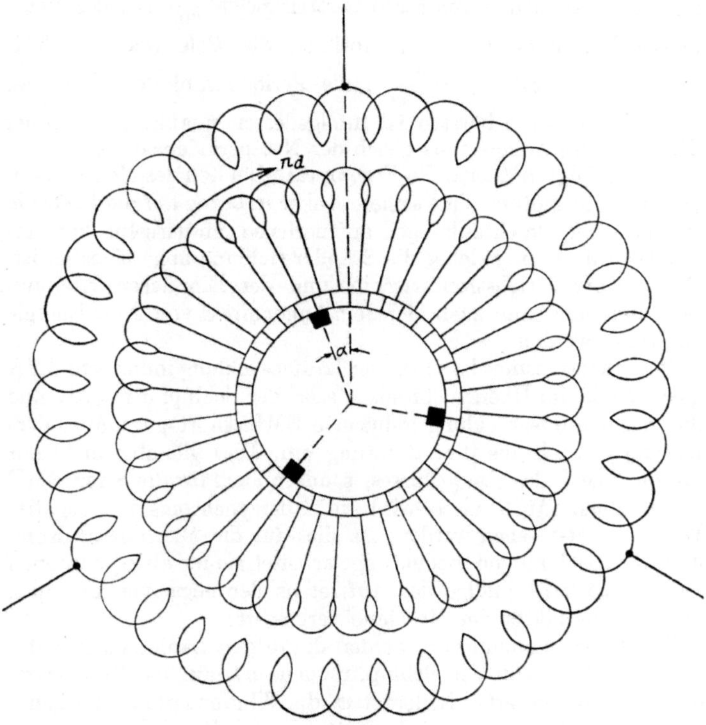

Abb. 259.

maßgebend. Anders ist es aber mit den EMKen an den Kommutator*bürsten*: diese haben *unabhängig von der Drehzahl des Läufers stets die gleiche Periodenzahl wie die EMKe der Ständerwicklung,* also die Netzperiodenzahl. Dies geht aus folgender Überlegung hervor: Steht das Feld im Raume still, so entsteht an den Bürsten, wie von der Gleichstrommaschine her bekannt ist, unabhängig von der Drehzahl des Ankers eine Gleich-EMK. Die Größe der Gleich-EMK hängt außer von der Ankerdrehzahl noch von der Lage der Bürsten auf dem Kommutator ab (s. S. 198). Würde man die Bürsten unter Beibehaltung ihrer gegenseitigen Lage rings um den Kommutator mit einer gewissen Geschwindigkeit drehen oder, was dasselbe ist, würde man bei unveränderter Lage der Bürsten auf dem Kommutator die Pole in Drehung versetzen, so würde man zwischen den Bürsten eine Wechsel-EMK messen, deren Periodenzahl unabhängig von der Drehzahl des Ankers der Drehgeschwindigkeit der Bürsten bzw. der Pole proportional ist. Nehmen die Bürsten bzw. die Pole eine bestimmte Drehzahl n an, so wird bei p Polpaaren der Maschine die Periodenzahl der Wechsel-EMKe an den Kommutatorbürsten gleich $\frac{p\,n}{60}$. Bei der Mehrphasen-Kommutatormaschine rotieren die Pole (das Drehfeld) mit der Drehzahl $n_d = \frac{60\,f_1}{p}$: die Periodenzahl der EMKe an ihren Kommutatorbürsten ist infolgedessen unabhängig von der Drehzahl des Ankers stets gleich der Netzperiodenzahl f_1.

Daraus folgt, daß man die Kommutatorbürsten des Mehrphasen-Kommutatormotors, ohne seinem Anker in bezug auf die Drehzahl irgendwelche Beschränkungen aufzuerlegen, an dasselbe Netz anschließen darf, an welches die Ständerwicklung angeschlossen ist. Wie bei der Gleichstrommaschine und der Einphasen-Kommutatormaschine kann auch hier dem Anker direkt vom Netz Energie zugeführt werden.

Im Synchronismus ist die in der Läuferwicklung induzierte EMK gleich Null. Im Übersynchronismus ist der Schlupf σ negativ und die in der Läuferwicklung induzierte EMK kehrt gegenüber dem Untersynchronismus ihre Richtung um. Dies gilt aber nicht nur für die EMK des Hauptflusses, sondern auch für die Streu-EMK des Läufers. Auch diese wird im Übersynchronismus negativ. Wie wir später sehen werden, ist dies für die Mehrphasen-Kommutatormaschine von Bedeutung: arbeitet sie im übersynchronen Gebiet, so wird infolge des Auftretens der negativen Streuung der Leistungsfaktor der Maschine verbessert.

Durch den Kommutator werden die in den Läuferspulen induzierten EMKe von der Schlupffrequenz σf_1 auf die Ständerfrequenz f_1 kommutiert. Bedeutet w_2 die Windungszahl zwischen 2 Kommutatorbürsten, so ist die Größe der *EMK zwischen 2 Bürsten* gleich

$$E_a = 4{,}44\,\sigma f_1\, w_2\, \zeta_2\, \Phi\, 10^{-8}\ \text{Volt}. \tag{252}$$

Während somit die Größe dieser EMK von der Drehzahl des Ankers abhängt, ist ihre Periodenzahl konstant, und zwar gleich der Netzperiodenzahl f_1.

Wir denken uns nun den Anker über seine Kommutatorbürsten vom Netz aus gespeist und fragen nach der Drehzahl der MMK-Welle, die die in ihn eingeleiteten Ströme erzeugen. Diese muß in bezug auf die Ständer-MMK-Welle stillstehen, falls ein Zusammenarbeiten zwischen Ständer und Läufer möglich sein soll. Dies ist auch der Fall. Da die Ankerwicklung eine symmetrische, in sich geschlossene Wicklung ist, so bleibt nämlich das Wicklungsbild des Läufers in bezug auf die Kommutatorbürsten unabhängig davon, ob der Läufer sich dreht oder stillsteht, stets das gleiche, d. h. in bezug auf *einen über die Bürsten eingeleiteten Strom verhält sich die Ankerwicklung stets so, als ob sie stillstände.* Die vom Dreiphasenstrom, der über die Bürsten eingeleitet ist, erzeugte MMK-Welle hat infolgedessen gegenüber dem Raum (Ständer) unabhängig von der Ankergeschwindigkeit stets dieselbe Drehzahl n_d wie die Ständer-MMK-Welle.

Der Gleichstromanker verhält sich jedoch anders, wenn er über Schleifringe statt über die Kommutatorbürsten gespeist wird. In diesem Falle ist die Wicklung an die Speisepunkte fest angeschlossen und rotiert zusammen mit ihnen: Die von den eingeleiteten Strömen erzeugte MMK-Welle hat auch hier die Drehzahl n_d, aber nicht in bezug auf den Raum, wie bei der Speisung über den Kommutator, sondern in bezug auf die Wicklung. In bezug auf den Raum (Ständer) hat die MMK-Welle hier die Drehzahl $n_d \pm n$. Da die Ständer-MMK-Welle die Drehzahl n_d hat, so kann die MMK-Welle des über die Schleifringe gespeisten Ankers nur bei ganz bestimmten Ankerdrehzahlen in bezug auf diese stillstehen, nämlich im Stillstand des Ankers ($n = 0$) und bei der doppelten synchronen Drehzahl des Ankers ($n = 2\,n_d$), wobei im letzten Falle die Ströme in die Schleifringe so eingeleitet werden müssen, daß die Drehrichtung der MMK-Welle des Ankers der der MMK-Welle des Ständers entgegengesetzt ist. Der über die Kommutatorbürsten gespeiste Gleichstromanker ist also in seiner Drehzahl nicht beschränkt, weil bei ihm die Ständer- und Läufer-MMK-Wellen stets in bezug aufeinander stillstehen, wohl aber der über Schleifringe gespeiste Gleichstromanker (falls der Ständer gleichzeitig gespeist wird).

Auch in bezug auf die in den Ankerspulen induzierten EMKe besteht zwischen dem über die Kommutatorbürsten und dem über die Schleifringe gespeisten Gleichstromanker ein Unterschied. Der Ständer sei stromlos. Wird der Anker über den Kommutator gespeist, so hat das Drehfeld in bezug auf den Raum (Ständer) die konstante Drehzahl n_d. Relativ zu den Ankerspulen hat das Drehfeld die Drehzahl $n_d - n$. Die in den einzelnen Ankerspulen induzierten EMKe haben infolgedessen die Schlupfperiodenzahl. Trotzdem den Kommutatorbürsten Wechselstrom von der Periodenzahl f_1 zugeführt wird, fließt im Synchronismus in den Ankerspulen Gleichstrom. Wird dagegen der Anker über Schleifringe gespeist, so hat das Drehfeld die konstante Drehzahl n_d gegenüber seiner *Wicklung* (nicht gegenüber dem Raum); die in den einzelnen Ankerspulen induzierten EMKe haben infolgedessen stets dieselbe Periodenzahl wie der zugeführte Strom (f_1); an den Kommutatorbürsten haben aber hier die EMKe die Schlupfperiodenzahl.

Aus dem Obigen folgt, daß, wenn der Ständer an das Netz angeschlossen ist, der Anker nur über den Kommutator an das Netz angeschlossen werden darf. Wird, wie dies beim Dreiphasen-Nebenschluß-Kommutatormotor in einer bestimmten Schaltung geschieht, der Anker über Schleifringe vom Netz aus gespeist, so darf der Ständer nicht an das Netz angeschlossen werden, da sonst die Maschine nur eine einzige Drehzahl ($2 n_d$) haben kann und der Kommutator wirkungslos wird. Wir betrachten im weiteren die Schaltungen, bei denen der Anker über den *Kommutator* vom Netz gespeist wird. Wie wir sehen werden, unterscheidet sich der über die Schleifringe gespeiste Nebenschlußmotor von dem über den Ständer und den Kommutator gespeisten Nebenschlußmotor in seiner Wirkungsweise nicht.

b) Die magnetische Achse eines Mehrphasenankers. Wird der Anker über die Kommutatorbürsten gespeist, so entsteht ein Drehfeld. Die Ankerwicklung der Mehrphasen-Kommutatormaschine hat infolgedessen im Gegensatz z. B. zu der Gleichstrommaschine keine feste magnetische Achse. Die magnetische Achse des Drehfeldes rotiert mit der synchronen Geschwindigkeit um den Anker herum. Wie wir im Kapitel V jedoch gesehen haben, besteht zwischen der *momentanen* Lage der magnetischen Achse des Drehfeldes und den Momentanwerten der Ströme in den einzelnen Phasen eine gewisse Beziehung: die magnetische Achse (die Amplitude) des Drehfeldes liegt jeweils über der Mitte derjenigen Phase, die Strommaximum führt. Wir wollen zeigen, daß auch zwischen den *Bürstenströmen* und der jeweiligen Lage der magnetischen Achse des Drehfeldes eine feste Beziehung besteht, und zwar geht *die magnetische Achse jeweils durch diejenige Bürste hindurch, welche Strommaximum führt.* Es ist dabei zunächst zu beachten, daß die Ankerwicklung mit Bürsten sich wie eine in Dreieck geschaltete Dreiphasenwicklung verhält, deren Stromzuführungspunkte die Bürsten sind. Der Strom jeder Bürste als Linienstrom ist gleich der Differenz der Ströme der beiden Phasen, die an die Bürste grenzen; er ist infolgedessen (s. S. 18) $\sqrt{3}$ mal so groß wie der Phasenstrom. In Abb. 260 sind J_{I}, J_{II} und J_{III} die drei Phasenströme, $J_{b\mathrm{I}}$, $J_{b\mathrm{II}}$ und $J_{b\mathrm{III}}$ die drei Bürstenströme (Linienströme). $J_{b\mathrm{I}}$ ist gleich der geometrischen Differenz zwischen J_{I} und J_{II}, $J_{b\mathrm{II}}$ ist gleich der geometrischen Differenz zwischen J_{II} und J_{III} usw. In der Abb. 260 ist die Lage der Vektoren so gewählt, daß die Momentanwerte der drei Phasenströme betragen: $i_{\mathrm{I}} = +0{,}866 J_{\max}$, $i_{\mathrm{II}} = -0{,}866 J_{\max}$

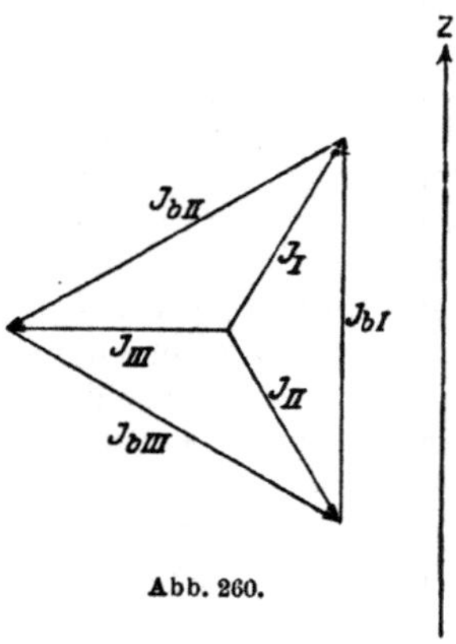

Abb. 260.

und $i_{III} = 0$; der Bürstenstrom i_{bI} ist dann im Maximum $(= \sqrt{3} J_{max})$.

Die Ankerwicklung ist hier wie bei der Einphasen-Kommutatormaschine gewöhnlich eine Zweischicht-Durchmesserwicklung. Eine solche zweipolige Wicklung zeigt schematisch Abb. 261. Sowohl in der Ober- wie in der Unterschicht bedeckt jede der drei Phasen zwei Drittel der Polteilung. Die Phase I ist schwarz, die Phase II gestrichelt und die Phase III weiß gezeichnet. Zu jeder Phase ist der Momentanwert ihres Stromes entsprechend dem Vektordiagramm Abb. 260 angegeben, wobei $J_{max} = 1$ gesetzt ist. Bezüglich der Richtung der Ströme ist zu beachten, daß, wenn der Strom in der Oberschicht der Phase I als vom Beobachter wegfließend angenommen wird, der Strom in der Oberschicht der Phase II als auf den Beobachter zufließend angenommen werden muß; für die Unterschichten als Rückleiter gilt dann das Umgekehrte: der Strom in der Unterschicht der Phase I fließt auf den Beobachter zu und der Strom in der Unterschicht der Phase II fließt vom Beobachter weg. In der Phase III ist der Strom gleich 0.

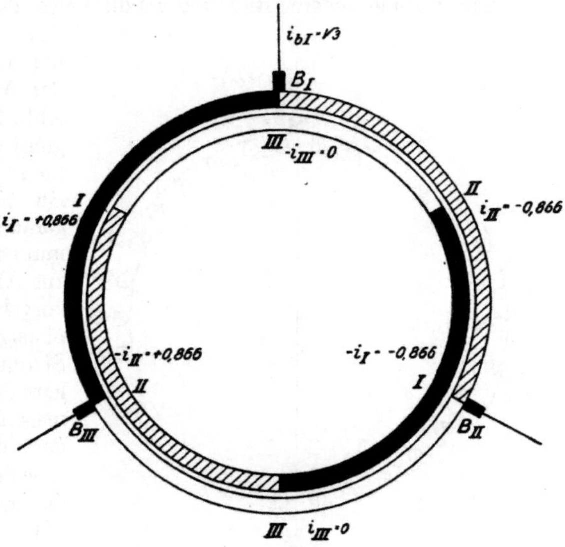

Abb. 261.

Summiert man die Ströme aller drei Phasen unter Beachtung der Vorzeichen, so erhält man als Bild des Strombelages des Ankers die Abb. 262. Auf dem Teil des Ankers, wo die Oberschicht der Phase I und die Unterschicht der Phase III sich überdecken, ist der resultierende Strom gleich dem der Phase I; auf dem weiter links folgenden Teil des Ankers, wo die Oberschicht der Phase I und die Unterschicht der Phase II sich überdecken, ist der resultierende Strom doppelt so groß und von gleicher Richtung wie auf dem ersten Teil; auf dem weiteren Teil des Ankers, wo Oberschicht der Phase III und Unterschicht der Phase II sich überdecken, hat der resultierende Strom die gleiche Größe und

Richtung wie auf dem ersten Teil usw. In bezug auf die Symmetrielinie durch die Bürste B_{I}, welche gerade den Maximalwert des Bürstenstromes $i_{b\mathrm{I}} = \sqrt{3} J_{\max}$ führt, erscheint der Anker, wenn man die Superposition der Ströme ganz durchführt, als in zwei Teile geteilt, und zwar führen die Leiter links dieser Symmetrielinie Ströme anderer Richtung als die Leiter rechts von ihr; diese Symmetrielinie ist also die magnetische Achse der Wicklung (vgl. auch Abb. 179), d. h. die magnetische Achse der Wicklung fällt jeweils mit der Bürste zusammen, welche gerade das Strommaximum führt [L. 89]. Wie aus Abb. 262 weiter hervorgeht, ist auch bei mehrphasiger Speisung die Stromverteilung des Ankers der der Gleichstrommaschine ähnlich, nur ändert hier die Symmetrielinie der Stromverteilung dauernd ihre Lage. Dies gilt nicht nur für den mehrphasig gespeisten Gleichstromanker, sondern allgemein für jede Mehrphasenwicklung. Auch gilt der Zusammenhang zwischen der Amplitude des Bürstenstromes und der Lage der magnetischen Achse der Wicklung nicht nur für den dreiphasigen Gleichstromanker, sondern für jede andere Dreieckschaltung; die Rolle der Bürsten übernehmen dort die Stromzuführungspunkte.

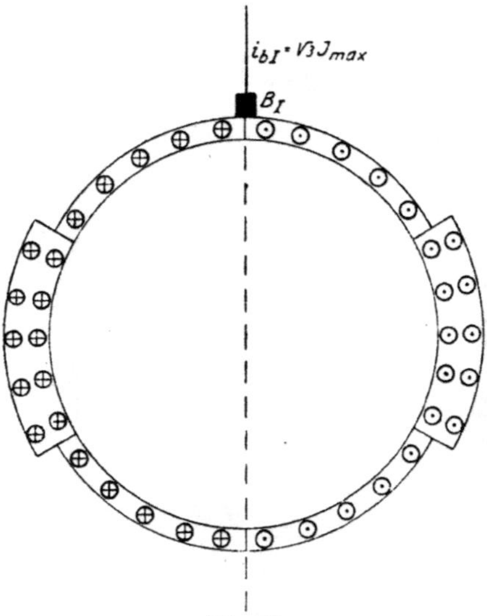

Abb. 262.

Wenn auch die magnetische Achse der Mehrphasenwicklung keine feste Achse ist, so ist der Begriff der magnetischen Achse (und somit der Begriff der Achse allgemein, vgl. S. 202) für die Mehrphasenwicklung doch von Bedeutung, und zwar dann, wenn es sich darum handelt, die Lage von zwei Wicklungen in bezug aufeinander festzulegen. Ist beispielsweise die Ständerwicklung in Stern geschaltet und sind Ständer- und Ankerwicklung vom gleichen Strom durchflossen, so kann man sagen, daß die Amplituden der MMKe der beiden Wicklungen räumlich stets zusammenfallen, falls die Bürsten gegenüber den *Mitten* der betreffenden Ständerphasen stehen. Bei Dreieckschaltung des Ständers müssen die Kommutatorbürsten gegenüber den Stromzuführungspunkten der Ständerwicklung stehen, damit die Amplituden der beiden MMKe dauernd zusammenfallen. Wie wir gleich sehen werden, ist auch für die zeitliche Phase der in den Wicklungen induzierten EMKe die Lage der Achsen der Wicklungen von Bedeutung.

c) Einfluß der Bürstenstellung auf die Phase der Läufer- und der Ständer-EMKe. Wir denken uns in Abb. 259 die Bürsten so eingestellt, daß sie gegenüber den Stromzuführungspunkten der Ständerwicklung liegen; die Achsen der beiden Wicklungen fallen dann zusammen. Der Ständer sei allein von Strom durchflossen. Die EMKe, die in den beiden Wicklungen vom Drehfeld induziert werden, sind bei dieser gegenseitigen Lage der Bürsten und der Anschlußpunkte des Ständers in Phase, denn das Drehfeld ist gegenüber den einander entsprechenden Phasen der Ständer- und Läuferwicklung zu jeder Zeit in der gleichen Lage. Verschiebt man die Bürsten um einen Winkel α gegenüber den Ständeranschlußpunkten, beispielsweise gegen die Drehrichtung des Drehfeldes, wie dies in Abb. 259 angedeutet ist, so trifft das Drehfeld die Läuferphasen um eine dem Winkel α entsprechende Zeit früher als die entsprechenden Ständerphasen und die Läufer EMKe eilen den Ständer-EMKen um den Winkel α zeitlich vor. *Die Bürstenverschiebung bewirkt also eine zeitliche Phasenverschiebung zwischen den EMKen des Ständers und des Läufers.* Es liegt in der Natur des Drehfeldes, daß ein Raumwinkel bei ihm eine zeitliche Bedeutung gewinnt.

d) Das Drehmoment der Mehrphasen-Kommutatormaschine. Wir haben oben gesehen, daß bei der Gleichstrommaschine und dem Einphasen-Kommutatormotor das größte Drehmoment dann auftritt, wenn die Flußachse und die Bürstenachse räumlich gegeneinander um 90° verschoben sind. Die Lage der Bürstenachse war dort identisch mit der Lage der Symmetrielinie der Stromverteilung bzw. mit der Lage der Amplitude der Anker-MMK-Kurve (Abb. 179 und 106). Führt man bei der Mehrphasen-Kommutatormaschine an Stelle des Begriffes „Bürstenachse" den Begriff „Lage der Amplitude der Anker-MMK-Kurve" ein, so gilt für sie dasselbe wie für die anderen Kommutatormaschinen und auch für die Asynchronmaschine (s. Gleichung 129): *das größte Drehmoment tritt* bei ihr *dann auf, wenn Fluß und Anker-MMK räumlich gegeneinander um 90° verschoben sind.*

Als weitere Bedingung für das größte Drehmoment war bei dem Einphasen-Kommutatormotor, daß Fluß und Ankerstrom zeitlich in Phase sein sollen (s. Gleichung 234); diese Bedingung gilt auch hier.

e) Die Kommutierung der Mehrphasen-Kommutatormaschine. In bezug auf *die EMK der Selbstinduktion* der kurzgeschlossenen Spule liegen hier die Verhältnisse ähnlich wie beim Einphasen-Kommutatormotor. Solange die Ankerspule sich zwischen zwei Bürsten befindet, führt sie den Strom der betreffenden Phase. Geht die Spule an der Bürste vorbei, so tritt sie in einen anderen Wicklungszweig ein und der Strom wird in ihr von dem

Momentanwert der einen Phase in den Momentanwert der benachbarten Phase kommutiert. In der Abb. 263 sind I, II und III die Sinusströme der drei Phasen eines Dreiphasenankers; sie sind gegeneinander um 120° verschoben. Würde der Anker stillstehen, so würde sich der Strom jeder Ankerspule, je nach der Phase, zu der sie gehört, nach *einer* dieser drei Sinuskurven ändern. Da der Anker rotiert, so ändert sich der Strom jeder Ankerspule der Reihe nach nach *jeder* dieser Sinuskurven, und zwar erfolgt der Übertritt von einer Sinuskurve zur anderen um so schneller, je schneller der Anker rotiert. Die Zeit, die die Spule braucht, um von einer Bürste zur anderen Bürste zu gelangen, ist gleich dem

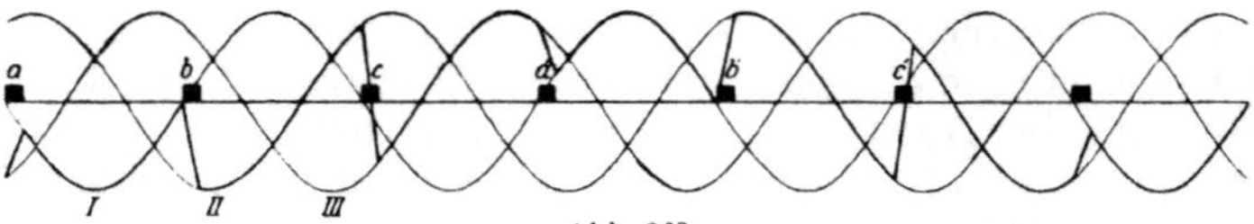

Abb. 263.

Abstand zweier Bürsten dividiert durch die Ankergeschwindigkeit. Da in der Abszissenachse der Abb. 263 die Zeit aufgetragen ist, so erscheint in ihr der Abstand zweier Bürsten um so kleiner, je größer die Ankergeschwindigkeit ist. Der in dieser Abbildung angenommene Zeitabstand der Bürsten $\overline{ab} = \overline{bc} = \overline{ca'}$ entspricht demnach einer ganz bestimmten Ankergeschwindigkeit.

Zur Zeit *a* befindet sich nun eine bestimmte Ankerspule unter der Bürste; von dieser Zeit an wird sich der Strom dieser Spule nach der Sinuskurve I ändern, und zwar so lange, bis die Spule unter die nächste Bürste kommt; hier gelangt die Spule in den benachbarten Ankerzweig, ihr Strom wird also von dem Momentanwert der Phase I in den Momentanwert der Phase II kommutiert und verläuft weiter nach der Sinuskurve II; nach einem weiteren Zeitintervall $\overline{bc}$ gelangt die Ankerspule unter die dritte Bürste, ihr Strom wird von dem Momentanwert der Phase II in den der Phase III kommutiert und verläuft von nun an nach der Sinuskurve III; dann gelangt die Spule abermals unter die Bürste (a') und ihr Strom verläuft wieder nach der Sinuskurve I usw. Der zeitliche Verlauf des Stromes dieser Ankerspule ist für ein größeres Zeitintervall stark ausgezogen. Zu bemerken ist, daß dieses Bild für eine ganz bestimmte Spule gilt und daß das Bild des Stromverlaufes sich von Spule zu Spule ändert, weil in den verschiedenen Spulen der Strom zu verschiedenen Zeiten kommutiert wird.

Der Betrag, um den der Strom einer Ankerspule kommutiert wird, ist gleich der Differenz der Momentanwerte der Ströme zweier benachbarten Phasen und somit gleich dem Momentanwert des *Bürstenstromes*, denn der Anker verhält sich, wie oben bereits erwähnt wurde, wie eine Ringschaltung mit den Bürsten als Stromzuführungspunkten, und bei dieser ist der Linienstrom gleich der Differenz zweier Phasenströme. Je größer die Phasenzahl des Ankers ist, desto größer ist die Anzahl seiner Bürstenbolzen und desto kleiner ist der Strom pro Bürstenbolzen bei gegebener Leistung der Maschine. Mit Rücksicht auf die EMK der Selbstinduktion der kurzgeschlossenen Spule ist es also vorteilhaft, den Anker mit möglichst großer Phasenzahl auszuführen. Wie bei der Einphasen-Kommutatormaschine ist auch hier bei der Berechnung der EMK der Selbstinduktion der kurzgeschlossenen Spule mit der maximalen Stromänderung zu rechnen. Diese ist hier gleich der Amplitude des Bürstenstromes.

Außer der EMK der Selbstinduktion wird in der kurzgeschlossenen Spule, wie bei den mit Drehfeld arbeitenden Einphasen-Kommutatormotoren, noch *eine zweite EMK*, und zwar *vom Drehfeld*, induziert. Wie bei den Einphasen-Kommutatormotoren ist es diese EMK, die für die Kommutierung maßgebend ist. Während die EMK der Selbstinduktion der kurzgeschlossenen Spule dem Bürstenstrome proportional ist und mit zunehmender Ankerdrehzahl zunimmt, hängt die vom Drehfeld in der kurzgeschlossenen Spule induzierte EMK von der Größe des Drehflusses und von der Relativgeschwindigkeit zwischen Anker und Drehfeld ab. (Eine Ausnahme in bezug auf die Relativgeschwindigkeit bildet der Nebenschlußmotor mit Stromzufuhr über Ankerschleifringe, s. S. 322.) Bei der synchronen Drehzahl des Ankers ist diese Relativgeschwindigkeit gleich Null und das Drehfeld induziert die kurzgeschlossene Spule nicht; im Unter- und im Übersynchronismus, also auch im Anlauf, wird durch das Drehfeld die Kommutierung verschlechtert. Wie die mit Drehfeld arbeitenden Einphasen-Kommutatormotoren sind infolgedessen auch die Mehrphasen-Kommutatormotoren an ihre synchrone Drehzahl gebunden. Soll der Motor einen größeren Regelbereich erhalten, so muß sein Fluß klein gehalten werden.

Die Phasenverschiebung zwischen der EMK der Selbstinduktion der kurzgeschlossenen Spule, die in Phase ist mit dem Bürstenstrom, und der EMK, die das Drehfeld in der kurzgeschlossenen Spule induziert und die gegen den Fluß um 90^0 nacheilt, liegt normalerweise in der Nähe von 90^0.

6. Der Dreiphasen-Reihenschlußmotor.

a) Der Dreiphasen-Reihenschlußmotor mit einfachem Bürstensatz. Das Spannungsdiagramm. Der Dreiphasen-Reihenschlußmotor hat im Ständer eine normale Dreiphasenwicklung, deren Phasen offen sind und deren Enden einerseits an das zu speisende Netz, anderseits entweder direkt oder meistens über einen Zwischentransformator (Abb. 264) an die Kommutatorbürsten angeschlossen sind. Der Zwischentransformator ist erforderlich, damit die Kommutatorspannung (Lamellenspannung) das zulässige Maß nicht überschreitet; bei den üblichen Netzspannungen kommt man ohne ihn nicht aus. Wir wollen zunächst den Zwischentransformator außer acht lassen; auf seinen Einfluß auf die Arbeitsweise des Mehrphasen-Reihenschlußmotors kommen wir nachher zurück.

Die Ständerwicklung und die Kommutatorbürsten führen den gleichen Strom. Stellt man die Bürsten so ein, daß sie gegenüber

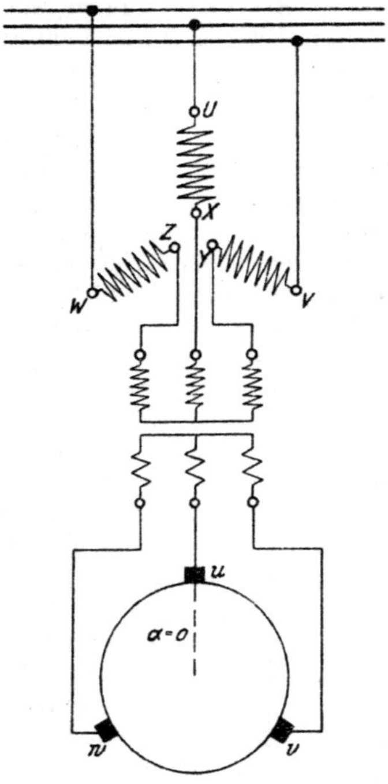

Abb. 264a.

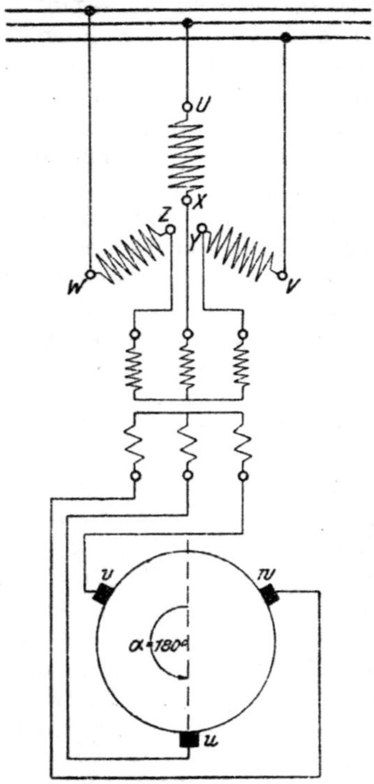

Abb. 264b.

den Mitten der zugehörigen Phasen liegen, also Bürste u gegenüber der Mitte der Phase UX, Bürste v gegenüber der Mitte der Phase VY usw. (Abb. 264a), so fallen die Amplituden der MMK-Kurven der Ständer- und der Ankerwicklung zu jeder Zeit in eine Linie. Zwei Stellungen der Bürsten sind hierbei möglich, und zwar eine, in welcher die MMKe der beiden Wicklungen sich unterstützen, und die zweite, in welcher die MMKe der beiden Wicklungen einander entgegenwirken. In keiner dieser beiden Stellungen kann ein Drehmoment entstehen, denn Fluß- und Läufer-MMK sind in beiden Fällen räumlich in Phase. Die erste Stellung ist die *Nullstellung* (Leerlaufstellung) der Bürsten ($\alpha = 0$);

hier nimmt der Motor wie ein Transformator im Leerlauf nur den Leerlaufstrom auf (Abb. 264a). Die zweite Stellung ist die *Kurzschlußstellung* der Bürsten; hier heben sich die MMKe der beiden Wicklungen auf, der Motor verhält sich wie ein Transformator im Kurzschluß und nimmt einen großen Strom auf (Abb. 264b). Die Kurzschlußstellung der Bürsten ist von der Nullstellung um 180 elektrische Grade entfernt.

Verschiebt man die Bürsten aus der Nullstellung um einen bestimmten Winkel α (dieser beträgt bei der Nennleistung ca. 150°), so werden dadurch die Amplituden der beiden MMK-Kurven um α Grad räumlich gegeneinander verschoben, zeitlich bleiben sie aber in Phase. Abb. 265 zeigt das Raumdiagramm der MMKe für diesen Fall. Die resultierenden Amperewindungen AW_r sind gleich der geometrischen Summe aus den Ständer- und den Anker-Amperewindungen AW_s und AW_a. In der Abb. 265 ist AW_a gleich AW_s angenommen, AW_r ist infolgedessen räumlich gegen AW_s wie AW_a um $\frac{\alpha}{2}$ Grad verschoben, zeitlich ist aber AW_r mit AW_s und AW_a in Phase. Der Fluß Φ ist räumlich und zeitlich in Phase mit den resultierenden Amperewindungen AW_r. Die Bedingungen für das Auftreten eines Drehmomentes sind jetzt günstig: der Fluß und die Läufer-MMK sind zeitlich in Phase, räumlich sind sie gegeneinander um einen Winkel, der von 90° nicht stark abweicht, verschoben. Für die Größe des Drehmomentes ist nur die Komponente von AW_a, die senkrecht auf Φ steht, maßgebend (Abb. 265). Ändert man den Winkel α, so ändert sich das Drehmoment des Motors, weil bei Veränderung von α sich sowohl der Fluß Φ (AW_r) wie die räumliche Verschiebung zwischen AW_a und Φ ändert.

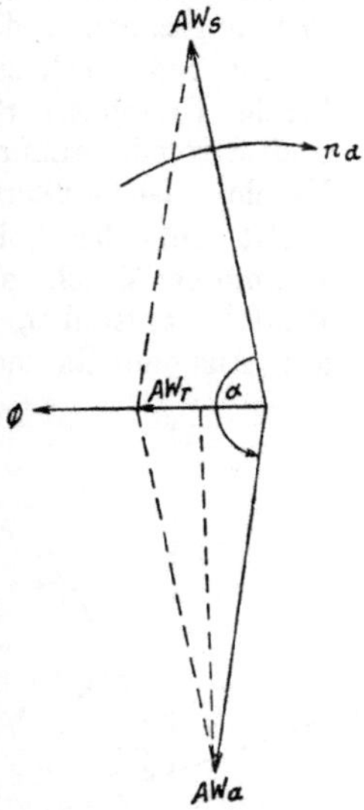

Abb. 265.

Ähnlich wie beim Repulsionsmotor ist auch hier die Drehrichtung des Ankers entgegengesetzt der Verstellungsrichtung der Bürsten, d. h. werden die Bürsten aus der Nullstellung gegen den Uhrzeigersinn verschoben, so dreht sich der Anker im Uhrzeigersinne und umgekehrt. Im Gegensatz zu dem Repulsionsmotor und auch zu den anderen Drehfeldmotoren (Asynchronmotoren und Nebenschluß-Kommutatormotoren), bei denen die Drehrichtung des Läufers stets mit der Drehrichtung des Drehfeldes zusammenfällt, ist beim Mehrphasen-Reihenschluß-Kommutatormotor *die Drehrichtung des Ankers* (die Richtung des auf den Anker wirkenden Drehmomentes) *von der Drehrichtung des Drehfeldes unabhängig.*

Man kann also die Bürsten derart verstellen, daß der Anker mit dem Drehfeld oder gegen das Drehfeld rotiert. Normalerweise verstellt man die Bürsten gegen die Drehrichtung des Drehfeldes (wie in Abb. 265 angedeutet ist), damit der Anker *mit dem Drehfelde* rotiert, weil im anderen Falle, infolge der größeren Relativgeschwindigkeit zwischen Drehfeld und Anker, in den kurzgeschlossenen Spulen vom Drehfeld große EMKe induziert werden und auch die Eisenverluste des Ankers groß werden.

Für die weiteren Betrachtungen wollen wir die Ohmschen Widerstände ebenso wie die Streu-Blindwiderstände der beiden Wicklungen außer acht lassen. Die Spannungen der beiden Wicklungen werden dann gleich den in ihnen induzierten EMKen. Außerdem sei angenommen, daß die Sättigung der Maschine klein ist, so daß Proportionalität zwischen Strom und Fluß herrscht, und daß die Windungszahlen und die Wicklungsfaktoren beider Wicklungen wie in Abb. 265 gleich sind. Mit diesen Vereinfachungen erhält man für den Dreiphasen-Reihenschlußmotor ein einfaches Spannungs- und Stromdiagramm, an Hand dessen sich die Arbeitsweise der Maschine leicht übersehen läßt [L. 90].

Mit Hilfe der Abb. 265 wollen wir zuerst das Spannungsdiagramm der Maschine für einen *gegebenen Strom und einen gegebenen Winkel* α aufstellen. In Abb. 266 tragen wir J in der Vertikalen auf. Aus dem Raumdiagramm Abb. 265 sieht man, daß die Flußachse (Amplitude des Feldes) der Amplitude der Ständer-MMK in der Drehfeldrichtung um $\frac{\alpha}{2}$ Grad nacheilt. Die Amplitude der Ständer-MMK liegt jeweils über der Achse (Mitte) derjenigen Ständerphase, die Strommaximum führt. Fassen wir irgendeine der drei Ständerphasen in das Auge, so wird die Amplitude des Feldes um $\frac{\alpha}{2}$ Grad über ihrer Achse später liegen, als sie Strommaximum hat. Liegt weiter die Amplitude des Feldes über der Achse eines Wicklungsstranges, so ist dieser Wicklungsstrang mit dem maximalen Fluß verkettet und die vom Fluß in ihm induzierte EMK ist gleich Null; die Amplitude der induzierten EMK tritt in ihm erst um 90° später auf. Daraus folgt, daß die Ständer-EMK um $\frac{\alpha}{2} + 90°$ gegenüber dem Strom nacheilt. In der Abb. 266 ist die Ständer-EMK E_s um diesen Winkel gegen J nacheilend aufgetragen. Die Anker-EMK E_a eilt gegen E_s um α^0 vor, weil die Bürsten

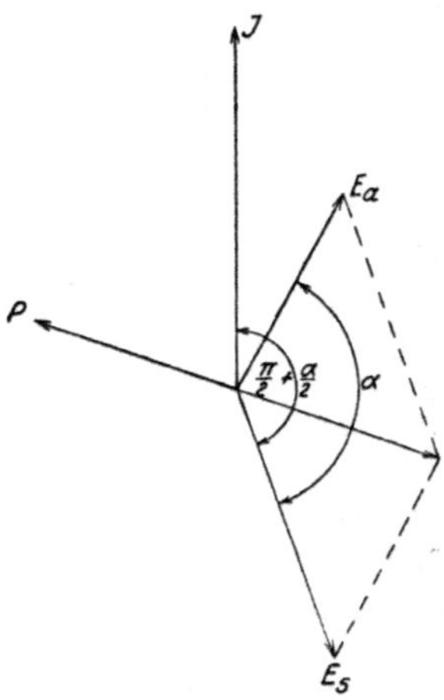

Abb. 266.

gegen das Drehfeld um α^0 verschoben sind und im Drehfelde der räumlichen Verschiebung der Wicklungsachsen eine zeitliche Verschiebung der EMKe entspricht. Während E_s von der Ankerdrehzahl unabhängig ist, hängt die Größe von E_a von der Ankerdrehzahl $(n_d - n)$ ab. Die dem Motor aufgedrückte Klemmenspannung P muß der geometrischen Summe aus E_s und E_a das Gleichgewicht halten, d. h. gleich und entgegengesetzt gerichtet sein. Für die hier gewählte Größe von E_a (gewählte Drehzahl) eilt der Strom der Klemmenspannung nach. Wie wir gleich sehen werden, ist die Phasenverschiebung von der Drehzahl stark abhängig.

Aus dem Zeitdiagramm Abb. 266 entnehmen wir, daß der Motorstrom J gegenüber der Ständerspannung $P_s = -E_s$ stets um $180 - \left(90 + \frac{\alpha}{2}\right) = 90 - \frac{\alpha}{2}$ Grad nacheilt und daß die Bürstenspannung $P_a = -E_a$ der Ständerspannung P_s stets um α Grad voreilt.

Nach Gleichung 252 ist E_a proportional σf_1, d. h. der Relativgeschwindigkeit zwischen Anker und Drehfeld. E_s ist dagegen der Netzfrequenz f_1, d. h. der Drehfelddrehzahl proportional. Das Verhältnis der Bürstenspannung P_a zur Ständerspannung P_s ist demnach (unter Berücksichtigung obiger Annahmen)

$$\frac{P_a}{P_s} = \frac{E_a}{E_s} = \sigma = \frac{n_d - n}{n_d} = 1 - \frac{n}{n_d}\,. \tag{253}$$

Das Verhältnis $\frac{P_a}{P_s}$ ändert sich mit der Drehzahl. Im Stillstand $(n=0)$ ist P_a der Größe nach gleich P_s. Das Spannungsdreieck für Stillstand zeigt Abb. 267.

Wir wollen nun das Diagramm des Motors aufstellen für den Fall, daß die *Klemmenspannung und der Bürstenwinkel* des Motors *konstant* bleiben und nur seine Drehzahl geändert wird. Da infolge der Änderung der Drehzahl das Verhältnis $\frac{P_a}{P_s}$ sich ändert, während sowohl P wie α konstant leiben, so muß sich die Spitze des Spannungsdreiecks Abb. 267, wie Abb. 268 zeigt, auf einem Kreise mit dem Peripheriewinkel $180 - \alpha$ über der Sehne P bewegen. Der Radius dieses Kreises ist gleich

$$R = \frac{P}{2 \sin \alpha}\,. \tag{254}$$

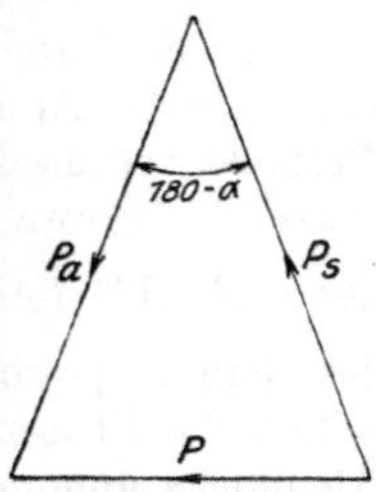

Abb. 267.

Jedem Punkt des Kreises entspricht ein bestimmtes Verhältnis $\frac{P_a}{P_s}$ und somit eine bestimmte Drehzahl. Im Stillstand ist $P_a = P_s$, dem Stillstand entspricht also der Punkt, der im Scheitel des Kreises liegt. Beim Lauf des Ankers mit dem Drehfeld nimmt P_a mit zunehmender Drehzahl ab und wird im Synchronismus gleich Null.

Dem Lauf mit dem Drehfeld entspricht infolgedessen in der Abb. 268 die linke Seite des Kreises. Im Synchronismus ist $P_a = 0$, also $P_s = P$. Steigt die Ankerdrehzahl über die synchrone, so nimmt P_a wieder zu und wird bei der doppelten synchronen Drehzahl wiederum gleich P_s (Gl. 253); der unterste Kreispunkt entspricht also dem doppelten Synchronismus. Bei unendlich großer Drehzahl würde die ganze Klemmenspannung für den Anker verbraucht

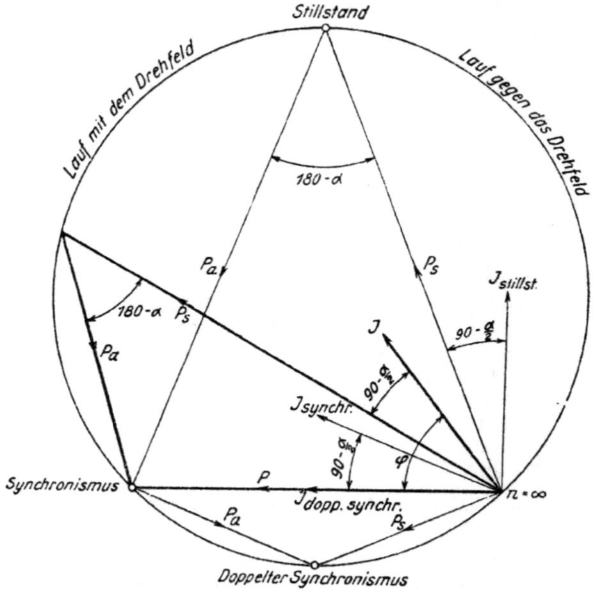

Abb. 268.

werden, die Ständerspannung wäre dann gleich Null. Auf der rechten Seite des Kreises ist $P_s < P_a$; der Anker läuft hier gegen das Drehfeld und die Bürstenspannungen P_a sind groß.

Da der Strom J der Ständerspannung P_s unabhängig von der Drehzahl stets um $90 - \frac{a}{2}$ nacheilt, so kann man mit Hilfe des Kreisdiagramms Abb. 268 für die verschiedenen Drehzahlen die Phasenverschiebung zwischen dem Strom J und der Klemmenspannung P des Motors bestimmen. In Abb. 268 ist für einige Drehzahlen der Strom eingetragen. Im Stillstand ist die Phasenverschiebung zwischen Strom und Netzspannung gleich 90^0; vom Motor wird hier keine Arbeit geleistet. Je größer die Drehzahl des Ankers wird, desto kleiner wird die Phasenverschiebung des Motors. Im Synchronismus ist die Phasenverschiebung nur noch gleich $90 - \frac{a}{2}$, d. h. bei $a = 150^0$ ist der Leistungsfaktor im Synchronismus gleich cos 15° = 0,97. Bei der doppelten synchronen Drehzahl ist die Phasenverschiebung gleich Null, und zwar bei jedem Winkel α. Bei noch größeren Drehzahlen tritt Voreilung des Stromes ein. Läßt man den Anker gegen das Drehfeld laufen, so erhält man dagegen stets einen niedrigen Leistungsfaktor.

b) Der Leistungsfaktor des Dreiphasen-Reihenschlußmotors. Die kleine Phasenverschiebung zwischen Klemmenspannung und Strom rührt bei dem Dreiphasen-Reihenschlußmotor davon her, daß die magnetisierenden Amperewindungen (der Magnetisierungsstrom) bei ihm nur *zum Teil* vom Ständer geliefert werden, der andere Teil der magnetisierenden Amperewindungen wird bei ihm vom Läufer geliefert. Unseren obigen Betrachtungen liegt die Annahme zugrunde daß die effektive Läuferwindungszahl gleich ist der effektiven Ständerwindungszahl. Wie aus der Abb. 265, in der dieser Annahme gemäß die Ständer- und Läufer-MMKe einander gleich gemacht worden sind, hervorgeht, wird die Hälfte des Magnetisierungsstromes vom Ständer, die andere Hälfte vom Läufer aus geliefert. Unter diesen Verhältnissen ergeben sich die oben bei den verschiedenen Drehzahlen angegebenen Phasenverschiebungen. Macht man die effektive Läuferwindungszahl größer als die effektive Ständerwindungszahl, so kann man erreichen, daß der größte Teil des Magnetisierungsstromes vom Läufer aus geliefert wird. Dies läßt sich an Hand der Abb. 265 ohne weiteres ersehen. In diesem Falle wird erreicht, daß der Leistungsfaktor schon im Synchronismus beinahe gleich 1 ist. Zu berücksichtigen ist noch, daß im Kreisdiagramm (Abb. 268) die Streuung vernachlässigt ist, und daß durch die Wirkung der Streuung im Untersynchronismus, wo die negative Streuung nicht auftritt, der Leistungsfaktor verschlechtert wird. Normalerweise erhält der Anker des Mehrphasen-Reihenschlußmotors etwa 10 bis 15 % mehr Amperewindungen als sein Ständer.

Wie aus dem auf S. 143 über die Phasenkompensation der Asynchronmaschine Gesagten hervorgeht, liegt der Vorteil der Lieferung des Magnetisierungsstromes durch den Anker darin, daß der Anker den Magnetisierungsstrom bei kleinerer Spannung als der Ständer liefert, denn die Ankerspannung ist der Schlupfperiodenzahl, die Ständerspannung der Netzperiodenzahl proportional. Die Blindleistung der Maschine wird infolgedessen bei der Lieferung des Magnetisierungsstromes durch den Anker kleiner, als wenn der Magnetisierungsstrom vom Ständer aus geliefert wird. Da die Ankerspannung mit zunehmender Drehzahl immer kleiner und im Synchronismus gleich Null wird, so nimmt die Blindleistung, die der Läufer zur Lieferung des Magnetisierungsstromes aufnimmt, mit zunehmender Drehzahl dauernd ab und der Leistungsfaktor des Motors nimmt mit zunehmender Drehzahl zu. Im Synchronismus ist im Läufer zur Lieferung des Magnetisierungsstromes überhaupt keine Blindleistung nötig. Den Zusammenhang zwischen Drehmoment, Drehzahl, Strom und Leistungsfaktor bei der Nennleistungs-Bürstenstellung ($\alpha = 150^{0}$) zeigt Abb. 269.

Bei der Behandlung des kompensierten Repulsionsmotors und des Einphasen-Nebenschlußmotors haben wir die dort auftretende Phasenkompensation durch Induktion einer EMK der Rotation an den Erregerbürsten, durch die die EMK der Selbstinduktion der Erregerwicklung aufgehoben wird, erklärt. In derselben Weise wie hier ist es auch dort möglich, die Phasenkompensation als Folge der Erzeugung des Magnetisierungsstromes durch den Anker zu erklären.

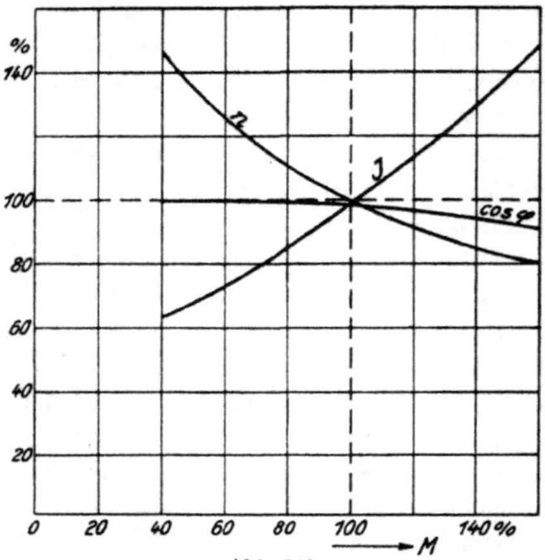

Abb. 269.

Wie aus Abb. 268 ersichtlich ist, ist die vom *Motor* im Stillstand aus dem Netz entnommene Leistung gleich Null, denn P und J stehen im Stillstand senkrecht aufeinander; die dabei vom Ständer aus dem Netz entnommene Leistung $P_s J \sin\frac{\alpha}{2}$ wird über das Drehfeld induktiv auf den Läufer übertragen und von diesem als elektrische Leistung $\left(P_a J \cos\left(90 + \frac{\alpha}{2}\right) = - P_s J \sin\frac{\alpha}{2}\right)$ dem Netz zurückgegeben. Die vom Ständer aufgenommene Leistung (abzüglich der Ständerverluste) wird wie bei der Asynchronmaschine stets induktiv auf den Läufer übertragen. Im Untersynchronismus wird ein Teil dieser Leistung entsprechend $(1 - \sigma)$ vom Läufer in mechanische Leistung verwandelt und der andere Teil entsprechend σ vom Läufer dem Netz als elektrische Leistung zurückgegeben. Im Übersynchronismus wird die ganze vom Ständer auf den Läufer übertragene Leistung von diesem in mechanische Leistung verwandelt; außerdem nimmt im Übersynchronismus der Läufer elektrische Leistung aus dem Netz auf, die er ebenfalls in mechanische Leistung verwandelt.

c) Die Stabilität des Dreiphasen-Reihenschlußmotors. Wie oben erwähnt wurde, ist das Drehmoment des Motors proportional dem Produkt aus dem Fluß Φ und der auf dem Fluß senkrecht stehenden Komponente der Ankeramperewindungen AW_a. Der Fluß Φ ist proportional den resultierenden Amperewindungen AW_r. Drückt man AW_a durch AW_r bzw. Φ aus, so ist nach Abb. 265

$$AW_a = \frac{AW_r}{2} \frac{1}{\cos\frac{\alpha}{2}} = C_1 \Phi \frac{1}{\cos\frac{\alpha}{2}}$$

und man kann für das Drehmoment setzen:

$$M = C_2 \Phi C_1 \Phi \frac{1}{\cos\frac{\alpha}{2}} \sin\frac{\alpha}{2} = C_3 \Phi^2 \operatorname{tg}\frac{\alpha}{2}. \qquad (255)$$

Die Ständer-EMK E_s (bzw. die Ständerspannung P_s) hängt bei gegebener Wicklung und gegebener Netzperiodenzahl nur von dem Fluß Φ ab, so daß in die letzte Gleichung statt Φ^2 eine andere Konstante C und P_s^2 eingesetzt werden können. Es wird

$$M = C\, P_s^2 \operatorname{tg}\frac{\alpha}{2}. \qquad (256)$$

Aus Abb. 268 folgt

$$P^2 = P_s^2 + P_a^2 + 2 P_s P_a \cos\alpha,$$

und da $\frac{P_a}{P_s} = \sigma$ ist, so ergibt sich schließlich für das Drehmoment

$$M = \frac{C P^2 \operatorname{tg}\frac{\alpha}{2}}{1 + \sigma^2 + 2\sigma\cos\alpha}. \qquad (257)$$

Wählt man als Nenndrehzahl des Motors seine synchrone Drehzahl ($\sigma = 0$) und kennzeichnet alle Größen für diese Drehzahl mit dem Index n, so ergibt sich für das Verhältnis des Drehmomentes bei einer beliebigen Drehzahl zu dem Drehmoment bei der synchronen Drehzahl

$$\frac{M}{M_n} = \left(\frac{P}{P_n}\right)^2 \frac{\operatorname{tg}\frac{\alpha}{2}}{\operatorname{tg}\frac{\alpha_n}{2}} \cdot \frac{1}{1 + \sigma^2 + 2\sigma\cos\alpha}. \qquad (258)$$

Wie bei allen anderen elektromagnetischen Maschinen ist das Drehmoment des Mehrphasen-Reihenschlußmotors proportiona dem Quadrate der Netzspannung; es hängt außerdem noch von der Ankerdrehzahl und von der Bürstenverschiebung ab. Den Zusammenhang zwischen M (in % von M_n) und $n = (1 - \sigma)\, n_d$ (in % von n_d) für verschiedene Bürstenwinkel α zeigt Abb. 270. Aus dieser Abbildung geht hervor, daß bei großen Bürstenverschiebungen bzw. bei hohen Geschwindigkeiten der Mehrphasen-Reihenschlußmotor sich genau so verhält, wie der Gleichstrom- oder der Einphasen-Reihenschlußmotor, daß dagegen bei *kleineren Bürstenverschiebungen*

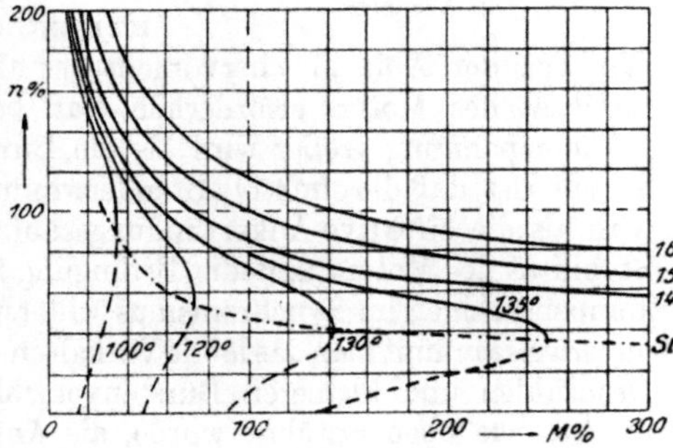

Abb. 270.

bzw. bei kleinen Drehzahlen die Drehzahlkurven ihre Richtung umkehren, so daß zunehmenden Drehmomenten zunehmende statt abnehmende Drehzahlen entsprechen. Der Motor wird hier unstabil; entweder er läuft bis auf eine höhere stabile Drehzahl hinauf, oder er bleibt stehen.

Die Stabilitätsgrenze ist in der Abb. 270 punktiert eingezeichnet. Die Ursache der Labilität des Mehrphasen-Reihenschlußmotors läßt sich an Hand seines Kreisdiagrammes erkennen. Wie aus der Gleichung 256 folgt, ist das Drehmoment des Mehrphasen-Reihenschlußmotors bei gegebenem Bürstenwinkel proportional dem Quadrate seiner Ständerspannung. Im Stillstand ist also das Drehmoment gegeben durch die Länge der Strecke $P_{s(n=0)}$ (Abb. 271). Aus dieser Abbildung, die mit der Abb. 268 identisch ist, sieht man, daß beim Anwachsen der Drehzahl die Ständerspannung zunächst zunimmt, bis sie dem Kreisdurchmesser gleich geworden ist, und dann wieder abnimmt, d.h. beim Anwachsen der Drehzahl nimmt das Drehmoment bis zu einer gewissen Größe zu, um dann wieder abzunehmen, wie es den Kurven der Abb. 270 entspricht. Die Lage der maximalen Ständerspannung, die die Stabilitätsgrenze liefert, ist in der Abb. 271 gestrichelt eingezeichnet.

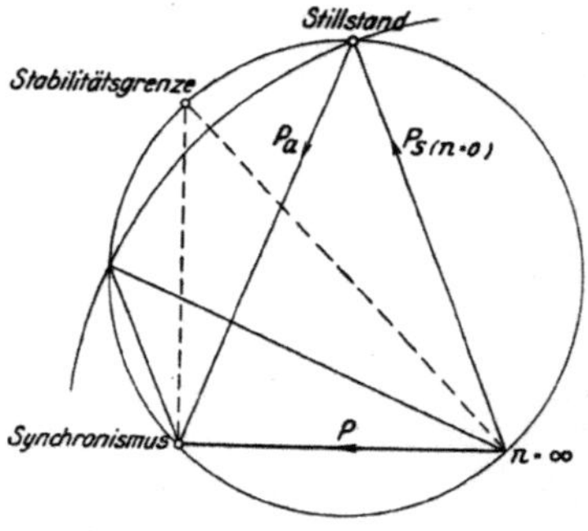

Abb. 271.

Das labile Verhalten des Motors läßt sich vermeiden, wenn man die Ständerspannung im Stillstand so wählt, daß sie mit zunehmender Drehzahl nicht anwachsen kann, d. h. wenn man sie im Stillstand dem Durchmesser des Kreises gleich macht. Dann wird mit zunehmender Drehzahl das Drehmoment des Motors stets fallen. Wie aus der Abb. 271 hervorgeht, ist also zur Vermeidung der Labilität des Motors erforderlich, daß bereits im Stillstand die Ständerspannung größer wird als die Bürstenspannung oder, was dasselbe ist, daß die effektive Ständerwindungszahl größer gemacht wird als die effektive Ankerwindungszahl. Die Bedingung für die Stabilität des Motors und die Bedingung für vollständige Phasenkompensationen im Synchronismus widersprechen sich also. Normalerweise nimmt man das labile Verhalten des Motors bei kleineren Drehzahlen und kleineren Bürstenverschiebungen in Kauf und macht, wie oben erwähnt wurde, die Ankeramperewindungszahl um ca. 10 bis 15% größer als die Ständeramperewindungszahl, um Phasenkompensation im Synchronismus zu erzielen.

Eine beliebige Veränderung des Verhältnisses der Ankerwindungszahl zur Ständerwindungszahl läßt sich dadurch erreichen,

a

b

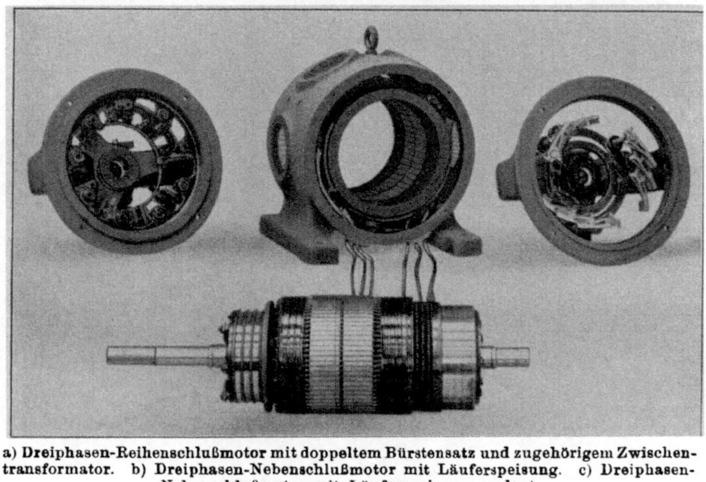

c

a) Dreiphasen-Reihenschlußmotor mit doppeltem Bürstensatz und zugehörigem Zwischentransformator. b) Dreiphasen-Nebenschlußmotor mit Läuferspeisung. c) Dreiphasen-Nebenschlußmotor mit Läuferspeisung, zerlegt.

daß man den Dreiphasen-Reihenschlußmotor mit doppeltem statt mit einfachem Bürstensatz ausführt.

d) Der Dreiphasen-Reihenschlußmotor mit doppeltem Bürstensatz. Das Schaltschema bzw. das Bild des Dreiphasen-Reihenschlußmotors mit doppeltem Bürstensatz samt Zwischentransformator zeigen Abb. 272 und Tafel XIII, Abb. a. Die Sekundärwicklung des Zwischentransformators erhält offene Phasen, deren 6 Enden bei der zweipoligen Maschine an 6 Bürsten angeschlossen werden. 3 von den 6 Bürsten stehen fest, und zwar in den 3 Achsen der Ständerwicklung; die anderen 3 Bürsten sind beweglich. In der Nullstellung stehen die beweglichen Bürsten auf denselben Lamellen wie die festen Bürsten. In der Kurzschlußstellung sind die beweglichen Bürsten gegen die zugehörigen festen Bürsten um 180° verschoben, d. h. sie stehen bei der zweipoligen Maschine den festen Bürsten diametral gegenüber. In der Nullstellung der Bürsten ist die wirksame Windungszahl des Ankers gleich Null, in der Kurzschlußstellung ist sie im Maximum. Durch passende Wahl der Bürstenstellung hat man es hier in der Hand, die aktive Windungszahl des Ankers beliebig einzustellen. Bei Nennleistung und Nenndrehzahl beträgt der Bürstenverschiebungswinkel des Dreiphasen-Reihenschlußmotors mit doppeltem Bürstensatz ca. 120°. Bei diesem Winkel ist das Verhältnis der Ständerwindungszahl zur Ankerwindungszahl derart, daß der Motor, wie Abb. 273 zeigt, stets stabil ist.

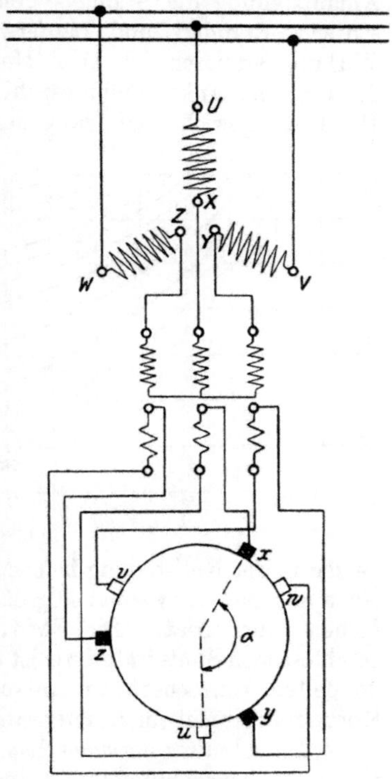

Abb. 272.

Der Motor mit doppeltem Bürstensatz hat aber gegenüber dem Motor mit einfachem Bürstensatz manche Nachteile. Im Untersynchronismus ist bei ihm die Phasenkompensation aus den oben angegebenen Gründen nicht in dem Maße möglich wie bei dem Motor mit einfachem Bürstensatz. Im Übersynchronismus dagegen, wo die Labilität nicht auftritt, können auch beim Motor mit doppeltem Bürstensatz die Bürsten so eingestellt werden, daß Phasenkompensation vorhanden ist. Außerdem sind beim Motor mit doppeltem Bürstensatz die Kommutierungsverhältnisse im Anlauf bedeutend ungünstiger als beim Motor mit einfachem Bürstensatz. Während beim Motor mit einfachem Bürstensatz in der Anlaufstellung die Ständer- und die Läufer-MMK sich unterstützen, Ständer- und Läuferwindungszahl sich also in ihrer Wirkung addieren, ist beim Motor mit doppeltem Bürstensatz die wirksame Ankerwindungszahl in der Anlaufstellung gleich Null. Die Gleichgewichtsbedingung der Spannungen erfordert infolge-

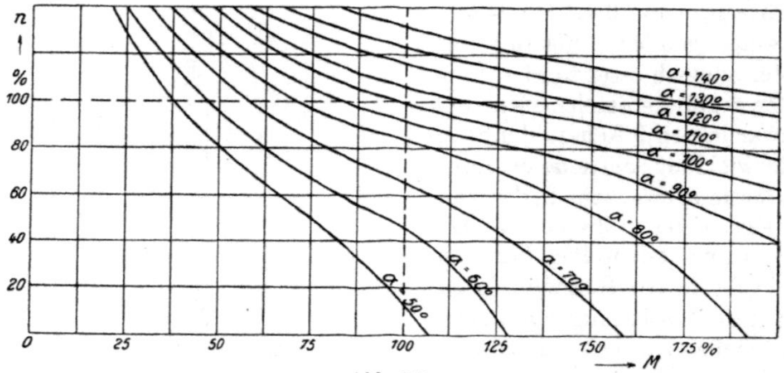

Abb. 273.

dessen in der Nullstellung beim Motor mit doppeltem Bürstensatz einen angenähert zweimal so großen Fluß wie beim Motor mit einfachem Bürstensatz. Die EMK, die das Drehfeld in der kurzgeschlossenen Spule induziert, ist dementsprechend beim Motor mit doppeltem Bürstensatz im Anlauf ca. zweimal so groß, wie beim Motor mit einfachem Bürstensatz.

Der *Zwischentransformator* hat auf die Arbeitsweise des Mehrphasen-Reihenschlußmotors keinen Einfluß, solange er schwach gesättigt ist. Ist dagegen seine Sättigung so groß, daß er einen nennenswerten Magnetisierungsstrom aufnimmt, so wird dadurch die resultierende MMK und somit der Fluß des Motors verändert, und zwar derart, daß im Untersynchronismus der Motorfluß kleiner, im Übersynchronismus der Motorfluß größer wird; dementsprechend wird die Ankerdrehzahl im Untersynchronismus erhöht, im Übersynchronismus erniedrigt. Die Wirkung der Sättigung des Zwischentransformators äußert sich also darin, daß die Drehzahlkurven (Abb. 270 bzw. 273) abgeflacht werden [L. 91].

Der Zwischentransformator braucht nicht für die volle Motorleistung, sondern nur für die elektrische Leistung des Ankers (entsprechend der Ankerspannung P_a) bemessen zu werden. Im Synchronismus ist die elektrische Leistung des Ankers und somit auch die Leistung des Zwischentransformators gleich Null. Je mehr die Motordrehzahl von der synchronen Drehzahl abweicht, desto größer wird die elektrische Leistung des Ankers und desto größer wird auch die Leistung des Zwischentransformators. Die Leistung, für die der Zwischentransformator zu bemessen ist, hängt demnach von dem *Regelbereich* des Motors ab.

7. Der Dreiphasen-Nebenschlußmotor.

a) Der ständer- und der läufergespeiste Dreiphasen-Nebenschlußmotor. Wie auf S. 142 erläutert wurde, läßt sich die Drehzahl einer Asynchronmaschine dadurch regeln, daß man ihrer Sekundärwicklung eine mit der vom Drehfeld in dieser Wicklung induzierten EMK richtungs- und periodenzahlgleiche Spannung aufdrückt. Ist die der Sekundärwicklung aufgedrückte Spannung in Phase mit ihrer EMK, so steigt die Drehzahl des Läufers, denn zur Erzeugung des für das Drehmoment nötigen sekundären Stromes ist eine kleinere vom Drehfeld induzierte EMK und somit ein kleinerer Schlupf erforderlich. Ist dagegen die der Sekundärwicklung aufgedrückte Spannung gegen ihre EMK um 180° in der Phase verschoben, so fällt die Drehzahl des Läufers, denn zur Erzeugung des für das Drehmoment nötigen sekundären Stromes ist jetzt eine größere sekundäre EMK und somit ein größerer Schlupf nötig. Durch passende Wahl der Phase und Größe der aufgedrückten Spannung ist es also möglich, die Drehzahl der Asynchronmaschine sowohl im untersynchronen wie im übersynchronen Bereich zu regeln.

Die der Sekundärwicklung zwecks Regelung der Drehzahl aufgedrückte Spannung muß die gleiche Periodenzahl haben wie die vom Drehfeld in dieser Wicklung induzierte EMK; ihre Periodenzahl muß also je nach den Belastungsverhältnissen verschieden groß, und zwar gleich der Schlupfperiodenzahl sein. Bei der Behandlung der Asynchronmaschine (s. S. 143) ist bereits erwähnt worden, daß eine derartige Spannung veränderlicher Periodenzahl mittels einer Mehrphasen-Kommutatormaschine erzeugt werden kann. Wie auf S. 295 auseinandergesetzt wurde, hat nämlich diese Maschine die Eigenschaft, daß, wenn die EMKe ihrer Anker*wicklung* die Schlupfperiodenzahl haben, die Spannung an den Kommutatorbürsten die Netzperiodenzahl hat, und umgekehrt, wenn die EMKe der Ankerwicklung die Netzperiodenzahl haben, die Spannung an den Kommutatorbürsten die Schlupfperiodenzahl hat.

Auf das Zusammenarbeiten einer Asynchronmaschine mit einer Kommutator-Hintermaschine, soweit diese als zwei getrennte Maschinen ausgeführt sind, soll hier nicht näher eingegangen werden. Der Mehrphasen-Nebenschlußkommutatormotor stellt die Vereinigung dieser beiden Maschinenarten in einer Maschine dar. Je nachdem, ob als primäre (mit dem Netz verbundene) Wicklung der Asynchronmaschine die Ständer- oder die Läuferwicklung dient, erhält man den Mehrphasen-Nebenschlußmotor mit *Ständerspeisung* oder mit *Läuferspeisung* [L. 92].

Das Schaltschema des Dreiphasen-Nebenschlußmotors mit Ständerspeisung zeigt Abb. 274, das Schaltschema des Dreiphasen-Nebenschlußmotors mit Läuferspeisung zeigt Abb. 275. Der erste hat im Ständer und Läufer je eine Wicklung; die Läuferwicklung ist an einen Kommutator angeschlossen; die Kommutatorbürsten werden von einer Spannung der Netzperiodenzahl, die einer Abzweigung der Ständerwicklung entnommen wird, gespeist. Gegenüber *dem Raum* (dem Ständer) hat hier das Drehfeld stets dieselbe Drehzahl $n_d = \frac{60 f_1}{p}$. Die Periodenzahl der in der Läuferwicklung induzierten EMKe hängt, wie bei jeder Asynchronmaschine, von der Relativgeschwindigkeit der Läuferwicklung gegenüber dem Drehfeld ab; sie ist im Stillstand gleich der Netzperiodenzahl, nimmt mit zunehmender Drehzahl ab, wird im Synchronismus gleich Null und im Übersynchronismus negativ.

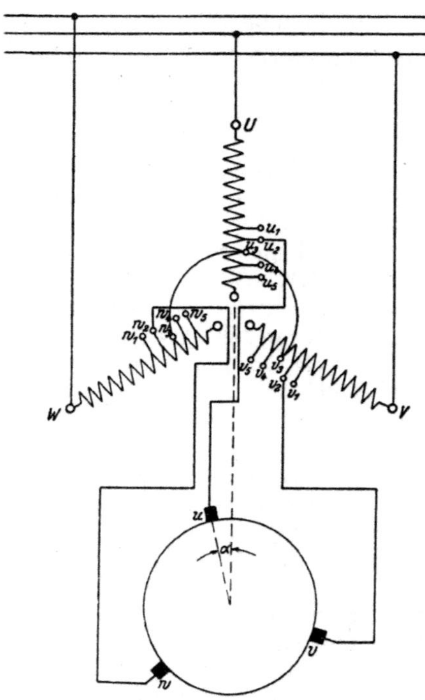

Abb .274.

Der Kommutator bewirkt, daß die den Bürsten aufgedrückte Spannung der Netzperiodenzahl in die Ankerwicklung mit der gleichen Periodenzahl gelangt, die die in ihr vom Drehfeld induzierten EMKe haben. Im Synchronismus fließt in der Ankerwicklung, trotzdem die Spannung an den Bürsten die Netzperiodenzahl hat, Gleichstrom (s. S. 295).

Zur Änderung der Größe der den Bürsten aufgedrückten Spannung erhalten die Wicklungszweige der Ständerwicklung, die diese Spannung liefern, mehrere Anzapfungen (u_1, v_1, w_1, u_2, v_2, w_2 usw.). Bewegen sich die Anschlüsse der Bürsten von u_1, v_1, w_1 nach u_3, v_3, w_3, so nimmt die den Bürsten aufgedrückte Spannung ab; sie wird gleich Null, wenn die Anschlüsse der Bürsten sich in u_3, v_3, w_3 befinden, und kehrt ihr Vorzeichen um, wenn die Anschlüsse jenseits von u_3, v_3, w_3 liegen.

Bei dem Nebenschlußmotor mit Läuferspeisung, dessen Bild in

zusammengesetztem und zerlegtem Zustande die Abb. b und c auf Tafel XIII zeigen, erhält der Läufer zwei Wicklungen, von denen eine an Schleifringe, die andere an einen Kommutator angeschlossen wird. Das Netz wird an die Schleifringe angeschlossen. Die Kommutatorwicklung des Läufers, ebenso wie die Ständerwicklung stehen mit dem Netz in keiner Verbindung. Die drei Wicklungsstränge des Ständers sind nicht miteinander verkettet, sondern offen; jeder für sich ist an *zwei gegenläufige* Bürsten des Kommutators angeschlossen; die zweipolige Maschine hat demnach 6 Bürstenbolzen.

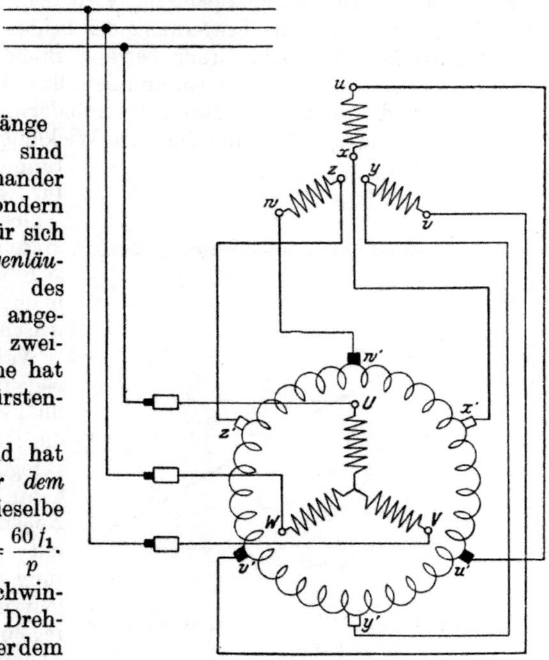

Abb. 275.

Das Drehfeld hat hier *gegenüber dem Läufer* stets dieselbe Drehzahl $n_d = \frac{60\, f_1}{p}$. Die Relativgeschwindigkeit des Drehfeldes gegenüber dem Raum (dem Ständer) hängt von der Drehzahl des Läufers ab. Wie bei jeder läufergespeisten Asynchronmaschine hat hier der Läufer sowohl im Arbeitsbereich als Motor wie im Arbeitsbereich als Generator stets die dem Drehfelde entgegengesetzte Drehrichtung; die Drehzahl des Drehfeldes gegenüber dem Ständer ist im Stillstand gleich n_d, im Synchronismus gleich Null. Die vom Drehfeld in der Ständerwicklung induzierten EMKe haben infolgedessen die Schlupfperiodenzahl. Da das Drehfeld gegenüber dem Läufer stets dieselbe Drehzahl n_d hat, so ist die Periodenzahl der EMKe, die vom Drehfeld in der Kommutatorwicklung des Läufers induziert werden, unabhängig von der Läuferdrehzahl stets gleich der Netzperiodenzahl und demgemäß die Periodenzahl der EMKe an den Kommutatorbürsten gleich der Schlupfperiodenzahl; die von der Kommutatorwicklung des Läufers der Ständerwicklung aufgedrückte Spannung hat also immer dieselbe Periodenzahl wie die vom Drehfeld in der Ständerwicklung induzierten EMKe.

Die Größe der der Ständerwicklung aufgedrückten Spannung (der Bürstenspannung) wird bei dem läufergespeisten Nebenschlußmotor dadurch geändert, daß man die Entfernung der beiden Bürsten jedes Bürstenpaares ändert. Je größer die Entfernung der beiden Bürsten ist, desto größer ist die dem Kommutator abgenommene Spannung. Die größte Spannung wird dem Kommutator dann abgegriffen, wenn die Entfernung der beiden Bürsten des Bürstenpaares 180 elektrische Grade beträgt. Stehen die beiden Bürsten des Bürstenpaares auf ein und derselben Kommutatorlamelle, so ist die vom Kommutator der Ständerwicklung aufgedrückte Spannung gleich Null, die drei Wicklungsstränge des Ständers sind jeder für sich kurzgeschlossen und die Maschine verhält sich wie eine normale Asynchronmaschine.

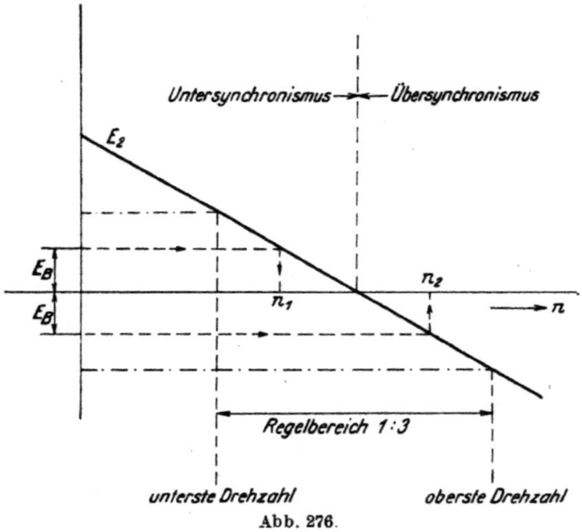

Abb. 276.

Während beim Nebenschlußmotor mit Läuferspeisung die Drehzahl *stetig* geregelt werden kann, ist beim Nebenschlußmotor mit Ständerspeisung nur eine stufenweise Drehzahlregelung möglich.

Der *maximale Regelbereich* des Nebenschluß-Kommutatormotors ist gegeben durch die Spannung der Wicklungszweige $u_3u_1(u_3u_5)$, $v_3v_1(v_3v_5)$ usw. beim ständergespeisten Motor bzw. durch die größte Kommutatorspannung beim läufergespeisten Motor. In der Abb. 276 ist die EMK der Sekundärwicklung eines *Asynchronmotors* in Abhängigkeit von der Drehzahl unter *der Annahme eines konstanten Drehflusses* angegeben. Diese Annahme trifft zu, wenn bei der Änderung der Drehzahl das Drehmoment des Motors konstant bleibt, denn zu einem bestimmten Drehmoment gehören sowohl bestimmte Ströme in den Wicklungen des Motors wie ein bestimmter Fluß (s. S. 120). Unter dieser Annahme verläuft die sekundäre EMK E_2 nach einer Geraden, und zwar entspricht jedem Drehmoment ein anderer Fluß und somit eine andere Gerade. Beim Leerlaufdrehmoment ist der Fluß am größten, weil die Spannungsabfälle im Leerlauf am kleinsten sind; hier ist der Wert von E_2 im Stillstand ($n = 0$) angenähert gleich der EMK, die man aus dem Übersetzungsverhältnis des Motors berechnet

(s. S. 115) oder die man im Stillstand des Motors bei offener Sekundärwicklung mißt. Bei größeren Drehmomenten ist E_2 im Stillstand kleiner als dieser Wert. Im Synchronismus ist E_2 stets gleich Null und bei übersynchronen Drehzahlen kehrt die EMK E_2 gegenüber dem Untersynchronismus ihre Richtung um.

Entspricht die Gerade der Abb. 276 dem Leerlaufdrehmoment und wird der Sekundärwicklung des Nebenschlußmotors (der Läuferwicklung bei dem ständergespeisten oder der Ständerwicklung bei dem läufergespeisten Motor) im Leerlauf eine Bürstenspannung E_B aufgedrückt, so wird der Motor, um den dem Leerlauf entsprechenden Läuferstrom aufrechtzuerhalten, die Drehzahl n_1 oder n_2 annehmen, je nachdem ob die Bürstenspannung E_B in bezug auf die vom Drehfeld in der Sekundärwicklung induzierte EMK E_2 um 180° in der Phase verschoben oder mit ihr gleichphasig ist. Macht man die Spannung der Wicklungs zweige $u_3 u_1$ ($u_3 u_5$), $v_3 v_1$ ($v_3 v_5$) usw. bei dem ständergespeisten Motor bzw. die größte Bürstenspannung bei dem läufergespeisten Motor gleich der Hälfte der Leerlauf-Stillstandsspannung, so läßt sich, wie in Abb. 276 durch gestrichelte Linien angedeutet ist, eine Drehzahlregelung im Leerlauf im Verhältnis 1 : 3 erreichen, und zwar von der halben synchronen Drehzahl bis zur anderthalbfachen synchronen Drehzahl. — Für andere Drehmomente gelten dieselben Überlegungen wie für Leerlauf.

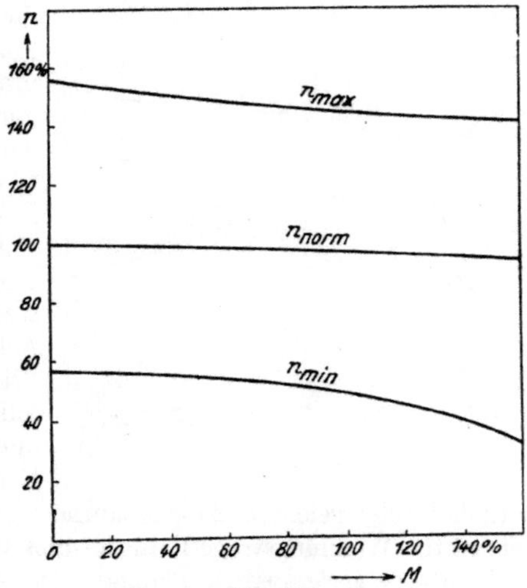

Abb. 277.

Drückt man der Sekundärwicklung des Nebenschlußmotors (der Asynchronmaschine) eine Bürstenspannung von konstanter Größe und Phase auf, so wird die Drehzahl-Charakteristik des Motors je nach der Größe und Phase dieser Spannung um mehr oder weniger *nach unten oder nach oben verlegt*. In Abb. 277 sind drei Drehzahl-Charakteristiken aufgezeichnet unter der Annahme, daß die Regelung im Leerlauf ca. 1 : 3 ist. Die obere und untere Charakteristik haben den gleichen Verlauf wie die mittlere, bei welcher die Bürstenspannung gleich Null ist und die infolgedessen mit der Drehzahl-Charakteristik des normalen Asynchronmotors identisch ist; mit zunehmendem Drehmoment nimmt der Schlupf zu und die Drehzahl fällt.

Durch Einschalten von Widerständen in den Sekundärkreis ist es auch hier, wie bei jeder Asynchronmaschine möglich, den Regelbereich nach unten zu erweitern.

b) Die Phasenkompensation. Wie auf S. 143 erläutert wurde, kann bei der Asynchronmaschine eine *Phasenkompensation* dadurch erreicht werden, daß man der Sekundärwicklung eine Spannung aufdrückt, die gegenüber der in ihr vom Drehfeld induzierten EMK um 90° voreilt. Bei dem Nebenschlußmotor mit Ständerspeisung läßt sich die für die Phasenkompensation nötige Spannungskomponente dadurch erzeugen, daß man die Bürsten, die für Drehzahlregelung allein in den Achsen der Ständerphasen stehen müssen, aus dieser Lage um einen gewissen Winkel verschiebt (Abb. 274). Bei dem Nebenschlußmotor mit Läuferspeisung muß, falls Drehzahlregelung allein erzielt werden soll, die Verbindungslinie jedes Bürstenpaares stets mit der Achse der zugehörigen Ständerphase zusammenfallen. Eine Entfernungsänderung der Bürsten unter Erfüllung dieser Bedingung

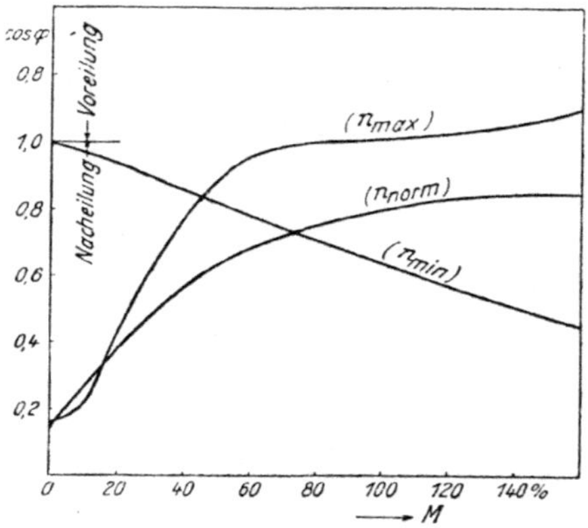

Abb. 278.

wird dadurch erreicht, daß die zusammengehörigen Bürsten auf zwei getrennten Wicklungsträgern angeordnet werden und diese Träger nach entgegengesetzten Richtungen, also *gegeneinander* verschoben werden. Soll hier Phasenkompensation erreicht werden, so müssen die Achsen der Bürstenpaare, ähnlich wie beim Motor mit Ständerspeisung, um einen gewissen Winkel gegen die Achsen der zugehörigen Ständerphasen verschoben werden. Soll dabei der Leistungsfaktor bei allen Drehzahlen annähernd gleich 1 sein, so müssen die beiden Bürstenträger um verschiedene Strecken verschoben werden. Meistens begnügt man sich mit einem Unterschied der Wege der beiden Bürstenträger von etwa 10 %; in der Nähe der synchronen Drehzahl, wo die Kommutatorspannung gering ist, unterscheidet sich dabei der Leistungsfaktor nur wenig von dem des gewöhnlichen Asynchronmotors. Zu bemerken ist noch daß im übersynchronen Betrieb der Leistungsfaktor durch die negative Streuung der Sekundärwicklung (s. S. 294) vergrößert wird.

Den Zusammenhang zwischen Leistungsfaktor und Drehmoment des Nebenschlußmotors mit Läuferspeisung unter der Annahme einer Regelung von ca. 1 : 3, wie in Abb. 277, zeigt Abb. 278. Die $\cos\varphi$-Kurve für n_{norm} ist vollkommen die gleiche wie bei der normalen Asynchronmaschine; die Bürstenspannung ist hier gleich Null. Die $\cos\varphi$-Kurve für die höhere Drehzahl n_{max} weist bei größeren Drehmomenten infolge der Phasenkompensation und auch infolge der negativen Streuung Voreilung auf. Die $\cos\varphi$-Kurve für

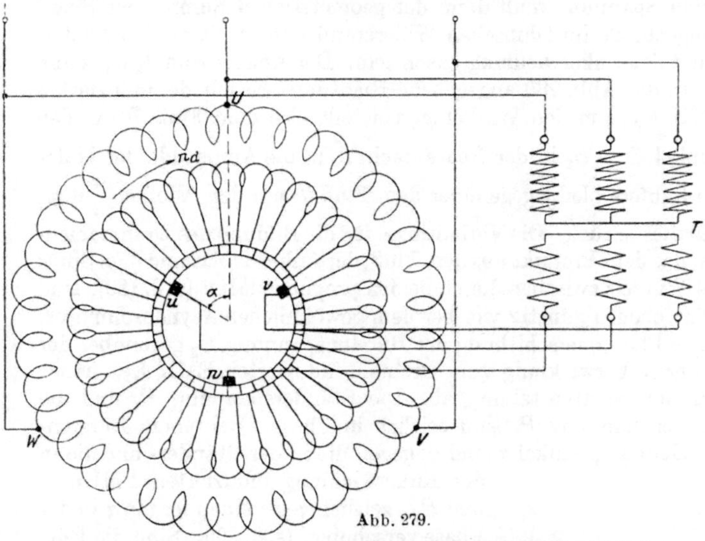

Abb. 279.

die niedrige Drehzahl n_{min} muß im Leerlauf den Wert 1 haben oder voreilend sein, damit der Leistungsfaktor bei größeren Drehmomenten nicht zu niedrig wird.

c) Das Spannungsdiagramm des Dreiphasen-Nebenschlußmotors. Wir wollen nun das Spannungsdiagramm des Dreiphasen-Nebenschlußmotors aufstellen, und zwar für den untersynchronen Betrieb. Die beiden in ihrer Wirkung identischen Schaltungen (Abb. 274 und 275) ersetzen wir zu diesem Zweck durch eine einfachere Schaltung nach Abb. 279, wo die Ständerwicklung direkt und die Ankerwicklung über einen Transformator an die Netzspannung angeschlossen ist.

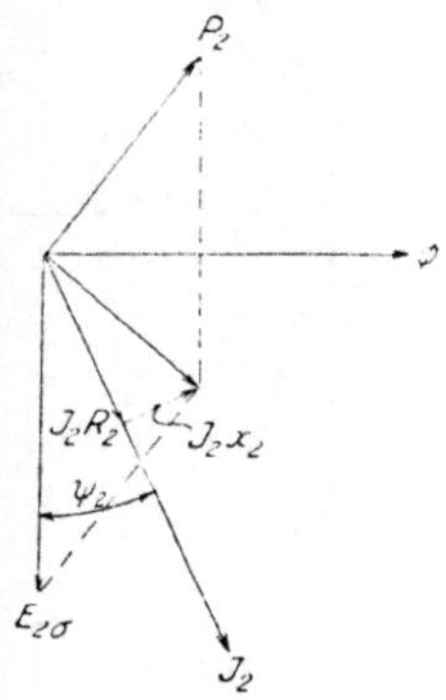

Abb. 280.

Wir betrachten zunächst die Ankerwicklung allein. Die Größe des resultierenden Kraftflusses der Maschine wird hier wie bei der Asynchronmaschine im wesentlichen durch die konstante Netzspannung, an die die Ständerwicklung angeschlossen ist, bestimmt. In Abb. 280 nehmen wir die Richtung des resultierenden Kraftflusses Φ nach rechts gerichtet an. Die in der Läuferwicklung von ihm induzierte EMK $E_{2\sigma}$ eilt ihm um 90^0 nach. Die der Ankerwicklung über die Bürsten aufgedrückte Klemmenspannung P_2 sei so gerichtet, daß sie außer einer Komponente, die gegenüber $E_{2\sigma}$ um 180° in der Phase verschoben ist, noch eine Komponente hat, die gegenüber $E_{2\sigma}$ um 90° voreilt. Die aus P_2 und $E_{2\sigma}$ resultierende Spannung muß dann der geometrischen Summe der Spannungsabfälle im Ohmschen Widerstand und im Streu-Blindwiderstand der Ankerwicklung gleich sein. Der Ankerstrom J_2 hat dann die in der Abb. 280 angegebene Richtung. Er eilt der induzierten EMK $E_{2\sigma}$ um den Winkel ψ_2 vor, eilt also dem Fluß Φ um den Winkel $\frac{\pi}{2} - \psi_2$ in der Phase nach, d. h. die Amplitude der MMK des Läufers bleibt gegenüber dem Fluß Φ um den Winkel $\frac{\pi}{2} - \psi_2$ *räumlich* zurück. Die Verhältnisse für die Bildung des Drehmomentes, das dem Produkt aus dem Fluß, der Anker-MMK und dem Sinus des Winkels zwischen diesen beiden proportional ist (s. S. 120), sind somit ebenso günstig wie bei dem gewöhnlichen Asynchronmotor.

Die Phasenverschiebung der Bürstenspannung P_2 gegenüber der in der Ankerwicklung vom Drehfeld induzierten EMK $E_{2\sigma}$ hängt von der Bürstenstellung ab. Die Ständerspannung P_1 und die Bürstenspannung P_2 sind zeitlich in Phase. Bei einem Bürstenverschiebungswinkel α sind dagegen die in der Ständer- und die in der Ankerwicklung induzierten EMKe E_1 und $E_{2\sigma}$ zeitlich gegeneinander um α in der Phase verschoben (s. S. 299). Sind die Bürsten gegen die Drehrichtung verschoben, so eilt $E_{2\sigma}$ E_1 vor und umgekehrt, d. h. im Anker ist die Phasenverschiebung zwischen der Klemmenspannung P_2 und der Gegen-EMK $E_{2\sigma}$ um α kleiner oder größer als im Ständer. Die Wirkung der Bürstenverschiebung ist also die gleiche, als wenn die Gegen-EMKe E_1 und $E_{2\sigma}$ gleiche Phase hätten, d. h. die Bürsten nicht verstellt wären, und die beiden Spannungen P_1 und P_2 gegeneinander in der Phase um α verschoben wären, wobei einer Verschiebung der Bürsten gegen die Drehrichtung eine Nacheilung von P_2 gegenüber P_1 um α und einer Verschiebung der Bürsten in der Drehrichtung eine Voreilung von P_2 gegenüber P_1 um α entspricht.

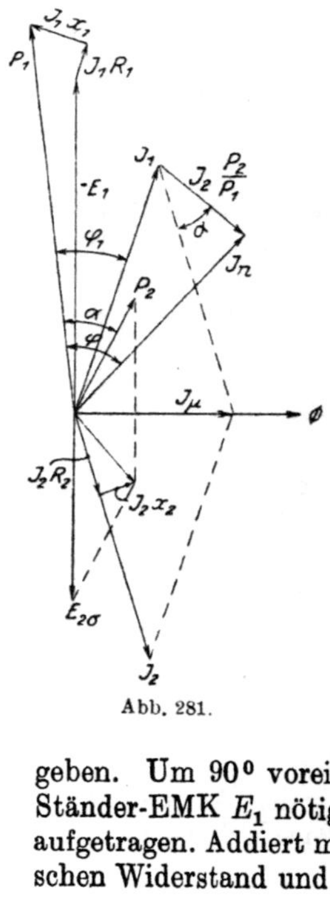

Abb. 281.

In Abb. 281 ist für die Ständer- und die Ankerwicklung das Vektordiagramm angegeben. Um 90° voreilend gegenüber Φ ist die zur Aufhebung der Ständer-EMK E_1 nötige Komponente der Ständerspannung $-E_1$ aufgetragen. Addiert man zu dieser die Spannungsabfälle im Ohmschen Widerstand und im Streu-Blindwiderstand der Ständerwick-

lung, so erhält man die Ständerspannung P_1. Die Läufer-EMK $E_{2\sigma}$ eilt gegenüber Φ um 90° nach. Entsprechend einem Bürstenverschiebungswinkel α gegen die Drehrichtung tragen wir P_2 um α nacheilend gegenüber P_1 auf. Die geometrische Summe aus $E_{2\sigma}$ und P_2 ist, wie in Abb. 280, gleich der Summe der Spannungsabfälle der Ankerwicklung. J_2 und J_1 setzen sich zum Magnetisierungsstrom J_μ zusammen.

Ebenso wie das Diagramm Abb. 280 entspricht das Diagramm Abb. 281 dem untersynchronen Lauf, denn in beiden Diagrammen ist die vom Drehfluß Φ in der Ankerwicklung induzierte EMK $E_{2\sigma}$ um 90° nacheilend gegenüber Φ angenommen. Im übersynchronen Lauf eilt $E_{2\sigma}$ gegenüber Φ um 90° vor, denn hier hat die Relativgeschwindigkeit zwischen Ankerwicklung und Drehfeld eine andere Richtung als im untersynchronen Lauf. Infolge der Bürstenverschiebung α eilt der Strom J_2 der EMK $E_{2\sigma}$ vor und die Phasenverschiebung φ_1 des Ständers ist kleiner als bei $\alpha = 0$ (vgl. Abb. 127). Durch passende Wahl der Bürstenverschiebung α kann man die Phasenverschiebung des Ständers gleich Null oder sogar voreilend machen. Macht man $P_2 = 0$, d. h. schließt man die Kommutatorbürsten kurz, so geht das Diagramm Abb. 281 in das des gewöhnlichen Asynchronmotors über; bei diesem ist J_2 gegenüber $E_{2\sigma}$ stets nacheilend.

In Abb. 281 ist J_1 der Strom, den die Ständerwicklung allein aufnimmt. Um den Netzstrom zu finden, muß man zu diesem den dem Ankerstrom J_2 entsprechenden Teil des Netzstromes geometrisch addieren. Läßt man den Magnetisierungsstrom des Transformators außer acht, so ist dieser letztere gleich $J_2 \frac{P_2}{P_1}$. Denkt man sich im Diagramm Abb. 281 die Spannung P_2 so weit gegen den Uhrzeigersinn verdreht, bis sie die gleiche Phase wie P_1 erhält (tatsächlich sind ja P_2 und P_1 in Phase), so erfährt J_2 eine Verdrehung um den Winkel α, d. h. man braucht nur $J_2 \frac{P_2}{P_1}$ um den Winkel α gegen J_2 verschoben aufzutragen, um den Netzstrom J_n zu finden (Abb. 281).

Die *Leistungsverteilung* ist beim Mehrphasen-Nebenschlußmotor dieselbe wie beim Mehrphasen-Reihenschlußmotor. Die vom Stän der (Abb. 279) aufgenommene Leistung (abzüglich der Ständerverluste) wird vom Drehfeld auf den Läufer übertragen. Im Untersynchronismus wird ein Teil dieser Leistung entsprechend $(1 - \sigma)$ vom Läufer in mechanische Leistung verwandelt und der andere Teil entsprechend dem Schlupf σ über die Bürsten an das Netz zurückgegeben. Je größer die Drehzahl des Ankers ist, desto kleiner wird der vom Läufer als elektrische Leistung an das Netz zurückgegebene Teil der Drehfeldleistung. Im Synchronismus ist die elektrische Leistung des Läufers gleich Null; hier liegen die Verhältnisse vollkommen ähnlich wie bei der Synchronmaschine, der Läufer führt Gleichstrom. Bei übersynchronen Drehzahlen wird die ganze vom Ständer über das Drehfeld auf den Läufer übergetragene Leistung von diesem in mechanische Leistung verwandelt, außerdem nimmt der Läufer hier elektrische Leistung von dem Netz auf, die von ihm ebenfalls in mechanische Leistung umgesetzt wird.

d) Die Kommutierung. Hinsichtlich der Kommutierung verhält sich der Nebenschlußmotor mit Läuferspeisung etwas anders als der Nebenschlußmotor mit Ständerspeisung. Bei diesem letzteren ist die Periodenzahl der vom Drehfeld in den Ankerspulen induzierten EMKe gleich der Schlupfperiodenzahl. Die *vom Drehfeld* in der kurzgeschlossenen Spule induzierte EMK nimmt infolgedessen mit zunehmender Drehzahl ab, wird im Synchronismus gleich Null und kehrt im übersynchronen Betrieb ihre Richtung um. Beim Nebenschlußmotor mit Läuferspeisung hat das Drehfeld gegenüber den Spulen der Kommutatorwicklung stets die gleiche Drehzahl $n_d = \frac{60 f_1}{p}$. Die vom Drehfeld in der kurzgeschlossenen Spule dieses Motors induzierte EMK hat fnfolgedessen unabhängig von der Drehzahl des Läufers stets denselben Wert.

Was die *EMK der Selbstinduktion* betrifft, so liegen umgekehrt beim Motor mit Läuferspeisung die Verhältnisse günstiger als beim Motor mit Ständerspeisung. Die EMK der Selbstinduktion ist proportional dem Strombelag der an den Kommutator angeschlossenen Wicklung (s. Gleichung 203). Während bei dem Motor mit Ständerspeisung der Strombelag der an den Kommutator angeschlossenen Wicklung gleich ist dem Strombelage der Sekundärwicklung der Maschine, d. h. dem Strombelage des ganzen sekundären Stromes, hängt bei dem Motor mit Läuferspeisung der Strombelag der an den Kommutator angeschlossenen Wicklung von der Größe des Regelbereiches ab und ist um so kleiner, je kleiner der Regelbereich ist. Ohne Phasenkompensation ist bei einer Drehzahlregelung im Verhältnis 1:3 der Strombelag und somit die EMK der Selbstinduktion des Nebenschlußmotors mit Läuferspeisung nur halb so groß wie die des Nebenschlußmotors mit Ständerspeisung. Im Synchronismus ist die EMK der Selbstinduktion der kurzgeschlossenen Spule beim Motor mit Läuferspeisung gleich Null, denn im Synchronismus stehen bei ihm die Bürsten auf einer und derselben Lamelle, so daß eine Kommutierung des Stromes nicht stattfindet.

In bezug auf die Kommutierung bei Drehzahlen, die nicht weit vom Synchronismus entfernt sind, ist der Motor mit Ständerspeisung, wegen des geringeren Einflusses des Drehfeldes auf die kurzgeschlossene Spule, dem Motor mit Läuferspeisung überlegen.

8. Der Phasenschieber.

Wie auf S. 143 erläutert wurde, läßt sich der Leistungsfaktor einer Asynchronmaschine dadurch verbessern, daß man ihrer Sekundär-

wicklung eine Spannung aufdrückt, welche gegen die vom Drehfeld in dieser Wicklung induzierte EMK um 90° voreilt. Die für die Zwecke der Phasenkompensation verwendeten Kommutatormaschinen bezeichnet man als *Phasenschieber*, neuerdings auch als *Drehstrom-Erregermaschinen*.

Man unterscheidet den *eigenerregten* und den *fremderregten* Phasenschieber. Der eigenerregte Phasenschieber besteht aus einem Gleichstromanker mit Kommutator (ohne Schleifringe) und einem Ständer, der normalerweise keine Wicklung trägt und der nur

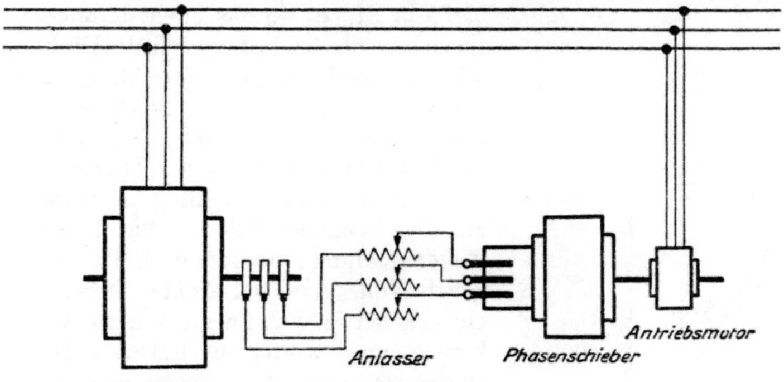

Abb. 282.

als magnetischer Schluß für den von der Ankerwicklung erzeugten Fluß dient. Der Anker wird entweder von der Welle der Asynchronmaschine oder von einem besonderen Antriebsmotor angetrieben. Das Schaltschema eines Asynchronmotors in Verbindung mit einem eigenerregten Phasenschieber zeigt Abb. 282. Der Phasenschieber liegt während des Anlaufes im Sternpunkt des Anlassers, nach erfolgtem Anlaufen und Kurzschließen des Anlassers unmittelbar an den Schleifringen des Ansynchronmotors (dieser wird im weiteren auch als *Hauptmotor* bezeichnet). Der Antriebsmotor ist in der Abb. 282 als Asynchronmotor mit Kurzschlußläufer gedacht.

Die Wirkungsweise des eigenerregten Phasenschiebers geht aus folgenden Überlegungen hervor [L.93]. Die von den Kommutatorbürsten aufgenommenen Ströme der Schlupfperiodenzahl des Asynchronmotors erzeugen im Phasenschieber ein Drehfeld, das unabhängig von der Drehzahl seines Ankers *gegenüber dem Raum* (gegenüber dem Ständer) mit der Drehzahl $n_d = \frac{60\,\sigma f_1}{p_{ph}}$ rotiert, wobei f_1 die Netzperiodenzahl und p_{ph} die Polpaarzahl des Phasenschiebers bedeuten. Ist beispielsweise die Netzperiodenzahl $f_1 = 50$ Per./sek., der Schlupf des Asynchronmotors $\sigma = 2\,\%$ und die Polpaarzahl des Phasenschiebers $p_{ph} = 3$, so macht das Drehfeld des Phasenschiebers 20 Umdr./Min. Steht der Anker still, so hat das Drehfeld gegenüber der Ankerwicklung dieselbe Drehzahl wie gegenüber dem Raum und induziert in ihr EMKe, die dem Fluß und somit auch dem Läuferstrom der Asynchronmaschine um 90° nacheilen. Der stillstehende Phasenschieber wirkt auf den Asynchronmotor, wenn man von dem Ohmschen Widerstand seiner Ankerwicklung absieht, wie eine Induktivität.

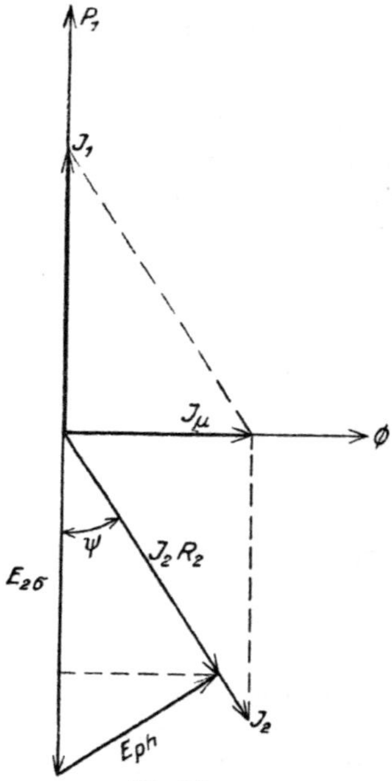

Abb. 283.

Wird der Anker des Phasenschiebers durch den Antriebsmotor (Abb. 282) in *gleichem Sinne* wie das Drehfeld angetrieben, so nimmt die Drehzahl des Drehfeldes gegenüber der Ankerwicklung ab. Beträgt in obigem Beispiel die Drehzahl des Ankers 20 Umdr./Min., d. h. läuft der Anker synchron mit dem Drehfeld, so steht die Ankerwicklung in bezug auf das Drehfeld still und die in der Ankerwicklung induzierte EMK ist gleich Null. Wird der Anker übersynchron angetrieben, so werden in der Ankerwicklung wiederum EMKe induziert, aber von entgegengesetzter Richtung als im Untersynchronismus. Der *übersynchron* angetriebene Gleichstromanker drückt der Läuferwicklung der Asynchronmaschine eine ihrem Strom *voreilende* EMK auf, wirkt also auf den Läuferkreis der Asynchronmaschine wie eine Kapazität. Abb. 283 zeigt das Vektordiagramm des Asynchronmotors in Verbindung mit eigenerregtem Phasenschieber für Kompensierung auf $\cos\varphi = 1$. Wie in Abb. 127 ist auch hier die Streuung der beiden Wicklungen ebenso wie der Widerstand der Primärwicklung des Asynchronmotors vernachlässigt. Der Phasenschieber drückt dem Läuferkreis die EMK E_{ph}, die dem Strom um 90° voreilt, auf. Die Resultierende aus dieser und der EMK $E_{2\sigma}$, die in der Läuferwicklung beim Schlupf σ vom Hauptfluß Φ induziert wird, muß dem Ohmschen Spannungsabfall $J_2 R_2$ gleich sein. Die EMK E_{ph} bewirkt, daß J_2 eine Voreilung gegenüber $E_{2\sigma}$ erhält, und da J_1 gleich der geometrischen Summe aus $-J_2$ und J_μ ist, so wird der Phasenverschiebungswinkel zwischen P_1 und J_1 kleiner (oder Null oder sogar negativ).

Zerlegt man E_{ph} in 2 Komponenten, eine senkrecht zu $E_{2\sigma}$ und die andere in gleicher Richtung wie $E_{2\sigma}$, so sieht man, daß die Phasenkompensation nur durch die erste bewirkt wird, während die zweite Komponente von E_{ph} der vom Hauptfluß in der Läuferwicklung induzierten EMK $E_{2\sigma}$ entgegenwirkt und dadurch (S. 142) eine Erhöhung des Schlupfes des Motors hervorruft. Mit dem Anschluß des eigenerregten Phasenschiebers ist demnach eine Erhöhung des Schlupfes des Hauptmotors verbunden.

Der Grad der Kompensation des Hauptmotors, d. h. die Größe des Phasenverschiebungswinkels φ_1, hängt von der Größe der EMK E_{ph}, also von der Drehzahl des Phasenschiebers und von der Größe des Flusses des Phasenschiebers ab. Da der Fluß des Phasenschiebers von der Größe des Läuferstromes des Hauptmotors abhängt,

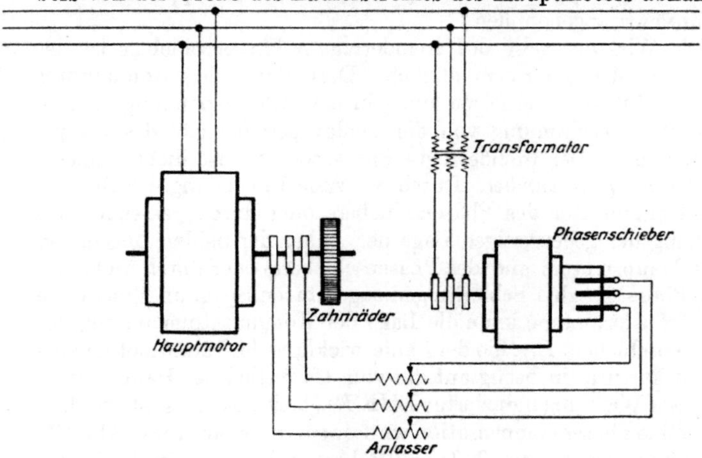

Abb. 284.

so folgt daraus, daß im Leerlauf des Hauptmotors eine Kompensation nicht möglich und bei kleineren Belastungen die Kompensation nur unbedeutend ist. Um die Belastungsgrenze, bei der $\cos \varphi_1 = 1$ ist, weiter nach unten zu verschieben, ist es zweckmäßig, den Phasenschieber stark zu sättigen, da dann der Fluß mit sinkender Belastung des Hauptmotors langsamer sinkt als der Strom. Eine Kompensation auf $\cos \varphi_1 = 1$ ist mit dem eigenerregten Phasenschieber erst bei einer Belastung, die gleich ca. 50 % der Nennleistung des Hauptmotors ist, möglich.

Mit Hilfe des *fremderregten* Phasenschiebers ist es dagegen möglich, den Asynchronmotor auch bei kleiner Belastung und bei Leerlauf zu kompensieren. Das Schaltschema eines Asynchronmotors in Verbindung mit fremderregtem Phasenschieber zeigt Abb. 284. Der fremderregte Phasenschieber besteht aus einem Gleichstromanker mit Kommutator und 3 Schleifringen und einem Ständer, der im einfachsten Falle wie beim eigenerregten Phasenschieber keine Wicklung hat. Den Schleifringen wird über einen Transformator vom Netz Dreiphasenstrom zugeführt. Der Strom erzeugt im Phasenschieber ein Drehfeld, das, unabhängig von der Drehzahl des Ankers, *gegenüber dem Anker* die konstante Drehzahl (S. 295) $n_2 = \frac{60 f_1}{p_{ph}}$ hat. Die Periodenzahl der in den Ankerspulen von diesem Drehfeld induzierten EMKe ist infolgedessen gleich der Netzperiodenzahl f_1, dagegen ist die Periodenzahl der EMKe am Kommutator von der Drehzahl des Ankers n abhängig, und zwar proportional $n_d - n$. Damit die Periodenzahl der EMKe am Kommutator gleich der Schlupfperiodenzahl des Hauptmotors wird, müssen Phasenschieber und Hauptmotor zwangläufig miteinander gekuppelt werden. (In Abb. 284 ist Kupplung mittels Zahnräder angenommen.)

Die Wirkungsweise des fremderregten Phasenschiebers ist der des Einankerumformers ähnlich. Dort formt der Kommutator die zugeführte Wechselspannung in eine Gleichspannung, hier in eine Wechselspannung von der Schlupfperiodenzahl des Hauptmotors um. Der fremderregte Phasenschieber ist nichts anderes als ein *Frequenzwandler*. Durch passende Einstellung der Bürsten am Kommutator des Phasenschiebers oder durch passende Einstellung der gegenseitigen Lage der Anker der beiden Maschinen (des Hauptmotors und des Phasenschiebers) oder durch Änderung der Phase der den Schleifringen zugeführten Spannung (mit Hilfe des Transformators) kann die Lage der Kommutatorspannung des Phasenschiebers E_{ph}, die der Läuferwicklung des Hauptmotors aufgedrückt wird, in bezug auf die vom Hauptfluß des Hauptmotors in dieser Wicklung induzierten EMK $E_{2\sigma}$ beliebig eingestellt werden. Für reine Phasenkompensation wird sie so eingestellt, wie in Abb. 127 gezeigt wurde, d. h. um 90^0 voreilend gegenüber $E_{2\sigma}$. Für Drehzahländerung wird man dagegen E_{ph} in bezug auf $E_{2\sigma}$ so einstellen müssen, daß eine Komponente von E_{ph} in $E_{2\sigma}$ fällt. Mit Hilfe des Frequenzwandlers läßt sich also auch eine Drehzahlregelung des Hauptmotors erreichen, jedoch wird man für diese Zwecke auch den Ständer des Frequenzwandlers mit einer Wicklung versehen und diese mit dem Kommutator hintereinanderschalten [L. 94].

Da die der Läuferwicklung des Hauptmotors aufgedrückte Spannung E_{ph} beim fremderregten Phasenschieber vom Belastungsstrom des Hauptmotors unabhängig ist, so kann hier im Gegensatz zum eigenerregten Phasenschieber eine Kompensation auf $\cos\varphi = 1$ bei jeder beliebigen Last des Hauptmotors, also auch im Leerlauf desselben erreicht werden.

Wie auf S. 307 erläutert wurde, liegt der Vorteil der Lieferung des Magnetisierungsstromes durch den Läufer darin, daß der Läufer den Magnetisierungsstrom bei einer kleineren Spannung liefert als der Ständer. Denken wir uns Ständer und Läufer mit gleichen Windungszahlen ausgeführt, so liefert der Läufer den Magnetisierungsstrom bei einer Spannung, die nur ca. σ Prozent von der Ständerspannung beträgt, während der Ständer den Magnetisierungsstrom bei 100 % Ständerspannung liefert. Die Leistung des Phasenschiebers (in kVA) beträgt infolgedessen nur wenige Prozent von der Leistung des Hauptmotors.

Literaturverzeichnis.

Lfd. Nr.	Verfasser	Titel oder Inhalt	Abschnitt oder Zeitschrift
1	Arnold-la Cour	Die Wechselstromtechnik Bd. I (1923)	Elektromagnetische Induktion.
2	Fraenckel	Theorie der Wechselströme (1921)	Selbstinduktion in Wechselstromkreisen.
3	Fraenckel	Theorie der Wechselströme (1921)	Einwelliger Strom in einem Stromkreis mit Widerstand, Selbstinduktion und Kapazität.
4	Fraenckel	Theorie der Wechselströme (1921)	Mehrphasenströme.
5	Schenkel	Elektrotechnik I (1923)	Elektrodynamik.
6	Schaefer	Einführung in die Maxwellsche Theorie der Elektrizität und des Magnetismus (1924)	Magnetfeld eines linearen Stromes.
7	Arnold-la Cour	Die Gleichstrommaschine Bd. I (1923)	Berechnung der Amperewindungen für den Luftspalt.
8	Arnold-la Cour	Die Wechselstromtechnik Bd. III (1923)	Der Füllfaktor und der Formfaktor der Feldkurve.
9	Arnold-la Cour	Die Wechselstromtechnik Bd. IV (1923)	Berechnung der Feldamperewindungen einer Maschine mit ausgeprägten Polen.
	Arnold-la Cour	Die Wechselstromtechnik Bd. V_1 (1923)	Berechnung des Magnetisierungsstromes.
10	Arnold-la Cour	Die Wechselstromtechnik Bd. V_1 (1923)	Berechnung des Magnetisierungsstromes.
	Kloss	Die Berechnung des Magnetisierungsstromes von Drehstrommotoren.	E. u. M. 1910, Heft 41.
11	Arnold-la Cour	Die Wechselstromtechnik Bd. IV (1923)	Berechnung der Feldamperewindungen einer Maschine mit ausgeprägten Polen.
	Arnold-la Cour	Die Wechselstromtechnik Bd. V_1 (1923)	Berechnung des Magnetisierungsstromes.
	Richter	Elektrische Maschinen Bd. I (1924)	Die magnetische Charakteristik bei Leerlauf.
12	Arnold-la Cour	Die Wechselstromtechnik Bd. IV (1923)	Berechnung der Feldamperewindungen bei Leerlauf.
	Blanc	Ein Beitrag zur Berechnung der Zahninduktion in Dynamomaschinen	E. T. Z. 1909, Heft 1.
13	Arnold-la Cour	Die Gleichstrommaschine Bd. I (1923)	Berechnung der Feldstreuung
14	Arnold-la Cour	Die Wechselstromtechnik Bd. V_1 (1923)	Die Streureaktanzen einer Phase der Stator- und Rotorwicklung.
	Richter	Elektrische Maschinen Bd. I (1924)	Die Streuinduktivitäten.
15	Schenkel	Praktische Streuungsberechnung insbesondere bei Wechselstrom-Kollektormotoren.	E. u. M. 1911, Heft 50 und 51.
	Arnold-la Cour	Die Wechselstromtechnik Bd. IV (1923)	Der Ankerstreufluß und die von ihm induzierte EMK.
16	Kittler-Petersen	Allgemeine Elektrotechnik Bd. III (1910)	Nuten- und Stirnstreuung.
	Kloss	Die Berechnung der Stirnstreuung in Drehstrommotoren	E. u. M. 1910, Heft 3.
	Schenkel	Praktische Streuungsberechnung insbesondere bei Wechselstrom-Kollektormotoren.	E. u. M. 1911, Heft 50 und 51.

Lfd. Nr.	Verfasser	Titel oder Inhalt	Abschnitt oder Zeitschrift
17	Fraenckel	Theorie der Wechselströme (1921)	Wechselstromkreise mit Eisen.
	Richter	Elektrische Maschinen Bd. I (1924)	Berechnung der Eisenwärme in elektrischen Maschinen.
18	Arnold-la Cour	Die Gleichstrommaschine Bd. I (1923)	Erwärmung d. Gleichstrommaschine.
	Arnold-la Cour	Die Wechselstromtechnik Bd. V_1 (1923)	Die Erwärmung eines Induktionsmotors.
	Richter	Elektrische Maschinen Bd. I (1924)	Erwärmung.
19	Kittler-Petersen	Allgemeine Elektrotechnik Bd. II (1909)	Das Diagramm des Einphasen-Transformators.
20	Kittler-Petersen	Allgemeine Elektrotechnik Bd. II (1909)	Das Diagramm des Einphasen-Transformators.
	Arnold-la Cour	Die Wechselstromtechnik Bd. II (1923)	Die Kraftflüsse eines belasteten Transformators.
21	Arnold-la Cour	Die Wechselstromtechnik Bd. II (1923)	Spannungsdiagramme eines Transformators.
22	Kittler-Petersen	Allgemeine Elektrotechnik Bd. II (1909)	Das vereinfachte Transformatorendiagramm.
	Arnold-la Cour	Die Wechselstromtechnik Bd. II (1923)	Prozentualer Spannungsabfall.
23	Arnold-la Cour	Die Wechselstromtechnik Bd. II (1923)	Berechnung der Streureaktanz einer Scheibenwicklung.
24	Arnold-la Cour	Die Wechselstromtechnik Bd. II (1923)	Zusätzliche Verluste im Kupfer.
	Richter	Elektrische Maschinen Bd. I (1924)	Stromwärme in Wicklungen.
25	Arnold-la Cour	Die Wechselstromtechnik Bd. II (1923)	Die mechanische Beanspruchung der Wicklung bei einem plötzlichen Kurzschluß.
26	Fraenckel	Theorie der Wechselströme (1921)	Die Gleichungen und Diagramme des allgemeinen Wechselstromkreises.
27	Arnold-la Cour	Die Wechselstromtechnik Bd. II (1923)	Leerlauf eines unsymmetrischen Dreiphasentransformators.
28	Kittler-Petersen	Allgemeine Elektrotechnik Bd. II (1909)	Das vereinfachte Transformatorendiagramm.
	Arnold-la Cour	Die Wechselstromtechnik Bd. II (1923)	Die Verluste und der Wirkungsgrad eines Transformators.
29	Arnold-la Cour	Die Wechselstromtechnik Bd. II (1923)	Erscheinungen, die beim Einschalten und beim Kurzschluß eines Transformators auftreten.
	Fraenckel	Theorie der Wechselströme (1921)	Ausgleichsvorgänge in nicht stationären Stromkreisen.
30	Arnold-la Cour	Die Wechselstromtechnik Bd. II (1923)	Die Erwärmung und Abkühlung eines Transformators.
31	Richter	Ankerwicklungen für Gleich- und Wechselstrommaschinen (1922)	Die Wicklungselemente. Die eingängige Wellenwicklung.
	Arnold-la Cour	Die Gleichstrommaschine Bd. I (1923)	Einfache Wellenwicklung.
32	Richter	Ankerwicklungen für Gleich- und Wechselstrommaschinen (1922)	Die Lage der Spulenseiten in der Nut.
33	Arnold-la Cour	Die Gleichstrommaschine Bd. I (1923)	Einfache Wellenwicklung.
34	Richter	Ankerwicklungen für Gleich- und Wechselstrommaschinen (1922)	Die Wicklungen mit mehreren in der Nut nebeneinanderliegenden Spulenseiten.
35	Richter	Ankerwicklungen für Gleich- und Wechselstrommaschinen (1922)	Die Bedingungen für das Auftreten phasengleicher Punkte im Spannungsvieleck.
	Arnold-la Cour	Die Gleichstrommaschine Bd. I (1923)	Ausgleichsverbindungen.
36	Richter	Ankerwicklungen für Gleich- und Wechselstrommaschinen (1922)	Über die Wahl der Ankerwicklung.

Lfd. Nr.	Verfasser	Titel oder Inhalt	Abschnitt oder Zeitschrift
37	Richter	Ankerwicklungen für Gleich- und Wechselstrommaschinen (1922)	Die technische Ausführung der Gleichstrom-Ankerwicklung.
38	Arnold-la Cour	Die Wechselstromtechnik Bd. III (1923)	Teillochwicklungen.
39	Richter	Ankerwicklungen für Gleich- und Wechselstrommaschinen (1922)	Technische Ausführung der Wechselstromwicklungen.
40	Fraenckel	Theorie der Wechselströme (1921)	Mehrwellige Ströme.
41	Fraenckel	Theorie der Wechselströme (1921)	Besondere Kurvenformen.
42	Kittler-Petersen	Allgemeine Elektrotechnik Bd. III (1910)	Die Felder von Mehrphasenwicklungen.
43	Kittler-Petersen	Allgemeine Elektrotechnik Bd. III (1910)	Doppelt verkettete Streuung.
	Rogowski u. Simons	Über Streuung von Drehstrommotoren	E. T. Z. 1909, Heft 10 und 11.
	Hellmund	Differentialfelder im Drehfelde	E. T. Z. 1909, Heft 36.
	Rogowski	Streuung des Drehstrommotors	E. T. Z. 1910, Heft 51 und 52.
	Hallo	Selbst-, gegenseitige und Streuinduktion	E. u. M. 1914, Heft 1.
	Dreyfus	Über die doppelt verkettete Streuung von Drehstrommotoren mit dreiphasigem Läufer.	E. u. M. 1919, Heft 15.
44	Kittler-Petersen	Allgemeine Elektrotechnik Bd. III (1910)	Wesen der Streuung.
45	Arnold-la Cour	Die Wechselstromtechnik Bd. V_1 (1923)	Wirbelstromverluste durch Pulsationen des Feldes.
46	Kittler-Petersen	Allgemeine Elektrotechnik Bd. III (1910)	Das Heylanddiagramm.
47	Fraenckel	Theorie der Wechselströme (1921)	Das Arbeitsdiagramm des allgemeinen Wechselstromkreises.
48	Arnold-la Cour	Die Wechselstromtechnik Bd. V_1 (1923)	Graphische Darstellung der Schlüpfung und des Wirkungsgrades.
49	Arnold-la Cour	Die Wechselstromtechnik Bd. V_1 (1923)	Drehmoment und Leistung.
50	Richter	Ankerwicklungen für Gleich- und Wechselstrommaschinen (1922)	Wicklungen mit Polumschaltung.
51	Arnold-la Cour	Die Wechselstromtechnik Bd. V_1 (1923)	Kaskadenumschaltung von zwei Induktionsmaschinen.
52	Meyer	Die Verwendung verlustlos regelbarer Drehstrommotoren	E. K. u. B. 1911, Heft 22, 23 und 24
	Seiz	Die Regelung der Drehzahl von Induktionsmotoren im unter- und übersynchronen Gebiet nach System Brown Boveri-Scherbius	E. u. M. 1924, Heft 8 und 9.
53	Rüdenberg	Über Phasenschieber und ihre Verwendung zur Verbesserung des Leistungsfaktors von Drehstrommotoren	E. K. u. B. 1914, Heft 22 und 25.
54	Krämer	Neue Methoden zur Regelung von Asynchronmotoren und ihre Anwendung für verschiedene Zwecke	E. T. Z. 1908, Heft 31.
55	Arnold-la Cour	Die Wechselstromtechnik Bd. V_1 (1923)	Anlassen und Tourenregelung der mehrphasigen Induktionsmotoren.
56	Arnold-la Cour	Die Wechselstromtechnik Bd. IV und V (1923)	Vorausberechnung.
	Richter	Elektrische Maschinen Bd. I (1924)	Entwurf der Gleichstrommaschine.
57	Arnold-la Cour	Die Wechselstromtechnik Bd. IV (1923)	Spannungsdiagramme einer Wechselstrommaschine.
	Kittler-Petersen	Allgemeine Elektrotechnik Bd. III (1910)	Arbeitsweise des synchronen Wechselstromgenerators.
58	Arnold-la Cour	Die Wechselstromtechnik Bd. IV (1923)	Ankerrückwirkung einer Mehrphasenmaschine mit ausgeprägten Polen.

Lfd. Nr.	Verfasser	Titel oder Inhalt	Abschnitt oder Zeitschrift
59	Kittler-Petersen	Allgemeine Elektrotechnik Bd. III (1910)	Arbeitsweise des synchronen Wechselstromgenerators.
60	Arnold-la Cour	Die Wechselstromtechnik Bd. IV (1923)	Berechnung des längs- und des quermagnetisierenden Kraftflusses.
61	Henderson und Nicholson	Armature reaction in alternators.	J. I. E. E. 1904.
62	Arnold-la Cour	Die Wechselstromtechnik Bd. IV (1923)	Zerlegung des inversen Drehfeldes in zwei Wechselfelder.
63	Arnold-la Cour	Die Wechselstromtechnik Bd. IV (1923)	Mittel zur Dämpfung des inversen Drehfeldes.
64	Kittler-Petersen	Allgemeine Elektrotechnik Bd. III (1910)	Parallelbetrieb und Parallelschalten.
65	Arnold-la Cour	Die Wechselstromtechnik Bd. IV (1923)	Arbeitsdiagramm des Synchronmotors.
66	Arnold-la Cour	Die Wechselstromtechnik Bd. IV (1923)	Die Synchronmaschine ohne Felderregung.
67	Kittler-Petersen	Allgemeine Elektrotechnik Bd. III (1910)	Parallelarbeiten von Wechselstrommaschinen.
68	Arnold-la Cour	Die Wechselstromtechnik Bd. IV (1923)	Die Pendelbewegung eines einzelnen Generators, der nicht parallel geschaltet ist.
69	Liwschitz	Das Drehmoment und die Gesichtspunkte für den Entwurf der Dämpferwicklung einer Mehrphasen-Synchronmaschine im Parallelbetrieb.	Arch. f.El. Bd. X, Heft 3 und 4.
70	Arnold-la Cour	Die Gleichstrommaschine Bd. I (1923)	Potentialkurve bei Leerlauf.
71	Arnold-la Cour	Die Gleichstrommaschine Bd. I (1923)	Polarität eines selbsterregten Generators.
72	Richter	Elektrische Maschinen Bd. I (1924)	Ankerrückwirkung.
73	Pichelmayer	Dynamobau (1908)	Allgemeine Darstellung des Kommutationsvorganges.
	Richter	Elektrische Maschinen Bd. I (1924)	Stromwendung.
74	Pichelmayer	Dynamobau (1908)	Größe der Selbstinduktionsspannung der Kommutation.
75	Richter	Elektrische Maschinen Bd. I (1924)	Der magnetische Kreis bei Wendepolmaschinen.
76	Arnold-la Cour	Die Gleichstrommaschine Bd. I (1923)	Die charakteristischen Kurven des fremderregten Generators.
77	Arnold-la Cour	Die Gleichstrommaschine Bd. I (1923)	Die charakteristischen Kurven des Nebenschlußmotors.
78	Kittler-Petersen	Allgemeine Elektrotechnik Bd. III (1910)	Theorie des Einankerumformers.
79	Kittler-Petersen	Allgemeine Elektrotechnik Bd. III (1910)	Einankerumformer, Sechsphasenschaltungen.
80	Arnold-la Cour	Die Wechselstromtechnik Bd. IV (1923)	Die Ankerströme eines Umformers.
81	Arnold-la Cour	Die Wechselstromtechnik Bd. IV (1923)	Die Kommutation eines Einankerumformers ohne Wendepole.
82	Zederbohm	Drehtransformatoren	E. K. u. B. 1914, Heft 11.
83	Arnold-la Cour	Die Wechselstromtechnik Bd. V_1 (1923)	Kaskadenschaltung einer Induktionsmaschine mit einer Gleichstrommaschine.
84	Schenkel	Die Kommutatormaschinen für einphasigen und mehrphasigen Wechselstrom (1924)	Die Leistung der Kommutatormaschine und die Größe des Kommutators.
85	Kittler-Petersen	Allgemeine Elektrotechnik Bd. III (1910)	Doppeltgespeiste Motoren.
	Arnold-la Cour	Die Wechselstromtechnik Bd. V_2 (1923)	Doppeltgespeiste Hauptschlußmotoren.

Lfd. Nr.	Verfasser	Titel oder Inhalt	Abschnitt oder Zeitschrift
86	Arnold-la Cour	Die Wechselstromtechnik Bd. V_2 (1923)	Der indirekt gespeiste Hauptschlußmotor mit Statorerregung.
87	Kittler-Petersen	Allgemeine Elektrotechnik Bd. III (1910)	Repulsionsmotor von Atkinson. Kurzschlußmotor mit Ankererregung von Eichberg — Winter — Latour.
88	Schenkel	Die Kommutatormaschinen für einphasigen und mehrphasigen Wechselstrom (1924)	Der einphasige Nebenschlußmotor.
89	Schenkel	Die Kommutatormaschinen für einphasigen und mehrphasigen Wechselstrom (1924)	Die Stromverteilung in den Ankerabteilungen bei Speisung über beliebig viele Bürsten.
90	Rüdenberg	Über einige Eigenschaften des Drehstrom-Serienmotors	E. T. Z. 1910, Heft 47 und 48.
	Rüdenberg	Über die Stabilität, Kompensierung und Selbsterregung von Drehstromserienmaschinen.	E. T. Z. 1911, Heft 10 und 11.
	Eichberg	Über regelbare Drehstrom-Kollektormotoren.	E. T. Z. 1910, Heft 10.
	Hillebrand und Dreyfus	Zur Theorie des Drehstrom-Serienmotors.	E. u. M. 1910, Heft 18.
91	Schenkel	Der Drehstrom-Reihenschlußmotor der Siemens-Schuckertwerke.	E. T. Z. 1912, Heft 19 und 20.
	Schenkel	Die Kommutatormaschinen für einphasigen und mehrphasigen Wechselstrom (1924)	Der mehrphasige Reihenschlußmotor.
92	Arnold-la Cour	Die Wechselstromtechnik Bd. V_2 (1923)	Der mehrphasige Nebenschlußmotor.
	Schrage	Ein neuer Drehstrom-Kommutatormotor mit Nebenschlußregulierung durch Bürstenverschiebung	E. T. Z. 1914, Heft 4.
93	Scherbius	Eine neue Maschine zur Kompensation der Phasenverschiebung von Ein- oder Mehrphasen-Induktionsmotoren.	E T. Z. 1912, Heft 42.
	Rüdenberg	Über Phasenschieber und ihre Verwendung zur Verbesserung des Leistungsfaktors von Drehstrommotoren.	E. K. u. B. 1914, Heft 22 und 25.
94	Kozisek	Drehstrom-Erregermaschine mit Fremderregung.	E. T. Z. 1925, Heft 5.
	Schenkel	Die Kommutatormaschinen für einphasigen und mehrphasigen Wechselstrom (1924)	Der Frequenzwandler. Die Phasenregler.

Abkürzungen:

Arch. f. El. = Archiv für Elektrotechnik.
J. I. E. E. = Journal of the Institution of Electrical-Engineers.
E. K. u. B. = Elektrische Kraftbetriebe und Bahnen.
E. u. M. = Elektrotechnik und Maschinenbau (Wien).
E. T. Z. = Elektrotechnische Zeitschrift.

Sachverzeichnis.

Bedeutung der verwendeten Formelzeichen.

(In der folgenden Zusammenstellung sind nur diejenigen Formelzeichen aufgenommen, die sich mehrfach wiederholen.)

A = Strombelag.
AW = Amperewindungen.
a = Halbe Anzahl der parallelen Ankerzweige.
aw = Amperewindungen pro 1 cm Kraftlinienlänge.
𝔅 = Induktion.
b_i = ideeller Polbogen.
C = Kapazität; Maschinenkonstante.
D = Ankerdurchmesser.
E = induzierte EMK (bei Wechselstrom Effektivwert).
e = induzierte EMK (Momentanwert oder Effektivwert)
e_k = Kurzschlußspannung (Effektivwert).
F = Amplitude der Grundwelle der MMK-Kurve.
f = Periodenzahl pro Sekunde (Frequenz).
𝔥 = Feldstärke.
J = Strom (bei Wechselstrom Effektivwert).
i = Strom (Momentanwert).
iw = Magnetomotorische Kraft (Durchflutung).
K = Kraft.
k = Lamellenzahl des Kommutators.
k_1 = Kontraktionsziffer.
L = Koeffizient der Selbstinduktion (Induktivität).
l_i = ideelle Ankerlänge.
M = Drehmoment.
m = Phasenzahl.
N = Leistung.
n = Umdrehungszahl pro Minute.
P = Klemmenspannung (bei Wechselstrom Effektivwert).
ΔP = Spannungsabfall unter der Bürste.
p = Klemmenspannung (Momentanwert); Polpaarzahl.
Q = Anzahl der Nuten pro Pol.
q = Anzahl der Nuten pro Pol und Phase.
R = Widerstand.
S = Koeffizient der Streuinduktion.
s = Stromdichte; Schlitzbreite.
t = Zeit; Erwärmung.
U = Umfang.
V = Verluste; Volumen.
v = Geschwindigkeit.
w = Windungszahl.
x = Blindwiderstand.
y = Wicklungsschritt.
Z = Zonenbreite.
z = Leiterzahl; Scheinwiderstand.
α = Winkel.
δ = Luftspalt.
ε = Spannungsänderung; Spannungsabfall.
ζ = Wicklungsfaktor; magnetische Leitfähigkeit des Streuflusses pro 1 cm Ankerlänge; Resonanzmodul (Vergrößerungsfaktor).
= Wirkungsgrad.
Θ = Phasenverschiebungswinkel.
λ = magnetische Leitfähigkeit des Streuflusses.
μ = Permeabilität.
ν = Verhältniszahl; Ordnungszahl.
σ = Schlupf; Streuungskoeffizient.
τ = Teilung (Polteilung, Nutenteilung).
Φ = Kraftfluß.
φ = Phasenverschiebungswinkel.
ψ = Phasenverschiebungswinkel.
ω = Kreisfrequenz.

Fortsetzung siehe umstehend

GPSR Compliance

The European Union's (EU) General Product Safety Regulation (GPSR) is a set of rules that requires consumer products to be safe and our obligations to ensure this.

If you have any concerns about our products, you can contact us on ProductSafety@springernature.com

In case Publisher is established outside the EU, the EU authorized representative is:

Springer Nature Customer Service Center GmbH
Europaplatz 3
69115 Heidelberg, Germany

Batch number: 10577917

Printed by Printforce, the Netherlands